21 世纪高等学校精品规划教材

计算机科学导论

李云峰　李　婷　编著

中国水利水电出版社
www.waterpub.com.cn

内 容 提 要

本书根据 IEEE-CS&ACM 计算学科教程（CC2005）和中国计算机教程（CCC2002）知识体系结构，全面系统地介绍了计算机科学的基本概念和基础知识。本书共分 12 章，采用进阶式模块结构：基本概念（从原始的计算工具到现代计算机，认识计算学科）→基本方法（计算机硬件系统的结构组成，计算机软件及其形成，计算机程序设计，软件工程）→基本技术（数据库技术，多媒体与虚拟现实技术，计算机网络与信息安全技术）→高级专题（离散结构，人工智能，计算机专业人才培养）。

本书的特点是内容新颖、重点突出、逻辑性强，注重知识的系统性、科学性和实用性，符合当今计算机科学技术的发展趋势，与目前高校的教育改革相呼应，从更高层次讲述计算机科学技术的基础知识。同时，注意与后续课程的分工与衔接，并按照教与学的规律，精心设计每一章的内容，注重对学生探究能力和实践能力的培养，将计算机科学与技术的众多经典成果与最新进展相融合，为进一步深入学习后续课程打下良好基础，对学生学习本专业具有"导航"作用。

本书可作为高等院校电子信息类和电气信息类"计算机科学导论"课程教材，也可作为成人教育、自学考试和从事计算机应用的工程技术人员的参考书。

本书提供配套电子教案，读者可以从中国水利水电出版社及万水书苑网站上下载，网址为：http://www.waterpub.com.cn/softdown/和 http://www.wsbookshow.com。

图书在版编目（CIP）数据

计算机科学导论 / 李云峰，李婷编著. -- 北京：中国水利水电出版社，2014.9（2021.8 重印）
21世纪高等学校精品规划教材
ISBN 978-7-5170-2457-6

Ⅰ. ①计… Ⅱ. ①李… ②李… Ⅲ. ①计算机科学－高等学校－教材 Ⅳ. ①TP3

中国版本图书馆CIP数据核字（2014）第203138号

策划编辑：雷顺加　　　责任编辑：李 炎　　　封面设计：李 佳

书　　名	21 世纪高等学校精品规划教材 计算机科学导论
作　　者	李云峰　李　婷　编著
出版发行	中国水利水电出版社 （北京市海淀区玉渊潭南路 1 号 D 座　100038） 网址：www.waterpub.com.cn E-mail：mchannel@263.net（万水） 　　　　sales@waterpub.com.cn 电话：（010）68367658（发行部）、82562819（万水）
经　　售	北京科水图书销售中心（零售） 电话：（010）88383994、63202643、68545874 全国各地新华书店和相关出版物销售网点
排　　版	北京万水电子信息有限公司
印　　刷	三河市铭浩彩色印装有限公司
规　　格	184mm×260mm　16 开本　23.75 印张　628 千字
版　　次	2014 年 9 月第 1 版　2021 年 8 月第 2 次印刷
印　　数	4001—5000 册
定　　价	45.00 元

前　　言

　　"计算机科学导论"是计算机科学与技术、软件工程、网络工程等专业学生的一门必修课程，是电子（电气）信息类学生了解计算机科学的内容、方法及其发展的引导性课程。

　　在计算机教育史上，有关整个学科综述性导引课程的构建问题是一个长期引起激烈争论的主题。IEEE-CS&ACM 计算学科教程（Computing Curricula 2001，CC2001）报告指出，整个学科综述性导引课程的构建有助于推动学科的发展，并鼓励各学术团体以及教师个人从事这方面的研究，以适应计算机科学技术飞速发展的需要。因此，自 CC2001 发布以来，国内外的许多高校都非常重视计算机及其相关专业的"导引"课程，绝大部分高校都开设了"计算机科学导论"一类的课程。然而，作为计算学科的引导性课程，它应该达到什么目的，起什么作用，如何定位，等等，这既是我们必须认真探索的问题，也是我们必须首先明确的问题。为此，自 2003 年以来，我们一直在对该"导引"课程进行探索，并在探索中不断提高认识。

　　首先，"计算机科学导论"不同于"计算机应用基础"。虽然都是计算机的入门课程，但是，"计算机应用基础"课程所要解决的是对计算机功能的工具性认识，而"计算机科学导论"是作为计算学科全部教学内容的导引课程，课程构建的实质是寻求一种统一的思想来认知计算学科，并对计算学科进行系统化和科学化的描述，注重学科发展的动态性和知识传授的有效性。该课程应站在学科的高度，告诉学生计算学科的基本内涵；让学生知道该学什么，应该怎么学；使学生对本学科产生浓厚的学习兴趣和强烈的探索意识。因此，"计算机科学导论"课程在这里不仅要全面系统介绍计算学科知识，而且还要承担起一种"承前启后"的作用。所谓"承前"，一是让学生了解计算学科的发展过程以及计算机科学的先驱者们所做的贡献，二是了解计算机的本质问题；所谓"启后"，一是介绍本学科的现状及其发展趋势，二是让本专业的学生了解应该掌握哪些知识，应该具备什么样的知识结构和能力。

　　其次，"计算机科学导论"课程的特点是内容丰富，知识面宽，涉及计算机专业一级学科的所有主题，有相当的广度和一定的深度。而作为第一个学期、第一门专业基础核心课程，学生几乎没有任何计算学科的知识背景。因此，应力求做到三个结合：学科知识体系与课程知识结构相结合；基本理论知识与基本应用技术相结合；知识介绍与学习引导相结合。

　　随着对该课程教学研究和课程改革探索的深入，我们不断更新课程建设理念，不断调整课程知识结构，不断寻求新的突破，多次更版，形成本书特色，力求使课程实现以下 5 个目标。

　　（1）抓住本质，正确认识课程性质：作为计算机科学导论，它应该是计算学科的窗口，强化"导论"属性，俯视计算学科全貌，突出"承前启后"。为此，在"课程导学"中概述了本课程的性质、特点和任务；在第 2 章"认识计算学科"中从理论模型的层次上描述了计算及计算机的本质问题，以便了解本学科的知识体系及其相互之间的关系，引导学生掌握正确的学习方法；在第 10 章"离散结构"中描述了数理逻辑、集合论、代数结构、图论在计算机科学中的应用，使学生认识到基础理论知识在计算学科中的作用地位。

　　（2）把握重点，全面了解课程作用：通过本课程学习，应使学生了解本学科的发展史及其发展趋势，能从中获得必要的启示；深刻认识"计算机科学导论"课程在课程体系中的作用地位，以及学好该门课程的重要意义。为此，在第 2 章粗线条地系统介绍了计算学科的主要特点、知识领域、研究范畴、知识结构、专业设置、课程体系等。通过本章的学习，使学生对本学科有一个清晰的认识和明确的学习方向，让学生在往后的学习过程中不会感到困惑和茫然。

（3）注重引导，合理设计知识结构：本课程强调对基本概念、基本方法、基本技术的了解。该课程的教学重点不在于让学生学到哪些具体知识，而是了解整个学科的概貌，明确相关知识将来在哪些课程中可以学到，自觉搭建整个知识体系，并且避免"只见树木，不见森林"。事实上，有些知识要到研究生阶段才会接触到，这里只要求学生了解本学科的基本概念、作用、地位、影响、历史、现状和前景等知识，而不要求学生全面掌握具体的理论、方法、原理和技术。

为了使学生能够快速认识计算学科和掌握计算机科学技术知识，本书采用进阶式结构：基本概念（从原始的计算工具到现代计算机、认识计算学科）→基本方法（计算机硬件系统的结构组成、计算机软件及其形成、计算机程序设计、软件工程）→基本技术（数据库技术、多媒体与虚拟现实技术、计算机网络与信息安全技术）→高级专题（离散结构、人工智能、计算机专业人才培养）。由第 1 章引出计算机的基本概念，由第 2 章来认识计算学科，然后围绕计算学科的根本问题展开讨论，直到计算机人才培养。这样，既有系统性，又有逻辑性，循序渐进。

作为计算机专业的第一门课程，为了便于理解，在"课程导学"中以求解一元二次方程为例，让学生从这个简单的案例中"轻松、自然"地掌握计算机硬件系统、软件系统、程序设计、软件工程的基本概念，然后过渡到数据库技术、多媒体技术、网络技术。最后以高级专题形式，介绍离散结构、人工智能以及计算机专业人才的培养。这样，可使学生全面了解各课程之间的相互依赖关系，以便在学习过程中，把握现在，着眼未来，近远兼顾。

（4）培养创新，激发科学探索欲望：该课程的教学效果应该使学生对计算学科的各个主题充满兴趣和好奇，同时又产生太多的不理解和疑问，非常渴望探索其中的科学道理。让学生对本学科产生强烈的兴趣和求知欲望，是学好本专业的源动力。为此，在第 1 章通过介绍从原始的计算工具到现代计算机的形成，揭开计算机的神秘面纱，以此克服学生对计算机的神秘感和畏惧心理；在第 2 章给出了计算学科中的 4 类典型问题，在第 11 章给出了人工智能的应用，以此激发、引导学生的创新和探索意识，为后续课程的学习打下伏笔。

（5）强化实践，重视全程能力培养：对计算学科的学生而言，既要重视理论学习能力的培养，也要重视实际动手能力的培养，更要重视自学能力的培养。为此，我们编写了配套的《计算机科学导论学习辅导》，与本书共同构成一个完整的知识、技能体系，形成一个融"教、学、做"为一体的自然学习环境。学习辅导的内容包括学习引导、习题解析、技能实训和知识拓展。通过学习引导，了解与该章教学内容相关联的知识；通过习题解析，加深对基本概念的理解；通过技能实训，提高基本操作技能；通过知识拓展，将学科发展史与人文知识和人文精神有机结合。

本书由李云峰教授和李婷博士（副教授）编写。丁红梅、曹守富、刘屹、周国栋、范荣、彭欢燕、刘庆、刘冠群、姚波、刘艳、陆燕等老师参加了课程教学资源建设。在编写过程中，参阅了大量近年来出版的国内外同类优秀教材，并从中吸取了许多宝贵的营养，在此谨向这些著作者表示衷心感谢！由于计算机科学技术发展迅速，作者水平有限，加之时间仓促，书中不妥或疏漏之处在所难免，敬请专家和广大读者批评指正！

作　者
2014 年 6 月

目　　录

课程导学

一、课程导学意义

"计算机科学导论"（Introduction to Computer Science）是计算机类专业的必修课，是全面了解计算机科学的内容、方法及其发展的引导性课程。

作为计算机类专业全部教学内容的引导课程，计算机科学导论应站在学科的高度，告诉学生计算学科的基本内涵；让学生知道应该学什么，应该怎么学，并使学生对本学科产生浓厚的兴趣。同时，计算机科学导论又是计算机的入门课程（第一门专业基础课），学好它，将为后续课程的学习打下良好基础，该课程主要起着"承前启后"的作用。

由于之前学生并没有计算学科的任何知识背景，因此，开设该课程的目的犹如一个人到了一个陌生的城市，虽然对该城市的基本概况一无所知，但如果先站在该城市的最高处俯视整个城市，就会对该城市有个大致了解。其类比关系为：

（1）了解该城市的基本布局（本专业的知识结构）

（2）了解该城市的交通线路（本专业的知识体系）

（3）了解该城市的主要建筑（本专业的核心课程）

（4）了解该城市的外围环境（与边缘学科的关系）

我们希望通过"计算机科学导论"课程，能为计算机类专业学生全部课程的学习甚至终身学习起到引导作用。

二、课程教学定位

1. 课程性质

"计算机科学导论"是计算学科的窗口，强化"导论"属性，俯视计算学科全貌。作为计算机科学与技术全部教学内容的导引课程，该课程构建的实质是寻求一种统一的思想来认知计算学科，并对计算学科进行系统化和科学化的描述。

2. 课程特点

"计算机科学导论"课程内容丰富、知识面宽，涉及计算机科学与技术专业一级学科的几乎所有主题，有相当的广度。该课程的教学效果应该是使学生对计算学科的各个主题充满兴趣和好奇，同时又产生太多的不理解和疑问，非常渴望探索其中的科学道理，让学生对本学科产生强烈的兴趣和求知欲望，为后续课程的学习埋下伏笔。

3. 课程任务

本课程力图将计算机基础理论知识与应用能力培养完美结合。在理论教学方面，充分体现"导论"的真实内涵；在实践教学方面，以实际应用为目标，建立课程的技术、技能体系，融"教、学、做"为一体，强化学生的能力培养。通过本课程学习，使学生掌握正确的学习方法，激发学生的学习兴趣，了解本学科的发展史及发展趋势，能从中获得必要的启示，并从理论模型的层次上掌握计算及计算机的本质问题，了解本学科的知识结构体系及其相互之间的关系，从整体上提高学生对本学科的认识水平。与此同时，本课程应突出"承前启后"作用，为进一步深入学习有关后续课程打下良好基础，并且能对学生学习本专业具有较长时间（大学期间，甚至大学以后）的"导引"作用。

三、课程教学组织

为了便于组织教学，将课程分为"计算机科学导论"和"计算机科学导论学习辅导"两部分，并且以"层次结构、案例教学、项目驱动"的指导思想进行教学组织与设计。

（一）理论教学

"计算机科学导论"理论教学采用进阶式结构，将教学内容分为 4 个层次：基本概念、基本方法、基本技术、高级专题。每章开头的"问题引出"为该章教学的知识背景；"教学重点"为该章的主要教学内容；"教学目标"为该章教学应达到的基本要求。基于进阶式知识结构的教学设计如图 1 所示。

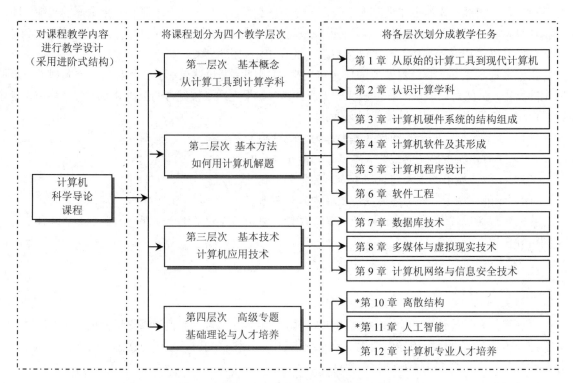

图 1 "计算机科学导论"课程知识结构示意图

第一部分：从计算工具到计算学科

在这一部分中，全面而系统地介绍了计算机的发展史和计算学科知识，其目的在于：

第一，计算机科学技术发展史是人类文明发展史中的重要组成部分，学习和研究计算机科学技术发展史是学习和吸取前人智慧的一种途径。科学史中所蕴涵的科学思想、科学方法及科学精神，对于培养具有创造精神和创新能力的科技人才来说，都是非常必需的。

第二，学习和研究计算机科学的发展史，不仅使学生进一步体会到创新在科学发明中的作用，而且使学生对计算机科学本身及其相关因素有一个全面、深刻的了解和认识。同时，计算机科学先辈们在研究计算机的过程中百折不挠的精神，对学生将会起到激励和鼓舞作用。

第三，学习和研究计算机科学发展史可以让学生了解计算机科学的理论基础、基本内容、发展方向、学习方法等。这对于学生从整体上了解计算学科的知识体系，学习和掌握计算机科学理论知识具有积极作用。

通过第一部分的描述，将学科专业知识与相关的人文知识、人文精神和学科发展史有机地紧密结合，无形中自然地启迪学习思想、激发钻研精神、培养创新意识。

第二部分：如何用计算机解题

通过第一部分的学习已熟悉和了解到从原始计算工具到现代计算机的发展过程以及伴随着计算机的发展而形成了计算学科的有关概念。那么，如何用计算机解题呢？为了便于初学者理解，这里以求解一元二次方程为例，说明计算机必须具备哪些条件才能完成解题任务，以此引出计算机中数据的表示、计算机硬件系统、计算机软件系统、程序设计所涉及的基本问题。

1. 基本任务

设有 $f(x) = ax^2 + bx + c$ ，求 x_1 和 x_2 。我们可将计算机求解此问题的工作过程描述为以下 4 个步骤。

第 1 步：先将问题求解编成程序，并将原始数据（方程系数和常数项的值）a、b 和 c 从输入设备输入到存储设备予以保存。

第 2 步：启动计算设备，在控制部件的控制作用下，按照程序步骤自动地完成如下操作：

1）从存储设备中取出原始数据 a、b 和 c 送到运算部件进行运算，求出中间结果值 b/2a，我们用 f 表示， $(\sqrt{b^2 - 4ac})/2a$ ，用 g 表示；

2）将运算的中间结果值 f、g 送到寄存部件予以临时寄存；

3）从寄存部件中取出中间结果值 f、g，在运算部件中进行 $-f + g$ 、 $-f - g$ 运算，即 $x_1 = -f + g$ ， $x_2 = -f - g$ ；

4）将运算部件中的最终结果 x_1 和 x_2 和送回到存储设备。

第 3 步：显示或打印存储设备中的最终结果 x_1 和 x_2 。

2. 涉及的问题

从上述解题过程可知，用计算机解决实际问题涉及以下 4 个方面的问题：

（1）数据转换：组成现代计算机的电子器件只能识别电位的有、无，通常用 1 和 0 来表示这两种独特状态。因此，计算机中所有的数据信息都只能用由 1 和 0 组成的二进制代码来表示，并且所有的数据信息（数据、符号和文字）都是以二进制代码形式进行存储、处理和传送的。但人类通常习惯使用十进制数来描述数据的大小，用文字来描述语言，用符号来描述图形。那么，如何解决"人－机"之间的这种"兼容性"问题呢，所以实现用计算机解题的第一步就是要解决计算机中数据的表示、转换和编码问题。

（2）硬件系统：要实现用计算机解题的第二步，计算机必须具备以下设备和部件：

● 输入程序和原始数据的输入设备；
● 存放程序和原始数据的存储设备；
● 对数据进行数据处理的运算部件；
● 自动地完成各种操作的控制部件；
● 显示或打印最终结果的输出设备。

所有这些，统称为计算机硬件。计算机系统中的硬件可以泛指那些看得见、摸得着的部件，它是构成计算机的物理装置或物理实现。我们把构成计算机的所有部件称为硬件（Hardware），并将这些硬件的整体结合称为硬件系统（Hardware System）。

（3）软件系统：实际上，仅有硬件设备的计算机是无法完成给定任务的。因为硬件设备只能识别电位的有无（或电位的高低），没有人－机之间的语言交流工具，用户无法与硬件进行联系，即无法指挥机器做何种事情。要使计算机真正发挥作用，必须有指挥硬件系统工作的一系列命令，我们把这些命令的有机结合称为程序。换句话说，在计算机系统中必须要有如下程序的支持：

- 能实现人－机之间的交流并能对其进行管理的系统程序（系统软件：操作系统）；
- 能使用户写入原始数据、文件和实现文字处理的编辑程序（应用软件）；
- 把用不同程序语言设计的程序翻译成机器能识别的代码的翻译程序（系统软件）；
- 具有为科学计算、自动控制一类需求而编制的应用程序（专用软件）。

为了便于与硬件相区分，我们把计算机中使用的各种程序称为软件（Software），并将计算机中所有程序的集合称为软件系统（Software System）。系统软件的核心是操作系统，它是人与计算机之间进行交互的界面。其次是翻译程序，它是把用户（软件开发者）用程序设计语言编写的源程序转换为计算机能认识和执行机器指令程序的工具。不论是用户编写的算法程序，还是软件开发者编写的系统程序，都必须通过编译程序将其编译成计算机可以直接执行的机器代码程序（软件）。

（4）程序设计：软件系统为用户操作使用计算机提供了支撑条件。但是，怎样设计程序呢？它涉及程序设计语言、程序设计方法、算法与数据结构等。其中，程序设计语言是描述完成具体操作和解决实际应用问题的语言工具；程序设计方法是利用程序设计语言描述解决实际问题的基本方法（如面向过程方法和面向对象方法），算法与数据结构是为设计复杂、高效的程序准备的数学工具和方法步骤。

如果说程序设计是描述怎样设计程序的基本方法和步骤。那么软件工程就是开发一个大型软件所采用的技术方案，包括开发途径、方法、工具，以及为确保软件质量所采取的技术手段和措施等。

这样，我们便把计算机中的数据表示、计算机硬件系统、计算机软件系统、程序设计和软件工程连成了一个整体。从而使学生对计算机应该具备哪些条件才能解决实际应用问题所涉及到的基本知识有了一个比较全面的了解。因此，我们可以把这部分内容看作为用计算机解决实际问题的基本方法。

第三部分：计算机应用技术

目前，与计算机紧密结合的应用技术有数据库技术、计算机多媒体技术、虚拟现实技术、计算机网络技术、计算机信息安全技术等。

1. 数据库技术

数据库技术是随着使用计算机进行数据管理的不断深入而产生的、以统一管理和共享数据为主要特征的应用技术，也是计算机科学技术中发展最快、应用最广的领域之一。

2. 计算机多媒体与虚拟现实技术

（1）计算机多媒体技术：是计算机技术和多媒体技术紧密结合的产物，也是当今最引人注目的新技术。它不仅极大地改变了计算机的使用方法，也促进了信息技术的发展，而且使计算机的应用深入到前所未有的领域，开创了计算机应用的新时代。

（2）虚拟现实技术：是计算机软/硬件技术、传感技术、仿真技术、机器人技术在人工智能及心理学等领域高速发展的结晶。这种高度集成的技术是多媒体技术发展的更高境界，也是近年来十分活跃的研究领域。目前，虚拟现实技术在娱乐业、军事演习、模拟教学、实训教学、艺术创作等领域获得广泛应用。

3. 计算机网络与信息安全技术

（1）计算机网络技术：是计算机技术和通信技术紧密结合的产物。它的出现，不仅改变了人们的生产方式和生活方式，而且对人类社会的进步做出了巨大贡献。计算机网络的应用遍布于各个领域，并已成为人们社会生活中不可缺少的一个重要组成部分。

（2）信息安全技术：随着计算机及网络的广泛应用，计算机信息安全问题已成为重要的研究课题，主要包括：反病毒技术、反黑客技术、防火墙技术、计算机密码技术等。

以上应用技术既是目前计算机应用的主要领域，也是计算机应用技术领域研究的核心。

第四部分：基础理论与人才培养

这一部分介绍离散结构、人工智能和计算机专业人才培养。其中，离散结构和人工智能是计算学科中非常重要的内容，二者之间的关系非常密切，而且有一定难度，在本教材中用"*"标示，可作为选学内容。它们是计算学科的理论基础，即使不进行课堂讲授，仅供学生自学，对深入了解计算学科、激发学习兴趣、确定研究方向也具有非常重要的意义。

1. 离散结构

离散结构是现代数学的一个重要学科，它所研究的对象是离散量的结构和相互关系、离散系统结构的数学模型以及建模方法。离散结构研究的内容主要有：数理逻辑、集合论、代数结构、图论。另外，还包括计算机应用对象的离散结构的研究，如离散概率、运筹学、数值计算、数学建模与模拟等。

离散结构在许多学科领域，特别是在计算机科学与技术领域有着广泛的应用，是研究计算机科学的基本数学工具，是计算机专业许多课程（如程序设计语言、数据结构、操作系统、编译原理、人工智能、数据库原理、算法设计与分析、计算机科学导论等）必不可少的先行课程。通过离散结构的学习，不但可以掌握处理离散结构的描述工具和方法，更为后续课程的学习创造条件，而且可以提高抽象思维和严格的逻辑推理能力，为将来参与创新性的研究和开发工作打下坚实的基础。

2. 人工智能

人工智能是 20 世纪中叶开始兴起的一个新的科学技术领域，它研究如何用机器或装置去模拟或扩展人类的某些智能活动，如推理、决策、规划、设计和学习等。现代计算机的体系结构、程序设计、数据库系统等技术领域都涉及人工智能，而且人工智能也是现代计算机和未来计算机发展的一个重要趋势。因此，学习、了解和掌握人工智能的相关知识是极为重要的。

或许有人认为计算机应用不需要掌握离散数学与人工智能知识。但这种认识就像以为只要掌握程序设计语言，不懂得程序设计方法、算法和数据结构也能进行程序设计一样。试想，一个不懂得程序设计方法、算法和数据结构的人，能设计出高效、可靠的实用程序吗？同样，一个不懂得离散数学和人工智能的人，能深入进行计算机科学与技术的研究吗？回答是否定的。因此，了解人工智能对拓展解决问题的思路和开阔专业视野是很有好处的。

3. 计算机专业人才培养

随着我国信息产业的高速发展，对计算机专业技术人才的需求量越来越大，要求也越来越高。因此，如何培养与信息社会发展相适应的计算机专业人才，是教学改革中重要的研究课题。本书重点讨论了以下 4 个方面的内容：

- 计算机专业人才能力培养；
- 计算机技术岗位的基本要求；
- 计算机技术岗位的人才需求；
- 职业生涯规划。

（二）教学辅导

随着计算机技术的飞速发展，计算学科理论与实践的联系越来越紧密，因而更加重视基本理论和基本技能的训练，并已成为高等教育的基本要求。为了将教、学、做融为一体，我们还编写了《计算机科学导论学习辅导》，内容包括"学习引导"、"习题解析"、"技能实训"和"知识拓展"。

1. 学习引导

学习引导包括"关联知识"和"知识链接"。其中，关联知识是对主教材教学内容的补充，以拓展与该章教学内容密切相关的知识，构成完整的知识体系；知识链接则介绍与该章理论密切相关的知识索引和参考文献，为同学们深入学习和专题研究提供指导，以激发同学们的学习兴趣和创作热情。

2. 习题解析

习题解析包括选择题、判断题和问答题（其中的题没有给出解析答案）。通过习题解析，可对照检查学生的学习效果，在巩固各章所学知识的同时，加深对整体概念的理解和认识。

3. 技能实训

技能实训包括键盘操作与打字方法；汉字拼音输入法和五笔字形输入法；Windows 7、Word 2010、Excel 2010、PowerPoint 2010、Access 2010 的基本操作；多媒体工具软件、计算机网络和信息安全工具软件的使用方法。通过技能实训，培养和强化学生的实践动手能力。

4. 知识拓展

知识拓展包括世界著名的计算机组织、著名的计算机奖项、著名的计算机公司、著名的计算机先驱者和图灵奖获得者的生平事迹、有关知识技术的形成与发展等。通过了解计算机科学技术的形成与发展，揭开计算机科学技术的神秘面纱，增强学生进行科学探索的信心；通过介绍科学家们的生平事迹，激发学生努力塑造坚韧不拔、锲而不舍、顽强拼搏的精神品质。

四、课程教学资源

为了便于教学和自学，我们将"计算机科学导论"课程建成了立体式、多元化的教学资源，如图 2 所示。

所谓立体式，是指特色鲜明的文字教材、内容丰富的计算机辅助教学软件和功能完善的课程教学网站。

所谓多元化，是指每一种教学媒体中包含了多种形式的教学资源。例如，文本资源包括教材、教案、教学大纲等；教学软件包括 PPT、CAI 等。其中，CAI 是计算机辅助教学软件，通常也称为课件（Couserware），CAI 的作用是将那些难以用语言和文字表述清楚的抽象概念，利用 CAI 动画演示，进行形象、生动、准确的描述，能有效地提高教学效果。

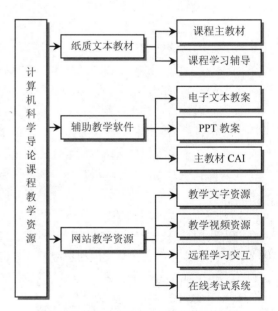

图 2　计算机科学导论课程教学资源的组成

总之，无论是课程设计理念，还是课程教学方法；无论是课程教学内容，还是课程资源建设，本书都力求体现有特色风格、有创新性、先进性和示范性。因为先进的教学理念、丰富的教学资源和现代化的教育技术手段，是提高教学效果、确保教学质量的根本保证。

第一层次 基本概念

第1章 从原始的计算工具到现代计算机

【问题引出】当今社会是一个信息社会，其主要特征表现在微电子技术、计算机技术及网络技术的广泛应用已渗透到社会的各个方面，改变了人们的生活和生产方式。利用计算机的高速运算、大容量存储及信息加工能力，使得以前很多可望而不可及的复杂计算成为现实，甚至许多工作如果离开了计算机就几乎无法完成。可以毫不夸张地说，如果没有计算机，就不会有科学技术的现代化，信息社会也将无从谈起。那么，计算机是怎样形成的？具有哪些特点和应用？计算机与信息化有何关系？等等，这些都是计算机类专业学生必须了解的内容，也是本章所要讨论的问题。

【教学重点】本章主要介绍人类计算工具的发展、现代计算机体系的形成、现代计算机的基本概况、计算机与信息化等。

【教学目标】了解计算工具的发展过程、现代计算机体系的形成与性能特点；熟悉信息化的相关概念；掌握冯·诺依曼计算机的基本结构、组成原理及工作过程。通过本章学习，为进一步了解和应用计算机以及深入研究计算机的形成与发展奠定基础。

§1.1 人类计算工具的进步

从原始的计算工具到现代的电子计算机，人类在计算领域经历了漫长的发展阶段，并在各个历史时期发明和创造了多种计算工具。为了叙述方便起见，这里，我们把各个历史时期称为"代"。人类计算工具的发展概况如图1-1所示。

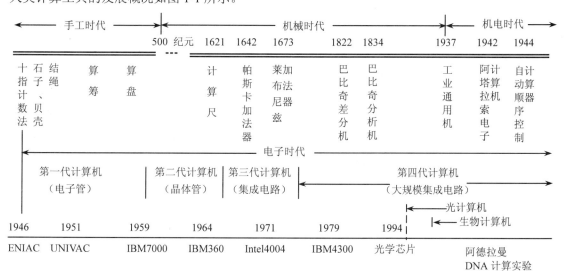

图1-1 计算工具的发展概况

1.1.1 手工时代

手工时代是人类最原始的时代。处在当今信息时代的人们，很难想象原始人类的生活情景。我们今天拥有的一切，是随着人类的生活需要和生产实践的需求逐步发展起来的。需求是发明之母，人类计算工具也不例外。手工时代的计算工具，其发展过程大致可分为以下3个阶段。

1. 十指与结绳

远古时代还没有文字。人们为了记载发生过的事件，使用最方便、最自然、最熟悉的十个手指来进行比较和量度，从而形成了"数"的概念和"十进制"计数法。此时，手指是一种天然、方便、简捷的计算工具。而当生产力进一步发展到依靠十个手指的运算量已不能满足需要的时候，人类不得不开始寻求非自然的计算工具。为了表示更多的数，祖先们用石子、贝壳、结绳等作为计数工具来统计人和猎物的数目。最早，记事与记数是联系在一起的。为了要记住一件事，就在绳子上打一个结（knot），"事大，大结其绳；事小，小结其绳；结之多少，随物众寡。"

2. 算筹

随着人类社会活动范围的扩大，计算越来越复杂，要求的数值计算能力也越来越高。我国古代劳动人民最先创造和使用了简单的计算工具——算筹。算筹在当时是一种方便而先进的计算工具，它可以按照一定的规则灵活地布棍于地上或盘中。筹算时，一边计算一边不断地重新布棍。

> 在《后汉书》和先秦诸子著作中，有不少关于"算"、"筹"的记载。算筹问世于商周时代，春秋战国以及后汉的书籍中已大量出现"筹"之说，《汉书·张良传》说张良"运筹帷幄之中，决策千里之外。"这里的"筹"，就是算筹（筹棍）。用算筹进行计算称为筹算。

我国古代数学家通过算筹这种计算工具，使我国的计算数学在世界上处于遥遥领先的地位，创造出了杰出的数学成果。例如，祖冲之的圆周率，解方程和方程组的天元术、四元术，著名的中国剩余定理，秦九韶算法，以及许多精密的天文历法等都是借助算筹取得的。

> 祖冲之（公元429~500年），36岁时为古代数学名著《九章算术》作注。《九章算术》成书于公元40年，集我国古代数学之大成，历代曾有不少人为它作注，但都碰到一个难题——圆周率π。远古时候，称"径一周三"，即指π=3；三国时刘徽将其精确到3.14。祖冲之采用的计算方法是割圆术，即将直径为一丈的圆内接一个六边形，然后再依次内接一个12边形、24边形、48边形……每割一次都按勾股定理用算筹摆出乘方、开方等式，求出多边形的边长和周长。这样不断求出多边形的周长，也就不断逼近圆周了。接到96边形时遇到了难以想象的困难，当年刘徽就是至此止步，将得到的3.14定为最佳数据。祖冲之认为这样不断割下去，内接多边形的周长还会增加，接到24576边形时，圆周率已经精确到了小数点后第八位，即3.14159261，更接近于圆周，若再增加也不会超过0.0000001丈，所以圆周率必然是在3.1415926和3.1415927之间。在当时，这个数值已相当精确，比欧洲数学家奥托的相同结果早了一千多年。

3. 算盘

随着经济的发展，要求进一步提高计算速度，筹棍的缺点日益显露出来，算筹最终被更先进、更方便的计算工具——算盘（珠算）取代，这是计算工具发展史上的第一次重大改革。据历史记载，我国公元前500年发明了算盘，迄今已有2600多年的历史。随着算盘的普及应用，并经过不断地改进和完善，终于在元代中后期取代了算筹。算盘的构成如图 1-2 所示。

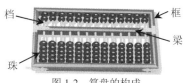

图 1-2　算盘的构成

算盘由框、梁、档、珠等四部分组成。每一档模拟一个人，每档梁上的珠子模拟一个人的双手，梁下五个珠子模拟了一只手的五个指头，每增加一个档数便可成倍地提高运算的精度。

算盘是我国汉族人民独特创造、采用十进制的先进计算工具。它轻巧灵活，携带方便，应用极为广泛。随着算盘的广泛使用，人们总结出许多计算口诀（如加法口诀、减法口诀、九九口诀、除法口诀等），使计算的速度更快了。在中世纪时期的世界各国，拥有像算盘这样普及并和人民的生活密切相关的计算工具我国是仅有的。它不但对我国经济的发展起过有益作用，而且流传到日本、朝鲜、东南亚，后来又传入西方世界，对世界文明作出了重大贡献。算盘是世界上公认的最早使用的计算工具。至今，它还是我国和一些亚洲国家日常生活中重要的计算工具。在英语中，算盘有两种拼法，一是单词 abacus，二是汉语拼音 Suan-Pan。

> 算盘的发明，是人类计算工具史上的一次飞跃，是中华民族对人类文明的重大贡献之一。它的科学性经住了长期实践的考验，直至今天，仍然有着极其顽强的生命力。令人遗憾的是，迄今为止，我们并不知道算盘的发明者是谁。

1.1.2　机械时代

16 世纪中叶之前，欧洲的数学和计算工具的发展是缓慢的，落后于当时的中国、印度、埃及等国。进入 17 世纪，随着工业生产的发展，欧洲的数学和计算工具得到迅速发展。

1. 计算尺

苏格兰数学家约翰·耐普尔（John Napier，1550～1617）以发明对数而闻名，1614 年他创造了一种能帮助乘法计算的骨质拼条，称为耐普尔骨条。1621 年英国数学家威廉·奥特雷德（William Oughtred，1575～1660）根据对数原理发明了圆形计算尺（Circular slide rule），这是最早的模拟计算工具。

2. 帕斯卡加法器

1642 年，著名的法国数学家、物理学家帕斯卡（Blaise Pascal，1623～1662）设计了一台机械式加法器，它是世界上的第一台机械计算机，如图 1-3 所示。

图 1-3　加法器

帕斯卡加法器是由一系列齿轮组成的装置，只能做加法和减法运算，这台加法器是利用齿轮传动原理，通过手工操作来实现加、减运算的。机器中有一组轮子，每个轮子上刻着从 0～9 的 10 个数字。利用齿轮啮合装置，低位齿轮每转 10 圈，高位的齿轮就转一圈，实现了"逢十进一"的进位功能。

　　帕斯卡的父亲是一个收税员，帕斯卡为了帮助父亲算账，研制了加法器，对父亲的工作起了很大的帮助作用。Pascal 发明的加法器在法国引起了轰动。这台机器在展出时，前往参观的人川流不息。Pascal 加法器向人们揭示：用一种纯粹机械的装置去代替人们的思考和记忆是完全可以做到的。为了纪念帕斯卡在计算机领域开拓性的贡献，1971 年尼可莱斯·沃思（Niklaus Wirth）教授将自己发明的一种程序设计语言命名为"Pascal 语言"。

3. 莱布尼兹乘法器

　　1673 年著名的德国哲学家、数学家（与牛顿同时创立了微积分理论）戈特弗里德·威廉·莱布尼兹（Gottfried Wilhelm Leibniz，1646~1716），在 Pascal 加法器的基础上，增加了乘、除功能，研制了一台能进行四则运算的机械式计算器，称为莱布尼兹四则运算器。整个机器由一套齿轮系统来传动，重要部件是阶梯形轴，非常便于实现简单的乘除运算。莱布尼兹的乘法器，加、减、乘、除四则运算一应俱全，为其后风靡一时的手摇计算机铺平了道路。但由于当时的生产技术水平还不能提供廉价、精密的零件，使得大约经历了两个世纪，直到 19 世纪手摇计算机才得以商品化生产。莱布尼兹研制出他的机械式计算器不久，又提出了进位加（Shift add）的设计思想（后来演化成"二进制"），并系统地提出了二进制数的运算法则，对 200 多年后计算机的发展产生了深远的影响，并被现代计算机采用。

4. 雅克特提花编织机

　　1801 年法国工程师约瑟·雅克特（Joseph Marie Jacquard，1752~1834）发明了一种提花织布机，在织布过程中，执行的步骤由纸带上穿孔的方式控制，这对后来计算机信息的输入输出和控制操作的研制起了重要作用，否则，机械计算机是无法实现的。

5. 巴贝奇差分机与分析机

　　帕斯卡、莱布尼兹设计的机械计算机都没有自动计算的功能。但雅克特提花编织机蕴涵的程序控制的自动化思想，启发了剑桥大学（University of Cambridge）的一位学者（见图 1-4），他就是英国数学家查尔斯·巴贝奇（Charles Babbage，1792~1871 年）。1812 年巴贝奇提出了自动计算机的基本概念：要使计算机能自动地工作，必须把计算步骤和原始数据预先存放在机器内，使机器能够自动地取出这些数据，在必要时能进行一些简单的判断，决定下一步的计算顺序。据此，1822 年，巴贝奇研制出了第一台差分机（Difference Engine），如图 1-5 所示。

图 1-4　巴贝奇

图 1-5　差分机

　　这台差分机可以保存 3 个 5 位的十进制数，并能进行加法运算，精确度可达到 6 位，而且还能打印出结果，是一种供制表人员使用的专用机。差分机的杰出之处是能按照设计者的意图自动完成一连串的运算，体现了计算机最早的程序设计思想。这种程序思想的创建，为现代计算机的发展开辟了道路，在计算机发展史上占有极其重要的地位。

1833 年，巴贝奇提出了一项大胆的设计，他的目标不仅仅是能够制表的差分机，而是一种通用的数学计算机。巴贝奇把这种新的设计叫做"分析机"（Analytical Engine），它是现在通用计算机的始祖。1834 年，巴贝奇研制了一台可以运转的分析机模型，如图 1-6 所示。

分析机的重要贡献在于它包括了现代数字计算机所具有的 5 个基本组成部分。

图 1-6　分析机

（1）输入装置：用穿孔卡片输入数据。

（2）存储装置：巴贝奇称它为"堆栈"（Store）。该装置被设计为能存储 1000 个 50 位十进制数的容量，它既能存储运算数据，又能存储运算结果。

（3）资料处理装置：巴贝奇称它为"磨坊"（Mill），通过它来完成加、减、乘、除运算。其演算加法的速度为每秒钟一次，演算乘法的速度为每分钟一次。这样的速度已经大大超越了原来所有机器的速度。并且在运算过程中，还能根据运算结果的符号改变计算的进程，用现代术语来说，就是使用了条件转移指令。

（4）控制装置：使用指令进行控制，使用程序自动改变操作次序。它们是通过穿孔卡片顺序输入处理装置完成的。

（5）输出装置：用穿孔卡片或打印方法输出。

由此看出，在现代电子计算机诞生一百多年以前，就已经提出了几乎完整的设计方案，并包含了程序设计思想的萌芽。这些概念和设计思想，为现代电子计算机的形成奠定了基础。巴贝奇首先提出带有程序控制的完全自动计算机的设想，是向现代计算机过渡的关键一步。

在巴贝奇分析机艰难的研制过程中，必然要提及到一位计算领域著名的女程序员——阿达·奥古斯塔·拜伦。1842 年 27 岁的阿达，迷上了这项当时被认为是"怪诞"的研究。阿达对分析机的浓厚兴趣和卓越见解对巴贝奇是极大的鼓舞，她成为巴贝奇科学研究上的合作伙伴。阿达负责为巴贝奇设想中的通用计算机编写软件，并建议用二进制存储取代原设计的十进制存储。她指出分析机可以像雅克特织布机一样进行编程，并提出了程序设计（Program Design）和编程（Programming）的基本要素，还为某些计算开发了一些指令，开天辟地第一次为计算机编出了程序，包括三角函数计算程序、级数相乘程序、伯努利数计算程序等。她对分析机的潜在能力进行了最早的研究，预言这台机器总有一天会演奏音乐。由于阿达在程序设计上开创性的工作，被誉为是世界上第一位软件工程师和第一位程序员。1979 年美国国防部（Department of Defense）研制的通用高级语言就是以阿达命名的，称为 Ada 语言，以寄托人们对她的纪念。

1.1.3　机电时代

20 世纪初，电子管的诞生，开辟了电子技术与计算技术相结合的道路。1919 年，W.H.Ecclers 和 F.W.Jordan 用两只三极电子管接成了 E-J 双稳态触发器。这一关键技术的研制成功，引起了人们极大的重视，它使人们联想到可以使用电子管来作为计算工具的元件，即用电子元件表示二进制数，以提高计算速度的可能性。这一时期典型的计算工具主要有以下 3 种。

1. 工业通用计算机

1937 年美国贝尔实验室的 George Stibitz 和哈佛大学的 Howard Aiken 等人开发了工业通用的机电式计算机。随后，1938 年美国的 V.Bush 为解线性微分方程而设计了微分器，它是世界上第一台电子模拟计算机。

2. 阿塔纳索夫计算机

1939 年 12 月，美国衣阿华州立大学物理学教授阿塔纳索夫（J.V.Atanasoff）首次尝试用电子元件按二进制逻辑制造电子管数字计算机，主要用于解决一些线性方程的系统。这项工作曾因战争一度中断，直到 1942 年在研究生贝利（Cliffod Berry）的帮助下，才研制成一台很小的电子管计算机（Atanasoff Berry Computer，ABC），从此拉开了用电子器件制作计算工具的序幕。

3. Mark 计算机

1936 年，美国青年霍华德·艾肯（Howard Aiken，1900～1973）来到哈佛大学攻读物理学博士学位。在撰写博士论文，查阅参考资料时发现了巴贝奇的分析机论文。艾肯感到巴贝奇仿佛正在同他娓娓交谈，为他讲解那台机器的结构，目光中充满着期待的神色。以艾肯所处时代的科技水平，已经完全能够实现巴贝奇的夙愿。为此，他写了一篇《自动计算机的设想》的建议书，提出要用机电方式，而不是用纯机械方法来构造新的"分析机"。

图 1-7　马克 1 号

1944 年，在 IBM 公司提供 100 万美元资助下，艾肯研制出了著名的"马克 1 号"（Mark-I）机电式计算机，其正式名字是"自动顺序控制计算器"（IBM Automatic Sequence-Controlled Calculator，IBM ASCC），如图 1-7 所示。

1944 年 2 月，Mark-I 在哈佛大学正式运行，其设计思想几乎就是巴贝奇分析机的翻版，当时就被用来计算原子核裂变过程，所编出的数学用表至今仍在使用。1946 年艾肯发表文章称"这台机器 Mark-I 能自动实现人们预先选定的系列运算，甚至可以求解微分方程"。这是对巴贝奇预言的最好验证。事隔多年之后，已成为大学教授的艾肯博士谈起巴贝奇其人其事，仍然惊叹不已，他感慨地说："假如巴贝奇晚生 75 年，我就会失业。"

Mark-I 完工后，在 1945～1947 年间，艾肯又领导研制了 Mark-II 机电式计算机。

Mark 终于实现了巴贝奇的夙愿，遗憾的是 Mark 计算机从它投入运行的那一刻开始就已经过时。因为此时此刻，人类社会已经跨入了电子时代。但在计算机的发展史上，Mark-I 和 Mark-II 有着重要地位，它们的成功为研制电子计算机积累了重要的经验。

这里值得一提的是，在参与 Mark 系列机研制的人员中，有一位杰出女性——格雷斯·霍普（Grace Hopper，1906～1992 年）。1946 年，霍普在发生故障的 Mark 计算机里找到了一只飞蛾，这只小虫被夹扁在继电器的触点里，影响了机器的正常运行。于是，霍普把它小心地夹出来保存在工作笔记里，并诙谐地把程序故障统称为"臭虫"（Bug），这一奇妙的称呼后来竟成为计算机故障的代名词，而"Debug"则成为调试程序、排除故障的专业术语。

1.1.4　ENIAC 的诞生

1943 年 4 月，正值第二次世界大战期间，美国陆军军械部为提高火炮弹道表的精确性和计算速度，急需研制一台运算速度更快的计算机。当时，负责弹道表任务的是军械部弹道实验室的青年数学家、上尉赫尔曼·哥德斯坦（Hermam H.Goldstine）。协助他一同负责弹道计算工作的还有来自宾夕法尼亚大学莫尔学院的两位专家：一位是 36 岁的物理学教授约翰·莫齐利（John Mauchly）；另一位是他的学生，24 岁的电气工程师雷斯帕·埃克特（Presper Eckert）。莫齐利在从事分子物理研究时，就曾想研制一种新型的高速计算工具，但苦于经费的问题，没有进行。当哥德斯坦把急需研制高速计算机的想法和请求向莫齐利和埃克特说明后，莫齐利和埃克特很高兴。莫齐利擅长计算机理论，埃克特专于电子技术。对莫齐利的每一种总体构思，埃克特总能从电路上使之具体化。于是，两人向哥德斯坦提交了一份"高速电子管计算装置"的设计草案。哥德斯坦仔细看过这份设计方案后非常振奋，如果能研制出这样的高速计算装置，那么弹道计算的效率将会提高成百上千倍！于是，哥德斯坦决定立即向军械部争取这笔经费，尽管预算费用高得惊人（15 万美元，大约相当于现在的 300 万美元）。1943 年 4 月 9 日，美国陆军军械部召集了一次非同寻常的会议，讨论哥德斯坦等人提交的关于研制"高速计算装置"的报告。经过紧张激烈的研讨，最后决定批给经费，研制这项不能确保一定能达到预期效果的开发方案。战争的需要，推动了电子数字计算机的诞生。

1946 年 2 月 15 日是计算机发展史上值得纪念的一个日子。在美国宾夕法尼亚大学举行了一个可载入史册的典礼，即人类历史上第一台电子数字计算机的揭幕典礼。这台机器名为电子数字积分器和计算器（Electronic Numerical Integrator And Calculator，ENIAC，埃尼阿克），如图 1-8 所示。

图 1-8 ENIAC 计算机

ENIAC 于 1945 年底竣工，1946 年 2 月 15 日正式举行了揭幕典礼。这是一台重 28 吨、占地面积 170 平方米的庞然大物。它使用了 18000 多只电子管，70000 个电阻，18000 个电容，耗电量约 150 千瓦，每秒可进行 5000 次运算，堪称为空前绝后的"巨型机"。在庆典大会上 ENIAC 不凡的表演确实令来宾们大开眼界，同一时代的任何机械和电子计算机在它面前都只能相形见绌。

ENIAC 同以往的计算机相比，最突出的特点是它采用了电子线路来执行算术运算、逻辑运算和存储信息。为了执行加减运算和存储信息，采用了 20 个加法器，每个加法器由 10 组环行计数器组成，可以保存字长为 10 位的十进制数。它能在 1s 内完成 5000 次加法运算，在 3/1000s 内完成两个 10 位数的乘法运算，其运算速度至少超出"马克 1 号"1000 倍以上，这就是它能够胜任相当广泛的现代科学计算的原因所在。但由于 ENIAC 是一台按十进制表示数字和进行算术运算，仅能进行一些特定运算的机器。其内部只有 20 个寄存器，没有真正称得上存储器的部件。编制程序是在控制面板上用开关进行的，所有操作都只能通过设置开关和改接线路来实现。因此，ENIAC 的操作复杂，自动化程度低，没有最大限度发挥电子技术所具有的巨大潜力。

尽管 ENIAC 的结构和原理继承于机电式计算机，还不具备巴贝奇所预见的自动通用机的特征（存储程序功能），但由于它是世界上最早问世的第一台电子计算机，所以被认为是电子计算机的始祖。它的诞生，是计算机科学发展史上的一个里程碑，是 20 世纪最伟大的科技成就。

回顾计算机的发展历程，从原始的计算工具到 ENIAC，每前进一步，都是计算机先辈们艰苦卓绝的结果；每一种新型机的诞生，都是计算机先驱者们智慧的结晶。

§1.2 现代计算机体系的形成

ENIAC 以前的计算机由于缺乏最合理的体系结构与理论依据，无法实现重大突破。19 世纪中期至 20 世纪中期，是布尔、香农、诺伯特·维纳、图灵和冯·诺依曼等人在计算机相关理论上的突破和概念上的创新，形成了现代计算机科学的理论基础，构成了现代计算机的科学体系。

1.2.1   布尔及其布尔代数

1. 布尔

乔治·布尔（George Boole，1815～1854），英国著名数学家和逻辑学家。逻辑是一门探索、阐述和确立有效推理原则的学科，它利用计算的方法来代替人们思维中的逻辑推理过程，最早是由古希腊学者亚里士多德（Aristotle，公元前 384～322）创立的。亚里士多德逻辑学的基本特点是使用自然语言来描述逻辑的研究，称之为古典逻辑学。

2. 布尔代数

由于莱布尼兹在建立新的逻辑系统中保留了对内涵的解释，因而，他在应用数学方法的过程中不断遇到困难。而布尔却采用了外延的方法，因而在研究中取得了重大突破。在布尔 1847 年发表的《逻辑的数学分析》和 1854 年发表的《思维规律研究》两部著作中，首先提出了"逻辑代数"的基本概念和性质，建立了一套符号系统，利用符号来表示逻辑中的各种概念（逻辑判断符号化），并从一组逻辑公理出发，像推导代数公式那样来推导逻辑定理。人们为了纪念这位伟大的逻辑学家，将"逻辑代数"称为"布尔代数"（Boolean Algebra）。

布尔代数是以形式逻辑为基础，以文字符号为工具，以数学形式来分析、研究逻辑问题的理论。布尔代数虽为数学，但与普通数学有着本质的区别。它研究的对象只有"0"和"1"两个数码，并定义了"与"（and）、"或"（or）、"非"（not）三种运算。尽管布尔代数也用文字符号代替数码，以表示逻辑变量，但这种变量的取值范围仅限于"0"和"1"，所以逻辑变量是二值的，因此又把它称为二值逻辑。这种简化的二值逻辑为计算机的二进制、开关逻辑电路的设计铺平了道路，并最终为现代计算机的发明奠定了数学基础。

布尔代数作为一种形式逻辑数学化的方法，提出时是和计算机无关的，但布尔代数理论和方法为数字电子学和计算机设计提供了重要的理论基础。这种简化的二值逻辑为数字计算机的二进制数、开关逻辑元件和逻辑电路的设计与简化铺平了道路，并为采用二进制理论的数字计算机提供了理论基础。事实上，作为现代数学中一个重要分支的布尔代数，被数学家们应用于很多领域的研究，如人工智能、概率论、信息论、图论、开关理论及计算科学等。

1.2.2   香农等人对布尔代数的研究

威廉·杰文斯（William Jevons，1835～1882）认为布尔代数是自亚里士多德以来逻辑学中最伟大的进展，杰文斯于 1869 年发明了一台逻辑机，使用四个逻辑字母来进行布尔运算比不用机器的逻辑学家能更快地解决复杂的问题。

20 世纪，人们利用布尔代数方法成功地解决了某些技术问题。1910 年，爱伦费斯特首次提出用布尔代数作为分析和综合继电器线路的数学方法。1923 年，前苏联水利工程建筑专家戈尔塞瓦诺夫指出，可以用布尔代数方法进行建筑物的计算。

20 世纪 30 年代美国学者克劳德·香农（Claude E.Shannon，1916～2001），1936 年在硕士论文中将布尔代数引入了计算科学领域，该论文系统地提出了二进制的概念：能够用二进制系统表达布尔代数中的逻辑关系，使用"1"代表"TRUE"（真），使用"0"代表"FALSE"（假）。二进制概念的提出有很重要的意义，可以说是以后几十年里计算科学发展的基础。

1938 年，香农在硕士论文的基础上，发表了题为《继电器开关电路的符号分析》的论文，首次提出了可以用电子线路来实现布尔代数表达式。他认为布尔代数只有 0 和 1 两个值与电路分析中的开和关、高电位和低电位等现象完全一样,都只有两种不同的状态。在香农的线路中,按布尔代数逻辑变量的真或假对应开关的闭合或断开。他提出,可将任意布尔代数表达式转化为一系列开关的布局。若命题为真,线路建立连接;若命题为假,则断开连接。这种结构意味着:任意用布尔逻辑命题精确描述的功能都可用模拟的开关系统来实现。由于香农把布尔代数用于以脉冲方式处理信息的继电器开关,从理论到技术彻底改变了数字电路的设计方向。因此,这篇论文在现代数字计算机史上具有划时代的意义。1940 年,香农获得麻省理工学院数学博士学位。1948 年他发表了题为《通信的数学原理》的论文,1949 年发表了题为《噪音下的通信》的论文,解决了许多悬而未决的问题,被尊称为"信息论之父"。

1.2.3 维纳提出计算机设计的原则

美国数学家诺伯特·维纳(Norbert Wiener,1894~1964)是控制论学科的创始人,对控制论的创立和发展作出了重大贡献。在创立控制论的过程中,维纳开始对计算机结构设计进行研究和探索,考虑计算机如何能像大脑一样地工作。他认为计算机是一个进行信息处理和信息转换的系统,只要这个系统能得到数据,机器本身就应该能做几乎任何事情。1940 年,维纳提出了设计计算机的一些原则:

(1)计算机中的加法装置和乘法装置应该是数字式的,而不是模拟式的。

(2)计算机由电子元件构成,尽量减少机械部件。

(3)采用二进制运算。

(4)全部运算在机器上自动进行。

(5)内部存储数据。

这些原则对新一代计算机的研制具有较大的指导意义,在计算机发展史上,为计算机设计理论作出了不可磨灭的贡献。

1.2.4 图灵及其 TM 和 TT

阿兰·图灵(Alan Turing,1912~1954,见图 1-9)是现代计算机思想的创始人,被誉为"计算机科学之父"和"人工智能之父"。正如被尊为"计算机之父"的冯·诺依曼一再强调的:如果不考虑巴贝奇等人的工作和他们早先提出的有关计算机和程序设计的一些概念,计算机的基本思想来源于图灵。图灵对现代计算机的主要贡献体现在两个方面:一是建立了图灵机理论模型;二是提出了定义机器智能的图灵测试。

1.图灵机(Turing Machine,TM)

布尔用"真"、"假"两种逻辑值和"与"、"或"、"非"三种逻辑运算成功地把形式逻辑归结为一种代数,使得逻辑中的任意命题可用数学符号表示出来,并能按照一定的规则导出结论。那么,以布尔代数为基础,能否将推理过程由一种通用的机器来完成呢?

图 1-9 图灵

1936 年,图灵在他发表的《论可计算数及其在判定问题中的应用》(On Computable Numbers with an Application to the Encryption Problem)一文中,就此问题进行了探索。在这篇被誉为现代计算机原理开山之作的论文中,描述了一种"图灵机"(Turing Machine)模型,并给"可计算性"下了一个严格的数学定义。图灵认为可以制造一种十分简单但运算能力很强的计算装置,用来计算可以想像得到的可计算函数。的确，图灵机模型不仅解决了纯数学基础理论问题，而且在理论上证明了研制通用数字计算机的可行性。这个假想的通用"图灵机"由控制器、读写头和一个两端可无限延长的工作带组成，如图 1-10 所示。

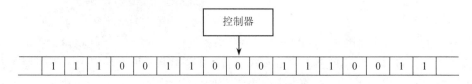

图 1-10　图灵机工作原理示意图

工作带被划分成一个个大小相同的方格，每个方格内记载着给定字母表上的符号。控制器带有读写头，且能在工作带上左右移动。随着控制器的移动，读写头既可读出方格中的符号，也可改写方格中的符号。图灵机把程序和数据都以数码的形式存储在纸带上，是"存储程序"型的，这种程序能把用高级语言编写的程序译成机器语言程序。

在最基本的图灵机结构中，程序仅由三条语句构成，分别是：

- 增量语句，即变量值加 1；
- 减量语句，即变量值减 1；
- 条件转移语句，根据变量是否为 0 决定执行 A 语句或者 B 语句。

图灵认为："只要为它编好程序，它就可以承担其它机器能做的任何工作"。事实证明，这种机器确实能进行多种运算，并可用于一些定理的证明。图灵机的研究实现了对计算本质的真正认识。根据图灵的研究，所谓计算，就是计算者（人或机器）对一条两端可无限延长的纸带上的一串 0 或 1 经过有限步骤，最后得到一个满足预先规定的符号串的变换过程。

尽管图灵机并不是真实的计算机，只是用数学方法从理论上证明了制造通用计算机的可行性（用简单的程序指令解决计算与逻辑问题，用形式化方法成功地描述了计算这一过程的本质），但其思想奠定了整个现代计算机发展的理论基础。图灵机虽然只是一个抽象或概念上的机器，但它的计算能力超过了其它任何物理计算机。这是因为：物理计算机只有有限的存储空间，同时，物理计算机的操作速度受限于真实世界的各种约束，而图灵机是一个抽象模型，它在操作速度上不会受到真实世界的各种约束。实践证明，图灵机不能解决的计算问题，实际计算机也不能解决；只有图灵机能够解决的计算问题，实际计算机才有可能解决。但必须注意，有些问题是图灵机可以计算而实际的计算机还不能实现的。

2. 图灵测试（Turing Testing，TT）

1950 年，图灵发表了一篇里程碑式的论文《计算机器与智能》（Computer Machinery and Intelligence），第一次提出"机器思维"的概念。图灵提出一个假想：一个人在不知情的条件下，通过一种特殊的方式和一台机器进行问答，如果在相当长时间内，他分辨不出与他交流的对象是人还是机器，那么，这台机器就可以认为是能思维的。这就是著名的"图灵测试"（Turing Testing）。当时全世界只有几台计算机，它们肯定无法通过这一测试，但图灵预言，在 20 世纪末，一定会有计算机通过"图灵测试"，计算机能做我们想象不到的事情。

1993 年 11 月 8 日，美国波士顿计算机博物馆举行了一次引起各界关注的"图灵测试"。1997 年 5 月，IBM 公司研制的计算机"深蓝"与国际象棋冠军卡斯帕罗夫进行了举世瞩目的国际象棋大赛，可谓"世纪之战"。而最终"深蓝"以两胜一负三平战胜了卡斯帕罗夫。这一结果让世界为之惊叹！再一次掀起了对图灵这一伟大预言的热烈讨论。今天，图灵测试已被公认为是"证明机器具有智能的最佳方法"。

事实上,图灵对计算机科学的贡献远不只是图灵机和图灵测试。他在专用密码破译计算机设计、计算机程序理论、神经网络和人工智能等领域也做出了开拓性的研究;在量子力学、概率论、逻辑学、生物学等诸多领域都有突出贡献。为了纪念这位伟大的计算机奠基人,美国计算机学会(ACM)将其年度奖命名为"图灵奖",人们把它称为计算机科学界的诺贝尔奖。

1.2.5　冯·诺依曼及其 EDVAC

美籍匈牙利著名数学家约翰·冯·诺依曼(John Von Nouma,1903~1957 年,见图 1-11)曾是 ENIAC 的顾问,他在研究 ENIAC 计算机的基础上,针对 ENIAC 的不足之处,并根据图灵提出的存储程序式计算机的思想,于 1945 年 3 月提出了"存储程序控制"思想.1945 年 6 月,一个全新的存储程序式、被认为是现代计算机原理模型的通用计算机——电子离散变量自动计算机(Electronic Discrete Variable Automatic Computer,EDVAC)方案诞生了,而此时,ENIAC 机还尚未完成。1946 年 6 月,诺依曼发表了更为完善的设计报告《电子计算机装置逻辑结构初探》。在该报告中,他提出了以二进制和存储程序控制为核心的通用电子数字计算机体系结构。1951 年 EDVAC(埃德瓦克)宣告完成。1952 年进行最后试验,并在美军阿伯丁弹道实验室开始正常运转。EDVAC模型机如图 1-12 所示。

图 1-11　冯·诺依曼

图 1-12　EDVAC 模型机

EDVAC 方案的提出和研制成功,标志着现代计算机体系的形成,也使得冯·诺依曼被称为"计算机之父"。基于冯·诺依曼思想设计的现代电子计算机,其基本原理、结构组成与工作过程主要体现在以下 5 个方面。

1. 二进制原理

计算机虽然很复杂,但其基本元件都可看作是电子开关,而且每个电子开关只有"开"(高电位)、"关"(低电位)这两种状态。如果这两种状态分别用"1"和"0"来表示,则计算机中的所有信息,不论是数据还是命令,都可以统一由"1"和"0"的组合来表示。在计算机中采用二进制具有如下优点:

(1)电路简单:与十进制数相比,二进制数在电子元件中容易实现。因为制造仅有两种不同稳定状态的电子元件要比制造具有十种不同稳定状态的电子元件容易得多。例如开关的接通与断开、晶体管的导通与截止都恰好可表示"1"和"0"两种状态。

(2)工作可靠:用两种状态表示两个代码,数字传输和处理不易出错,因此可靠性好。

(3)运算简单:二进制只有 4 种求和与求积运算规则:

求和:0+0=0;　0+1=1;　1+0=1;　1+1=10

求积:0×0=0;　0×1=0;　1×0=0;　1×1=1

而十进制数的求和运算从 0+0=0 到 9+9=18 共有加法规则 100 条，求积运算从 0×0=0 到 9×9=81 共有乘法规则也是 100 条。显然，二进制数比十进制数的运算要简单得多。

二进制是德国数学家莱布尼兹在 18 世纪发明的，他的发明受中国八卦图的启迪。莱布尼兹曾写信给当时在康熙皇帝身边的法国传教士白晋，询问有关八卦的问题并进行了仔细研究，之后莱布尼兹还把自己制造的一台手摇计算机托人送给康熙皇帝。

八卦由爻组成，爻分为阴爻（用"--"表示）和阳爻（用"-"表示），用三个这样的符号组成八种形式，叫做八卦。每一卦形代表自然界一定的事物，用乾、坤、坎、离、震、艮、巽、兑分别代表：天、地、水、火、雷、山、风、泽。如果用 1 表示阳爻，用 0 表示阴爻。用三个阳爻和阴爻便可构成八种不同的组合，正如三个二进制位能表示八种不同的状态一样。八卦爻的组成如图 1-13 所示。

图 1-13　八卦图

（4）逻辑性强：计算机的工作原理是建立在逻辑运算基础上的。二进制只有"1"和"0"两种状态，正好与逻辑命题中的"是"和"否"相对应。

2. 存储程序控制原理

存储程序控制是冯·诺依曼计算机体系结构的核心，其基本思想包括 3 个方面的含义：

（1）编制程序：为了使计算机能快速求解问题，必须把要解决的问题按照处理步骤编成程序，使计算机把复杂的控制机制变得有"序"可循。

（2）存储程序：计算机要完成自动解题任务，必须把事先设计的、用以描述计算机解题过程的程序和数据存储起来。

（3）自动执行：启动计算机后，计算机能按照程序规定的顺序，自动、连续地执行。当然，在计算机运行过程中，允许人工干预。

计算机中的程序是用某种特定的符号（语言）系统对被处理的数据和实现算法的过程进行的描述，是各种基本操作命令的有机集合。

3. 基本功能

从"存储程序控制"概念不难想象出，要实现"存储程序控制"，诺依曼计算机必须具有以下 5 项基本功能：

（1）输入输出功能：计算机必须有能力把原始数据和解题步骤（程序）接受下来，并且把计算结果与计算过程中出现的情况告诉（输出）给使用者。

（2）记忆功能：计算机应能"记住"所提供的原始数据、解题步骤和解题过程的中间结果。

（3）计算功能：计算机应能进行一些简单、基本的运算，并能组成所需要的一切计算。

（4）判断功能：计算机必须具有从预先无法确定的几种方案中选择一种操作方案的能力。例如计算 a+|b|，在解题时应能够根据 b 的符号确定下一步进行的运算是"+"还是"-"。

（5）控制功能：计算机应能保证程序执行的正确性和各部件之间的协调关系。计算机的工作就是在程序的控制下完成数据的输入、存储、运算、输出等一系列操作。

4. 结构组成

从功能模拟的角度，诺依曼计算机应由与上述功能相对应的部件组成，这些部件主要包括：输入设备、输出设备、存储器、运算器、控制器等，其逻辑结构如图 1-14 所示。

这种结构是典型的冯·诺依曼结构，基于这种结构的计算机具有以下特点：

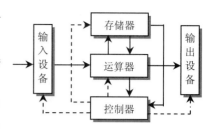

图 1-14　冯·诺依曼机逻辑结构框图

- 整个机器以运算器为中心，输入/输出信息与存储器之间的数据传送都经过运算器；
- 控制信号由指令产生，指令由操作码和地址码组成；
- 采用存储程序控制，程序和数据放在同一存储器中；
- 指令和数据均以二进制编码表示、运算和存储，并可按地址访问；
- 指令在存储器内按顺序存放，并按顺序执行，但在特定条件下可以改变执行顺序。

冯·诺依曼结构计算机要求程序必须存储在存储器中，这和早期只有数据才存储在存储器中的计算机结构是完全不同的。当时完成某一任务的程序是通过操作一系列的开关或改变配线系统来实现的。冯·诺依曼结构计算机的存储器主要用来存储程序及其相应的数据，这意味着数据和程序应该具有相同的格式。实际上，它们都是以二进制模式存储在存储器中的。

5．解题过程

按照诺依曼原理，计算机的解题过程可概括为：给出数学模型、确定计算步骤、编写程序、存储程序和执行程序 5 个步骤。下面以 a+|b|计算为例说明解题过程，计算 a+|b|的程序流程如图 1-15 所示。

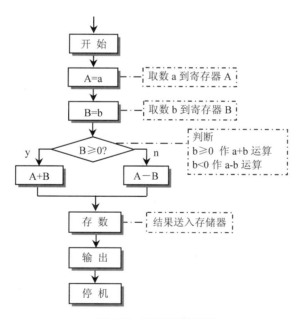

图 1-15　解题过程流程图

（1）给出数学模型：编程之前，需要先给出相应的数学模型。

例如计算 a+|b|，其数学模型为：

$$a+|b|=\begin{cases} a+b & b\geqslant 0 \\ a-b & b<0 \end{cases}$$

（2）确定计算步骤：有了数学模型便可根据给定的模型来确定计算步骤，并且用程序流程图描述。

（3）编写程序：就是用某种特定的符号语言对被处理的数据和实现算法的过程进行的描述。根据流程图用计算机语言编写程序的过程称为程序设计。

（4）存储程序：把编制好的程序存放到存储器中，以便自动执行。

（5）执行程序：启动可执行程序，输出运行结果。

计算机之所以能自动、高效地工作，其关键是冯·诺依曼的"存储程序控制"概念的提出和实现。六十多年来，虽然计算机以惊人的速度发展，在体系结构上有许多改进，但仍然是建立在存储程序概念的基础上，所以人们把基于冯·诺依曼结构的计算机称为现代计算机。

§1.3　现代计算机的基本概况

现代计算机是一种能自动、高速、精确地进行数学运算和信息处理的现代化电子设备，所以又称为电子计算机（Electronic Computer）。它是人类在长期的生产和研究实践中为减轻繁重的手工劳动和加速计算过程而努力奋斗的结果，也是人类智慧的结晶。从原始的计算工具到 ENIAC 诞生的前夕，计算机的发展经历了三个阶段：手工时代、机械时代、机电时代。1946 年 ENIAC 的诞生，揭开了电子计算机的发展序幕。基于二进制和存储程序控制的冯·诺依曼结构计算机，奠定了现代计算机的理论基础，为现代电子计算机的发展铺平了道路。通常，人们把基于冯·诺依曼结构的现代计算机简称为计算机。

1.3.1　计算机的发展过程

推动计算机发展的因素很多，其中起决定作用的是电子器件，即构成现代计算机的基本逻辑部件。因此，计算机的发展与电子器件紧密相关。从第一台计算机的诞生到现在，如果按电子器件划分，计算机的发展经历了以下阶段，人们常简称为代。

1. 第一代计算机

图 1-16　电子管

第一代（first generation，1946～1957）为电子管计算机。其主要特点是：基本逻辑部件采用电子管，如图 1-16 所示；内存储器采用磁鼓（后来也采用磁芯）；外存储器采用磁鼓或磁带；数据表示主要用定点方式；体系结构以运算器为中心；软件方面主要采用机器语言编写程序，但只能通过按钮进行操作；应用方面以科学计算为主。第一代计算机的缺陷主要体现在速度慢（每秒数千次到数万次）、体积大、耗电多、可靠性差、价格昂贵。

这一时期计算机的主要产品如下：1946 年交付使用的 ENIAC 被公认是世界上的第一台电子数字计算机。1949 年，英国剑桥大学科学家威尔克斯（M.Wilkes）教授在 EDVAC 的启发下主持研制了世界上第一台程序存储式的现代计算机（Electronic Delay Storage Automatic Calculator，EDSAC）。1951 年，由莫齐利和埃克特（ENIAC 的设计者）设计了世界上第一台通用自动计算机（Universal Automatic Computer，UNIVAC）。这是一台串行运算、同步控制的计算机，它不仅可做科学计算，而且能做数据处理。该机采用了汞延迟线作为存储器，并已从实验室的单机试制转向工业化的批量生产，向市场供应。1953 年交付使用的 IBM701 在当时是一台大型科学计算机，使用了静电式示波管存储器，另外有一台磁鼓作为后援。该机能够并行运算，比 UNIVAC 快得多。后来，IBM605 计算机研制成功，其磁鼓每分钟旋转 12500 转，输入输出用卡片机。1953 年由美籍华人王安发明的电流重合法磁芯存储器第一次安装在麻省理工学院（M.I.T）的计算机上，其存取周期为 5μs。

2. 第二代计算机

第二代（second generation，1959～1964）为晶体管计算机。其主要特点是：基本逻辑部件采用晶体管为主元件，如图 1-17 所示；内存储器采用磁芯；外存储器采用磁鼓和磁带，后期也开始使用磁盘；数据表示采用了定点和浮点方式；体系结构以存储器为中心，从而使计算机的运算速度大大提高（每秒数十万至数百万次）；软件方面也有很大进展，用管理程序替代手工操作，出现了汇编语言和多种高级语言（如 Fortran、COBOL、ALGOL 等）及其编译程序；在应用方面，除用于科学计算外，还用于各种数据处理。与第一代计算机相比，提高了速度、减小了体积、降低了功耗、增强了可靠性，因而大大改善了性能/价格比。

这一时期计算机的主要产品如下：1958 年，第一台商用晶体管计算机 MCR304 交付使用。1960 年，小型晶体管计算机 IBM1401 交付使用，它出售了几千台；同期出现的还有 IBM7040、IBM7070、IBM17090 等。1960～1961 年，UNIVAC-LARC 和 IBM7030（STRETCH）大型晶体管计算机相继交付使用。1964 年，CDC6600 交付使用。该机比 IBM7030 功能强 3 倍，每秒平均执行 300 万条以上指令。这主要是因为它采用了并行结构、多个运算和逻辑部件，以及 10 台小型计算机专门用作输入输出的结果。

3. 第三代计算机

第三代（third generation，1964～1971）为集成电路计算机。其主要特点是：基本逻辑部件采用小规模集成电路（SSI）和中规模集成电路（MSI），如图 1-18 所示；内存储器除采用磁芯外，还出现了半导体存储器；外存储器有磁带、磁盘等；软件技术进一步成熟，出现了操作系统、编译系统等系统软件，并出现了网络和数据库。这一时期，计算机的运算速度可达每秒数百万至数千万次，可靠性进一步提高，价格明显下降，应用领域不断扩大。计算机的发展已开始形成通用化、系列化、标准化、模块化，系列化成为计算机设计的基本指导思想。

图 1-17　晶体管

图 1-18　集成电路

1964 年，IBM 公司的 IBM360 系列计算机研制成功。它以兼容 IBM 以前的机器为特点，并且作为新的竞争者投入市场。该系列计算机采用了双极型集成电路。当时就有几千台交付使用，几乎成了以后计算机的标准。

第三代计算机的可靠性更高、功耗更少、体积也更小，使得计算机的造价大幅度降低，计算机的性能有了极大的飞跃。IBM360 型计算机是迄今为止历史上获得最大成功的一个通用计算机系列。它具有通用性、系列化、标准化的特点。正是从第三代计算机起，计算机进入普及阶段，并被广泛应用于商业管理、过程控制、教育、实验室数据处理等各个领域。1972 年统计的使用领域已达 2900 多个。在程序设计技术方面形成了三个独立的系统：操作系统、编译系统和应用程序，统称为计算机软件系统。

4. 第四代计算机

第四代（forth generation，1971～至今）为大规模和超大规模集成电路计算机。其主要特点是：基本逻辑部件采用大规模集成电路（LSI）或超大规模集成电路（VLSI），如图 1-19 所示；内存

图 1-19　超大规模集成电路

储器普遍采用半导体存储器，并采用了高速缓冲和虚拟存储技术；外存储器以大容量磁盘为主，并开始使用光盘；在体系结构方面，发展了并行处理技术、多机系统、分布式计算机系统、计算机网络以及数据流结构的计算机等；软件方面各项技术日趋完善，发展了数据库系统、分布式操作系统、网络操作系统等。由于软硬件技术的不断发展，计算机的运算速度每秒达数千万次以上，计算机已进入尖端科学、军事工程、空间技术、过程控制、文化教育、事务处理等领域。而所有这些，都得益于英特尔公司的微处理器产品。

1971 年末英特尔公司发布的 Intel 4004 是微处理器的开端，也是大规模集成电路发展的必然结果。在这以前，大规模集成电路只是用在计算机的存储器方面。Intel 4004 是 4 位处理器，它把运算器和控制器做在一块芯片上。虽然 Intel 4004 的功能还很弱，但它的出现，使计算机进入了微型计算机的时代。

1972～1973 年，8 位微处理器相继问世，最先出现的是 Intel 8008。尽管它的性能还不完善，但展示了无限的生命力，促使许多厂家投入竞争，使微处理器得到了蓬勃的发展。后来又出现了 Intel 8080。在 Intel 8080 问世不久，又出现了摩托罗拉公司的 MOTOROLA 6800。

1978 年以后，16 位微处理器相继出现，使微型计算机又达到一个新的高峰。首先是 Intel 8086，以后又有日本电器公司（NEC）的 UCOM16000 以及美国 ZILOG 的 Z-8000，MOTOROLA 的 MC68000。这些机器的特点是采用 16 位运算（与小型计算机一样），寄存器多，寻址能力强，运算速度快，微型计算机已经开始抢占小型计算机的领地，大型计算机的厂家也感到了威胁。

第四代计算机的主要成就表现在微处理器（Microprocessor）技术上。微处理器是一种超小型化电子产品，它把计算机的运算、控制等部件制作在一个集成电路芯片上，这不仅使计算机的体积进一步缩小，而且使可靠性得到进一步提高。在微电子技术的推动下，计算机的体系结构和软件技术得到了飞速发展。微型计算机（Microcomputer），特别是个人计算机（Personal Computer，简称 PC）的问世，以其体积小、功耗低、价格便宜、高性能为优势渗入到社会生活的各个方面，并得到了极其广泛的应用。

第四代计算机中的微型计算机已经进入了几乎所有的行业，并渗透到办公室、家庭、游戏和娱乐中。巨型机的诞生也是第四代计算机的一个引人注目的成就。巨型机的运算速度可达每秒数千万次至数百亿次。这类处理速度极快、存储容量极大的计算机系统，在现代化的大规模工程建设、军事防御系统、国民经济宏观管理以及社会发展中的大范围统计、复杂的科学计算和数据处理等方面发挥着重要作用。

1.3.2　计算机的基本类型

现代电子计算机是一种通过电子器件对信息进行加工、处理的机器，并且有多种分类方法。

1. 根据信息表示形式和处理方式分类

从广义上讲，可分为数字计算机、模拟计算机以及由两者构成的模拟-数字混合计算机。

（1）数字计算机（Digital Computer）：是指能够直接对离散的数字和逻辑变量进行处理的计算机，它所处理的电信号在时间上是离散的，称为数字量。正如电子线路中用电平的高低或脉冲的有无来表示数值的 1 和 0 一样，因而可用一串脉冲或一组触发器输出电平的高低表示一个数值，用不同的组合便可表示不同的数值，增加组合位数就能增加数的表示范围和精度。在数字计算机中，根据它的适用范围和用途不同，又分为以下两种类型：

1）专用计算机（Special purpose computer）。是指针对某一特定应用领域或面向某种算法而研制的计算机。例如工业控制机、专用仿真机、处理卫星图像用的大型并行处理机等。

2）通用计算机（General purpose computer）。是最常使用的数字计算机，并根据规模大小，又可分为：巨型计算机（Giant computer）或称超级计算机（Super computer），例如银河计算机；大型计算机（Largescale computer 或 Mainframe computer）；中型计算机（Medium-size computer）；小型计算机（Minicomputer），例如 PDP-11 系列便是高档小型计算机；微型计算机（Microcomputer）；工作站（Workstation）也是一种高档微型计算机系统。

由于微型计算机的迅速发展，其字长已达到 32～64 位，主频已高达 1000MHz 以上，内存容量已达数吉字节。所以今天的微型计算机，只是在体积上的缩小，在性能和体系结构方面，与传统的大、中、小型机相比，已不再有明显的界线。

（2）模拟计算机（Analogue Computer）：是指能够直接对模拟量进行操作的计算机，它所处理的电信号在时间上是连续变化的，称为模拟量（如温度、流量、电压等）。这种计算机的特点是运算速度很高，但精度较差，所以应用范围比较小。模拟计算机主要用于过程控制和模拟仿真。

（3）模拟-数字混合计算机（Analogue-Digital hybrid computer）：是把数字计算机和模拟计算机的优点结合起来设计而成的计算机。因此，这种计算机不仅能处理离散的数字量，而且还能处理连续的物理量。例如医院使用的监护系统就是一种混合计算机，它通过测量病人的心脏功能、体温和其它身体状况，然后把这些测量信号转换成数字量并进行处理，以监视病人的身体状况。

现代技术已经可以将一些连续变化的物理量进行模-数转换，变为数字量。数字化信息不仅可用来表示各种物理量和逻辑变量以至文字符号、图形等，还能够用各种存储器或寄存器保存，使计算机具有极大存储量，从而可对大量的数据信息进行处理。因此，数字计算机除了数值计算外还能进行逻辑加工，并具有更强的功能，故使得电子数字计算机成为信息处理装置的主流。所以，人们通常说的计算机就是指电子数字计算机，简称为电子计算机。

2. 根据指令流和数据流分类

1966 年，Michael Flynn 提出了根据指令流和数据流的数量对计算机系统结构进行分类。由于当前的计算机系统结构的主流发展方向是控制驱动方式下的并行处理，因而这一分类方法获得普遍认同。Flynn 将计算机系统结构分成以下 4 种类型：

（1）单指令流单数据流（Single Instruction stream Single Data stream，SISD）：这类计算机的指令部件一次只对一条指令进行译码，并且只对一个操作部件分配数据。目前大多数串行计算机都属于 SISD 计算机系统。

（2）单指令流多数据流（Single Instruction stream Multiple Data stream，SIMD）：这类计算机有多个处理单元，它们在同一个控制部件的管理下执行同一条指令，但向各个处理单元分配各自需要的不同数据，并行处理机属于这一类计算机系统。

（3）多指令流单数据流（Multiple Instruction stream Single Data stream，MISD）：这类计算机有多个处理单元，按多条不同指令的要求对同一个数据及其中间结果进行不同的处理。这类计算机已被证明不可能存在或不实际，现在还没有这类计算机系统。

（4）多指令流多数据流（Multiple Instruction stream Multiple Data stream，MIMD）。这类计算机包含有多个处理机、存储器和多个控制器，实际上是几个独立的 SISD 计算机的集合，它们同时运行多个程序并对各自的数据进行处理。多处理机属于这类计算机系统。

1.3.3　计算机的主要特点

计算机之所以从诞生开始就得到迅猛异常的发展，是与电子数字计算机本身所具有的性能特点分不开的。由于基于诺依曼体系结构的数字计算机采用高速电子器件、数字化信息、逻辑判断和存储程序控制，因而它具有快速性、准确性、通用性、逻辑性的特点，其结构与特性的对应关系如图1-20 所示。

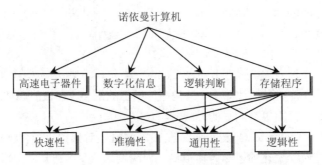

图 1-20   诺依曼结构计算机与外部特性的对应关系

1. 运算速度快

计算机的运算速度，慢则每秒钟数万次，快则每秒钟数亿次。现在世界上最快的计算机每秒钟运算可达数千亿次。仅就每秒运算一百万次的计算机而言，它连续运行一小时所完成的工作量，一个人一生也做不完。

2. 计算精度高

数字计算机的计算精度随着字长的增加而提高。目前计算机表示有效数字的位数可达数十位、数百位，甚至千位以上，这是其它任何计算工具不可比拟的。

3. 存储容量大

采用半导体存储元件作主存储器的计算机，目前仅就微型计算机而言，主存储容量可达数 GB，辅助存储容量可达数百 GB 以上。

4. 判断能力强

由于计算机具有准确的逻辑判断能力和高超的记忆能力，所以计算机是计算能力、逻辑判断能力和记忆能力三者的结合，不仅使计算机能实现高度的自动化和灵活性，而且还可以模仿人的某些智能活动。因此，今天的计算机已经远远不只是计算工具，而是人类脑力延伸的重要助手，有时把计算机称为"电脑"就是这个原因。

5. 工作自动化

由于计算机采用存储程序控制方式，即计算机内部的操作运算都是按照事先编制的程序自动进行的，计算机一经启动，不需要人工干预就能自动、连续、高速、协调地完成各种运算和操作处理。这正是电子计算机最突出的特点，也是计算机与计算器之间本质的区别所在。

6. 可靠性能好

可靠性是衡量一台设备能否安全、稳定运行的重要指标，也是人们对设备的最基本要求。随着计算机技术与电子技术的发展，采用大规模及超大规模集成电路（VSLI），可靠性大大提高，比如装配在宇航机上的计算机能连续地正常工作几万、几十万小时以上。

对微型计算机而言，除具有上述特点外，还具有：体积小，重量轻；价格便宜，成本低；使用方便，运行可靠；系统软件升级快，应用软件种类多；对工作环境无特殊要求等一系列特点。因而，微型计算机得到广泛的应用。

1.3.4   计算机的主要应用

正是由于计算机具有一系列的优、特点，所以在科学技术、国民经济、文化教育、社会生活等各个领域都得到了广泛的应用，成为人们处理各种复杂任务所不可缺少的现代工具，并取得十分明显的社会效益和经济效益。电子计算机的主要应用领域可以概括为以下 8 个方面：

1. 科学计算（Scientific Compute）

现代计算机诞生就是源于科学计算。因此，科学计算一直是电子计算机的重要应用领域之一，例如在天文学、量子化学、空气动力学、核物理学等领域中，都需要依靠计算机进行复杂的运算；在军事上，导弹的发射及飞行轨道的计算，飞行器的设计、人造卫星与运载火箭轨道的计算更是离不开计算机。用数字计算机解决科学计算问题的过程如图 1-21 所示。

图 1-21　数字计算机的解题过程

2. 信息管理（Information Management）

计算机在信息管理方面的应用是极为广泛的，如企业管理、库存管理、报表统计、账目计算、信息情报检索等。在当今这个信息时代，计算机在信息管理中的应用越来越广，并已形成一个完整的体系，即信息管理系统。按其功能和应用形态，可分为事务处理系统、管理信息系统、决策支持系统和办公自动化系统。计算机信息管理系统各层次之间的关系如图 1-22 所示。

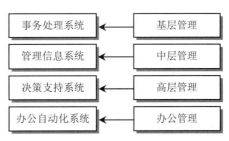

图 1-22　计算机信息管理系统的层次关系

（1）事务处理系统（Transaction Processing System，TPS）：是倾向于数据处理的系统，即使用计算机来处理基层管理中所涉及的大量数据，如工资结算、会计账目等。

（2）管理信息系统（Management Information System，MIS）：是以基层事务处理为基础，把企事业中各子系统集中起来所形成的信息系统，它为中层管理各项活动和作出决策提供支持信息。

（3）决策支持系统（Decision Support System，DSS）：是把数据处理功能、运筹学、人工智能和模拟技术结合起来，使系统具有推理和决策功能，即根据事务处理系统和管理信息系统提供的信息，为高层管理的决策者提供决策支持。

（4）办公自动化系统（Office Automation System，OA）：是一种以计算机为主体的多功能集成系统，它为管理和办公提供和创造更有价值的信息，并为信息的传递提供有效的支持。OA 系统具备完善的文字处理功能，较强的资料、图书处理及网络通信能力，如文稿的起草，各种信息的收集、汇总、保存、检索与打印各种原始数据等。因此，OA 系统不仅能促进人们正确地决策，还能改进人们的工作方式，提高工作效率。

3. 实时控制（Real-time control）

实时控制是指在信息或数据产生的同时进行处理，处理的结果又可立即用来控制进行中的现象或过程。实时控制的基本原理是基于一种反馈（feedback）机制，即通过被控对象的反馈信号与给定信号进行比较，以达到自动调节的控制技术。实时控制系统原理如图 1-23 所示。

在该系统中，由计算机给定的数字量（Digtal-value），经过 D/A，转换成连续变化的模拟量（Analog-value）送给执行部件（将弱信号转成强信号）以驱动控制对象，此过程称为实时控制。为了实现自动控制，必须把控制对象中的连续信号返回到输入端，以形成闭环系统。从被控制对象中取出的连续信号接入传感装置（将强信号转成弱信号），经过 A/D，将连续变化的模拟量转换成数字量送入计算机中，此过程称为数据采集。被采集到的数据经计算机进行处理、分析、判断和运算后输出数值控制量。

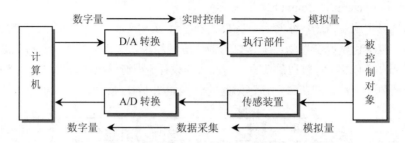

图 1-23　实时控制系统原理框图

实时控制广泛地应用于过程控制、生产控制、参数测量等诸多领域。把计算机用于实时控制，是使用计算机及时地搜索检测被控对象的数据，然后按照某种最佳的控制规律来控制过程的进展。从而，可以大大提高生产过程的自动化水平，提高产品质量、生产效率、经济效益和降低成本。在国防尖端科学技术方面，更是离不开计算机的实时控制。

4．计算机辅助系统（Computer Aided System）

计算机辅助系统是指以计算机作为辅助工具的各种应用系统。目前主要指使用计算机进行辅助设计、辅助制造、辅助测试和辅助教学这 4 个方面：

（1）计算机辅助设计（Computer Aided Design，CAD）：是使用计算机来帮助设计人员进行工程设计，以提高设计工作的自动化程度，节省人力物力。它是利用计算机的高速运算、大容量存储和图形处理能力，辅助进行工程设计与分析的理论和方法，是综合了计算机科学与工程设计方法的最新发展而形成的一门新兴学科，并已获得广泛的应用。

（2）计算机辅助制造（Computer Aided Manufacturing，CAM）：是使用计算机进行生产设备的管理、控制和操作的过程，在生产过程中可以改善工作人员的工作条件。

（3）计算机辅助测试（Computer Aided Test，CAT）：是利用计算机运算速度快、计算精度高的特点，检测某些系统的技术性能指标。

（4）计算机辅助教学（Computer Aided Instruction，CAI）：是利用计算机辅助学生学习的自动系统，它将教学内容、教学方法以及学生的有关信息存储于计算机内，使学生能够轻松自如地从 CAI 系统中学到所需要的知识。

5．系统仿真（System Simulation）

系统仿真是利用计算机模仿真实系统的技术，即利用计算机对复杂的现实系统经过抽象和简化，形成系统模型，然后在分析的基础上运行此模型，从而得到系统一系列的统计性能。由于仿真技术的特效所具有的安全性与经济性，在航空、航天、军事领域的设计、定型、训练中得到广泛应用。新型武器系统与大型航空航天飞行器在其设计、定型过程中，都要依靠仿真试验进行修改和完善；在航空航天训练方面，利用计算机仿真技术，在导弹研制出来之前就可以让其"飞行"；飞机驾驶员不用上天就能进入"起飞"、"空战"和"着陆"；敌战双方不发一枪一弹便能开展一场激烈的"战斗"等。

仿真技术是以系统数学模型为对象的研究方法，并利用计算机的高速运算，在很短时间内得出结果，因而不仅缩短了决策时间，而且可以节省工程投资费用、降低成本消耗、避免损坏设备、缩短设计与调试周期等。据美国对"爱国者"等 3 个型号导弹的定型试验统计，采用仿真试验可以减少的实弹发射试验次数约为 43%，节约费用达数亿美元。我国某种型号的导弹在设计和定型过程中通过仿真试验，缩短研制时间近两年，少进行 20 多次实弹发射（型号的定型往往需要进行数十次甚至上百次发射试验）。

目前，系统仿真已发展成与人工智能相结合组成的专家系统，并成为计算机辅助设计中极其重要的内容。

6. 人工智能（Artificial Intelligence）

人工智能是控制论、计算机科学、心理学等多学科综合的产物，是计算机应用研究最前沿的学科领域，也是探索计算机模拟人的感觉和思维规律的科学（如感知、推理、学习和理解方面的理论与技术）。机器人的大量出现，是人工智能研究取得重大进展的主要标志之一。人工智能研究的应用领域包括：模式识别、自然语言的理解与生成、自动定理证明、联想与思维的机理、数据智能检索、博弈、专家系统、自动程序设计等。近几年发展起来的神经网络计算机技术是人工智能的前沿技术，它要解决人工感觉（包括计算机视觉、听觉、嗅觉），即解决大量需要相互协调动作的机器人在复杂环境下的决策问题。

7. 文字处理（Word Processing）

随着计算机外部设备的不断丰富、完善，特别是打印机的性能提高，近年来计算机已广泛用于文字方面的处理。它具有比常规中文打字机字型变化多、字体的大小变化容易、编辑排版功能强等优点，因而颇受用户的欢迎，并在逐步取代常规中文打字机和铅字印刷。目前用于文字处理的有桌面排版印刷系统和电子出版系统，而且种类繁多，其中最典型的有 Word、金山、北大方正和华光系统，目前北大方正已在国内出版印刷行业占统治地位。

8. 娱乐游戏（Recreation and Game）

随着计算机技术、多媒体技术、动画技术以及网络技术的不断发展，使得计算机能够以图像与声音集成的形式向人们提供娱乐和游戏。在计算机上可以观看影视节目和音乐，或从计算机网络上下载影视节目和音乐。而网络游戏及其软件，已成为众多个体业主的产业。

当前，计算机的应用领域仍在不断拓展，特别是微型计算机的广泛应用，已渗透到社会的各个方面，并且日益发挥越来越重要的作用，已成为信息社会科学技术和社会发展的核心。

1.3.5　计算机的发展趋势

计算机的发展并不是孤立的，它取决于元器件的进步、体系结构的改进和软件的开发。其中最为重要的是元器件，它是决定硬件性能的根本因素。计算机从第一代发展到第四代，从根本上讲，就是源于元器件的更新换代。专家们普遍认为：当前计算机的发展趋势是微型化、巨型化、网络化、多媒体化和智能化。

1. 微型化

由于微电子技术的发展，大规模及超大规模集成电路技术水平的提高，使计算机的体积不断缩小，开始从台式微型计算机发展到膝上型、笔记本型计算机等。由于微处理器的处理能力方面已与传统的大、中型机不相上下，再加上与众多技术的综合使用，因而计算机微型化的趋势今后将进一步加快。

2. 巨型化

现代科学技术，尤其是国防技术的发展，需要具有很高运算速度、很大存储容量的计算机，而一般的大型机已不能满足要求。近年来微处理机的发展，为阵列结构的巨型机发展带来了希望。并行处理、多处理器系统是巨型机发展的一个重要方面。

3. 网络化

网络化是 20 世纪 90 年代计算机发展的一大趋势。通过使用网络，可以在任意地方、任意种类和任意数目的计算机上运行程序并可以在任意时刻相互通信。这样就极为方便地实现了网络中各系统间的信息交换，使信息和资源得到高效的共享。目前计算机网络已广泛应用于情报、金融、信息管理系统等各个领域。

4. 多媒体化

多媒体技术是集多种媒体信息的处理、调度、协调于一体，集微电子产品与计算机技术于一身的综合信息处理技术。由于计算机的智能化，使多媒体技术能把数值、文字、声音、图形、图像、动画等集成在一起，进行交互式处理，因而具有多维性、集成性和交互性的特点。这种信息表示的多元化和人机关系的自然化，正是计算机应用追求的目标和发展趋势。近几年来，数字多媒体技术在计算机工业、电信工业、家电工业等方面展示出令人瞩目的新成果，已无可争辩地显示出其广阔的应用前景。

5. 智能化

人工智能是计算机理论科学研究的一个重要领域，它用计算机系统模拟人类某些智能行为，其中最具代表性的两个领域是专家系统和机器人。智能化的特点主要体现在逻辑思维和推理方面，例如对文字、图像、声音的识别，就有赖于模式识别和对知识的理解。

人们把具有智能化的计算机称为人工智能计算机。人工智能计算机将具有听觉、嗅觉、触觉、视觉等感觉能力，即具有自然语言理解（人机对话）的能力、"自学习"和"自创造"的能力等。不难预测，智能计算机的功能将大大超过现有的各种计算机，它不仅可以在生产现场进行各种作业（如代替人做一些危险的工作），还能在办公室或服务行业从事一些智力型劳动或服务工作。

§1.4　计算机与信息化

人类在认识世界和改造世界的历史过程中，认识了信息，利用了信息，并且发展了信息。信息技术伴随着人类文明的发展而不断地进步，与此同时，也对信息处理工具提出新的要求。其中，计算机的产生和发展，不仅极大地增强了人类认识世界、改造世界和处理信息的能力，而且促进了当今社会从工业化向信息化发展的进程，并已成为信息化社会中不可缺少的重要工具。利用计算机的高速运算、大容量存储及信息加工能力，使人们得以摆脱繁复而冗长的数字运算和数据处理，以前使人望而生畏的数值计算以及各种信息处理可以在瞬息之间得出结果，而且许多工作如果离开了计算机就几乎无法完成。可以毫无夸张地说，如果没有计算机技术，就不会有今天高新技术和经济的飞速发展，信息化时代就无从谈起。在当今社会，信息技术与计算机技术两者密不可分，并且相互依存，相互促进。

1.4.1　信息的相关概念

1. 什么是信息

"信息（Information）"一词在西方源于拉丁语"Informatio"，表示传达的过程和内容。然而，什么是信息？目前尚无统一定义，人们常从不同的角度和不同的层次来理解和解释。

（1）控制论的观点：控制论的创始人——美国数学家维纳认为：信息是我们在适应外部世界、感知外部世界的过程中与外部世界进行交换的内容。具体说，凡是通过感觉器官接受到的外部事物及其变化都含有信息，人们所表露的情感或表达的内容以及说、写、想、做的，也都含有丰富的信息。

（2）信息论的观点：信息论的创始人——美国数学家香农认为：信息是能够用来消除不确定的东西，即信息的功能是消除不确定性。例如一个人在工作中遇到了问题，他到图书馆查阅了许多资料。如果仍不能解决问题，那么这个人就没有得到信息，因为他的不确定性问题没有被消除，反之，他就获得了信息。对人类而言，人的五官生来就是为了感受信息的。

广义地说，信息就是消息，一切事物都存在信息。信息是对客观事物的反映，泛指那些通过各种方式传播的、可被感受的声音、文字、图形、图像、符号等所表征的某一特定事物的消息、情报或知识。

2．信息的基本特征

信息是对客观事物的自然反映，凡是对人类有价值的信息，必然具有如下基本特征。

（1）客观性：信息必须真实、准确，必须如实地反映客观事物的属性。

（2）主观性：对信息和信息处理的任何研究，都离不开主体的目的或目标（目的或需求）。

（3）抽象性：必须区分信息的载体与内容，使信息有可能在不同的载体之间转化与传递。

（4）整体性：信息必须作为表达客观事物或系统的完整描述中的一环，如果脱离了全局，零碎的信息将变得毫无意义。

（5）时效性：客观事物或系统都是在不断发展和变化的，因此，信息只有及时、新颖，才会有价值，才能发挥巨大的作用。

（6）层次性：信息及其处理与客观事物或系统的层次密切相关，只有合理地确定层次，才能正确地确定信息需求的范围和信息的价值，并有效地进行信息处理。

（7）不完全性：信息与不确定性是对立统一的整体，客观事物的无限复杂与动态变化，决定了信息的无限性。

2．信息革命

在人类历史发展中，信息处理工具与手段的变革，为人类利用信息的过程和效果带来了飞跃式的进步，从而对人类社会发展产生了巨大的推动力，这就是信息革命。它经历了语言的形成，文字的使用，造纸术和印刷术的应用，电报、电话、广播、电视的发明和普及应用，电子计算机与现代通信技术的应用和发展，多媒体技术和计算机网络技术的应用等 6 个阶段。

（1）语言的形成和使用：在距今约 35000～50000 年前，人类第一次使用了语言。到目前为止，使用人口超过 100 万的语言有 140 多种，其中使用汉语的人口最多，约占世界人口的五分之一。所以，汉语成为联合国指定的 6 种工作语言之一，另外 5 种语言分别是英语、俄语、德语、法语和西班牙语。

（2）文字的创造和使用：文字是在语言的基础上诞生的，是社会发展到一定阶段的产物。从人类最早的文字诞生到今天，最多也不过五六千年。其中，汉字的发展，大致可分为古文、篆书、隶书和楷书等 4 个阶段的演变过程。自从楷书形成以后，汉字已经基本定型。

（3）造纸术和印刷术的发明：我国是造纸术和印刷术的发源地，世界上许多国家的造纸术和印刷术都是在我国的影响下发展起来的。印刷术的发明，对人类文化的传播和发展起了重要作用。

（4）电报、电话、广播和电视的发明：19 世纪中后期，随着电报、电话的发明以及电磁波的发现，人类的通信方式发生了本质性的改变。

1837 年，美国人莫尔斯（Samuel F.B.Morse）设计出了著名且简单的电码，称为莫尔斯码（Morse Code），并研制出世界上第一台电磁式电报机，实现了超越视听距离的信息传递。1844 年 5 月 24 日，莫尔斯亲手操纵着电报机，随着一连串信号的发出，远在 64km 外的巴尔的摩城收到了世界上第一份长途电报。

1876 年，苏格兰人贝尔（Alexander Graham Bell）获得电话发明专利。1878 年，他首次进行了长途电话的实验，并获得了成功，后来成立了著名的贝尔电话公司。

1865 年，英国科学家麦克斯韦（James Clerk Maxwell）在电磁波理论的研究中提出了电磁波存在的设想。1888 年，德国物理学家赫兹通过实验论证了电磁波的存在，人们为了纪念他对电磁学的贡献，把无线电波称为"赫兹波"，并以赫兹（Hz）作为频率单位。

1928 年，美国西屋电气（Westinghouse Electric）公司发明了光电显像管，实现了电视信号的发送和传输。1935 年，西屋电气公司在纽约帝国大厦设立了一座电视台，并于次年成功地将电视节目发送到 70km 以外的地方。

（5）电子计算机与现代通信技术的应用和发展：20 世纪 40 年代，电子计算机的出现以及通信技术的发展使得信息技术得到了空前的发展，电子计算机不仅成为存储和处理信息的重要工具，而且成为当代高新科技的重要标志。

（6）多媒体技术与计算机网络技术的应用和发展：20 世纪 80 年代，多媒体技术的迅速发展，使得计算机能够综合处理图像、声音、动画和视频等信息。互联网的兴起，让全世界的计算机用户通过计算机能够实现数据通信和信息共享，使得信息的交换和传递更加快捷方便。

进入 21 世纪以来，科学技术得到了空前的发展。随着计算机技术、通信技术和信息处理技术的飞速发展，尤其是计算机及计算机互联网络的全面普及，使得信息资源的应用和共享越来越广泛。

3．信息论与信息科学

20 世纪 40 年代，以美国的香农、维纳及费希尔等为代表的科学家们为"信息论"奠定了基础。1948 年香农发表了著名论文《通信的数学理论》，1949 年又发表了《在噪声中的通信》，这是现代信息论的两大重要奠基石。随着现代科学中的微电子技术、光纤技术、网络通信技术、材料技术等的突飞猛进，信息论由原先比较狭窄的数学模型发展为现在的信息科学。

信息科学是以信息作为主要研究对象、以信息的运动规律作为主要研究内容、以信息科学方法论作为主要研究方法、以扩展人的信息功能作为主要研究目标的一门科学。与此同时，信息科学与自然科学、人文、社会学等紧密结合，促使形成大量横向学科，如信息经济学、信息传播学、信息法学等不断涌现。同时，信息科学的产生还影响到许多传统科学。

1.4.2　信息技术

信息技术（Information Technology）是指在计算机和通信技术支持下，用以获取、处理、传递、存储、变换、显示和传输文字、数值、图像以及声音信息，包括提供设备和提供信息服务两大方面的方法与设备的总称。

远古时代，人类靠感觉器官获取信息，用语言和动作表达、传递信息。人类发明了文字、造纸术和印刷术以后，开始用文字、纸张来传递信息。随着电报、电话、电视的发明，标志着人类进入了电信时代，信息传递方式越来越多。20 世纪，随着无线电技术、计算机技术及网络技术和通信技术的发展，信息技术进入了崭新的时代。21 世纪，人类社会已步入信息时代，并正在不断探索、研究、开发更先进的信息技术。本世纪信息技术的特征是以多媒体计算机技术和网络通信技术为主要标志，利用计算机技术和网络通信技术可以使我们更方便地获取信息、存储信息、更好地加工和再生信息。

1．信息技术的分类

信息技术所研究的范畴主要包括传感技术、通信技术、计算机技术和微缩技术等。计算机技术与现代通信技术一起，构成了信息技术的核心内容。现代信息技术涉及的范围很广，这里主要介绍与人体感观密切相关的 4 种信息技术。

（1）信息感测技术：就是利用传感技术和测量技术获取信息的技术。人类用眼、耳、鼻、舌、身等感觉器官捕获信息，而感测技术是感觉器官功能的"延伸"，使人类更好地从外部世界获得信息。随着电子技术和光学技术的发展，人们利用科技产品来代替人类的感觉器官捕获信息。例如：电话机、收音机可以看作是人耳功能的延伸，它能帮助我们收听远方的信息；电子鼻装置可以看作是人的嗅觉器官功能的延伸，它能觉察到人所不能闻到的信息；放大镜、望远镜、显微镜可以看作人眼功能的延伸，它帮助我们看清楚微小的、遥远的或高速运动的物体；温度表可以看作是人的皮肤温度感觉功能的延伸，它能准确测试到环境的温度。现在，已经研制出许多现代感测技术装置，不仅能替代人的感觉器官捕获各种信息，而且能捕获人的感觉器官不能感知的信息。

（2）信息通信技术：人们使用通信技术来传递信息，可以看作传导神经系统功能的延伸。例如，人们使用电话、电视、广播等通信手段传递多种媒体信息。20 世纪以来，微波、光缆、卫星、计算机网络等通信技术得到迅猛发展，移动通信装置正以惊人的速度普及。

（3）信息智能技术：具有智能特点的现代信息技术包括计算机硬件技术、软件技术、人工神经网络等，可以看作是思维器官功能的延伸，它能帮助人们更好地存储、检索、加工和再生信息。20 世纪中后期以来，智能技术的高速发展，智能识别和机器人技术的出现，极大地提高了社会生产力水平，为人们的工作、学习和生活带来了前所未有的便利。

（4）信息控制技术：是根据指令信息对外部事物的运动状态和方式实施控制的技术，可以看作是效应器官功能的扩展和延伸，它能控制生产和生活中许多状态。

感测、通信、智能和控制这 4 大信息技术是相辅相成的，而且相互融合。信息智能技术相对其它 3 项技术来说处于较为基础和核心的位置，因为早期的感测技术、通信技术和控制技术水平比较低，很多操作需要人工进行。计算机的诞生，不仅能为人们处理大量的信息，同时推动了感测技术、通信技术和控制技术的发展。

此外，20 世纪 80 年代兴起的计算机多媒体技术，它把文字、图形、图像、语音等信息通过计算机进行综合处理，使人们得到更完善、更直观的综合信息。

2. 信息技术的发展

信息技术的研究与开发，极大地提高了人类的信息应用能力，使信息成为人类生存和发展不可缺少的一种资源。在第二次世界大战以及随后冷战时期的军备竞赛中，美国充分认识到技术的优势能够带来军事与政治战略的有效实施，因此加速了对信息技术的研究开发，带来了一系列突破性的进展，使信息技术从 20 世纪 50 年代开始进入一个飞速发展时期。根据信息技术研究开发和应用的发展历史，可以将它分为 3 个阶段（时期）。

（1）信息技术研究开发时期：从 20 世纪 50 年代初到 70 年代中期，信息技术在计算机（Computer）、通信（Communication）和控制（Control）领域有了突破，可简称为 3C 时期。

在计算机技术领域，随着半导体技术和微电子技术等基础技术和支撑技术的发展，计算机已经开始成为信息处理的工具，软件技术也从最初的操作系统发展到应用软件的开发。

在通信领域，大规模使用同轴电缆和程控交换机，使通信能力有了较大提高。

在控制方面，单片机的开发和内置芯片的自动机械已开始应用于生产过程。

（2）信息技术全面应用时期：从 20 世纪 70 年代中期到 80 年代末期，信息技术在办公自动化（Office Automation）、工厂自动化（Factory Automation）和家庭自动化（House Automation）领域有了很大的发展，可简称为 3A 时期。

随着集成软件的开发，计算机性能、通信能力的提高，特别是计算机和通信技术的结合，由此构成的计算机信息系统已全面应用到生产、工作和日常生活中。各组织开始根据自身的业务特点建立不同的计算机网络，例如，事业和管理机构建立了基于内部事务处理的局域网（LAN）、广域网（WAN）或城域网（MAN）；工厂企业为提高劳动生产率和产品质量开始使用计算机网络系统，实现工厂自动化；智能电器和信息设备大量进入家庭，家庭自动化水平迅速提高，因而使人们在日常生活中获取信息的能力大大增强，而且更快捷方便。

（3）数字信息技术发展时期：从 20 世纪 80 年代末至今，主要以互联网技术的开发和应用为重点，其特点是互联网在全球得到飞速发展，特别是以美国为首的在 20 世纪 90 年代初发起的基于互联网络技术的信息基础设施的建设，在全球引发了信息基础设施（也称信息高速公路）建设的浪潮，由此带动了信息技术全面的研究开发和信息技术应用的热潮。

在这个热潮中，信息技术在数字化通信（Digital Communication）、数字化交换（Digital Switching）、数字化处理（Digital Processing）技术领域有了重大突破，可以简称为 3D 时期。其中，数字化处理技术是解决在网络环境下对不同形式的信息进行压缩、处理、存储、传输和利用的关键，带来了人类信息利用能力质的飞跃。

1.4.3　信息社会

1. "信息社会"概念的产生

科学技术是第一生产力。今天，信息技术已经成为科学技术的前沿，它的飞速发展已经引起了人类社会的深刻变革。信息技术的普及应用改变了人们的工作和生活方式，给人们的传统生活和工作方式带来了猛烈的冲击和震撼，使人们强烈感受到信息技术发展的脉搏和信息时代前进的步伐。计算机技术和网络通信技术的飞速发展，将人类带入了信息社会。

所谓信息社会，就是社会发展以电子信息技术为基础，以信息资源为基本的发展资源，以信息服务性产业为基本的社会产业，以数字化和网络化为基本的社会交往方式的新型社会。

从 20 世纪中期开始的信息技术革命是迄今为止人类历史上最为壮观的科学技术革命，它以无比强劲的冲击力、扩散力和渗透力，在短短的几十年里迅速改变了世界。随着信息采集、存储、处理、加工、传输等信息技术手段的更新换代，人类文明由工业时代进入了以"信息"为显著特征的信息时代，即便在中国这样的发展中国家，信息技术革命的巨大推动力，也使得我国社会信息化的车轮飞速向前。

2. 信息社会的特征

关于"社会信息化"的研究、分析与总结已经非常深入。但是，关于信息社会的特征说法不一，目前影响最大、流行最广、比较公认的观点是："社会信息化"是国民经济和社会结构框架重心从物理性空间向知识性空间转移的过程。为此，可将信息社会的特征概括如下。

（1）信息化：是以现代电子信息技术为前提，从以传统工农业为主的社会向以信息产业为主的社会发展的过程。信息化包括信息资源、信息网络、信息技术、信息产业、信息化人才，信息化规则（政策、法规和标准）等 6 大要素。信息社会是信息化的必然结果。

（2）全球化：信息技术正在取消时间和距离的概念，信息技术的发展大大加速了全球化的进程。随着互联网的发展和全球通信卫星网的建立，国家概念将受到冲击，各网络之间可以不考虑地理上的联系而重新组合在一起。

（3）网络化：由于互联网的普及和"信息高速公路"的建设，网络信息服务得到了飞速的发展，网络化必将改变人类的工作和生活方式，推动整个社会的进步。

（4）虚拟化：随着世界的信息化、全球化和网络化，使得人与人之间交流的很大一部分可以借助于计算机网络来完成，因此出现了一个由互联网构成的虚拟现实的信息交互平台。

随着信息技术的发展，在不久的将来，一定会有更先进的技术应用于未来的信息技术领域，从而实现信息社会的空前繁荣。

1.4.4　信息产业

所谓产业，就是当社会生产力发展到相当水平后，建立在各类专业技术、各类工程系统基础上的各种行业的专业生产、社会服务系统，例如各类制造业、交通运输业、医疗服务业，等等。产业的目标主要是效益或公众利益，其经济性或社会公益性非常明显。

不同的产业都有其专门的产业知识体系，人们把由信息技术（Information Technology，IT）构成的产业称为信息产业，简称 IT 产业。以计算机技术为核心的 IT 产业的技术变化最快、创新性最强、涉及技术领域最多，具有较强的辐射和带动作用。这些特点决定了 IT 产业是一个人本产业，人才需求量大、涉及专业面宽、培养周期长、流动率较高，特别是对具有独立获取和创新知识及信息能力的高级人才需求更高。所有这些，形成了 IT 产业的特征与特点。

1. IT 产业的基本特征

人类社会的发展过程实际上是依靠自然、适应自然、认识自然和适度改造自然的过程，在此基础上通过发展和提高生产力，逐步构建起现代人类社会，同时也形成了"科学→技术→工程→产业"链。对于 IT 产业来说，它是一个高智商性的产业，因而具有如下基本特征。

（1）高度智力性：传统产业是以物质为主要生产资料，依赖于体力劳动的机械化或自动化途径生产，而 IT 产业是主要依赖计算机脑力劳动及自动化途径进行生产、加工、存储、传递、开发人类智慧的产业。IT 产业的核心技术是 IT，IT 始终是高新技术的主流并且处于尖端科学前沿的技术，代表着人类最新智慧的结晶。

（2）高度创新性：IT 产业的高速发展，使得信息产品的更新速度也大大加快。因此，IT 产业是一个高度创新型的行业。20 世纪以来 IT 领域的几项重大突破，如半导体、卫星通信、计算机、光导纤维等都体现了 IT 产业的这种高度创新性。IT 产业的技术创新需要大量的知识储备和智力投入，而这一切都依赖于大量高水平的创造性的人才。

（3）高度倍增性：IT 的应用能显著提高资源利用率，提高劳动生产率与工作效率，从而取得巨大的经济效益。据国际电联的统计结果显示，一个国家对通信建设的投资每增加 1%，其人均国民经济收入可提高 3%，足见 IT 产业是一个高倍增的产业。

（4）高度渗透性：IT 技术既是针对特定工序的专业技术，又是适应于各种环境的通用技术，因而在国民经济的各个领域具有广泛的适用性和极强的渗透性。同时，IT 产业的发展还催生了一些新的"边缘产业"，如光学电子产业、汽车电子产业等，创造了大量产值与需求。信息产业要求从业人员队伍具有复合型的知识结构，既要掌握 IT 软、硬件基础知识和技能，又要对某一专业领域有深入的了解。

（5）高投资、高风险、高竞争性：IT 的发展、更新和普及应用都需要投资。现在 IT 领域的技术设计和制造越来越复杂，技术难度日益加大，信息网络覆盖的范围也越来越广。IT 产业的这种高投资、高风险、高竞争的特点，要求企业的经营者具备敏锐的市场洞察能力和高超的领导才能，企业的领军人物的作用将会越来越明显。

2. IT 产业的发展特点

正是由于 IT 产业的上述基本特征，使得 IT 产业的发展具有以下方面的特点。

（1）产品的更新换代速度继续加快：在 IT 产业自身发展规律的作用下，IT 产品更新换代速度越来越快，生命周期进一步缩短，市场竞争日趋激烈。

（2）人力成本的比重不断增加：IT 产业的投入以知识、技术和智力资源为主。因此，人力成本的比重在总投入中占相当高的比例，这一特性在软件业方面表现更为突出。随着软技术和智力服务在 IT 产业中的比例逐步提高，IT 产业人力成本的比重呈现逐步增加的趋势。

（3）产业竞争格局发生转变：信息技术的高速发展，促使传统的产业模式发生重大变革：

1）由传统的产业规模型向技术拥有型转移。资金已经不再是信息行业的壁垒，知识、专利、标准、人才已经成为重要的行业壁垒。谁首先在市场上推出自己的产品，并使自己的技术成为实施标准，谁就成为行业的领先者；

2）由生产决定型向市场决定型转变。世界信息市场竞争方式和规模随着"信息高速公路"建设的发展正发生一场深刻的革命，旧的竞争观点必将被打破，信息市场的开放程度逐步扩大，未来的竞争将不再是单纯的互相排斥，而是具有彼此合作、依存和互补的广阔内涵。通过合作、依存和互补，实现超地区、超空间的大范围的市场渗透，以占取更大的市场份额并最终赢得竞争优势。因此，市场人员的市场开拓能力将成为决定企业生存的关键因素。

3）由单一产业型向多产业渗透型转变。IT 加快向传统产业渗透，机电、能源、交通、建筑、冶金等技术互相融合，形成新的技术领域和广阔的产品门类；电信网、电视网和计算机通信网相互渗透、彼此融合、交叉经营，资源高度共享；随着数字化技术的广泛应用和信息产品的共享，3C 融合化趋势将更为明显。多产业的渗透和融合，对产业人才的要求也逐步从单一型向复合型转化。

本章小结

1. 从原始计算工具到现代电子计算机的形成经历了 4 个阶段，通常也称为 4 代。

2. 冯·诺依曼对计算机的最大贡献在于"存储程序控制"原理的创新与概念的突破。

3. 布尔、图灵和冯·诺依曼等人，在计算机相关理论上的突破和概念上的创新，形成了现代计算机的体系。图灵机从理论上揭示了计算的本质，证明了制造计算机的可行性。

4. 在人类的整个历史发展中，信息处理工具与手段的变革，为人类利用信息的过程和效果带来了飞跃式的进步，从而对人类社会发展产生了巨大的推动力，这就是信息革命。正是这种信息革命，推动和促进了信息技术、信息社会和信息产业的飞速发展。

习题一

一、选择题

1. 世界上第一台计算机诞生于（　　）年。

　　A. 1945 年　　　　　　B. 1956 年　　　　　C. 1935 年　　　　　　　D. 1946 年

2. 冯·诺依曼对计算机的主要贡献是（　　）。

　　A. 发明了计算机　　　　　　　　　　B. 提出了存储程序概念

　　C. 设计了第一台计算机　　　　　　　D. 提出了程序设计概念

3．冯·诺依曼结构计算机中采用的数制是（　　）。

　　A．十进制　　　　　　B．八进制　　　　　　C．十六进制　　　　　　D．二进制

4．计算机硬件由 5 个基本部分组成，下面（　　）不属于这 5 个基本组成部分。

　　A．运算器和控制器　　　　　　　　B．存储器

　　C．总线　　　　　　　　　　　　　D．输入设备和输出设备

5．冯·诺依曼结构计算机要求程序必须存储在（　　）中。

　　A．运算器　　　　B．控制器　　　　C．存储器　　　　D．光盘

6．微型计算机中的关键部件是（　　）。

　　A．操作系统　　　B．系统软件　　　C．微处理器　　　D．液晶显示器

7．一台完整的计算机系统包括（　　）。

　　A．输入设备和输出设备　　　　　　B．硬件系统和软件系统

　　C．键盘和打印机　　　　　　　　　D．外部设备和主机

8．冯·诺依曼结构计算机是以（　　）为中心。

　　A．运算器　　　　B．存储器　　　　C．控制器　　　　D．计算机网络

9．个人计算机属于（　　）。

　　A．数字计算机　　B．模拟计算机　　C．微型计算机　　D．电子计算机

10．计算机是当今（　　）的核心。

　　A．信息化技术　　B．信息技术　　　C．信息社会　　　D．信息产业

二、判断题

1．"存储程序"原理是图灵提出来的。　　　　　　　　　　　　　　　　　　　　（　　）

2．计算机是信息处理最基本、最重要的工具。　　　　　　　　　　　　　　　　（　　）

3．世界上第一台电子计算机是 1946 年在美国研制成功的。　　　　　　　　　　（　　）

4．工业上的自动机床属于科学计算方面的计算机应用。　　　　　　　　　　　　（　　）

5．电子计算机的计算速度很快但计算精度不高。　　　　　　　　　　　　　　　（　　）

6．计算机不但有记忆功能，还有逻辑判断功能。　　　　　　　　　　　　　　　（　　）

7．计算机既能进行数值计算，也能进行事务管理工作，如办公自动化。　　　　　（　　）

8．计算机诞生以来在性能和价格等方面发生了巨大变化，但体积并没多大改变。　（　　）

9．计算机之所以能自动、准确、快速地运行，是因为采用了超大规模集成电路。　（　　）

10．计算机内部可识别的代码是十进制数的 0，1，2，…，9。　　　　　　　　　（　　）

三、问答题

1．冯·诺依曼原理的基本思想是什么？

2．计算机采用二进制有何优点？

3．目前，计算机主要应用在哪些领域？

4．什么是信息？

5．信息与数据的区别是什么？

6．什么是信息技术？信息技术主要包括哪些研究范畴？

7．什么是信息社会？

8．信息社会有何特征？

9．什么是信息产业？信息产业有何特征？

10．信息化社会需要什么样的人才？

四、讨论题

1．上网查找有关算筹的资料，说明算筹是如何表示正数、负数和分数的？利用算筹是如何实现四则运算的？

2．自古以来，人类一直在不断地发明和改进计算工具。学习了计算工具的发展简史后，对你有哪些启示？

3．计算机的产生是 20 世纪最伟大的成就之一，对人类社会的发展带来了哪些好处？

4．计算机的广泛应用，会对社会产生负面影响吗？如果有，主要体现在哪些方面？你怎么看待这些负面影响？

第 2 章　认识计算学科

【问题引出】从原始的计算工具到现代的电子计算机,已发展成为一门新兴学科——计算学科。那么,作为一门新兴的综合性学科,它是怎样形成的? 其根本问题是什么? 具有哪些基本特性? 包括哪些知识领域和研究范畴? 等等, 这就是本章所要讨论的问题。

【教学重点】本章主要讨论计算学科的形成、计算学科的根本问题、主要特点、计算学科的 3 个形态; 我国计算机科学与技术学科的专业设置、课程体系; 计算学科中的经典问题等。

【教学目标】掌握计算学科的基本概念; 熟悉计算学科的知识体系、学科特性以及我国计算机科学与技术学科概况; 了解计算学科的根本问题、学科形态和计算学科中的典型问题。

§2.1　计算学科的基本概念

20 世纪 40 年代诞生的电子计算机被公认为是人类科学技术发展史的一个里程碑, 但是"计算作为一门学科"的存在性却经历了一场前所未有的谋求合法性的争论。如果在众多分支领域都取得重大成果并已得到广泛应用的计算机科学连作为一门学科的客观存在都不能被承认, 那么, 计算机的发展必将受到极大的限制。因此, 给出计算学科的确切定义并证明其存在性, 对该学科的发展是至关重要的。下面, 就计算学科的形成及其相关问题予以简要介绍。

2.1.1　计算作为一门学科

1. 什么是学科

学科与科学有着非常密切的关系。科学研究是以问题为基础的, 凡是有问题的地方就会有科学和科学研究。而学科是在科学的发展中不断分化和整合而形成的, 是科学研究发展成熟的产物。然而, 并不是所有的科学研究领域最后都能发展成为学科, 科学研究发展成熟, 并成为一个独立学科的标志是: 必须有独立的研究内容、成熟的研究方法和规范的学科体制。

那么, 什么是学科?《辞海》对学科的定义是:"① 学术的分类。指一定科学领域或一门科学的分支, 如自然科学中的物理学、生物学等, 社会科学中的史学、教育学等; ② 教学的科目。指学校教学内容的基本单位, 如中、小学的政治、语文、数学、外语等。"由此看出, 学科本身具有双重含义: 首先是指相对独立的知识体系或学术分类, 含义较广; 其次是指为培养人才而设立的教学科目。我们通常意义上所讲的学科既具有第一重含义的特征, 又包含第二重含义的特征, 特别指高等学校或研究部门为培养高级专门人才而设立的教学科目。

2. 计算学科定义

我国的计算机专业本科教育始于 1956 年哈尔滨工业大学等学校开设的"计算装置与仪器"专业。1962 年, 美国普度大学率先开设了计算机科学学位课程, 随后斯坦福大学也开设了同样的学位课程, 但"计算机科学"这一名称却引起了激烈的争论。因为自 1946 年电子计算机诞生及随后的 20 年时间里, 计算机主要用于数值计算, 所以大多数科学家认为使用计算机仅仅是编程问题, 不需要做任何深刻的科学思考, 没有必要设立学位。还有一些人认为, 计算机从本质上说只是一种职业, 而不是一门学科。

20 世纪 70 至 80 年代，计算机技术得到了迅猛的发展，并开始渗透到其它学科领域。但有关计算机科学能否作为一门学科？它的核心内容是什么？计算机科学是理科还是工科？或者只是一门技术等问题的争论仍在继续。

针对这一激烈争论，1985 年春美国计算机学会（Association for Computing Machinery，ACM）和国际电子电气工程师协会计算机学会（Institute of Electrical and Electronics Engineers-Computer Society，IEEE-CS）联合成立攻关组，开始了对"计算作为一门学科"的存在性证明。经过近四年的工作，1989 年 1 月该攻关组提交了《计算作为一门学科》（Computing as a discipline）的报告。该报告的主要内容刊登在 1989 年 1 月的《ACM 通信》（Communications of the ACM）杂志上。《计算作为一门学科》取得了以下 3 项重要成果：

（1）计算作为一门学科的存在性证明：在这份报告中，第一次对计算学科及其核心问题给出了定义：计算学科（Computing Discipline）是对信息描述和变换的算法过程（包括对其理论分析、设计、效率分析、实现和应用等）进行的系统研究。

美国计算科学鉴定委员会（Computing Sciences Accreditation Board，CSAB）发布的报告摘录中强调了计算学科的广泛性："计算学科的研究，包括了从算法与可计算性的研究以及可计算硬件和软件的实际实现问题的研究。这样，计算学科不但包括从总体上对算法和信息处理过程进行研究的内容，也包括满足给定规格要求的有效而可靠的软硬件设计，以及所有科目的理论、研究、实验方法和工程设计。"

（2）整个学科核心课程详细设计：报告《计算作为一门学科》勾画出了计算学科的知识框架，给出了计算学科中二维定义矩阵的定义及其相关研究内容，从而将学科的主题领域与学科的 3 个学科形态（抽象、理论和设计）有机地联系在一起。它通过主题领域划分的方式为计算学科课程体系建设提供了基础的指导思想，从而为科学制订教学计划奠定了基础，避免了教学计划设计中的随意性。

（3）强调整个学科综述性引导课程的构建：提出并解决了未来计算学科教育必须解决的整个学科核心课程问题以及整个学科综述性引导（导论）课程的构建问题。报告鼓励各学术团体（如学会或研究会）以及教师个人积极从事这方面的研究，以使人们对整个学科认知科学化、系统化和逻辑化，有力促进对计算学科方法论的研究，推动计算学科的快速发展。

正是由于《计算作为一门学科》这篇报告，回答了计算学科中长期以来一直争论的一些问题；完成了计算学科的"存在性"证明；确定了计算学科的"知识框架"体系，以及对知识框架进行研究的思想方法。从某种意义上说，该报告是计算领域认知过程中的一个里程碑，它为建立计算认知领域的理论体系奠定了基础，为计算学科的教学与研究提供了基本指导思想，使得此后学术界的学者在这种新的思想方法的基础上，对计算学科方法论展开学术研究。

3. 计算学科教程

《计算作为一门学科》报告对计算学科的发展起到了极大的推动作用。1991 年，在该报告的基础上，提交了关于计算学科的计算教程（Computing Curricula 1991，CC1991）报告。随后，相继发表了 CC2001、CC2004、CC2005 等，形成了不同时期的"计算教程"。CC2004 在原有的 4 个专业方向：计算机科学（Computer Science，CS）、计算机工程（Computer Engineering，CE）、软件工程（Software Engineering，SE）、信息系统（Information System，IS）的基础上，添加了信息技术（Information Technology，IT）专业方向。其中，CC2001 提出了许多新的概念和新主题领域的划分，为新学科教程的形成起到了承前启后的重要作用。计算学科的二维定义矩阵如表 2-1 所示。

表 2-1　计算学科的二维定义矩阵

三个过程 学科 主领域	抽象	理论	设计
1. 离散结构 （DS）		集合论；数理逻辑；近世代数； 图论；组合数学等	
2. 程序设计 基础（PF）	程序设计结构；算法和问题 求解；数据结构等		
3. 算法与复杂 性（AL）	算法设计策略；算法分析； 并行算法；分布式算法等	可计算性理论；计算复杂性理 论；并行计算理论；密码学等	算法及组合问题启发式算法的 选择、实现和测试；密码协议 等
4. 体系结构 （AR）	布尔代数模型；电路模型； 有限状态机；硬件可靠性等	布尔代数；开关理论；编码理 论；有限自动机理论等	硬件单元；指令集的实现；差 错处理；故障诊断；机器实现 等
5. 操作系统 （OS）	用户可察觉对象与内部计算 机结构的绑定；子问题模型； 安全计算模型等	并发理论；调度理论；程序行 为和存储管理的理论；性能模 型化与分析等	分时系统；自动存储分配；多 级湿度；内存管理；文件管理； 构建 OS 技术等
6. 网络计算 （NC）	分布式计算模型；组网；协 议；网络安全模型等	数据通信理论；排队理论； 密码学；协议的形式化验证等	排队网络建模；系统性能评估； 网络体系结构；协议技术等
7. 程序设计 语言（PL）	基于各种标准的语言分类； 语义模型；编译器组件等	形式语言与自动机；图灵机； 形式语义学；近世代数等	特定程序设计语言；程序设计 环境；翻译技术；统计处理等
8. 人机交互 （HC）	人的表现模型；原型化；交 互对象的描述；人机通信等	认知心理学；人机工程学；社 会交互科学；人机界面等	交互设备；图形专用语言；交 互技术；用户接口；评价标准 等
9. 图形学与可 视化计算（GV）	显示图像算法；实体对象的 计算机表示；图像处理方法 等	二维和多维几何；颜色理论； 认知心理学；傅立叶分析等	图形算法的实现；图形库和图 形包；图像增强系统等
10. 智能系统 （IS）	知识表示；推理与学习模型； 自然语言理解；自动学习等	逻辑；概念依赖性；认知心理 学；相关支持领域等	逻辑程序设计语言；定理证明； 专家系统；弈棋程序；机器人 等
11. 信息管理 （IM）	数据模型；文件表示；数据 库查询语言；超媒体模型等	关系代数；关系演算；数据依 赖理论；并发理论；统计推理 等	数据库设计；数据库安全；磁 盘映射；人机接口等
12. 软件工程 （SE）	归约方法；方法学；软件工 具与环境；系统评价；生命 周期等	程序验证与证明；时态逻辑； 可靠性理论；认知心理学等	归约语言；配置管理；软件开 发方法；工程管理；软件工具 等
13. 社会和职 业问题（SP）			价值观；道德观；知识产权； 美学问题等
14. 科学计算 （CN）	数学模型；有限元模型；连 续问题的离散化技术等	数论；线性代数；数值分析； 其他支持领域等	有限元算法映射到特定结构的 方法；标准程序库和软件包等

2.1.2　计算学科的根本问题

计算学科的根本问题是讨论"计算过程的能行性"，而凡是与"能行性"有关的讨论，都是处理离散对象，因为非离散对象，即连续对象是很难进行"能行性"处理的。因此，"能行性"决定了计算机本身的结构和它处理对象的离散特性,决定了以离散数学为代表的应用数学是描述计算学科的理论、方法和技术的主要工具。

1. "计算过程的能行性"

对计算学科根本问题的认识与对计算过程的认识是紧密联系在一起的。远古时期,我国学者就认为,对于一个数学问题,只有当确定了可用算盘求解的规则时(例如"三下五去二"、"四下五去一"等),这个问题才是可解的,这就是最初的"算法化"思想,它蕴涵了中国古代对计算根本问题——"能行性"的理解。

20 世纪 30 年代,图灵用形式化的方法成功地表述了计算过程的本质,证明了某些数学问题不能用任何机械过程来解决,深刻地揭示了计算所具有的"能行过程"的本质特征:一个计算过程是能行的当且仅当它能够被图灵机实现。计算所具有的"能行过程"特征决定了在计算学科中,问题求解建立在高度抽象的级别上,思考问题广泛采用符号化的方法,即采用形式化的方式描述问题,问题的求解过程是建立物理符号系统并对其实施变换的过程,并且变换过程是一个机械化、自动化的过程。在描述问题和求解问题的过程中,主要采用抽象思维和逻辑思维,如图 2-1 所示。

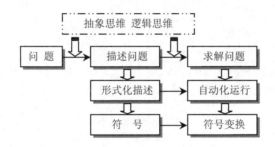

图 2-1   计算学科的符号化特征

2. 计算的本质

计算的本质问题是可计算性。可计算性决定了计算机的体系结构和计算机所处理的对象都只能是离散型的,而凡是与可计算性有关的讨论都是处理离散对象的,因为连续对象(即非离散对象)是很难进行计算处理的,必须在转化为离散型问题以后才能被计算机处理。例如,计算定积分就是把它变成离散量,再用分段求解的方法来处理的。尽管计算学科已成为一个极为宽广的学科,但计算学科所有分支领域的根本任务还是进行计算,其实质就是符号的变换。在弄清计算学科的根本问题的实质后,才可以对它作进一步的阐述。

计算的本质是"什么是可计算的"? 丘奇-图灵论点回答了这个问题,即图灵机能计算的问题就是可计算的。可计算问题的计算代价是计算复杂性研究的内容。因此计算学科的根本问题仍然是:什么能被有效地自动计算。

2.1.3   计算学科的主要特点

任何学科都有自身的特点,只有充分了解各学科的特点,并针对该学科特点组织各教学环节的教学活动,才能收到良好的教学效果。计算学科的主要特点可归纳为以下 5 个方面。

1. 学科知识体系庞大

源于对算法理论、计算模型、自动机研究的计算科学,现已发展成"计算学科",该学科覆盖从算法与可计算性的研究到根据可计算硬件和软件实现问题的研究,其知识体系十分庞大。

2．抽象

抽象是计算学科的三个基本学科形态（抽象、理论、设计）之一。从计算学科理论的发展、软硬件模型的提出，到程序设计，都需要很强的抽象能力。抽象贯穿在整个学科当中，在计算学科课程体系的所有知识领域中都能找到抽象的示例。以操作系统为例，其中抽象的内容主要有：通过设备名使用设备；通过文件名使用磁盘信息；虚拟内存；用户界面上的物体与内部计算结构的联系；远程过程响应；性能分析，等等。

3．严谨

严谨的逻辑思维能力对硬件和软件开发都是相当重要的，尤其是软件开发。软件是人脑逻辑思维的产物，而人是会犯错误的。由于软件测试不能保证软件正确无误，调试阶段能正常运行的软件有可能存在致命的错误并可能导致灾难性的后果；逻辑思维严谨的人研制的软件体系结构清晰、调试工作量少、软件系统存在潜在错误的可能性小，因而软件系统的可靠性高；而一个思维不严谨和推理能力差的程序员，即使有多年的编程实践，往往仍不能很好地完成任务。Dijkstra 认为："一个高水平的程序员应该一开始就避免故障的引入，而不应该把大量的时间放在程序调试上"。

4．实践性强

计算学科是在数学和电子学基础上发展起来的一门新兴学科。因此，它不仅是一门理论性很强的学科，而且是一门实践性很强的学科。在实践中不断提出问题、解决问题的过程推动了计算学科理论的发展。计算学科的理论通过实践活动产生了巨大的社会效益和经济效益，影响和改变了人们生活的方方面面。

5．与其它学科关联紧密

计算学科不仅知识体系庞大，而且该学科的发展与其它学科的关联也极为紧密。随着科学技术的飞速发展和计算科学研究的深入，与计算学科关联最紧密的学科将会是哲学中的逻辑学、数学中的构造性数学和电学中的微电子科学。在不远的将来则可能是光电子科学、生物科学中的遗传学和神经生理学、物理和化学科学中的精细材料科学，其影响的切入点主要集中在信息存储、信息传递、认知过程、大规模信息传输的介质和机理方面。

2.1.4　计算学科的三个形态

每一个学科都有其自身的知识组织结构、学科形态、核心概念和基本工作流程方式。所谓学科形态，是指从事该领域工作的文化方式。计算学科的基本学科形态是：抽象、理论和设计，它概括了计算学科中的基本内容，是计算学科认知领域中最基本的概念。

1．抽象形态

抽象是指在思维中对同类事物去除其现象的、次要的方面，抽取其共同的、主要的方面，从而做到从个别中把握一般，从现象中把握本质的认知过程和思维方法。

抽象源于现实世界（实验科学）。抽象建模是自然科学的根本，科学家们认为科学的进展过程主要是通过形成假说，然后系统地按照建模过程对假说进行验证和确认得到的。例如，冯·诺依曼模型就是计算机的基本抽象，可把这种模型与具体的计算机对照比较。在计算学科中，常为可能的算法、数据结构和系统结构等构造模型时使用抽象，然后对所建立的模型和假设、不同的设计策略以及所依据的理论进行实验。用于和实验相关的研究，包括分析和探索计算的局限性、有效性、新计算模型的特性以及对未加证明的理论的预测和验证。

抽象形态表明，基于计算学科的实验科学方法，广泛采用实验物理学的研究方法。抽象的结果是概念、符号、模型。按照对客观现象和规律的实验研究过程，包括以下 4 个步骤：

①对研究对象的概念抽象（定义）；

②假设对象的基本性质和对象之间可能存在的关系（定理）；

③确定这些性质和关系是否正确（证明）；

④解释结果（与计算机系统或研究对象形成对应）。

抽象形态的基本特征是其研究内容的构造性数学特征，是区别于更广泛的数学科学学科形态的典型特征。

2. 理论形态

科学认识由感性阶段上升为理性阶段就形成了科学理论。科学理论是经过实践检验、系统化了的科学知识体系，它是由科学概念、科学原理以及对这些概念、原理的理论论证所组成的体系。通过对现实事物的分析、抽象，并对其本质性的一般规律进行总结、升华，就形成理论。源于对现实进行抽象和总结的科学理论已脱离了现实事物，不受现实事物的限制，更能把握事物的本质。

理论源于数学，数学家们认为科学的进展都是建立在数学基础之上。计算学科的理论与数学所用的方法类似，主要要素为定义、定理、证明、结果解释等。用以上要素来建立和理解计算学科所依据的数学原理，其研究内容的基本特征是构造性数学特征。

理论形态表明，基于计算科学的数学基础和计算科学理论，广泛采用数学的研究方法。按照统一、合理的理论发展过程，包含以下 4 个步骤：

①表述研究对象的特征（定义和公理）；

②假设对象之间的基本性质和对象之间可能存在的关系（定理）；

③确定这些性质和关系是否正确（证明）；

④分析结果（与计算机系统或研究对象形成对应）。

这个形态主要出现在计算科学与硬件设计和实验有关的研究之中。当计算科学理论比较深奥，理解较为困难时，不少科研人员在大致了解理论、方法和技术的情况下，基于经验和技能常以这种学科形态方式开展工作。

3. 设计形态

设计用来开发求解给定问题的系统和设备，主要要素为：需求说明、规格说明、设计和实现方法、测试和分析。

设计源于工程，是工程的根本。工程师们认为工程的进展主要是通过提出问题并系统地按照设计过程，通过建立模型而加以解决的。

设计形态表明，基于计算学科的工程设计，广泛采用工程科学的研究方法。按照为解决某个问题构造系统或装置的过程，包含以下 4 个步骤：

①进行需求分析；

②给定技术条件，建立规格说明；

③设计并实现该系统或装置；

④对系统进行测试分析、修改完善。

这个形态广泛出现在计算科学与硬件、软件、应用有关的设计和实现之中。当计算科学理论（包括技术理论）已解决某一问题后，科研人员在正确理解理论、方法和技术的情况下，可以十分有效地以这种学科形态方式开展工作。

抽象、理论和设计三个形态（过程）的划分，有助于正确理解计算学科三个过程的地位、作用和联系。计算机科学侧重理论和抽象形态，计算机工程侧重工程和抽象形态，但是它们都在促进计算理论研究的深入和计算技术的发展。

计算学科的学习是一个极其复杂的过程，要想把学习过程的各个环节有机地结合起来，以保证学习过程的统一性、完整性和高效性，则应采取抽象、理论、设计三个过程的学习方法。

§2.2　计算学科的知识体系

从 1946 年电子数字计算机诞生至今，经过 60 余年的发展，现已形成一个完整的计算学科知识体系，其发展速度之快，令所有其它学科望尘莫及。下面，从计算学科的知识领域、计算学科的研究范畴、计算学科的知识结构等 3 个方面予以介绍。

2.2.1　计算学科的知识领域

计算学科长期以来被认为代表了两个重要的领域，一个是计算机科学，另一个是计算机工程，两者曾经分别作为计算机软件领域和计算机硬件领域的代名词。随着计算技术的发展，IEEE/ACM 在 CC2001 中将计算学科分为 4 个分支学科（也称为专业方向）：计算机科学、计算机工程、软件工程和信息系统。于 2004 年 6 月 1 日公布的 CC2004 报告，在上述 4 个领域的基础上，又增加了一个信息技术领域，并预留了未来的新发展领域。在 CC2005 中定义了 5 个分支学科。

1. 计算机科学（Computer Science，CS）

计算机科学领域的工作者把重点放在研究计算机系统中软件与硬件之间的关系上，开发可以充分利用硬件新功能的软件以提高计算机系统的性能，包括对操作系统、数据库管理系统、编译系统等的研究与开发。这个领域的职业包括研究人员和大学的专业教师，对这类人员数学训练的要求相对高一些，并要求知识全面，具有一定的科学研究能力和专业技术研究能力。

计算机科学方向知识体系由 14 个知识领域，132 个知识单元组成，共计 560 个核心学时。开设 15 门核心课程：计算机导论、程序设计基础、离散结构（数学）、算法与数据结构、计算机组成基础、计算机体系结构、操作系统、数据库系统原理、编译原理、软件工程、计算机图形学、计算机网络、人工智能、数字逻辑、社会与职业道德。

2. 计算机工程（Computer Engineering，CE）

计算机工程是反映现代计算机系统和由计算机控制的设备的软件与硬件的设计、建造、实现的科学与技术。在计算机工程领域所从事的工作比较侧重于计算机系统的硬件，注重于新的计算机和外部设备的研发及网络工程等。计算机工程涉及的行业很广泛，所设计的装置小到微电子芯片，大到使用芯片集成和连接芯片的高效系统，这类人员需要具备宽广的数学和工程学知识，对电子学科有较深的理解，能应对职业领域中的实际工程问题。

计算机工程专业方向知识体系由 18 个知识领域（其中两个与数学有关），175 个知识单元组成，共计 551 个核心学时。开设 16 门核心课程：计算机导论、程序设计基础、离散结构（数学）、算法与数据结构、电路与系统、模拟与数字电子技术、数字信息处理、数字逻辑、计算机组成结构、计算机体系结构、操作系统、计算机网络、嵌入式系统、软件工程、数据库系统原理、社会与职业道德。

3. 软件工程（Software Engineering，SE）

软件工程是以系统的、科学的、定量的途径，把工程应用于软件的开发和维护，同时，开展对上述过程中各种方法和途径的研究。软件工程领域的工作者需要掌握软件开发中的方法学和工程学的知识，并应用于软件的研究和开发，包括计算机系统软件（如操作系统、编译程序等）和各种工具软件（如办公软件、客户管理软件、电子商务软件等）。除此之外，社会上各类企业的相关应用软件也需要大量软件工程师参与开发和维护。这类人员除了需要有较好的数学基础和程序设计能力外，对软件生产过程中的各个环节也应熟知并掌握。

软件工程专业方向知识体系由 10 个知识领域，42 个知识单元组成，共计 494 个核心学时。开设 24 门核心课程：程序设计基础、面向对象方法学、算法与数据结构、离散结构（数学）、计算机体系结构、操作系统和网络、数据库、工程经济学、团队激发和沟通、软件工程职业实践、软件工程与计算、软件工程导论、软件代码开发技术、人机交互的软件工程方法、大型软件系统设计与软件体系结构、软件测试、软件设计与体系结构、软件详细设计、软件工程的形式化方法、软件质量保证与测试、软件需求分析、软件项目管理、软件过程与管理、软件工程综合实习（含毕业设计）。

4. 信息技术（Information Technology，IT）

计算机信息技术专业的学生应该掌握与信息技术相关的自然科学和数学知识，并具有创造性地将这些知识应用于信息系统构建和应用的潜力；掌握计算学科的基本理论和信息系统的基本工作原理，熟练掌握计算机软硬件系统的应用知识，对信息技术的应用和发展趋势有深入的理解和评估能力；有良好的组织管理和交流沟通能力，能根据不同组织和机构的需求，选择相应的信息技术，并能有效地实施；具备良好的国际交流能力，能适应技术进步和社会需求的变化。

信息技术专业方向知识体系由 12 个知识领域，92 个知识单元组成，共计 281 个核心学时。开设 15 门核心课程：信息技术导论、信息技术应用数学入门、程序设计与问题求解、数据结构与算法、计算机系统平台、应用集成原理与工具、Web 系统与技术、计算机网络与互联网、数据库与信息管理技术、人机交互、面向对象方法、信息保障与安全、社会信息学、信息系统工程与实践、系统管理与维护。

5. 信息系统（Information System，IS）

计算机信息系统领域的工作涉及企业的信息中心或网络中心等部门，这些工作包括处理企业日常运作的数据，对企业现有软、硬件设施的技术支撑和维护，以保证企业信息系统的正常运作。而这类人员一般要求对商业运作有一定的专业基础知识，对计算机系统的各方面较熟悉。信息系统专业是计算机应用领域的工程实施和系统构建，该学科的知识领域涉及各个应用领域和行业业务，在我国被划归在管理学学科，其详细内容请参见有关资料。

信息系统专业方向通常开设 15 门核心课程：信息模型和信息系统、数据库系统、数据模型化、关系数据库、数据库查询语言、关系数据库设计、事务处理、分布式数据库、物理数据库设计、数据挖掘、信息存储和信息检索、超文本和超媒体、多媒体信息和系统、数字图书馆等。

2.2.2　计算学科的研究范畴

计算学科是一门研究范畴十分广泛、发展非常迅速的新兴学科。计算学科的主要研究范畴包括：计算机理论、计算机硬件、计算机软件、计算机网络、计算机应用等 5 个方面。

1. 计算机理论的研究内容

计算机理论研究的内容主要包括：离散数学、算法分析理论、形式语言与自动机理论、程序设计语言理论和程序设计方法学等。

（1）离散数学：主要研究数理逻辑、集合论、近世代数和图论等。由于计算机所处理的对象是离散型的，所以它是计算机科学的理论基础。

（2）算法分析理论：主要研究算法设计和分析中的数学方法与理论，如组合数学、概率论、数理统计等，这些理论主要运用于分析算法的时间复杂度和空间复杂度。

（3）形式语言与自动机理论：研究程序设计语言以及自然语言的形式化定义、分类、结构等，研究识别各类语言的自动机模型及其相互关系。

（4）程序设计语言理论：运用数学和计算机科学的理论研究程序设计语言的基本规律，包括程序设计模式、虚拟机、类型系统、执行控制模型、形式语言文法理论、形式语义学（如代数语义、公理语义、操纵语义等）、计算机语言学。

（5）程序设计方法学：研究编制高质量程序的各种程序设计规范化方法，程序正确性证明理论等。

2. 计算机硬件的研究内容

计算机硬件研究的内容主要包括：元器件与存储介质、微电子技术、计算机组成原理、计算机体系结构和微型计算机技术等。

（1）元器件与存储介质：研究构成计算机硬件的各类电子的、磁性的、机械的、超导的元器件和存储介质。

（2）微电子技术：研究构成计算机硬件的各类集成电路、大规模集成电路、超大规模集成电路芯片的结构和制造技术等。

（3）计算机组成原理：研究通用计算机的硬件组成结构以及运算器、控制器、存储器、输入/输出设备等各部件的构成和工作原理。

（4）计算机体系结构：研究计算机软硬件的总体结构、计算机的各种新型体系结构（如精简指令系统计算机、并行处理计算机系统、共享存储结构计算机、集群计算机、网络计算机等）以及进一步提高计算机性能的各种新技术。

（5）微型计算机技术：研究使用最广泛的微型计算机的组成原理、结构、芯片、接口电路及其应用技术。

3. 计算机软件的研究内容

计算机软件研究的内容主要包括：程序设计语言、算法设计、数据结构、编译原理、操作系统、数据库管理系统、软件工程学、可视化技术等。

（1）程序设计语言：研究数据类型、操作、控制结构、引进新类型和操作机制。根据实际需求选择合适、新颖的程序设计语言，以完成程序设计任务。

（2）算法设计：研究计算机领域及其它相关领域中的常用算法的设计方法并分析其时间复杂度和空间复杂度，以评价算法的优劣。

（3）数据结构：研究数据在计算机中的表示和存储方法、抽象的逻辑结构及定义的各种基本操作。数据的逻辑结构常常采用数学描述的抽象符号和有关的理论。

（4）编译原理：研究程序设计语言中的词法分析、语法分析、中间代码优化、目标代码生成和编译程序开发。编译程序是一个相当复杂的系统程序，计算机科学家们为了实现编译程序的自动生成，做了大量工作。随着编译技术的发展，编译程序的生成周期也在逐渐缩短，但其工作量仍然很大，而且工作艰巨。人们的愿望是尽可能多地把编译程序的生成工作交给计算机去完成，让编译程序自动控制或自动生成编译程序。

（5）操作系统：研究操作系统的逻辑结构、并发处理、资源分配与调度、存储管理、设备管理、文件系统等。

（6）数据库管理系统：研究数据库基础理论、数据库安全保护、数据库模型、数据设计与应用和数据库标准语言等。

（7）软件工程学：研究软件过程、软件需求与规格说明、软件设计、软件验证、软件演化、软件项目管理、软件开发工具与环境、形式化方法、软件可靠性、专用系统开发。

（8）可视化技术：研究如何用图形和图像来直观地表征数据，它不仅要求计算结果的可视化，而且要求计算过程的可视化。

4．计算机网络的研究内容

计算机网络研究的内容主要包括：网络组成、数据通信、体系结构、网络服务和网络安全等。

（1）网络组成：研究局域网、广域网、Internet、Intranet 等各种类型网络的拓扑结构、构成方法和接入方式。

（2）数据通信：研究实现连接在网络上的计算机之间进行数据通信的介质、传输原理、调制与编码技术、数据交换技术和差错控制技术等。

（3）体系结构：研究网络通信双方必须共同遵守的协议和网络系统中各层的功能、结构、技术和方法等。

（4）网络服务：研究如何为计算机网络的用户提供方便的远程登录、文件传输、电子邮件、信息浏览等服务。

（5）网络安全：研究计算机网络的设备安全、软件安全、信息安全以及病毒防治等技术，以提高计算机网络的可靠性和安全性。

5．计算机应用的研究内容

计算机应用研究的内容主要包括：软件开发工具、完善现有的应用系统、开拓新的应用领域、人—机交互等。

（1）软件开发工具：研究软件开发工具的有关技术，如程序调试技术、代码优化技术、代码重用技术等。

（2）完善现有的应用系统：根据新的技术平台和实际情况对已有的应用系统进行升级、改造，使其功能更强大，更加便于使用。

（3）开拓新的应用领域：研究如何打破计算机传统的应用领域，扩大计算机在国民经济以及社会生活中的应用范畴。

（4）人—机交互：研究人与计算机的交互和协同技术，如图形用户接口设计、多媒体系统的人机接口等。为用户使用计算机提供一个更加友好的环境和界面，使人与计算机能更好地共同完成预定的任务。

在这些研究领域中，有些方面计算机先行者们已经研究得比较透彻并取得了许多成果，需要学生在各后续课程中逐步学习、领会、掌握和继承；有些方面还不够成熟和完备，需要人们进一步去探索、研究、完善和发展。

2.2.3　计算学科的知识结构

计算学科经过了半个多世纪的迅猛发展，已经形成一个相对比较完备的学科体系，衍生了许多相对独立的方向和分支。从学科体系的角度，可将计算学科的内容划分为 3 个层面：应用层、专业基础层和专业理论基础层。

1．应用层

应用层是与计算机应用领域或用户最接近的层面，它包括信息、管理与决策系统、计算可视化、人工智能应用与系统等内容。

（1）信息、管理与决策系统：涵盖数据库设计与数据管理技术、数据表示与存储、多媒体技术、数据与信息检索、管理信息系统、计算机辅助系统、数字仿真、决策系统等方向。

（2）计算可视化：涵盖科学计算、计算机图形学、计算几何、模式识别与图形图像处理等方向。

（3）人工智能应用与系统：涵盖人工智能、机器人、神经元计算、知识工程、自然语言处理与机器翻译、自动推理等方向。

2．专业基础层

专业基础层为应用层提供理论和方法指导及环境，它包括软件开发方法学、计算机网络与通信技术、程序设计科学、计算机系统基础等内容。

（1）软件开发方法学：涵盖顺序、并行与分布式软件开发方法学，如软件工程技术、软件开发工具和环境等方向。

（2）计算机网络与通信技术：涵盖计算机网络、网络互联技术、数据通信技术以及信息保密与安全技术等方向。

（3）程序设计科学：涵盖数据结构、数值与符号计算、算法设计与分析（包括并行与分布式算法设计与分析）、程序设计语言、程序设计语言的文法与语义（指程序设计语言的文法与语义描述）、程序设计方法学、程序理论等方向。

（4）计算机系统基础：涵盖电路基础、数字逻辑技术、计算机组成原理、计算机体系结构、操作系统、编译技术、数据库系统实现技术、容错技术、故障诊断与器件测试技术等方向。

3．专业理论基础层

专业理论基础层是指计算机科学最核心和最基础的理论，它为计算机专业基础提供理论指导或依据，主要包括计算理论和高等逻辑等内容。

（1）计算理论：涵盖了可计算性（递归论）与计算复杂性理论、形式语言与自动机理论、形式语义学（主要指代数语义、公理语义等）、Petri 网理论等方向。

（2）高等逻辑：涵盖模型论、各种非经典逻辑与公理集合论等方向。

上述三个层面的划分，有利于不同类型人才的培养。在人才培养规格上，可划分为三种类型。

- 科学型人才：强调基础理论知识的掌握和创新能力的培养，要求系统且扎实地掌握计算机科学基础理论知识、计算机软硬件系统知识及计算机应用知识，具备较强的创新能力和实践能力。
- 工程型人才：强调把计算机软硬件系统知识与技术应用于解决实际工程问题，要求系统地掌握计算机科学理论知识、计算机软硬件系统知识及计算机应用知识，具备较强的工程实践能力。
- 应用型人才：强调计算机应用知识的掌握和组织协调能力的培养，要求较好地掌握计算机科学基础理论知识、计算机软硬件系统知识及计算机应用知识，具备较强的实践能力和动手能力。

2.2.4　计算学科与其它学科的关系

计算学科是一个综合性学科，它的发展更加依赖于其它学科的发展与进步，综合利用其它学科的思想、方法和成果。现在，计算学科已进入一个科学的发展轨道，并已成为应用极为广泛的交叉学科。与计算学科密切相关的是数学、微电子学、光电子学以及一些新兴学科。

1．计算学科与数学方法

数学是研究现实世界的空间形式和数量关系的一门科学，它有三个基本特征：一是高度的抽象性；二是严密的逻辑性；三是普遍的适用性。计算学科对数学具有很大的依赖性，数学不仅是计算机系统设计、算法设计的基础，而且为计算学科提供了最重要的学科思想和学科的方法论基础。

数学方法是以数学为工具进行科学研究的方法，是解决计算问题的策略、途径和步骤，是计算科学中最根本的研究方法。理论上，凡能被计算机处理的问题均可以转换为一个数学问题，换言之，所有能被计算机处理的问题均可以用数学方法解决；反之，凡能以离散数学为代表的构造性数学方法描述的问题，且该问题所涉及的论域为有穷，或虽为无穷但存在有穷表示时，这个问题也一定能用计算机来处理。

2. 计算学科与电子学

计算学科是在数学和电子学的基础上发展起来的，数学的思维方法和形式化的推理是计算学科最根本的研究方法，而电子学理论和技术构成了计算机硬件的基础。在计算机的发展历史上，计算机硬件的发展与电子技术的发展紧密相关，每当电子技术有突破性的进展，就会导致计算机的一次重大变革。未来计算机的发展，将会与微电子学和光电子学密切相关。

3. 计算学科与新兴技术

近年来，计算学科的发展正在更多地依赖新兴技术的发展。例如，在新一代计算机系统的研制中，人们正在研究将光电子技术应用于计算机的设计和制造；医学中脑细胞结构、脑神经机制、认知心理学的研究等都在影响计算学科一些方向的发展，如体系结构、神经元网络计算，等等。目前可以预见对计算学科能产生重大影响的学科有：物理学中的光学、精细材料科学、哲学中的科学哲学、生物科学中的生物化学、脑科学与神经生理学、数学中的构造性数学、行为科学等；目前与计算学科联系最紧密的学科有：哲学中的逻辑学、数学中的构造性数学、电子学中的微电子科学；在不远的将来还可能是光电子科学、生物科学中的遗传学和神经生理学、物理和化学中的精细材料学、哲学中的科学哲学和行为科学等，其影响的切入点主要集中在信息存储、信息传递、认知过程、大规模信息传输的介质和机理等方面。

§2.3　中国计算机科学与技术学科

为了适应计算机科学与技术的发展和教学的需要，我国组织了"中国计算机科学与技术学科教程 2002"研究小组，结合国内计算机教学实践，借鉴 CC2001 的成果，形成了《中国计算机科学与技术学科教程 2002》（China Computing Curricula 2002，CCC2002）。

2.3.1　CCC2002 与专业规范

1. 中国计算机教程 2002

我国的计算机专业本科教育始于 1956 年哈尔滨工业大学等学校开设的"计算装置与仪器"专业，之后经历了计算机及应用、计算机软件、计算机科学教育、计算机器件及设备等名称的变化。1998 年教育部进行本科专业目录调整，将计算机类专业名称统一为计算机科学与技术专业。从 2001 年开始，增设了软件工程专业和网络工程专业。

为了与国外先进的课程体系接轨，2001 年 3 月，中国计算机学会教育专业委员会和全国高等学校计算机教育研究会决定成立"中国计算机科学与技术学科教程 2002"（China Computing Curricula 2002，CCC2002）项目研究组，希望通过对 CC2001 的跟踪、分析和研究，并结合我国计算学科的发展状况和我国计算机教育的具体情况，提出一个适应我国计算机科学与技术学科本科教学要求的参考教学计划。

该项目研究组于 2002 年 4 月提交了相关研究报告，并通过了教育部高等教育司组织的专家评审，于同年 9 月出版发行。主要成果如下：

（1）依据计算学科的特点，结合我国教学和应用现状，给出了知识领域、知识单元、知识点的科学分析与描述，设计了覆盖知识点的核心课程，并制订了相应的指导性教学计划。即将计算机科学与技术学科各领域的知识体系划分为知识领域、知识单元和知识点三个层次。知识领域代表一个特定的学科子领域，知识领域被分割成知识单元，代表各个知识领域中的不同方向；知识单元分为核心和选修两种，核心知识单元是所有计算学科专业方向都应该学习的基础内容；知识点位于整个体系结构的最底层，代表知识单元中单独的主题模块。

（2）注重了课程体系的组织与学生能力培养和素质提高的密切结合，明确地将实践教学摆到了重要的位置。

（3）提出了通过拓宽知识面和强化理性教育来实现创新能力培养的观点。与此同时，《中国计算机科学与技术学科教程 2002》提取了计算学科中具有方法论性质的 12 个核心概念。

2. 中国计算机专业规范

2006 年 6 月 24 日，教育部高等教育司组织了对教育部高等学校计算机科学与技术教学指导委员会编制的《高等学校计算机科学与技术专业发展战略研究报告暨专业规范（试行）》的评审，同年 9 月《高等学校计算机科学与技术专业发展战略研究报告暨专业规范（试行）》（以下简称《研究报告暨专业规范》，出版发行。

《研究报告暨专业规范》对我国计算学科的发展历史与现状进行了全面总结，分析了国际上的相关情况，研究了信息社会对计算机人才的需求，指出了计算机专业办学改革的目标与措施。《研究报告暨专业规范》主要内容如下：

（1）在计算机科学与技术专业名称下，鼓励不同的学校根据社会需求和自身实际情况，为学生提供不同人才培养类型的教学计划和培养方案。

（2）将人才培养的规格归纳为三种类型、4 个专业方向：科学型（计算机科学专业方向）、工程型（计算机工程专业方向、软件工程专业方向）、应用型（信息技术专业方向）。

（3）给出了 4 个专业方向的专业规范，包括培养目标和规格、教育内容和知识体系、办学条件、主要参考指标、核心课程描述等内容。需要说明的是，我国将 CC2004 中的"信息系统（Information System，IS）"专业方向划归管理学，因此在《研究报告暨专业规范》中没有该专业方向的内容。

2008 年 10 月正式出版了教育部高等学校计算机科学与技术教学指导委员会编制的《高等学校计算机科学与技术专业公共核心知识体系与课程》《高等学校计算机科学与技术专业实践教学体系与规范》。

CCC2002 报告、《研究报告暨专业规范》及其知识体系的确定，对于各高校计算机专业准确地确定人才培养定位，更科学地制订和完善专业培养计划，以科学的课程教学体系和实践教学体系来培养和提高学生的专业能力具有重要的指导作用。《研究报告暨专业规范》的实施必将对我国计算学科的教学改革起到重要的推动作用。

2.3.2　计算机科学与技术学科的专业设置

随着计算机技术的发展，计算机科学与技术学科的内容在不断地发展变化，与之相适应，计算机科学与技术学科的专业设置也在发生变化。

1. 计算机科学与技术学科体系

20 世纪 60～70 年代，计算机已发展成为一门重要学科，一些重点高校先后开设计算机专业。早期本科专业主要包括计算机软件、计算机系统结构、计算机及应用等专业，研究生专业则设定为 5 个二级学科：计算机软件、计算机理论、计算机系统结构、计算机接口与外部设备、计算机应用。20 世纪 90 年代提出"宽口径"人才培养思路后，计算机科学与技术学科与专业设置有了重大改革。

国务院学位委员会将计算机科学与技术学科划分为 1 个一级学科和 3 个二级学科，如图 2-2 所示。

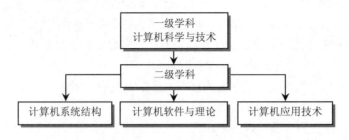

图 2-2 计算机科学与技术学科结构

本科专业按一级学科培养，统一为计算机科学与技术专业；研究生按二级学科培养，统一为计算机软件与理论、计算机系统结构和计算机应用技术 3 个专业。

20 世纪末，由于计算机网络、多媒体技术、通信和计算机软件等迅速发展，国家又批准设置了一批新专业。在本科层次上，与计算机科学与技术学科相关的专业有网络工程、软件工程、电子商务和信息安全等；在研究生层次上，设置了计算机技术领域的工程硕士专业学位，2001 年又在工程硕士专业中设置了软件工程硕士学位，并批准成立了 35 所示范性软件学院。

2. 计算机科学与技术学科结构

作为一级学科的计算机科学与技术，其计算机科学是研究计算机及其相关的各种现象与规律的科学，主要包括理论计算机科学、计算机系统结构、软件和人工智能等；计算机技术则泛指计算机领域中所应用的技术方法和技术手段，包括计算机的系统技术、软件技术、部件技术、器件技术和组装技术等。

（1）计算机系统结构学科：是计算机科学与技术的支柱学科和基础学科，它研究计算机硬件与软件的功能分配，软硬件界面的划分，硬件结构、组成与实现的方法与技术。在微电子技术飞速发展与网络计算日趋普及的今天，计算机系统结构学科需要探索的问题层出不穷、引人入胜。它涉及到的具体研究领域包括：计算机体系结构、计算机组成与逻辑设计、并行与分布式计算机系统、VLSI 微结构与系统芯片（SoC）技术、微处理器、网络计算结构与元计算、无线网络与移动计算、计算机系统性能评价、可靠性与容错技术、神经网络计算机、光子计算机、生物计算机、量子计算机、硬件和软件的一体化设计技术、智能计算机体系结构、面向特定应用和领域的计算机设计等各个方面。

（2）计算机软件与理论学科：是计算机科学与技术的核心与灵魂。它研究软件规划、设计、开发、维护和使用过程中涉及的理论、方法和技术，研究计算机科学与技术发展所需的软件理论基础和技术，包括系统软件、软件自动化、程序设计语言、数据库系统、软件工程与软件复用技术、并行处理与高性能计算、智能软件、理论计算机科学、人工智能、计算机科学基础理论等。该学科除了与计算机应用技术、计算机系统结构相关之外，还与计算数学、通信与信息工程、电子科学与技术等学科密切相关。

（3）计算机应用技术学科：是计算机科学与技术学科服务于国民经济、国防建设、社会生活的钥匙与纽带，其地位与作用十分重要。主要研究计算机各类应用中具有共性的理论、技术和方法，以及各种前沿性、创新性、跨学科、跨领域的计算机新应用，包括科学问题的计算、数据的自动处理、各种对象的过程控制等。本学科除了与计算机软件与理论、计算机系统结构相关之外，还与电子科学与技术、信息与通信工程和控制科学与工程等研究领域有交叉。计算机应用技术学科涉及科学研究、工农业生产、教育、航天、交通、军事、通信和金融等各个行业和领域。

从学科专业（方向）设置上看，我国现行的学科专业与 CC2004 的学科方向存在差异，但是这种差异并不是本质差异。例如，就计算机应用技术专业而言，如果其课程体系包含信息技术学科的知识领域，那么计算机应用技术专业也就是计算机应用专业信息技术方向。随着计算机科学技术的飞速发展，我国将随同世界相关先进组织一起，不断修订、调整、制定出与计算机科学与技术学科发展相适应的、符合中国国情的计算机科学与技术学科专业设置。

2.3.3　计算机科学与技术学科的知识体系

计算机科学借鉴数学的公理化思想来全面阐述计算学科的科学问题。计算学科知识体系反映出学生所选专业领域的未来发展，培养学生具有未来就业所需的知识和技能以及良好的个人素养，是高等教育必须解决的一个现实课题。

如同 CC2001 一样，CCC2002 仍将计算机科学与技术学科知识体系划分成 14 个知识域，这 14 个知识域与计算学科的 3 个基本形态（抽象、理论和设计）通过二维定义矩阵有机地联系在一起，每一个知识域的公共核心和可选内容如 2.1 节中的表 2-1 所示。

1. 离散结构（Discrete Structures）

离散结构是计算科学的理论基础，其内容渗透在数据结构和算法中，也出现在计算科学中的很多其它领域。CC2001 为了强调它的重要性，特意将它列在计算学科的第一个主领域。离散结构在计算机科学中的广泛应用不仅解决了计算机科学与技术学科的问题，而且反映和融入了现代数学研究的主题。计算机科学与技术学科的本科学生必须具备离散结构的知识。

这部分知识的公共核心有：函数、关系和集合（Function, Relation and Sets），基本逻辑（Basic Logic），证明技术（Proof Techniques），计算基础（Basics of Counting），图和树（Graphs and Trees），离散概率（Discrete Probability）。

2. 程序设计基础（Programming Fundamentals）

程序设计基础是利用计算机解决应用问题所必须具备的基本知识，熟练掌握程序设计语言是学习计算机科学绝大多数课程的先决条件。计算机科学与技术学科的本科学生应至少熟练掌握两种程序设计语言，并在此基础上能够通过自学掌握其它程序设计语言的使用方法。

这部分知识的公共核心有：基本的程序结构（Fundamental Programming Constructs），算法和问题求解方法（Algorithms and Problem-Solving），基本的数据结构（Fundamental Data Structures），递归（Recursion），事件驱动程序设计（Event-Driven Programming）。

3. 算法与复杂性（Algorithms and Complexity）

算法是计算机科学和软件工程的基础，是对特定问题求解步骤的一种描述，是指令的有限系列。它涉及算法理论和可计算理论：算法理论主要研究在各种抽象的计算模型上的算法设计和算法复杂性分析；可计算理论主要研究抽象的计算模型及其性质、可计算函数，以及两者之间的关系。计算复杂性是指除了包含复杂性的内容之外，还包括研究基于抽象的公理基础之上的可计算函数的复杂性。

这部分知识的公共核心有：基本的算法分析（Basic Algorithmic Analysis），算法学（Algorithmic Strategies），基本的计算算法（Fundamental Computing Algorithms），分布式算法（Distributed Algorithms），基本的可计算性理论（Basic Computability）。

可选内容有：计算复杂性 P 和 NP 类（The Complexity Classes P and NP），自动机理论（Automata Theory），高级算法分析（Advanced Algorithmic Analysis），加密算法（Cryptographic Algorithms），

几何算法（Geometric Algorithms），并行算法（Parallel Algorithms）。

4. 体系结构与组织（Architecture and Organization）

由于硬件设计中可以预见的极限（如电子器件的集成度）存在，计算机设计的研究更趋向于向分布式网络计算系统和并行计算机系统发展。要开发分布式计算系统和并行式计算机系统，计算机基础研究的重心便从计算机的设计转到了体系结构的研究。计算机专业的学生对计算机系统的功能部件、特征、性能和它们之间的相互联系都应有所了解，并能够正确评价。

这部分知识的公共核心有：数字逻辑和数字系统（Digital Logic And Digital Systems），机器级数据表示（Machine Level Representation of Data），汇编级机器组织（Assembly Level Machine Organization），存储系统组织和结构（Memory System Organization and Architecture），接口和通信（Interfacing and Communication），功能组织（Functional Organization），多处理机和体系结构（Multiprocessing and Alternative Architectures）。

可选内容有：提高机器性能的技术（Performance Enhancements），网络和分布式系统体系结构（Architecture for Networks and Distributed Systems）。

5. 操作系统（Operating Systems）

操作系统是硬件性能的抽象，计算机用户通过操作系统使用计算机资源，程序员通过操作系统控制计算机硬件。操作系统的设计与实现所涉及的许多理论在计算科学领域中有着广泛的适用性。例如，并发程序设计与建立虚拟环境、网络管理、算法设计与实现、程序设计等领域都有关。

这部分知识的公共核心有：操作系统概述（Overview of Operating Systems），操作系统原理（Operating System Principles），并发（Concurrency），调度和分配（Scheduling and Dispatch），存储器管理（Memory Management）。

可选内容有：设备管理（Device Management），安全和保护（Security and Protection），文件系统（File Systems），实时系统和嵌入式系统（Real-Time and Embedded-Systems），容错（Fault Tolerance），系统性能评价（System Performance Evaluation），脚本（Scripting）。

6. 网络及其计算（Net-Centric Computing）

计算机和远程通信网络的发展提升了计算机科学与技术学科中网络技术的重要性，网络及其计算领域主要包括：计算机通信网络的概念和协议、多媒体系统、Web标准和技术、网络安全、无线和移动计算以及分布式系统。在本领域的学习中，应重视实践和分析，它们能加强对重要概念及其实际应用的理解。

这部分知识的公共核心有：网络计算引论（Introduction to Net-Centric Computing），通信和组网（Communication and Networking），网络安全（Network Security），客户/服务器计算实例——Web（The web as an example of client-server computing）。

可选内容有：建立Web应用（Building Web Applications），网络管理（Network Management），压缩和解压缩（Compression and Decompression），多媒体数据技术（Multimedia Data Technologies），无线和移动计算（Wireless and Mobile Computing）。

7. 程序设计语言（Programming Languages）

程序设计语言是程序员与计算机的主要界面，一个程序员不仅要熟练掌握一门语言，更要了解各种程序设计语言的不同风格。程序员既要面对许多不同的语言，又要使用多种不同风格的语言，理解程序设计语言的多样性和不同编程范例中的设计有利于快速掌握新语言。

这部分知识的公共核心有：程序设计语言概述（Overview of Programming Languages），虚拟机（Virtual Machines），语言翻译引论（Introduction to Language Translation），声明和类型（Declarations and Types），抽象机制（Abstraction Mechanisms），面向对象程序设计（Object-oriented Programming）。

可选内容有：函数型程序设计（Functional Programming），语言翻译系统（Language Translation Systems），类型体系（Type Systems），程序设计语言语义（Programming Language Semantics），编程语言设计（Programming Language Design）。

8. 人机交互（Human-Computer Interaction）

人机交互是人与计算机打交道的界面，需要交互设备和交互软件的支持，而人机交互软件是人机交互系统的核心。这一领域的学习重点是理解与交互对象进行交互的人的行为，掌握一般交互软件的人机界面设计知识，懂得如何使用以人为中心的方法开发和评价交互软件。

这部分知识的公共核心有：人机界面基础（Foundations of Human-Computer Interaction），建立一个简单的图形用户界面（Building a Simple Graphical User Interface）。

可选内容有：以人为中心的软件评价（Human-Centered Software Evaluation），以人为中心的软件开发（Human-Centered Software Development），图形用户界面设计（Graphical User-Interface Design），图形用户界面程序设计（Graphical User-Interface Programming），多媒体系统的人机界面（HCI Aspects of Multimedia Systems）。

9. 图形学与可视化计算（Graphics and Visual Computing）

图形学与可视化计算是现代计算机及多媒体技术的基础，把图形直接输入计算机和把计算机处理的结果以图形方式输出，可以为人机之间的通信提供方便的手段，从而扩大计算机的信息处理能力。

这部分知识的公共核心有：图形学的基本技术（Fundamental Techniques in Graphics），图形系统（Graphic Systems）。

可选内容有：图形通信（Graphic Communication），几何建模（Geometric Modeling），基本绘图（Basic Drawing），高级绘图（Advance Drawing），高级技术（Advanced Techniques），计算机动画（Computer Animation），可视化（Visualization），虚拟现实（Virtual Reality），计算机视觉（Computer Vision）。

10. 智能系统（Intelligent Systems）

人工智能是现代计算机研究与发展的趋势。人工智能领域涉及智能系统的设计与分析。一个智能系统必须能够感知它所处的处境，采取符合其指定任务所要求的行动，与其它的智能系统和人类进行交互。人工智能提供了一套工具以解决那些在现实中用其它方法难以解决的问题。本学科的学生应能辨别在什么时候对给定的问题采用人工智能方法是恰当的，并能选择和实现一个适合解决的人工智能方法。

这部分知识的公共核心有：智能系统的基本问题（Fundamental Issues in Intelligent Systems），搜索和约束满足（Search and Constraint Satisfaction），知识表示和推理（Knowledge Representation and Reasoning）。

可选内容有：高级搜索（Advanced Search），高级知识表示和推理（Advanced Knowledge Representation and Reasoning），智能体（Agents），自然语言处理（Natural Language Processing），机器学习和神经网络（Machine Learning and Neural Networks），人工智能规划系统（AI Planning Systems），机器人学（Robotics）。

11. 信息管理（Information Management）

信息管理几乎在所有的计算机应用领域都起着关键的作用。该领域的主要内容包括信息获取、信息数字化、信息的表示、信息的组织、信息变换和信息的表现；有效存取算法和存储信息的更新、数据模型化、数据抽象以及物理文件存取技术等。对于一个给定的问题，计算机科学与技术学科的本科学生应能够开发出概念数据模型和物理数据模型，确定什么信息管理方法和技术是恰当的，并能够选择和实现一个恰当的信息管理方法。

这部分知识的公共核心有：信息模型和系统（Information Models and Systems），数据库系统（Database Systems），数据建模（Data Modeling）。

可选内容有：关系数据库（Relational Databases），数据库查询语言（Database Query Languages），关系数据库设计（Relational Database Design），事务处理（Transaction Processing），分布式数据库（Distributed Databases），物理数据库设计（Physical Database Design），数据挖掘（Data Mining），信息存储和恢复（Information Storage and Retrieval），超文本和超媒体（Hypertext and Hypermedia），多媒体信息和系统（Multimedia Information and Systems），数字库（Digital Libraries）。

12. 软件工程（Software Engineering）

为了解决"软件危机"问题，人们用软件工程（运用工程的方法、过程、技术和度量）来管理软件开发，分析和建立软件模型，评价和控制软件质量，确定软件演化和重用规范。在软件开发中，要求选择最适合于给定开发环境的工具、方法和途径。

这部分知识的公共核心有：软件设计（Software Design），使用应用程序接口（Using APIs），软件工具和环境（Software Tools and Environments），软件过程（Software Processes），软件需求和规格说明（Software Requirements and Specifications），软件验证（Software Validation），软件演化（Software Evolution），软件项目管理（Software Project Management）。

可选内容有：基于模块的计算（Component-Based Computing），形式化方法（Formal Methods），软件可靠性（Software Reliability），专用系统开发（Specialized Systems Development）。

13. 计算科学与数值方法（Computational Science and Numerical Methods）

数值方法和科学计算一直都是计算科学研究的主要领域，随着计算机解决问题的能力不断增强，这一领域变得更加宽广和重要，它提供了许多有价值的思想和技术。因此，数值方法和科学计算是计算学科本科阶段的重要科目之一。但该知识领域的内容是否对所有本科学生都是必要的这一问题尚未得到一致的认可，因此这部分知识不列为计算机科学与技术学科的核心知识单元。

可选内容有：数值分析（Numerical Analysis），操作研究（Operations Research），建模和模拟（Modeling and Simulation），高性能计算（Hi-performance Computing）。

14. 社会与职业问题（Social and Professional Issues）

为了适应当今社会对人才的要求，计算机科学与技术学科的学生必须对与信息技术领域相关的计算机文化、计算机社会、计算机法律和计算机道德等问题有所理解，因为他们中的绝大部分人将来会进入计算机行业。计算机行业的从业人员在介绍一个产品时，必须能够预测这一产品是否会提高或降低生活的质量，对个人、团体和环境会有什么影响；必须能够认识到产品销售者和产品使用者的基本法律权利和道德责任；必须理解他们的职责和有过错时可能造成的后果；必须了解他们所使用的工具的局限性和他们自身的局限性。

这部分知识的公共核心有：计算的历史（History of Computing），计算的社会环境（Social Context of Computing），分析的方法和工具（Methods and Tools of Analysis），职业责任和道德责任（Professional and Ethical Responsibilities），基于计算机系统的风险和责任（Risks and Liabilities of Computer-Based Systems），知识产权（Intellectual Property），隐私权和公民自由权（Privacy and Civil Liberties）。

可选内容有：计算机犯罪（Computer Crime），计算的经济问题（Economic Issues in Computing），哲学框架（Philosophical Frameworks）。

上述 14 个知识域是计算机科学与技术专业完整的知识体系，包括科学与技术两个方面，科学是技术的依据，技术是科学的体现。计算机科学与技术相辅相成、互相作用，二者高度融合是计算机科学技术学科的突出特点。计算机科学技术不仅具有较强的科学性，还具有较强的工程性，它是一门科学性与工程性并重的学科，表现为理论性与实践性紧密结合的特征。

CCC2002 为计算机科学与技术学科专业提出了 16 门核心课程：计算机科学导论、程序设计基础、离散结构、算法与数据结构、计算机组织与体系结构、微机系统与接口、操作系统、数据库系统原理及应用、编译原理、软件工程、计算机图形学、计算机网络、人工智能、数字逻辑、计算机组成原理、计算机体系结构。

在上述核心课程中，计算机科学导论（Introduction to Computer Science）是学习计算机科学技术的入门课程、是计算机专业完整的知识体系的概论。通过该课程学习，可以使学生对计算机的发展史、计算机专业的知识体系、计算学科方法论，以及计算机专业人员应具备的专业素质和职业道德有一个基本的了解和掌握，这对于计算机专业大学阶段甚至毕业以后的知识学习、能力提高、素质培养和日后的学术研究、技术开发、经营管理等工作，都具有十分重要的引导作用。本课程主要包括计算机的形成与发展、计算机硬件系统的结构组成、计算机软件系统知识、计算机操作系统、计算机程序设计、软件开发知识、数据库技术、多媒体技术、网络技术、信息安全技术、计算机职业道德规范、计算学科领域的典型问题、计算学科方法论等内容。

§2.4　计算学科的经典问题

在人类进行科学探索与科学研究的过程中，曾经提出过许多对科学发展具有重要影响和深远意义的科学问题，如哥德巴赫猜想、四色定理、哥尼斯堡七桥等著名问题。其中一些问题对计算学科及其分支领域的形成和发展起到了重要的作用。另外，在计算学科的研究工作中，为了便于对计算学科中有关问题和概念的本质的理解，计算机科学家们给出了不少反映该学科某一方面本质特征的典型实例。这些经典问题的提出，不仅有助于我们深刻理解计算学科中一些关键问题的本质，而且对学科的深入研究也具有十分重要的促进作用。为了便于讨论，我们将典型实例归类为：图论问题、算法复杂性问题、机器智能问题和并发访问控制问题。通过对这些典型实例的介绍，希望能激发出同学们的学习热情和研究兴趣，为计算机科学技术的研究和进步做出贡献。

2.4.1　图论问题

图论（Graph Theory）是研究边和点的连接结构的数学理论，1736 年，瑞士数学家列昂纳德 • 欧拉（Leonhard Euler，1707～1783）发表了关于七桥问题的论文《与位置几何有关的一个问题的解》。该论文为图论的形成奠定了基础，并成为图论创始人。今天，图论已广泛地应用于计算机科学、运筹学、信息论和控制论等学科之中，并已成为对现实问题进行抽象的一个强有力的数学工具，是离散数学和数据结构等课程的理论基础。随着计算机科学的发展，图论在计算机科学中的作用越来越大，同时图论本身也得到了充分的发展。下面是图论研究中的著名问题。

1. 哥尼斯堡七桥问题

18 世纪中叶，当时东普鲁士有一座城市哥尼斯堡（Konigsberg）（现为俄罗斯的加里宁格勒 Kaliningrad），城中有一条贯穿全市的普雷格尔（Prego1）河，河中央有座小岛——奈佛夫（Kneiphof）岛，普雷格尔河的两条支流环绕其旁，并将整个城市分成北区、东区、南区和岛区 4 个区域，全城共有 7 座桥将 4 个城区连起来，如图 2-3 所示。

人们常通过这 7 座桥到各城区游玩，于是产生了一个有趣的数学难题：一个人怎样不重复地走完 7 座桥，最后回到出发地点？即寻找走遍这 7 座桥，且只许走过每座桥一次，最后又回到原出发点的路径，这就是著名的"哥尼斯堡七桥问题"。

无数试验者反复试走，然而都没有找到这样的路径。为了解决哥尼斯堡七桥问题，欧拉用 4 个字母 A、B、C、D 代表 4 个城区，并用 7 条边表示 7 座桥，如图 2-4 所示。

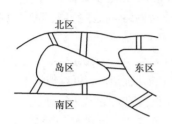
图 2-3　哥尼斯堡七桥问题示意图

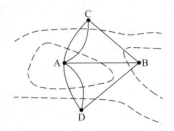
图 2-4　哥尼斯堡问题七桥抽象图

在图中，只有 4 个顶点和 7 条边，这样做是为了抽象出问题最本质的东西，忽视问题非本质的东西（如桥的长度和宽度等），从而将哥尼斯堡七桥问题抽象成为一个数学问题，即经过图中每边一次且仅一次的回路问题。

1736 年，欧拉发表了论文《与位置几何有关的一个问题的解》，论证了这样的回路是不存在的，该问题无解，即：从一点出发不重复地走遍 7 座桥，最后又回到原出发点是不可能的。这篇论文被认为是研究图论的第一篇论文，后来人们把有这样回路的图称为欧拉图。

欧拉不仅给出了哥尼斯堡七桥问题的证明，还将问题进行了一般化处理，即对给定的任意一个河流图与任意多座桥，判定是否存在每座桥恰好走过一次的路径（不一定回到原出发点），并用数学方法给出了如下三条判定规则：

①如果通奇数座桥的地方不止两个，满足要求的路径是找不到的。

②如果只有两个地方通奇数座桥，可以从这两个地方之一出发，找到所要求的路径。

③如果没有一个地方是通奇数座桥的，则无论从哪里出发，所要求的路径都能实现。

在图 2-4 中，A 城区有 5 座桥与其它城区连通，B、C、D 三个城区各有 3 座桥与其它城区连通，即通奇数座桥的地方不止两个，所以找不到不重复地走完 7 座桥，最后回到出发地点的路径。

如果把图 2-4 改变成图 2-5 所示结构，即去掉城区 A、B 之间的桥，这时 A 城区通 4 座桥，B 城区通 2 座桥，C、D 两个城区各通 3 座桥。找到一条路径 C→A→D→A→C→B→D，每座桥走过一次且只走过一次，只是没有回到原出发点，可以从一个通奇数座桥的地方出发，到另一个通奇数座桥的地方结束。

如果把图 2-4 改成图 2-6 所示结构，即在城区 A、D 和 A、C 之间各去掉一座桥，在城区 A、B 之间再增加一座桥，这时 A、B 两个城区各通 4 座桥，C、D 两个城区各通 2 座桥，则可找到一条路径 A→C→B→D→A→B→A，每座桥走过一次且只走过一次，能回到原出发点。人们把经过图中每条边一次且仅一次的路径称为欧拉路径；如果欧拉路径的起点和终点为图中的同一个顶点，这时的欧拉路径称为欧拉回路；包含有欧拉回路的图称为欧拉图。

2. 哈密尔顿回路问题

在图论中除了"欧拉回路问题"（哥尼斯堡七桥问题）以外，还有一个著名的"哈密尔顿回路问题"。该问题是 1857 年，由爱尔兰物理学家和数学家威廉·哈密尔顿（William R. Hamilton，1805～1865）提出的一个数学问题，也有人将它称为周游世界的数学游戏。游戏的规则是：设有一个如图 2-7 所示的正十二面体，它有 20 个顶点，把每个顶点看作一个城市，把正十二面体的

30 条边看成连接这些城市的路。

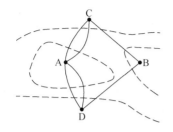

图 2-5 欧拉回路问题示意图 shiyi

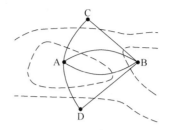

图 2-6 欧拉路径示意图

找一条从某城市出发，经过每个城市恰好一次，并且最后回到出发点的路径，人们把这种路径称为哈密尔顿回路。把正十二面体投影到平面上，如图 2-8 所示。图中标出了一种走法，且从城市 1 出发，经过 2、3、…、20，最后回到 1。

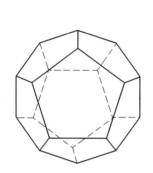

图 2-7 正十二面体

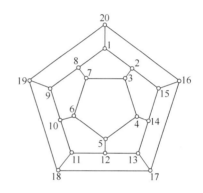

图 2-8 周游世界游戏示意图

"哈密尔顿回路问题"与"欧拉回路问题"看上去十分相似，然而又是完全不同的两个问题。"哈密尔顿回路问题"是访问每个顶点一次，而"欧拉回路问题"是访问每条边一次。对一个图是否存在"欧拉回路"前面已给出充分必要条件，而对一个图是否存在哈密尔顿回路至今仍未找到充分必要条件。存在哈密尔顿回路的图称为哈密尔顿图。

对于图 2-4，可以找到一条哈密尔顿回路 A→D→B→C→A，当然还可以找到其它的哈密尔顿回路。对于图 2-8，就找不到欧拉回路，因为该图中每个顶点都和 3 条边相连。

3. 中国邮路问题

我国数学家管梅谷教授 1960 年也提出了一个有着重要理论意义和广泛应用背景的问题，当时称为"最短投递路线问题"，国际上称为中国邮路问题。问题的描述：一个邮递员应如何选择一条路线，使他能够从邮局出发，走遍他负责送信的所有街道，最后回到邮局，并且所走的路程最短。该问题可归结为图论问题，对问题的求解是：给定一个连通无向图（没有孤立顶点），每条边都有非负的确定长度，求该图的一条经过每条边至少一次的最短回路。

对于有欧拉回路的欧拉图，找到一条欧拉回路即可。对于不存在欧拉回路的非欧拉图，才是中国邮路问题的重点。管梅谷教授及国内外学者给出了一些解决该问题及推广与变形问题的算法，研究成果除用于邮政部门外，还用于扫雪车路线、洒水车路线、警车巡逻路线的最优设计等。

4. 旅行商问题

旅行商问题（Traveling Salesman Problem，TSP）（也称旅行推销员问题）是哈密尔顿和英国数学家柯克曼（T. P. Kirkman，1806～1895）于 19 世纪初提出的一个数学问题。其基本含义是，有若干个城市，任何两个城市之间的距离都是确定的，现要求一旅行商从某城市出发，必须经过每一个城市且只能在每个城市停留一次，最后回到原出发城市。要解决的问题是：如何事先确定好一条路程最短的旅行路径呢？

人们思考如何解决这个问题时首先想到的基本方法是：对给定的城市进行排列组合，列出每一条可供选择的路径，然后计算出每条路径的总里程，最后从所有可能的路径中选出一条路程最短的路径。假设给定有 4 个城市，分别为 C_1、C_2、C_3 和 C_4，各城市之间的距离是确定的值，城市间的交通如图 2-9 所示。

从图中可以看到，从城市 C_1 出发，最后再回到 C_1 城市，可供选择的路径共有 6 条，括号中为路径长度，如图 2-10 所示。

$C_1 \rightarrow C_2 \rightarrow C_3 \rightarrow C_4 \rightarrow C_1$（20），$C_1 \rightarrow C_2 \rightarrow C_4 \rightarrow C_3 \rightarrow C_1$（29）

$C_1 \rightarrow C_3 \rightarrow C_2 \rightarrow C_4 \rightarrow C_1$（23），$C_1 \rightarrow C_3 \rightarrow C_4 \rightarrow C_2 \rightarrow C_1$（29）

$C_1 \rightarrow C_4 \rightarrow C_3 \rightarrow C_2 \rightarrow C_1$（20），$C_1 \rightarrow C_4 \rightarrow C_2 \rightarrow C_3 \rightarrow C_1$（23）

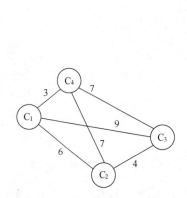

图 2-9   城市交通问题示意图

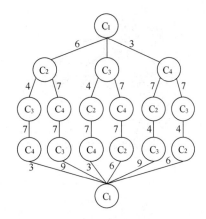

图 2-10   组合路径图

从中很快可以选出一条总路程最短的路径 $C_1 \rightarrow C_2 \rightarrow C_3 \rightarrow C_4 \rightarrow C_1$ 或 $C_1 \rightarrow C_4 \rightarrow C_3 \rightarrow C_2 \rightarrow C_1$。若设城市的数目为 n 时，则组合路径数为(n-1)!。显然，当城市数目不多时，要找到最短距离的路径并不难，但随着城市数目的不断增多，组合路径数将呈指数规律急剧增长，以至达到无法计算的地步，这就是所谓的"组合爆炸问题"。假设城市的数目为 20，组合路径数则为(20-1)! $\approx 1.216 \times 10^{17}$，如此巨大的组合数目，以计算机每秒能计算出 1000 万条路径的速度计算，计算完所有路径都需要 386 年的时间，这样的算法显然是没有实际意义的。

据文献介绍，1998 年，科学家们成功地解决了美国 13509 个城市之间的 TSP 问题，2001 年又解决了德国 15112 个城市之间的 TSP 问题，但工程代价也是巨大的。据报道，解决 15112 个城市之间的 TSP 问题，共使用了美国赖斯大学（Rice University）和普林斯顿大学之间互联的、采用速度为 500MHz 的 Compaq EV6 Alpha 处理器的 110 台计算机，所有计算机花费的时间总和为 22.6 年。

TSP 是最有代表性的优化组合问题之一，它的应用已逐渐渗透到各个技术领域和我们的日常生活中。在大规模生产过程中，寻找最短路径能有效地减低成本。事实上，这类问题的解决还可以延伸到其它行业领域中，如运输业、后勤服务业等。然而，由于 TSP 会产生组合爆炸问题，因此寻找切实可行的简化求解方法就成为问题的关键所在。为此，人们提出了一些求近似解的算法，即找出的路径不一定是最短路径，而是比较短的路径，但求解问题的时间复杂度大大降低了，是比较实用的算法，包括最近邻算法、抄近路算法等。

2.4.2　算法复杂性问题

算法（Algorithm）是计算科学的最基本概念，它是定义一项工作如何完成的步骤的集合。例如用计算机解决问题的大体步骤是：分析问题抽象出数学模型、根据模型设计算法、依据算法编写程序、调试执行程序。所谓"计算复杂性"，就是利用计算机求解问题的难易程度。它包括两个方面：一是计算所需的步数或指令条数，称为时间复杂度（Time Complexity）；二是计算所需的存储单元数量，称为空间复杂度（Space Complexity）。下面是算法复杂性问题中的 4 个著名实例。

1. Hanoi（汉诺塔）问题

Hanoi 问题源于印度神话。传说古代教的天神在创造世界时，建造了一座称为贝拿勒斯的神庙，神庙里安放了一个黄铜座，座上竖有三根宝石柱。在第一根宝石柱上按照从小到大、自上而下的顺序放有 64 个直径大小不一的金盘子，形成一座金塔，如图 2-11 所示。

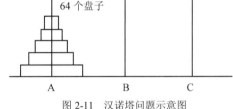

图 2-11　汉诺塔问题示意图

所谓汉诺塔，又称梵天塔。天神让庙里的僧侣们将第一根柱子上的 64 个盘子借助第二根柱子全部移到第三根柱子上，即将整个金塔搬迁，同时定下三条规则：

①每次只能移动一个盘子；

②盘子只能在三根柱子之间来回移动，而不能放在它处；

③在移动过程中，三根柱子上的盘子必须始终保持大盘在下，小盘在上。

天神说，当这 64 个盘子全部移到第三根柱子上后，世界末日就要到了，这就是著名的汉诺塔问题。汉诺塔是一个典型的只有用递归方法才能解决的问题。所谓递归，就是将一个较大的问题规约为一个或多个相对简单的子问题的求解方法。而这些子问题比原问题简单，且在结构上与原问题相同。这里，我们先设计它的算法，进而估计它的复杂性。

汉诺塔问题的实质就是如何把 64 个盘子按规则由第一根柱子移到第三根柱子上。为便于叙述，一般把 64 个盘子的汉诺塔问题化为 n 个盘子的移动问题，并把三根柱子分别标记为 a、b、c。根据递归方法，可以将求解 n 个盘子的移动问题转化为求解 n-1 个盘子的移动问题，如果 n-1 个盘子的移动问题能够解决，则可以先将 n-1 个盘子移动到第二根柱子上，再将最后一个盘子直接移动到第三根柱子上，最后将 n-1 个盘子从第二根柱子移动到第三根柱子上，如图 2-11 所示，则可以解决 n 个盘子的移动问题。依此类推，n-1 个盘子的移动问题可以转化为 n-2 个盘子的移动问题，n-2 个盘子的移动问题又可以转化为 n-3 个盘子的移动问题，直到 1 个盘子的移动问题（这时可以直接求解）。再由移动 1 个盘子的解求出移动 2 个盘子的解，直到求出移动 n 个盘子的解。

假设每秒移动一次，一年有 31 536 000 秒，僧侣们一刻不停地来回搬动，也需要花费大约 5849 亿年的时间。假定计算机以每秒 10000 万个盘子的速度进行搬迁，则需要花费大约 58490 年的时间。通过这一例子，我们可以了解到理论上可以计算机的问题，实际上并不一定能实现。在计算复杂性中，将这一类问题称为难解性问题。

汉诺塔问题讲的是算法时间复杂度，该算法的复杂度可用一个指数函数 $O(2^n)$ 来表示。

显然，当 n 很大时，计算机是无法处理的。相反，当算法的时间复杂度的表示函数是一个多项式，如 $O(n^2)$ 时，则计算机可以处理。因此，当一个问题求解算法的时间复杂度大于多项式（如指数函数）时，算法执行时间随 n 的增加而急剧增长，以致使问题难以求解。

2. NP 问题

在采用图灵机作为标准的计算工具的情况下，可以非形式化地定义如下几类计算问题。

（1）P 类问题：是由确定型图灵机在多项式时间内可解的一切判定问题所组成的集合，具体说，就是在算法的时间复杂度分析和研究中，将所有可以在多项式（如 $T(n^2)$）时间内求解的问题称为 P 类问题，P 类问题采用的是确定性算法。

（2）NP 类问题：是由非确定型图灵机在多项式时间内可计算的判定问题所组成的集合，具体说，就是在算法的时间复杂度分析和研究中，将所有可以在多项式（如 $T(n^2)$）时间内验证的问题称为多项式复杂程度的非确定性问题（Non-deterministic Polynomial，NP）。NP 问题是至今仍没有找到多项式时间算法解的一类问题，因此，NP 类问题采用的是非确定性算法。

现在，P=NP 是否成立，是当代数学研究中最大的悬而未决的问题之一，也是计算机科学领域理论研究者研究的热门话题。如果 P=NP，则所有在多项式时间内可验证的问题都将是在多项式时间内可求解的问题。但大多数人认为 P≠NP，因为人们已经投入了大量的精力为 NP 类中的某些问题寻找多项式实践算法都没有成功。

（3）NP 完全问题：在 NP 类问题中某些问题的复杂度与整个类的复杂度有关，如果这些问题中的任意一个能在多项式的时间内求解，则所有 NP 类问题都能在多项式时间内求解，这些 NP 类问题称为 NP 完全（NP complete，NPC）问题或 NP 难（NP hard）问题，或称为 NP 类问题的子集。求总路程小于 B 的路径的旅行商问题是 NP 完全问题，求哈密尔顿回路也是 NP 完全问题。

目前，解决 NP 完全问题的可行方法是寻找具有多项式时间复杂度的近似算法，即求得的是最优解的近似解，但算法的复杂度大为降低，是可用于实际计算的算法。到目前为止，在"计算复杂性理论"中已提出与国民经济发展有密切联系的 2000 多个难题，如货郎担问题、哈密尔顿回路问题、装箱问题、整数规划问题、子图同构问题、平面铺砖问题等。对其中任一问题，如果能找到一个多项式时间的算法，也就找到了所有这些问题的多项式时间算法；而如果能证明其中任一问题不存在多项式时间算法，也就证明了所有这些问题都不存在多项式时间算法。

3. 36 军官问题

36 军官问题是 18 世纪由欧拉作为一个数学游戏提出来的。问题大意是：设有分别来自 6 个军团共有 6 种不同军衔的 36 名军官，他们能否排成 6×6（6 行 6 列）的编队使得每行每列都有各种军衔的军官 1 名，并且每行和每列上的不同军衔的 6 名军官还分别来自不同的军团？

如果将一个军官用一个序偶(i,j)表示，其中 i 表示该军官的军衔（i=1，2，…，6），而 j 表示他所在的军团（j=1，2，…，6）。于是，这个问题又可以变成：

36 个序偶(i,j)（i=1，2，…，6；j=1，2，…，6）能否排成 6×6 阵列，使得在每行和每列这 6 个整数 1，2，…，6 都能以某种顺序出现在序偶第一个元素的位置上，并以某种顺序出现在序偶第二个元素的位置上？

36 军官问题提出后的很长一段时间没有得到解决，直到 20 世纪初才被证明这样的方队是排不起来的。将 36 军官问题中的军团数和军阶数推广到更一般的 n 的情况，相应的满足条件的方队被称为 n 阶欧拉方。经过多次尝试，欧拉猜测：对任何非负整数 k，n=4k+2 阶欧拉方都是不存在的。1901 年，法国数学家塔里（G. Tarry，1843～1913）用穷举法证明了 n 阶欧拉方对于 n=6 是成立的；大约在 1960 年，三位统计学家 R. C. Bose、E. T. Parke 和 S. S. Shrikhande 成功地证明了 n 阶欧拉方对于所有的 n>6 都是不成立的，也就是说 n=4k+2（k≥2）阶欧拉方是不存在的。

4．四色问题

四色问题又称为四色猜想或四色定理，1852 年首先由英国的一位大学生古思里（F.Guthrie）提出的。古思里在给一幅英国地图着色时发现，只要 4 种颜色就可以使任何相邻的两个郡不同色。他推断任何地图的着色也只需要 4 种颜色就够了，但未能给出证明。1878 年，英国数学家凯利（A. Cayley，1821～1895）对此问题进行了认真分析，认为这是一个不可忽视的问题，他正式向伦敦数学学会提出这个问题，于是四色猜想成了世界数学界关注的问题，世界上许多一流的数学家都纷纷参加了四色猜想的大会战。1879 年，英国律师兼数学家肯普（A. B. Kempe，1849～1922）发表了证明四色猜想的论文，并宣布证明了四色定理。11 年后，即 1890 年，年轻的数学家赫伍德（P. J. Heawood，1861～1955）以自己的精确计算指出肯普的证明有误。赫伍德一生坚持研究四色问题，但始终未能证明。但赫伍德在肯普的方法的基础上证明了用 5 种颜色对任何地图着色都是足够的，即"地图五色定理"是成立的。

肯普的证明虽然失败了，但却提出了后来被证明对四色问题的最终解决具有关键意义的两个概念，一个是"不可避免构形集"或简称为"不可避免集"；另一个是所谓的可约性。为了证明四色定理，肯普使用了反证法，假定存在有需要用 5 种颜色着色的正规地图，它们包含的国家不同，其中至少有一张包含的国家数量最少，称为"最少正规地图"。而根据不可避免性，这张最少正规地图必定包含有一个至多只有 5 个邻国的国家。肯普进一步论证说："如果一张需要用 5 种颜色着色的最少正规地图包含一个至多只有 5 个邻国的国家，那么它就是可约的，即可以将它约简成有较少国家的正规地图，对这较少国家的地图着色仍需要用 5 种颜色。"这样就产生了矛盾——可以用 5 种颜色着色的正规地图包含的国家数比最少正规地图还要少。肯普的论证对有 2 个、3 个和 4 个邻国的国家来说是正确的，但对有 5 个邻国的处理是错误的。这一错误被赫伍德指出，并在很长时间没有人能纠正。

进入 20 世纪以后，科学家们对四色猜想的证明基本上是按照肯普的想法进行的。有些数学家对平面图形的可约性进行了深入分析。1969 年，德国数学家希斯（H. Heesch）第一次提出了一种具有可行的寻找不可避免可约图的算法，希斯的工作开创了四色问题研究的新思路。

1970 年，美国伊利诺伊大学（University of Illinois）的数学教授哈肯（W. Haken）与阿佩尔（K. Appel）合作从事四色问题研究。他们注意到希斯的算法可以大大简化和改进，于是从 1972 年开始用这种简化的希斯算法来产生不可避免的可约图集，并采用了新的计算机实验方法来检验可约性。1976 年 6 月，哈肯和阿佩尔终于获得成功：一组不可避免的可约图终于找到了，这组图一共有 2000 多个，即证明了任意平面地图都能够用 4 种颜色着色。他们的证明需要在计算机上计算 1200 小时，程序共先后修改了 500 多次。后来，Appel-Haken 的证明被其他学者进行了简化，不过简化了的证明仍然比较烦琐。

2.4.3　计算机智能问题

计算机智能是 20 世纪中叶兴起的一个新的科学技术领域，它研究如何用机器或装置去模拟或扩展人类的智能活动，如推理、决策、规划、设计和学习等。计算机智能问题是目前计算机领域的热点研究问题，也是计算机的一个重要发展趋势。下面是计算机智能问题中的 3 个著名实例。

1．图灵测试

在计算机科学诞生后，为解决人工智能中一些激烈争论的问题，图灵和西尔勒分别提出了能够反映人工智能本质特征的两个著名的哲学问题，即图灵测试和西尔勒的中文小屋。经过之后多年的研究，人们在人工智能领域取得了长足的进展。

图灵 1950 年在英国《Mind》杂志上发表了题为"Computing Machinery and Intelligence"（计算

机器和智能）的论文。一些学者认为，图灵发表的关于计算机器和智能的论文标志着现代机器思维问题研究的开始。论文中提出了"机器能思维吗？"这一问题，在定义了"智能"和"思维"的术语之后，最终他得出的结论是我们能够创造出可以思考的计算机。同时，他又提出了另一个问题："如何才能知道何时成功了呢？"并给出了一个判断机器是否具有智能功能的方法，这就是被后人称之为图灵测试的模拟游戏，测试方法和过程如下：该游戏由一个男人（A）、一个女人（B）和一个性别不限的提问者（C）来完成。提问者（C）待在与两个回答者相隔离的房间里，如图 2-12 所示。

图 2-12　图灵测试示意图

游戏的目标是让提问者通过对两个回答者的提问来鉴别其中哪个是男人，哪个是女人。为了避免提问者通过回答者的声音、语调轻易地做出判断，在提问者和回答者之间通过计算机键盘问答。提问者只被告知两个人的代号为 X 和 Y，在游戏的最后提问者要做出"X 是 A，Y 是 B"或"X 是 B，Y 是 A"的判断。

现在，把上面这个游戏中的男人（A）换成一部机器来扮演，如果提问者在与机器、女人的游戏中做出的错误判断与在男人、女人之间的游戏中做出错误判断的次数相同或更多，那么就可以判定这部机器是能够思维的。这时机器在提问者的提问上所体现出的智能（思维能力）与人没有什么区别。根据图灵当时的预测，到 2000 年，能有机器通过这样的测试。有人认为，在 1997 年战胜国际象棋大师卡斯帕罗夫的"深蓝"计算机就可以看作是通过了图灵测试。

图灵测试引发了许多争论，后来的学者在讨论机器思维时大多要谈到这个测试。图灵测试不要求接受测试的思维机器在内部构造上与人脑相同，而只是从功能的角度来判定机器是否具有思维，也就是从行为角度对机器思维进行定义。

2. 西尔勒中文小屋

与人工智能有关的另一个著名的实验是中文小屋（Chinese room）。1980 年，美国哲学家西尔勒（J. R. Searle，1932～）在《Behavioral and Brain Sciences》杂志上发表了论文"Minds, Brains and Programs"（心、脑和程序），文中他以自己为主角设计了一个假想实验：假设西尔勒被关在一个小屋中，屋子里有序地堆放着足够的中文字符，而他对中文一窍不通。这时屋外的人递进一串中文字符，同时还附有一本用英文编写的处理中文字符的规则（作为美国人，西尔勒对英语是熟悉的），这些规则对递进来的字符和小屋中的字符之间的转换作了形式化的规定，西尔勒按照规则对这些字符进行处理后，将一串新的中文字符送出屋外。事实上，他根本不知道送进来的字符串就是屋外人提出的"问题"，也不知道送出去的字符串就是所提出问题的"答案"。又假设西尔勒很擅长按照规则熟练地处理一些中文字符，而程序员（编写规则的人）擅长编写程序（规则），那么，西尔勒"给出"的答案将会与一个熟悉中文的中国人给出的答案没有什么不同。但是，能说西尔勒真的懂中文吗？真的理解以中文字符串表示的屋外人递进来的"问题"和自己给出的"答案"吗？西尔勒借用语言学的术语非常形象地揭示了"中文小屋"的深刻含义：形式化的计算机仅有语法，没有语义，只是按规则办事，并不理解规则的含义及自己在做什么。因此，他认为机器永远也不可能代替人脑。

图灵测试只是从功能的角度来判定机器是否能思维，在图灵看来，不要求机器与人脑在内部构造上一样，只要与人脑有相同的功能就认为机器有思维。而在西尔勒看来，机器没有什么智能，只是按照人们编写好的形式化的规则（程序）来完成一项任务，机器本身未必清楚自己在做什么。这种对同一问题的不同认识代表了目前人们在计算机智能或人工智能上的争议，无论是国际象棋的人机大战，还是中国象棋的人机大战，基于图灵的观点，下棋的计算机有了相当高的智能；基于西尔勒的观点，计算机只是在执行人们编写的程序，根本不理解下的是什么棋，走的是什么步。

3. 博弈问题

人们把诸如下棋、打牌、战争等一类竞争性的智能活动称为博弈。人工智能研究博弈的目的并不是为了让计算机与人进行下棋、打牌之类的游戏，而是通过对博弈的研究来检验某些人工智能技术是否能达到对人类智能的模拟，因为博弈是一种智能性很强的竞争活动。另外，通过对博弈过程的模拟可以促进人工智能技术更深一步的研究。

在人工智能中，大多以下棋为例来研究博弈规律，并研制出一些著名的博弈程序。机器博弈研究的关键是智能程序，例如 IBM 研制的超级计算机"深蓝"于 1997 年 5 月，与当时蝉联 12 年世界冠军的国际象棋大师——白俄罗斯的卡斯帕罗夫对弈，最终"深蓝"以 3.5 比 2.5 的总比分获胜，从而引起了世人的极大关注。2001 年，德国的"更弗里茨"国际象棋软件击败了当时世界排名前 10 名棋手中的 9 位。这些都是当今人脑与电脑较量的结果。

到目前为止，博弈程序已知道如何考虑要解决的问题，程序中应用的某些技术（如向前看几步，寻找较优解答，并把困难的问题分成一些比较容易的子问题）已发展成为智能搜索和问题归约这样的人工智能基本技术。不仅可以在寻优过程中采用智能算法，而且可以在对弈过程中自动地不断从对手（人）那里学习新的知识并丰富知识库，不断自动提高机器博弈水平。

2.4.4　并发控制问题

并发指两个或多个事件在同一时间段内发生，并发操作可以有效提高资源的利用率，如在只有一个处理器的计算机上并发执行多个进程，就能提高处理器的利用率，进而提高整个计算机系统的处理能力。多个进程的并发执行，需要一定的控制机制，否则会导致错误，如完成相关任务的多个进程要相互协调和通信、多个进程对有限的独占资源的访问要互斥等，依靠有效的并发控制才能保证进程并发执行的正确和高效，下面是并发控制的 2 个著名实例。

1. 生产者-消费者问题

1965 年，荷兰计算机科学家埃德斯加·狄克斯特拉（Edsgar W. Dijkstra，1930～2002）在他著名的论文"协同顺序进程"（Cooperating Sequential Processes）中用生产者-消费者问题（Producer-Consumer Problem）对并发程序设计中进程同步的最基本问题，即对多进程提供（或释放）以及使用计算机系统中的软硬件资源（如数据、I/O 设备等）进行了抽象的描述，并使用信号灯的概念解决了这一问题。

在生产者-消费者问题中，所谓生产者是指提供（或释放）某一软硬件资源的进程；所谓消费者是指使用某一软硬件资源的进程；信号灯用来表示进程之间的互斥。

基于狄克斯特拉的思路，对此问题大致描述如下：有 n 个生产者和 m 个消费者，在生产者和消费者之间设置了一个能存取产品的货架。只要货架未满，生产者 p_i（$1 \leqslant i \leqslant n$）生产的产品就可以放入货架，每次放入一个产品；只要货架非空，消费者 c_j（$1 \leqslant j \leqslant m$）就可以从货架取走产品消费，每次取走一个。所有生产者的产品生产和消费者的产品消费都可以按自己的意愿进行，即相互之间是独立的，只需要遵守两个约定：一是不允许消费者从空货架取产品，现实中也是取不到的；二是不允许生产者向一个已装满产品的货架中再放入产品。

这实际上是对操作系统中并发进程同步的一种抽象描述，多个进程虽然看起来是按异步方式执行的，但相互有关的进程之间应有一种协调机制，如生产者-消费者问题中，当货架已满时，生产者就要停止生产，等待消费者取走产品；同样，当货架为空时，消费者是不能消费的，要等待生产者生产。

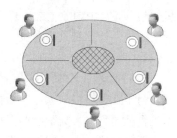

2. 哲学家共餐问题

继生产者-消费者问题之后，狄克斯特拉针对多进程互斥地访问有限资源（如 I/O 设备）的问题又提出并解决了一个被称之为"哲学家共餐"（Dining Philosopher）的多进程同步问题。该问题可以描述为：5 位哲学家围坐在一张圆桌旁，每个人的面前有一碗面条，碗的两旁各有一根筷子，如图 2-13 所示。

图 2-13   哲学家共餐示意图

狄克斯特拉提出该问题时，桌子上放的是吃西餐用的叉子和意大利面条，由于有人习惯用一个叉子吃意大利面条，为了更能说明问题，后来的研究人员把叉子和意大利面条改成了吃中餐用的筷子和中国面条，因为用一根筷子是吃不成中国面条的。

假设哲学家的生活除了吃面条就是思考问题，而吃面条的时候需要左手拿一根筷子，右手拿一根筷子，然后才能用两根筷子进餐。吃完后又将筷子放回原处，继续思考问题。基于这样的假设，一位哲学家的生活进程可表示如下：

①思考问题；

②饿了停止思考，左手拿一根筷子（拿不到就等）；

③右手拿一根筷子（拿不到就等）；

④进餐；

⑤放右手筷子；

⑥放左手筷子；

⑦重新回到思考问题状态①。

基于上面描述的哲学家生活进程，可能会出现如下情况：当所有的哲学家都同时拿起左手的筷子时，则所有的哲学家都将拿不到右手的筷子，并处于等待状态。由于拿不到右手的筷子，就不能进餐，也就不能放回左手的筷子，这样 5 位哲学家就会相互永远等下去，结果是哲学家都无法进餐，最终饿死。这种情况在计算机领域称为死锁（dead lock）。

为避免上面情况的发生，对哲学家的活动进程进行修改：当右手拿不到筷子时，就放下左手的筷子。这时可能又会出现新的情况：在某一个瞬间，所有的哲学家都同时拿起左手的筷子，则自然都拿不到右手的筷子，于是都同时放下左手的筷子，等一会儿，又同时拿起左手的筷子，如此这样永远重复下去，所有的哲学家也都无法进餐，最终饿死。

上面两种情况反映的是一种资源分配问题，如果资源充足，即每两位哲学家中间都放两根以上的筷子，就不存在饿死的情况了。重点要解决的问题是如何在资源紧张的情况下，尽最大可能满足需求，可以加一些限制，如至多只允许 4 位哲学家同时进餐，这样也不会出现哲学家饿死的情况。

哲学家共餐问题形象地描述了多个进程以互斥方式访问有限资源的问题，计算机系统不可能总是提供足够多的资源（CPU、存储单元等），但又想尽可能多地同时满足多个用户（进程）的使用要求，以便提高系统资源的利用率。如果某一时刻只允许一个用户（进程）使用计算机资源，将导致资源利用率和程序执行效率低下。研究人员已经采取了一些非常有效的方法来尽量满足多个用户对有限资源的同时访问需求，同时尽可能地减少死锁和饥饿现象的发生。

【提示】以上是并发控制问题的 2 个著名实例。事实上，并发控制在数据库中也有广泛应用。上述经典问题很多涉及到人工智能知识，详细内容参见本书第 11 章"智能系统"。

本章小结

1. 了解计算机科学与技术学科的概念、研究范畴、知识结构、课程体系，学科的特点、形态、核心概念等是很必要的，这些内容对计算机科学与技术学科学生的学习具有一定的指导作用。

2. 经典问题是指那些反映学科某一方面内在规律和本质内容的典型问题。经典问题往往以深入浅出的形式表达学科深奥的科学规律和本质内容，在学科研究中常常用来辅助说明思想、原理、方法和技术。显然，经典问题在计算机科学与技术学科发展中具有重要的作用。

3. 计算机科学技术工作者应该具备两个重要能力："面向计算机科学技术学科的思维能力"和"使用工具的能力"，培养计算机专业人员思维方式的数学化无异是非常重要的。专业能力的培养要从大学一年级的数学基础课程开始，几年如一日地学习数学、计算机科学与技术理论等课程，从严要求自己，日积月累，同时注重学习正确的思想方法，才能厚积薄发。

习题二

一、选择题

1. 计算学科的根本问题是（　　）。
   - A. 计算过程的能行性
   - B. 计算过程的有效性
   - C. 计算过程的准确性
   - D. 计算过程的快速性

2. 计算的本质是（　　）。
   - A. 什么是可计算的
   - B. 什么是离散的
   - C. 什么是连续的
   - D. 什么是可编程的

3. 国务院学位委员会将计算机科学与技术学科划分为（　　）。
   - A. 2 个一级学科和 2 个二级学科
   - B. 1 个一级学科和 2 个二级学科
   - C. 2 个一级学科和 3 个二级学科
   - D. 1 个一级学科和 3 个二级学科

4. CC2005 在 CC2004 定义了 4 个学科分支领域的基础上，增加了一个（　　）分支领域。
   - A. 离散系统
   - B. 信息系统
   - C. 管理系统
   - D. 智能系统

5. 数学是研究现实世界的空间形式和数量关系的一门科学，它有三个基本特征：一是高度的抽象性；二是严密的逻辑性；三是（　　）。
   - A. 科学性
   - B. 系统性
   - C. 完整性
   - D. 普遍的适用性

6. 计算学科是在数学和（　　）的基础上发展起来的。
   - A. 电子学
   - B. 电工学
   - C. 物理学
   - D. 电路理论

7. 从学科体系的角度，可将计算学科的内容划分为 3 个层面：应用层、专业基础层和（　　）。
   - A. 专业层
   - B. 技术层
   - C. 理论层
   - D. 专业理论基础层

8. 目前，计算学科研究较多、应用较广的交叉学科主要有电子信息工程、生物医学工程、电子商务、（　　）等。
   - A. 软件工程
   - B. 建筑工程
   - C. 生物机电工程
   - D. 计算机图形学

9. 我们将计算学科中的典型问题归类为：图论问题、算法复杂性问题、机器智能问题和（　　）。
   - A. 欧拉图问题
   - B. 图灵测试问题
   - C. NP 问题
   - D. 并发访问控制

10. "计算复杂性"包括时间复杂度和（　　）。

　　A．算法复杂度　　　　B．问题复杂度　　　C．存储复杂度　　　　D．空间复杂度

二、判断题

1. 学科是在科学发展中不断分化和整合而形成的，是科学研究发展成熟的产物。（　　）
2. 计算学科是对信息描述和变换的算法过程进行的系统研究。（　　）
3. 计算学科是一个综合性学科，它的发展更加依赖于其它学科的发展与进步。（　　）
4. 计算学科是一门研究范畴十分广泛、发展非常迅速的新兴学科。（　　）
5. 计算的本质问题是可计算性。（　　）
6. 图论是利用数学方法研究边和点的连接结构的理论。（　　）
7. "计算复杂性"是指利用计算机求解问题的难易程度。（　　）
8. "计算机智能"是研究如何用机器或装置去模拟或扩展人类的智能活动。（　　）
9. "博弈"是指利用计算机来进行下棋、打牌、战争等一类竞争性的智能活动。（　　）
10. "并发控制问题"的研究是为了有效提高资源的利用率。（　　）

三、问答题

1. 什么是学科？
2. 什么是计算学科？
3. 计算学科的研究主要包括哪些内容？
4. 什么是学科形态？它包括哪些内容？
5. 我国的计算机科学技术学科定义了哪几个分支学科？
6. 与计算机科学技术学科应用关系最紧密的交叉学科主要有哪些？
7. 计算机科学与技术学科的研究范畴包括哪些内容？
8. 计算机科学与技术学科的知识体系主要包括哪些课程？
9. 计算学科的经典问题主要有哪几类？
10. 算法复杂性问题的含义是？

四、讨论题

1. 定义计算学科有何实际意义？我国把信息管理归为管理类学科，你是怎样看待的？
2. 你是如何认识、理解计算学科的根本问题的？你对未来的专业学习有何打算？
3. 你对计算学科中的课程体系有何认识和感想？对你未来的专业学习有何指导作用？
4. 计算学科的经典问题向我们展示了什么问题？你对哪些经典问题有兴趣？

第二层次　基本方法

第3章　计算机硬件系统的结构组成

【问题引出】计算机技术的飞速发展，导致了计算学科的形成。该学科的形成，又加速了计算机的发展，并已成为信息处理的主要工具。那么，计算机必须具备哪些条件才能实现信息处理呢？计算机是如何工作的？未来的计算机将会是什么样的体系结构？这些都是本章所要讨论的问题。

【教学重点】从课程导学可知，计算机求解 $f(x) = ax^2 + bx + c$，必须具备4个基本条件：

①为了与计算机进行通信，必须将数据信息转换成计算机能识别的二进制代码；②为了便于计算机的实现，必须采用相应的运算规则，并对各类数据进行编码；③为了实现运算和显示运算结果，必须具备输入、存储、运算、控制、输出等硬件设备；④为了便于操作和使用计算机，必须有软件的支持。本章讨论前3个问题，第4个问题在下一章讨论。

【教学目标】通过本章学习，掌握各种进位计数制的表示和转换方法、数据的运算与编码方法；熟悉计算机硬件系统的结构组成与工作原理、计算机外部设备；了解对未来计算机的展望。

§3.1　数制及其转换

组成现代计算机的电子器件只能识别电位的有、无，通常用1和0来表示这两种独特状态。因此，计算机中所有的数据信息都只能用由1和0组成的二进制代码来表示，并且所有的数据信息（数据、符号和文字）都是以二进制代码形式进行存储、处理和传送的。然而，人类通常习惯使用十进制数来描述数据的大小，用文字来描述语言，用符号来描述图形。那么，如何解决"人-机"之间的这种"兼容性"问题呢，这就是数制与数据表示所要研究的内容。

3.1.1　进位计数制

1. 数的位置表示法

人们对各种进位计数制的常用表示方法实际上是一种位置表示法。所谓位置表示法，就是当用一组数码（或字符）表示数值大小时，每一个数码所代表的数值大小不但决定于数码本身，而且还与它在一个数中所处的相对位置有关。例如十进制数789，其中9表示个位上的数，8表示十位上的数，7表示百位上的数，这里的个、十、百，在数学上叫做"权"（Weight）或"位权"。如果把这个十进制数展开，则可表示为：

$$789=7\times10^2+8\times10^1+9\times10^0$$

表达式中10的各次幂是各个数位的"位值"，称为各数位的"权"。因此，每个数码所表示的数值大小就等于该数码本身与该位"权"值的乘积；而一个数的值是其各位上的数码乘以该数位的权值之和。相邻两个数位中高位的权与低位的权之比如果是常数，则称为基数（Radix）或底数，通常简称为基（或基码）。如果每一数位都具有相同的基，则称该数制为固定基数系统（fixed radix number system），这是计算机内普遍采用的方案。基数是进位计数制中所采用的数码的个数，若用

r 来表示，那么它与系数 a_{n-1}，a_{n-2}，…，a_0，a_{-1}，…，$a_{-(m-1)}$，a_{-m} 所表示的数值 N 的关系为：

$$N = a_{n-1}r^{n-1}+a_{n-2}r^{n-2}+\cdots a_0 r^0+a_{-1}r^{-1}+\cdots+a_{-(m-1)}r^{-(m-1)}+a_{-m}r^{-m}$$

$$= \sum_{i=-m}^{n-1} a_i r^i$$

式中，n 是整数部分的位数，m 是小数部分的位数，n 和 m 均为正整数。从 $a_0 r^0$ 起向左是数的整数部分，向右是数的小数部分。a_i 表示各数位上的数字，称为系数，它可以在 0，1，2，…，r-1 共 r 种数中任意取值。一个 n 位 r 进制无符号数表示的范围是 $0\sim r^n-1$。

2. 常用进位计数制

在计算机中常用的进位计数制有二进制、八进制、十六进制以及用于输入输出的十进制。由位置表示法可知，根据基数 r 的取值不同，可得到各种不同进位计数制的表达式，并且可分别用不同的下标表示。

（1）当 r=10 时，得十进制（Decimal System）计数的表达式为：

$$(N)_{10} = \sum_{i=-m}^{n-1} a_i 10^i$$

其特点是基为 10，系数只能在 0～9 这十个数字中取值，每个数位上的权是 10 的某次幂。

【例 3-1】将十进制数 4567.89 按权展开。

解：$(4567.89)_{10}=4\times10^3+5\times10^2+6\times10^1+7\times10^0+8\times10^{-1}+9\times10^{-2}$

在十进制的加、减法运算中，采用"逢十进一"和"借一当十"的运算规则。

（2）当 r=2 时，得二进制（Binary System）计数的表达式为：

$$(N)_2 = \sum_{i=-m}^{n-1} a_i 2^i$$

其特点是基为 2，系数只能在 0 和 1 这两个数字中取值，每个数位上的权是 2 的某次幂。

【例 3-2】将二进制数$(11011.101)_2$按权展开。

解：$(11011.101)_2=1\times2^4+1\times2^3+0\times2^2+1\times2^1+1\times2^0+1\times2^{-1}+0\times2^{-2}+1\times2^{-3}$

在二进制数的运算过程中，采用"逢二进一"和"借一当二"的运算规则。

【例 3-3】求 11010.101+1001.11　　　　　【例 3-4】求 100100.011-11010.101

```
    11010.101                    100100.011
 +   1001.110                  -  11010.101
  100100.011                      1001.110
```

（3）当 r=8 时，得八进制（Octave System）计数的表达式为：

$$(N)_8 = \sum_{i=-m}^{n-1} a_i 8^i$$

其特点是基为 8，系数只能在 0～7 这 8 个数字中取值，每个数位上的权是 8 的某次幂。

【例 3-5】将八进制数$(4334.56)_8$按权展开。

解：$(4334.56)_8=4\times8^3+3\times8^2+3\times8^1+4\times8^0+5\times8^{-1}+6\times8^{-2}$

在八进制数的运算过程中，采用"逢八进一"和"借一当八"的运算规则。

【例 3-6】求 13450.567+7345.667　　　　　【例 3-7】求 23016.456-13450.567

```
    13450.567                    23016.456
 +   7345.667                  -  13450.567
  23016.456                       7345.667
```

（4）当 r=16 时，得十六进制（Hexadecimal System）计数的表达式为：

$$(N)_{16} = \sum_{i=-m}^{n-1} a_i 16^i$$

其特点是基为 16，系数只能在 0～15 这 16 个数字中取值。其中 0～9 仍为十进制中的数码，10～15 这六个数通常用字符 A、B、C、D、E、F 表示，每个数位上的权是 16 的某次幂。

【例 3-8】将十六进制数$(23AB.4C)_{16}$ 按权展开。

解：$(23AB.4C)_{16}=2 \times 16^3+3 \times 16^2+10 \times 16^1+11 \times 16^0+4 \times 16^{-1}+12 \times 16^{-2}$

在十六进制数的运算过程中，采用"逢十六进一"和"借一当十六"的运算规则。

【例 3-9】求 05C3+3D25　　　　　　　　【例 3-10】求 3D25-05C3

```
        05C3                          3D25
    +   3D25                      -   05C3
    _____                      _____
        42E8                          3762
```

3. 常用进位制的比较

对于各种进位计数制，除了使用下标法外，还可以在数的末尾加一个英文字母以示区别。为了便于对照，在表 3-1 中列出了四种不同进位计数制的表示方法。

表 3-1　十进制、二进制、八进制、十六进制数的关系对照表

十进制	二进制	八进制	十六进制	十进制	二进制	八进制	十六进制
0	0000B	0Q	0H	8	1000B	10Q	8H
1	0001B	1Q	1H	9	1001B	11Q	9H
2	0010B	2Q	2H	10	1010B	12Q	AH
3	0011B	3Q	3H	11	1011B	13Q	BH
4	0100B	4Q	4H	12	1100B	14Q	CH
5	0101B	5Q	5H	13	1101B	15Q	DH
6	0110B	6Q	6H	14	1110B	16Q	EH
7	0111B	7Q	7H	15	1111B	17Q	FH

其中：B 是 Binary 的缩写，用来表示二进制数；O 是 Octal 的缩写，用来表示八进制数（为了避免与"0"混淆，常写成 Q）；H 是 Hexadecimal 的缩写，用来表示十六进制数；D 是 Decimal 的缩写，用来表示十进制数。十进制数的后缀可省略，但其它进位计制数的后缀不可省略。例如：

$$(331.25)_{10}=331.25=(101001011.01)_2=(513.2)_8=(14B.4)_{16}$$
$$=101001011.01B=513.2Q=14B.4H$$

以上各种进位计数制的运算规则，关键是掌握"逢 r 进一"与"借一当 r"的特点。

无论是二进制、八进制或十六进制，其进位的概念与十进制的概念是一样的。

3.1.2　数制之间的转换

计算机处理数据时使用的是二进制数，而人们习惯于使用十进制数，于是就带来了不同数制间的转换问题。常用的数制转换有：二进制、八进制、十六进制数和十进制之间的相互转换。

1. r 进制转换到十进制

一个用 r 进制表示的数，都可用通式 $\sum_{i=-m}^{n-1} a_i r^i$ 转换为十进制数，通常使用的转换方法是按"权"

相加法。转换时只要把各位数码与它们的权相乘，再把乘积相加，就得到一个十进制数，这种方法称为按权展开相加法。

【例3-11】$(100011.1011)_2=1\times2^5+1\times2^1+1\times2^0+1\times2^{-1}+1\times2^{-3}+1\times2^{-4}=(35.6875)_{10}$

【例3-12】$(37.2)_8=3\times8^1+7\times8^0+2\times8^{-1}=(31.25)_{10}$

【例3-13】$(AF8.8)_{16}=10\times16^2+15\times16^1+8\times16^0+8\times16^{-1}=(2808.5)_{10}$

2. 十进制转换到 r 进制

将十进制转换为 r 进制的常用方法是把十进制整数和小数部分分别进行处理，称为基数乘除法。对于整数部分用除基取余法；对于小数部分用乘基取整法，最后把它们合起来。

（1）除基取余法：整数部分用基值重复相除的方法，即除基值取余数。设 r=2，则对被转换的十进制数逐次除 2，每除一次必然得到一个余数 0 或 1，一直除到商为 0 为止。最先的余数是二进制数的低位，最后的余数是二进制的高位。

【例3-14】$327=(\ ?\ )_2$，求解过程如下：

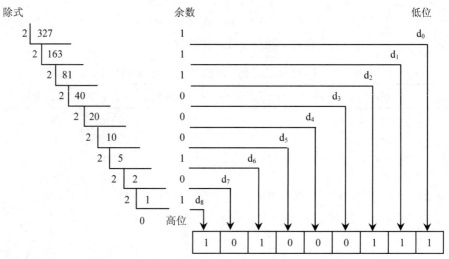

即$(327)_{10}=(101000111)_2$

用与此类似的方法也可以进行十进制整数→八进制整数的转换，十进制整数→十六进制整数的转换，所不同的只是用 8 或 16 去除。

【例3-15】$(1109)_{10}=(\ ?\ )_8$

8	1109	5	低位
8	138	2	↑
8	17	1	
8	2	2	高位
	0		

$(1109)_{10}=(2125)_8$

（2）乘基取整法：用基数 2 去乘十进制纯小数，如整数部分为 1，则先得到所求二进制小数的最高位，然后去掉乘积的整数部分再用 2 去乘余下的纯小数部分，如此继续，直到乘积全部为整数或已满足要求的精度为止，各次所得整数就是所求二进制小数的各位值。

【例 3-16】$(0.5625)_{10}=(\ ?\ )_2$

整数		0.5625
部分	$\times$	2
高位　1		.1250
	$\times$	2
0		0.2500
	$\times$	2
0		0.5000
	$\times$	2
低位　1		.0000

即　$(0.5625)_{10}=(0.1001)_2$

用与此类似的方法也可以进行十进制小数→八进制小数的转换或十进制小数→十六进制小数的转换，所不同的只是用 8 或 16 去乘。

【例 3-17】$(0.6328125)_{10}=(\ ?\ )_8$

整数		0.6328125
部分	$\times$	8
高位　5		.0625000
	$\times$	8
0		0.5000000
	$\times$	8
低位　4		.0000000

即　$(0.6328125)_{10}=(0.504)_8$

由此可以看出，实型数与整型数的转换方法完全相同。如果一个数既有整数部分又有小数部分，则将这两部分分别按除基取余法和乘基取整法进行转换，然后合并，就得到结果。

3．二进制数、八进制数、十六进制数间的转换

由于二进制的权值 2^i 和八进制的权值 $8^i=2^{3i}$ 及十六进制的权值 $16^i=2^{4i}$ 都具有整指数倍数关系，即一位八进制数相当于三位二进制数；一位十六进制数相当于四位二进制数，故可按如下方法进行转换。

（1）二进制数转换成八进制数：将二进制数转换成八进制数，则按三位分组，整数不足在高位添 0，凑足三位；小数不足在低位添 0，凑足三位。例如：

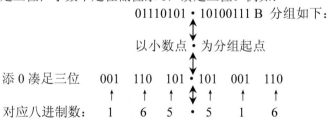

即 01110101.10100111B=165.516Q

（2）二进制数转换成十六进制数：将二进制数转换成十六进制，则按四位分组，整数不足在高位添 0，凑足四位；小数不足在低位添 0，凑足四位。例如：

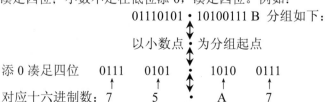

即　01110101.10100111B=165.516Q=75.A7H

从常用计数制中我们可以找到一种规律，那就是八进制数和十六进制数都可用二进制数来描述。因为二进制的权值是 2^i，八进制的权值是 $8^i=2^{3i}$，十六进制的权值是 $16^i=2^{4i}$，它们之间具有整指数倍数关系，即一个八进制数恰好可用三个二进制位来描述；一个十六进制数恰好可用四个二进制位来描述。也正是因为这样，才能使电路器件得到充分利用。

以上转换，反之也成立。一位八进制数变成三位二进制数；一位十六进制数变成四位二进制数，将其排列起来，即为对应的二进制数。在计算机中，常用数制（二进制、八进制、十进制、十六进制）之间的相互转换关系如图 3-1 所示。

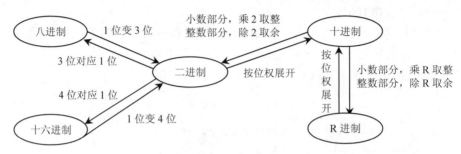

图 3-1　计算机中的数据转换关系

由于十进制数有 10 个数码（0，1，2，…，9），$2^3=8$，$2^4=16$，因而用二进制表示十进制数 10 至少需要 4 位。4 位二进制码能表示 16 种状态，所以其中有 6 种数码是冗余状态。如何从 16 种状态中选取 10 种状态，便形成了多种不同的编码方法。用 4 位二进制码表示一位 10 进制数的编码方案很多，选择编码方案的原则是既要便于运算，又要便于与二进制转换，并便于校正错误等。通常的编码方式有 8-4-2-1 码、2-4-2-1 码、余 3 码、循环码和海明校验码等，而最基础也最常用的是 8-4-2-1 码。就是取 4 位二进制数表示一位十进制数，这 4 位二进制数自左至右，每位的权分别是 8、4、2、1，8-4-2-1 码正是得名于此。这种编码最简单也最容易理解和记忆，每位的权和二进制数的位是一致的。例如十进制数 5016 用 8-4-2-1 码表示可写为：

```
0101    0000    0001    0110
 ↑       ↑       ↑       ↑
 5       0       1       6
```

【提示】4 位二进制码能表示 16 种状态，其中 1010、1011、1100、1101、1110、1111 这 6 种状态是不用的，即 10～15 这 6 个数（A、B、C、D、E、F）是冗余状态。

§3.2　数据的运算与编码表示

为了便于计算机对数据信息进行处理，必须采用高效的运算方法和有效的编码。计算机中的数据可分为数值数据和字符数据两类。数值数据和字符数据都使用二进制来表示、运算和存储。只有这样，才能使计算机结构简化、运算简单、存储简便、表述简捷。

3.2.1　二进制数的算术运算

二进制数的算术运算与十进制数的算术运算一样，也包括加、减、乘、除四则运算，但运算规则更加简单，从而使计算机的结构大为简化。

1．二进制数的加法运算

二进制数的加法运算法则是：0+0=0，0+1=1，1+0=1，1+1=0。

【提示】被加数和加数为 1，结果本位为 0，按逢二进一向高位进位 1。

【例 3-18】将两个二进制数$(1111)_2$和$(1011)_2$相加。相加过程如下：

```
进  位          1  1  1  1
被加数          1  1  1  1 …… (15)₁₀
加  数  +)      1  0  1  1 …… (11)₁₀
和  数       1  1  0  1  0 …… (26)₁₀
```

由该算式可知，两个二进制数相加时，每一位有 3 个数相加：本位的被加数、加数和来自低位的进位（进位为 1 或者 0）。

2．二进制数的减法运算

二进制数的减法运算法则是：0-0=0，1-0=1，0-1=1，1-1=0。

【提示】被减数为 0，减数为 1，结果本位为 1，向高位借位。

【例 3-19】计算二进制数$(110000)_2-(10111)_2$。相减过程如下：

```
借  位          1  1  1  1
被减数       1  1  0  0  0  0 …… (48)₁₀
减  数  -)      1  0  1  1  1 …… (23)₁₀
结  果       1  1  0  0  1 …… (25)₁₀
```

由该算式可知，两个二进制数相减时，每一位最多有 3 个数：本位被减数、减数和向高位的借位数。按照减法运算法则可得到本位相减的差数和向高位的借位。

3．二进制数的乘法运算

二进制数的乘法运算法则是：$0 \times 0=0$，$1 \times 0=0$，$0 \times 1=0$，$1 \times 1=1$。

【例 3-20】求两个二进制数的乘积$(1111)_2 \times (0111)_2$。相乘过程如下：

```
被乘数          1  1  1  1 …… (15)₁₀
乘  数  ×)      0  1  1  1 …… (7)₁₀
                1  1  1  1
             1  1  1  1
          1  1  1  1
+)     0  0  0  0
积     1  1  0  1  0  0  1 …… (105)₁₀
```

由该算式可知，两个二进制数相乘时，每一部分的乘积都取决于乘数相应位的值。若乘数相应位值为 1，则该次的部分乘积就是被乘数；若为 0，则部分乘积为 0。乘积有几位，就有几个部分乘积。每次的部分乘积左移 1 位，将各部分乘积累加，就得到最后积。

4．二进制数的除法运算

二进制数的除法运算法则是：$0 \div 0=0$，$0 \div 1=0$，$1 \div 0$（无意义），$1 \div 1=1$。

【例 3-21】求二进制数$(1001110)_2 \div (110)_2$。相乘过程如下：

```
              1  1  0  1    …… 商(13)₁₀
     1 1 0 √ 1 0 0 1 1 1 0  …… 被除数(78)₁₀
              1  1  0
              0  1  1  1
                 1  1  0
                 1  1  0
                 1  1  0
                       0  …… 余数(0)₁₀
```

3.2.2 二进制数的逻辑运算

计算机不仅能进行算术运算，而且能进行逻辑运算。对逻辑变量称为逻辑运算。逻辑运算没有数值大小的概念，只能表达事物内部的逻辑关系，即关系是"成立"还是"不成立"。二进制数的逻辑运算有"与"、"或"、"非"、"异或"4种。

1. 逻辑"与"

逻辑"与"运算产生两个逻辑变量的逻辑积。仅当两个参加"与"运算的逻辑变量都为"1"时，逻辑积才为"1"，否则为"0"。"与"运算用符号"∧"或"AND"表示。两个逻辑变量的逻辑积的真值表如表3-2所示，其对应的逻辑电路如图3-2所示。

表 3-2 A∧B 真值表

A	B	A∧B
0	0	0
0	1	0
1	0	0
1	1	1

图 3-2 逻辑"与"电路

【例 3-22】设 X = 10111001， Y = 11110011，求 X∧Y

解：

$$
\begin{array}{r}
10111001 \\
\text{AND}）\ 11110011 \\
\hline
10110001
\end{array}
$$

即 X∧Y = 10110001

2. 逻辑"或"

逻辑"或"运算产生两个逻辑变量的逻辑和。仅当两个参加"或"运算的逻辑变量都为"0"时，逻辑和才为"0"，否则为"1"。"或"运算用符号"∨"、"+"或"OR"表示。两个逻辑变量的逻辑和的真值表如表3-3所示，其对应的逻辑电路如图3-3所示。

表 3-3 F=A∨B 真值表

A	B	F=A∨B
0	0	0
0	1	1
1	0	1
1	1	1

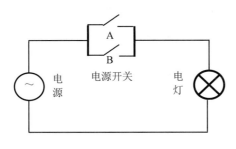

图 3-3

【例 3-23】 设 X = 10111001，Y = 11110011，求 X∨Y。

解：
$$\begin{array}{r} 10111001 \\ \text{OR})\quad 11110011 \\ \hline 11111011 \end{array}$$

即 X∨Y = 11111011。

3. 逻辑 "非"

逻辑 "非"（NOT）运算是对单一的逻辑变量进行求反运算。当逻辑变量为 "1" 时，"非" 运算的结果为 "0"；当逻辑变量为 "0" 时，"非" 运算的结果为 "1"。"非" 运算是在逻辑变量上加符号 "‾" 表示。逻辑非的真值表如表 3-4 所示，其对应的逻辑电路如图 3-4 所示。

表 3-4　F = $\overline{\text{A}}$ 真值表

A	F = $\overline{\text{A}}$
0	1
1	0

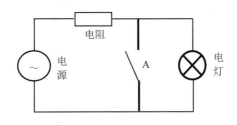

图 3-4　逻辑 "非" 电路

【例 3-24】 设 X = 10111001，求 $\overline{\text{X}}$ = ？

解：$\overline{\text{X}}$ = 01000110。

因为是二值逻辑代数，所以不是 1 就是 0，不是 0 就是 1。与此对应的物理概念是开关断开的 "非" 就是 "灯灭"；开关关闭的 "非" 就是 "灯亮"。因为灯只有 "亮" 和 "灭" 两个状态。

4. 逻辑 "异或"

逻辑 "异或"（XOR）运算用于两个逻辑变量之间 "不相等" 的逻辑测试，如果两个逻辑变量相等，则 "异或" 运算结果为 "0"，否则为 "1"。异或运算用符号 "⊕" 表示。真值表如表 3-5 所示，其对应的逻辑电路如图 3-5 所示。

"异或" 由双刀 "与" "或" 电路组成。在给定的两个逻辑变量中，当两个逻辑变量的值相同时，"异或"运算的结果为 0；当两个逻辑变量的值不同时，"异或"运算的结果为 1。

表 3-5   F＝A⊕B 真值表

A B	F＝A⊕B
0 0	0
0 1	1
1 0	1
1 1	0

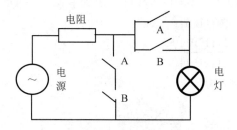

图 3-5   逻辑"异或"电路

【例 3-25】设 X＝10101101，Y＝00101011，求 X⊕Y。

解：　　　　　　　　　　10101101

　　　　　　XOR）　00101011

　　　　　　　　　　　　10000110

即 X⊕Y＝10000110。

【提示】逻辑变量只有两个值：真和假，在计算机内部表示双重状态：1 和 0。逻辑运算与算术运算的主要区别体现在：逻辑运算的操作数和操作结果都是单个数位的操作，位与位之间没有进位和借位的联系。

3.2.3   数值数据的编码表示

在计算机中，所有的信息都是以二进制的形式存储和运算（处理）的。由于二进制数只有 0 和 1 两种状态，那么计算机怎样表示数据中的 "+"、"-" 符号和实型数据中的小数点呢，这就是数值数据的编码表示所要讨论的问题。

1. 正负数的表示

为了使计算机能表示 "+"、"-" 符号，必须将其数码化。为此，在计算机中用 "0" 表示 "+" 号，用 "1" 表示 "-" 号。例如：

　　　　N1＝+0101011 和 N2＝-0101011

在机器中表示为：

　　　　N1＝00101011 和 N2＝10101011

这样，机器内部的数字和符号便都用二进制代码统一起来了。

由于计算机中字长是一定的，因此带符号数与不带符号数的数值范围是有区别的。如果表示的是不带符号的数，则机器字长的所有位数都可用于表示数值；如果表示的是带符号的数，则要留出机器字长的最高位做符号位，其余 n-1 位表示数值。例如，机器字长为 8 位的不带符号数与带符号数所表示的数值范围如图 3-6 所示。

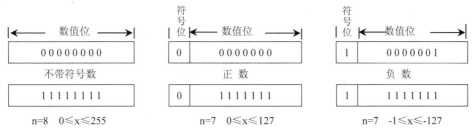

图 3-6　不带符号整数与带符号整数的区别

通常，我们把由数值和符号两者合在一起构成数的机内表示形式称为机器数；把真正表示的数值称为这个机器数的真值。计算机是对机器数进行运算的，而我们最终需要的又是真值，因此，我们总希望机器数尽可能满足下列要求：

● 机器数与真值之间的转换既要简单，又要直观；

● 机器数必须能为计算机所表示；

● 机器数的运算规则要简单。

显然，用"0"、"1"表示"+"、"-"能满足前两个要求，但满足不了第 3 个要求。为此，必须从另一途径来找机器数，即认为计算机只能表示正数（无正负符号）。这样，对于为正的真值，机器数就取真值；对于为负的真值，则通过某种变换将负值变为正值，以得到对应的机器数。由于变换的公式不同，便可得到不同特点的机器数。机器数的常用代码表示形式有原码、反码和补码等。

（1）原码表示法：用原码表示一个带符号的二进制数，其最高位为符号位，用 0 表示正数，用 1 表示负数，有效值部分用二进制数绝对值表示。例如：

正数　　x=+1001100　　　　则 $[x]_原$=01001100

负数　　x=-1001100　　　　则 $[x]_原$=11001100

原码表示简单直观，但 0 的表示不唯一，有两种表示法（+0、-0）：

$[+0]_原$=00000000　　　　$[-0]_原$=10000000

事实上，原码的表示与机器字长有密切关系。

若 x=-10110101，机器字长为 8 位，则$[x]_原$=11011010；若机器字长为 16 位，则

$[x]_原$=1000000001011010。因此，对于原码的定义如下：

设真值为 x，机器字长为 n 位，则整数和小数的原码为

整数形式：$[x]_原=\begin{cases} x & 0 \leqslant x < 2^{n-1} \\ 2^{n-1}-x & -2^{n-1} < x \leqslant 0 \end{cases}$

小数形式：$[x]_原=\begin{cases} x & 0 \leqslant x < 1 \\ 1-x & -1 < x \leqslant 0 \end{cases}$

例如：x_1=-1001000，x_2=-0.0010001，求其相应的原码（n=8）。

按定义：$[x_1]_原=2^7-(-1001000)=10000000+1001000=11001000$

　　　　$[x_2]_原=1-x=1-(-0.0010001)=1.0010001$

原码具有如下性质：

①在原码表示中，机器数的最高位是符号位，"0"代表"+"号，"1"代表"-"号，之后各位

是数的绝对值，即 $[x]_原=$符号位$+|x|$。

②在原码表示中，0 的表示是不唯一的，它有两种编码表示，即

$$[+0.0]_原=00000, [-0.0]_原=10000$$

例如：$x=+0.0000$，则 $[x]_原=0000$，$y=-0.0000$，则 $[y]_原=1-y=1+0.0000=10000$。

原码表示的优点是简单易懂，相互转换容易，并且实现乘除运算的规则也简单。缺点是用原码进行两个异号数相加或两个同号数相减时很不方便，因为它涉及到两个符号的比较。为了将减法运算转换为加法运算，即对于负数的处理，引入了反码表示法与补码表示法。

（2）反码表示法：反码是一种过渡编码，目的是为了计算补码。反码表示的特点是电路实现和运算都很简单。对于正数，符号位为"0"，数值部分保持不变；对于负数，符号位为"1"，数值部分的各位都取它相反的数码，即"0"变"1"、"1"变"0"。反码的定义如下：

设真值为 x，机器字长为 n 位，则

整数形式：$[x]_反=\begin{cases} x & 0\leq x<2^{n-1} \\ (2^n-1)+x & -2^{n-1}<x\leq 0 \end{cases}$ （mol 2^n）

小数形式：$[x]_反=\begin{cases} x & 0\leq x<1 \\ 2-2^{-n+1}+x & -1<x\leq 0 \end{cases}$

例如，$x_1=01000101$，$x_2=-1000101$，$x_3=0.1100111$，$x_4=-0.1100111$

则有：$[x_1]_反=01000101$，$[x_2]_反=10111010$，$[x_3]_反=0.1100111$，$[x_4]_反=1.0011000$

反码具有如下性质：

①用反码进行两数相加时，若最高位有进位，必须把该进位值加到结果的最低位才能得到真正的结果，称为"循环进位"。

例如，$x=+0.1011$，$y=-0.0100$

则有：$[x]_反=01011$，$[y]_反=11011$，$[x+y]_反=[x]_反+[y]_反=01011+11011=100110$

最高位有进位，加到结果的最低位，得到 $00110+00001=00111$，即$+0.0111$

又如，$x=+0.1011$，$y=+0.0100$，$[x+y]_反=[x]_反+[y]_反=01011+00100=01111$，最高位无进位，得到真正的结果 $[x+y]_反=01111$。

②在反码中，0 的表示也不是唯一的，它有两种编码表示，即

$$[+0]_反=00000, [-0]_反=11111$$

也有人称反码为 1 的补码（One's Complement）。

（3）补码表示法：在人们的计算概念中，零是没有正负之分的。但是用原码和反码表示就出现了不唯一的问题，于是就引入了补码概念。

补码源于模的概念，模的典型实例是钟表的指针。假如钟表上所指的时间为 6 点正，若需要将它调到 3 点，可以用两种方法：一是将时针退回 3 格；二是将时针向前拨 9 格，两种方法都会使时针对准到 3 点。即

6-3=3

6+9=3（自动丢失了 12）

这里，-3 与+9 之所以具有同样的结果，是因为钟表最大只能表示 12，大于 12 时，12 会丢失。我们把这个被丢失的数值"12"称为模。用数学公式可表示为

-3=+9(mod 12)

mod 12 的含义是模数为 12，这个"模"表示被丢掉的数值。上式在数学上称为同余式。

那么，"模"与补码之间有何关系呢？对时钟而言，因为模数是 12，所以-3 与+9 是等价的。

这里，我们把 9 称为-3 对 12 的补码。我们可以得到一个启示，那就是在一定数值范围内，减法运算可以变为加法运算。这样，在计算机中实现起来就比较方便了。

怎样求取一个数的补码呢？简单地说：负数的补码就是该负数反码加 1，而正数不变，即正数的原码、反码、补码都是一样的。补码的定义如下：

设真值为 x，机器字长为 n 位，则纯整数的模为 2^n，纯小数的模为 2。即：

整数形式：$[x]_{补}=\begin{cases} x & 0 \le x < 2^{n-1} \\ 2^n+x & -2^{n-1} \le x < 0 \end{cases}$ （mol 2^n）

小数形式：$[x]_{补}=\begin{cases} x & 0 \le x < 1 \\ 2+x & -1 \le x < 0 \end{cases}$ （mol 2）

例如：x_1=+105，x_2=-105，x_3=-0.1101，求其相应的补码（n=8）。

按定义：x_1=+105=+1101001B，则 $[x_1]_{补}$=01101001B

x_2=-105=-1101001B，则 $[x_2]_{补}$=2^8+(-1101001)=10010111B

x_3=-0.1101B，则 $[x_3]_{补}$=2+(-0.1101)=00000010-0.1101=1.0011B

补码具有如下性质：

①正数的补码，在真值的最前面加一符号位"0"。例如：

x=+1010110　　$[x]_{补}$=01010110

②负数的补码，在反码的最低位加"1"，即$[x]_{补}=[x]_{反}+1$。例如：

x=-1011011　　$[x]_{补}$=10100100+1=10100101

③在补码表示中，零值有唯一的编码，即

$[+0]_{补}=[-0]_{补}$=00000

假设 x=+0.00000，y=-0.00000，根据补码的定义，则有

$[x]_{补}=[y]_{补}$=00000

$[x]_{补}=[y]_{补}$=2+y=10.0000+0.0000=10.0000=00000

此处最后一步实现按 2 取模，处在小数点侧第二位上的 1 丢失掉了。

④补码表示的两个数在进行加法运算时，可以把符号位与数值位同等处理，只要结果不超出机器能表示的数值范围，运算后的结果按 2 取模后，所得到的新结果就是本次加法运算的结果。换句话说，机器数的符号位与数值位都是正确的补码表示，即：

$[x+y]_{补}=[x]_{补}+[y]_{补}$　　　　（mol 2）

例如，x=+0.1010，y=-0.0101　则有 $[x]_{补}$=01010，$[y]_{补}$=11011

求得：$[x+y]_{补}=[x]_{补}+[y]_{补}$=01010+11011=100101

按 2 取模后，其结果为 00101，其真值为+0.0101。符号位与真值位均正确。

又如，x_1=x_2=-0.1000，则有 $[x_1]_{补}=[x_2]_{补}$=11000

那么，$[x_1+x_2]_{补}=[x_1]_{补}+[x_2]_{补}$=11000+11000=110000

按 2 取模后，其结果为 10000，其真值为-1。可见用补码表示小数时，能表示-1 的值。

【例3-26】设 52-11=41，n=8，详细说明将减法运算变为加法运算的过程。

按二进制的运算规则：$(52)_{10}-(11)_{10}=(0110100)_2-(0001011)_2=(0101001)_2$

按求补码规则：$(-1011)_{原}$=10001011，$(-1011)_{反}$=11110100，$(-1011)_{补}$=11110101

	0 0110100	+52 的原码	0 0110100	52 的补码（正数的原码）
-	0 0001011	-11 的原码	+ 1 1110101	-11 的补码
	0 0101001	原码相减的结果	1 0 0101001	补码相加的结果

00110100-00001011=00101001≌00110100+11110101（两数相减变为两数相加）

=101001≌101001=41　（两数相减与两数相加的结果相等）

⑤补码运算结果与机器字长有关。因为符号位与普通数位一样参加运算，会产生进位。如果运算的结果超出了数的表示范围，则有可能使两个正数相加或两个负数相加的结果为负数。例如，某计算机用 2 个字节表示整数，若进行 30000+20000 运算，计算过程如下：

$$(30000)_补=0\ 111010100110000$$

$$+\quad (20000)_补=0\ 100111000100000$$

$$(结\ \ 果)_补=1\ 100001101010000\quad 符号位为 1，使其结果变为负数$$

$$(结\ \ 果)_反=1\ 011110010101111\quad 对运算结果求反$$

$$(结\ \ 果)_原=1\ 011110010110000\quad 原码 111110010110000 的对应值为-15536$$

在上述三个计算结果中，30000+20000=-15536 显然是错误的。若用 4 个字节来实现，就不会出现这个问题了。

（4）原码、反码和补码的比较：综上所述，原码、反码和补码之间有以下关系。

①对于同一个数，既可以用原码表示，也可以用反码和补码表示；

②对于正数，原码、反码和补码的表示形式完全相同，即：$[x]_原=[x]_反=[x]_补$；

③对于负数，原码、反码和补码的表示形式如下：

$[x]_原$：符号位为 1，数值部分与真值绝对值相同；

$[x]_反$：符号为 1，尾数部分为将真值的尾数按位取反。

$[x]_补$：符号为 1，数值部分为将真值尾数逐位取反，最低位加 1；

原码与反码的关系是除原码符号位外其它各数值位凡是 1 就转换为 0，凡是 0 就转换为 1，即取反；反码与补码间的关系是补码为反码的最低位加 1，即$[x]_补=[x]_反+1$，如图 3-7 所示。

+8 的原码	0	0	0	0	1	0	0	0	正数的原码
+8 的反码	0	0	0	0	1	0	0	0	反码和补码
+8 的补码	0	0	0	0	1	0	0	0	都是相同的
-8 的原码	1	0	0	0	1	0	0	0	负数的原码
-8 的反码	1	1	1	1	0	1	1	1	反码和补码
-8 的补码	1	1	1	1	1	0	0	0	各不相同
+0 的反码	0	0	0	0	0	0	0	0	-0 的反码加
-0 的反码	1	1	1	1	1	1	1	1	1，可得到全
-0 的补码	0	0	0	0	0	0	0	0	0 的补码，
+0 的补码	0	0	0	0	0	0	0	0	正好与+0

图 3-7　原码、反码和补码表示的比较

引入这三种编码的主要目的是使计算机的运算方便，特别是补码的引入，可以把减法运算变为加法运算。这不仅简化了计算机电路的实现，而且可以提高计算机的运算速度。

2. 实型数的表示

由于二进制数只能显示 0 和 1 两种状态，所以通常把小数点的位置用隐含的方式表示。隐含的小数点位置可以是固定的，也可以是变动的。例如十进制数 236.74，可以表示成：

$$236.74=23674×10^{-2}=0.23674×10^3=0.023674×10^4$$

同样，对于一个二进制数也有不同的表示方法。例如 101101.011，可以表示成：

$101101.011=101101011\times2^{-3}=0.101101011\times2^{6}=0.0101101011\times2^{7}$

又如：$-1010.0101=110100101\times2^{-4}=1.10100101\times2^{4}=1.101001010\times2^{5}$

由此可以看出，对任一个 r 进制实型数 N，总可以写成下列形式：

$$(N)_r=\pm M\times r^{\pm E}$$

式中：M（Mantissa）称为 N 的尾数；E（Exponent）称为 N 的阶（阶码）；r 称为阶码的底；尾数 M 表示的是有效数字，阶码 E 表示的是数的范围，显然阶码 E 与小数点的位置有关。根据 M 和 E 的取值规定不同，可将计算机中的数用两种方法表示，即定点表示法和浮点表示法。

（1）定点表示法：定点表示法是指在计算机中约定小数点在数据中的位置是固定的。用定点表示法表示的数据称为定点数。定点数规定，参与运算的各个数其阶码是恒定的，即小数点位置是固定不变的。阶码 E 恒定，最简单的情况是 E=0，此时 N=M，在机器中只须表示尾数部分及其符号。如果将小数点的位置定在尾数的最高位之前，则尾数 M 成为纯小数，我们称之为定点小数。如果将小数点的位置定在尾数的最低位之后，则尾数 M 成为纯整数，我们称之为定点整数。因此，定点数的格式有以下两种，如图 3-8 所示。

图 3-8　定点表示法

①定点小数。小数点的位置固定在符号位之后，最高有效位之前。显然，这是一个纯小数。在定点小数表示中，小数点的位置是隐含约定的，它并不占用实际位置。

【例 3-27】设计算机字长为 16 位，用定点小数表示 0.625。

因为 $0.625=(0.101)_2$，设计算机字长为 16 位，则在计算机内的表示形式如图 3-9 所示。

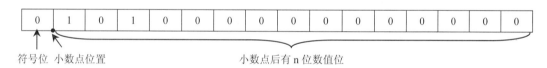

图 3-9　计算机内的定点小数表示法

②定点整数。小数点的位置隐含固定在最低有效位之后，显然，这是一个纯整数。

【例 3-28】设计算机字长为 16 位，用定点整数表示 387。

因为 $387=(110000011)_2$，则在计算机内的表示形式如图 3-10 所示。

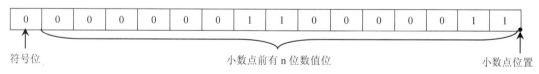

图 3-10　计算机内的定点整数表示法

【提示】不同的计算机可以有不同的定点表示方法，但一旦采用某种定点表示方法，就作为约定固定下来不再变化。正因为小数点的位置是约定（设计）好的，所以在实际的机器中并不出现小数点。在采用定点表示的计算机中，机器指令调用的所有操作数都是定点数。

（2）浮点表示法：浮点表示法是指在计算机中约定小数点在数据中的位置是浮动的。用浮点表示法表示的数据称为浮点数。浮点数规定，参与运算的各个数其阶码是可变的，即小数点的位置是变动的。阶码 E 可变，将小数点的位置规定在尾数最高位之前的数称为浮点小数，而将小数点的位置规定在尾数最低位之后的数称为浮点整数。同样地，小数点是隐含的，在机器中并不出现。浮点数的一般格式如图 3-11 所示。

阶符 e_s	e	数符 m_s	m
←阶码 E→		←尾数 M→	

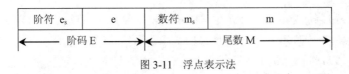

图 3-11　浮点表示法

其中：阶符 e_s 为阶码 E 的符号，正号表示小数点右移，负号表示小数点左移；e 是阶码 E 的位数，即小数点移动的位数；数符 m_s 为尾数 M 的符号，是整个浮点数的符号位，它表示该浮点数的正负；m 为尾数的长度。在大多数计算机中，尾数为纯小数，常用原码或补码表示；阶码为定点整数，常用移码或补码表示。

在浮点数中，基数 r 通常取 2、8、16，一旦计算机定义了基数值就不能再改变。数的浮点表示一般使用 16 位以上的二进制位。设定字长为 16 位，前 5 位表示阶码的符号及其数值，后 11 位表示尾数的符号及其数值，那么，其一般格式如图 3-12 所示。

15	14	13	12	11	10	9	8	7	6	5	4	3	2	1	0
e_s					m_s										
1 位	e 为 4 位				1 位	m 为 10 位小数									

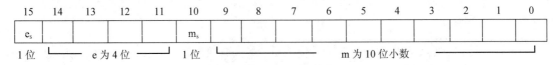

图 3-12　浮点数的数据表示格式

按此表示格式，数 101.1 和 10.11 在机器中的实际表示形式如图 3-13 所示。

e_s	0	0	1	1	m_s	1	0	1	1	0	0	0	0	0	0
e_s	0	0	1	0	m_s	1	0	1	1	0	0	0	0	0	0

图 3-13　数 101.1 和 10.11 在机器中的表示形式

由此看出，浮点数的表示范围主要由阶码决定，有效数字的精度主要由尾数决定。

（3）定点表示与浮点表示的比较：

①浮点数的表示范围比定点数大，定点整数比浮点整数表示范围大；

②定点数运算比浮点数运算简单，并且比浮点数运算精度高。

从以上讨论可知：计算机中对于小数点的表示方法有两种，即定点表示法和浮点表示法。根据处理方法的不同，相应地把采用定点表示和浮点表示的机器分别称为定点机和浮点机。由于浮点数的运算方法比较复杂，所以浮点数的运算器及其控制线路也较复杂，因而使得浮点数机器比定点数机器的成本高。通常小型机或专用机多采用定点制，而一般大型通用机多采用浮点制或浮点、定点混合制。

3.2.4　字符数据的编码表示

字符数据是指字母、数码、运算符号以及汉字字符。由于计算机只能识别 0 和 1 两种数码，所以字符也必须采用二进制编码表示，即用一连串二进制数码代表一位数字、一个符号或字符。目前，字母、数码、运算符号常采用 ASCII 码表示，而汉字则采用汉字编码。

1. ASCII 码

ASCII 码（American Standard Code for Information Interchange，美国标准信息交换码）是目前计算机中广泛使用的编码。该编码被国际标准化组织（International Standards Organization，ISO）采纳而成为国际通用的信息交换标准代码。我国 1980 年颁布的国家标准《GB1988-80 信息处理交换用七位编码字符集》也是根据 ASCII 码制来制定的，它们之间只在极个别地方存在差别。ASCII 编码和 128 个常用字符的对应关系如表 3-6 所示。

表 3-6　ASCII 字符编码表

$b_3 b_2 b_1 b_0$ / $b_6 b_5 b_4$	高　三　位　代　码							
	000	001	010	011	100	101	110	111
0 0 0 0	NUL	DLE	SP	0	@	P	`	p
0 0 0 1	SOH	DC1	!	1	A	Q	a	q
0 0 1 0	STX	DC2	"	2	B	R	b	r
0 0 1 1	ETX	DC3	#	3	C	S	c	s
0 1 0 0	EOT	DC4	￥	4	D	T	d	t
0 1 0 1	ENQ	NAK	%	5	E	U	e	u
0 1 1 0	ACK	SYN	&	6	F	V	f	v
0 1 1 1	BEL	ETB	'	7	G	W	g	w
1 0 0 0	BS	CAN	(	8	H	X	h	x
1 0 0 1	HT	EM	)	9	I	Y	i	y
1 0 1 0	LF	SUB	*	:;	J	Z	j	z
1 0 1 1	VT	ESC	+	<	K	[	k	{
1 1 0 0	FE	FS	,	=	L	\	l		
1 1 0 1	CR	CS	-	>	M	]	m	}
1 1 1 0	SO	RS	·	?	N	↑	n	~
1 1 1 1	SI	US	/		O	—	o	DEL

ASCII 字符编码有如下两个规律：

（1）字符 0～9 这 10 个数字的高 3 位编码为 011，低 4 位为 0000～1001。当去掉高 3 位的值时，低 4 位正好是二进制形式的 0～9。这既满足正常的排序关系，又有利于完成 ASCII 码与二进制码之间的类型转换。

由于计算机存取数据的基本单位是字节，所以一个字符在计算机内实际上用 1 个字节来表示，其排列顺序为 $d_7 d_6 d_5 d_4 d_3 d_2 d_1 d_0$，并规定 8 个二进制位的最高位 d_7 为 0。在计算机通信中，最高位 d_7 常用作奇偶校验位。

标准 ASCII 码采用 7 位二进制编码来表示各种常用符号，因而有 2^7=128 个不同的编码，可表示 128 个不同的字符。其中，95 个编码对应着计算机终端上能敲入、显示和打印的 95 个字符。这 95 个字符是：大、小写各 26 个英文字母，0～9 这 10 个数字，通用的运算符和标点符号。另外的 33 个字符，其编码值为 0～31 和 127，但不对应任何一个可以显示或打印的实际字符，它们被用作控制码，即控制计算机的某些外围设备的工作特性和某些计算机软件的运行情况。

（2）英文字母的编码值满足正常的字母排序关系，且大、小写英文字母编码的对应关系相当简便，差别仅表现在 b_5 位的值为 0 或 1，这样有利于大、小写英文字母之间的编码变换。

【例 3-29】英文单词 Computer 的二进制书写形式的 ASCII 编码为：

01000011 01101111 01101101 01110000 01110101 01110100 01100101 01110010

在计算机中占 8 个字节，即一个字符占用一个字节。如果写成十六进制数形式，则为：

43 6F 6D 70 75 74 65 72

2. 汉字的编码表示

ASCII 码只对英文字母、数字和标点符号等作了编码。汉字属于象形文字（实际上是一种特殊的图形符号信息），不仅字的数目很多，而且形状和笔画多少差异也很大，尚不能用少数确定的符号把它们完全表示出来。因此，在计算机中使用汉字，需要进行特殊的编码，并且要求这种编码容易与西文字母和其它字符相区别。

汉字的编码主要包括：汉字输入码、汉字信息交换码、汉字机内码、汉字字形码、汉字地址码等，尽管名称可能不统一，但它们所表示的含义和具体功能却是明确的。

（1）汉字输入码：又称为外码，它是为了能直接使用西文标准键盘把汉字输入到计算机中而设计的代码。设计输入代码的方案可分为 4 类。

①汉字数字码。用数字串来代表一个汉字输入，如电报码和区位码。在计算机中最常用的编码方法是区位码，它是将国家标准局公布的 6763 个两级汉字分为 94 个区，每个区 94 位，实际上是把汉字表示成二维数组，每个汉字在数组中的下标就是区位码。区码和位码各用两位十进制数字表示，因此，输入一个汉字需要键入 4 个数字，即按键 4 次。例如“中”字位于 54 区 48 位，区位码为 5448，在区位码输入方式下键入 5448，便输入了一个“中”字。数字编码输入的优点是无重码，而且与内部编码的转换比较方便，缺点是代码难以记忆。

②汉字拼音码。是以汉字拼音为基础的输入方法，如全拼码、双拼码、简拼码等。拼音码输入法的优点是不需要记忆，缺点是因为汉字中的同音字太多，输入重码率太高。

③汉字字形码。是用汉字的形状来进行编码的输入方法，如五笔字型、表形码等。这类编码对使用者来说需要掌握字根表及部首顺序表，但输入重码率比拼音编码低。

④汉字音形码。是以音为主，音形相结合的方式来进行编码的输入方法，如自然码等。这种编码的重码率比字音编码低。

（2）汉字信息交换码：是用于在汉字信息处理系统之间或通信系统之间进行信息交换的汉字代码，简称为交换码。它是为了使系统、设备之间信息交换时能采用统一的形式而制定的。我国从 20 世纪 70 年代开始，将发展汉字信息处理技术列为国家重点工程，组织我国中文信息专家和学者进行研究，并于 1981 年 5 月正式推出了第一个计算机汉字编码系统，即信息交换用汉字编码字符集（基本集）/GB2312-80 标准（简称 GB2312 标准），并已获得国际标准化组织的承认，因而这个编码标准又被简称为“国标码”。国标码的编码规则如下：

①汉字与符号的分级。国标码规定了进行一般汉字信息处理时所用的 7445 个字符编码，其中包括 682 个非汉字图形字符（如序号、数字、罗马数字、英文字母、日文假名、俄文字母、汉语注音等）和 6763 个汉字的代码。其中：一级常用汉字 3755 个，二级（次）常用汉字 3008 个。一级常用汉字按汉语拼音字母排列，二级常用汉字按偏旁部首排列，部首顺序依笔画多少排序。国标码汉字与符号的存放区域如图 3-14 所示。

- 汉字和符号（7445 个）
  - 汉字（6763）
    - 一级汉字 3755 个，按拼音字母排列，放在 16～55 区
    - 二级汉字 3008 个，按偏旁部首排列，放在 56～87 区
  - 其它符号（682 个），放在 1～9 区

图 3-14 汉字与符号的存放区域

②国标码的表示。由于一个字节只能表示 256 种编码，显然一个字节不可能表示汉字的国标码，所以一个国标码必须用两个字节来表示。

③国标码的编码范围。为了中英文能兼容，GB2312-80 规定，国标码中的所有汉字和字符的每个字节的编码范围与 ASCII 码表中的 94 个字符编码相一致。所以，其编码范围是 2121H～7E7EH。国标码与区位码之间的转换关系可表示为：

国标码=区位码的十六进制区号位号数+2020H

例如，汉字"中"的区位码是 5448，表示成十六进制数为 3630H。因此，汉字"中"的国标码为 3630H+2020H=5650H。同理，汉字"国"的区位码是 2590，表示成十六进制数为 195AH。因此，汉字"国"的国标码为 195AH+2020H=397AH。

（3）汉字机内码：简称内码，是指汉字信息处理系统内部存储、交换、检索等操作统一使用的二进制编码。西文字符的机内码是 7 位的 ASCII 码，编码值是 0～127，当用一个字节存放一个字符时，字节最高一个二进制位的值为 0。可以设想，当这一位的值为 1 时，该字节中的内容被理解为汉字编码，但这时最多也只有 128 个编码。为此，可用两个连续的字节表示一个汉字，最多能表示出 128×128=16384 个汉字。在 GB2312-80 规定的汉字国标码中，将每个汉字的两个字节的最高位都设置为 1，这种方案通常被称为二字节汉字表示，目前被广泛使用。汉字的区位码、国标码与机内码之间的转换关系如图 3-15 所示。

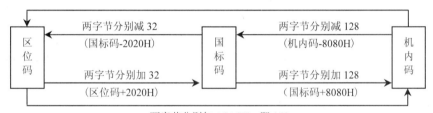

图 3-15　区位码、国标码与机内码之间的转换关系

国标码=区位码+2020H（即把区位码的区号和位号分别加上十进制数 32）

机内码=国标码+8080H（即把国标码的高位字节和低位字节分别加上十进制数 128）

机内码=区位码+A0A0H（即把区位码的区号与位号分别加上十进制数 160）

例如：汉字"中"的国标码为 5650H，那么它的机内码应该是：5650H+8080H=D6D0H；

汉字"国"的国标码为 397AH，那么它的机内码应该是：397AH+8080H=B9FAH；

汉字"啊"的国标码为 3021H，那么它的机内码应该是：3021H+8080H=B0A1H。

（4）汉字字形码：是用点阵表示的汉字字模代码，所以也称为汉字字模码。由于该编码是用来显示和打印汉字，因而又称为汉字输出码。英文字符由 8×8=64 个小点（即横向和纵向都用 8 个小点）就可以显示出来。汉字是方块字，字型复杂。所以将方块等分成有 n 行 n 列的格子，简称为点阵。凡笔划所到的格子为黑点，用二进制数"1"表示，否则为白点，用二进制数"0"表示。这样，一个汉字的字形就可以用一串二进制数表示了。例如 16×16 汉字点阵有 256 个点，需要 256 个二进制位来表示一个汉字的字形码，我们称为汉字点阵的二进制数字化。若以 16×16 点阵"中"字为例，字形点阵与字形码如图 3-16 所示。

根据汉字输出的要求不同，点阵的多少也不同。简易型汉字为 16×16 点阵，普通型汉字为 24×24 点阵，提高型汉字为 32×32 点阵，甚至更高。因此，字模点阵的信息量是很大的，所占存储空间也很大。以 16×16 点阵为例，需要 16×16=256 个二进制位。由于 8 位二进制位组成一个字节，所以需要 256/8=32 字节，即每个汉字要占用 32 个字节的存储空间。同理，24×24 点阵的字形码需要 24×24/8=72 字节的存储空间；32×32 点阵的字形码需要 32×32/8=128 字节的存储空间。

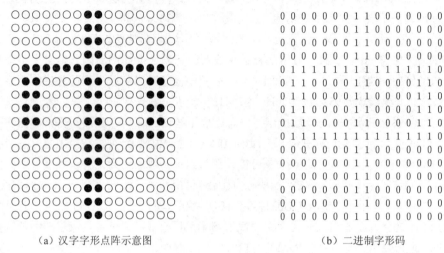

（a）汉字字形点阵示意图   （b）二进制字形码

图 3-16   汉字字形点阵与汉字字形码

显然，点阵越高，字形的质量越好，但存储汉字字形码占用的存储空间也相应越多。用于排版的精密型汉字字形点阵一般在 96×96 点阵以上，由于存储的信息量大，所以通常采用信息压缩技术。字模点阵只用来构成汉字库，而不用于机内存储。字库中存储了每个汉字的点阵代码，并且仅当显示输出或打印输出时才检索字库，输出字模点阵得到字形。为了满足不同的需要，出现了各式各样的字库，例如宋体、仿宋体、楷体、简体和繁体等字库。

【提示】汉字点阵字形的缺点是放大后会出现锯齿现象，中文 Windows 下广泛采用了用数学方法描述的 TrueType 类型的字形码，这种字形码可以实现无限放大而不产生锯齿现象。

（5）汉字地址码：是指汉字库中存储汉字字型信息的逻辑地址码。汉字库中，字型信息按一定顺序（按标准汉字交换码中的排列顺序）连续存放在存储介质上，所以汉字地址码大多是连续有序的，而且与汉字内码间有着简单的对应关系，以简化汉字内码到汉字地址码的转换。

3．汉字代码之间的关系

汉字的输入、处理和输出过程是各种代码之间的转换过程，即汉字代码在系统有关部件之间流动的过程。这些代码在汉字信息处理系统中的位置以及它们之间的关系如图 3-17 所示。

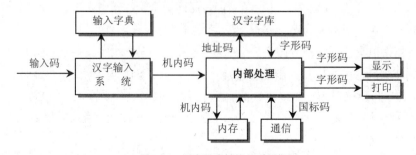

图 3-17   汉字代码转换关系示意图

汉字输入码向机内码的转换，是通过使用输入字典（或称索引表，即外码与内码的对照表）实现的。一般的系统具有多种输入方法,每种输入方法都有各自的索引表。在计算机的内部处理过程中,汉字信息的存储和各种必要的加工以及向软盘、硬盘或磁带存储汉字信息都是以汉字机内码形式进行的。在汉字通信过程中,处理机将汉字机内码转换为适合于通信用的交换码以实现通信处理。在汉字的显示和打印输出过程中,处理机根据汉字机内码计算出地址码,按地址码从字库中取出汉字字形码,实现汉字的显示或打印输出。有的汉字打印机,只要送出汉字机内码就可以自行将汉字印出,汉字机内码到字形码的转换由打印机本身完成。

3.2.5　字符与汉字的处理过程

1. 字符的处理过程

上面我们讨论了字符在计算机中的表示方法,那么,字符的编码与字符的输入和显示有何联系呢? 这就是字符在计算机中的处理过程。当我们在键盘上按下一个键、输入一个字符或汉字的输入码时,计算机是怎样识别输入的字符的呢? 比如当按下字母"B"时,在显示器上马上就会出现"B",但这个"B"并不是从键盘直接送到显示器上的。计算机对"B"的输入、显示过程如图 3-18 所示。

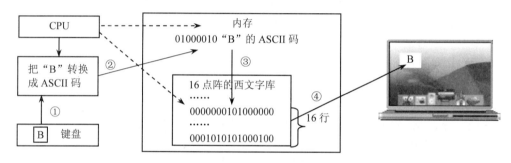

图 3-18　字符"B"的输入和显示过程

从图中可看出,从输入"B"到显示"B"的过程如下(虚线表示在 CPU 控制下进行):

① 当"B"被按下时,键盘就会把"B"的键盘编码(键盘扫描码)送到一个程序;

② 键盘扫描码转换程序被执行(图 3-16 中的虚线表示 CPU 控制执行),它把"B"的键盘扫描码转换成"B"的 ASCII 码 01000010(即 66)并送到内存(被存放在显示缓冲区)中;

③ CPU 利用"01000010"("B"的 ASCII 码)在 16×16 点阵的字库中找到"B"的字形码(16 行、16 列的二进制码)首地址;

④ 从首地址开始把连续的 256 位二进制数送到显示器,显示器把"0"表示成黑色,把"1"表示成白色,这样就得到黑底白字的"B"。

2. 汉字的处理过程

汉字的显示过程与此相似,在这个处理过程中会用到汉字的各种编码。假设"人"为 16 点阵的宋体字,"民"是 16 点阵的"隶书",则"人民"两字的处理过程如图 3-19 所示。

① 键盘把用户输入的拼音"renmin"送到输入法处理程序;

② 汉字输入法程序把"renmin"转换成"人民"的内码,并把这两个编码存储在内存中。

③ 根据汉字的内部码,计算出它的点阵字形码在字库中的地址(即"人"的字形码在字库中的起始位置)。汉字有各种不同的字体,如宋体、楷体、行书、黑体、……,每种不同的字体都有相应的字库,它们都是独立的。因为"人"被设置为 16 点阵宋体字,所以计算机就根据"人"的内码在 16 点阵的宋体字库中找到"人"的字形码的第 1 字节;

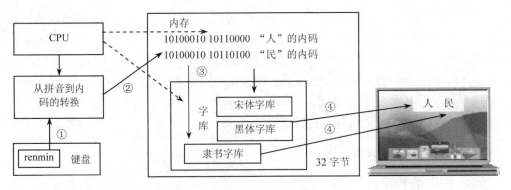

图 3-19   汉字的输入和显示过程

④ 从"人"的字形码首地址开始，把连续的 256 位（32 字节）的二进制信息送到显示器，显示器把"0"表示为黑色，把"1"表示成白色，这样显示器上就出现了黑底白字的"人"字。"人"显示之后，再显示"民"字，由于"民"被设置为 16 点阵的"隶书"，所以计算机会利用"民"的内部码在 16 点阵的隶书字库中去找"民"的字形码。

除了以上所述的字符编码和汉字编码之外，还有音频编码、图像编码、视频编码等，它们在计算机多媒体技术中有着重要的应用。这些内容将在第 8 章中介绍。

§3.3   计算机组成原理

要实现用计算机进行解题运算和信息处理，不仅要将用户提供的数据信息转换成计算机硬件系统能识别的、由 0 和 1 所组成的二进制代码送到计算机硬件系统中，而且硬件系统本身也必须具有科学、合理的结构，才能高效地进行数值运算和数据处理。

3.3.1   基本结构组成

1. 基本结构

到目前为止，计算机硬件系统的基本结构仍遵循冯·诺依曼结构，但是，经过几十年的发展，在技术实现上有了重大改进，例如采用微处理器，然后又在微处理器中采用流水线技术、并行运算技术、阵列处理机技术、精简指令技术等。在体系结构上由以运算器为中心演变成以存储器为中心的结构形式。图 3-20 所示以存储器为中心的计算机结构代表了当代数字计算机的典型结构。

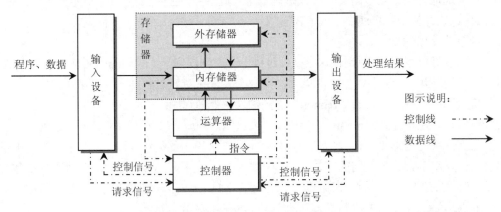

图 3-20   以存储器为中心的逻辑结构框图

2. 基本组成

现代计算机硬件系统不仅在冯·诺依曼结构基础上具有重大改进，而且硬件系统的基本组成也有重大改进，包括控制部件、存储系统、输入/输出系统、多总线系统等。现代计算机硬件系统的基本组成如图 3-21 所示。

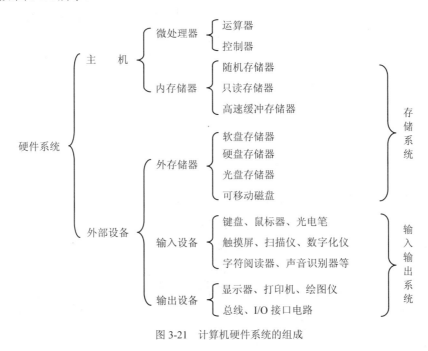

图 3-21　计算机硬件系统的组成

3.3.2　计算机主机

1. 微处理器

由于微电子技术（超大规模集成电路）的高速发展，通常将运算器和控制器做在一块集成芯片内，称为微处理器（Microprocessor），也称中央处理器（Central Processor）或中央处理单元（Central Processing Unit，CPU），它是实现指令系统的核心电路，是计算机的核心部位。

（1）运算器（Arithmetical Unit）：用来完成算术运算和逻辑运算的部件。计算机指令功能的实现，就是通过运算器完成的。运算器的主要功能是能够快速地对数据进行加、减、乘、除（包括变更数据的符号）等基本算术运算；"与"、"或"、"非"等逻辑运算；逻辑左移、逻辑右移、算术左移、算术右移等移位操作；及时存放参与运算的数据（由存储器所提供）以及算术与逻辑运算过程中的中间结果（通常由通用寄存器组实现）；实现挑选参与运算的数据、选中执行的运算功能，并且把运算结果送到指定的部件（通常送回到存储器存放）。

运算器由多功能算术逻辑运算部件（Arithmetic Logical Unit，ALU）、累加寄存器（Accumulator，AC）、地址寄存器（Address Register，AR）、数据缓冲寄存器（Data Register，DR）、状态寄存器（Flag，F）及其控制线路组成。整个运算过程是在控制器的统一指挥下，对取自内存储器的数据按照程序的编排进行算术或逻辑运算，然后将运算结果送到内存储器。

（2）控制器（Control Unit）：是计算机系统发布操作命令的部件，它如人脑的神经中枢一样，是计算机的指挥中心。它根据指令提供的信息，实现对系统各部件（包括 CPU 内和 CPU 外）的操作和控制。例如计算机程序和原始数据的输入、CPU 内部的信息处理、处理结果的输出、外部设备与主机之间的信息交换等，都是在控制器的控制下实现的。

2. 内存储器

存储器（Memory）是计算机中保存信息的场所，即用来存放程序、数据和指令等信息的功能部件。计算机进行数值运算或信息处理之前，均需把参加运算的数据及解题步骤或进行处理的信息送到存储器中保存起来。因此，它是计算机的重要组成部分。根据存储器的作用和性质的不同，通常分为内存储器和外存储器。内存储器主要用来存放当前参加运行的程序和数据；外存储器用来存放当前不参加运行的程序和数据。它们之间相互协调和控制，构成一个完整的存储系统。内存储器包括只读存储器、随机存储器和高速缓冲存储器。

（1）只读存储器（Read Only Memory，ROM）：是一种只能读出存储器内的信息，而不能把信息写入的存储器，故称为只读存储器。ROM 中的内容是在系统中预先设定好的，机器启动时自动读取 ROM 中的内容。ROM 内的信息是一次性固化得到，而且永远不会丢失。ROM 主要用来存放系统的引导、检测、诊断、设置等程序。

（2）随机存储器（Random Access Memory，RAM）：是一种可以随时地写入（改变 RAM 中的内容）和读出其内容的存储器，故称为随机存储器。RAM 主要用来存放当前要使用的操作系统、应用软件、计算程序、输入输出数据、中间结果以及与外存交换的信息等。与 ROM 相比，RAM 的读写有三个特点：一是可以随机读/写，且读/写操作所需时间相同；二是读出时原存内容不会被破坏，在写入时被写单元原存内容被所写内容替代；三是只能临时存储信息，一旦断电，RAM 中所存信息便立即丢失。这些，也是 RAM 与 ROM 的重要区别。

通常，人们把 RAM 和 ROM 合称为主存储器。对于用户而言，只有 RAM 才是可用的存储空间，因而通常所说的主存容量，实际上就是指 RAM 的容量。

（3）高速缓冲存储器（Cache）：是一种在 RAM 与 CPU 间起缓冲作用的存储器，故称为高速缓冲存储器。从理论上讲，RAM 的读、写速度与 CPU 的工作速度不仅越快越好，而且两者的速度应该尽量一致。然而，随着 CPU 性能不断地提高，其时钟频率早已超过了 RAM 的响应速度，所以在 CPU 的运行速度与 RAM 的存取速度之间存在着较大的时间差异。为了协调其速度差，目前解决这个问题的最有效办法就是采用 Cache 技术，即在 CPU 与 RAM 之间增加一级在速度上与 CPU 相等，在功能上与 RAM 相同的高速缓冲存储器。所以，高速缓冲存储器的作用是在两个不同工作速度的部件之间交换信息的过程中起缓冲作用。现在一般微型机中都含有内部 Cache。否则，其速度难以真正实现。

在计算机中使用的存储单位有：位、字节和字。

① 位（bit）。是计算机中存储数据的最小单位，用来存放一位二进制数（0 或 1）。一个二进制位只能表示 $2^1=2$ 种状态，要想表示更多的信息，就得组合多个二进制位。

② 字节（Byte）。ASCII 码中的英文字母、阿拉伯数字、特殊符号和专用符号大约有 $128\sim256$ 个，需要用 8 位二进制数，所以人们选用 8 个二进制位作为一个字节（Byte），简记为 B。

在表示计算机的存储容量时，通常用 KB、MB、GB、TB、PB、EB 等计量单位，其换算关系如下：

$$1KB=1024B=2^{10}B \qquad 1MB=1024KB=2^{20}B \qquad 1GB=1024MB=2^{30}B$$

$$1TB=1024GB=2^{40}B \qquad 1PB=1024TB=2^{50}B \qquad 1EB=1024PB=2^{60}B$$

③ 字（Word）。计算机在存储、传送或操作时，作为一个数据单位的一组二进制位称为一个计算机字（简称为"字"），每个字所包含的位数称为字长。在存储器中是以字节为单位存储信息的，一个字由若干个字节组成，所以"字长"通常是"字节"的整数倍。

3.3.3　基本工作原理

现代计算机的基本工作原理仍然是遵循冯·诺依曼的"存储程序控制"理论，即根据存放在存储器中的程序，由控制器发出控制命令，指挥各有关部件有条不紊地执行各项操作。

1.　计算机指令系统

计算机之所以能自动地工作，实际上是因为其能顺序地执行存放在存储器中的一系列命令。我们把指示计算机执行各种基本操作的命令称为指令（Instruction），把计算机中所有指令的集合称为该机的指令系统（Instruction Set）。指令系统涉及以下基本概念。

（1）指令格式：指令由一串二进制代码表示的操作码和地址码所组成，如图 3-22 所示。

操　作　码	地　址　码

图 3-22　指令的基本格式

其中：操作码（Operating code）用来表示进行何种操作，如加、减、乘、除等；地址码（Address code）用来指明从哪个地址中取出操作数据以及操作的结果存放到哪个地址中去。

由于指令系统是与 CPU（由运算器和控制器组成的中央处理器）同时研制开发的，所以指令系统与计算机硬件结构有着一一对应关系。不同的硬件结构，其指令系统也不相同，即指令的格式、字长和寻址方式等均有所不同。就指令格式而言，有单地址指令、二地址指令和三地址指令，如图 3-23 所示。

操　作　码	操　作　数

单地址指令

操　作　码	第一操作数	第二操作数

二地址指令

操　作　码	第一操作数	第二操作数	第三操作数

三地址指令

图 3-23　微机指令格式

在设计指令系统时，每一条指令都是用二进制数来表示的。例如有如下一条单地址指令：

00	11	11	10	00	00	01	11

其中：操作码是 00111110，表示向累加器 A 送数，操作数是 00000111（十进制数 7），这条指令的含义就是"把 7 送到累加器 A 中"。计算机中的指令都是用二进制数来表示的。

在计算机中，机器语言是计算机唯一能识别的语言。但机器语言不便记忆，而且容易出错，给编程带来很大困难。为此，常采用类似于英文单词的符号来表示指令操作码，目的是为了便于记忆，所以称为助记符。用助记符来表示操作码的例子如表 3-7 所示。

表 3-7 中的操作码为 3 位，可执行 8 种操作。由此可见，操作码的位数越长，其操作功能越强。一般地说，一个包括 n 位的操作码，最多能够表示 2^n 条指令。

（2）指令字长：机器字长是指计算机能直接处理的二进制数据的位数，它通常与主存单元的位数一致，因而决定了计算机的运算精度。机器指令对应二进制代码，指令字长是一条指令所占二进制代码的位数。一条指令字长如果与机器字长相等，则称为单字长指令；如果是机器字长的两倍，则称为双字长指令。通常，指令字越长，访问存储器的空间越大，但访问时间也越长。

表 3-7   8 种指令操作的一种简单操作编码

操作码	000	001	010	011	100	101	110	111
助记符	ADD（加法）	SUB（减法）	MUL（乘法）	DIV（除法）	AND（逻辑与）	LD（取数）	MOV（存数）	STOP（停机）

（3）指令类型：不同的指令系统，指令的数目和种类有所不同。按照指令的功能划分，可分为如下 4 类：

① 数据处理指令。用于对数据进行算术运算、逻辑运算、移位和比较。包括：算术运算指令、逻辑运算指令、移位指令、比较指令、其它专用指令等。

② 数据传送指令。用于把数据从计算机的某一部件传送到另一部件，但数据内容不变。这类指令包括存储器传送指令、内部传送指令、输入输出传送指令、堆栈指令等。

③ 程序控制指令。用于控制程序执行的次序、改变指令计数器的内容、改变指令执行的正常顺序。包括无条件转移指令、条件转移指令、转子程序指令、暂停指令、空操作指令等。

④ 状态管理指令。用于改变计算机中表示其工作状态的状态字或标志，但不改变程序执行的次序。它不执行数据处理，而只进行状态管理，例如允许中断指令、屏蔽中断指令等。

2. 指令的控制执行

指令的控制执行是由控制器来实现的。控制器的主要功能和任务是取指令、分析指令、执行指令、控制程序和数据的输入与结果输出、对异常情况和某些请求进行处理。指令的执行流程如图 3-24 所示。

① PC 计数器。为了使计算机能自动地工作，在控制器中设置了一个程序指令计数器 PC，用来存放程序地址，并且自动递增，使得能自动取出和自动执行地址指令。这样，不仅可连续顺序执行，而且可根据需要实现转移。

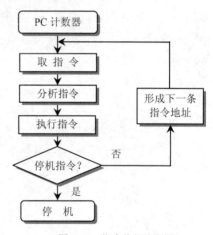

图 3-24   指令执行流程图

② 取指令。以 PC 计数器中的内容作为指令地址。并且每取出一条指令后，PC 计数器中的内容自动加 1，作为下一条指令的地址。

③ 分析指令。对取出的指令进行译码，分析功能。

④ 执行指令。以指令的地址码部分作为内存地址（指向数据区），取出操作数进行运算操作；如果是转移指令，将用指令的地址码部分去取代 PC 寄存器的内容，从而实现按地址转移。

步骤②～④周而复始运行直至停机，这就实现了自动、连续、灵活地执行程序。以"存储程序控制"为核心，以"PC 程序计数器"为关键部件而自动连续执行的存储程序原理，决定了 CPU 的体系结构，这就是纵贯四代计算机而一直沿用至今的著名的冯·诺依曼体系结构。

3.3.4   计算机的性能指标

计算机系统的主要性能指标一般从字长、内存容量、存取周期、主频、运算速度、外围设备的配置、系统软件和应用软件的配置等几个方面来衡量。

1. 字长

字长是指参与运算的数的基本位数，是每个存储单元包含的二进制位数，也是计算机一次能处理的实际位数的多少，它决定了计算机数据处理的速率，是衡量计算机性能的一个重要标志。字长越长，在同样时间内传送的信息越多，从而使计算速度更快；字长越长，计算机有更大的寻址空间，从而使计算机内存容量更大；字长越长，计算机支持的指令数量越多，功能越强。概括地说，计算机的字长越长，档次越高，性能越好。字长不仅决定着寄存器、加法器、数据总线等部件的位数，而且直接影响着硬件代价，标志着计算精度。

2. 内存容量

内存容量通常是指随机存储器（RAM）中能存储的信息总字节数，反映计算机记忆信息的能力。内存容量的确定，取决于 CPU 处理数据的能力和寻址能力，并常用字数乘以字长来表示内存容量的大小。

3. 存取周期

存取周期是指存储器进行一次完整的读写操作所需要的全部时间，即从存储器中连续存（写）、取（读）两个字所用的最小时间间隔称为存取周期。存取周期越短，则存取速度越快。存取周期是计算机中的一项重要性能指标。

4. 主频

主频是指 CPU 在单位时间内发出的脉冲数。计算机中采用主时钟产生固有频率的脉冲信号来控制 CPU 工作的节拍，因此主时钟频率就是 CPU 的主频率，简称为主频。主频率越高，CPU 的工作节拍越快。主频的单位是兆赫兹（MHz），例如 Pentium/100 的主频为 100MHz，PentiumⅡ/233 的主频为 233MHz，Pentium Ⅲ的主频有 450MHz、500MHz、733MHz、800MHz，而 PentiumⅣ的主频有 2GHz，PentiumⅤ 的主频则更高。

5. 运算速度

运算速度是指计算机每秒钟所能执行的指令条数，单位是次/秒。由于不同类型的指令所需时间长短不同，因而对运算速度存在不同的计算方法。通常采用：以最短指令执行的时间（如加法指令）来计算；根据不同类型指令出现的频度乘上不同的系数，求得平均值，得到平均运算速度；具体给出机器的主频和每条指令的执行所需的机器周期或执行时间，如定点加、减、乘、除，浮点加、减、乘、除以及其它指令各需多少时间。

6. RASIS 特性

RASIS 特性是指计算机的可靠性（Reliability）、可用性（Availability）、可维护性（Servicebility）、完整性（Integrality）和安全性（Security）的统称，是衡量现代计算机系统性能的五大功能特性。如果只强调前三项，则称为 RAS 特性。

7. 兼容性（Compatibility）

兼容性是指系统软件（或硬件）之间所具有的并存性，它意味着两个系统间存在着一定程度的通用性。因此，兼容性的好坏标志着计算机系统承前启后、便于推广的程度。

8. 数据输入、输出最大速率

主机与外部设备之间交换数据的速率也是影响计算机系统工作速度的重要因素。由于各种外部设备本身工作的速度不同，常用主机所能支持的数据输入、输出最大速率来表示。

§3.4　计算机外部设备

在计算机硬件系统中，除计算机主机以外的设备统称为外部设备，通常包括外存储器、输入设备、输出设备。外部设备通过接口电路与系统总线相连，构成一个完整的硬件系统。

3.4.1　外存储器

外存储器（External Storage）又称为辅助存储器。相对内存而言，它的速度较慢，容量较大、价格较低。目前常用的外存储器主要有硬盘存储器、光盘存储器、闪烁存储器、可移动磁盘存储器等。软盘存储器和磁带存储器现已基本退出"历史舞台"。

1. 软盘存储器（Soft Disk Storage）

软盘存储器简称软盘，其盘片是用类似于薄膜唱片的柔性材料制成的，如图 3-25 所示。

在 U 盘和可移动硬盘出现之前，软盘曾经是最广泛应用的外存设备，现在已基本淘汰，但盘片概念是硬盘存储器的基础，这里只介绍在硬盘存储器中有参考价值的相关内容。

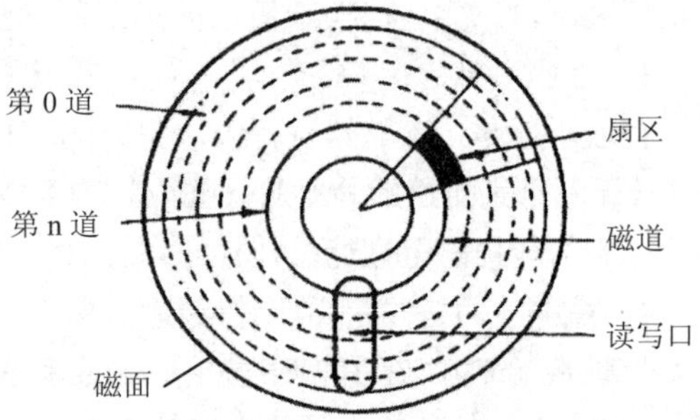

（1）磁道（Track）：是以盘片中心为圆心的一组同心圆，每一圆周为一个磁道，各磁道距中心的距离不等，数据存储在软盘盘片的磁道内。

图 3-25　磁盘片结构示意图

通常软盘的磁道数为 40 或 80，磁道的编号从 0 开始，即 0～39 或 0～79。

（2）扇区（Sector）：将每个磁道分成若干个区域，每一个区域称为一个扇区。扇区是软盘的基本存储单位，计算机进行数据读、写时，无论数据多少总是读、写一个完整的扇区或几个扇区。因此，一个扇区又称一个记录。每个磁道上的扇区数可为 8、9、15 或 18，扇区的编号从 1 开始，每个扇区为 512 字节。信息写在软盘上各磁道的扇区内，存放在软盘上的信息可通过它所在软盘的面号、磁道号和扇区号唯一地确定其位置。对软盘进行格式化时就会划分扇区和刻写各扇区的头标。

（3）存储密度：存储密度有道密度和位密度两种，道密度是指沿磁盘半径方向单位长度的磁道数，单位为磁道数/英寸（Track Per Inch，TPI）或磁道数/毫米（Track Per Mm，TPM）；位密度是每一磁道内单位长度所能记录二进制数的位数，单位为 BPI（Bit Per Inch）或 BPM（Bit Per Mm）。软盘通常都注有密度，如双面双密度（DS，DD）和双面高密度（DD，HD）

（4）容量（Capacity）：存储容量指软盘所能存储的数据字节总数，它分为非格式化容量和格式化容量两种，格式化容量是指软盘经格式化后的容量。所谓格式化，就是对软盘按一定的磁道数和扇区数进行划分，并写入地址码、识别码等。因此，格式化容量低于非格式化容量。格式化容量可用下式计算：

$$格式化容量=字节数/扇区×扇区数/磁道×磁道数/磁面×盘面数$$

【例 3-30】有一片 80 个磁道，18 扇区/道的双面软盘，求其格式化容量。

解：512×18×80×2=1474560B=1.44MB

2. 硬盘存储器（Hard Disk Storage）

硬盘存储器通常简称为硬盘，它在微机外部设备中占有相当重要的地位。硬盘存储系统由硬盘机、硬盘控制器两部分组成。由于硬盘存储器通常采用温彻斯特技术（Winchester Technology），故称之为温氏硬盘。它是以一个或多个不可更换的硬盘片作为存储介质，所以有时也称之为固定盘（Fixed Disk），也有可更换盘片的硬盘。硬盘机又称作硬盘驱动器（Hard Disk Drive，HDD）。为了完成读/写功能，硬盘存储器由主轴系统、磁头驱动定位系统、数据转换系统、空气净化系统、接口和控制系统组成。硬盘结构如图 3-26 所示。

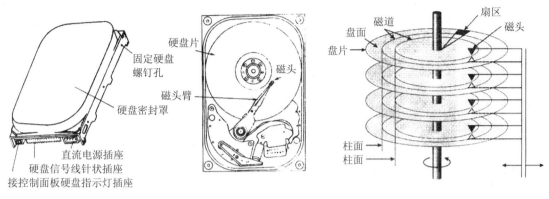

（a）密封的硬盘　　　　　　　　　　　　　　（b）硬盘数据存储格式

图 3-26　硬盘结构示意图

随着磁盘记录技术的迅速发展，硬盘的存储容量、位密度、道密度、面密度、平均寻道时间和数据传输率等主要技术指标均得到了大幅度提高。硬盘机的性能指标有盘径（有 5.25 英寸、3.5 英寸、2.5 英寸及 1.8 英寸等数种）、接口类型、磁头数、柱面数、每磁道扇区数、数据传输率、磁盘转速、电源和重量等。硬盘容量的计算公式如下：

$$硬盘容量=512\ 字节/扇区×扇区数/磁道×磁道数/磁面×盘面数$$

【例 3-31】某硬盘有 26481 个柱面，16 个磁头，63 个扇区/磁道，512 字节/扇区，求其容量。

解：硬盘容量=512×63×26481×16≈13GB

硬盘存储器的存储特性与软盘存储器的存储特性相似，同属于磁表面存储器，只是容量不同而已。与软磁盘相比，硬磁盘具有存储容量大、存储速度快等优点。

3．光盘存储器（Compact Disk Storage）

光盘存储器是一种新型存储设备，由于它是利用激光在磁性介质上存储信息，所以又称为光存储器。它是一种记录密度高、存储容量大的新型外存储设备，广泛用于大量文字、图形图像以及语音组合的多元信息的存储。根据性能和用途的不同，光盘存储器可分为：

（1）只读型光盘（Compact Disk ROM，CD-ROM）：CD 是指高密度，这是一种由生产厂家预先写入数据或程序，用户只能读取，而不能写入和修改的光盘。

（2）数字多用途光盘（Digital Versatile Disk，DVD）：是一种比 CD 容量更大的光存储器。

（3）追记型光盘（Direct Read After Write，DRAW）：由用户写入信息，可多次读出。由于只能一次性写入而不能重写，故称为只写一次性光盘（Write Once Read Many Times，WORM）。

（4）可改写型光盘（CD-RW）：这种光盘类似于磁盘，即可以重复读、写，故又称可擦除型或可重写型光盘。这是一种很有发展前途的辅助存储器，但目前使用较多的仍是前两种。

光盘存储器的最大优点是记录密度高、存储容量大、信息保存时间长、环境要求低、工作稳定性和可靠性好，是一种很有前途的新型外存储器。由于光盘的存储容量远远高于软盘或硬盘的存储容量，所以在需要特大容量的多媒体新技术中备受亲睐。

4. 可移动存储器

可移动存储器是近年发展起来的便携式存储器，由于可以随身携带，并且容量大，因而已广泛应用。目前，常用的可移动存储器有 U 盘存储器、可移动硬盘存储器等。

（1）U 盘存储器：U 盘是通用串行总线（Universal Serial Bus，USB）的简称，是一个外部总线标准，用于规范个人计算机与外部设备的连接和通信，通过 USB 接口与计算机相连。

U 盘是一种基于闪烁存储器（Flash Memory）技术的移动存储设备，它不需要特殊设备和特殊操作方式即可实现实时读写，像软盘一样使用。U 盘的特点是体积小、重量轻、容量大、抗震性能好、携带方便，部分 U 盘产品支持启动和加密功能。正是因为具有这些特点，U 盘现在已替代软磁盘，成为使用最广泛的移动存储设备。近年来，各种式样的 U 盘如雨后春笋般地出现，外形结构多样，尺寸越来越小，容量越来越大。现在的微机都配置有 U 盘插口，可即插即用。

（2）可移动硬盘存储器：也称 USB 硬盘，是近几年才开始使用的新型存储器，与 U 盘相比，其特点是容量更大且使用方便。使用时只要一根 USB 接口线便可连接到 USB 接口上，并且即插即用。现在，市面上的 USB 硬盘容量通常在 10GB 以上。

5. 存储系统

在计算机中，不同的存储器具有不同的职能。Cache 主要强调存取速度，以便与 CPU 中的寄存器速度相匹配；RAM 要求具有适当的存储容量和存储速度，以便容纳系统核心软件和用户程序；硬磁盘主要强调存储容量，以满足计算机大容量存储的需要。其中，Cache 的速度最快，价格最贵；RAM 的速度稍慢，价格稍低；硬磁盘存储器容量最大，价格最便宜，但速度最慢。为了既能满足速度、容量要求，又具有良好的性能/价格比，故采用了"Cache-RAM-硬磁盘"三级存储结构，通常将三级存储结构称为存储系统，其层次结构如图 3-27 所示。

计算机存储器的设计有 3 个关键指标：容量、速度和单位存储容量的价格。

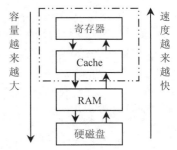

图 3-27　存储系统的层次结构

3.4.2　输入设备

输入设备（Input Device）是用来向计算机输入各种信息的设备，通常输入的信息有数字数据、字符数据、图形或图像等。目前常用的输入设备有键盘、鼠标器、光电笔、扫描仪、数字化仪、字符阅读器、扫描仪及智能输入设备等，它们的作用是将数据、程序和某些信息直接转换成计算机所能接收的电信号，然后输入给计算机。

1. 键盘（Keyboard）

键盘是人与计算机沟通的桥梁，也是操作使用计算机的第一步。用按键输入数据，是靠键盘开关来实现的，即通过两个端点间的通断把机械信号转变为电信号。键盘上的字符由键盘按键的位置来确定。所有的命令、程序和数据都要通过键盘编码器把字符变为二进制代码，再由键盘输入接口电路送入计算机中。

2. 鼠标器（Mouse）

通常简称为鼠标，因其"长相"像一只长尾巴的老鼠而得名。它是一种新型输入设备，也称为指点设备（Pointing device）。利用它，可以快速地移动和控制光标，并且在应用软件的支持下，通过鼠标器上的按钮可以完成某些特定的功能（菜单选择和绘图）。

鼠标器可分为光学的和机械的两大类。光学鼠标具有一系列优点，这主要是因为光学鼠标没有活动部件，所以可靠性和精度都比较高。机械鼠标价格便宜，但准确性较差。

3. 光电笔（Photoelectric Pen）

光电笔是利用光信号来完成信息输入的标准输入设备。光电笔能实现选择显示屏幕上的清单、在屏幕上作图、改图、放大、移位及旋转图形等多种功能，它既能指定显示屏上图形的位置，又能往计算机里输入新的数据。

4. 触摸屏（Touch Screen）

触摸屏是在光电笔功能和原理的基础上发明的一种屏幕触摸技术，是使用更方便、功能更完善的输入技术。它利用红外线等对屏幕进行监测，而操作员可以直接用手指来完成光笔的功能。该技术在多媒体技术和手机中被广泛使用，在画面和菜单选择中人机界面让人感到更亲切、更直接。

5. 扫描仪（Scanner）

扫描仪是一种图像输入设备，由于它可以迅速地将图像（黑白或彩色）输入到计算机，因而成为图文通信、图像处理、模式识别、出版系统等方面的重要输入设备。扫描仪可分为黑白和彩色两大类。同种颜色的不同深度称为色彩的灰度，如红色分为深红、洋红、桃红、粉红、淡红。扫描仪有不同的灰度级别，最高允许灰度为 256 级。

6. 数字化仪（Digitizer）

数字化仪是一种图形输入设备，由于它可以把图形转换成相应的计算机可识别的数字信号送入计算机进行处理，并具有精度高、使用方便、工作幅面大等优点，因此成为各种计算机辅助设计的重要工具之一。

7. 字符阅读器（Character Read）

字符阅读器是一种基于扫描原理的字符识别设备。它利用光学扫描的方法识别出普通纸页上的文字信息，并将这些信息输入到计算机中，所以常称为光学字符阅读器。

8. 声音识别器（Voice Discriminate）

声音识别器是一种很有发展前途的输入设备，利用人的自然语音实现人机对话是新一代计算机的重要标志之一。声音识别器可以把人的声音转变为计算机能够接受的信息，并将这些信息送入到计算机中。语音输入的构成原理如图 3-28 所示。

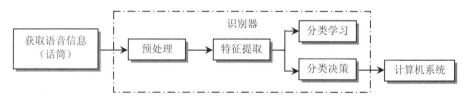

图 3-28　语音输入设备系统构成示意图

计算机处理的结果可以通过声音合成器变成声音，以实现真正的"人机对话"。通常把声音识别器和声音合成器合在一起，称为声音输入/输出设备。

9. 数码相机（Digital Camera，DC）

数码相机是近几年才流行的一种新式视频输入专用设备。它不同于胶卷记录图像，而是把图像信息转化为数字信息保存在存储器中。因此，图像的取得不是冲洗照片，而只需把存储在数码相机中的信号输入电脑，经过电脑处理后，就能通过打印机打印出来。

3.4.3　输出设备

输出设备（Output Device）是用来输出计算机的运行结果的设备。通常输出的信息有数字、文字、表格、图形、图像、语音等。目前，最常使用的输出设备有显示器、打印机、绘图仪等。

1. 显示器（Displayer）

显示器是微机的标准输出设备，其作用是将电信号转换为可以直接观察到的字符、图形或图像等视觉信号。它与键盘一起成为人－机对话的主要工具，所以也可看作输入监视设备。显示器由监视器（Monitor）和显示控制适配器（Adapter）两部分组成，如图 3-29 所示。

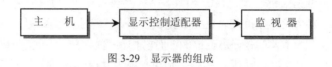

图 3-29　显示器的组成

2. 打印机（Printer）

打印机是计算机的重要输出设备。打印机的种类很多，目前最常使用的是点阵打印机、喷墨打印机和激光打印机。随着电子器件的快速发展，电子器件产品大幅度降价，激光打印机得到广泛使用，现在无论是单位办公还是家庭使用的微机，大都配置了激光打印机。

3. 绘图仪（Plotter）

绘图仪是一种输出图形硬拷贝的输出设备。它是为克服打印机不能打印出复杂、精确的图形而设计的一种标准输出设备。自 20 世纪 50 年代末发明至今，经过不断地改进，现在的绘图仪已具有智能化功能，即本身带有微处理器，在绘图软件的支持下可以绘出各种复杂、精确的图形，已经成为各种计算机辅助设计（CAD）必不可少的设备。

3.4.4　系统总线与接口电路

一台完整的计算机硬件系统，是由主机、外部设备和相应的插件组成的。计算机中的所有不同部件是通过总线、I/O 接口电路以及主机板进行连接的，从而构成一个完整的硬件系统。

1. 系统总线（System Bus）

在计算机硬件系统中，各部件是通过一组导线按照某种连接方式组织起来的，我们把这组导线称为系统总线，简称为总线（Bus）。它是计算机各部件之间进行信息传送的公共通道，也是整个计算机系统的"中枢神经"，所有的地址、数据、控制信号都是经由这组总线传输的。

采用总线传输方式，可以大大减少信息传送线的数量，增强系统的灵活性。

（1）总线结构：利用总线来实现计算机内部各部件以及内部与外部各部件之间信息传送的结构称为总线结构。根据总线传输的信号类型，可以把总线分为 3 大类：数据总线、地址总线和控制总线。

① 数据总线（Data Bus，DB）。是 CPU 与存储器或 I/O 接口传送数据信息的双向通路，用于在 CPU 与内存或输入、输出设备之间传送数据，数据总线的宽度对 CPU 的速度有着极其重要的、甚至是决定性的作用。总线的宽度用二进制位来衡量，例如 16 位微机，是指它的数据总线的宽度为 16 个二进制位。总线宽度决定了计算机可以同时处理的二进制位数。这一"宽度"也就是计算机中的"字长"，16 位计算机的字长为 16，64 位计算机的字长为 64。

② 地址总线（Address Bus，AB）。是 CPU 向存储器或 I/O 接口传送地址信息的单向通路，用来传送存储单元或输入、输出接口的地址信息。

③ 控制总线（Control Bus，CB）。是 CPU 向存储器或 I/O 传送命令或 CPU 接收信息的通路，用来传送控制器的各种控制信号。控制信号可分为两类：一类是由 CPU 向内存或外设发送的控制信号，另一类是由外设或有关接口电路向 CPU 送回的信号，包括内存的应答信号。

AB、DB、CB 在物理上是做在一起的，工作时各司其职。总线可以双向传送数据或信号，可以在多个部件之间选择出唯一的源地址或目的地址。

（2）总线组织方式：总线的组织方式很多，按照总线的组织结构不同，可分为单总线结构、双总线结构和三总线结构。微型计算机通常采用单总线结构和双总线结构。

① 单总线结构。是指计算机中的所有部件、设备都连接到这组导线上，如图 3-30 所示。

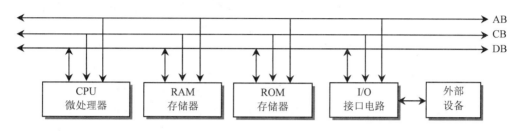

图 3-30　单总线结构计算机系统

由图可知，单总线结构中的所有部件、设备都连接到这组导线上。单总线结构的特点是结构简单、成本低、易于实现与控制、设备扩展方便灵活、工作可靠；缺点是由于在同一时刻只能传送一个信息，故多个部件之间传输信息必须等待，因而降低了系统工作效率。

② 双总线结构。是指在系统中设置两条总线：一条是内部总线，用于连接 CPU、主存、通道 3 大部分；另一条是 I/O 总线，用于连接通道与各外部设备的接口，如图 3-31 所示。

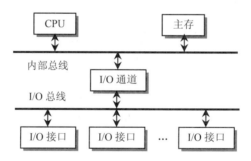

图 3-31　双总线结构

显然，双总线结构有利于多个部件之间信息的传输，有利于 I/O 系统与主机系统并行工作，因而使速度得到提高，适用于中、大型计算机系统。

（3）数据传输类型：总线是用来传送信息的，如果按照二进制数码的传送方式不同，可分为串行总线和并行总线。串行总线是指二进制的各位在一条线上是按位传送的，例如 CRT、远程网络传输等采用串行传输方式；并行总线是指一次能传送多个二进制位，通常分为 8 位总线、16 位总线、32 位总线和 64 位总线等。现在高档微机系统各部件间多采用 64 位的并行总线。

2. 接口电路（Input/Output Interface）

在一个计算机系统中，往往要连接多种类型的外部设备（键盘、鼠标、扫描仪、显示器、打印机、绘图仪、软盘驱动器、光盘驱动器、Modem 和音响等）。然而，在主机与各外部设备之间不仅各自的特性可能不同，与主机信息交换的方式也可能不同。这主要是因为主机由集成电路芯片连接而成，而外部设备通常是由机、电结合的装置，它们之间存在着一定程度的差异（不匹配），这些差异主要体现在以下方面：

（1）速度不匹配：I/O 设备的工作速度比主机慢得多，各种 I/O 设备之间的速度差异也很大，有每秒钟能传输几兆位的硬盘驱动器，也有每秒钟只能传输几百个字符的打印机。

（2）时序不匹配：因为 I/O 设备与主机的工作速度不同，所以一般 I/O 设备都有自己的时序控制电路（时钟），以自己规定的速率传输数据，无法与 CPU 的时序取得同步。

（3）信息格式不匹配：不同的 I/O 设备，信息的存储和处理格式不同，既有并行和串行之分，也有二进制位、ASCII 码、BCD 码之分，等等。

（4）信息类型不匹配：不同的 I/O 设备，其信号类型有可能不同（可能是数字电压，也可能是连续电流或其它电模拟信号），而且信号量的幅值也可能不同。

由于外部设备的数据形式、数据的传送方式以及传递速率等的差异很大，所以外部设备与主机之间不能直接进行信息交换，在它们之间必须有一个信息交换界面（Interface），这个界面就是输入/输出（Input/Output Interface，I/O）接口电路，主机与外部设备必需通过 I/O 接口电路进行"协调"，方能实现主机与外部设备之间的连接。

§3.5　对未来新一代计算机的展望

在第 1 章中我们说到当前计算机的发展趋势是微型化、巨型化、网络化、智能化和多媒体化，这是指基于冯·诺依曼结构的计算机。由于冯·诺依曼结构是以数值计算为目的而设计的，是顺序执行指令的串行工作方式，因而使得计算机在并行处理、字符处理、知识处理等方面显现出低效能。特别是当计算机越来越广泛地应用于非数值计算领域，且处理速度成为人们关心的首要问题时，冯·诺依曼结构计算机的局限性就逐渐显露出来了。为此，人们不断寻找能突破它的新体系。到目前为止，寻求突破冯·诺依曼计算机体系结构的途径主要有两个方面：一是超越冯·诺依曼结构，二是采用非电子器件。

3.5.1　超越冯·诺依曼结构的计算机

自冯·诺依曼结构计算机问世以来，就一直处于发展、改进之中。为了突破冯·诺依曼结构的局限性，从 20 世纪 70 年代中期，人们开始了超越冯·诺依曼结构计算机的研究。在这个过程中，人们首先想到的是围绕如何提高指令的执行速度和计算机系统的性能价格比来改进冯·诺依曼结构，如精简指令集、构造流水线、阵列处理机、多机系统等。然而，仅仅围绕上述措施来提高计算机系统性能的空间是有限的。为此，采用超越冯·诺依曼结构，也称为非冯·诺依曼结构，这是进一步提高计算机性能的途径之一。

1. 数据流计算机

传统的冯·诺依曼结构计算机最突出的特征是"控制驱动、共享数据、串行执行"。具体地说，指令的执行顺序和发生时机由指令控制器控制。在数据流计算机中没有指令指针，而是以"数据驱动"方式启动指令的执行。只要指令所需的操作数据全部备齐，便可立即启动执行，这一特征称为数据驱动。形如召开会议，控制驱动是按会议主席的指示决定什么时候开会，而数据驱动是执行"人到齐就开会"的原则。按照这种方式，程序中任一条指令只要其所需的操作数已经全部齐备，且有可使用的计算资源就立即启动执行（称为点火），指令的运算结果又可作为下一条指令的操作数来驱动该指令的点火执行，这就是"数据驱动"的含义。

在数据流计算机中不存在共享数据，一条指令执行后不送存储器保存，以供其它指令共享，而是直接流向需要该结果的指令，作为新的操作数供下一条指令使用，每个操作数经过指令的一次使用后便消失。

2．规约计算机

规约计算机是一种基于需求驱动的系统结构，需求驱动、数据驱动和控制驱动三者间的主要区别是指令执行的启动条件不同：

（1）控制驱动：是冯·诺依曼结构计算机的工作方式，指针指向时执行指令。

（2）数据驱动：是数据流计算机的工作方式，输入数据到齐时开始执行指令。

（3）需求驱动：是规约计算机的工作方式，当需要输出结果时才开始执行指令。

在需求驱动系统中，一个操作仅在需要它的输出结果时才启动它，而不管这个操作所需要的输入数据是否已经到齐。如果所需的输入还未获得，则作为前一级的需求再去驱动能产生这一结果的前一操作。把这一需求链逐层回追，直到所需的输入全部到达才继续执行求出结果，这种求值过程称为规约。例如计算 z=(x+5)*(y-6)，当需要 z 时，先驱动函数*；而*又需要两个乘数，因而进一步驱动"+"和"-"。

3．智能计算机

人们把具有智能的计算机称为人工智能计算机。智能计算机将具有听觉、嗅觉、触觉、视觉等感觉能力，即具有自然语言理解（人机对话）能力、"自学习"和"自创造"能力等。智能计算机的功能将大大超越现有的各种计算机，它不仅可以在生产现场进行各种作业（如代替人做一些危险的工作），还能在办公室或服务行业从事一些智力型劳动或服务工作。

智能计算机的开发大体上有两条途径：一条是基于冯·诺依曼结构体系，在其上以功能模拟的方法加以扩充；另一条是以结构模拟的方法，模拟人脑的功能。人工神经网络就是后一种中的较好选择。

4．神经网络计算机

人工神经网络计算机是一种能够模拟人脑功能的超分布和超并行处理信息的计算机，它具有良好的自适应性、自组织性，以及很强的学习、联想和容错功能，并企图通过生物学、心理学、认识科学、计算机科学等多个领域的有机配合，探明大脑的信息处理机制，用结构模拟的方法实现人脑的信息处理功能。

3.5.2　非电子器件的计算机

超越冯·诺依曼结构是采用新的体系结构，即非冯·诺依曼结构，但仍然采用电子器件。然而，在科学技术日新月异的今天，科学家们已意识到目前作为计算机核心部件的集成电路制造工艺将很快达到理论极限，目前的超级计算机的峰值运算速度已超过每秒 1000 万亿次。随着晶体管的尺寸接近纳米级，不仅芯片发热等副作用逐渐显现，而且电子器件的运行也难以控制，晶体管器件将不再可靠。因此，有关计算机的体系结构及其系统理论也必将提出新的概念。进一步提高计算机性能的另一途径，是在研究发展半导体技术的同时，大力研究非半导体技术，用它们来研制更新一代的计算机。根据目前研究进展，非电子器件的计算机有可能采用的技术至少有 4 种：纳米技术、光技术、生物技术和量子技术。利用这些技术研究新一代计算机已成为世界各国研究的焦点。

1．超导体计算机

超导体计算机也称为约瑟夫逊计算机（Josephson Computer），是使用超导集成电路组成的计算机。超导体的开关速度比现有半导体的开关快 10～100 倍，而功耗仅为半导体器件的 1/1000～1/100，因此可实现最紧密排布，可做成运算速度每秒几百亿次的超速计算机。特别是 1911 年昂尼斯发现纯汞在 4.2k 低温下电阻会变为零的超导现象，超导线圈中的电流可以无损耗地流动，因而引起了世界范围内的极大关注，各国都在研制超导计算机，已成为下一代计算机的候选对象之一。

2. 光子计算机

光子计算机是以光代替电子、光互连代替导线互连、光硬件代替电子硬件、光运算代替电运算的数字计算机。研究表明，光子计算机比电子计算机的运算速度快 1000 倍以上。

光子计算机如同电子计算机一样，分为数字光计算机和模拟光计算机两大类：数字光计算机用光学方法来实现数字运算；模拟光计算机是光学模拟与数字运算相结合。光子计算机具有二维并行处理、大容量、传输速度快、信号衰减小、互联密度高、无干扰、高时空带宽等特点，与电子计算机相比具有很大优势，因此广泛认为第五代计算机将是光子计算机。1990 年 3 月，AT&T 公司的 Bell 实验室宣布完成了全光数字处理器的研究。

光子计算技术的另一个重要方面是光学神经网络。在人工智能领域中的模式信息处理，如模式识别、语言理解、联想记忆、学习、推理、决策等，对人的大脑来说是轻而易举的事，可是电子计算机处理这些问题时就显得速度太慢，而光学神经网络在一定程度上能较快地进行处理。光学神经网络的主要特点是并行性、高互联密度、联想和容错，这些正是光学方法的特点和潜力。

3. 生物计算机

生物计算机也称 DNA 计算机，是以生物处理问题的方式为模型的计算机。生物系统的信息处理过程是基于生物分子的计算和通信，因此生物计算机又称为分子计算机。生物计算机的运算过程就是蛋白质分子与周围物理化学介质的相互作用过程，它是利用蛋白质技术制造生物芯片，从而实现人脑和生物计算机的连接等。生物计算机的显著特点是具有思维能力，它比人的思维速度快 100 万倍以上，其存储量是普通电脑的 10 亿倍。科学家们正试图将真实的人体基因材料植入微处理器中，使用试管中的 DNA 来解决世界数学难题。

4. 量子计算机

量子计算机是利用量子力学规律进行高速运算、存储及处理量子信息的计算机。量子计算机由存储器和逻辑门组成，但这个存储器和逻辑门是利用量子力学特有的物理现象代替传统计算机遵循的经典物理定律实现的全新信息处理方式。经典计算机中的"位"在量子计算机中称为量子比特（Quantum bit），并且一个量子比特可以存储两个数据，n 个量子比特可以同时存储 2^n 个数据，从而大大提高了存储能力。量子计算机具有存储容量大、解题速度快（运算速度比 Pentium III 快 10 亿倍以上）和强大的并行处理能力等优点。科学家们认为，量子计算机是未来最有发展前景的计算机。最近，由年轻的华裔科学家艾萨克·庄领衔的 IBM 公司科研小组向公众展示了迄今为止最尖端的"5 比特量子计算机"。

研究量子计算机的目的不是要用它来取代现有的计算机，而是为了解决计算机中的能耗问题，这是量子计算机与其它计算机（如光子计算机和生物计算机等）的不同之处。目前，关于量子计算机的应用材料研究仍然是其中的一个基础问题。

科学家们预言，21 世纪将是智能计算机、超导计算机、光子计算机、量子计算机、生物计算机等新一代计算机的时代，如电子计算机对 20 世纪产生重大影响一样，各种新型的计算机也必将对人类生活和社会发展产生巨大影响。

本章小结

1. 数制的转换与编码都是因为计算机硬件系统只能识别和处理由 0 和 1 组成的二进制代码而必须进行的准备工作。当然，这些工作都是在计算机设计过程中完成的。

2. 除了本章所讨论的字符编码和汉字编码之外，还有音频编码、图像编码、视频编码等，它们在计算机多媒体技术中有着重要的应用，因此将这些编码放在第 8 章中介绍。

3. 现代通常使用的计算机都是基于冯·诺依曼结构。随着计算机科学技术的飞速发展和实际复杂问题对计算机性能要求的不断提高，人们在不断改进冯·诺依曼结构的同时，也一直在研究、探索超越冯·诺依曼结构（非冯·诺依曼结构）的计算机和非电子器件的计算机。

习题三

一、选择题

1. 在计算机中，度量存储容量的基本单位是（　　）。

　　A. 字长　　　　　　　　B. 字节　　　　　　　　C. 字　　　　　　　　D. 二进制位

2. 下列数中最大的是（　　）。

　　A. $(54.2)_8$　　　　　　B. $(11000000)_2$　　　　C. $(B.C)_{16}$　　　　D. $(191)_{10}$

3. 下列存储器中存取速度最快的是（　　）。

　　A. 硬盘　　　　　　　　B. U 盘　　　　　　　　C. Cache　　　　　　　D. 内存

4. ASCII 是（　　）位码。

　　A. 8　　　　　　　　　B. 16　　　　　　　　　C. 7　　　　　　　　　D. 32

5. 设 x=10111001，则 $\bar{x}$ 的值为（　　）。

　　A. 01000110　　　　　B. 01010110　　　　　C. 10111000　　　　　D. 11000110

6. 以下（　　）是易失存储器。

　　A. ROM　　　　　　　B. RAM　　　　　　　C. PROM　　　　　　D. EPROM

7. 当谈及计算机的内存时，通常指的是（　　）。

　　A. ROM　　　　　　　B. RAM　　　　　　　C. 虚拟存储器　　　　D. Cache

8. ALU 完成算术操作和（　　）。

　　A. 存储数据　　　　　B. 奇偶校验　　　　　C. 逻辑操作　　　　　D. 二进制计算

9. 计算机的主机通常是指（　　）。

　　A. CPU 与 RAM　　　　　　　　　　　　B. 中央处理器

　　C. CPU 和存储设备　　　　　　　　　　D. 机箱的设备

10. 计算机性能主要取决于（　　）。

　　A. 字长、运算速度和内存容量　　　　　B. 磁盘容量、显示器分辨率和打印机质量

　　C. 计算机语言、操作系统和外部设备　　D. 计算机价格、操作系统和磁盘类型

二、判断题

1. 数字计算机中的原码、反码和补码主要用来解决正负数的表示这一问题。　　　　（　　）

2. 数据和指令在计算机内部都是以十进制形式表示的。　　　　　　　　　　　　（　　）

3. 一个汉字在计算机内部占两个字节。　　　　　　　　　　　　　　　　　　　（　　）

4. 内存是主机的一部分，可与 CPU 直接交换信息。　　　　　　　　　　　　　（　　）

5. 运算器只能运算，不能存储结果信息。　　　　　　　　　　　　　　　　　　（　　）

6. 主频越高，机器的运行速度越慢。　　　　　　　　　　　　　　　　　　　　（　　）

7. 控制器的主要功能是自动产生控制命令。　　　　　　　　　　　　　　　　　（　　）

8. 断电后无论 RAM 还是 ROM 中的信息都不会丢失。　　　　　　　　　　（　　）

9. 微型计算机的主要特点是体积小、价格低。　　　　　　　　　　　　　（　　）

10. 内存较外存而言存取速度快，但容量一般比外存小，价格相对较贵。　（　　）

三、问答题

1. 计算机中为什么要采用二进制？

2. 数值型数据的符号在计算机中如何表示？

3. 小数点在计算机中如何表示？

4. 冯·诺依曼计算机的结构特点是什么？由哪些部分组成？

5. I/O 接口电路的功能作用是什么？与哪些设备相连？

6. 目前，微机中常用的总线标准有哪几种，各有何特点？

7. 计算机的存储系统都包括哪些部分？内存与外存的主要区别是什么？

8. 微型计算机具有哪些功能特点？有哪些主要技术指标？

9. 计算机的主频与速度有什么区别？决定速度的因素是什么？

10. 对未来计算机的发展主要体现在哪些方面？

四、讨论题

1. 人们习惯使用十进制，为什么在计算机内部采用二进制？如果在计算机内采用十进制，会有哪些优缺点？

2. 在冯·诺依曼结构计算机中，运算器是整个计算机的核心，但随着计算机的发展，存储器逐渐成为提高计算机性能的瓶颈，进而成为整个系统的核心，请分析具体的原因。

3. 现在计算机的存储器、CPU、输入/输出等部件的发展趋势如何？

4. 计算机的发展对人类生产和生活方式带来了什么样的变化？对社会发展有什么影响？

第4章　计算机软件及其形成

【问题引出】一个完整的计算机系统是由硬件和软件组成的，一台计算机如果没有软件的支持，硬件将变得毫无意义。那么，什么是计算机软件？它有哪些功能、特点和类型？它与硬件有何关系？计算机软件是怎样形成的？等等，这些都是本章所要讨论的内容。

【教学重点】计算机软件的基本概念、操作系统的作用与类型、操作系统的功能与特点、典型操作系统、计算机软件的形成等。

【教学目标】了解计算机软件的功能特点、计算机软件与硬件的关系、翻译程序的翻译方式和编译原理；熟悉操作系统的基本功能、基本特征、基本类型以及主流操作系统。

§4.1　软件的基本概念

4.1.1　什么是软件

计算机软件是相对硬件而言的，是为使计算机高效地工作所配置的各种程序及相关的文档资料的总称。其中：程序是经过组织的计算机指令序列，指令是组成计算机程序的基本单位；文档资料包括软件开发过程中的需求分析、方案设计、编程方法等文档及使用说明书、用户手册、维护手册等。为了便于与硬件相区分，我们将计算机中使用的各种程序称为软件（Software），它是对事先编制好了具有特殊功能和用途的程序系统及其说明文件的统称，并将计算机中所有程序的集合称为软件系统（Software System），它为计算机完成各项工作及用户操作使用计算机提供支撑。

软件一词源于程序，早期软件和程序（或程序集合）几乎是同义词。到了20世纪60年代初期，人们逐渐认识到和程序有关的文档的重要性，从而出现了软件一词。随着软件开发中各种方法和技术的出现，以及软件开发中程序及其开发工作量所占比重的降低，软件的概念在程序的基础上得到了延伸。1983年，IEEE对软件给出了一个较为新颖的定义：软件是计算机程序、方法、规范及其相应的文稿以及在计算机上运行时所必需的数据。

这个定义在学术上有重要参考价值，它将程序与软件开发方法、程序设计规范及其相应的文档联系在一起，将程序与其在计算机上运行时所必需的数据联系在一起，实际上是在考虑了软件生存周期中的各项主要因素之后提出的。但是，当一些程序运行所必需的数据只能动态地获得时，特别是针对人工智能程序和实时程序时，这一定义在实际工作中会引出问题。这是因为，完全认可IEEE的定义，意味着软件的销售允许出现不完整的软件，对软件及其质量的评价也可以通过对不完整的软件的评价进行。

4.1.2　软件的功能特点

1. 软件的功能

软件在用户和计算机之间架起了联系的桥梁，用户只有通过软件才能使用计算机。同时，计算机软件是对硬件功能的扩充与完善。软件的基本功能是使用户能根据自己的意图来指挥计算机工作，并使得计算机硬件系统能高效发挥作用。在各种不同的软件的支持下，计算机能完成各种应用任务，从事各种信息处理。具体说，计算机软件的功能可概括为 5 个方面。

（1）管理功能：是管理计算机系统，提高系统资源的利用率，协调计算机各组成部件之间的合作关系。换句话说，就是对硬件资源进行管理与协调，帮助用户管理磁盘上的目录与文件等。

（2）扩展功能：是在硬件提供的设施与体系结构的基础上，不断扩展计算机的功能，提高计算机实现和运行各类应用任务的能力。

（3）服务功能：是面向用户服务，向用户提供尽可能方便、合适的计算机使用界面与工作环境，为用户运行各类作业和完成各种任务提供相应的软件支持。

（4）开发功能：开发功能是为软件开发人员提供开发工具和开发环境。

（5）维护功能：是为用户提供维护、诊断、调试计算机的工具。

正是因为软件具有上述功能，才使得硬件资源得到充分发挥，并使得管理与维护方便有效。

2. 软件的特点

软件是相对硬件而言的，与硬件比较，软件具有许多特点，主要体现在以下 6 个方面：

（1）软件是一种逻辑实体：软件是程序的集合体，它是一种逻辑实体而不是具体的物理实体，因而它具有抽象性，这个特点使它与计算机硬件或其它工程对象有着明显的差别。软件是看不见、摸不着的无形产品，它以程序和文档的形式存放在存储器中，只有通过计算机才能体现出它的功能和作用。

（2）软件是纯智力产品：软件是把知识与技术转化成信息的一种产品，是在研制、开发中被创造出来的，是脑力劳动的结晶。软件的研制工作需要投入大量的、复杂的、高强度的脑力劳动，需要较高的成本。所以，软件的开发费用越来越高。

（3）软件可以无限复制：软件一旦研制成功，以后就可以大量地复制同一内容的副本。因此，其研制成本远远大于其生产成本。

（4）软件没有老化问题：在软件的运行和使用期间，没有硬件那样的机械磨损、老化问题。但是，软件维护比硬件维护要复杂得多，与硬件的维修有着本质的差别。软件故障往往是在开发时产生的，所以要保证软件的质量，必须重视软件开发过程。

（5）软件开发有依赖性：软件的开发和运行经常受到计算机系统的限制，对计算机系统有着不同程度的依赖性。在软件的开发和运行中，必须以硬件提供的条件为基础。为了解除这种依赖性，在软件开发中提出了软件移植问题，并且把软件的可移植性作为衡量软件质量的因素之一。

（6）软件开发是手工方式：软件至今尚未完全摆脱手工的开发方式，传统的手工开发方式仍然占据统治地位，致使软件开发效率受到很大限制。因此，应促进软件技术进展，提出和采用新的开发方法。例如近年来出现的充分利用现有软件的复用技术、自动生成技术和其它一些有效的软件开发工具或软件开发环境，既方便了软件开发的质量控制，又提高了软件的开发效率。

4.1.3 软件的分类

如同硬件一样，计算机软件也是在不断发展的。从诺依曼计算机开始，软件的发展过程经历了计算机语言、翻译程序、操作系统、服务程序、数据库管理系统、应用程序等。根据软件的功能作用，可分为两大类：一类称为系统软件，一类称为应用软件。此外，随着计算机软件的发展，出现了中间件（Middleware）。中间件是位于计算机网络客户/服务器结构的操作系统之上，管理计算资源和网络通信，为应用软件提供运行与开发环境，帮助用户灵活、高效地开发和集成复杂的应用软件的一种独立的系统软件或服务程序。因此，中间件不列入通用软件之类。目前，计算机软件的分类如图 4-1 所示。

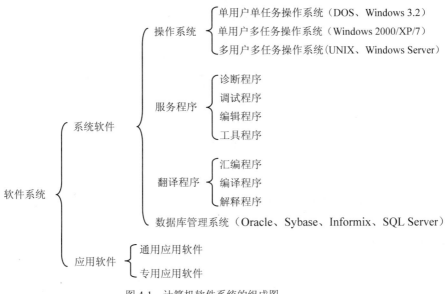

图 4-1 计算机软件系统的组成图

1. 系统软件（System Software）

所谓系统软件，是指那些参与构成计算机系统，提供给计算机用户使用，用于扩展计算机硬件功能，维护整个计算机硬件和软件系统，沟通用户思维方式、操作习惯与计算机硬件设备之间关系的软件。系统软件的特点是与具体应用领域无关。系统软件的主要功能是进行命令解释、操作管理、系统维护、网络通信、软件开发、输入输出管理等，如操作系统，服务程序、翻译程序、软硬件故障诊断程序、数据库管理系统等。

（1）操作系统（Operating System）：是系统软件的核心，它既是软硬件的交界面，也是用户操作使用计算机的界面。

（2）翻译程序（Translator Program）：用来编译或解释高级语言源程序。自从高级语言一出现，就有了翻译程序。因此，翻译程序是最早出现的系统软件之一。

（3）服务程序（Serve Program）：是随着操作系统的出现和发展而形成的、方便用户使用、管理和维护计算机的实用程序（Utility Program），包括诊断程序、调试程序、文本编辑程序、工具程序等。

① 诊断程序（Diagnostic Program）。用来诊断计算机各部件能否正常工作，如果发现是软故障并在一定范围内，还能进行修复。常用的诊断程序有 Norton、QAPLUSE 等。

② 调试程序（Debug Program）。是系统提供给用户的能监督和控制用户程序的一种工具，它可以装入、修改、显示或逐条执行一个程序。在 PC 系列微机上，简单的汇编程序可以通过 DEBUG 来建立、修改和执行。利用该程序，能跟踪被调试程序的执行过程。

③ 文本编辑程序（Text Editor）。是指由字母、数字、符号等组成的信息，它可以是一个用各种语言编写的源程序，也可以是一组数据或一份报告。文本编辑程序用来建立或修改文本文件，并具有删除、插入、编辑、显示或打印等功能。

④ 工具程序（Tools Program）。是指用来帮助用户使用、管理与维护计算机的一种软件工具。常用的工具程序有数据压缩与解压软件（WinRAR）、媒体播放软件（Winamp）、图片浏览与处理软件（ACDSee）、计算机病毒检测软件（瑞星、360）、翻译工具软件（金山）、数据加密软件（PGP）等。关于工具软件的操作使用，将在《计算机科学导论学习辅导》的实训部分分别予以介绍。

【提示】翻译程序和服务程序（也称为实用程序）虽然与操作系统都是由计算机厂商提供的系统软件，但在使用时却与操作系统不同。系统启动时操作系统即由外存储器调入内存，而翻译程序和服务程序则是在需要时才由外存储器装入内存的。

（4）数据库管理系统（Data Base Management System）：是一种有组织的、动态存储有密切联系的数据集合并对其进行统一管理的系统，是数据库系统的核心。

【提示】对数据库管理系统的类属划分存在不同认识。有人认为它应该属于系统软件，也有人认为它应该属于应用软件（例如 Office 中包含了 Access）。其实，类属划分并不重要，将来一旦大家更深入地掌握了计算科学知识，就完全有能力作出准确的判断。由于数据库技术是计算机应用的一个重要分支，而且已形成一门学科，因此在本书的第 7 章单独介绍。

2．应用软件（Application Software）

应用软件是相对于系统软件而言的，是用户针对各种具体应用问题开发的一类专用程序或软件的总称。应用软件包括通用应用软件和专用应用软件。

（1）通用应用软件：是在计算机的应用普及进程中产生的、为广大计算机用户提供的应用软件。在微机中最广泛使用的应用软件是 Office，它包括文字处理软件（Word）、表格处理软件（Excel）、演示文稿软件（PowerPoint）、桌面数据库管理系统（Access）等。

（2）专用应用软件：是用户在各自的应用领域中，为解决某种应用问题而编制的一些程序（软件），用来帮助人们完成特定领域的工作，例如科学计算程序、自动控制程序、工程设计程序、数据（或文字、图像）处理程序、情报检索程序等。例如 MATLAB，是近年来最为典型、功能强大且广泛应用的专用应用软件。

随着计算机的广泛应用，应用软件的种类越来越多。特别是近几年来应用软件发展极为迅速，并且十分引人注目。如计算机辅助设计（CAD）、计算机辅助制造（CAM）、计算机辅助教学（CAI）、系统仿真（System Simulation）、专家系统（Expert System）等。这些应用软件在各有关领域大显神通，给传统的产业部门注入了新的活力，也给我们带来了惊人的生产效率和巨大的经济效益。

4.1.4　软件与硬件的关系

一台能操作使用的计算机必须具有硬件和软件，两者相辅相成，缺一不可，从而构成一个不可分割的整体。硬件与软件既相互支持，又相互制约。只有在取得"共识"的前提下，"齐心协力"地工作，才能完成用户给定的工作任务。计算机的运行就是硬件和软件相互配合、共同作用的结果。硬件与软件之间的关系主要体现在以下 3 个方面。

1．层次结构关系

一个完整的计算机系统，如果从系统的层次结构来看，可把整个系统分成硬件系统、系统软件、应用软件和程序设计语言 4 个层次，其层次结构如图 4-2 所示。

其中："硬件系统"是计算机系统的物理实现，它位于计算机系统的最底层；"系统软件"向用户提供基本操作界面，并向应用软件提供基本功能的支持；"应

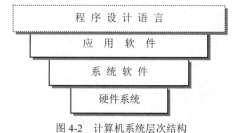

图 4-2　计算机系统层次结构

用软件"建立在系统软件之上，为用户提供应用系统界面，使用户能够方便地利用计算机来解决具体问题；"程序设计语言"是用户与计算机之间进行信息交换的"公用"语言，人们利用这种"语言"把要解决的问题以命令的形式进行有序的描述。

在系统软件中，最为重要的是操作系统。它是系统软件的核心，为利用硬件资源提供使用环境；

它是软件与硬件的交界面，也是用户使用计算机的操作界面。

2. 相互依赖关系

计算机系统中的硬件和软件两者相互依赖和支持。有了软件的支持，硬件才能正常运转和高效率工作。如果把硬件比作计算机系统的躯体，那么软件就是计算机系统的灵魂。

（1）硬件是系统的躯体：硬件是构成计算机的物理装置或物理实现。硬件为软件提供物理支撑，任何软件都是建立在硬件基础之上的，如果离开了硬件，软件则无法栖身。

（2）软件是系统的灵魂：软件是为运行、管理和维护计算机而编制的各种程序的总和。软件为硬件提供使用环境，如果没有软件的支持，硬件将变得毫无意义。

3. 功能等价关系

计算机的硬件和软件在逻辑功能上是等价的，即计算机系统的许多功能既可用硬件实现，也可用软件实现。例如在早期的计算机设计中，由于硬件成本高，可靠性较差，为了取得较高的性能价格比，常用软件来实现更高级的性能，这种做法称为硬件软化。

随着集成电路技术的发展，硬件价格逐渐降低、可靠性逐渐提高，因而出现了用硬件替代软件来实现较强的功能的做法，这种做法称为软件硬化。一般地说，用硬件实现往往可提高速度和简化程序，但将使结构复杂，造价提高；用软件实现，可降低硬件的造价，但使程序变得复杂，运行速度降低。例如计算机处理汉字时，既可使用硬字库，也可使用软字库。前者造价高，但运行速度快，后者造价低，但运行速度慢。

正是由于软、硬件在功能上的等价关系，因而促进了软硬件技术的发展。一方面，许多生产厂家为实现某一功能或达到某一技术指标，分别用软件或硬件的办法来实现，并各自评价其优、缺点。这种激烈的竞争，是推动软硬件技术不断向前发展的强大动力。另一方面，硬件技术的发展及性能的改善，为软件的应用提供了广阔的前景，并为新软件的诞生奠定了基础。同时，软件技术的发展给硬件技术提出了新的要求，从而又促进新的硬件产生与发展。

§4.2　操作系统的基本概念

4.2.1　操作系统的作用地位

1. 什么是操作系统

一台没有任何软件支持的计算机称为裸机，用户直接使用裸机来编制和运行程序是相当困难的，几乎是不可能的。因为计算机硬件系统只能识别由 0 和 1 组成的二进制代码信息，所以用户直接操作、使用、管理和维护计算机时很困难，总是觉得机器"太硬"了，而机器又觉得用户"太笨"了。因此，迫切需要解决因为人的操作速度慢，致使机器显得无事可做，可在等待过程中又不能去进行其它工作等问题。为了摆脱人的这种"高智低能"和发挥机器的"低智高能"，必须要让计算机来管理自己和用户。于是，人们创造出了一类程序，称为操作系统（Operating System, OS）。操作系统是有效地组织和管理计算机系统中的硬件和软件资源，合理地组织计算机工作流程，控制程序的执行，并提供多种服务功能及友好界面，方便用户使用计算机的系统软件。操作系统是随着硬件和软件不断发展而逐渐形成的一套大型程序，它为用户操作和使用计算机提供了一个良好的操作与管理环境，使计算机的使用效率成倍地提高，并且为用户提供了方便的使用手段和令人满意的服务质量；操作系统是计算机系统的核心；是用户和其它软件与计算机硬件之间的桥梁；是用户与计算机硬件之间的接口。

2. 操作系统的地位

现在实际呈现在用户面前的计算机已是经过若干层次软件改造的计算机系统。我们可以把整个计算机系统按功能划分为四个层次，即硬件、操作系统、系统实用软件和应用软件。这四个层次表现为一种单向服务关系，即外层可以使用内层提供的服务，反之则不行。计算机系统的层次结构如图4-3所示。

在计算机系统层次结构中，包围着系统硬件的一层就是操作系统。一方面，它控制和管理着系统硬件（处理机、内存和外围设备），向上层的实用程序和用户应用程序提供一个屏蔽硬件工作细节的良好使用环境，把一个裸机变成了可"操作"的、方便灵活的计算机系统。另一方面，因为计算机中的程序、数据大多以文件形式存放在外存储器中而构成文件系统，接受操作系统的管理。所以，尽管操作系统处于系统软件的最底层，但却是其它所有软件的管理者。因此，操作系统层在计算机系统层次结构中是特殊的、极为重要的一层。它密切地依赖于硬件系统，并且是对硬件系统功能的第一次扩充。它不仅接受硬件层提供的服务，向上层的系统实用程序层、应用软件层提供服务，而且还管理着整个系统的硬件和软件资源。

3. 操作系统的体系结构

操作系统本身是如何组织的，这就是操作系统的体系结构问题。从操作系统的发展来看，操作系统有4种基本结构形式：单块式结构、层次式结构、微内核式结构、虚拟机式结构等。

（1）单块式结构：操作系统由大量的模块组成，模块是完成一定功能的程序，它是构成软件的基本单位。早期的操作系统多数都采用这种体系结构，各组成单位密切联系。由于这种模块好像"铁板一块"，故名单块式结构。

（2）层次式结构：这种结构的设计思想是按照操作系统各模块的功能和相互依存关系，把系统中的模块分为若干层，其中任一层模块（除底层模块外）都建立在它下面一层的基础上。因而，任一层模块只能调用比它低的层中的模块，而不能调用高层的模块。UNIX系统的核心就是采用层次结构。近年来，大型软件都开始采用层次式结构，将一个软件分为若干个逻辑层次。从计算机的系统结构看，操作系统是一种层次模块结构的程序集合，属于有序分层法，是无序模块的有序层次调用。操作系统的分层结构如图4-4所示。

用户接口
（命令接口、程序接口、图形用户接口）
对象操纵和管理的软件集合
（处理机管理软件、存储管理软件、
设备管理软件、文件管理软件）
操作系统对象
（处理机、内存、设备、文件）

图4-3　计算机系统层次结构　　　　图4-4　操作系统的分层结构

（3）微内核式结构：这是新一代操作系统采用的结构，其基本思想是把所有操作系统基本上都具有的那些基本操作放在内核中，而操作系统的其它功能由内核之外的服务器实现。这样的系统具有更好的可扩展性、可移植性、可靠性及灵活性。

（4）虚拟机式结构：这种结构倾向于虚拟机技术，它以运行在裸机上的核心软件（虚拟机监控软件/某一操作系统）为基础，向上提供虚拟机的功能，每个虚拟机都像是裸机的复制。在不同的虚拟机上可以安装不同的操作系统，这样的系统可以有更好的兼容性及安全性。例如在网络应用中，只要在机器上安装了 Java 虚拟机，就可以方便地运行 Java 的字节代码。

4.　操作系统的特性

计算机性能的高低是由计算机硬件所决定的，而能否充分发挥计算机硬件系统的性能，操作系统起着决定性的作用。如果操作系统的功能不强，则计算机硬件、支撑软件和应用软件的功能很难充分体现。操作系统位于系统软件的最底层，是最靠近硬件的软件。操作系统的功能是管理计算机资源、控制程序执行、提供多种服务、方便用户使用。为此，操作系统必须具备以下特性。

（1）方便性：如果没有操作系统，用户只能通过控制台输入控制命令，这种使用方式是极为困难的。有了操作系统，特别是像有了 Windows 这类功能强大、界面友好的操作系统，使计算机的操作使用变得非常容易和方便，轻点鼠标和键盘就能实现很多功能。Windows 系列操作系统之所以广受欢迎，一个重要因素就是其学习和使用的方便性。

（2）有效性：在未配置操作系统的计算机系统中，中央处理器等资源会经常处于空闲状态而得不到充分利用，存储器中存放的数据也由于无序而浪费了存储空间。配置了操作系统后，可使中央处理器等设备由于减少等待时间而得到更为有效的利用，使存储器中存放的数据有序而节省存储空间。此外，操作系统还可以通过合理地组织计算机的工作流程，进一步改善系统的资源利用率及提高系统的输入输出效率。

（3）可扩充性：随着大规模集成电路技术和计算机技术的迅速发展，计算机硬件和体系结构也随之得到迅速发展，它们对操作系统提出了更高的功能和性能要求。因此，操作系统在软件结构上必须具有很好的可扩充性才能适应发展的要求，才能不断扩充其功能。在各种操作系统的系列版本中，新版本就是对旧版本的扩充。

（4）开放性：20 世纪末出现了各种类型的计算机硬件系统，为了使不同类型的计算机系统能够通过网络加以集成，并能正确、有效地协同工作，实现应用程序的可移植性和互操作性，要求操作系统具有统一的开放环境。操作系统的开放性要通过标准化来实现，要遵循国际标准和规范。

（5）可靠性：可靠性是操作系统中最重要的特性要求，它包括正确性和健壮性。正确性是指能正确实现各种功能，健壮性是指在硬件发生故障或某种意外的情况下，操作系统应能做出适当的应对处理，而不至于导致整个系统的崩溃。

（6）可移植性：是指把操作系统软件从一个计算机环境迁移到另一个计算机环境仍能正常执行的特性。迁移过程中，软件修改越少，可移植性就越好。操作系统的开发是一项非常复杂的工作，良好的可移植性可方便开发出在不同机型上运行的多种版本。在开发操作系统时，使与硬件相关的部分相对独立，并位于软件的底层，移植时只需根据变化的硬件环境修改这一部分，这样就能提高可移植性。

4.2.2　操作系统的功能

一个计算机系统非常复杂，包括处理器、存储器、外部设备、各种数据、文件、信息等。那么如何有效地协调、管理以及如何给用户提供方便的操作手段与环境，这些都是操作系统的工作任务。

因此，操作系统的主要目标有两项：首先，操作系统要能方便用户使用，给用户提供一个清晰、简洁、易于使用的用户界面；其次，操作系统应尽可能地使系统中的各种资源得到最充分的利用。围绕上述两个主要目标，操作系统的任务主要体现在以下 5 个方面。

1. CPU 管理

CPU 是完成运算和控制的部件，它在同一时刻只能对一个作业程序进行处理。为了提高 CPU 的利用率，可采用多道程序技术，即在一个程序因等待某一条件（如启动外部设备和等待外部设备传输信息）时把 CPU 占用权转交给另一个可运行的程序，或出现了一个比当前正在运行的程序更为重要的可运行程序时，后者应能抢占 CPU。这一过程的实现，必须依靠操作系统实行统一管理和调度。由于在多任务环境中，CPU 的分配、调度都是以进程（Process）为基本单位的，因此，对 CPU 的管理可归结为对进程的管理，所以又常把 CPU 管理称为进程管理。它是操作系统最核心的概念，也是操作系统中最重要而且是最复杂的管理。CPU 管理的主要任务就是对 CPU 使用与控制的统筹，即对 CPU 的分配、调度进行最有效的管理，使 CPU 资源得到最充分的利用。CPU 管理主要包括：作业调度、进程调度、进程控制、进程间通信等。

（1）作业调度：作业是指用户在运行程序和处理数据过程中，用户要求计算机所做工作的集合。作业包含了从输入设备接收数据、执行指令、给输出设备发出信息，以及把程序和数据从外存传送到内存，或从内存传送到外存。例如，用户要求计算机把编好的程序进行编译、连接并执行就是一个作业。

在多道程序情况下，一般有大批作业存放在外存储器上，形成一个作业队列。作业调度即确定处理作业的先后顺序，因为计算机并不总是按作业下达的顺序来处理作业的。有时，某项作业可能比其它作业拥有更高的优先权，这时，操作系统就必须调整作业的处理顺序。

作业调度和控制作业的执行是由作业管理来实现的，作业管理为用户提供一个良好的人机交互"界面"。作业调度从等待处理的作业中选择可以装入内存的作业，对已经装入内存中的作业按用户的意图控制其运行。作业管理的功能是使用户能够方便地运行自己的作业，并对进入系统的所有用户作业进行管理和组织，以提高整个系统的运行效率。

（2）进程调度：进程是一个程序在一个数据集上的一次执行。一个作业通常要经过两级调度才能得以在 CPU 上执行。首先是作业调度，它把选中的一批作业放入内存，并分配其它必要资源，为这些作业建立相应的进程。然后进程调度按一定的算法从就绪进程中选出一个合适进程，使之在 CPU 上运行。

（3）进程控制：任何一个程序都必须被装入内存并且占有 CPU 后才能运行，程序运行时通常要请求调用外部设备。如果程序只能顺序执行，则不能发挥 CPU 与外部设备并行工作的能力。如果把一个程序分成若干个可并行执行的部分，每一部分都可以独立运行，这样就能利用 CPU 与外部设备并行工作的能力，从而提高 CPU 的效率。

进程控制包括创建进程、撤销进程、封锁进程、分配进程、唤醒进程等。进程在执行过程中有 3 种基本状态：就绪状态、执行状态和挂起（阻塞）状态。

① 就绪状态。是指进程已获得所需资源并被调入内存等待运行。在一个系统中处于就绪状态的进程可能有多个，通常将它们排成一个队列，称为就绪列队。

② 执行状态。是指进程占有 CPU 且正在执行的状态。在单处理机中只有一个进程处于执行状态；在多处理机中，则有多个进程处于执行状态。

③ 挂起状态。是指进程正在等待系统为其分配所需资源或因某个原因暂停，在等待运行。

在运行期间，进程不断从一个状态转换到另一个状态。状态之间的关系如图 4-5 所示。

一个程序被加载到内存，系统就创建了一个进程，程序执行完毕，该进程也就结束了。当一个程序同时被执行多次时，系统就创建多个进程。一个程序可以被多个进程执行，一个程序也可以同时执行一个或几个进程。

进程进入就绪状态后，一般都会在进程的三种状态之间反复若干次，才能真正执行完毕。处于执行状态中的进程，会因为资源不足或等待某

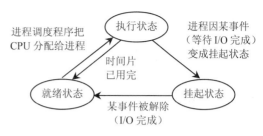

图 4-5　进程的状态及其转换

些事件的发生而转入挂起状态，以便 CPU 能够为其它处于就绪状态的进程服务，从而提高 CPU 的利用率。

通过进程管理可协调多道程序之间的关系，使 CPU 有条不紊地工作，并使 CPU 资源得到最充分利用。在 Windows 中，按 Ctrl+Alt+Del 组合键，即可看到当前执行的进程。

（4）进程间通信：多个进程在活动过程中彼此间存在相互依赖或者相互制约的关系。

1965 年，荷兰计算机科学家狄克斯特拉（E.W.Dijkstra）发表了著名论文"协同顺序进程"（Cooperating Sequential Processes）。在该文中他提出了所谓的"生产者-消费者问题（Producer-Consumer Problem）"。所谓消费者是指使用某一软硬件资源的进程，而生产者是指提供或释放某一软硬件资源的进程。该文对多进程提供、释放及使用计算机系统中的软硬件资源（如数据、I/O 设备等）进行了抽象的描述，并借用了火车信号系统中的信号灯来表示进程之间的互斥，解决了并发程序设计中进程同步的最基本问题。后来，狄克斯特拉针对多进程互斥地访问有限资源（如 I/O 设备）的情况，提出了一个被人称之为"哲学家进餐（Dining Philosopher）"的多进程同步问题。人们在研究过程中提出了解决这类问题的不少方法和工具，例如 Petri 网、并发程序语言等。

2．内存管理

从使用者来说，希望计算机的内存容量越大越好，但由于硬件的限制，内存容量毕竟是有限的。所以，内存是计算机硬件中除 CPU 之外的另一宝贵资源，必须对内存进行统一管理，合理地利用内存空间，以方便用户。此外，如果有多个用户程序共享内存，它们彼此之间不能相互冲突和干扰。内存管理就是按一定的策略为用户作业和进程分配存储空间和实现重定位，记录内存的使用情况。同时，还要保护用户存放在内存储器中的程序和数据不被破坏，必要时提供虚拟存储技术，逻辑扩展内存空间，为用户提供比实际容量大的虚拟存储空间，并进行存储空间的优化管理。内存管理主要包括内存分配、地址映射、内存保护和内存扩充。

（1）内存分配：其主要任务是为每道正在处理的程序或数据分配内存空间。为此，操作系统必须记录整个内存的使用情况，处理用户或程序提出的申请，按照某种策略实施分配，接收系统或用户释放的内存空间。

（2）地址映射：当程序员使用高级语言编程时，没有必要也无法知道程序将存放在内存中什么位置，一般用符号来代表地址。编译程序将源程序编译成目标程序时将符号地址转换为逻辑地址，而逻辑地址并不是真正的内存地址。在程序进入内存时，由操作系统把程序中的逻辑地址转换为真正的内存地址，这就是物理地址。这种把逻辑地址转换为物理地址的过程称为地址映射。

（3）内存保护：不同用户的程序都存放在内存中，必须保证它们在各自的内存空间活动，不能相互干扰，不能侵犯操作系统的空间。为此，需要建立内存保护机制，即设置两个界限寄存器，分别存放正在执行的程序在内存中的上界地址值和下界地址值。在程序运行时，对所产生的访问内存的地址进行合法性检查。该地址必须大于或等于下界寄存器的值，并且小于上界寄存器的值。否

则，属于地址越界，将被拒绝访问，引起程序中断并进行相应处理。

（4）内存扩充：用户程序对内存的需求越来越大，而系统内存容量毕竟是有限的，因此，用户对内存的要求往往超过实际内存容量。由于物理上扩充内存受到某些限制，故采用逻辑上扩充内存的方法，即虚拟内存技术。它使外存空间成为内存空间的延伸，从而增加了运行程序可用的存储容量，使计算机系统似乎有一个比实际内存容量大得多的内存空间。

虚拟内存的最大容量与 CPU 的寻址能力有关。如果 CPU 的地址线是 20 位的，则虚拟内存最多是 1MB，而 Pentium 芯片的地址线是 32 位的，所以虚拟内存可达 4GB。

Windows 在安装时就创建了虚拟内存页面文件（pagefile.sys），默认大于计算机上 RAM 容量的 1.5 倍，以后会根据实际情况自动调整。

3. 设备管理

现代计算机系统能支持各种各样的外部设备，如显示器、键盘、鼠标、硬盘、光盘驱动器、网卡、打印机等。这些外部设备的运行速度、功能特性、工作原理和操作方式等都不一样。因此，如何有效地分配和使用外部设备、协调处理器与外部设备操作之间的时间差异、提高系统总体性能，是操作系统设备管理模块的主要任务。设备管理主要包括缓冲区管理、设备分配、设备驱动和设备无关性。

（1）缓冲区管理：在计算机系统中，CPU 的速度最快，而外设的处理速度相对缓慢，因而不得不时时中断 CPU 的运行。这就大大降低了 CPU 的使用效率，进而影响到整个计算机系统的运行效率。为了解决 CPU 与外设之间速度不匹配的矛盾，常采用存储缓冲技术，并对缓冲区进行管理，以提高外设与 CPU 之间的并行性，从而提高整个系统性能。

（2）设备分配：在使用计算机的过程中，有时多道作业对设备的需要量会超过系统的实际设备拥有量。为了解决供需矛盾，必须合理地分配外部设备，并且不仅要提高外设的利用率，而且要有利于提高整个计算机系统的工作效率。设备管理根据用户的 I/O 请求和相应的分配策略，为用户分配外部设备及通道、控制器等。

（3）设备驱动：为了实现对外部设备的操作控制，各外部设备必须有一个实现 CPU 与通道和外设之间通信的程序，称为设备驱动程序，操作系统通过驱动程序指挥该设备的操作。设备驱动程序直接与硬件设备打交道，告诉系统如何与设备进行通信，完成具体的输入输出任务。在计算机中，诸如键盘、鼠标、显示器、打印机等设备都有自己专门的命令集，因而需要自己的驱动程序。如果没有正确的驱动程序，设备就无法工作。

（4）设备无关性：是指用户编写的程序与实际使用的物理设备无关，由操作系统把用户程序中使用的逻辑设备映射到物理设备，实现逻辑设备与物理设备的对接。

4. 文件管理

我们把逻辑上具有完整意义的信息集合称为文件。计算机系统中的信息，如系统程序、标准子程序、应用程序和各种类型的数据，通常都以文件的形式存放在外存储器中。这些文件由操作系统中的文件管理模块（文件管理系统）负责进行存储、检索、更新、修改、保护和共享，以确保用户能方便、安全地访问它们。因此，文件管理必须具备以下功能。

（1）文件存储空间管理：建立一个新的文件时，系统要为其分配相应的存储空间；删除一个文件时，系统要及时收回其所占用的空间。为了实现对文件存储空间的管理，系统应设置相应的数据结构，用于记录存储空间的使用情况，作为为新建文件分配存储空间的依据。为了提高存储空间的利用率和空间分配效率，对存储空间的分配通常是采用非连续分配方式，并以块为基本分配单位，块的大小通常为 512B～4KB。一个文件的内容可能存放在多段物理存储区域中，系统要有一种良好的机制把它们从逻辑上连接起来。

（2）目录管理：外存上可能存放有成千上万个文件，为了有效管理文件并方便用户查找文件，文件的存放分目录区和数据区。目录区用于存放文件的目录项，每个文件有一个目录项，包含文件名、文件属性、文件大小、建立或修改日期、文件在外存上的开始位置等信息；数据区用于存放文件的实际内容。目录管理的主要任务是为每个文件建立目录项，并对由目录项组成的目录区进行管理，能有效提高文件操作效率。例如，只检索目录区就能知道某个特定的文件是否存在；删除一个文件只在该文件的目录项上做一个标记即可，这也正是一个文件删除后还有可能恢复的原因。

（3）文件的读写管理：文件读写也称为文件存取，它是根据用户的请求，从文件中读出数据或将数据写入文件。在进行文件读写时，首先根据用户给出的文件名，去查看文件目录区，找到该文件在外存中的开始存放位置，然后对文件进行相应的读写操作。

（4）文件的安全保护：为了防止文件内容被非法读取和篡改，保证文件的安全，文件系统需要提供有效的安全保护机制。一般采取多级安全控制措施，一是系统级控制，没有合法账号和密码的用户不能进入计算机系统，自然也就无法访问系统中的文件；二是用户级控制，对有合法账号和密码的用户分配适当的文件存取权限，使其只能访问有访问权限的文件；三是文件级控制，通过设置文件属性（如只读）、密码保护、文件加密等措施来进一步限制用户对文件的存取。

由此可以看出，文件管理作为信息管理机制，它负责对存放在计算机中的文件进行逻辑组织和物理组织；面向用户实现按文件名存储，实现从逻辑文件到物理文件的转换；统一管理文件存储空间（外存），提供一组文件操作，实施分配与回收；建立文件目录；提供合适的存取方法；实现文件共享、保护和保密。

5．用户接口

用户接口是为方便用户操作使用计算机而提供的人-机交互接口。操作系统为用户提供了 3 类使用接口。命令接口、程序接口和图形用户接口。

（1）命令接口：是用户在程序之外请求操作系统提供服务。为了便于用户直接或间接地控制自己的程序，操作系统向用户提供了命令接口，用户可通过该接口向计算机发出命令以实现相应的功能。这类接口主要用于作业控制，它包括联机用户接口和脱机用户接口。

① 联机用户接口。由一组键盘操作命令及对应的命令解释程序所组成。当用户在终端或控制台上输入一条命令后，系统便立即转入命令解释程序，对该命令进行解释并执行该命令。在完成指定功能后，控制又返回到终端或控制台上，等待用户输入下一条命令。DOS 和 UNIX 操作系统提供的就是联机用户接口。

② 脱机用户接口。该接口是为批处理作业的用户提供的，也称为批处理用户接口。它由一组作业控制语言组成。批处理作业的用户不能直接与自己的作业交互作用，只能委托系统代替用户对作业进行控制和干预。早期使用的批处理操作系统提供脱机用户接口。

（2）程序接口：是用户在程序中使用操作系统提供的系统调用命令请求操作系统服务。它是为用户程序访问系统资源而设置的，也是用户程序取得操作系统服务的唯一途径。现在的操作系统都提供程序接口，如 DOS 操作系统是以系统功能调用的方式提供程序接口，为用户提供了常用程序接口有 80 多个，可以在编写汇编语言程序时直接调用。Windows 操作系统是以应用程序编程接口（Application Programming Interface，API）的方式提供程序接口，WIN API 提供了大量的具有各种功能的函数，直接调用这些函数就能编写出各种界面友好、功能强大的应用程序。在可视化编程环境（VB、VC++、Delphi 等）中，提供了大量的类库和各种控件，如微软基础类（Microsoft Foundation Classes，MFC），这些类库和控件都是构建在 WIN API 函数之上的，并提供了方便的调用方法，极大地简化了 Windows 应用程序的开发。

（3）图形用户接口：虽然用户可以通过联机用户接口来获得操作系统的服务，并控制自己的应用程序运行，但要求用户严格按照规定的格式输入命令。显然，这不便于操作使用。于是，图形用户接口（Graphical User Interface，GUI）应运而生。

图形用户接口采用了图形化的操作界面，用户可以利用非常容易识别的各种图标将系统的各项功能、各种应用程序和文件直观、逼真地表示出来。在 Windows 类操作系统中，通过鼠标、菜单和对话框来完成对各种应用程序和文件的操作。此时用户不必像使用命令接口那样去记住命令名及格式，只要轻点鼠标就能实现很多功能，从而使用户从繁琐且单调的操作中解放出来，能够为更多的非专业人员使用。这也是 Windows 类操作系统受到用户欢迎并得以迅速发展的原因。

4.2.3　操作系统的特征

操作系统不但具有强大功能，而且具有并发性、共享性、虚拟性和异步性等共同的基本特征。

1. 并发性

并发（Concurrence）指在计算机系统中同时存在有多个程序。并发和并行是有区别的，并发指两个或多个事件在同一时间段内发生，而并行指两个或多个事件在同一时刻发生。在多处理器系统中，可以有多个进程并行执行，一个处理器执行一个进程。在单处理器系统中，多个进程是不可能并行执行的，但可以并发执行，即多个进程在一段时间内同时运行，但在每一时刻，只能有一个进程在运行，多个并发的进程在交替地使用处理器运行，操作系统负责这些进程之间的执行切换。简单地说，进程就是处于运行状态的程序。

并发性改进了在一段时间内一个进程对 CPU 的独占，可以让多个进程交替地使用 CPU，从而有效提高系统资源的利用率和系统的处理能力，但也使系统管理变得复杂，操作系统要具备控制和管理各种并发活动的能力。

2. 共享性

共享（Sharing）指系统中的资源可供多个并发执行的进程共同使用，因此共享可以提高系统资源的利用率。由于资源的特性不同，多个进程对资源的共享方式可分为如下两种。

（1）互斥共享方式：是指系统中的资源在某一特定的时间段内只允许一个程序访问和使用，当一个进程正在访问该资源时，其它欲访问该资源的进程必须等待，仅当该进程访问完并释放后，才允许另一进程对该资源进行访问。

互斥共享资源也称为临界资源，例如系统中的打印机、绘图仪等资源属于临界资源。

（2）同时共享方式：指资源允许在一段时间内由多个进程同时对它进行访问。这里所谓的"同时"往往是宏观上的，而在微观上，这些进程可能是交替地对该资源进行访问。典型的可供多个进程同时访问的资源是磁盘，不同进程在某一时间段内可以交替访问同一磁盘。

3. 虚拟性

操作系统中的虚拟（Virtual）指通过某种技术把一个物理实体变成若干个逻辑上的对应物。物理实体是实际存在的，对应物是虚的，是用户感觉到的。例如在分时系统中虽然只有一个 CPU，但每个终端用户都认为有一个 CPU 在专门为自己服务，即利用分时技术可以把物理上的一个 CPU 虚拟为逻辑上的多个 CPU，逻辑上的 CPU 称为虚拟处理器。类似地，也可以把一台物理输入输出设备虚拟为多台逻辑上的输入输出设备（虚拟设备），把一条物理信道虚拟为多条逻辑信道（虚拟信道）。在操作系统中，虚拟主要是通过分时使用的方式实现的。

4. 异步性

在多道程序环境下，允许多个进程并发执行，但由于资源及控制方式等因素的限制，进程的执行并非一次性地连续执行完，通常是以"断断续续"的方式进行。内存中的每个进程在何时执行，何时暂停，以怎样的速度向前推进，每个进程总共需要多长时间才能完成，都是不可预知的。先进入内存的进程不一定先完成，而后进入内存的进程也不一定后完成，即进程是以异步（Asynchronism）方式运行的。所有这些要求，都由操作系统予以严格保证，只要运行环境相同，多次运行同一进程，都应获得完全相同的结果。

在上述 4 个特征中，并发性和共享性是操作系统两个最基本的特征，它们互为存在条件。一方面，资源共享是以进程的并发执行为条件的，若系统不允许进程并发执行，也就不存在资源共享问题；另一方面，若操作系统不能对资源共享实施有效管理，则必将影响到进程正确地并发执行，甚至根本无法并发执行。

4.2.4 操作系统的类型

最初的计算机没有操作系统，只能通过各种按钮和开关来操作使用计算机。自 1956 年第一个操作系统 GM-NAA I/O 出现到现在，经过 50 多年的发展，已推出了众多的操作系统，并可从不同角度对操作系统进行分类。对操作系统进行分类的真正意义在于比较各类操作系统的工作性能和功能作用。

1. 批处理操作系统（Batch Processing Operating System）

批处理系统是指用户把一批要计算的问题、数据和作业说明有序地排在一起，形成一个作业流，然后由操作系统来控制，让计算机自动而顺序地执行，以节省人工操作时间和改善机器使用情况。因此，这就要求用户事先设计好运行作业的步骤、可能出现的问题及相应处理的措施等，连同与作业相关的程序和数据一起，把成批的作业送给计算机系统。批处理操作系统分为单道批处理和多道批处理两种类型。

（1）单道批处理系统：每次只能运行一个作业，当运行中的作业进行输入输出操作时，处理机将处于空闲等待状态，这将浪费宝贵的处理机资源，于是出现了多道批处理操作系统。

（2）多道批处理系统：在保持单道批处理系统中作业自动过渡的功能基础上，为了提高系统效率，还支持在内存中同时放入多道用户作业，并将各个作业分别存放在内存的不同部分，而这些作业可以交替占用处理机和外设。从微观上看，内存中的多道程序轮流地或分时地占用处理机并交替执行。每当运行中的一个作业因输入或输出操作需要调用外部设备而使处理机出现空闲时，系统就自动进行切换，把处理机交给另一个等待运行的作业，从而将主机与外设的工作由串行改为并行，使处理机在等待外设完成任务时可以运行其他程序，从而显著地提高了计算机系统的吞吐量和系统资源的利用率。

批处理操作系统是最早问世的操作系统。批处理系统比较适合处理运行步骤十分规范、程序不易出错的作业。此外，批处理方式的计算机使用效率极低，大量资源大部分时间处于闲置状态。批处理操作系统的最大缺陷是在程序运行过程中不允许用户与计算机进行交互，程序或数据出现任何错误都必须待整个批处理结束之后才能修改，因此它不适宜处理在运行过程中需要用户加以干预的程序。用户希望能有一种方法，支持在程序运行过程中用户与计算机直接交互。

2. 分时操作系统（Time-sharing Operating System）

1959 年 1 月，马卡提（J. Mc Carthy，1971 年度图灵奖获得者）给 MIT 的计算中心主任 Morse 教授提交了一份备忘录，首次提出"Timesharing"（分时）的概念，以解决批处理系统存在的不足。

1961 年，世界上第一个分时系统（Compatible Time Sharing System，CTSS）在费尔南多•考巴脱（Fenando.J.Corbato，1990 年度图灵奖获得者）领导下研制成功，成为计算机发展史上一个有里程碑性质的重大突破，开创了以交互方式由多用户同时共享计算机资源的新时代。分时系统的实现，也是计算机真正走向普及的开始。

分时操作系统采用"时间片"（一般取 100ms）轮转的方式为许多用户提供服务，它把 CPU 的全部运行时间划分成一些时间片，然后根据某种时间片轮转的次序在多个用户之间分配 CPU 资源，各用户作业按一定顺序轮流占用主机。由于 CPU 的运行速度极快，所以在分时操作系统服务时，用户看上去似乎是"独占"主机资源，每个用户都感到好像只有他一人在使用计算机一样，始终可以直接地控制其作业的运行。分时系统提高了系统资源的共享程度，适用于程序调试、软件开发等需要频繁进行人机交互的作业。

分时操作系统适用于连接了多台终端的计算机系统，它允许多个用户（从一个到几百个）通过各自的终端同时交互地使用一个计算机系统。用户在各自的终端上键入命令、程序或数据，并以交互方式控制程序的执行。

3. 实时操作系统（Real-Time Operating System）

实时操作是指要求系统及时地响应外部事件的请示，在规定的时间内完成对该事件的处理，并控制所有实时设备和实时任务协调一致地运行的操作系统。在一些生产过程控制中，要求计算机系统必须对各种外部信息及时作出响应并完成响应操作。因此，实时系统应有两个方面的特点：

第一，每个处理任务必须尽快获得服务，并且必须在严格规定的时间内加以完成，然后把结果及时反馈给相应的设备。

第二，采用由事件驱动的设计方法，系统接到某种信息后，自动选择相应的服务程序进行相关处理，并要求在严格的控制时序下运行，以保证服务的正确性与实时性。

实时操作系统是一种时间性强、响应快的操作系统，一般是毫秒级甚至是微秒级的，处理过程应在规定的时间内完成，否则系统失效。常配置在需要"实时响应"的计算机系统上。根据应用领域的不同，可将实时系统区分为两种类型：一类是实时信息处理系统，如航空机票订购系统。在这类系统中，计算机实时接受从远程终端发来的服务请求，并在极短的时间内对服务请求做出处理，其中很重要的一点是对数据现场的保护；另一类是实时控制系统，这类控制系统的特点是：采集现场数据，并及时对接收到的信息做出响应和处理。例如用计算机控制某个生产过程时，传感器将采集到的数据传送到计算机系统，计算机要在很短的时间内分析数据并做出判断处理，其中包括向被控制对象发出控制信息，以实现预期的控制目标。因此，实时系统的最大特点就是要确保对随机发生的事件做出即时的响应。换句话说，对实时系统而言，"实时性"与"可靠性"是最重要的。

实时操作系统主要用于过程控制、实时信号处理、实时通信等场合，如炼钢的过程控制、化工的生产控制、发电的实时监控及导弹轨迹控制等需要实时控制的场合。

4. 个人计算机操作系统（Personal Computer Operating System）

现在流行的个人计算机上运行的操作系统，如果按操作系统同时支持的用户数来划分，可分为单用户和多用户操作系统；如果按所提供的服务方式进行分类，可分为以下 3 种类型。

（1）单用户单任务操作系统：是指一个计算机系统只允许一个用户单独使用，即在计算机工作过程中，任何时候都只有一个用户单独操作，并且只有一个用户程序在运行。这个用户程序占有计算机系统的全部软、硬件资源，只有当一个程序执行完成后才能执行下一个应用程序。

单用户单任务操作系统是一种最简单的微机操作系统，最有代表性的单用户单任务操作系统是最早配置在 8 位微机的 CP/M 和 16 位微机上 MS-DOS 和 Windows 3.2。

（2）单用户多任务操作系统：是指一个计算机系统只允许单个用户进行操作，但该用户可以同时执行多项工作任务。即在计算机工作过程中，可以执行多个应用程序，而且允许用户在各个应用程序之间进行切换。例如 Windows 95/98/XP/7 等都属于这类操作系统。

（3）多用户多任务操作系统：是指在一台主机的控制下允许多个用户在各终端机上同时进行操作，而且每个用户可同时执行多项工作任务。即多个用户同时操作使用计算机系统，并且多个用户同时使用计算机资源。例如 UNIX、Windows NT、Linux 等都是多用户多任务的操作系统，而且具有网络管理功能。Windows Server 2000/2003 综合了 Windows 9X 和 Windows NT 的功能，具有多用户和多任务管理的功能，是最常用的网络操作系统。

多任务系统基于对 CPU 的分时使用，多道批处理系统和分时系统也是多任务操作系统。

5. 网络操作系统（Network Operating System，NOS）

计算机网络可以定义为自主计算机的互连集合，自主计算机是指一台独立的计算机，互连是表示计算机之间能够实现相互通信和资源共享。计算机网络是在计算机技术和通信技术快速发展与相互结合的基础上发展起来的。运行在计算机网络环境上的网络操作系统应具有如下 4 方面的功能。

（1）网络通信：是网络最基本的功能，其任务是在源主机和目标主机之间实现无差错的数据传输。为此，应有的主要功能包括建立和拆除通信链路、传输控制、差错控制、流量控制和路由选择等。

（2）资源管理：对网络中可共享的软硬件资源实施有效管理，协调和控制各用户对共享资源的使用，保证数据的安全性和一致性。常用的共享资源有硬盘、打印机、软件和数据文件等。

（3）网络服务：是在网络通信和资源管理的基础上，为了方便用户而直接向用户提供的多种服务，主要有电子邮件、文件传输、网络新闻、信息检索、即时通信和电子商务等服务。

（4）网络管理：网络管理最基本的任务是安全管理，通过存取控制技术来确保存取数据的安全性，通过容错技术来保证系统出现故障时数据的安全性，通过反病毒技术、入侵检测技术和防火墙技术等来确保计算机系统免受非法攻击。此外，还应对网络性能进行监测，对使用情况进行统计分析，以便为网络性能优化和网络维护等提供必要的信息。

目前，常用的网络操作系统有 Windows Server 2000/2003、网络版的 UNIX 和 Linux 等。

6. 分布式操作系统（Distributed Operating System）

在分布式处理系统（Distributed Processing System）中配置的操作系统称为分布式操作系统。所谓分布式处理系统，是指由多个分散的处理单元经互连网络的连接而形成的系统。由于分布处理的实质是资源、功能、任务和控制都是分布的，因此，分布式操作系统与网络操作系统有许多相似之处，但两者又各有其特点，下面从 5 个方面进行比较。

（1）分布性：分布式操作系统不是集中地驻留在某一个站点中，而是较均匀地分布在各个站点上，因此，操作系统的处理和控制功能是分布式的。而计算机网络虽然具有分布功能，但其控制功能则大多集中在某个主机或网络服务器中。

（2）并行性：在分布式处理系统中具有多个处理单元，其操作系统的任务分配程序将多个任务分配到多个处理单元上，且并行执行。而在计算机网络中，每个用户的任务通常都在自己的计算机上处理，因此在网络操作系统中不需要任务分配功能。

（3）透明性：分布式操作系统通常能很好地隐藏系统内部的实现细节，当用户访问某个文件时，只需要提供文件名，而无需知道所要访问的对象驻留在哪个站点上。对于网络操作系统，虽然它也具有一定的透明性，但主要是指在操作实现上是透明的。

（4）共享性：在分布式系统中，分布在各站点上的软、硬件资源可供整个系统中的用户共享，并且用户能以透明的方式访问。网络操作系统虽然也能实现资源共享，但所共享的资源大多设置在主机或网络服务器中，在其它机器中的资源，通常仅由使用该机的用户独占。

（5）健壮性：由于分布式系统的处理和控制功能是分布的，因此任何站点上的故障都不会对系统造成大的影响。当某一设备出现故障时，可通过容错技术实现系统重构，从而保证系统的正常运行。而现在的网络操作系统，其控制功能大多集中在主机或服务器中，这使系统具有潜在的不可靠性。此外，网络操作系统的重构功能也较弱。

7. 多媒体操作系统（Multimedia Operating System，MOS）

随着多媒体在网络视频、媒体制作、游戏、视频点播等方面得到极为广泛的应用，加之多媒体具有信息量大、实时性强等特点，多媒体操作系统应运而生。与普通操作系统相比，要求多媒体操作系统在支持多媒体高速率、数据压缩、实时传输数据等方面具有显著优势；在进程调度、文件存储和磁盘调度 3 个主要方面加以区别实现；在进程调度上，通常采用基于优先级的强占式实时调度算法，以获得较好的性能；在文件存储上，往往将多媒体信息以帧为单位加以组织，然后利用索引的文件结构选取不同大小的磁盘块加以存储；在磁盘调度上，应该有更多的优化措施，以获得较高的磁盘访问速度。

8. 嵌入式操作系统（Embedded Operating System，EOS）

根据 IEEE（国际电气和电子工程师学会）的定义，嵌入式（Embedded）系统是"控制、监视或辅助装置、机器和设备运行的装置"，泛指内部嵌有计算机的各种电子设备，其应用范围涉及网络通信、国防安全、航空航天、智能电器、家庭娱乐等多个领域。嵌入式操作系统就是运行在嵌入式系统中的实时操作系统。

伴随着智能家电、手机、个人数字助理（Personal Digital Assistant，PDA）等电子消费产品的发展，嵌入式操作系统的应用越来越普及，成为计算机应用的重要组成部分。与一般操作系统相比，嵌入式操作系统具有占用空间小、执行效率高、实时性好、可靠性强、方便进行个性化和易移植等特点。目前常见的嵌入式操作系统有 VxWorks、Windows CE 和嵌入式 Linux 等。其中，美国 Wind River 公司的 VxWorks 是嵌入式操作系统的优秀代表。VxWorks 支持各种工业标准，包括 POSIX、ANSI C 和 TCP/IP。VxWorks 的核心是一个高效率的微内核，支持各种实时功能，包括快速多任务处理、中断支持、抢占式和轮转式调度。微内核设计减轻了系统负载，并可快速响应外部事件。

VxWorks 可广泛应用于网络通信、医疗设备、消费电子产品、交通运输、工业控制、航空航天和多媒体设备等领域。1999 年 12 月 3 日发射升空的"极地登陆者号"火星探测器上，就采用了 VxWorks 操作系统，VxWorks 负责火星探测器的全部飞行控制，包括飞行纠正、载体自旋和降落时的高度控制等，还负责数据收集和与地球上控制中心的通信工作。

§4.3　计算机主流操作系统

在操作系统的发展过程中出现过许多不同类型的操作系统。其中，影响最大、目前使用最广泛的计算机主流操作系统有以下 3 种。

4.3.1　Windows 操作系统

Windows 是美国微软公司的产品，它是在 MS-DOS（Microsoft Disk Operating System）的基础上发展来的。MS-DOS 是为微机研制的单用户命令行界面操作系统，曾经被广泛安装在 PC 上，它对计算机的普及应用是"功不可没"的。虽然今天 MS-DOS 已退出历史舞台，但它的很多重要概念在 Windows 中仍然是重要的，而且 DOS 的命令行方式在网络中仍然有用。

DOS 的特点是简单易学，对硬件要求低。但由于它提供的是一种以字符为基础的用户接口，如果不熟悉硬件和 DOS 的操作命令，便难以称心如意地使用 PC 机，人们企盼 PC 机变成一个直观、易学、好用的工具。Microsoft 公司肩负千百万 DOS 用户的愿望，研制开发了一种图形用户界面（Graphic User Interface，GUI）方式的新型操作系统 Windows。在图形用户界面中，每一种 Windows 所支持的应用软件都用一个图标（icon）表示，用户只要把鼠标指针移到某图标上，并双击即可进入该软件。这种界面方式为用户提供了极大的方便，从此把计算机的使用提高到了一个崭新的阶段。

1. Windows 的结构

Windows 发展的主要趋势是功能更强大，安全性更高，使用更方便。根据它所提供的服务，Windows 系统主要由以下 3 个基本模块组成。

（1）内核：内核实现对计算机资源的管理，并提供系统服务和 Windows 的多任务管理，支持 Windows 应用程序所要求的低级服务，如动态内存分配、进程管理和文件管理等功能。

（2）图形设备接口：是一组图形设备驱动程序和库，是 Windows 图形功能的核心，支持字体、绘图原语和用户显示及打印设备的管理。在此基础上，可实现 Windows 系统与设备无关的图形界面，并提供图形编程接口。

（3）用户模块：实施对窗口的管理，且提供编程接口和外壳（Shell）功能。Windows 向用户提供两种类型的 Shell：程序管理和文件管理，它们在形式上是一个窗口，用户对 Windows 的各种操作，都是在 Shell 窗口下进行的。

2. Windows 的特点

Windows 的特点是简单易学、操作简便、效率高、可靠性强、安全性好、伸缩性强（可方便地对硬件进行配置和设置），因而赢得广大计算机用户的青睐，被广泛应用，成为世界上用户最多、发展最快的操作系统。具体说，Windows 的特点主要体现在以下几个方面。

（1）直观、高效的图形用户界面：Windows 面向用户，减轻了用户学习操作使用的负担。例如，要打开一个可执行文件，只需要用鼠标双击文件的图标就能完成。

（2）承载丰富的应用程序：Windows 可以安装多种应用软件，如 Office、QQ、游戏等。

（3）提供了多种开发工具接口：Windows 为 Visual C++、Delphi、Java 等编译器的程序开发提供了平台，从而极大地简化了应用程序的开发。

（4）支持网络和多媒体技术：Windows 支持网络通信协议、不同格式的媒体的应用。

（5）广泛的硬件支持：Windows 支持 U 盘、移动硬盘、声卡、网卡等设备的即插即用。

（6）良好的安全性能：Windows 支持防火墙、加密技术等，具有良好的安全保护措施。

3. Windows 的版本

目前，Windows 操作系统有两大系列：一类是基于 Windows 9X 内核的操作系统，属于单机版，如 Windows 95/98/2000/2003/XP/Vista、Windows 7 等；另一类是基于 Windows NT 内核的操作系统，属于网络版，如 Windows NT、Windows Server 2000/2003 等。在所有操作系统中，Windows 操作系统发展最快，其版本也是不断升级。

4.3.2　UNIX 操作系统

UNIX 操作系统是美国电报电话公司的 Bell 实验室开发的，至今已有 30 多年的历史，是世界上唯一能在笔记本电脑、个人电脑、巨型机等多种硬件环境下运行的操作系统。由于 UNIX 可满足各行业的应用需求，已成为重要的企业级操作平台，也是操作系统领域的常青树。

1. UNIX 的结构

UNIX 采用以全局变量为中心的模块结构，因而系统结构较复杂。UNIX 操作系统的体系结构包含 4 个成分，即内核、文件系统、外壳（Shell）和公用程序。

（1）内核：是 UNIX 的基本核心，它负责调度和管理计算机系统的基本资源，包括进程、存储和各种设备的管理，以及实现进程间的同步和通信。

（2）文件系统：负责组织并管理数据资源。UNIX 文件系统如同 DOS 和 Windows 一样，采用树型层次结构，是一棵有根的倒立树。最上端是根目录，第二层通常包括 etc、bin、lib 和 user 子目录。目录的层次可以不断地扩充，树枝是子目录，树叶是文件，可以通过路径名来访问目录和文件。

（3）外壳：是一种命令式语言及其解释程序，命令语言是 UNIX 早期的用户界面。

（4）公用程序：公用程序又称工具软件，它是 UNIX 系统提供给用户使用的常用标准软件，其内容相当丰富，包括编辑工具、管理工具、网络工具、开发工具、保密与安全工具等。

2. UNIX 的特点

UNIX 的特点主要体现在：技术成熟、结构简练、功能强大、可移植性和兼容性好、伸缩性和互操作性强。是当今世界最流行的多用户多任务操作系统之一，被认为是开放系统的代表。从总体上看，UNIX 操作系统的主要发展趋势是统一化、标准化和不断创新。

3. UNIX 的版本

1971 年发布了 UNIX 系统第 1 版（Version 1，V1），1973 年发布第 4 版（Version 4，V4），1979 年发布第 7 版（Version 7，V7），1983 年推出了 UNIX System V 和几种微处理器上的 UNIX 操作系统，1988 年发布了 UNIX System V Release 4（即 SVR4）版本，SVR4 是目前 UNIX 系统的一种主流实现。1986 年和 1992 年发布了 BSD 4.3 和 BSD 4.4 版本。

4.3.3　Linux 操作系统

Linux 操作系统是由芬兰赫尔辛基大学的学生李纳斯·托瓦兹（Linus Benedict Torvalds）等人在 1991 年共同开发的，是一种能运行于多种平台（如 PC 及兼容机、ALPHA 工作站、Sun Sparc 工作站）、源代码公开、免费、功能强大、遵守 POSIX 标准、与 UNIX 兼容的操作系统。Linux 继承了自由软件的优点，是最为成功的开放源代码软件。Linux 系统源程序能完整地上传到 Internet 上，允许自由下载，因而不仅被众多高校、科研机构、军事机构和政府机构广泛采用，也被越来越多的行业所采用。随着 Internet 和电子商务的发展，Linux 将有越来越光明的前途。Linux 不仅继承了 UNIX 的全部优点，而且还增加了一条其它操作系统不曾具备的优点，即 Linux 源代码全部开放，并能在网上自由下载。现在，Linux 操作系统作为一种得到广泛应用的多用户多任务操作系统，许多计算机公司如 IBM、Intel、Oracle、Sun 等都大力支持 Linux，各种常用软件纷纷移植到 Linux 平台上。

1. Linux 的结构

Linux 源于 UNIX 操作系统，它的结构组成主要包括如下 4 个部分。

（1）硬件控制器：直接完成对各种硬件设备的识别和驱动。

（2）Linux 内核：是系统软件与底层硬件的交互接口，实现对 CPU、内存、文件系统、I/O 设备等的控制和管理。

（3）操作系统服务：用户与操作系统底层功能交互的接口程序，如 Shell、编译器、程序库等。

（4）用户应用程序：直接提供用户使用的应用程序，如文字处理、浏览器等。

2．Linux 的特点

Linux 的特点主要体现在开放性、多用户、多任务、良好的用户界面、支持多个虚拟控制台、可靠的系统安全、共享内存页面、支持多种文件系统、强大的网络功能、良好的可移植性等方面。Linux 非常适用于需要运行各种网络应用程序，并提供各种网络服务的场合。正是由于 Linux 的源代码开放，才使得它可以根据自身的需要做专门的开发，因此，它更适合于需要自行开发应用程序的用户和那些需要学习 UNIX 命令工具的用户。

3．Linux 的版本

Linux 的标志是小企鹅。Linux 的版本分为内核版本和发行套件版本两部分。内核版本是指 Linux 领导下的开发小组研制出来的系统内核的版本。发行套件版本是指一些公司将 Linux 系统内核与应用程序包装起来，并提供安装界面和管理工具的版本。Linux 与 UNIX 系统的区别是：Linux 所支持的硬件范围比商业版的 UNIX 系统少，使用商业版的 UNIX 系统可以获得良好的服务。在 PC 机上运行 Linux 比用工作站运行商业版的 UNIX 系统要好。Linux 的版本号也有一些约定：单数版本号表明是新推出的、改动多、未经过稳定测试，不要用于商业应用；偶数版本号表明是修改后的稳定版本。这一点也是继承了 UNIX 的版本号约定。

Linux 系统也有一些中文版本，如北京冲浪平台软件公司开发的 Xteam，北京中科红旗公司开发的红旗 Linux 等。

Linux 的开放性使得人们能够很容易地在 Internet 上免费下载，下面介绍两个网址。

- Slackware Linux 是最早发行的套件之一，由 Walnut Creek CDROM 公司发布。网址：http://www.cdrom.com/titles/os/slack.htm

- Red Hat Linux 曾被评为最佳 Linux 套件，由 Red Hat Software 公司发布。网址：http://www.redhat.com
ftp://ftp.redhat.com

目前，Linux 和 Windows、UNIX 一起成为操作系统市场的主流产品，根据 IDC 公司 2006 年第二季度的统计，在服务器操作系统领域，UNIX、Windows Server 和 Linux 占有的市场份额分别为 35%、34% 和 12%。

4.3.4　手机常见操作系统

随着移动互联网和智能手机的普及应用，近年来智能化手机所占市场份额越来越大，手机操作系统则是支撑智能化手机的基石。目前已应用在手机上的操作系统有 IOS（IPhone OS 苹果）、Android（安卓）、WP7（Windows Phone 7）、Symbian（塞班）和 Palm OS 等。这里简要介绍前三种。

1．IOS

IOS 是苹果公司研发的操作系统，以其系统稳定、优化、用户体验优越等优点，深受用户青睐，在市场上独霸一方。

2．Android

Android 系统是近年来备受关注、上升势头迅猛的手机操作系统，它以价格低廉、优秀的性价比吸引着许多用户。最新调查显示，目前 Android 系统的用户数量已超过 IOS。

3．WP7

WP7 系统是微软近年来推出的手机操作系统，虽然目前市场占有率不如 IOS 和 Android，但由于微软强大的后台，有理由相信其未来一定会有广阔的前景。

§4.4　计算机软件的形成

计算机的运行和效率的发挥依赖于操作系统，而计算机软件的形成则依赖于翻译程序。无论是系统软件还是应用软件，都要通过翻译程序将源代码程序翻译为机器代码程序才能形成可运行的程序，即使操作系统软件也不例外。换句话说，计算机中的所有软件都是通过翻译程序形成的。翻译程序是实现计算机硬件与计算机语言之间沟通的桥梁，是计算机执行用户程序命令的翻译工具，也是软件开发平台的核心。

4.4.1　翻译方式

用程序设计语言编制的程序称为源程序（Source program）。由于计算机硬件只接受二进制表示的机器语言，因此，用任何其它语言编制的程序，计算机均不能直接执行，必须把源程序翻译成用二进制代码"0"和"1"表示的程序才能执行，担当此翻译任务的就是翻译程序（Translator）。它将源程序经过翻译处理成等价的机器代码程序，所以也把翻译程序称为语言处理程序。根据处理方式的不同，翻译程序可分为汇编程序、编译程序和解释程序。

1. 汇编程序（Assembly program）

汇编程序的功能是把用汇编语言编写的源程序翻译（ASM、MASM）成机器语言，该过程称为汇编。因为汇编语言的指令与机器语言的指令基本上是一一对应的，所以汇编的过程就是汇编语言指令逐行进行处理的过程。其处理步骤是：

① 将指令的助记符操作码转换成相应的机器操作码；

② 将符号操作数转换成相应的地址码；

③ 将操作码和操作数构造成机器指令。

2. 解释程序（Interpreted program）

解释程序是一种相对简单的翻译程序，其功能是把用高级语言编写的源程序按动态顺序逐句进行分析解释，即一边解释一边执行，因而运行速度较慢。例如早期的 Basic 语言、FoxBASE 等都是以这种方式运行的。解释一个源程序的过程如图 4-6 所示。

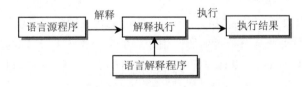

图 4-6　语言源程序的解释执行

3. 编译程序（Compiling program）

编译程序的功能是把用高级语言编写的源程序翻译成机器语言，或先翻译成汇编语言，然后由汇编程序将其翻译成机器语言。多数高级语言（如 C、Fortran 等）都是采用这种编译方式。

在汇编或编译过程中，首先得到的只是目标程序（Object program）。目标程序不能立即装入机器直接执行，因为目标程序中通常包含有常用函数（如 sin()、abs() 等），需要通过连接程序将目标程序与程序库中的标准程序相连才能形成可执行程序。

（1）程序库（Library）：是各种标准程序或函数子程序及一些特殊文件的集合。程序库可分为两大类，即系统程序库（System Library）和用户程序库（User Library），它们均可被系统程序或用户程序调用。操作系统允许用户建立程序库，以提高不同类型用户的工作效率。

（2）连接程序（Linker）：也称为装配程序，用来把要执行的程序与库文件或其它已翻译的子程序（能完成一种独立功能的模块）连接在一起，形成机器能执行的程序。具体说，是把经过编译的扩展名为.OBJ 的目标文件与库文件相连，形成扩展名为.EXE 的可执行文件。该文件加载到内存的绝对地址中，方可由机器直接执行。编译（或汇编）一个源程序的过程如图 4-7 所示。

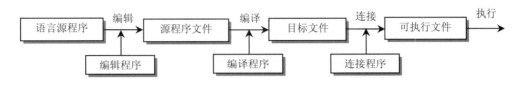

图 4-7　语言源程序的编译执行

这一过程的传统方法是逐步进行的，即编译执行的过程是：先将语言源程序编辑成源程序文本文件，然后通过编译程序进行编译形成目标文件（即扩展名为.OBJ 的文件），再经连接程序将其与有关库文件相连，最后形成可执行文件（扩展名为.EXE 的文件）。在现代编程语言（Visual Basic、Visual C++、Delphi 等）的编译系统中都是采用一种集成环境，即把编辑、编译、连接、运行等全过程均集成在一个软件平台环境下，使用起来非常方便。

【注意】编译方式和解释方式相比，前者是一旦形成了可执行文件便可随时调用，再也不需要编译环境。而后者则不同，源程序形成不了可执行文件，运行时不能脱离解释环境。所以可将前者比作"笔译"，后者比作"口译"。此外，可执行程序的运行速度比解释执行源程序要快，但人-机会话的功能差，调试修改较复杂。

4.4.2　编译原理

不同的语言都有对应的编译程序，而且不同的编译程序都有自己的组织方式，它们都是根据源程序的特点和对目标程序的具体要求设计出来的。尽管它们的具体结构有所不同，但编译程序所做的工作及其过程是基本相同的。计算机编译源程序的过程可分为 5 个阶段：词法分析、语法分析、中间代码分析、中间代码优化及目标代码生成。编译程序的基本结构如图 4-8 所示。

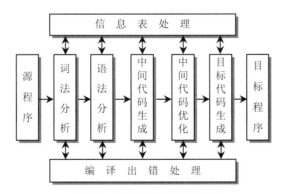

图 4-8　编译程序的结构示意图

下面以赋值语句：y=x1+k*x2 为例，简要说明编译过程各阶段的主要任务。

1．词法分析（Lexical analysis）

词法分析是整个编译过程的第一步，它的主要任务是对源程序中的每一句从左到右逐个字符进行扫描，以识别符号串，如关键字、标识符、运算符、特殊符号等，把作为符号串的源程序改为单词符号串的中间程序。词法分析是编译的基础，完成词法分析的程序称为词法分析程序。例如，从上述赋值语句中可以识别出下列标识符及运算符：

y，x1，x2，=，+，*，k（常数）

2．语法分析（Syntax analysis）

语法分析是编译程序的核心部分，它的主要任务是根据程序设计语言的语法规则将词法分析产生的单词符号串构成一个语法分析树，例如上述赋值语句的语法分析树如图4-9所示。如果句子合法，则以内部格式把该语句保存起来，否则提示修改错误。

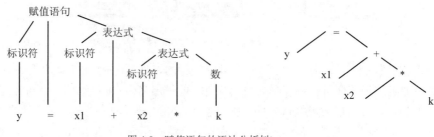

图4-9　赋值语句的语法分析树

3．中间代码生成（Middle code generation）

中间代码生成是向目标代码过度的一种编码，所以称这种编码为中间代码，其形式尽可能和汇编语言相似，以便于下一步的代码生成。采用中间代码的目的是为了便于优化，例如，根据上述赋值语句的语法分析树，可以生成下列中间代码：

T1=k
T2=T1*x2
T3=x1+T2
y=T3

使用中间代码可使编译程序的结构在逻辑上更为简单明确，为实现目标代码的优化打下基础。中间代码不涉及具体机器的操作码和地址码。

4．中间代码优化（Middle code optimization）

中间代码优化的任务是对中间代码程序做全局或局部优化，以使最后生成的目标代码程序运行更快，占用存储空间更小。局部优化完成冗余操作的合并，简化计算；全部优化包括改进循环、减少调用次数和快速地址算法等。例如，对于上述中间代码可以做如下优化：

T1=x2*k
T3=x1+T1

常用的优化技术有删除多余运算，代码外提、强度削弱、变换循环控制条件、合并已知量与复写传播、删除无用赋值等。

5．目标代码生成（Object code generation）

目标代码生成是编译的最后一个阶段，由目标代码生成器生成目标机器的目标代码（或汇编）程序，并完成数据分段、选定寄存器等工作，然后生成机器可执行的代码。例如，对于上述优化后的中间代码，可生成下列以汇编语言程序表示的目标代码：

```
MOV    R2, K;           //R2 ← k
MUL    R2, x2;          //R2 ← k*x2
MOV    R1, x1;          //R1 ← x1
```

```
ADD    R1, R2;              //R1 ← x1+k*x2
MOV    y,  R1;              //y ← x1+k*x2
```

在目标代码生成阶段，应着重考虑两个问题：一是如何使生成的目标代码较短；二是如何充分利用计算机寄存器，以便减少目标代码中访问存储单元的次数。这两点处理得好坏，将直接影响到目标代码的运行速度。

6. 表格管理和出错处理

由图 4-8 所示的编译程序组成框图可知，在整个编译过程中都涉及到两个共同的部分，那就是信息表处理和编译出错处理。信息表处理的主要任务是对各类编译信息进行登录、查询和更新，编译出错处理的主要任务是对程序中所含有的各种错误（如语法、语义错误等）进行诊断和处理。当编译程序接到一份源程序清单时，首先从程序段的说明部分得到一些信息。随着编译的向下推进，又会源源不断地得到各种信息，这些信息可能是常数、变量名、标号、专用名词、函数名、过程名以及它们的类型、值、内部表示、在程序中的位置、赋值引用情况等。所有这些信息作为编译过程中的资料是不可缺少的，随时都有可能对它们进行查阅、修改、撤销等操作，这些操作是由表格管理程序来完成的。

一个编译过程究竟要集中多少信息？这些信息又如何归纳成各种表格？通常没有固定的标准，一般按信息的属性建立表格。各类表格的结构既取决于表格本身的属性，也与它的用途有关，同一属性的表格在不同的编译阶段其结构也可能是不一样的。由于各种信息均被保存在各类表格中，故编译过程的绝大部分时间都花在建表、查表和更新表格内容上。因此，选择好表格的结构对提高编译效率是至关重要的。

出错处理是编译程序的另一个重要组成部分，它由出错处理程序来完成，不论在编译的哪一阶段，存在什么样的错误，编译程序均应能诊断出这些错误、报告出错地点和错误性质。与此同时，还要采取某些措施，把出错的影响限制在尽可能小的范围内，使得其余部分能够继续编译下去。一些较复杂的编译程序能根据发现的错误，揣摩程序员的设计意图，试着校正。当然，要真正做到这一点是很不容易的，实际上还没有一个编译程序能真正做到这一点。

4.4.3　编译技术的新发展

从机器语言到汇编语言，再到高级语言，每前进一个阶段，语言自身就更加抽象。然而，程序设计语言越抽象，翻译程序所承担的任务就会越复杂，翻译程序的设计工作也会越艰巨。随着编译技术的不断发展，产生了新的研究方向，包括并行编译技术、交叉编译技术、硬件描述语言及其编译技术等。

1. 并行编译技术

并行编译技术可以利用并行计算机体系结构的性能，缩短编译时间。并行编译技术需要 3 种并行技术的支持：串行程序并行化、并行程序设计语言编译和依赖于目标机的优化。由于并行编译技术的实现很复杂，研究人员提出了以下两种方案。

（1）设计新的并行算法或并行处理环境（直接用并行程序设计语言和并行程序库实现），如 HPF（High Performance Fortran）、Occom、PVM（Process Virtual Machine）。

（2）修改已有的串行程序，尽量实现并行化。

2. 交叉编译技术

交叉编译技术在编译时将源程序在宿主机上生成目标机器代码，从而解决目标机器指令系统与宿主机的指令系统不同的问题。

3. 硬件描述语言及其编译技术

硬件描述语言是电路设计的依据，可以用仿真的方式对其进行验证。具代表性的语言如 VHDL（Very-high-speed integrated circuit Hardware Description Language）等。

计算机科学家们为了实现编译程序的自动生成做了大量工作。编译程序自动生成的关键是语义处理，语义处理的自动化取决于语义描述的形式化。近年来形式语义学的研究取得了巨大的进展，大大推动了编译程序的自动生成研究工作，已出现了一些编译程序的自动生成系统，其中比较著名的有 GAG、HLP、SIS、CGSG 等。

本章小结

1．计算机软件是相对计算机硬件而言的，根据软件的功能不同，可分为系统软件和应用软件两大类。软件的特点可概括为独创性、无形性、复制性、复杂性和非价格的创新竞争。

2．在系统软件中，最靠近硬件的是操作系统。它不仅是用户操作计算机的界面，而且对硬件资源进行管理（进程管理、内存管理、设备管理、文件管理和作业管理）。

3．操作系统由一些程序模块组成，用来管理和控制计算机系统中的硬件及软件资源，合理地组织计算机工作流程，以便有效地利用这些资源为用户提供一个功能强大、使用方便的工作环境，从而在计算机与用户之间起到接口的作用。

习题四

一、选择题

1．DOS 操作系统曾经是 PC 机的（　　）。
    A．网络操作系统　　　　B．主要操作系统　　　　C．实时操作系统　　　　D．分时操作系统

2．在计算机系统中，位于最底层直接与硬件接触并向其它软件提供支持的是（　　）。
    A．语言处理程序　　　　B．实用程序　　　　C．汇编程序　　　　D．操作系统

3．Windows 7 属于下面操作系统类型中的（　　）。
    A．单用户单任务操作系统　　　　　　　B．单用户多任务操作系统
    C．多用户多任务操作系统　　　　　　　D．多用户单任务操作系统

4．下面（　　）不属于操作系统的功能。
    A．用户管理　　　　　　　　　　　　　B．CPU 和存储管理
    C．设备管理　　　　　　　　　　　　　D．文件和作业管理

5．操作系统是一套（　　）程序的集合。
    A．文件管理　　　　　　B．中断处理　　　　C．资源管理　　　　D．设备管理

6．能够实现通信及资源共享的操作系统是（　　）。
    A．批处理操作系统　　　　　　　　　　B．分时操作系统
    C．实时操作系统　　　　　　　　　　　D．以上都不是

7．UNIX 操作系统是一种（　　）操作系统。
    A．分时操作系统　　　　　　　　　　　B．批处理操作系统
    C．实时操作系统　　　　　　　　　　　D．分布式操作系统

8. Linux 操作系统的最大特点是（　　）。

    A．操作方便简单　　　　B．功能强大　　　　　C．适用面广　　　　　D．源代码开放

9. 根据软件的功能不同，可分为（　　）和应用软件两大类。

    A．软件系统　　　　　　B．系统软件　　　　　C．操作系统　　　　　D．文件系统

10. 在系统软件中，最靠近硬件的是（　　）。

    A．操作系统　　　　　　B．实用程序　　　　　C．引导程序　　　　　D．翻译程序

二、判断题

1. 任何软件都是建立在硬件基础之上的，如果离开了硬件，软件则无法栖身。　　　　　　（　　）

2. 一台能操作使用的计算机必须具有硬件和软件，两者相辅相成，缺一不可。　　　　　　（　　）

3. 系统软件就是软件系统。　　　　　　　　　　　　　　　　　　　　　　　　　　　　（　　）

4. 路径是由一系列目录名组成的字符串，各目录名之间用反斜线"\"分开。　　　　　　　（　　）

5. DOS 文件名中允许出现空格符。　　　　　　　　　　　　　　　　　　　　　　　　　（　　）

6. 根目录是在磁盘格式化时所建立的，也称为系统目录。　　　　　　　　　　　　　　　（　　）

7. DOS 中使用的目录结构为网状结构。　　　　　　　　　　　　　　　　　　　　　　　（　　）

8. 系统软件的特点是与具体应用领域无关。　　　　　　　　　　　　　　　　　　　　　（　　）

9. 解释程序与编译程序都是将语言源程序翻译成可执行程序。　　　　　　　　　　　　　（　　）

10. 编译程序是将语言源程序翻译成可执行程序的通用程序。　　　　　　　　　　　　　（　　）

三、问答题

1. 什么是计算机软件？

2. 软件的基本功能是什么？

3. 系统软件的功能是什么？

4. 什么是应用软件？

5. 计算机硬件与软件之间具有哪些关系？

6. 操作系统的功能是什么？

7. 什么是单用户操作系统？什么是多用户操作系统？

8. Windows 与 DOS 有何关系？

9. 编译系统中，词法分析的作用是什么？

10. 编译系统中，语法分析的作用是什么？

四、讨论题

1. 本章中介绍了 3 种典型操作系统，为什么有多种操作系统同时存在？

2. 如果计算机不使用操作系统，你认为计算机的硬件设计应该解决哪些问题？

3. 所有的软件都是通过编译系统编译形成的，那么，编译程序本身是怎样形成的呢？

第 5 章　计算机程序设计

【问题引出】从使用的角度讲，必须了解计算机软件的形成与发展过程；熟悉典型操作系统的功能；掌握计算机操作系统的使用方法。而要利用计算机解决实际的具体问题，必须掌握计算机程序设计方面的相关知识。那么，怎样进行程序设计？程序设计涉及哪些理论知识？通常使用的程序设计语言有哪些？等等，这些都是本章所要讨论的问题。

【教学重点】什么是程序设计、程序设计语言的类型、程序设计语言的构成、程序设计方法、算法设计、数据结构等。

【教学目标】通过本章学习，掌握程序设计的基本概念；了解面向过程和面向对象程序设计语言、C 语言的基本构成；熟悉程序设计中算法的基本描述方法和数据结构的基本类型。

§5.1　程序设计概念

5.1.1　什么是程序设计

人们做任何事情都有一定的方法和步骤，这个方法和步骤就是"程序"，而"程序设计"就是规划这个程序，其思想和方法与我们写文章的思想和方法类似。写文章首先要学会写字，用不同的字组成词，并依据语法和词连成语句；然后根据所要表达的目的，将语句组成一个一个的段落，从而构成了文章；最后，还要对文章进行多次的通读、修改，让文章通顺流畅，这样，一篇文章就写好了。

程序设计也是这样，首先要根据语义、语法，将一系列的数据和关键字写成程序语句，再根据程序所要完成的工作设计算法，并将描述算法的语句组织起来；然后经过编译、调试，得到正确的运行结果，完成一个程序的设计工作。

计算机在解决各个特定任务中，通常涉及两个方面的内容——数据和操作。所谓"数据"，是指计算机所要处理的对象，包括数据类型、数据的组织形式和数据之间的相互关系（数据结构）；所谓操作，是指计算机处理数据的方法和步骤（算法）。瑞士著名计算机科学家、Pascal 语言的发明者尼克莱斯·沃斯（Niklaus Wirth）教授早在 1976 年提出了这样一个公式：

算法+数据结构=程序

这一公式揭示了计算机科学的两个重要支柱——算法和数据结构的重要性和统一性，算法、数据结构和程序，既不能离开数据结构去分析问题的算法，也不能脱离算法孤立地研究数据结构。算法、数据结构和程序三者之间密不可分，但又有各自的含义。

（1）算法（Algorithm）：是对数据处理准确而完整的具体描述，是由基本运算规则和运算顺序所构成的、完整的解题方法和步骤。

（2）数据结构（Data Structure）：是指相互之间存在一种或多种特定关系的数据元素的集合，是计算机存储、组织数据的方式，它反映出数据类型和数据的组织形式。其中，数据的类型体现了数据的取值范围和合法的运算；数据的组织形式体现了相关数据之间的关系。

（3）程序（Program）：是为计算机完成特定任务，利用算法并结合合适的数据结构而设计的一系列指令的有序集合。它由程序开发人员根据具体的任务需求，使用相应的语言，结合相应的算法和数据结构编制而成。

【提示】程序的目的是加工数据，而如何加工，则是算法（对数据的操作）和数据结构（描述数据的类型和结构）的问题。在加工过程中，只有明确了问题的算法，才能更好地构造数据，但选择好的算法，又常常依赖于好的数据结构。程序是在数据的某些特定的表示方式和结构的基础上对抽象算法的具体描述。因此，编写一个程序的关键是合理组织数据和设计好的算法。

5.1.2　程序设计步骤

程序设计的任务是利用计算机语言把用户提出的任务作出描述并予以实现。程序设计的步骤是根据给出的具体任务，编制一个能够正确完成该任务的计算机程序。以数值计算为例，实现程序设计的一般步骤如图 5-1 所示。

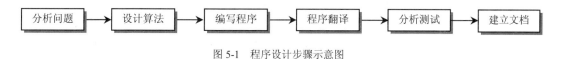

图 5-1　程序设计步骤示意图

1. 分析问题

分析问题是进行程序设计的第一步，对接受的任务进行认真的分析，研究所给定的条件，分析应该达到的目标，找出解决问题的规律，选择解题的方法。具体体现在以下 3 个方面：

① 分析问题给定的条件和要求，分析的结果是将条件和要求用数据的形式表示出来；

② 分析解决问题的思路，结果是形成算法设计的原则和策略；

③ 分析程序的输入、输出数据。在设计算法和程序之前，弄清输入、输出的数据形式。

由于程序设计是以数据处理的方式解决客观世界中的问题，因此，在进行程序设计时首先应该将实际问题用数学语言加以描述，即建立实际问题的抽象数学模型。一般来说，对于复杂问题，从实际问题抽象出数学模型（例如用一些数学方程来描述人造卫星的飞行轨迹）是有关领域的专业工作者的任务，计算机工作人员只起辅助作用。

2. 设计算法

设计算法就是根据上一步的分析结果，设计出解题的方法和具体步骤。这一步主要进行两项工作：一是将算法设计思路、原则和策略写成概要性的算法框架，例如解一个方程式，首先选择求解问题的算法，然后设计程序结构和确定求解步骤，并且用流程图来表示解题的步骤；其次规划数据的组织方式（数据描述），就是根据程序设计的目标和对数据处理的要求，确定所处理数据的表示方法，即数据结构。算法和数据结构密切相关，两者应该相互配合。

3. 编写程序

根据算法描述、数据结构及其求解步骤，用一种高级语言编写出源程序。有了算法描述，将其转换为任何一种高级语言程序都不困难，这一步骤常称为"编码"（coding）。

在利用计算机解决问题时，按照人们的意愿，利用计算机语言将解决问题的方法、公式、步骤等编写成程序，然后将程序输入到计算机中，由计算机执行这个程序，完成给定的任务。

4. 程序翻译

用户利用计算机语言针对实际问题编写的程序称为源程序，计算机并不能识别源程序，必须对所编辑的源程序进行翻译，形成可执行程序。事实上，翻译的过程也是对源程序进行检查的过程，检查源程序的结构、语法、词法是否正确。只有翻译通过了的程序才能执行。

5. 分析测试

运行可执行程序，可得到运行结果。但是，能得到运行结果，并不意味着程序是正确的。因此，对所设计的程序都要进行结果分析，如果存在问题，则需要进行调试和测试。

（1）分析：在程序设计中把"y=x;"错写为"x=y;"，程序不存在语法错误，能通过编译，但运行结果显然与预期不符，因此要对程序进行调试（debug）。调试的过程就是通过上机发现和排除程序错误的过程。在调试过程中，不能只看到某一次结果是正确的就认为程序没有问题。例如，求z=y/x，当x=8，y=4时，求出z的值为0.5是正确的，但如果出现x=0的情况，就无法求出z的值。这说明程序中存有漏洞，需要对程序进行测试（test）。

（2）测试：就是设计多组测试数据，检查程序对不同数据的运行情况，发现程序中存在的漏洞，修改程序使之能适用于各种情况。特别是作为商品提供的程序，必须经过严格的反复测试，才能最大限度地保证程序的正确性。同时，通过测试可以对程序性能作出评估。

6. 建立文档

在完成上述工作之后，还应建立程序文档，这既是为日后对程序进行修改时提供参考，也是为用户使用提供方便。因为程序是提供给别人使用的，如同正式产品应当提供产品说明书一样。正式提供给用户使用的程序，必须向用户提供使用说明书，内容包括：程序名称、程序功能、运行环境、程序的装入和启动、需要输入的数据、使用注意事项等。程序文档是软件的一个重要组成部分，无论是系统软件还是应用软件，建立程序文档都是非常必要的。

§5.2 程序设计语言

程序设计语言（Programming Language）是人与计算机之间进行信息交换的共同"语言"，因而也称为计算机语言（Computer Language），它更是进行软件开发的工具，无论是程序设计还是软件开发，最终都要利用程序设计语言来实现。

程序设计语言伴随着计算机硬件的发展和计算机应用的普及而飞速发展。今天，程序设计语言的种类繁多，如果按照程序设计方法分类，可将其分为面向过程和面向对象两大类。

5.2.1 面向过程程序设计语言

所谓"面向过程"语言，是指使用这些语言进行程序设计的过程是一个逐步求精的过程，它是一种传统式的程序设计语言。如果根据程序设计语言的发展，或按其与硬件的接近程度来分类，通常可分为机器语言、汇编语言和高级语言3种类型，如图5-2所示。

```
                      ┌ 机器语言（第一代语言）
              低级语言 ┤
                      └ 汇编语言（第二代语言）
程序设计语言 ┤
                      ┌ Fortran、Basic、Pascal、C 等（称为第三代语言）
              高级语言 ┤ Stuctured Query Language（也称为第四代语言）
                      └ Lisp、Prolog（人工智能语言，常称为第五代语言）
```

图 5-2   面向过程程序设计语言

1. 机器语言（Machine Language）

直接与计算机打交道的、用二进制代码指令表达的计算机编程语言称为机器语言。机器语言是计算机中最早使用的、也是计算机硬件系统所能识别和执行的唯一语言。在早期的计算机中，人们是直接使用机器语言来编写程序的，这种编写程序的方式称为手编程序。机器语言中的每一条语句都是由操作码和地址码组成的一条二进制形式的指令代码，计算机可以直接识别和执行。通常，人们把机器语言称为第一代语言。

【例 5-1】在 8086/8088 兼容机上，用机器语言完成求 5+6 的程序代码如下：

```
10110000 00000101          ；将 5 放进累加器 acc 中
00101100 00000110          ；将累加器中的值与 6 相加，结果仍然放在累加器中
11110100                   ；停机结束
```

机器语言的特点：由于它是用二进制代码描述的、不需要翻译而直接供计算机使用的程序语言。不仅执行速度快、占存储空间小，而且容易编制出质量高的程序。但由于机器码是用"0"和"1"所表示的二进制代码，所以直接用机器语言编程不是一件容易事，不仅程序的编写、修改、调试难度较大，而且程序的编写与机器硬件结构有关，因而极大地限制了计算机的使用。

2．汇编语言（Assemble Language）

为了编写程序的方便和提高机器的使用效率，人们在机器语言的基础上研制产生了汇编语言。汇编语言是用一些约定的文字、符号和数字按规定格式来表示各种不同的指令，然后用这些特殊符号表示的指令来编写程序。该语言中的每一条语句都有一条相应的机器指令，用助记符代替操作码，用地址符代替地址码。通常，人们把汇编语言称为第二代语言。

【例 5-2】在 8086/8088 兼容机上，用汇编语言完成求 5+6 的程序代码如下：

```
MOV   AX,5              ；将 5 放进 AX 寄存器中
ADD   AX,6              ；将 AX 寄存器中的数与 6 相加，结果仍然放在 AX 寄存器中
HLT                    ；停机结束
```

其中：MOV、ADD、HLT 是操作助记符；AX 是寄存器名；分号后面的内容是语句的注释。正是这种替代，有利于机器语言实现"符号化"，所以又把汇编语言称为符号语言。

由此可见，汇编语言程序比机器语言程序易读、易查、易修改。同时，又保持了机器语言编程质量高、执行速度快、占存储空间小的优点。然而，在编制比较复杂的程序时，汇编语言还是存在着明显的局限性。这是因为机器语言与汇编语言都是面向机器的语言，只是前者用指令代码编写程序，后者用符号语言编写程序。我们把面向机器的语言称为低级语言，它的使用依赖于具体的机型，即与具体机型的硬件结构有关，故不具有通用性和可移植性。当用户使用这类语言编程时，需要花费很多的时间去熟悉硬件系统。

3．高级语言（High Level Language）

为了进一步实现程序自动化和便于程序交流，使不熟悉计算机具体结构的人也能方便地使用计算机，人们又创造了高级语言。高级语言是与计算机硬件结构无关的程序设计语言，由于它利用了一些数学符号及其有关规则，比较接近数学语言，所以又将高级语言称为算法语言。高级语言是 20 世纪 50 年代中期发展起来的、面向问题的程序设计语言。高级语言中的语句一般都采用自然语汇，并且使用与自然语言语法相近的自封闭语法体系，这使得程序更容易阅读和理解。因此，现在一般不再直接用机器语言或汇编语言来编写算法程序。

【例 5-3】用高级语言（C/C++、Basic、Fortran）完成求 5+6 的程序代码如下：

```
x=5;               //将 5 赋给变量 x
y=6;               //将 6 赋给变量 y
z=x+y;             //将 x 与 y 相加的值赋给结果变量 z
```

显而易见，高级语言与自然语言很相似，它易学、易懂、易查错。与低级语言相比，高级语言具有一系列的优点，其中最显著的特点是程序语句面向问题而不是面向机器，即独立于具体的机器

系统，因而使得对问题及其求解的表述比汇编语言容易得多，并大大地简化了程序的编制和调试，并使得程序的通用性、可移植性和编制程序的效率得以大幅度提高，从而使不熟悉具体机型情况的人也能方便地使用计算机；其次，高级语言的语句功能强，一条语句往往相当于多条指令，程序员编写的源程序比较短，容易学习，使用方便，可移植性较好，便于推广和交流。

当然，高级语言也有缺点，主要体现在编译程序比汇编程序复杂，而且编译出来的目标程序往往效率不高，目标程序的长度比有经验的程序员所编写的同样功能的汇编语言程序要长一半以上，运行时间也长一些。因此，在对时间要求比较高的系统中，例如在某些实时控制系统或大型计算机控制系统中，常用汇编语言编程。在 C 语言中，可用汇编语言来编写硬件控制程序。

5.2.2 面向对象程序设计语言

面向过程的程序设计语言均不具备面向对象特性。我们把支持对象、类、封装和继承特性的语言称为面向对象程序设计语言（Object-Oriented Programming Language，OOPL）。

面向对象程序设计语言是建立在用对象编程的方法基础上的，是当前程序设计采用最多的一种语言。由于这种语言具有封装性、继承性和多态性，因而所开发的程序具有良好的安全性、可维护性和可扩展性。正是由于面向对象程序设计语言的这些特性，所以发展很快，并形成了两类面向对象语言：一类是纯粹的面向对象语言，在这类语言中，几乎所有的语言成分都是"对象"，如 Smalltalk、Java 等，这类语言强调开发快速原型的能力；另一类是混合型面向对象语言，如 C++、Object Pascal，这类语言是在传统的过程化语言基础上增加了面向对象机制，它所强调的是运行效率。近年来面向对象语言的发展极为迅速，Simula、Smalltalk、Eiffel 以及今天广泛应用的 C++、Java、C# 等都是面向对象的语言。

1. Simula 语言

Simula 语言是由挪威的 Ole Dahl 和 Krysten Nygaard 等人于 1967 年提出的，当时取名为 Simula 67。它主要为模拟离散事件而设计，演化为 Simula 67 时已成为一种通用程序设计语言，而离散事件模拟只是它的一个应用领域。由于 Simula 是在 Algol 60 的基础上发展起来的，所以其数据结构与控制结构都与 Algol 60 相同，但它引入了对象、类、继存等概念。Simula 语言在面向对象程序设计中具有重要的历史意义。

2. Smalltalk 语言

Smalltalk 语言的起源可追溯到 20 世纪 60 年代后期，由美国的 Xerox 公司 Palo Alto 研究中心（PARC）开发，主要成员是 Alan Kay、Adale Goldberg 和 Dan Ingans 等人。Smalltalk 语言在 Xerox PARC 经过多次重大修改，最终形成了 Smalltalk-80 版本。Smalltalk 不仅仅是一种程序设计语言，而且还是一个全新的、反映面向对象思想的图形交互式程序设计环境，这也是导致面向对象技术兴起的重要原因之一。

3. C++语言

自从 1972 年 AT&T 贝尔实验室的 Brian Kernighan 和 Dennis Ritchie 设计了 C 语言，并以之作为 UNIX 操作系统的程序设计语言之后，从个人计算机到巨型计算机，各种型号的计算机都广泛地支持 C 语言。

进入 20 世纪 80 年代后，面向对象程序设计方法在程序设计领域引起了普遍重视，AT&T 贝尔实验室的 Bjarne Stroustrup 在 C 语言的基础上，吸收了 OOPL 的特点，开发了面向对象的程序设计语言 C++。尽管 C++语言保留了流行 C 语言的所有成分，是 C 语言的改进或扩充。但是，C++语言更应该作为一种全新的、完备的程序设计语言看待。

1985 年推出的 C++ 1.0 版包括了支持面向对象程序设计的主要机制，如类和对象、单继承、虚函数、公有与私有成员的访问控制、函数重载等。真正促使 C++语言流行起来的是在 1989 年推出的 2.0 版，这个版本扩充了多继承、抽象类、受保护成员的访问控制、运算符重载等特性，更注重功能的完善与安全可靠。1993 年推出的 3.0 版又增加了模板、异常处理机制，并允许嵌套定义类，较全面地满足了软件工程对程序设计语言的需求。随后，在 1994 年 1 月提出了 C++语言的 ANSI 标准草案。然而，标准化过程是缓慢的，C++语言要最后实现标准化，尚需时日。

4. Eiffel 语言

Eiffel 语言是由美国 Interactive Software Engineering 公司的 Bertrand Meyer 开发，1986 年底推出 1.0 版本，1991 年 7 月推出较完整的 3.0 版本。Eiffel 语言是完全根据面向对象程序设计思想设计出来的纯面向对象语言，该语言推出后倍受程序设计理论界推崇和欢迎。然而，由于实现效率与开发环境等原因，Eiffel 语言的实际应用与开发远不及 C++语言广泛。

5. Java 语言

Java 语言是一种适合分布式计算的新型面向对象程序设计语言，是由美国 Sun Microsystem 公司于 1995 年 5 月推出的一个支持网络计算、面向对象的程序设计语言，也是目前推广最快的程序设计语言。Java 语言将面向对象、平台无关性、稳定与安全性、多线程等特性集于一身，为用户提供了良好的程序设计环境，特别适合于 Internet 的应用开发。与目前迅速发展的 Internet 紧密结合是 Java 语言成功的关键所在。Java 语言可以看作是 C++的派生语言，它从 C++语言中继存了大量的语言成分，但抛弃了 C++语言中多余的、容易引起问题的功能（如头文件、编译指令、指针、结构、隐式类型转换、操作符重载等），增加了多线程、异常处理、网络程序设计等方面的支持。因此，掌握了 C++语言的程序员可很快学会 Java 语言。Java 语言较好地支持了面向对象程序设计，程序中除了数值、布尔值和字符三种基本数据类型外，其它数据全部是对象。一个程序由类定义组成，程序运行时必须先创建一个类的对象实例才能提交运行。Java 语言仅支持单继承，放弃了语义复杂的多继承。Java 语言还支持界面（interface），即允许程序员操作，但又不必立即实现它。

6. C#语言

一般地说，开发一个具有相同功能的计算机程序，用 C/C++语言的开发周期比其它语言长。人们一直都在寻找一种可以在功能和开发效率之间达到更好平衡的语言。针对这种需求，Sun Microsystem 公司推出了面向对象的 Java，Microsoft 公司则推出了 C#（读作 C sharp）语言。

C#是一种为生成在.NET Framework 上运行的多种应用程序而设计的面向对象的编程语言。C# 起源于 C 语言家族，在更高层次上重新实现了 C/C++。C#简化了 C/C++的诸多复杂性，但提供了空的值类型、枚举、委托、匿名方法和直接内存访问，而这些都是 Java 所不具备的。使用 C#，可以让程序员快速建立基于微软网络平台的应用。同时，C#提供了大量的开发工具和服务，以帮助程序员开发基于计算和通信的各种应用程序。目前，最常用的是 Microsoft Visual Studio 2010。

§5.3　程序设计语言的成分

同自然语言一样，程序设计语言也是由语法和语义来定义的。其中，语法包括词法规则和语法规则，词法规则规定了如何由语言的基本符号构成词法单位（即单词），语法规则规定了如何由单词构成语法单位（即语句），这些规则是判断一个字符串能否构成一个形式上正确的程序的依据；语义规则规定了单词和语句的含义，离开语义，语言只不过是一堆符号的集合。在许多语言中有着形式上完全相同的语句，但含义却不尽相同。

5.3.1　程序的基本构成

为了讨论方便起见，我们用 C 语言为例介绍程序的基本构成，以此引出程序设计语言的基本内容，介绍大多数高级语言都共同具备的特性。C 语言程序的基本构成如图 5-3 所示。

图 5-3　C 语言程序的构成

用 C 语言编写的程序称为 C 语言源程序，简称 C 程序。一个 C 程序由一个或多个函数组成，最简单的 C 程序只包含一个 main 函数。函数是由若干条语句根据功能逻辑构成的，语句是由单词根据语法规则构成的，而单词是由基本符号根据词法规则构成的。虽然不同语言的基本结构形式不近相同，但结构的基本设计思想是相似的。

【例 5-4】编写程序求三个整数中的较大者。

```
#include<stdio.h>                    //预处理
int max(int,x,int y,int z)           //声明程序中含有自定义函数
void main()                          //主函数
{   int m;                           //定义变量的数据类型
    m=max(6,5,4);                    //函数调用
    printf("%d",m);
}
{   int max;
    if (x>=y) max x=x;               //将两个数比较取较大值
        else max=y;
    if (z>max) max=z;                //将两个数的较大值与第三个数比较
    return max;
}
```

由该示例程序结构可以看出 C 语言具有如下特点。

（1）main 函数：C 程序是由函数组成的，一个 C 语言程序不论有多少个函数，都有且只能有一个 main 函数（称为主函数）。不论 main 函数在整个程序中处于什么位置，C 程序的执行总是从 main 函数开始的。

（2）预处理命令：C 程序可以使用预处理命令（如#include）。预处理命令以"#"开始，一般放在源程序的最前面。

（3）程序注释：对于所包含的代码比较长，结构比较复杂的源程序添加必要的注释，以帮助他人或程序员本人日后对原始程序理解。C99 标准提供了两种注释方法：一种是由"/*"和"*/"括起来的任意字符串，另一种是由两个正斜线"//"开始直到该对斜线所在的文本行结束。

【提示】这里特别提请读者注意语言与程序两者之间的关系：计算机语言是进行程序设计的工具，是计算机全部指令的集合；而计算机程序则是为实现某个算法，从该语言中选择所需要指令组成的集合。换句话说，程序是完成某个特定任务的一组指令系列。程序和语言的关系就像文章与文字的关系一样，文章是用汉语写的，但文章和汉语是两回事。

5.3.2　程序的基本要素

1．基本词法

（1）字符集：是一些可以区分的最小符号，也是构成语言的基本元素。用 C 编写程序时，除字符型数据外，其它所有成分都只能由字符集中的字符构成。字符集由 4 种类型的字符组成。

① 英文字母。包括 26 个大写英文字母 A～Z 和 26 个小写英文字母 a～z。大写英文字母 A～Z 的代码为 65～90，小写英文字母 a～z 的代码为 97～122。

② 数字字符。是指 0～9 的 10 个阿拉伯数字，对应的 ASCII 代码为 48～57。

③ 特殊字符。+, -, *, /, %, =, _, (,), ～, !, @, #, $, ^, &等。

④ 转移字符。主要用来控制打印输出的字符，不同的语言有不同的控制方法。在 C 语言中是用 "\" 来描述的，例如\n 换行（LF）、\t 水平制表（HT）、\a 响铃（BEL）、\b 退格（BS）、\f 换页（FF）、\r 回车（CR）、\v 垂直制表（VT）、\\反斜杠、\'单引号、\"双引号、\?问号、\0 空格符（NULL）、\ddd 三位八进制数、\xhh 二位十六进制数。

（2）标识符：是由程序员定义的单词，表示符号常量名、变量名、函数名、类型名、文件名等的字符序列。C 语言的标识符是由字母、数字和下划线三种字符构成的，且第一个字符必须是字母或下划线的字符序列。C 语言标识符可分为 3 类：

① 关键字。关键字又称保留字，是具有特定含义的标识符。每个关键字都有固定的含义，用户不能改变它的用途。不同的语言具有不同的关键字，ANSI C 标准定义了 32 个关键字。

② 预定义标识符。预定义标识符也具有特定含义，如 C 语言提供的库函数的名字和编译预处理命令。但是 C 语言允许用户将这类标识符另作他用，改变其原有意义。

③ 用户自定义标识符。是用户根据自己的需要而定义的标识符，如给变量、常量、函数、文件等对象命名。用户标识符不能与关键字同名，也尽量不要与预定义标识符同名。

2．常量

常量是指在程序的执行过程中其值不能被改变的量。程序中的常量不需要类型说明就可以直接使用，常量的类型是由常量本身隐含决定的。C 语言中，常量的数据类型如图 5-4 所示。

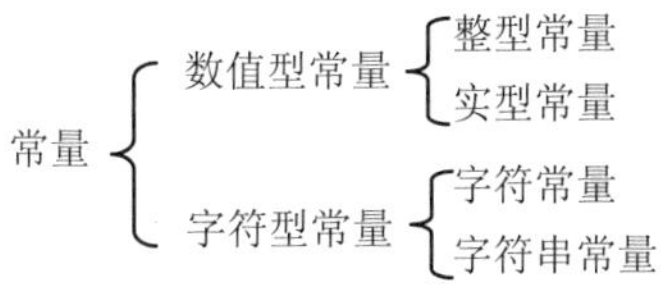

常量 $\begin{cases} \text{数值型常量} \begin{cases} \text{整型常量} \\ \text{实型常量} \end{cases} \\ \text{字符型常量} \begin{cases} \text{字符常量} \\ \text{字符串常量} \end{cases} \end{cases}$

图 5-4　常量及其数据类型

（1）数值型常量：包括整型常量和实型常量。

① 整型常量。整型常量就是整型常数，如 12、-345、0 等。

② 浮点型常量。又称实型常量，如 3.141256、1.26E5（$1.26×10^5$）等。

（2）字符型常量：包括字符常量和字符串常量。

① 字符常量。由一对单引号括起来的一个单一字符，如字符'A'.

② 字符串常量：由一对双引号括起来的字符序列，如字符串"Computer"。

3．变量

变量是指在程序的执行过程中其值可以被改变的量，是程序中数据的临时存放场所。因此，变量代表内存中的一块存储区域，该存储区域的名称就是这个变量名，而该存储区域的内容则是变量的值。在程序中变量用来存放初始值、中间结果或最终结果。例如 a，首先赋初值 a=5，随后可为 a=b+7 等。变量一般要先定义然后才能使用，变量定义的一般形式为：

数据类型名　变量名；

在 C 语言中的变量有三种类型：整型变量、实型变量和字符变量。这些变量不仅使用方法相同，而且都具有三个基本要素：名字、类型和值。

4. 函数

在进行程序设计时，可以把一个复杂问题按功能划分为若干个简单的功能模块，最后由各功能模块完成程序要完成的功能，这种方法被称为模块化程序设计。模块化程序设计是将某些功能语句或某个算法写成一个独立的模块程序，以便反复使用，从而简化程序设计，提高程序设计效率。在 C 和 C++语言中，这种模块程序被称为自定义函数，在其它程序设计语言（如 Fortran 和 Basic）中，也被称为子程序。

C 语言中的函数可分为两类：一类是系统提供的函数，称为系统函数(库函数)。系统函数无须用户定义，也不必在程序中做类型说明，只要在程序前包含有该函数原型的头文件即可在程序中调用。C 语言中数据的输入、输出和数据文件操作都是通过系统提供的函数语句来实现的。

另一类是由用户根据需要编写的函数，称为自定义函数或用户函数。用户函数不仅要在程序中定义函数本身，而且必须在主调用函数中对被调用函数进行类型说明，然后才能使用。

5.3.3　程序的数据类型

1. 基本的数据类型

任何一个计算机程序都不可能没有数据，数据是程序操作的对象。通常，一种高级语言都会定义一些基本的数据类型，通常包括整数类型、实数类型和字符类型等。

（1）整数类型：是最简单的数据类型。整型变量的定义形式为：

int 变量名；

（2）实数类型：又称作浮点数据类型。实型变量的定义形式为：

float 变量名；

（3）字符类型：用来存放字符常量，一个字符变量只能存放一个字符。在表示字符型数据时，并不是将字符本身的形状存入内存，而是将字符的 ASCII 码存入内存。字符型变量的定义格式为：

char 变量名；

2. 指针类型

指针是 C 语言中一种重要的数据类型，在动态数据结构及其应用中指针有着不可替代的作用。正确地理解和掌握指针的概念及其使用方法，可以编写出高质量的程序，但如果使用不当，则会带来"灾难"性的后果。因此，在使用指针变量编程时，要格外小心和慎重。也正是由于指针类型在程序中存在（潜伏）着一定的危险性，所以在 C#和 Java 语言中没有再使用指针类型。

3. 结构数据类型

结构数据类型是在基本数据类型的基础上构造出来的数据类型，主要包括数组、结构体和用户自定义类型等。数组和结构体是大多数高级语言都支持的最基本的结构数据类型。

（1）数组类型：数组是若干个相同类型数据的集合。

（2）结构体类型：是隶属于同一个事物的多个不同类型数据的集合，用来表示具有若干个属性的一个事物。比如，表示一个"学生"的基本信息，除需要引入一个字符数组类型的数据存储学生的姓名外，通常至少还需要引入一个整数类型的数据存储学生的年龄信息等。

5.3.4　程序的基本运算

运算是对数据进行加工的过程，用来表示各种不同运算的符号称为运算符。参加运算的数据称为运算对象。运算符的运算对象可以有一个、两个或三个，分别称为单目运算符、双目运算符和三目运算符。用运算符把运算对象连接起来就构成表达式，单个的常量、变量、函数都可以看作是最简单的表达式，表达式是程序设计语言的重要组成部分。

1. 算术运算符与表达式

程序语言中最常用的算术运算符有：+（加）、－（减）、*（乘）、/（除）、%（求余数）。由算术运算符和运算对象组成的式子称为算术表达式。算术表达式的值是一个数值，具体类型由运算符和操作数确定。例如：3+5、a*b、(a+3)/b，都是算术表达式。

2. 赋值运算符与表达式

程序语言中的赋值运算符只有一个，通常用"="来表示。由赋值运算符和运算对象组成的式子称为赋值表达式，其一般格式为：<变量名>=<表达式>。

赋值运算的含义是将赋值运算符右边<表达式>的值存放到左边<变量名>所代表的存储单元中。例如，u=10+25 的作用是将表达式 10+25 的值存放到变量 u 所代表的存储单元中。

【注意】赋值号"="的作用不同于数学中使用的等号，它没有相等的含义。例如在 C 语言中 i=+i，从数学意义上讲，是不成立的；而在 C 语言中，它是合法的赋值表达式，其含义是取出变量 i 中的值加 1 后，再将运算结果存回到变量 i 中去。

3. 关系运算符与表达式

由关系运算符和运算对象组成的式子称为关系表达式。关系表达式的值是一个逻辑值，即只有"1"、"0"两个值，表示"是"、"否"。不同语言中的运算符有所不同。在 C 语言中提供了两类共 6 种关系运算符：

（1）大小判断：>（大于）、>=（大于等于）、<（小于）、<=（小于等于）。

（2）相等判断：==（等于）、!=（不等于）。

关系运算是比较两个运算对象的大小，判断比较的结果是否符合给定的条件，因此，关系运算符都是双目运算符。例如，"3<5"是一个关系表达式，3 小于 5 是成立的，所以"3<5"的值为"真"；对于关系表达式"3>5"，由于 3 大于 5 是不成立的，所以"3>5"的值为"假"。

4. 自增、自减运算符

为了简化程序语句，在 C 语言中提供了两个特殊的运算符，即自增、自减运算符。自增、自减运算符和变量组成的式子称为自增、自减表达式。自增、自减运算是一种特殊的赋值运算，参加自增、自减运算的运算对象必须是变量，而不能是常量或表达式。

"++"是自增运算符，其功能是使变量的值增 1。例如：++i 等价于 i=i+1。

"--"是自减运算符，其功能是使变量的值减 1。例如：--i 等价于 i=i-1。

这两个运算符是单目运算符，即只有一个运算对象。

5.3.5　程序的语句类型

在程序设计中为了完成某项任务，必须详细描述完成该任务的一系列步骤，每一步的工作都由语句来体现。语句是程序的基本组成单位，它表示程序执行的步骤，实现程序的功能。

根据语句的功能可以分为两类：一类是用于描述计算机执行操作运算的语句，即表达式语句；另一类是控制程序执行顺序的流程控制语句。

1. 表达式语句

表达式语句的主要功能是用来确定变量的内容，通常包括赋值语句、复合语句和函数调用语句等。

（1）赋值语句：由赋值表达式后跟一个分号构成。C 语言的赋值语句是先计算赋值运算符右边的子表达式的值，然后将此值赋给赋值运算符左边的变量，例如：

```
z=x+y;
x=sin(z);
```

（2）复合语句：由两条或两条以上的语句组成。在 C 语言中，通常把由一对花括号"{ }"括起来的语句称为复合语句或块语句。例如：

```
{ c=getchar();                      //该句后面的分号不能省略
putchar (c);                        /该句后面的分号不能省略
}                                   //花括号之后不能再有分号
```

复合语句在语法上相当一条语句，在结构上可以嵌套，即在复合语句中还可以包含复合语句。含有一条或多条说明语句的复合语句称为分程序，也称为块结构。

（3）函数调用语句：是由函数调用表达式后跟一个分号构成。例如：

```
c=max(a,b);
```

是一个赋值表达式。此时，函数作为表达式的一部分，函数返回值参与表达式运算。

2. 流程控制语句

由运算符和表达式构成的各种语句在程序中只能按照语句的排列顺序执行，如果要改变程序的执行顺序，就要实行流程控制，即必须具有实现流程控制的语句，并且语句越丰富，其结构形式也就越多，这种语言的表达功能也就越强。C 语言的流程控制语句有 9 种（if 语句、switch 语句、while 语句、do-while 语句、for 语句、break 语句、goto 语句、return 语句、continue 语句）。正是有了这些语句，使得能够方便地构成各种复杂的程序。

§5.4　程序设计方法

程序设计语言只是程序开发的一种工具，但工具本身并不能保证程序质量。早期，由于计算机硬件条件的限制，运算速度与存储空间都迫使程序员追求高效率，因此编写程序成为一种技巧与艺术，而将程序的高效性、可靠性、可扩充性等因素放在其次地位。随着计算机的应用领域越来越广泛，程序的规模以算术级数递增，而程序的逻辑控制难度则以几何级数递增，程序设计越来越困难，此时程序设计已不再是一两个程序员可以完成的任务。在这种情况下，编写程序不再片面追求高效率，而是综合考虑程序的可靠性、可扩充性、可重用性和可读性等因素。正是这种需求，刺激了程序设计语言和程序设计方法的发展，并且形成了与程序设计语言相对应的程序设计方法：面向过程程序设计和面向对象程序设计。

5.4.1　面向过程程序设计

面向过程程序设计（Process Oriented Programming，POP）方法是最早使用的编程方法。面向过程程序设计方法中可分为：流程图程序设计、模块化程序设计、结构化程序设计。

1. 流程图程序设计（Flow Chart Programming）

流程图程序设计是最早使用的方法，其优点是直观。设计者可以直接观察整个系统，了解各部分之间的关系。但是，流程图只能表示出程序的结构，而表示不出数据的组织结构或输入输出模块的结构，因而一般只用于简单问题的程序设计。

2. 模块化程序设计（Modular Programming）

模块化程序设计是当一个程序十分复杂时，可以将它拆分成一系列较小的子程序，直到这些子程序易于理解为止，每个子程序是一个独立模块，每个模块又可继续划分为更小的子模块，程序具有一种层次结构。把一个程序分成具有多个明确任务的程序模块，分别进行编写和调试，最后再把它们连接在一起，形成一个完成总任务的完整程序。

（1）模块化程序设计的优点：与流程图程序设计相比，模块化程序设计具有如下优点：

① 程序模块容易编写、调试和修改，且程序的易读性好；

② 便于分工，即可由多个程序员同时进行编写和调试，有利于加快工作速度；

③ 程序的修改可局部化进行；

④ 频繁使用的功能程序块可以编制成模块（子程序）存放在库里，以便多次调用。

模块化方法是对复杂问题"分而治之"原则在软件开发中的具体体现，它将软件开发的复杂性在分解过程中降低。对一个复杂的系统，如何分解和设计成模块，是模块化方法的关键。

（2）模块化程序设计基本原则：把系统分解成模块，应遵循以下原则：

① 在一个模块内部体现最大程度的关联，只实现单一功能的模块具有这种特性。

② 最低的耦合度，即不同的模块之间的关系尽可能弱。

③ 模块的层次不能过深，一般应尽量控制在 7 层以内。

④ 接口清晰、信息隐蔽性好。

⑤ 模块大小适度。

⑥ 尽量采用已有的模块，提高模块复用率。

3. 结构化程序设计（Structured Programming）

结构化程序设计的概念最早是由荷兰学者 E.W.Dijikstra 在 1965 年提出来的。它采用自顶向下逐步求精的设计方法，先设计顶层，然后步步深入，逐层细分，逐步求精，直到整个问题可用程序设计语言明确地描述为止。结构化程序设计强调从程序结构上来研究与改变传统的设计方法，即程序的设计、编写和测试都采用一种规定的组织形式进行，而不是想怎么写就怎么写。这样，可使编制的程序结构清晰，易于读懂、调试和修改，充分显示出结构化程序设计的优点。

在 20 世纪 70 年代初，由 Boehm 和 Jacobi 提出并证明了结构定理：任何程序都可由 3 种基本结构程序构成结构化程序，它们是顺序结构、选择结构（分支结构）和循环结构（控制结构）。每种结构都只许有一个入口和一个出口，3 种结构的任意组合和嵌套，就构成了结构化程序。

上面所述流程图程序设计、模块化程序设计和结构化程序设计都属于面向过程程序设计。面向过程程序设计是一种传统的程序设计方法，它们有一个共同的特点，都是自顶向下的程序设计（Top Down Programmin），即程序的设计过程是逐步求精的过程。它的基本思想是本着先整体、后局部，先抽象、后具体的原则，把待解决问题的整体看作是最顶层（第 0 层），然后划分成若干个功能相对独立的子问题（第 1 层），每个子问题对应于一个子程序（也称模块）。若继续往下，每个子问题还可以再逐步设计成若干个功能相对独立的子问题（第 2 层），如此等等，直到每个问题意义单一为止。

5.4.2　面向对象程序设计

结构化程序设计使得程序结构清晰，可读性好，在出现问题时，便于查错，易于修改，提高了程序设计的质量。但随着软件规模和复杂性的增长，这种方法越来越不能适应庞大、复杂软件的开发，暴露出许多缺点。在这种背景下，20 世纪 70 年代末诞生了面向对象程序设计方法。

面向对象程序设计（Object Oriented Programming，OOP）是一种先进的程序设计方法，是围绕着各类事物进行程序设计的，其本质是把数据和处理数据的过程（函数）当成一个整体对象。采用这种方法能产生一个既清晰又容易扩展及维护的程序，一旦在程序中建立了一个对象，其它程序员可以在自己的程序中使用这个对象，完全不必再重新编制繁琐复杂的代码。对象的重复使用可以大大地节省开发时间，切实地提高软件的开发效率。

面向对象程序设计的实现需要封装和数据隐藏技术，需要继承和多态性技术。换句话说，面向对象方法应该具有 3 个重要特性，即封装性、继承性和多态性。

（1）封装性（Encapsulation）：就是把一个数据结构同操作数据的过程组合在一起，把它们封装在一个类中。这种封装性能保护类中的数据与过程的安全，防止外界干扰和误用。

（2）继承性（Inheritance）：这种特性很符合人的思维方式，通过继承，一个对象可以获得另一个对象的属性，并可加入一些属于自己的特性。

（3）多态性（Polymorphision）：就是一个接口，多种方式。多态性的优点在于提供一个相同的接口，可以通过不同的动作来访问，从而降低了问题的复杂度。

【提示】面向对象程序设计并没有摒弃结构化程序设计方法，相反，它是在充分吸收结构化程序设计优点的基础上引进了对象、类等新的、强有力的概念，从而开创了程序设计工作的新天地。

5.4.3　可视化程序设计

随着 Windows 的广泛应用，使得程序设计的观念也随之发生了显著变化。在面向对象程序设计的基础上，人们又把程序设计的目标投向了面向 Windows 界面的编程，称为可视化程序设计（Visual Programming）。所谓可视化程序设计，就是在程序设计过程中能够及时看到程序设计的效果，即具有可视化图形用户界面（Visual Graphic User Interface，VGUI）。具有这种功能的编程语言目前有 Visual Basic、Visual C++、C#、Delphi、Java、Visual Prolog 等。

可视化程序设计以其图形化的编程方式将面向对象技术的特性体现出来，通过用鼠标拖曳图形化的控件就可以完成 Windows 风格界面的设计工作，Windows 风格界面主要由窗口、按钮、菜单等元素组成，大大减轻了程序设计人员的编程工作量，使得软件开发这一原本枯燥、难以理解的工作变得相对轻松快捷。在 2002 年初，微软公司又推出了 Visual C++的最新版本——Visual C++.Net，它继承了以往 Visual C++各版本的优点，增加了许多新的特性，使得开发能力更强、开发效率更高。Visual Basic 则继承了 Basic 简单易学的特点，也是得到广泛应用的可视化程序设计语言，特别适合于初学者和非专业人员。可视化编程具有如下特点：

（1）基于面向对象思想：可视化编程中的界面基本由控件组合而成，控件就是在程序中能够完成与用户交互、程序运算等功能的部件。

（2）先绘界面后写代码：拖曳需要的各类控件，并设置各种对象的位置、颜色、大小、字体和标题等属性。然后，针对不同对象对键盘、鼠标等操作可能响应的事件编写程序代码。

5.4.4　程序设计方法的发展

随着对程序设计技术研究的深入，未来的程序设计方法会更加自动化，将一些可以重复使用的程序资源和底层技术封装起来，可以使程序设计人员屏蔽底层的技术细节，而把精力放在程序的架构和创新等方面。目前，程序设计的发展方向主要有以下几个方面。

1. 面向方面程序设计

面向方面程序设计是施乐公司 PARC 研究中心 Gregor Kicgales 等人在 1997 年提出的。所谓方面（Aspect），就是一种程序设计单元，它可以将在传统程序设计方法中难以清晰地封装并模块化实现的设计决策，封装实现为独立的模块，类似于面向对象中的类。面向方面程序设计是一种关注点分离技术，通过运用 Aspect 这种程序设计单元，允许开发者使用结构化的设计和代码，反映其对系统的认识方式，达到"分离关注点，分而治之"的目的。

2. 面向组件程序设计

随着程序设计复杂性的不断增长和重复开发造成资源浪费等"软件危机"的出现，迫使人们开始思考软件复用的问题，使组件技术得以迅速发芽、成长和发展。面向组件程序设计（Component Oriented Programming，COP）也称为"即插即用"程序设计（Plug and Play Programming，PPP），它是在 OOP 的基础上发展起来的。

目前，关于组件（Component）尚无确切的定义，软件组件可理解为自包含的、可编程的、可重用的、与语言无关的代码片段，可作为整体很容易地插入到应用程序中。组件具有明确的接口，软件就是通过这些接口调用组件所能提供的服务，多种组件可以联合起来构成更大型的组件乃至直接建立整个系统。

面向组件程序设计借鉴了硬件设计的思想，应用程序开发者可以利用现有的组件，再加上自己的业务逻辑，就可以开发出应用软件。总之，组件开发技术使软件开发变得更加简单快捷，并极大地增强软件的重用能力。

3. 敏捷程序设计

敏捷程序设计也称为轻量级开发方法。敏捷程序设计强调"适应性"而非"预见性"，其目的就是适应变化的过程。敏捷程序设计是"面向人"的而非"面向过程"的，敏捷程序设计方法认为没有任何过程能代替开发组的技能，过程所起的作用是对开发组的工作提供支持。

4. 面向 Agent 程序设计

随着对软件系统服务能力要求的不断提高，在系统中引入智能因素已经成为必然。主体（Agent）作为人工智能研究重要而先进的分支，引起了科学、技术与工程界的高度重视。Agenl 作为一个自包含、并行执行的软件过程，能够封装一些状态并通过传递消息与其它 Agent 进行通信，被看作是面向对象程序设计的一个自然发展。

面向 Agent 程序设计的主要思想是：根据 Agent 理论所提出的代表 Agent 特性的、精神的和有意识的概念直接设计 Agent。基于 Agent 的系统应是一个集灵活性、智能性、可扩展性、稳定性、组织性等诸多优点于一身的高级系统。

随着计算机科学技术的高速发展，今天计算机程序设计已从一种技巧发展成为一门科学，即程序设计方法学。现在，抽象数据的代数规范和程序的形式推导技术正在发展之中，特别是程序设计变换技术和程序设计自动化，目前虽然还不很成熟，但已取得了可喜的进展。

§5.5　算法设计

程序设计与算法设计密不可分。对于初学者而言，程序设计的难点在于语言基本要素和语法规则的掌握，而真正设计出高水平程序的基础是具有良好的算法设计。我们业已知道，程序设计的目的是为了实现对数据的高效处理，而数据处理的过程实质上就是按照一定的方法和步骤对实际问题进行求解的过程，这里的方法和步骤就是"算法设计"。高效的算法设计是系统有效运行的重要保障，它是计算机科学和计算机工程领域一个非常重要的研究方向。

5.5.1　算法的基本概念

1. 算法的起源

"算法"的中文名称出自我国西汉末年（公元前 1 世纪）编纂的天文学著作《周髀算经》，其中提出了关于测量太阳高和远的陈子测日法。《周髀算经》是我国最古老的天文学著作，它在数学上的主要成果是介绍了勾股定理及其在测量上的应用以及怎样应用到天文计算。

在算法研究史上，最为著名的古老算法是用于求两个整数的最大公约数的欧几里德算法。这个算法最早出现在大约公元前350～300年由古希腊数学家欧几里德（Euclid）写成的《Elements》（几何原本）中，因此将其称为欧几里德算法，它被人们公认为是算法史上的第一个算法，也称为辗转相除法。

欧几里德算法是指已知两个整数x和y，用mod(x,y)或者x mod y表示x被y除后所得的余数。求两个已知数x和y（设x>y）的最大公约数的计算过程如图5-5所示。

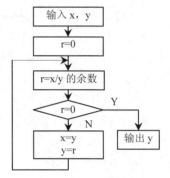

图5-5 欧几里德算法

【例5-5】计算91和52的最大公约数，用辗转相除法求解过程如下：

Step1：mod(91,52)=39；

Step2：mod(52,39)=13；

Step3：mod(39,13)=0。

【例5-6】以我国古代数学家"鬼谷子"命题的"鬼谷算题"如下："今有物不知其数，三三数之剩二，五五数之剩三，七七数之剩二，问物几何？"

[算法分析] 从1开始，取出一个自然数，判断它被3、5、7整除后的余数是否为2、3、2。如果是，则该数就是所求的数，求解结束。否则，用下一个数再试，直到找到这个数为止。我们用自然语言描述该算法如下：

Step1：将N取初始值为1。

Step2：如果N被3、5、7整除后的余数为2、3、2，则输出N的值，并转Step4；否则，继续下一步。

Step3：将N值增加1，并转到Step2。

Step4：程序结束。

从以上两个实例可以看出，算法就是求解问题的方法和步骤。针对各种具体问题，人类研究了许多不同的算法。然而，由于很多复杂问题如果用手工计算将是可望而不可及的事，因而制约了算法研究的发展。计算机的出现，开创了算法研究的新时代。

2. 算法的定义

公元825年，一位名叫阿勒·霍瓦里松（Algorithm，拉丁文al-Khowarizmi（阿尔·花拉子米））的波斯数学家写了一本教科书，书中概括了进行数字四则算术运算的法则。现代"算法"的英文名词"Algorithm"就来源于这位数学家的名字。后来，美国Webster's字典中将其定义为解某种问题的任何专门的方法。但是这种定义是很抽象的，至今为止，仍没有一个精确的定义。如果仅从计算机科学中的概念来解释，算法是用计算机解题的精确描述，是逐步（Step-by-step）执行某类计算的方法，是有穷的动作的序列或步骤。因此可定义为：算法（Algorithm）是为解决特定问题所采取的方法和步骤的描述，是指令的有限序列。算法所处理的对象就是为解决特定问题所涉及的相关数据。

【提示】虽然"算法"一词直到公元825年才出现在花拉子米这位数学家的教科书中，但事实上，算法在这之前早已出现。我国古代数学家祖冲之（公元429～500年）36岁时就为古代数学名著《九章算术》作注，《九章算术》成书于公元40年，可见算法源远流长。

3. 算法的特征

算法是由一套计算规则组成的一个过程，它能给出一类问题的解答。因此，可以说算法是解题思想的表达，是程序的核心。著名计算机科学家 Knuth 所著的《The Art of Programming》把算法归纳为以下 5 个显著特征：

（1）确定性（Certainty）：算法的每一个步骤（每一条指令）都必须有确切的含义，不能有二义性（ambiguity）。计算机只能根据程序员给它的具体明确的步骤执行，且同一个步骤不能作多种理解。在算法描述中如果出现"好像"之类的似是而非的语法成分，则非确定的。

（2）有效性（Effectiveness）：又称可行性，算法中的每一步都能有效地执行，即每一条指令都必须是切实可行的，都能得出确定的结果。如果一个数被 0 除就不满足有效性。

（3）有穷性（Finiteness）：一个算法是有限步骤的描述，因此必须在执行有穷步骤之后正常结束。在算法中如果出现"死循环"等现象，就不符合算法有穷性的要求。例如求 1～10 之间自然数之和的程序：

```
for(i=1;i<=10;i++)
    s+=i;
```

的执行次数是 10。

（4）有零个或多个输入（Input）：算法一般应具有供加工的原始数据。如果算法本身能够生成数据，则可不需外界数据。

（5）有一个或多个输出（Output）：算法实现的目标是经过加工处理后获得结果，此结果只有输出才能为用户所用。因此，算法至少要有一个输出，没有输出的算法是没有意义的。

4. 算法的目标

算法的质量是一个十分重要的问题。由于在软件开发中先有算法后有程序，显然程序不可能比算法的质量更高。好的算法应达到以下 4 个目标。

（1）正确可靠：不正确的程序不但不能解决问题，反而会给我们的工作带来不必要的麻烦，甚至造成重大损失。

（2）清晰易读：在程序设计发展的早期，由于计算机的速度和存储容量都受到限制，人们往往将程序的效率放在第一位。随着硬件水平的迅速提高，人们对一般问题的认识已经从"效率第一"转向为"清晰第一"，程序的可读性和可理解性成为优质软件的重要标志。

（3）高效工作：执行程序的时间效率和占用内存的空间效率要高。在有些情况下，当效率成为制约程序运行的主要因素时，编程者需要在效率和可读性之间作出折中选择。

（4）通用性要好：对异常情况要能作出适当的反应，留有出口。

5. 算法的结构

算法是执行任务的步骤和指令系列，指令的执行次序称为执行流程。对于不同的问题，其执行的流程可能不同，即存在流程控制问题。在算法设计中，通常将流程控制简称为算法结构。经过多年的研究和总结，人们发现无论多么复杂的算法，都可以用 3 种流程控制结构来描述：顺序结构、选择结构和循环（重复）结构。

5.5.2　算法的设计要求

在设计一个具体算法时，除了必须具有 5 个显著特征外，还必须具备以下 4 项基本要求。

1. 正确性（Correctness）

在计算机上运行用算法语言描述的程序时，该程序也应该是正确的，并且该程序对所有可能的合法输入都能计算出正确的结果，即算法的正确性可以概括为以下 4 个方面：

① 程序中的每一条语句都符合语法规定。这是最基本的要求，如果依照一个算法描述所构成

的程序，其中包含不符合语法规则的部分，那么这个程序在编译阶段就通不过，该算法肯定是不正确的；

② 程序对于几组输入数据都能得出满足要求的输出结果；

③ 程序对一切合法的输入数据都能得出满足要求的结果；

④ 程序对精心选择的典型、苛刻甚至刁难性的若干组输入数据能得到满足要求的结果。例如在处理包含条件的问题时，可以选取条件边界处的数据进行输入，以验证程序的正确性。

2. 可读性（Readality）

一个好的算法应便于理解、便于编码、便于修改等。从书写角度来说，结构上要直观、清晰、美观，并在必要的地方加上注释说明。另外，算法的描述不要拘泥于一种形式，在算法的每个部分可以采用最便于理解的描述形式。

3. 健壮性（Rubustness）

一个算法除了对合法的输入数据能得到正确的结果外，还应对非法的或不合乎要求的输入数据作出正确合理的处理，这就要求程序设计时充分考虑异常情况（Unexpected Exceptinos）。健壮性体现了思维的缜密性，如果没有对数据分析清楚，特别是极端数据、特殊数据的处理，就很可能使算法失去准确性。例如，下面的算法是根据输入的三角形三条边的边长求解三角形的面积，如果将其算法设计为：

Step1：输入三条边的边长 a、b、c；

Step2：计算 $s = (a + b + c)/2$；

Step3：计算 $area = \sqrt{s(s-a)(s-b)(s-c)}$。

Step4：输出 area 的值。

显然该算法是正确的，只要输入三角形的三条边长，就能计算并输出该三角形的面积。但该算法没有考虑到如果输入的三个数不能构成一个三角形时，程序应该如何处理。因此，该算法虽然正确，但缺乏健壮性。算法可改进如下：

Step1：输入三条边的边长 a、b、c；

Step2：如果 $a + b > c$ 且 $b + c > a$、$a + c > b$，执行 Step3；否则，输出提示信息"数据输入不合理"并结束程序；

Step3：计算 $s = (a + b + c)/2$；

Step4：计算 $area = \sqrt{s(s-a)(s-b)(s-c)}$；

Step5：输出 area 的值。

这样，算法考虑到了对输入不合理数据的处理，所以满足了对健壮性的要求。

4. 算法的运行效率

一个算法的运行效率是指程序执行时，所需要耗用的时间和所占用的内存空间。所耗用的时间和所占用的内存空间单元越少，则算法的运行效率越高。

在上述 4 项要求中，最主要的是算法的正确性和算法的运行效率。算法的运行效率是评价一个算法好坏的重要指标。

5.5.3 算法的描述方法

算法是对解题过程的精确描述。当设计好一个算法之后，在转化为高级语言源程序之前，可先用描述算法的语言工具准确清楚地将所设计的解题步骤记录下来。描述算法的方法很多，常见的有自然语言、程序设计语言、伪代码、流程图、N-S 结构图、PAD 结构图等。

1. 用自然语言描述算法

自然语言是人们日常使用的语言，如汉语、英语、日语等，是描述算法的最原始方法。

【例 5-7】用自然语言描述求 1+3+5+…+n 的算法。

设有两个变量：Sn 表示和值，K 表示加数。具体描述如下：

Step1：输入 n 的值，n≥1。

Step2：设两个初值变量：用 Sn 表示和，其初始值为 0；用 K 表示加数，其初始值为 1。

Step3：计算累加和，即：Sn=Sn+K。

Step4：重复 Step3、Step4 两步，直到 K 大于 n 为止。

Step5：输出 Sn 值。

使用自然语言描述算法的优点是：使用者不必对工具本身再花精力去学习，写出的算法通俗易懂。缺点是：

① 由于自然语言的歧义性，容易引起某些算法执行步骤的不确定性。

② 由于自然语言的语句一般较长，从而导致算法冗长。

③ 由于自然语言表示的串行性，使得分支、循环较多时算法表示不清晰。

④ 用自然语言表示的算法，不便转换成用计算机程序设计语言表示的程序。

2. 用伪代码描述算法

用自然语言描述算法虽然通俗易懂，但表示的含义往往不太严格，要根据上下文才能判断出其正确含义。为此，人们采取了用伪代码（Pseudo code）描述算法的方法，它为程序员提供了以特定编程语言编写指令的模板。在伪代码中使用的符号有运算符号和处理语句。

（1）运算符号

简单算术运算符号：+、-、×、/、mod（整除取余）

关系运算符号：>、>=、<、<=、=、<>

逻辑运算符号：用 and、or、not 分别表示与、或、非的关系

括号：（）

（2）处理语句

赋值语句：←，例如 i←1

条件语句：如果 p 成立则执行 A，否则执行 B：if (<p>) A；else B

输入/输出：input、print

基本块起/止符号：{、}

算法开始/结束：begin、end

【例 5-8】用伪代码描述求 1+3+5+…+99 的算法。具体描述如下：

```
begin
x=1,y=3;
while(y≤99)
{   x←x+y
    y←y+2
}
print x
end
```

由此可以看出，伪代码是用文字（数字、字母）和符号来描述算法的。用伪代码描述的算法结

构清晰，格式紧凑，简单易懂。伪代码表明了程序细节，在伪代码阶段检测并修复错误十分简单。在校验并接受伪代码之后，就可以把伪代码表示的指令转换成高级编程语言。

由于伪代码是用一种介于自然语言和计算机程序设计语言之间的文字和符号来描述算法，因而便于转为计算机程序语言。使用伪代码描述算法时，通常一行表示一个基本操作，不仅书写方便，而且语句格式紧凑，比较容易理解。

3. 用程序设计语言描述算法

用程序设计语言来表示算法，就是对算法的实现。下面用 C 语言来描述算法实例，虽然还没介绍 C 语言，但通过此例算法程序与伪代码语言的比较，足以加深对用程序设计语言描述算法的认识和理解。

【例 5-9】用 C 程序设计语言描述求 1+3+5+…+99 的算法。具体描述如下：

```
main()
{   int x,y;
    x=1;
    for(y=3;y≤99;y=y+2)
    x=x+y;
    primf("%d",x);
}
```

使用计算机程序设计语言描述算法的优点是：清晰、简明、一步到位，写出的算法能直接由计算机处理。缺点是：

① 要求设计者必须熟练掌握程序设计语言及其编程技巧。

② 种类不同的程序设计语言不利于算法逻辑的交流和问题的解决。

③ 要求描述计算步骤的细节，从而忽视了算法的本质。

④ 与自然语言一样，程序设计语言也是基于串行处理的。这使得算法的逻辑流程难以遵循，当算法的逻辑较为复杂时，这个问题就越显严重。

4. 用图形描述算法

直接利用程序设计语言来描述算法，虽然能一步到位，但要求编程者对程序设计语言非常地熟练，并且具有相当清晰的设计思路。但对于稍复杂的算法问题，很容易出错，所以通常采用图形描述算法，它具有流程清晰、逻辑性好的优点。到目前为止，用图形描述算法的方法有 3 种：流程图、N-S 图和 PAD 图，它们各有优缺点，相比之下，人们更多地习惯于用流程图描述算法，而且特别适合于初学者。这里，仅简要介绍利用流程图描述算法的方法。

流程图（Flowchart）是人们经常用来描述算法的工具，由表示算法的图形组成。流程图包含一个符号集，每个符号表示算法中指定类型的操作。图形和操作之间的关系由美国国家标准化协会（American National Standard Institute，ANSI）规定。流程图符号集见表 5-1。

表 5-1　流程图符号

符号	符号名称	功能说明
	终端框	算法开始与结束
	处理框	算法的各种处理操作
	预定处理框	算法调用的子算法
	注解框	算法的说明信息

续表

符号	符号名称	功能说明
◇	判断框	算法的条件转移
▱	输入输出框	输入输出操作
↓　→	流程线	指向另一操作
○←　←○	引入、引出连接符	表示流程延续

在用流程图描述算法时，为了使流程图清晰和有序，人们采用了 Bohra 和 Jacopininian 提出的顺序结构、选择结构和循环结构 3 种描述方法。

（1）顺序结构：是一种从上至下的结构形式，如图 5-6 所示。虚线框内是一个顺序结构，即在执行完 A 框内所指定的操作后，依次执行 B 框内所指定的操作和 C 框内所指定的操作。顺序结构是最简单的一种基本结构形式。

（2）选择结构：是根据给定条件选择执行某个分支语句的结构。选择结构可分为两种结构形式，一种是双边结构形式，如图 5-7 所示。虚线框内是一个根据给定条件 P，判断条件 P 是否成立而选择执行 A 框或 B 框的选择结构。另一种是单边结构形式，如图 5-8 所示。如果条件成立时执行 A 框，不成立时，则不执行选择框。

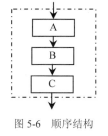

图 5-6　顺序结构

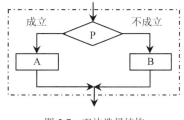

图 5-7　双边选择结构

【例 5-10】从键盘输入 3 个数，找出其中最小的那个数，并用流程图进行算法描述。

为了描述清楚起见，下面先给出算法描述步骤，然后给出算法描述流程图，如图 5-9 所示。

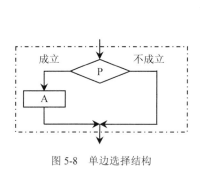

图 5-8　单边选择结构

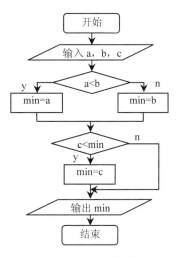

图 5-9　用流程图描述算法

Step1：输入 3 个数，其值分别赋给变量 a、b、c。

Step2：比较 a 与 b 的值，如果 a<b，则 min=a，否则，min=b。

Step3：比较 c 与 min 的值，如果 c<min，则 min=c。

Step4：输出（打印）最后结果 min 的值。

用流程图描述算法的优点是：直观、清晰、易懂，便于检查、修改和交流。用流程图表示的算法既独立于任何特定的计算机，又独立于任何特定的程序设计语言。这一优点使得计算机专家不必熟悉特定的计算机和特定的程序设计语言。用流程图描述算法的缺陷是：严密性不如程序设计语言，灵活性不及自然语言。

5.5.4　常用算法简介

算法包括数值计算算法和非数值计算算法两类，非数值计算算法也称数据结构，在下一节介绍。数值计算方法很多，在程序设计中最常使用的有穷举算法、递推算法、递归算法、分治算法、动态规划、贪心算法等。

1. 穷举算法（Exhaustive Attack Algorithm）

穷举算法也称枚举算法（Enumerate Algorithm）或强力算法（Brute-force Algorithm），就是列举集合中所有元素，分别判断命题真伪。

【例 5-11】若公鸡每只 3 元，母鸡每只 5 元，小鸡每三只 1 元，求 100 元买 100 只鸡有多少种方案。

[算法分析] 设公鸡为 x，母鸡为 y，小鸡为 z，可列出如下的联立方程：

x+y+z=100

3x+6y+z/3=100

这就是"百钱买百鸡"的应用问题。两个方程式不可能解出 3 个未知数，但利用计算机的高速运算特点可以给定 x、y、z 的各种组合值来试算，只要结果符合两个表达式的值都为 100，就记录一种方案。

2. 递推算法（Recurrence Algorithm）

递推算法是利用问题本身所具有的一种递推关系，把所求问题分成若干步，并找出相邻几步的关系，然后进行递推求解，因而它是迭代算法的最基本形式。递推是指在命题归纳时，可以由 n-k，…，n-1 的情形推得 n 的情形。一个线性递推可以形式地写成：

$$a_n=c_1a_{n-1}+c_2a_{n-2}+\cdots+c_ka_{n-k}+f(n)$$

当 f(n)=0 时递推是齐次的，否则是非齐次的。递推的一般解法要用到几次方程的求根。

递推是利用问题本身所具有的递推关系求解问题的一种方法。设要求问题规模为 n 的解，当 n=1 时，解为已知或能非常方便地得到解，则可采用递推法构造算法的递推性质，从已求得的规模为 1，2，…，i-1 的一系列解，构造出问题规模为 i 的解。这样，程序可从 i=0 或 i=1 出发，重复地由已知至 i-1 规模的解，通过递推，获得规模为 i 的解，直至得到规模为 n 的解。

【例 5-12】设有一组数据元素：1，2，5，10，21，42，85，170，341，682，…，要求通过程序实现将它延长到第 50 项。

[算法分析] 根据递推算法的问题分析，考察本题的特点，从给出的数据元素不难发现：偶数项是前一项的两倍，奇数项是前一项的 2 倍+1，即：

$$a_{2k}=2a_{2k-1}, \quad a_{2k+1}=2a_{2k}+1$$

这是一种由前项推导后项的递推关系，即可用递推算法求解。

3．递归算法（Recursive Algorithm）

在定义算法的过程中用自身的简单情况来定义自身，直接或间接地调用自身的算法称为递归算法。一个直接或间接地调用自身的过程称为递归过程（Recursive Procedure），一个使用函数自身给出定义的函数称为递归函数（Recursive Function）。

递归是一种强有力的数学工具，它可使问题的描述和求解变得简洁和清晰，尤其是当问题本身或所涉及的数据结构是递归定义的时候，使用递归算法特别合适。常用的递归算法有直接递归和间接递归两种方法。

（1）直接递归：重复一个或一组操作，例如累加、累减、累乘、累除等。计算机语言支持 a=a+1，把 a+1 的值赋给 a，这就是直接递归方法，而不是表达式计算。

（2）间接递归：程序用到它自身的前一步或前几步。例如计算阶乘：

2!=1*2

3!=1*2*3=2!*3

(N+1)!=N!*(N+1)

递归算法能使一个蕴含递归关系且结构复杂的程序简洁精炼，增加可读性。特别是在难于找到从边界到解的全过程的情况下，如果把问题推进一步，没有结果仍然维持原问题的关系，则采用递归算法编程比较合适。例如汉诺塔是个著名难题，但可以用递归算法解决它。

【例 5-13】编程对 n 阶勒让德多项式求解。n 阶勒让德多项式定义为：

$$P_n(x)=\begin{cases} 1 & (n=0) \\ x & (n=1) \\ ((2n-1)*x-p_{n-1}(x)-(n-1)*p_{n-2}(x))/n & (n\geq1) \end{cases}$$

输入正整数 n 和任意数 x，求出勒让德多项式 $P_n(x)$。

[算法分析] 从勒让德多项式定义可以看出，多项式 $P_n(x)$ 是一种递归形式的定义。因此，要求出勒让德多项式 $P_n(x)$ 的值，最简单的方法就是编写一个递归函数程序来实现。

4．分治算法（Divide and Conquer Algorithm）

分治法的设计思想是将一个难以直接解决的大问题，划分成一些规模较小的子问题，以便各个击破，分而治之。由分治法产生的子问题往往是原问题的较小模式，这就为使用递归技术提供了方便。在这种情况下，反复应用分治手段，可以使子问题与原问题类型一致而规模却不断缩小，最终使子问题缩小到很容易直接求解，这自然导致递归过程的产生。

【例 5-14】对已排序的 n 个元素 a[n]，用二分搜索法在这 n 个元素中找出一特定元素 x。

[算法分析] 二分搜索的基本思想是将 n 个元素分成个数大致相同的两半，取中间元素 a[n/2] 与 x 比较，可能出现以下三种比较结果：

① 若 x=a[n/2]，则找到 x，停止搜索；

② 若 x<a[n/2]，则在 a[0]～a[n/2-1] 中继续搜索 x；

③ 若 x>a[n/2]，则在 a[n/2+1]～a[n-1] 中继续搜索 x。

5．动态规划算法（Dynamic Programming）

动态规划法将待求解问题分解成若干个相互重叠的子问题，每个子问题对应决策过程的一个阶段。一般来说，子问题的重叠关系表现在对给定问题求解的递推关系中，将子问题的解求解一次并填入表中，当需要再次求解此子问题时，可以通过查表获得该子问题的解而不用再次求解，从而避免了大量重复计算。

【例 5-15】计算斐波那契数列。斐波那契数列存在如下递推关系式：

$$f(n)= \begin{cases} f(n-1)+f(n-2) \\ f(0)=0, \ f(1)=1 \end{cases}$$

[算法分析] 注意到计算 f(n)是以计算它的两个重叠子问题 f(n-1)和 f(n-2)的形式来表达的,所以可以设计一张表填入 n+1 个 f(n)的值,如图 5-10 所示。

0	1	2	3	4	5	6	7	8	9
0	1	1	2	3	5	8	13	21	34

图 5-10 动态规划法求解斐波那契数 F(9)的填表过程

开始时,根据递推关系式的初始条件可以直接填入 0 和 1,然后根据递推关系式作为运算规则计算出其它所有元素。显然,表中最后一项就是 f(n)的值。

6. 贪心算法（Greedy Algorithm）

贪心算法是把一个复杂问题分解为一系列较为简单的局部最优选择,每一步选择都是对当前解的一个扩展,直到获得问题的完整解。贪心算法的典型应用是求解最优化问题。

【例 5-16】假设有面值为 5 元、2 元、1 元、5 角、2 角和 1 角的货币,需要找给顾客 4 元 6 角现金,如何才能使付出货币的数量最少?

[算法分析] 为使付出货币的数量最少,在每一步的贪心选择中,在不超过应付款金额的条件下,选择面值最大的货币,尽可能使付出的货币最快地满足支付要求,其目的是使付出的货币张数最慢地增加,这正体现了贪心算法的设计思想。具体说,首先选出 1 张面值不超过 4 元 6 角的最大面值的货币,即 2 元,再选出 1 张面值不超过 2 元 6 角的最大面值的货币,即 2 元,再选出 1 张面值不超过 6 角的最大面值的货币,即 5 角,再选出 1 张面值不超过 1 角的最大面值的货币,即 1 角,总共付出 4 张货币。

此外,还有迭代算法（Iterative Algorithm）、回溯算法（Back Tracking Algorithm）、模拟（Simulate）、排序算法（Sort Algorithm）等,因篇幅限制,这里不一一进行详细介绍。

5.5.5 算法的复杂度

在解决一个问题时往往可选用不同的算法,而采用不同的算法会决定该程序性能的好坏。如何评价一个算法的好坏呢?主要从"算法的时间复杂度"和"算法的空间复杂度"来考虑。

1. 算法的时间复杂度（Time Complexity）

算法的时间复杂度是度量时间的复杂性,即算法的时间效率的指标。换言之,时间复杂度是与求解问题的规模、算法输入数据相关的函数,该函数表示算法运行所花费的时间。为了简化问题,通常用算法运行某段代码的次数来代替准确的执行时间,记为 T(n)。T 为英文单词 Time 的第一个字母,T(n)中的 n 表示问题规模的大小,一般指待处理的数据量的大小。

在实际的时间复杂度分析中,经常考虑的是当问题规模趋于无穷大的情形,因此引入符号"O",以此简化时间复杂度 T(n)与求解问题规模 n 之间的函数关系,简化后的关系是一种数量级关系。这样,算法的时间复杂度记为:T(n)=O(f(n))

式中,n 表示问题的规模;T(n)表示渐进时间复杂度;f(n)是问题规模 n 的函数;O(f(n))取的是函数 f(n)的上界。当且仅当存在正常数 c 和 n_0,对所有的 n(n≥n_0),满足 T(n)≤c*f(n),此时将(c*f(n))记作 O(f(n))。

【例 5-17】求两个 n 阶矩阵相乘的算法代码如下:

```
for(i=1;i<=n;i++)
    for(j=1;j<=n;j++)
    {   c[i][j]=0;                      //语句 1
        for(k=0;k<n;k++)
        c[i][j]=c[i][j]+a[i][k]*b[k][j];    //语句 2
    }
```

要计算上面代码的时间复杂度，其实只需要计算语句 1 和语句 2 的执行此数（频率）。设语句的执行次数为 f(n)，语句 1 的执行次数为 n^2，语句 2 的执行次数为 n^3，则有：

$$f(n)=n^2+n^3$$

因为 $n^2+n^3 \leqslant c*n^3=O(n^3)$，所以上面程序段的时间复杂度为 $O(n^3)$。

如果某个算法的时间复杂度为 $T(n)=n^2+2n$，那么，当求解规模 n 趋于无穷大时，有 $T(n)/n^2 \to 1$，表示算法的时间复杂度与 n^2 成正比，记为 $T(n)=O(f(n))=O(n^2)$。

时间复杂度最好的算法是常数数量级的算法。常数数量级算法的运行时间是一个常数，所消耗的时间不随所处理的数据个数 n 的增大而增长。或者说，常数数量级的算法和所计算的数据个数 n 无关，表示为 O(c)，其中 c 表示任意常数。

多项式函数的时间复杂度有 O(n)、$O(n^2)$、$O(n^3)$、$O(n^4)$ 等，以及数量级介于上述数量级之间的 $O(1og_2n)$、$O(nlog_2n)$、$O(n^2log_2n)$ 等。对大多数应用问题来说，时间复杂度都为多项式函数。与多项式时间复杂度对应的应用问题，即使所处理的数据规模 n 比较大，计算机运行所耗费的时间通常也是可以接受的。对时间复杂度为指数数量级的 $O(2^n)$ 算法，以及数量级等同于 $O(2^n)$ 的 O(n!) 算法，甚至是数量级非常之高的 $O(n^n)$ 等算法来说，当所处理的数据个数 n 较大时，计算机几乎无法在可接受的时间内得到处理结果。

2. 算法的空间复杂度（Space Complexity）

算法的空间复杂度是指算法运行的存储空间，是实现算法所需的内存空间的大小。空间复杂度也是与求解问题规模、算法输入数据相关的函数，记为 S(n)。S 为英文单词 Space 的第一个字母，n 代表求解问题的规模，一般指待处理的数据量的大小。

空间复杂度主要也是考虑当问题规模趋于无穷大的情形，符号"O"同样被用来表示空间复杂度 S(n) 与求解问题规模 n 之间的数量级关系。例如，如果 $S(n)=O(n^2)$，表示算法的空间复杂度与 n^2 成正比，记为 $S(n)=O(n^2)$。

空间复杂度的分析方法与时间复杂度的分析是类似的，往往希望算法有常数数量级或多项式数量级的空间复杂度。通常，用算法设置的变量所占内存单元的数量级来定义该算法的空间复杂度。如果一个算法占的内存空间很大，在实际应用时该算法也是很难实现的。例如下面的程序：

【例 5-18】考察不同变量所占用的存储空间与空间复杂度的对应关系。

```
int x,y,z;                    //算法 1
#define N 1000                //算法 2
int k,j,a[N],b[2*N];
#define N 100                 //算法 3
int k,j,a[N][10*N];
```

其中算法 1 设置三个简单变量，占用三个内存单元，其空间复杂度为 O(1)。算法 2 设置了两个简单变量与两个一维数组，占用 3n+2 个内存单元，显然其空间复杂度为 O(n)。算法 3 设置了两个简单变量与一个二维数组，占用 $10n^2+2$ 个内存单元，显然其空间复杂度为 $O(n^2)$。

由上可见，使用二维或三维数组是导致空间复杂度高的主要因素之一。在进行算法设计时，为降低空间复杂度，要注意尽可能少用高维数组。

空间复杂度与时间复杂度概念相同，但分析相对比较简单，在论述某一算法时，如果其空间复杂度不高，不至于因所占用的内存空间而影响算法实现时，通常不涉及对该算法的空间复杂度的讨论。事实上，从计算机的发展实际来看，运算速度在不断增加，内存容量在不断扩大，现已经达到数吉字节；从应用的角度来看，因空间所限影响算法运行的情形较为少见。因而，在设计算法时，应把降低算法的时间复杂度作为首要的考虑因素。

【提示】对于一个算法，其时间复杂度和空间复杂度往往是相互影响的。当追求一个较好的时间复杂度时可能会使空间复杂度的性能变差，即可能导致占用较多的存储空间；反之，当追求一个较好的空间复杂度时可能会使时间复杂度的性能变差，即可能导致占用较长的运行时间。另外，算法的所有性能之间都存在着或多或少的相互影响。因此，当选择（设计）一个大型算法时，要综合考虑算法的各项性能、算法的使用频率、算法处理的数据量的大小、算法描述语言的特性、算法运行的机器系统环境等各方面因素，才能获得良好的运行效率。

§5.6　数据结构

计算机科学是一门研究数据表示和数据处理的科学。随着计算机的广泛应用，计算机加工处理的对象已由数值数据发展到字符、表格、图形、图像、声音等各种具有一定结构的非数值数据。因此，可将计算机处理的问题分为两类：数值问题和非数值问题。对于数值问题的求解通常是在分析问题的基础上，将各个量之间的关系抽象成一定的数学模型，然后由计算机进行数据处理。但对于非数值问题的求解却无法用数学方程来描述，那么这一类的问题计算机怎样实现对数据处理呢？这就是"数据结构"所要研究的问题。

5.6.1　数据结构的基本概念

数据结构（Data Structure）是一门研究非数值计算程序设计问题中计算机的操作对象以及它们之间的关系和操作的学科。因为在利用计算机解决实际问题时，不仅需要研究程序结构与算法，同时还要研究程序加工对象的特性以及处理对象之间存在的关系，这就是"数据结构"这门学科形成和发展的背景。

1. 数据结构的定义

数据结构是指相互之间存在某种特定关系的数据元素的集合，是信息的一种组织方式，其目的是为了提高算法的效率。数据结构是一个二元组：

    Data-Structure=(D,R)

其中，D 是数据元素的集合，R 是 D 上关系的集合。

例如复数 x+yi；x, y∈R；Complex=(D,R)，D={x|x∈R}；R={(x,y)}|x,y∈D}；x 称为实部，y 称为虚部。

2. 数据结构研究的内容

数据结构作为计算机领域的一门学科，主要研究程序设计中计算机所操作的对象以及它们之间的关系和运算。从外部讲，数据结构用来反映一个数据的内部构成；从内部讲，数据结构研究数据之间的关系。Donald E.Knuth 教授在其经典著作《The art of computer programming》中系统地阐述了 3 个方面的问题：数据的逻辑结构、存储结构和基本运算。

（1）数据的逻辑结构：是数据集合中各数据元素之间固有的逻辑关系，它与数据的存储无关，是独立于计算机的,可以用数据元素的集合来定义若干关系。逻辑结构分为线性结构和非线性结构。线性表是典型的线性结构,而树型结构和图结构是典型的非线性结构。

（2）数据的存储结构:是在对数据进行处理时,各数据元素在计算机中的存储关系,是逻辑结构在计算机存储设备上的物理表示,因而又把存储结构称为物理结构。数据的存储结构不仅要存储数据本身,还要存储数据之间的逻辑关系。

数据存储结构的组织方式有顺序存储结构和链式存储结构两种:顺序存储结构借助元素在存储器中的相对位置来表示数据元素的逻辑关系;链式存储结构借助指针来表示数据元素之间的逻辑关系,通常在数据元素上增加一个或多个指针类型的属性来实现这种表示方式。

（3）数据的基本运算:是数据操作的集合,不同的数据结构具有不同的操作规则和方法。数据操作通常由计算机程序实现,也称为算法实现。数据结构通常与一组算法的集合相对应,通过这组算法集合可以对数据结构中的数据进行某种操作。常见的数据操作包括建立数据结构、撤销数据结构、插入数据元素、删除数据元素、更新数据元素、查找数据元素、排序、遍历、判断某个数据结构是否为空或是否已达到最大允许的容量、统计数据元素的个数等。

在程序设计中,研究数据结构的主要目的是提高数据处理的效率,具体体现在两个方面:一是提高数据处理的速度,二是尽量节省在数据处理过程中所占用的计算机存储空间。通常,算法的设计取决于数据的逻辑结构,而算法的实现取决于数据的存储结构。

目前,最常用的数据结构类型有线性结构、栈结构、队列结构、树结构和图结构。下面简要介绍这 5 种数据结构的基本形式及其运算、实现和应用。

5.6.2　线性表结构

线性结构是最简单且最常用的数据结构,而线性表就是最典型的线性结构。线性结构的特点是数据元素之间是一种线性关系,即一对一的关系。

1. 线性表的定义

线性表（Linear List）是由有限个相同的数据元素构成的序列,通常记为: a_1, a_2, …a_{i-1}, a_i, a_{i+1}, a_n。除了第一个元素只有直接后继、最后一个元素只有直接前驱外,其余数据元素都有一个直接前驱和一个直接后继。结点与结点之间的关系是一种简单的一对一联系,即线性关系。我们把具有这种特点的数据结构称为线性结构,如图 5-11 所示。

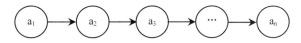

图 5-11　线性结构示意图

学生的档案表是一个典型的线性表,如表 5-2 所示。利用计算机进行学生档案管理,应能对表中的记录实现浏览、查询、插入、删除、修改、统计等操作。

表 5-2　学生档案表

学号	姓名	性别	出生日期	入学成绩	政治面貌	籍贯
20120001	张智明	男	1994.10.23	597	团员	北京市
20120002	李小倩	女	1994.08.24	605	党员	武汉市
20120003	赵　凯	男	1993.08.12	612	团员	湖南省岳阳市

对于表 5-2 这类的问题，如果用若干个简单变量来表示，显然是难以描述清楚这么多数据的。此外，数据之间的关系也不能用方程式表示。分析表 5-2 可以发现，如果把每一行看成一个记录并称作一个结点，则表中每个结点有且只有一个前驱结点（第一个结点除外），有且只有一个后继结点（最后一个结点除外）。读者不难发现：表中结点是按学号从小到大排列的，并且学号是标识结点唯一性（区分不同结点）的数据项，即关键项，通常称为关键字。

2. 线性表的实现

将一个线性表存储到计算机中可以采用多种不同的方法来实现，通常采用的方法有顺序存储结构（也称为静态存储结构）和链式存储结构（也称为动态存储结构）。

（1）顺序存储结构：在计算机内可用不同的方式来表示线性表，最简单和最常用的方式是用一组地址连续的存储单元依次存储线性表的元素，一维数组就是以这种方式组织起来的结构。用这种方法存储的线性表称为顺序表（Sequential List），这样的结构称为顺序存储结构。

例如，考虑一副扑克牌中的相同花色的 13 张红桃，为了在程序中引用每一张红桃，可以建立 13 个变量 Cardl，Card2，…，Cardl3。每一张牌有值，如"红桃 2"、"红桃 9"等。这种方法存在几个问题，首先必须处理 13 个不同的变量；其次，在程序控制下，没有一种较好的方法来操作这些变量。当在执行某些任务时（如洗牌或发牌），就必须写出处理每一个变量的步骤。一个更好的办法就是建立一个数组变量 Card，它包含 13 个分量：Card[1]，Card[2]，…，Card[13]。数组中每一项都有一个下标，其范围是 1～13，如图 5-12 所示。

红桃 A	红桃 2	红桃 3	红桃 4	红桃 5	红桃 6	红桃 7	红桃 8	红桃 9	红桃 10	红桃 J	红桃 Q	红桃 K
[1]	[2]	[3]	[4]	[5]	[6]	[7]	[8]	[9]	[10]	[11]	[12]	[13]

图 5-12　一维数组线性结构

使用数组能解决上述两个问题：首先，只需一个变量，而不是 13 个；其次，可以使用数组的下标访问其中的任一项。数组的最大优点就是可以随机存取元素。

然而，由于数组的逻辑顺序与存储（物理）顺序对应，当向数组中插入一个元素时，为了给新元素留出空间，必须从将插入位置开始，一直到最后一个元素，都向后移动一个位置，腾出位置再插入新元素；而要删除数组中的一个元素时，则要将该元素的所有后继元素向前移动一个位置。这样一来，无论是插入还是删除一个元素，都要移动大量的元素，不仅效率低，而且数组长度不易扩充。由于在定义数组时已指定了数组的大小，其后不允许改变。这就意味着必须为可能要用到的最大数组保留足够的空间，而那些没用到的空间将会造成浪费。

（2）链式存储结构：解决上述问题的方法是使用链，在每一个数据元素中添加一个指向另一个元素的指针。根据这个原理，可以建立一个称之为链表的线性表，它包含一组数据元素，在数据结构中，这样的数据元素通常被称作"结点"。每个结点中除包含一个数据域，还包含一个指针域，用以存放下一个结点的指针，这样的链表称为单链表，如图 5-13 所示。

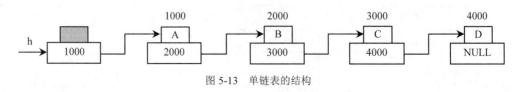

图 5-13　单链表的结构

图 5-13 中指针变量 h 存放的是附加头结点的指针，附加头结点用来存放第一个具有数据的结

点的指针，而第一个结点的指针域存放第二个结点的指针，……，最后一个结点的指针域要置空（NULL）。在计算机内，指针实际上就是某个存储单元的地址。

使用链表进行元素的插入和删除非常方便，只需调整指针域的值即可。例如在图 5-13 的单链表中，在数据值为"B"的结点前插入一个数据值为"E"的新结点的操作如图 5-14 所示。

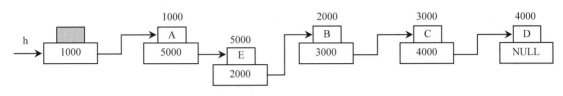

图 5-14　单链表的插入操作

即用新插入结点的地址"5000"替换数据值为"B"的结点指针域的值"3000"，而新结点指针域置数据值为"B"结点的地址"2000"，这就将新结点插入到了数据值为"B"的结点前面。若要删除一个结点，只需将欲删除结点的前驱结点的指针域的值改为欲删除结点的后继结点的地址即可。例如删除图 5-11 单链表中数据值为"C"的结点，其操作如图 5-15 所示。

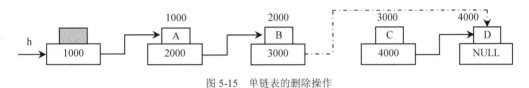

图 5-15　单链表的删除操作

3. 线性表的运算

在线性表逻辑结构上的运算操作主要有：插入、删除、查询和遍历。

（1）插入：在保持原有存储结构的前提下，根据插入要求，在适当的位置插入一个元素。插入操作要求线性表有足够的存放新插入元素的空间。如果空间不足，插入操作将无法进行，线性表会溢出。插入通常分为顺序存储线性表的插入和链表存储线性表的插入两种方式。

（2）删除：在线性表中找到满足条件的数据元素并删除，如果线性表为空则删除操作无效。相应地，删除通常也分为顺序存储线性表的删除和链式存储线性表的删除两种形式。

（3）查询：在线性表中按照查询条件，定位数据元素的过程就是查询。查询的条件一般根据数据元素中的关键字进行，关键字是一个数据元素区别于其它数据元素的一个特定的数据项。实际上，数据的插入和删除都需要查询定位数据元素，对于空的线性表是无法查询的。

（4）遍历：是指按照某种方式，逐一访问线性表中的每一个数据元素，并执行相同处理的操作。这里的处理操作可以是读、写或查询等。

4. 线性表的应用

线性表是最简单、最常用的一种数据结构，线性表通常用于对大量数据元素进行随机存取的情况，程序设计中经常使用的数组和字符串数据类型就是线性表的典型应用。又如由学生学籍信息构成的档案表项就是线性表的数据模型，用计算机进行学籍管理时，就是对数据表项实现添加、删除、修改、查找、存储等操作。若对线性表的这些基本操作加以一定的限制，则形成几种特殊结构的线性表，即"栈结构"和"队列结构"。

5.6.3　栈结构

栈结构是限定仅在表尾进行插入或删除的线性表，其特点是只能在表端进行操作，且按照"先进后出"的规则进行操作。

1. 栈结构的定义

栈（Stack）或堆栈是限制线性表中元素的插入或删除只能在线性表的同一端进行的一种特殊线性表。具有这种逻辑结构的数据结构称为栈结构。允许插入或删除的这一端称为栈项（Top），栈顶的第一个元素被称为栈顶元素，另一个固定端称为栈底（Bottom）。没有元素的堆栈称为空栈。向一个栈插入新元素称为进栈或入栈，它是把该元素放到栈顶元素的上面，使之成为新的栈顶元素；从一个栈删除元素又称为出栈或退栈，它是把栈顶元素删除掉，使其下面的相邻元素成为新的栈顶元素。

在日常生活中，有许多类似栈的例子，如刷洗盘子时，依次把每个洗净的盘子放到洗好的盘子上，相当于进栈；取用盘子时，从一摞盘子上一个接一个地向下拿，相当于出栈。又如向枪支弹夹里装子弹时，子弹被一个接一个地压入，则为进栈；射击时子弹总是从顶部一个接一个地被射出，则为出栈。由于栈的插入和删除运算仅在栈顶一端进行，后进栈的元素必定先出栈，所以栈是一种"后进先出（Last In First Out）"或"先进后出（First In Last Out）"的数据结构，即先存入栈中的元素在栈底，最后存入的元素在栈顶。相应地，最后存入的元素最先删除，最先存入的元素最后删除。

2. 栈的实现

栈运算的具体实现取决于栈的存储结构，存储结构不同，其相应的算法描述方法也不同。存储结构通常分为顺序存储结构和链式存储结构两种形式。

3. 栈的运算

栈结构的基本运算主要有入栈、出栈和判断等三种。

（1）入栈：也称压栈，是在栈顶添加新元素的操作，新的元素入栈后成为新的栈顶元素，如图 5-16（a）所示。由于栈的大小是有限的，入栈时必须保证栈中存在容纳新元素的空间，否则，栈会产生溢出，称为上溢。

（2）出栈：也称退栈或弹栈，是将栈顶元素从栈中退出并传递给用户程序的操作，原栈顶元素的后继元素成为新的栈顶，如图 5-16（b）所示。出栈时必须保证栈内数据不能为空，否则，也会发生溢出，称为下溢。

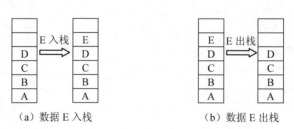

（a）数据 E 入栈　　　　　　（b）数据 E 出栈

图 5-16　栈的操作

（3）判断：判断操作用来检查栈内数据是否为空，返回结果是一个逻辑值：真或假。如果栈顶和栈底重合，说明堆栈为空。

4. 栈的应用

栈在日常生活和计算机程序设计中有着许多重要应用。在程序设计中通常用于数据逆序处理的各种场合，如对数据进行首尾元素互换的排序操作、函数嵌套调用时返回地址的存放、编译过程中的语法分析等。这里简要介绍栈在以下 3 个方面的应用。

（1）算术表达式求值：算术表达式中包含了算术运算符和算术量（常量、变量、函数），而运算符之间又存在着优先级的问题，编译程序在求值时不能简单地进行从左到右（C++中，有的运算从右到左）的运算，而必须先计算优先级高的。因此，要实现表达式求值，必须设置两个栈：一个存放运算符，另一个存放操作数。在进行表达式求值时，编译程序从左到右扫描，每遇到一个操作数，一律进入操作数栈，每遇到一个运算符，则与运算符栈的栈顶进行比较：若运算符优先级高于栈顶的优先级，则进栈；否则，在运算符栈中退栈。退栈后，在操作数栈中退出两个元素（先退出的数据放在退出运算符右边，后退出的数据放在退出运算符左边），然后用运算符栈中退出的栈顶元素进行运算，运算的结果存入操作数栈中，直到扫描结束。这时运算符栈为空，操作数栈中只有一个元素，即为运算结果。

（2）函数的嵌套调用：在函数的嵌套调用中，是一个函数没有结束又开始另一个函数的执行，因此必须用栈来保存函数中断的地址，以便嵌套调用返回时能从断点继续往下执行。

（3）函数的递归调用：函数的递归调用也是一种嵌套，因而必须用栈来保存断点信息，但递归调用相当于同一个函数的嵌套调用，所以除了保存断点信息外，还必须保存每一层的参数、局部变量等。

5.6.4　队列结构

队列结构是一种特殊的线性结构，凡是符合先进先出原则的数学模型，都可以使用队列。

1. 队列结构定义

队列结构也是一种运算受限的线性表，其限制是仅允许在表的一端进行插入，而在表的另一端进行删除。我们把这种逻辑结构称为队列（Queue），并且把只允许插入的一端称为队尾（Rear），把只允许删除的一端称为队首（Front）。向队列中插入新元素称为进队或入队，新元素进队后就成为新的队尾元素，从队列中删除元素称为离队或出队。元素离队后，其后继元素就成为队首元素。由于队列的插入和删除操作分别是在各自的一端进行的，每个元素必然按照进入的次序离队，所以队列是一种"先进先出（First In First Out）"的数据结构。图 5-17 是一个队列的动态示意图。

出队列 ◀— a_1　a_2　a_3 ··· a_i ··· a_n ◀— 入队列

队头　　　　　　　　　队尾

图 5-17　对列的动态示意图

2. 队列的实现

队列可以采用顺序存储结构来实现，也可以采用链式存储结构来实现。

（1）顺序存储结构：一般情况下，使用一维数组作为队列的顺序存储空间；另外再设两个指示器：一个是指向队头元素位置的指示器 front，另一个是指向队尾元素位置的指示器 rear。

（2）链式存储结构：在一个链式队列中需要设定两个指针（头指针和尾指针）来分别指向队列的头部和尾部。为了操作的方便，和线性表一样，给链队列添加一个头结点，并设定头指针指向头结点。因此，空队列的判定条件就成为头指针和尾指针都指向头结点。

3. 队列的运算

队列的基本运算主要有入队、出队和判断等三种。

（1）入队：是在队列的尾端插入一个新的数据元素，即新插入的元素成为新的队尾，如图 5-18 所示。入队时必须保证队列存在容纳新元素的空间，否则，队列会产生溢出。

（2）出队：是在队列中删除一个数据元素的过程，如站在队首的人购到物品或上车后离开（出队）。删除在队首进行并把出队的数据传递给用户程序，原队首元素的后继元素成为新的队首，如图 5-19 所示。出队时必须保证队列不满，否则，也会发生溢出。

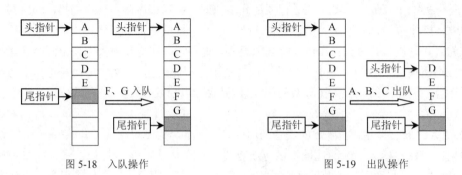

图 5-18　入队操作　　　　　　　　　图 5-19　出队操作

（3）判断：用来检查队列是否为空，返回结果是一个逻辑值：真或假，如图 5-20 所示。

在线性表的实际应用中，会涉及更复杂的运算，但都可以用上面的若干基本运算的组合来实现。这里只是在逻辑结构上定义了线性表的基本运算，要在程序设计中实现这些运算，只有确定了线性表的存储结构之后才能进行。

由于队列的大小是有限制的，从图 5-17 可以看出，如果不断地在队列中插入新的数据元素，可能导致队尾的位置从计算机内存中合法的存储空间中溢出。因此在具体实现时，通常采用循环队列的方式。循环队列仍然使用内存中一片特定的存储空间，从起始端（第一个存储单元）开始存储队列数据，随着更多数据逐渐入队，队尾向末端方向延伸。然而，当队尾到达存储空间的末端时，如果继续有新的数据入队就可能会产生溢出。在实际应用中，随着数据入队，队尾向末端延伸的同时，队首数据通常也在不断出队，导致存储空间起始端的空白存储单元逐渐增多。因此，当队尾到达末端时，就可以把新入队的数据插入到原来的起始端空白的存储单元中，从而队尾指向存储空间的起始端，并随着队列增长继续向末端延伸。此时，存储空间中队列的形式如图 5-21 所示。

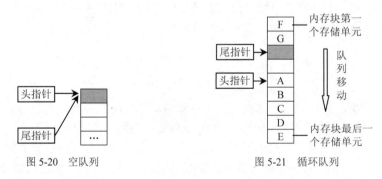

图 5-20　空队列　　　　　　　　图 5-21　循环队列

随着数据不断出队，当队首数据到达末端时，将重新回到存储空间的起始端，这个过程是一个循环的过程。只要队列的总长度不超出分配给队列的存储空间大小的限制，这种处理方法就能够最大限度地有效利用分配给队列的存储空间，也最大程度地避免了溢出的发生。

4.　队列的应用

队列在日常生活中和计算机中有着非常重要的作用，它可以用于各种应用系统中的事件规划、事件模拟。这里举例说明队列在计算机中两个方面的典型应用。

最典型的队列例子是操作系统中用来解决主机与外部设备之间速度不匹配或多个用户引起的资源竞争问题。

【例 5-19】 CPU 资源的竞争问题

在具有多个终端的计算机系统中，有多个用户需要使用 CPU 运行自己的程序，它们分别通过各自的终端向操作系统提出使用 CPU 的请求，操作系统按照每个请求在时间上的先后顺序将其排成一个队列，每次把 CPU 分配给队首的用户使用。当相应的程序运行结束或用完规定的时间片时则令其出队，再把 CPU 分配给新的队首用户，直到所有用户任务处理完毕。这样，既满足了每个用户的请求，又使 CPU 能够正常运行。

【例 5-20】 主机与外部设备之间速度不匹配的问题

计算机打印数据时主机输出数据给打印机打印，由于主机输出数据的速度比打印机打印的速度要快得多，因而不能直接把输出的数据送给打印机打印。解决的方法是设置一个打印数据缓冲区，主机把要打印输出的数据依次写入到这个缓冲区中，写满后就暂停输出，转而去执行其它任务，此时打印机从缓冲区中按照先进先出的原则依次取出数据并打印，打印完后再向主机发出请求，主机接到请求后再向缓冲区写入打印数据。这样，既保证了打印数据的正确，又使主机提高了效率。由此可见，打印数据缓冲区中所存储的数据就是一个队列。

线性表、栈、队列这三种结构都是线性结构，其特点是逻辑结构简单，易于查找、插入和删除等操作。然而，这些结构却不便于描述数据之间的分支、层次和递归关系。

5.6.5　树结构

树结构是一种非常重要的非线性数据结构，因结点之间存在的分支、层次关系非常类似倒立的树而得名。树结构的特点是结点之间具有一对多的联系，我们把具有这种特点的数据结构称为树结构。在现实世界中，很多事物都可以用树结构来描述。例如家族成员关系的描述，就是一个典型的树结构，如图 5-22 所示。

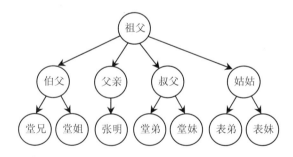

图 5-22　树结构实例

1. 树结构定义

树（Tree）是 n（n≥0）个结点的有限集合 T。当 n=0 时，集合 T 为空，此时树为空树；当 n>0 时，集合 T 非空，此时树为非空树。非空树满足两个条件：

① 有且仅有一个特定的称为根（Root）的结点。

② 其余的结点可分为 m（m≥0）个互不相交的子集 T_1，T_2，…，T_m，其中每个子集本身又是一棵树，称其为根的子树（Subtree）。

树的定义是递归的，它深刻地反映了树的固有特性，即一棵非空树是由若干棵子树构成的，而子树又可由若干棵更小的子树构成。树结构具有如下特性：

- 　存在唯一的根结点，根结点没有前驱结点。其它的每一结点都只有一个前驱结点。
- 　每一结点都可以有 0 个或多个后继结点，因此可把线性结构看作树结构的一种特例。

为了全面、准确地描述树结构，常常使用以下术语。

① 度（Degree）。一个结点拥有的子树数称为该结点的度，一棵树的度是指该树中结点的最大度数。

② 叶子（Leaf）和分支结点。度为零的结点称为叶子或终端结点。度不为零的结点称为分支结点或非终端结点。除根结点之外的分支结点统称为内部结点，根结点又称为开始结点。

③ 双亲（Parents）和孩子（Child）。树中某个结点的子树之根称为该结点的孩子或儿子，相应地，该结点称为孩子的双亲或父亲。

④ 兄弟（Sibling）和堂兄弟。同一个双亲的孩子称为兄弟，双亲同一层的结点互为堂兄弟。

⑤ 路径（Path）。若树中存在一个结点序列 k_i，k_2，…，k_j 使得 k_j 是 k_{j+1} 的双亲（$1 \leq i \leq j$），则该结点序列是从 k_i 到 k_j 的一条路径或通路。若一个结点序列是路径，则在树的表示中，该结点序列"自上而下"地通过路径上的每条边。

⑥ 祖先（Ancestor）和子孙（Descendant）。一个结点的祖先是指从树的根到该结点所经分支上的所有结点（包括根结点）。一个结点的子树的所有结点都称为该结点的子孙。

⑦ 结点的层数（Level）。设根的层数为 1，其余结点的层数等于其双亲结点的层数加 1。

⑧ 树的高度（Height）：树中结点的最大层数称为树的高度或深度（Depth）。

⑨ 有序树（Ordered tree）和无序树（Unordered tree）。若将树中每个结点的子树看成是从左到右有次序的（即不能互换），则称该树为有序树；否则称为无序树。

⑩ 森林（Forest）。是 m（$m \geq 0$）棵互不相交的树的集合。对树中的每个结点而言，其子树的集合即为森林；反之，给一个森林加上一个结点，使原森林的各棵树成为所加结点的子树，便得到一棵树。

2. 树的类型

树结构有多种类型，其中，最常用、最重要的是二叉树结构，它有以下几种形式。

（1）二叉树（Binary tree）：是指每个结点的度至多为 2 的有序树，其结构如图 5-23 所示。

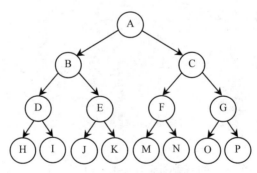

图 5-23　二叉树结构示意图

二叉树是一种非常重要的树结构，由于根据实际问题抽象出来的数据结构很多都是二叉树形式，而且二叉树的存储结构及其算法也较为简单、易于实现，所以它在树结构中尤为重要。

（2）哈夫曼树（Huffman tree）：又称为最优二叉树，是一类带权路径长度最小的二叉树。

哈夫曼树在数据通信与数据压缩领域中广泛使用。例如在远距离电报通信中，需要将传送的文字转换成由二进制的字符组成的字符串。假如要传送的电文信息为 ABACCAD，其中只包含 4 种字符，因此只需要用两位二进制来表示。假设 A、B、C、D 的编码分别为 00、01、10、11，则对应的电文变为 00010010100011，对方接收时可按二位划分来解码。

（3）二叉搜索树（Binary searching tree）：又称为二叉排序树（Binary sorting tree），它或者是一棵空树，或者是两叉中有一边为空的非空二叉树。二叉搜索树的主要应用是搜索和排序。

3．树的实现

二叉树的实现可以采用顺序存储结构，也可以采用链式存储结构，但主要采用链表方式。

（1）顺序存储结构：对于完全二叉树，采用自上而下，每层自左向右的顺序存储；对于非完全二叉树，也按完全二叉树的形式来存储，不过需要增加空结点。

（2）链式存储结构：用顺序存储结构存放一般的二叉树比较浪费存储空间，所以通常采用链表的方式存储。采用链表存储时通常树中的每个结点都添加至少两个指针域，称为左指针（Left）、右指针（Right），分别指向该结点的左子树、右子树，如图 5-24 所示。

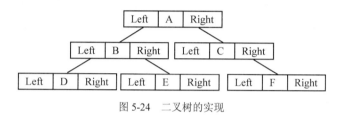

图 5-24　二叉树的实现

4．树的运算

树结构的基本运算主要有插入、删除和遍历 3 种。

（1）插入：在树中合适的位置添加一个结点，插入新的结点后，仍然保持树本身所具有的性质。

（2）删除：在树中找到满足条件的结点并删除。通常删除结点后，仍然保持树本身所具有的性质。

（3）遍历：按照某种顺序或规则，对树中的每个结点逐一进行访问的过程。

5．树的应用

树结构在计算机领域中有着广泛的应用。例如，在编译系统中，用树来表示源程序的语法结构；在数据库系统中，用树来组织信息和大型列表的搜索；在文件系统中，用树来描述目录结构；在分析算法时，用树来描述其执行过程；在人工智能系统中，用树来描述数据模型，等等。其中，最为典型的应用是描述客观世界中广泛存在的、以分支关系定义的层次结构，如各种社会组织结构关系。

【例 5-21】人-机对弈问题抽象的数据模型是典型的树结构形式。

计算机之所以能和人对弈，是因为对弈的策略存放在计算机中。在对弈问题中，计算机的操作对象是对弈过程中可能出现的棋盘状态（格局），而格局之间的关系是由对弈规则决定的。格局之间的关系通常不是线性的，而是非线性的，可以很方便地用树结构来描述，其结构形式如图 5-25 所示。

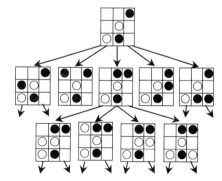

图 5-25　对弈问题中格局之间的关系

5.6.6　图结构

图结构是一种比线性结构和树结构更为复杂的非线性结构，在数学、物理、化学、生物、人工智能和计算机学科等领域中有着广泛的应用。

1. 图结构定义

我们知道，数据的逻辑结构可以看成是结点的有穷集合以及这个集合上的一个关系，如果对结点相对于关系中的前驱和后继数目加以限制，则线性结构、树结构和图结构具有如下关系：

（1）线性结构：唯一前驱，唯一后继，反映一种线性关系。

（2）树结构：唯一前驱，多个后继，反映一种层次关系。

（3）图结构：不限制前驱的个数，也不限制后继的个数，反映的是一种网状关系。

在图结构中，每个数据元素称为一个顶点，任意两个顶点之间都可能相关，这种相关性用一条边来表示，顶点之间的邻接关系可以是任意的，我们把具有这种特点的数据结构称为图形结构，简称为图结构。树结构和线性结构可看作是图结构的特例，实际应用问题中所有元素之间的逻辑关系都可归为线性关系、层次关系或网状关系，解决问题采用的数据结构都可由这三种关系相对应的线性结构、树结构或图结构派生出来。

图结构主要用来描述各种复杂的数据图，如铁路交通图、通信网络结构、城市交通图等。例如，5 个城市之间的通信网络可用图 5-26 表示。

因此，几个城市之间的通信网络问题就转化为在图中找到一个连通所有结点且边的权值之和最小的图。这样，一个实际问题就被表达成一种明晰的图结构了。

图结构是一个二元组，简记为：

G=<V，E>

其中：V 是结点（node）或称顶点（vertex）的有穷非空集合，E 是 V 中顶点偶对，称为边（edge）的有穷集。通常，将图 G 的顶点集和边集分别记为 V(G) 和 E(G)。E(G) 可以是空集，若 E(G) 为空，则图 G 只有顶点而没有边。图结构中有两个核心概念：

（1）无向图：若图 G 中的每条边都是没有方向的，则称 G 为无向图（Undigraph），如图 5-27 所示。无向图中的边均是顶点的无序对，无序对通常用圆括号表示。

（2）有向图：若图 G 中的每条边都是有方向的，则称 G 为有向图（Digraph），如图 5-28 所示。

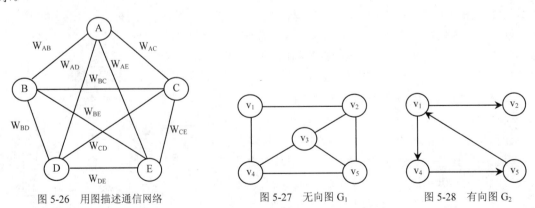

图 5-26 用图描述通信网络　　　　图 5-27 无向图 G_1　　　　图 5-28 有向图 G_2

在有向图中，一条有向边是由两个顶点组成的有序对，有序对通常用尖括号表示。有向边也称为弧（Arc），边的始点称为弧尾（Tail），终点称为弧头（Head）。若用 $<v_i, v_j>$ 表示一条有向边，则 v_i 是边的起点，v_j 是边的终点。因此，$<v_i, v_j>$ 和 $<v_j, v_i>$ 是两条不同的有向边。

2. 图结构的实现

图结构的实现可以采用邻接矩阵存储结构，也可以采用邻接表存储结构，即对各个顶点和顶点之间的关系分别采用邻接矩阵和邻接表来进行描述。

（1）邻接矩阵存储结构：就是用一维数组存储图中顶点的信息，用矩阵表示图中各顶点之间的邻接关系。假设图 G=(V，E)有 n 个顶点，即 V={$v_0,v_1,\cdots,v_{n-1}$}，则表示 G 中各顶点相邻关系为一个 n×n 的矩阵，矩阵的元素为：

$$a[i][j]=\begin{cases} 1\,(v_i,\ v_j)\ \text{或}\ <v_i,\ v_j>\ \text{是图 G 的边或弧} \\ 0\,(v_i,\ v_j)\ \text{或}\ <v_i,\ v_j>\ \text{不是图 G 的边或弧} \end{cases}$$

对于无向图 G_1 的邻接矩阵表示如图 5-29 所示。

（2）邻接表存储结构：采用邻接矩阵存储图中各顶点之间的关系，有时矩阵会非常得稀疏（矩阵中 1 的个数非常少，0 的个数很多），从而浪费存储空间，此时可以采用邻接表存储结构。

邻接表是图的一种顺序存储与链式存储相结合的存储方法，类似于树的链表表示法。对于图 G 中的每个顶点 v_i，将所有邻接于 v_i 的顶点 v_j 连成一个单链表，这个单链表就称为顶点 v_i 的邻接表，再将所有顶点的邻接表表头放到数组中，就构成了图的邻接表。在邻接表表示中，可分为顶点表结点结构和边表结点结构，如图 5-30 所示。

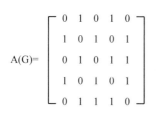

图 5-29　无向图 G_1 邻接矩阵

图 5-30　邻接表的结点结构

顶点表结点结构由顶点域和指向第一条邻接边的指针域构成；边表结点结构由邻接点域和指向下一条邻接边的指针域构成。对于无向图 G_1 所对应的邻接表如图 5-31 所示。

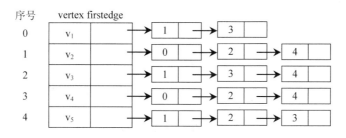

图 5-31　无向图 G1 的邻接表存储示意图

3. 图的运算

常见的图运算有：添加顶点、删除顶点、添加边、删除边和遍历图。

（1）添加顶点：在图中添加新的顶点。新添加的顶点通常是孤立的结点，还没有边连接。

（2）删除顶点：在图中去掉一个顶点。在去掉一个顶点时还应删除与该顶点所连接的边。

（3）添加边：根据指定的顶点，添加相应的边。

（4）删除边：根据指定的顶点，删除相应的边。

（5）遍历图：按照一定的规则，对图中的每个数据顶点逐一进行访问。

4. 图的应用

图在计算机领域有着广泛的应用，可用来描述数据的非线性结构、计算机网络的拓扑结构，以及图论中的最小生成树问题。常见的交通图、电路图、结构图、流程图等，都具有这种图结构。此外，在自然科学和人文科学等许多领域图也有着非常广泛的应用。

【例 5-22】教学计划编排问题抽象的数据模型就是一个典型的图结构

一个教学计划包含许多课程，其中有些课程必须按照教学的先后顺序进行，例如计算机软件方向的部分课程及课程之间的进程关系如图 5-32（a）所示。在教学计划编排问题中，计算机的操作对象是课程，课程之间的关系可以用图结构来描述，如图 5-32（b）所示。

课程编号	课程名称	先修课程
C_1	高等数学	无
C_2	计算机导论	无
C_3	离散算学	C_1
C_4	C 语言程序设计	C_1、C_2
C_5	数据结构	C_3、C_4
C_6	计算机组成原理	C_2、C_4
C_7	数据库原理	C_4、C_5、C_6

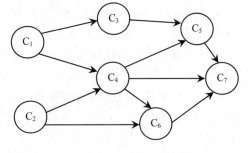

（a）计算机软件方向的部分课程   （b）课程之间次序关系顺序图

图 5-32　课程及课程之间次序关系示意图

本章小结

1. 利用计算机语言将解决问题的方法、公式、步骤等编写成程序的整个过程称为程序设计。程序设计的任务是利用计算机语言把用户提出的任务作出描述并予以实现。

2. 程序设计步骤是：确定算法与数据结构；用流程图表示编写程序的思路；用高级语言编写源程序。用高级语言编写的源程序必须通过翻译（编译或解释），计算机才能执行。

3. 目前最常使用的程序设计方法是结构化程序设计和面向对象程序设计。其中，结构化程序设计强调的是程序结构的清晰性；面向对象程序设计强调的是运行效率和可维护性。

4. 一个程序运行所需的存储空间通常包括固定空间需求与可变空间需求两部分。固定空间包括程序代码、常量与结构变量等所占的空间，可变空间包括数组元素所占的空间与运行递归所需的系统栈空间等。

5. 算法与数据结构是计算机软件和计算机应用专业的核心课程之一，也是计算机程序设计的理论基础，掌握算法与数据结构知识，对于学习操作系统、编译原理、数据库管理系统、软件工程、人工智能等课程都是有益的。

习题五

一、选择题

1. 用高级语言编写的源程序，要转换成等价的可执行程序，必须经过（　　）。

A. 汇编   B. 编辑

C. 解释   D. 编译和连接

2．计算机能直接执行的程序语言是（　　　）。

  A．自然语言　　　　　B．机器语言　　　　C．汇编语言　　　　D．高级语言

3．能将高级语言或汇编语言源程序转换成目标程序的是（　　　）。

  A．调试程序　　　　　B．解释程序　　　　C．编译程序　　　　D．汇编程序

4．用（　　　）编写的程序不需要通过翻译程序翻译便可以直接执行。

  A．低级语言　　　　　B．高级语言　　　　C．机器语言　　　　D．汇编语言

5．（　　　）是一种符号化的机器语言。

  A．BASIC 语言　　　　B．汇编语言　　　　C．机器语言　　　　D．计算机语言

6．算法的设计取决于数据的逻辑结构，而算法的实现取决于数据的（　　　）。

  A．物理结构　　　　　B．存储结构　　　　C．数据结构　　　　D．队列结构

7．算法是对解题过程的（　　　）描述。

  A．精确　　　　　　　B．大概　　　　　　C．简单　　　　　　D．复杂

8．程序设计的任务是利用（　　　）把用户提出的任务作出描述并予以实现。

  A．数学方法　　　　　B．数据结构　　　　C．计算方法　　　　D．计算机语言

9．面向过程程序设计可分为：流程图程序设计、模块化程序设计和（　　　）。

  A．结构化程序设计　　　　　　　　B．可视化程序设计

  C．现代化程序设计　　　　　　　　D．自动化程序设计

10．图结构是一种比线性结构和（　　　）更为复杂的非线性结构。

  A．树结构　　　　　　B．队列结构　　　　C．线性结构　　　　D．栈结构

二、判断题

1．用汇编语言和高级语言编写的源程序，必须经过编译，计算机才能执行。（　　　）

2．算法是用计算机解题的精确描述，是逐步（Step-by-step）执行某类计算的方法，是有穷的动作的序列或步骤。（　　　）

3．设计一个好的算法，在很大程度上取决于描述实际问题的数据结构。（　　　）

4．在计算机中我们常把数据元素的逻辑结构称为数据的物理结构。（　　　）

5．线性结构是最简单且最常用的数据结构，而线性表就是最典型的线性结构。（　　　）

6．栈结构是限定仅在表尾进行插入或删除的线性表，其特点是只能在表端进行操作，且按照"先进后出"的规则进行操作。（　　　）

7．队列结构是一种特殊的线性结构，凡是符合"先进先出"原则的数学模型都可以使用队列结构。（　　　）

8．树结构是一种非常重要的非线性数据结构，因像倒立的树而得名。（　　　）

9．图结构是一种比线性表和树结构更为复杂的线性结构。（　　　）

10．树结构和线性结构可看作是图结构的特例。（　　　）

三、问答题

1．计算机在解决各个特定任务中，通常涉及几个方面的内容？

2．程序、算法、数据结构三者之间有何关系？

3．计算机指令、计算机语言和计算机软件的区别是什么？

4．高级语言与机器语言有何区别？

5．解释系统的工作过程是什么？它能否生成目标程序？

6．编译系统与解释系统的区别是什么？哪一种方式运行更快？

7．面向对象程序设计的本质是什么？

8．采用面向对象程序设计的优点是什么？

9．数据类型和数据结构的联系和区别是什么？

10．在栈、队列和树这三种结构形式中，它们各自采用哪种存储结构？

四、讨论题

1．自古至今，中国对算法起源、算法研究、计算工具等作出了哪些杰出贡献？

2．自古至今，我国在计算领域有哪些杰出数学家？

3．算法与数据结构有何内在联系，其作用与区别是什么？

第6章　软件工程

【问题引出】在程序设计的发展过程中，特别是20世纪70年代初期，操作系统、数据库等系统软件的出现，给程序设计带来了许多新的问题。用传统的程序设计方法开发大型软件，不但编制程序需要大量的资金和人力，而且产品的可靠性、可维护性、可修改性和可移植性也存在问题。更为严重的是常常花费了大量财力物力所得到的软件，还蕴含着大量的错误。为此，人们把程序设计的这种困境称为"软件危机"。那么，如何走出这种困境，即如何运用现代软件工程技术手段和方法开发出快速、高效、可靠和可维护的软件？这就是本章所要讨论的问题。

【教学重点】软件危机和软件工程概念、软件工程目标、软件工程原则、软件过程模型、软件生存周期和软件质量评价。

【教学目标】通过本章学习，了解软件危机和软件工程概念；熟悉软件工程目标、软件工程原则、软件过程模型；掌握软件开发的基本方法和软件质量评价方法。

§6.1　软件工程概述

软件工程（Software Engineering）是研究大规模程序设计的方法、工具和管理的一门工程科学，它应用计算机科学以及数学等原理，以工程化的原则和方法来指导计算机软件开发过程。具体说，是用管理学的原理、方法来进行软件生产管理；用工程学的观点来进行费用估算、制定进度和实施方案；用数学方法来建立软件可靠性模型以及分析各种算法和性质，其目标是提高软件生产率和软件质量，降低软件成本。

软件工程是计算机学科中一个年轻并充满活力的研究领域。它是在20世纪60年代末为了克服"软件危机"，在这一领域做了大量工作，逐渐形成了系统的软件开发理论、技术和方法。软件工程不是一成不变的，它会随着人们对软件系统的研制、开发和生产的不断理解而发展。

软件工程的发展大体经历了3个时代：程序设计时代、软件时代、软件工程时代。软件工程经过40多年的研究与发展，正逐步走向成熟。

6.1.1　软件危机

"软件危机"（Software Crisis）一词是1968年北大西洋公约组织的计算机科学家在联邦德国召开的国际学术会议上第一次提出来的，是指软件开发和维护过程中遇到的一系列严重问题。

1. 产生软件危机的原因

早期的软件开发主要采用手工作坊式方式，编制程序完全是一种技巧，主要依赖于开发人员的素质和个人技能，没有可遵循的原理、原则和方法，缺乏有效的管理。开发出来的软件，在质量、可靠性、可维护性等方面较差，开发时间、成本等方面也无法满足需求，且无法进行复杂的、大型的软件的开发，造成软件危机。

2. 软件危机的表现

概括地说，软件危机包含两方面问题：一是如何开发软件，以满足不断增长、日趋复杂的需求；二是如何维护数量不断膨胀的软件产品。其主要表现为：

① 不能正确地估计软件开发成本和进度，致使实际开发成本往往高出预算很多。

② 软件产品不可靠，软件质量差，满足不了用户的需求，甚至无法使用，维护困难。

③ 交付使用的软件不易演化，很少能够重用，以致于不得不重复开发类似的软件。

④ 软件生产率低下，远远满足不了社会发展的需求。

⑤ 软件缺乏适当的文档资料。

以上列举的只是软件危机的一些明显的表现，与软件开发和维护有关的问题远不止这些。通过对以上软件危机的各种表现的分析，可以看出在软件开发和维护过程中存在很多严重问题，一方面与软件本身的特点有关，另一方面也和软件开发与维护的方法不正确有关。

6.1.2　软件工程概念

为了缓解、解决"软件危机"，1968 年北大西洋公约组织（NATO）的计算机科学家在联邦德国召开的国际会议上，由弗里兹·鲍尔（Fritz Bauer）首先提出了"软件工程"（Software Engineering）这个术语。20 世纪 70 年代中期提出了软件生存周期的概念。20 世纪 80 年代以来，软件工程思想更为系统，并按照工程化的概念、原理、技术和方法来组织和规范软件开发的过程，采用工程化的思想开发与维护软件，突出软件生产的科学方法，把正确的管理技术和当前最好的技术方法结合起来，降低开发成本，缩短研制周期，提高软件的可靠性和生产效率，从而解决软件开发过程中的困难和混乱，从根本上解决软件危机。

1. 软件工程的定义

弗里兹·鲍尔曾经为软件工程下了定义：<u>"软件工程是为了经济地获得能够在实际机器上有效运行的可靠软件而建立和使用的一系列完善的工程化原则"</u>。

1983 年 IEEE 给出的定义为：<u>"软件工程是开发、运行、维护和修复软件的系统方法"</u>。其中，"软件"的定义为：计算机程序、方法、规则、相关的文档资料以及在计算机上运行时所必需的数据。后来尽管又有一些人提出了许多更为完善的定义，但主要思想都是强调在软件开发过程中需要应用工程化原则的重要性。

2. 软件工程的要素

软件工程是用工程、科学和数学的原则与方法研制、维护计算机软件的有关技术及管理方法，是从管理和技术两方面研究如何更好地开发和维护计算机软件的学科。软件的方法、工具、过程构成了软件工程的三要素。

（1）软件工程方法：为软件开发提供了"如何做"的技术，是完成软件工程项目的手段。它包括了多方面的任务，如项目计划和估算、软件系统需求分析、数据结构、系统总体结构设计、算法过程设计、编码、测试以及维护等。

（2）软件工程工具：为软件工程方法提供了自动或半自动的软件支撑环境。计算机辅助软件工程（Computer-Aided Software Engineering，CASE）将各种软件工具、开发机器和一个存放开发过程信息的工程数据库组合起来形成一个软件开发支撑系统，即软件工程环境。因此，软件工程环境是人类在开发软件的活动中智力和体力的扩展和延伸，它自动地支持软件的开发和管理，支持各种软件文档的生成。

（3）软件工程过程：是将软件工程的方法和工具综合起来以达到合理、及时地进行计算机软件开发的目的。过程定义了方法使用的顺序、要求交付的文档资料、为保证质量和协调变化所需要的管理及软件开发各个阶段完成的任务。管理者在软件工程过程中，要对软件开发的质量、进度、成本进行评估、管理，包括人员组织、计划跟踪与控制、成本估算、质量保证、配置管理等。

6.1.3　软件工程目标

软件工程是从工程角度来研究软件开发的方法和技术,它的目标就是在给定的时间和费用下开发出一个满足用户功能要求的、性能可靠的软件系统,即在给定成本、进度的前提下,开发出具有可修改性、有效性、可靠性、可理解性、可维护性、可重用性、可适应性、可移植性、可追踪性和可互操作性并且满足用户需求的软件产品。追求这些目标有助于提高软件产品质量和开发效率,减少维护的困难。软件工程的基本目标可概括为如下 10 个方面。

1. 可修改性（Modifiability）

可修改性是指允许对系统进行修改而不增加原系统的复杂性。它支持软件的调试与维护,是一个难以度量和难以达到的目标。

2. 有效性（Efficiency）

有效性是指软件系统能最有效地利用计算机的时间资源和空间资源。各种计算机软件无不将系统的时/空开销作为衡量软件质量的一项重要技术指标。很多场合,在追求时间有效性和空间有效性方面会发生矛盾,这时不得不牺牲时间效率换取空间有效性或牺牲空间效率换取时间有效性。时/空折衷是经常出现的。有经验的软件设计人员会巧妙地利用折衷概念,在具体的物理环境中实现用户的需求和自己的设计。

3. 可靠性（Reliability）

可靠性是指能够防止因概念、设计和结构等方面的不完善而造成的软件系统失效,具有挽回因操作不当造成软件系统失效的能力。对于实时嵌入式计算机系统,可靠性是一个非常重要的目标。因为软件要实时地控制一个物理过程,如宇宙飞船的导航、核电站的运行,等等。如果可靠性得不到保证,一旦出现问题将可能是灾难性的,后果不堪设想。因此,在软件开发、编码和测试过程中,必须将可靠性放在重要地位。

4. 可理解性（Understandability）

可理解性是指系统具有清晰的结构,能直接反映问题的需求。可理解性有助于控制软件系统的复杂性,并支持软件的维护、移植或重用。

5. 可维护性（Maintainability）

可维护性是指软件产品交付用户使用后,能够对它进行修改,以便改正潜伏的错误,改进性能和其它属性,使软件产品适应环境的变化,等等。由于软件是逻辑产品,只要用户需要,它可以无限期地使用下去,因此软件维护是不可避免的。软件维护费用在软件开发费用中占有很大的比重。可维护性是软件工程中一项十分重要的目标。软件的可理解性和可修改性有利于软件的可维护性。

6. 可重用性（Reusebility）

可重用性是指概念或功能相对独立的一个或一组相关模块定义为一个软部件。软部件可以在多种场合应用的程度称为部件的可重用性。可重用部件应具有清晰的结构和注释,具有正确的编码和较低的时/空开销。各种可重用软部件还可以按照某种规则存放在软部件库中,供软件工程师们选用。可重用性有助于提高软件产品的质量和开发效率、有助于降低软件的开发和维护费用。从更广泛的意义上理解软件工程的可重用性还应包括:应用项目的重用、规格说明(亦称为规约)的重用、设计的重用、概念和方法的重用,等等。一般说来,重用的层次越高,带来的效益越大。

7. 可适应性（Adaptability）

可适应性是指软件在不同的系统约束条件下,使用户需求得到满足的难易程度。适应性强的软件应采用广为流行的程序设计语言编码,在广为流行的操作系统环境中运行,采用标准的术语和格式书写文档。适应性强的软件较容易推广使用。

8. 可移植性（Portability）

可移植性是指软件从一个计算机系统或环境搬到另一个计算机系统或环境的难易程度。为了获得比较高的可移植性，在软件设计过程中通常采用通用的程序设计语言和运行支撑环境。对依赖于计算机系统的低级（物理）特征部分，如编译系统的目标代码生成，应相对独立、集中。这样与处理机无关的部分就可以移植到其它系统上使用。可移植性支持软件的可重用性和可适应性。

9. 可追踪性（Traceability）

可追踪性是指根据软件需求对软件设计、程序进行正向追踪，或根据程序、软件设计对软件需求进行逆向追踪的能力。软件可追踪性依赖于软件开发各个阶段文档和程序的完整性、一致性、可理解性。降低系统的复杂性会提高软件的可追踪性。软件在测试或维护过程中，或程序在执行期间出现问题时，应记录程序事件或有关模块中的全部或部分指令现场，以便分析、追踪产生问题的因果关系。

10. 可互操作性（Interoperability）

可互操作性是指多个软件元素相互通信并协同完成任务的能力。为了实现可互操作性，软件开发通常要遵循某种标准，支持这种标准的环境将为软件元素之间的互操作提供便利。可互操作性在分布计算环境下尤为重要。

软件工程是研究软件结构、软件设计与维护方法、软件工具与环境、软件工程标准与规范、软件开发与管理技术的相关理论。软件工程的最终目标是以较少投资获得易于维护、高可靠性、高性能、按时交付的软件产品。软件工程目标之间的关系如图 6-1 所示。

图 6-1　软件工程目标之间的关系

6.1.4　软件工程原则

软件开发目标适用于所有的软件系统开发。为了达到这些目标，在软件开发过程中必须遵循软件工程原则，我们可将其概括为 4 个方面。

1. 选取合适的开发模型

该原则与系统设计有关。在系统设计中，软件需求、硬件需求以及其它因素之间是相互制约和影响的，需要权衡。因此，要认识需求定义的易变性，采用适当的开发模型，保证软件产品能满足用户的要求。

2. 选取合适的设计方法

在软件设计中，通常要考虑软件的特征，合适的设计方法有利于特征的实现，以达到软件工程的目标。

（1）抽象（Abstraction）：指抽取事物最基本的特性和行为，忽略非基本的细节。采用分层次抽象的办法可以控制软件开发过程的复杂性，有利于软件的可理解性和开发过程的管理。

（2）信息隐藏（Information hiding）：指将模块中的软件设计决策封装起来的技术。模块接口应尽量简洁，不要罗列可有可无的内部操作和对象。按照信息隐藏原则，系统中的模块应设计成"黑箱"，模块外部只使用模块接口说明中给出的信息，如操作、数据类型，等等。由于对象或操作的实现细节被隐藏，软件开发人员便能将注意力集中于更高层次的抽象上。

（3）模块化（Modularity）：模块（Module）是程序中逻辑上相对独立的成分，是一个独立的编程单位，应有良好的接口定义。如 Fortran 语言中的函数、子程序；C 语言程序中的函数过程；C++语言程序中的类；Ada 语言中的程序包、子程序、任务，等等。模块化有助于信息隐藏和抽象，有助于表示复杂的软件系统。模块的大小要适中，模块过大会导致模块内部复杂性的增加，不利于模块的调试和重用，也不利于对模块的理解和修改；模块太小会导致整个系统的表示过于复杂，不利于控制解的复杂性。模块之间的关联程度用耦合度（Coupling）度量；模块内部诸成分的相互关联及紧密程度用内聚度（Cohesion）度量。

（4）局部化（Localization）：指要求在一个物理模块内集中逻辑上相互关联的计算资源。从物理和逻辑两个方面保证系统中模块之间具有松散的耦合关系，而在模块内部有较强的内聚性，这样有助于控制解的复杂性。

（5）确定性（Accuracy）：指软件开发过程中所有概念的表达应该是确定的、无歧义、规范的。这有助于人们交流时不产生误解和遗漏，保证整个开发工作协调一致。

（6）一致性（Consistency）：整个软件系统（包括文档和程序）的各个模块均应使用一致的概念、符号和术语；程序内部接口应保持一致；软件与硬件接口应保持一致；系统规格说明与系统行为应保持一致；用于形式化规格说明的公理系统应保持一致，等等。一致性原则支持系统的正确性和可靠性。实现一致性需要良好的软件设计工具（如数据字典、数据库、文档自动生成与一致性检查工具，等等）、设计方法和编码风格的支持。

（7）完备性（Completeness）：软件系统不丢失任何重要成分，完全实现系统所需功能的程度。在形式化开发方法中，按照给出的公理系统，描述系统行为的充分性；当系统处于出错或非预期状态时，系统行为保持正常的能力。完备性要求人们开发必要且充分的模块。为了保证软件系统的完备性，软件在开发和运行过程中需要软件管理工具的支持。

（8）可验证性（Verifiability）：开发大型软件系统需要对系统逐步分解。系统分解应该遵循系统容易检查、测试、评审的原则，以便保证系统的正确性。采用形式化的开发方法或具有强类型机制的程序设计语言及其软件管理工具可以帮助人们建立一个可验证的软件系统。

使用抽象和信息隐藏、模块化和局部化的原则支持软件工程的可理解性、可修改性和可靠性，有助于提高软件产品的质量和开发效率；使用一致性、完备性、可验证性的原则可以帮助人们实现一个正确的系统。

3.　提供高质量的工程支撑

工欲善其事，先必利其器。在软件工程中，软件工具与环境对软件过程的支撑颇为重要。软件工程项目的质量与开销直接取决于对软件工程提供的支撑质量和效用。

4.　重视软件工程的管理

软件工程的管理直接影响可用资源的有效利用、生产满足目标的软件产品以及提高软件组织的生产能力等。因此，只有对软件过程予以有效管理，才能实现有效的软件工程。

§6.2　软件过程

软件过程（Software Processes）的概念在 20 世纪 80 年代被正式提出和明确定义，ISO 9000 将其定义为：“把输入转化为输出的一组彼此相关的资源和活动”。进入 90 年代，国际标准化组织（ISO）和国际电气与电子工程师协会（IEEE）分别推出《软件过程标准》，我们可将其描述为：软件过程是一个为建造高质量软件所需完成任务的框架，即形成软件产品的一系列步骤，包括中间产品、资源、角色及过程中采取的方法、工具等范畴。

软件过程规定了开发和维护一个软件时，要实施的基本过程、活动和任务，其目的是为各种人员提供一个公共的框架，以便用相同的语言进行交流，用相似的方法进行实施。这个"相似的方法"，就是下面要讨论的软件生存周期、软件开发模型和软件开发方法。

6.2.1　软件生存周期

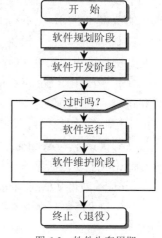

软件生存周期也称软件生命周期（Life circle），是从工业产品生存周期概念引用而来的。一种工业产品从订货开始，经过设计、制造、调试、使用维护，直到该产品最终淘汰且不再生产为止，这就是工业产品的生存周期。软件工程采用软件生存周期方法，按照软件开发的规模和复杂程度，从时间上把软件开发的整个过程进行分解，形成几个独立的阶段，并对每个阶段的目标、任务、方法作出规定，然后按照规定的顺序依次完成各阶段任务，并规定一套标准的文档作为各阶段的开发成果。软件生存周期概念的提出，使软件开发按阶段性依次进行。即把该过程分为 3 个阶段：软件规划阶段、软件开发阶段和软件维护阶段，如图 6-2 所示。

图 6-2　软件生存周期

采用软件生存周期来划分软件开发的工程化方法，不仅使每一阶段的任务相对独立，有利于简化整个问题，便于不同人员分工协作，而且其严格而科学的评审制度保证了软件开发的质量，从而大大提高了软件开发的成功率和生产率。

软件生存周期的划分使得软件开发变得"有章可循"，即前一阶段任务的完成是后一阶段的前提和基础；后一阶段通常是将前一阶段方案的进一步具体化，而且每一阶段的开始都有严格的技术标准，每一个阶段结束之前都要接受严格的技术评审。软件生存周期各阶段的任务和文档要求如表6-1 所示。

表 6-1　软件生存周期的 3 个阶段

阶段/项目		任务	文档
软件规划阶段	问题定义	确定问题的性质、工程目标以及规模	可作为项目计划书中的一项
	项目计划	进行可行性分析，安排资源分配、进度	可行性分析报告、项目计划书
	需求分析	确定软件的功能、性能、数据、界面等	需求规格说明书
软件开发阶段	系统设计	把需求转变为符合成本和质量要求的方案	设计说明书、数据说明书等
	软件编码	用程序设计语言将软件设计转变为功能程序	遵循编码规范的源程序清单
	软件测试	发现软件中的错误并加以纠正	软件测试计划、软件测试报告
维护退役	软件维护	为了改正错误或满足新的需要而修改和完善	记录软件维护过程
	软件退役	终止对软件产品的支持，软件停止使用	记录软件退役的原因、日期

6.2.2　软件开发模型

在软件开发过程中，为了从宏观上管理软件的开发和维护，必须对软件的开发过程有总体的认识和描述，即要对软件过程建模。软件开发模型是软件开发的指导思想和全局性框架，它的提出和发展反映了人们对软件过程的某种认知观，体现了人们对软件过程认识的提高和飞跃。软件开发模型是从一个特定角度提出的软件过程的简化描述，是一种开发策略，这种策略针对软件工程的各个阶段提供了一套范型，可使工程的进展达到预期的目的。因此，可定义"软件开发模型是软件开发全部过程、活动和任务的结构框架。"

软件开发模型能清晰、直观地表达软件开发全过程，明确规定要完成的主要活动和任务，用来作为软件项目开发工作的基础。其中每个开发模型都代表了一种将本质上无序的活动转换为有序化活动的步骤，每个模型都具有能够指导实际软件项目的控制及协调的特性。对于不同的软件系统，采用不同的开发方法、使用不同的程序设计语言以及各种不同技能的人员、不同的管理方法和手段等，还应允许采用不同的软件工具和不同的软件工程环境。

自 20 世纪 60 年代以来，随着软件工程思想逐渐形成与发展，出现了很多软件过程模型与方法，例如瀑布模型、增量模型和螺旋模型等，称它们为传统软件过程模型。这些模型的出现很好地解决了当时软件开发过程的各类问题，使软件开发中小作坊式的随意开发变得日益规范起来。在人们不断改进传统软件过程模型的同时，新的模型和方法也不断地涌现，以"敏捷过程"、"极限编程"、"净室软件工程"等为代表的新的过程模型被越来越多地运用到日常的开发工作中去。这些模型的提出不断丰富着软件过程理论，并为开发者提供了一个可参考的过程框架。但是，这些新方法或多或少仍有局限性，这也是激励人们对现有的软件过程及其模型进行持续改进的原动力。下面简要介绍几种常见的软件开发模型。

1. 瀑布模型

瀑布模型（Waterfall Model）是 1970 年 Winston Royce 提出的最早的软件开发模型，它将软件开发过程中的各项活动规定为依固定顺序连接的若干阶段工作，形如瀑布流水，最终得到软件系统或软件产品。瀑布模型将开发过程划分成若干个既互相区别又彼此联系的阶段，每个阶段中的工作都以上一个阶段工作的结果为依据，同时作为下一个阶段的工作前提。我们可把瀑布模型的全过程归纳为：制订计划、需求分析、系统设计、软件编码、软件测试、运行和维护 6 个步骤，其流程如图 6-3 所示。

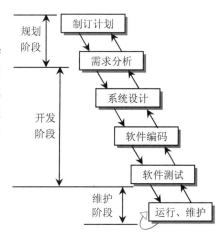

图 6-3　瀑布模型

瀑布模型规定了 6 个工程活动，并规定了自上而下、相互衔接的固定次序，它如同瀑布流水，逐级下落。然而，软件开发实践表明，这 6 项活动之间并非完全是自上而下，呈线性图式的。实际情况中每项开发活动大都具有以下特点：

① 从上一项开发活动接受该项活动的工作对象，作为输入。

② 利用这一输入，实施该项活动应完成的工作内容。

③ 给出该项活动的工作成果，作为输出传给下一项开发活动。

④ 对该项活动的实施工作成果进行评审。若其工作成果得到确认，则继续进行下项开发活动，如图 6-3 中的向下箭头所示；否则，返回前一项，甚至更前项的活动。

40 多年来瀑布模型得以广泛流行正是由于它在支持开发结构化软件、控制软件开发复杂度、促进软件开发工程化方面起到了显著作用。由于它为软件开发和维护提供了一种较为有效的管理模式，根据这一模式制订开发计划、进行成本预算、组织开发人员以阶段评审和文档控制为手段，有效地对软件开发过程进行指导，从而对软件质量有一定程度的保证。我国曾在 1988 年依据该开发模型制定并公布了"软件开发规范"国家标准，对软件开发起到了良好的促进作用。

瀑布模型在实践中也暴露了它的不足和问题，由于是固定的顺序，前期阶段工作中所造成的差错越拖到后期阶段，则引起的损失和影响也越大，为了纠正它而花费的代价也越高。

2. 演化模型

演化模型（Evolutionary Model）是针对事先不能完整定义需求的软件项目而开发。许多软件开发项目在项目开发的初始阶段由于人们对软件需求的认识不够清晰，因而很难一次开发成功，出现返工再开发在所难免。为此，对需要开发的软件给出基本需求，作第一次试验开发，其目标仅在于探索可行性和弄清需求，取得有效的反馈信息，以支持软件的最终设计和实现。通常把第一次试验性开发的软件称为原型（Prototype），这种开发模型对减少由于需求不明给开发工作带来的风险有较好的效果。图 6-4 是演化模型的例子，其中：R 为需求，D 为设计，C/T 为编码/测试，I/AS 为安装和验收支持。

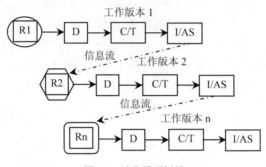

图 6-4 演化模型例子

演化模型有多种形式。"丢弃型"方式为当原型开发后，已获得了更为清晰的需求反馈信息，原型无需保留而丢弃，开发的原型仅以演示为目的，它往往用在软件的用户界面的开发上。"样品型"方式为原型规模与最终产品相似，只是原型仅供研究用。"渐增式演化型"为把原型作为最终产品的一部分，可满足用户的部分需求，经用户试用后提出精化系统、增强系统能力的需求，开发人员根据反馈信息，实施开发的迭代过程。如果一次迭代过程中，有些需求还不能满足用户的要求，可在下一迭代中予以修正，当实现了所有用户需求后软件才可最终交付使用。

3. 螺旋模型

螺旋模型（Spiral Model）是由 TRW 公司的 B.Boehm 于 1988 年提出的，它将瀑布模型和演化模型结合起来，并强调其它模型均忽略了的风险分析。该模型更适合于大型软件的开发，对于具有高度风险的大型复杂软件系统的开发是较为实际的方法。螺旋模型将开发分布在笛卡尔坐标的 4 个象限上，分别表达制订计划、风险分析、实施工程、客户评估 4 个方面的活动，如图 6-5 所示。

每沿着螺旋线转一圈，表示开发出一个更完善的新软件版本。如果开发风险过大，开发机构和客户无法接受，项目有可能就此终止；但多数情况下会沿着螺旋线继续下去，自内向外逐步延伸，最终得到满意的软件产品。

4. 喷泉模型

喷泉模型（Fountain Model）是由 B.H.Sotlers 和 J.M.Edwards 于 1990 年提出的一种新开发模型。喷泉一词本身就体现了迭代和无间隙的特性，表明软件开发活动之间没有明显的间隙。无间隙指在各项活动之间无明显边界，例如分析和设计活动之间没有明显的界限。喷泉模型主要用于采用对象技术的软件开发项目。

由于对象概念的引入，表达分析、设计、实现等活动只用对象类和关系，从而可以较为容易地实现活动的迭代和无间隙，使其开发自然地包括对象的复用。软件的某个部分常常重复工作多次，相关对象在每次迭代中随之加入渐进的软件成分。喷泉模型如图 6-6 所示。

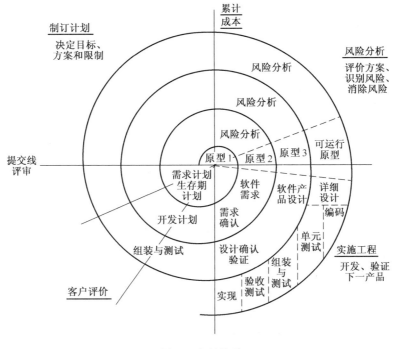

图 6-5 螺旋模型

5. 智能模型

智能模型（Intelligent Model）是基于知识的开发模型，它综合了上述若干模型，并把专家系统结合在一起，是知识工程与软件工程在开发模型上结合的产物。因此，智能模型有别于上述几种开发模型，并可协助软件开发人员完成开发工作。

智能模型应用于规则的系统，采用归纳和推理机制，帮助软件人员完成开发工作，并使维护在系统规格说明一级进行。智能模型如图 6-7 所示。

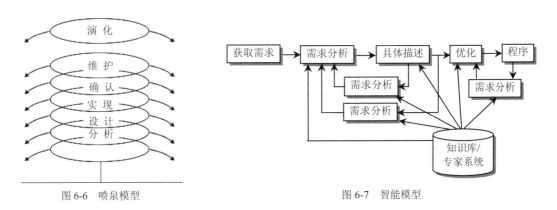

图 6-6 喷泉模型　　　　　　　　　图 6-7 智能模型

图 6-7 充分表示了智能模型与其它模型的不同，它的维护并不在程序一级上进行，这样可把问题的复杂性大大降低，从而把精力更多集中于具体描述的表达上，即维护在功能规约一级进行。具体描述既可以使用形式功能规约，也可以使用知识处理语言描述等，因而可将规约和推理机制应用到开发模型中，所以必须建立知识库，将模型本身、软件工程知识和特定领域的知识分别存入知识

库，由此构成某一领域的软件开发系统。

6.2.3　软件开发方法

软件开发方法是在不断的实践过程中形成的，并在一定程度上受程序设计方法的影响，但软件开发方法绝不仅仅限于程序设计，它包含了更多的软件工程的活动，并且贯穿于整个软件工程活动过程。到目前为止，常见的软件开发方法有以下几种。

1. Parnas 方法

最早的软件开发方法是由加拿大学者帕尼斯（David Parnas）在 1972 年提出的，由于当时软件在可维护性和可靠性方面存在着严重问题，因此帕尼斯提出的方法主要是针对这两个问题的。帕尼斯对软件开发提出了深刻的见解，遗憾的是他没有给出明确的工作流程，所以这一方法不能独立使用，只能作为其它方法的补充。

2. Yourdon 方法

Yourdon 方法是 1978 年由美国科学家尤顿（Edward Yourdon）和康斯坦丁（L.L.Constan-tine）提出来的结构化方法，即 SASD 方法，也称为面向功能或面向数据流的软件开发方法。1979 年汤姆·迪马克（Tom DeMarco）对此方法作了进一步的完善。Yourdon 方法是 20 世纪 80 年代使用最广泛的软件开发方法，它首先使用结构化分析（Structured Analysis，SA）方法对软件进行需求分析，然后用结构化设计（Structured Design，SD）方法进行总体设计，最后是结构化编程（Structured Program，SP）。这一方法不仅开发步骤明确，SA、SD、SP 相辅相成，一气呵成，而且给出了两类典型的软件结构（变换型和事务型），便于参照，使软件开发的成功率大大提高，从而深受软件开发人员的青睐。

3. 面向数据结构方法

面向数据结构方法是结构化方法的变形，它注重的是数据结构而不是数据流。结构化方法以分析信息流为主，用数据流图来表示信息流；面向数据结构方法是从数据结构方面分析，并用数据结构图来表示，是至今仍广泛使用的软件开发方法。

面向数据结构开发的基本思想是：从目标系统的输入、输出数据结构入手，导出程序的基本框架结构，在此基础上对细节进行设计，得到完整的程序结构图。这一方法对输入、输出数据结构明确的中小型系统特别有效，如商业应用中的文件表格处理。该方法也可与其它方法结合，用于模块的详细设计。

面向数据结构方法分为 Jackson 方法和 Warnier 方法两种。其中，Warnier 方法是 1974 年法国科学家沃尼（J.D.Warnier）提出的结构化数据系统开发方法；Jackson 方法是 1975 年英国科学家杰克逊（M.A.Jackson）提出的系统开发方法。

Warnier 方法与 Jackson 方法类似，开发的重点都在于数据结构，即从目标系统的输入/输出入手，通过数据结构的分析导出软件结构。两者的差别主要有 3 点：一是它们使用的图形工具不同，分别使用 Warnier 图和 Jackson 图；二是使用的伪码不同；三是在构造程序框架时，Warnier 方法仅考虑输入数据结构，而 Jackson 方法不仅考虑输入数据结构，而且还考虑输出数据结构。

4. 面向问题分析法

面向问题分析法（Problem Analysis Method，PAM）是 20 世纪 80 年代末由日立公司提出的一种软件开发方法。PAM 方法希望能兼顾 Yourdon 方法、Jackson 方法和自底向上的软件开发方法的优点，而尽量避免它们的缺陷。它的基本思想是：考虑到输入、输出数据结构，指导系统的分解，在系统分析指导下逐步综合。这一方法的具体步骤是：从输入、输出数据结构导出基本处理框；分析这些处理框之间的先后关系；按先后关系逐步综合处理框，直到画出整个系统的 PAD 图。从上述步骤中可以看出，这一方法本质上是综合的自底向上的方法，但在逐步综合之前已进行了有目的的分解，这个目的就是充分考虑系统的输入、输出数据结构。

PAM 方法的另一个优点是使用 PAD 图。这是一种二维树形结构图，是到目前为止最好的详细设计方法之一，远远优于 N-S 图和 PDL 语言。这一方法在日本较为流行，用其进行软件开发的成功率也很高。由于在输入、输出数据结构与整个系统之间同样存在着鸿沟，这一方法目前仍只适用于中小型问题。

5. 面向对象开发方法

随着 OOP（面向对象编程）向 OOD（面向对象设计）和 OOP（面向对象分析）的发展，最终形成了面向对象的软件开发方法（Object Modeling Technique，OMT）。这是一种将自底向上和自顶向下相结合的方法，并且以对象建模为基础，不仅考虑了输入、输出数据结构，而且包含了所有对象的数据结构，所以 OMT 完全实现了 PAM 没有完全实现的目标。不仅如此，面向对象技术在需求分析、可维护性和可靠性这 3 个软件开发的关键环节和质量指标上也有了实质性的突破，基本解决了在这几方面存在的严重问题。

6. 可视化开发方法

可视化开发方法是 20 世纪 90 年代软件界最大的两个热点之一。随着图形用户界面的兴起，用户界面在软件系统中所占的比例也越来越大，有的甚至高达 60%～70%。产生这一问题的原因是图形界面元素的生成很不方便。为此 Windows 提供了应用程序设计接口（Application Programming Interface，API），它包含了 600 多个函数，极大地方便了图形用户界面的开发，但要掌握它们，对非专业人员来说仍然是很困难的。为此，人们利用 Windows API 或 Borland C++的 Object Windows 开发了一批可视化的开发工具。

可视化开发就是在可视化开发工具提供的图形用户界面上，通过操作界面元素，诸如菜单、按钮、对话框、编辑框、单选框、复选框、列表框和滚动条等，由可视化开发工具自动生成应用软件。可视化开发是软件开发方式上的一场革命，它使软件开发从专业人员的手中解放出来，对缓解 20 世纪 80 年代中后期爆发的应用软件危机起到了重大作用。

7. 软件重用和组件连接

软件重用（Reuse）又称软件复用或软件再用。早在 1968 年的 NATO 软件工程会议上就已提出可复用库的思想。1983 年，美国计算机科学家彼得·弗里曼（Peter Freeman）对软件重用给出了详细的定义："在构造新的软件系统的过程中，对已存在的软件人工制品的使用技术。"软件人工制品可以是源代码片断、子系统的设计结构、模块的详细设计、文档和某一方面的规范说明等。所以软件重用是利用已有的软件成分来构造新的软件。它可以大大减少软件开发所需的费用和时间，且有利于提高软件的可维护性和可靠性。目前软件重用沿着下面 3 个方向发展。

（1）基于软件复用库的软件重用：是一种传统的软件重用技术，这类软件开发方法要求提供软件可重用成分的模式分类和检索，且要解决如何有效地组织、标识、描述和引用这些软件成分。

（2）与面向对象技术结合：OO 技术中类的聚集、实例对类的成员函数或操作的引用、子类对父类的继承等使软件的可重用性有了较大的提高，而且这种类型的重用容易实现，所以这种方式的软件重用发展较快。

（3）组件连接：是目前发展最快的软件重用方式。最早的组件连接技术（Object Linking and Embedding，OLE）是 Microsoft 公司于 1990 年 11 月在 COMDEX 展览会上推出的。OLE 给出了软件组件（Component Object）的接口标准。这样，任何人都可以按此标准独立地开发组件和增值组件（组件上添加一些功能构成新的组件），或由若干组件组建集成软件。在这种软件开发方法中，应用系统的开发人员可以把主要精力放在应用系统本身的研究上，因为他们可以在组件市场上购买所需的大部分组件。

§6.3　软件工程实施

软件过程为开发和维护一个软件提供了基本（参照）框架。那么，如何根据实际系统的需求进行实施呢？为了简单、清晰起见，下面按照图 6-2 的思路和图 6-3 的顺序予以介绍。

6.3.1　系统分析

系统分析是对组织的工作现状和用户需求进行调查、分析，明确用户的信息需求和系统功能，提出拟建系统的逻辑方案。系统分析在整个开发过程中，要解决"做什么"的问题，即把要解决哪些问题、满足用户哪些具体的信息需求调查、分析清楚，从逻辑上提出系统的方案（即逻辑模型），为系统设计和系统实施提供可靠、具体的依据。系统分析阶段的主要活动包括系统初步调查、可行性研究、系统详细调查和系统逻辑方案的提出。

1. 系统初步调查

系统初步调查是系统分析阶段的第一项活动，也是整个系统开发的第一项活动，其主要目标就是从系统分析人员和管理人员的角度看有无必要开发该系统。为此，系统分析人员首先调查组织的整体信息、人员信息及工作信息，包括主要的信息输入、信息输出、信息处理功能及与其它系统的关系。然后对上述信息进行分析，确定系统有无开发的必要。如果结论是有必要进行软件的开发，则需要作出可行性研究安排，并进入可行性研究阶段。

2. 可行性研究

可行性研究的主要目标是进一步明确系统的目标、规模与功能，对系统开发背景、必要性和意义进行调查分析并根据需要和可能提出拟开发系统的初步方案与计划。可行性包括 3 个方面。

（1）技术可行性：对现有技术进行评价，分析系统是否可以利用现有技术来实施以及技术的未来发展对系统开发的影响。

（2）经济可行性：对组织的经济状况和投资能力进行分析，对系统的开发、运行和维护费用进行估算，对系统建成后可能取得的社会效益及经济效益进行估算。

（3）运行可行性：分析组织的现有机构、人员、设施能否适应新系统的运行。可行性研究完成后，要提交可行性研究报告。可行性研究报告的主要内容包括现行系统概况、用户主要信息需求、拟开发系统的初步设计方案、技术可行性分析、经济可行性分析、运行可行性分析和结论。

3. 系统详细调查

系统详细调查是在可行性研究的基础上进一步对现行系统进行全面、深入的调查和分析，弄清楚现行系统运行状况，发现其薄弱环节，找出要解决问题的实质，确保所开发系统有效。系统详细调查的主要工作包括对现行系统的目标、主要功能、组织结构、业务流程、数据流程的调查和分析。软件所处理的信息渗透于整个组织之中，系统分析员必须从具体组织的实际情况出发，逐步抽象，才能了解组织中信息活动的全貌。

4. 系统分析说明书

在对现行系统详细调查分析的基础上，着重对用户需求进一步调查分析，明确用户的信息需求，包括组织、发展、改革的总信息需求和各级管理人员完成各自工作任务的信息需求，确定新系统的逻辑功能，提出新系统的逻辑方案。编写完成系统分析阶段的最终成果——系统分析说明书。

系统分析说明书是系统分析阶段工作的全面总结，既是分析阶段的主要工作成果，又是主管部门对系统是否进入系统设计阶段的决策依据。系统分析说明书是后继各阶段工作的主要依据之一。编写系统分析说明书的基本要求是全面、系统、准确、翔实、清晰。

5．系统分析评审

系统分析的目的是用户对软件系统的确切要求，系统必须具备哪些功能，数据的流程和数据之间的联系，明确用户的要求和应用现场环境的特点。为了提高软件质量，确保软件开发成功，降低软件开发成本，一旦对目标系统提出具体要求之后必须严格验证这些需求的正确性。系统分析评审应该从以下 4 个方面进行验证。

（1）一致性：所有需求必须是一致的，任何一条需求不能和其它需求互相矛盾。

（2）完整性：需求必须是完整的，规格说明书应该包括用户需要的每一个功能或性能。

（3）现实性：指定的需求应该是用现有的硬件技术和软件技术基本上可以实现的。对硬件技术的进步可以做些预测，对软件技术的进步则很难做出预测，只能从现有技术水平出发判断需求的现实性。

（4）有效性：必须证明需求是正确有效的，确实能解决用户面对的问题。

6.3.2　需求分析

需求分析是软件生存周期中非常重要的，也是很关键的一步。只有通过对软件的需求分析，才能把软件功能和性能的总体概念描述为具体的软件需求规格说明，进而建立软件开发的基础。如同结构化程序设计一样，软件需求分析也是一个不断认识和逐步细化的过程。在该过程中能将软件计划阶段所确定的软件范围逐步细化到可详细定义的程度，并分析和提出各种不同的软件元素（程序、文件、数据库、文档等），然后为这些元素找到解决方法。

1．需求分析的任务

需求分析是软件规划阶段的最后一个步骤，它的基本任务是准确地回答"系统必须做什么?"这个问题。需求分析所要做的工作是深入描述软件的功能和性能，确定软件设计的限制和软件同其它系统元素的接口细节，定义软件的其它有效性需求。一般来说，需求分析阶段的任务主要有以下 4 个方面。

（1）确定对系统的综合需求：主要有系统功能需求、系统性能需求、系统运行需求以及将来可能提出的其它需求。这一过程中，系统分析人员要与用户协商，澄清模糊需求，删除无法做到的需求，改正错误需求。

（2）分析系统的数据需求：就是由系统的信息流归纳抽象出数据元素组成、数据的逻辑关系、数据字典格式和数据模型；并以输入/处理/输出的结构方式表示出来的过程。因此，必须分析系统的数据需求，这是软件需求分析的一个重要任务。

（3）导出系统的逻辑模型：就是在理解当前系统"怎么做"的基础上；抽取其"做什么"的本质。在物理模型中有许多物理因素，需要对物理模型进行分析，区分本质和非本质因素，去掉那些非本质因素就可获得反映系统本质的逻辑模型，只要明确目标系统要"做什么"，就可以导出系统详细的逻辑模型。

（4）修正系统开发计划：在经过需求分析阶段的工作后，分析员对目标系统有了更深入、更具体的认识，因此可以对系统的成本和进度做出更准确的估计，在此基础上对开发计划进行修正。

2. 需求分析的步骤

上面介绍了需求分析的主要任务，那么分析人员怎样完成这些任务呢？可按以下步骤进行。

（1）调查研究：分析人员协同程序员研究系统数据的流程及调查用户需求或查阅可行性报告、项目开发计划报告，访问现场，获得当前系统的具体模型，以 IPO 图或 DFD 图表示。

（2）分析与综合：分析员需从数据流和数据结构出发，逐步细化所有的软件功能，找出系统各元素之间的联系、接口特性和设计上的限制，分析它们是否满足功能要求，是否合理。依据功能需求、性能需求和运行环境需求等，剔除其不合理的部分，增加其需要部分。最终综合成系统的解决方案，给出目标系统的详细逻辑模型。

（3）书写需求规格说明书：详细说明软件系统的功能需求、性能需求、接口需求、设计需求、基本结构以及开发标准和验收原则等。

（4）需求分析评审：作为需求分析阶段工作的复查手段，在需求分析的最后一步，应该对功能的正确性、完整性、清晰性，以及其它需求给予评价。怎样验证软件需求的正确性呢？通常从软件的一致性、完整性、现实性和有效性 4 个不同角度来验证软件需求的正确性。

3. 需求分析的基本原则

近年来已提出了许多软件分析与说明的方法，虽然各种分析方法都有其独特的描述方法，但总的看来，所有需求分析方法都有共同适用的基本原则。

（1）必须清晰描述数据域和功能域：所有软件定义与开发工作最终是为了解决数据处理问题，即将一种形式的数据转换成另一种形式的数据。因此，数据转换过程必定经历输入、加工、产生结果等步骤。对计算机程序处理的数据域包括数据流、数据内容和数据结构。

（2）自顶向下、逐层分解问题：在需求分析阶段，软件的功能域和信息域都能做进一步的分解。这种分解既可以是同一层次上的横向分解；也可以是多层次的纵向分解。把一个功能分解成几个子功能，并确定这些子功能与父功能的接口，则属于横向分解；如果把某些子功能又分解为小的子功能，某个小的子功能又分解为更小的子功能，则属于纵向分解。

（3）给出系统的逻辑视图和物理视图：给出系统的逻辑视图表示和物理视图表示。

6.3.3 系统设计

系统设计的主要目的是将系统分析阶段提出的反映用户需求的系统逻辑方案转换成可以实施的物理（技术）方案。系统设计阶段的主要工作可分为概要设计和详细设计。

1. 概要设计

概要设计也称为总体结构设计，其内容主要有网络运行模式选择、操作系统选择、数据库管理系统选择、网络平台及其结构选择和系统功能结构设计等。

（1）运行模式选择：是指软件在计算机上的运行模式。目前，常用的运行模式有 4 种：单机模式、主机模式、客户机/服务器（C/S）模式、浏览器/服务器（B/S）模式。模式的选择要根据软件需求分析来确定，但对于信息管理一类的软件，通常选择客户机/服务器（C/S）模式或浏览器/服务器（B/S）模式。

（2）操作系统选择：目前流行的操作系统较多，可以考虑运行模式和数据库管理系统对环境的要求，操作系统对软件的满足程度和维护的难易程度，以及操作系统的性能价格比等多种因素进行选择。设计开发软件一般选择 UNIX 或 Windows Server 作为服务器操作系统，选择 Windows XP、Windows 7 等作为客户端操作系统。

（3）数据库管理系统（DBMS）选择：目前可供选择的关系型数据库管理系统主要有 Oracle、

SQL Server、DB2 和 Access 等。前三种系统都是大型数据库管理系统，在数据安全、查询优化、支持异构数据库系统及运行效率等方面均有较高的性能，在适合网络环境的数据库访问方面也有性能优越的集成开发工具。Access 则是一种小型数据库管理系统，适用于在单机上设计开发小型软件。

（4）网络平台及其结构选择：一个拟开发软件的组织一般由一个机关和若干个基层单位组成。各基层单位的管理相对独立，与机关联系较多，所以机关和各基层单位应分别建立相对独立的局域网，各基层单位的局域网与机关的局域网互联。当然，整个组织也可以只建一个局域网。

（5）系统功能结构设计：就是将整个系统合理地划分成各个功能模块，正确处理模块之间与模块内部的联系以及它们之间的调用关系和数据联系，定义模块的内部结构。其主要原则是模块内部联系越紧密越好，模块之间联系越松散越好。

2. 详细设计

详细设计是对概要设计的进一步细化，其内容主要有算法设计、程序编码、数据库设计和用户界面设计等。

（1）算法设计：是确定每个模块内部的详细执行过程，即设计出完成模块功能所需要的工作步骤，用来描述算法的工具有伪码（如类 Pascal 语言）和流程图等。如果模块功能比较简单，这一步骤也可以省略。

（2）程序编码：目前的计算机还无法识别客观世界中的具体事物，因此，系统设计的一项重要工作就是把管理对象数字化或字符化，这就是编码设计。学号、职工号、身份证号、物资类别码等的设计都属于编码设计。编码的主要作用有如下三个：

① 标识作用。用来标识和确定某个具体的对象，以便于计算机的识别和区分。

② 统计和检索作用。当按对象的属性或类别进行编码设计时，易于完成有关的统计和检索工作。

③ 对象状态的描述作用。编码可以用来标明事物所处的状态，便于对象的动态管理。

（3）数据库设计：由于数据库在结构性、共享性、数据独立性和安全性等方面的优势，现在信息系统中的数据一般都组织成数据库的形式。数据库设计要紧密结合系统功能，数据库设计的科学、合理，可以提高系统开发效率和运行效率。数据库设计是系统设计的重要组成部分，数据库的设计要满足下面三项要求。

① 符合用户需求，设计的数据库要能合理存储用户的所有数据，并支持用户需要进行的所有操作。

② 与选用的数据库管理系统（DBMS）所支持的数据模型相匹配，这样便于数据库设计方案在计算机上的实现。

③ 数据组织合理，易于实现对数据的操作和维护。

（4）用户界面设计：用户界面指软件系统与用户交互的接口，通常包括输出、输入、人机对话的界面与方式等，界面设计目前已成为评价软件质量的一项重要指标。用户界面设计没有什么统一的标准，做到美观大方、风格与系统功能协调、方便用户使用即可。

6.3.4　软件编码

在完成详细设计后，就需要创建实际的程序，这是软件开发实施阶段中最具体的工作。软件编码（Software Tool）就是用程序设计语言编写出正确的、容易理解的、容易维护的程序模块代码。程序员应该根据目标系统的性质和实际环境，选取一种适当的程序设计语言，把详细设计的结果翻译成用选定的语言书写的程序，并设计一些有代表性的数据和输入输出模型，仔细测试编写出的每一个模块代码。在编码中要考虑以下几个问题：

- 程序能按使用要求正确运行，这是最基本的要求。
- 程序易于调试、检测。
- 程序可读性好，易于修改和维护。

软件编码是通过软件工具来实现的。软件工具能为软件工程方法提供自动或半自动的软件支撑环境，支持软件的开发、管理和各种软件文档的生成。它能在软件开发的各个阶段为开发人员提供帮助，有助于提高软件开发的质量和效率。

软件工具通常包括项目管理工具、配置管理工具、分析和设计工具、编程工具、测试工具等。现在已有多种软件工具得到应用，如微软公司的项目管理工具 Project；Hansky 公司的配置管理工具 Firefly；Rational 公司的分析与设计工具 Rose、Visual C++和 Delphi 等编程工具；Rational 公司的测试工具 TeamTest；微软公司的 Visio 2000 Professional 维护工具等。

软件开发环境（Software Development Environment，SDE）指在基本硬件和软件的基础上，为支持软件的工程化开发而使用的软件系统。现在开发规模较大的软件，一般都要借助于软件工具或软件开发环境或计算机辅助软件工程（Computer Aided Software Engineering，CASE）工具与环境的支持。

6.3.5 软件测试

在开发一个大型软件的过程中，不仅要面对许多错综复杂的问题，而且需要通过一个开发团队的分工合作来完成软件开发任务，因此不可避免地会产生错误，应力求在软件交付使用前通过严格的技术审查，尽可能早地发现并纠正错误。

测试是软件交付使用前的最后一个阶段，是保证软件质量的关键步骤，是对需求分析、设计和编码的最后复审。测试的目的是在软件系统投入使用前，通过测试来发现并改正其中的错误。软件测试是保证软件质量的重要环节，是保证软件可靠性的主要手段，必须高度重视系统测试工作。

1. 软件测试过程

G.J.Myers 在他的名著《软件测试技巧》（The art of software testing）一书中对测试的定义是：程序测试是为了发现错误而执行程序的过程。根据这一定义，只有尽可能地发现错误的测试才能认为该测试是成功的。在软件开发过程中，程序越大，模块越多，需要测试的项目也就越多。软件测试项目通常包括以下 4 个方面。

（1）单元测试（Unit Test）：在编写出每个模块的代码之后就对它做必要的测试，所以又称为"模块测试（Module Test）"。该项测试检验模块是否能达到模块说明书的要求。模块的编写者和测试者是同一个人，而且编码和单元测试属于软件生存周期同一个阶段。

（2）集成测试（Integration Test）：在所有模块都通过单元测试后，将所有模块按一定逻辑组装成一个完整的程序，检验模块之间的接口关系、数据访问、模块调用、各组成部分是否按照系统设计和程序设计规范协同一致地工作等，所以集成测试又称综合测试。

（3）确认测试（Validation Test）：是按照软件系统需求规格说明书的各项需求，逐次进行有效性测试，以确定整个系统具有用户所期望的功能。它包括功能测试（Function Test）、性能测试（Performance Test）、强度测试（Stress Test）和配置评审（Configuration Review）等内容。如果确认测试是在用户的实际工作环境中进行的，那么成功通过确认测试的系统就称为有效系统；如果确认测试是在模拟环境下进行的，那么得到的系统就称为验证了的系统。

（4）系统测试（System Test）：是软件开发过程中的最后一项测试，它包括验收测试（Acceptance

Test）和安装测试（Installation Test）。验收测试用来检查系统能否满足用户需求，能否按用户的意愿进行工作。通过验收测试后的系统称为验收了的系统。由于开发环境和使用环境的差异，最后还要进行安装测试，以确保系统具有应有的功能。

2. 软件测试方法

软件测试的方法很多，最常用的测试方法有黑盒测试法和白盒测试法。

（1）黑盒测试法：又称功能测试、数据驱动测试。用这种方法进行测试时，被测程序被当做看不见内部的黑盒。黑盒测试试图发现功能错误或遗漏、界面错误、数据结构或外部数据库访问错误、性能错误、初始化和终止错误等。

（2）白盒测试法：也称为结构测试法，是基于程序内部语句的逻辑结构的测试。为此，在设计测试数据之前，必须仔细分析程序内部的逻辑结构。

6.3.6　软件维护

软件系统经过系统测试投入运行阶段后，虽然系统中的绝大部分错误都已经被发现并得以改正，但仍然无法保证系统运行中就不会出现错误，一旦发现错误就要改正。此外，随着系统环境的变化和用户需求的变化，系统也要做适当的改进和完善。软件维护就是在系统运行阶段，为了改正错误或满足新的需要而修改、完善系统的过程。

1. 软件维护分类

软件维护的类型包括纠错性维护、适应性维护、完善性维护和预防性维护。系统测试不可能发现系统中所有的错误，系统在实际运行过程中，还会出现一些错误，查找错误的位置并改正这些错误就是纠错性维护。计算机软硬件技术在不断发展变化，使用系统的组织的机构、管理体制、信息需求也可能出现一些新的变化，使系统适应应用环境的变化而进行的维护工作就是适应性维护。在系统运行过程中，用户往往希望扩充原有功能、提高性能、改变输入输出界面等，这种为了满足用户要求而对系统进行的完善性工作就是完善性维护。如果能预见到运行环境的可能变化或用户可能提出的要求而预先进行一些有针对性的维护工作，就是预防性维护。所有这些维护都属于程序代码维护，统计结果表明，其中主要的维护工作是完善性维护。

2. 软件维护的任务

软件维护的任务是在软件可交付使用的整个期间，为适应外界环境的变化以及扩充功能和改善质量，对软件进行修改。软件维护阶段产生的文档有软件维护计划、软件维护报告等。软件维护既包括软件的使用、维护，也包括软件的退役，是软件生存期中最长的阶段。软件的维护不仅包括程序代码的维护，还包括文档的维护。文档是影响软件可维护性、可用性的决定因素，包括开发过程中的所有技术资料以及用户所需的文档，一般可分为系统文档和用户文档两类：

① 系统文档。包括开发软件系统在计划、需求分析、设计、编制、调试、运行等阶段的有关文档。在对软件系统进行修改时，系统文档应同步更新，并注明修改者和修改日期，如有必要还应注明修改原因，应切记过时的文档将是无用的文档。

② 用户文档。包括系统功能描述、安装文档（说明系统安装步骤以及系统的硬件配置方法）、用户使用手册（说明使用软件系统的方法和要求，疑难问题解答）、参考手册（描述可以使用的所有系统设施，解释系统出错信息的含义及解决途径）。

3. 软件退役

软件退役是软件生存周期中的最后一个阶段，即终止对软件产品的支持，软件停止使用。由此可以看出，软件生存周期所讨论的问题是开发一个应用软件的全过程，是对应用软件开发的宏观概述。

§6.4 软件质量评价

软件过程的目的是开发出优质的软件，但是优质的软件并不是一个含糊的概念，必须具有软件质量评价标准、软件质量保证策略、可靠性技术指标等。

6.4.1 软件质量概念

1. 软件质量定义

软件质量是指反映软件系统或软件产品满足规定或隐含需求的能力的特征和特性全体，它贯穿软件生存周期的全过程。软件质量的定义有多种，无论采用何种形式的定义，软件质量的定义均包含以下 3 个方面的含义：

（1）与所确定的功能和性能需求的一致性：软件需求是进行"质量"测量的基础，与需求不符必然质量不高。

（2）与所成文的开发标准的一致性：开发标准定义了一组指导软件开发的准则，用来指导软件人员用工程化方法开发软件。如果不能遵照这些准则，软件的高质量将无法得到保证。

（3）与所有专业开发的软件所期望的隐含特性的一致性：往往会有一些隐含的需求没有明确地提出来，如软件应具备良好的可维护性。如果软件只满足那些精确定义了的需求而没有满足这些隐含的需求，软件质量也不能得到保证。

软件质量是各种特性的复杂组合，除了随着应用的不同而不同，也会随着用户提出的质量要求不同而不同。

2. 软件质量的度量和评价

对于一个好的软件，应该能够满足用户显式或隐式的需求，以及符合组织的操作标准，并能在其开发使用的硬件上高效运行。一般来说，影响软件质量的因素可以分为以下两大类：

（1）直接度量的因素，如单位时间内千行代码（Thousands of Lines Of Code，TLOC）中所产生的错误数。

（2）间接度量的因素，如可用性或可维护性。在软件开发和维护过程中，为了定量地评价软件质量，必须对软件质量特性进行度量，以测定软件具有要求质量特性的程度。1976 年，Boehm 等人提出了定量评价软件质量的层次模型。Walters 和 McCall 提出了从软件质量要素、准则到度量的 3 个层次的软件质量度量模型。G.Murine 根据上述等人的工作，提出了软件质量度量（Software Quality Metrics，SQM）技术，用来定量评价软件的质量。

6.4.2 软件质量保证策略

为了在软件开发过程中保证软件的质量，主要采取下述措施。

1. 审查

审查就是在软件生命周期每个阶段结束之前，都正式使用约束标准对该阶段生产出的软件配置成分进行严格的技术审查。审查过程包括如下 5 个步骤。

（1）计划：组织审查组、分发材料和安排日程等。

（2）概貌介绍：当项目复杂庞大时，可考虑由作者介绍概貌。

（3）准备：评审员阅读材料，取得有关项目的知识。

（4）评审会：目的是发现和记录错误，通常每次会议不超过 90 分钟。

（5）复查：判断返工是否真正解决了问题（作者修正已经发现的问题）。

一般说来，至少在生命周期每个阶段结束之前，应该进行一次正式的审查，某些阶段可能需要进行多次审查。

2. 复查和管理复审

复查即检查已有的材料，以断定特定阶段的工作是否能够开始或继续。每个阶段开始时的复查，是为了肯定前一个阶段结束时确实进行了认真的审查，已经具备了开始当前阶段工作所必需的材料。管理复审通常指向开发组织或使用部门的管理人员，提供有关项目的总体状况、成本和进度等方面的情况，以便他们从管理角度对开发工作进行审查。

6.4.3 软件的可靠性

1. 软件可靠性定义

软件可靠性是指一个程序按照用户的要求和设计的目标，执行其功能的正确程度。一个可靠的程序应是正确的、完整的、一致的和健壮的。

2. 软件可靠性指标

软件可靠性与可用性指标是指用数字概念来描述可靠性的数学表达式中所使用的量。

（1）MTTF：假如对每个相同的系统（硬件或者软件）进行测试，它们的失效时间分别是 t_1，t_2，…，t_n，则平均失效等待时间（Mean Time To Failure，MTTF）定义为：

$$MTTF = \frac{1}{n} \sum_{i=1}^{n} t_i$$

对于软件系统来说，相当于同一系统在 n 个不同的环境（即使用不同的测试用例）下进行测试。因此，MTTF 是一个描述失效模型或一组失效特性的指标量。这个指标的目标值应由用户给出，在需求分析阶段纳入可靠性需求，作为软件规格说明提交给开发部门。在运行阶段，可把失效率函数视为常数 λ，则平均失效等待时间 MTTF 是失效率 λ 的倒数：

$$MTTF = 1/\lambda$$

（2）MTBF：平均失效间隔时间（Mean Time Between Failure，MTBF），是指两次相继失效之间的平均时间。

本章小结

1. 软件工程是研究软件结构、软件设计与维护方法、软件工具与环境、软件工程标准与规范、软件开发技术与管理技术的相关理论。20 世纪 80 年代以来，软件工程思想更为系统，开始按照工程化的概念、原理、技术和方法来组织和规范软件开发的过程，采用工程化的思想开发与维护软件，突出软件生产的科学方法，把正确的管理技术和当前最好的技术方法结合起来，降低开发成本，缩短研制周期，提高软件的可靠性和生产效率，从而解决软件开发过程中的困难和混乱，从根本上解决软件危机。

2. 软件过程并没有规定一个特定的生存周期模型或软件开发方法，进行软件开发时可为该项目选择一种生存周期模型，并将软件过程所含的过程、活动和任务映射到该模型中，也可以选择和使用软件开发方法来执行适合于软件项目的活动和任务。

3. 软件生存周期研究是为了更加科学、有效地组织和管理软件的生产，从而使软件产品更可靠、更经济。

习题六

一、选择题

1. 软件工程的三个要素包括软件工程方法、软件工程工具和（　　）。
   - A．软件测试方法
   - B．软件开发工具
   - C．软件设计过程
   - D．软件工程过程

2. 软件工程原则包括选取合适的开发模型和实际方法，提供高质量的工程支撑和（　　）。
   - A．软件开发规则
   - B．软件设计规则
   - C．汇编程序
   - D．重视软件的管理

3. 常用的软件开发模型有瀑布模型、演化模型、螺旋模型、喷泉模型和（　　）。
   - A．智能模型
   - B．数据模型
   - C．结构模型
   - D．参考模型

4. 软件系统分析阶段主要包括系统初步调查、可行性研究、系统详细调查和系统（　　）。
   - A．逻辑方案
   - B．需求分析
   - C．分析报告
   - D．调查报告

5. 需求分析确定对系统的综合需求、分析系统的数据需求、导出系统的逻辑模型和（　　）。
   - A．分析用户需求
   - B．验证设计方案
   - C．确定开发方案
   - D．修正开发计划

6. 需求分析的主要步骤包括调查研究、分析与综合、书写说明书和（　　）。
   - A．需求分析报告
   - B．需求分析概要
   - C．图示说明
   - D．需求分析评审

7. 系统设计阶段的主要工作包括概要设计和（　　）。
   - A．程序设计
   - B．流程设计
   - C．步骤描述
   - D．详细设计

8. 软件测试过程主要包括单元测试、集成测试、确认测试和（　　）。
   - A．功能测试
   - B．系统测试
   - C．程序测试
   - D．验收测试

9. 软件测试方法主要包括黑盒测试方法和（　　）。
   - A．内部测试方法
   - B．外部测试方法
   - C．白盒测试方法
   - D．系统测试方法

10. 影响软件测试质量的因素有两个方面，即直接度量因素和（　　）。
    - A．测试手段因素
    - B．测试仪器因素
    - C．测试技术因素
    - D．间接度量因素

二、判断题

1. "软件危机"是指软件开发和维护过程中遇到的一系列严重问题。　　　　　　　　　　（　　）

2. "软件工程"的概念是为了缓解"软件危机"而提出来的。　　　　　　　　　　　　　（　　）

3. 软件工程是研究大规模程序设计的方法、工具和管理的一门工程科学。　　　　　　（　　）

4. 软件过程是为建造高质量软件所需完成任务的框架，即形成软件产品的步骤。　　　（　　）

5. 软件生存周期也称为软件生命周期，是从工业产品生存周期概念引用而来的。　　　（　　）

6. 软件开发模型是软件开发全部过程、活动和任务的结构框架。　　　　　　　　　　（　　）

7. 需求分析是软件规划阶段的最后一个步骤，其任务是回答"系统必须做什么？"。　　（　　）

8．系统设计是将分析阶段反映用户需求的逻辑方案转换成可以实施的技术方案。 （　　）

9．软件测试是保证软件质量的关键步骤，是对需求分析、设计和编码的最后复审。 （　　）

10．软件维护是在系统运行阶段为改正错误或满足新的需要而修改、完善的过程。 （　　）

三、问答题

1．什么是软件工程？

2．什么是软件危机？

3．软件工程的目标是什么？

4．什么是软件过程？

5．什么是软件生存周期？

6．在软件开发过程中有哪些原则？

7．什么是软件编码？

8．为什么要进行软件测试？

9．什么是软件维护？

10．什么是软件质量？

四、讨论题

1．你认为软件工程与程序设计有哪些相似之处和不同之处？

2．你认为哪种软件开发模型最好？

3．通过本章学习，你对软件工程知识有何认识？

第三层次 基本技术

第7章 数据库技术

【问题引出】数据库技术是伴随计算机软/硬件技术、程序设计、软件工程等的快速发展，数据管理的不断进展而产生的、以统一管理和共享数据为主要特征的应用技术，是研究数据库的结构、存储、设计、管理和使用的一门科学，并已成为计算机科学技术中发展最快、应用最广的领域之一。据不完全统计，在整个计算机应用的三大领域——科学计算、数据处理和过程控制中，数据处理占了 70%。从某种意义来讲，数据库的建设规模、数据库容量的大小和使用频度已成为衡量一个国家信息化程度的重要标志。因此，学习并掌握数据库技术，对信息时代的大学生来说是非常必需的，也是极为重要的。那么，数据库技术是怎样形成的？它涉及哪些知识内容？怎样设计一个数据库应用系统？目前数据库技术的现状与发展趋势如何？等等，这些都是本章所要讨论的问题。

【教学重点】数据库技术的基本概念（数据与信息、数据库、数据库管理系统、数据库系统）、数据模型、数据库应用系统设计、数据库技术的研究与发展等。

【教学目标】通过本章学习，掌握数据库技术的有关概念、熟悉常用数据模型及其数据库系统、了解数据库系统的基本应用和数据库技术的研究范畴与发展趋势。

§7.1 数据库技术概述

数据库技术是计算机科学技术中发展速度最快、应用范围最广、实用性最强的技术之一。数据库技术主要研究数据信息的存储、管理和使用，目标是实现数据的高度共享，支持用户的日常业务处理和辅助决策，包括信息的存储、组织、管理和访问技术等。

数据库技术的研究始于 20 世纪 60 年代，经过 40 多年的探索研究与发展，已成为现代计算机信息系统和应用系统开发的核心技术，是计算机数据管理技术发展的新阶段。

数据库技术涉及许多基本概念，本节主要介绍数据与信息、数据处理、数据管理、数据库、数据库管理系统，以及数据库系统等。

7.1.1 数据与信息

人类的一切活动都离不开数据和信息，数据库技术研究的基本对象是数据和信息。数据是信息的载体，信息是数据的内涵。并且，信息、数据、数据处理和数据管理四者紧密相关。

1. 信息

信息是对客观事物的反映，泛指那些通过各种方式传播的、可被感受的声音、文字、图形、图像、符号等所表征的某一特定事物的消息、情报或知识。具体说，信息是客观存在的一切事物通过物质载体所发生的消息、情报、数据、指令、信号中所包含的一切可传递和交换的知识内容。信息是一种资源，它不仅被人们所利用，而且直接影响人们的行为动作，能为某一特定目的而提供决策依据。信息具有以下重要属性：

（1）事实性：是信息的核心价值，是信息的第一属性。不符合事实性的信息不仅没有价值，还会产生误导。

（2）时效性：信息有时效性，实时接收与其效用大小直接关联，过时信息是没有价值的。

（3）传输性：信息可以通过各种方式进行传输和扩散，信息的传输可以加快资源的传输。

（4）共享性：信息可以共享，但不存在交换。通常所说的信息交换实际上是指信息共享。

（5）层次性：由于认识、需求和价值判断不同，分为战略信息、战术信息和作业信息等。

（6）不完全性：在收集数据时，不要求完全，而是要抓住主要的，舍去次要的，这样才能正确地使用信息。这是由客观事物的复杂性和人们认识的局限性所决定的。

2. 数据

我们把描述事物状态特征的符号称为数据（Data）。具体说，凡是能被计算机接受，并能被计算机处理的数字、字符、图形、图像、声音、语言等统称为数据。

数据与信息的关系是：数据是使用各种物理符号和它们有意义的组合来表示信息，这些符号及其组合就是数据，它是信息的一种量化表示。换句话说，数据是信息的具体表现形式，而信息是数据有意义的表现，数据与信息两者之间的关系是数据反映信息，信息则依靠数据来表达。由于表达信息的符号可以是数字、文字、图形、图像、声音等，所以常将数据分为两类，即数值数据和非数值数据，如职工人数、产量、工资等属于数值型数据，而文字、图像、图形、声音等属于非数值型数据。

3. 数据处理

计算机所处理的信息是数字化信息，即由二进制数码"0"和"1"的各种组合所表示的信息。我们把对数据的收集、存储、整理、分类、排序、检索、统计、加工和传播等一系列活动的总和称为数据处理。其中"加工"包括计算、排序、归并、制表、模拟、预测等操作。

由此可见，数据处理是指将数据转换成信息的过程。数据处理的目的是将简单、杂乱、没有规律的数据进行技术处理，使之成为有序的、规则的、综合的、有意义的信息，以适应或满足不同领域对信息的要求和需要。从数据处理的角度看，信息是一种被加工成特定形式的数据，信息的表达是以数据为依据的，我们可以把数据与信息之间的关系简单地表示为：

$$信息=数据+数据处理$$

尽管这个表达式在概念上是抽象的，但却描述了信息、数据和数据处理三者之间的关系。

4. 数据管理

我们把对数据的分类、组织、编码、存储、检索、传递和维护称为数据管理（Data Management），它是数据处理的中心问题。数据量越大、数据结构越复杂，其管理的难度也越大，要求数据管理的技术也就越高。数据管理及其组织是数据库技术的基础，数据库技术本质上就是数据管理技术。

【例 7-1】某学校的学生处、教务处和图书馆均要使用计算机对学生的有关信息进行管理，但其各自处理的内容又不同，如果用文件系统实现，则可按如下方式进行组织。

学生处要处理的学生信息包括：

学号	姓名	系名	年级	专业	年龄	性别	籍贯	政治面貌	家庭住址	个人履历	社会关系

为此，学生处的应用程序员必须定义一个文件 F1，该文件结构中的记录至少应包括以上数据项。

教务处要处理的学生信息包括：

学号	姓名	系名	年级	专业	课名	成绩	学分	...

为此，教务处的应用程序员必须定义一个文件 F2，该文件结构中的记录至少应包括以上数据项。

类似地，当图书馆要记录和处理学生的有关借阅图书信息时，其创建的文件 F3 至少应包括下列数据项：

学号	姓名	系名	年级	专业	图书编号	图书名称	借阅日期	归还日期	滞纳金	...

这样，当上述三个部门都使用计算机对学生的有关信息进行管理时，就要在计算机的外存中分别保存 F1、F2 和 F3 三个文件，可这三个文件中均有学生的学号、姓名、系名、年级和专业等信息，因此重复的数据项达到了 1/3 以上。数据冗余将会产生以下问题：数据冗余不仅浪费存储空间，更为严重的是带来潜在的不一致性。由于数据存在多个副本，所以当发生数据更新时，就很可能发生某些副本被修改而另一些副本被遗漏的情况，从而使数据产生不一致的现象，影响了数据的正确性和可靠性。比如，某学生因故需从计算机科学与技术专业转到网络工程专业，当学生处得到该信息后，将该学生所属的专业名改为网络工程，因而 F1 文件中保存了正确的信息。但若教务处和图书馆没有得到此信息，或者没有及时更改 F2 和 F3 文件，这就造成了数据的不一致性。由于数据的使用价值很大程度上依赖其可靠性，所以这种不一致的后果是不容忽视的，如果这种情况发生在军事、航天、金融等行业时，其后果是非常严重的。为此，人们采取了"数据结构化"的管理方法，即从整体观点来看待和描述数据。此时数据不再是面向某一应用，而是面向整个应用系统，如图 7-1 所示。

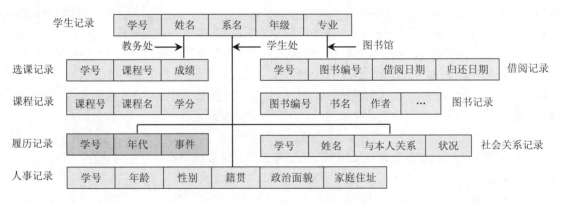

图 7-1　数据结构化范例

在图 7-1 中，学生记录是为教务处、学生处和图书馆所共享的，若某个学生需要转专业，则只修改学生记录中的专业名称属性即可，这样就不会出现不一致的情况。另外，除了共享的数据以外，各部门还可以有自己的私有数据。

7.1.2　数据库

使用数据库技术的目的是要对数据信息进行高效处理和管理，而要实现这一目标，必须具有对数据信息进行组织和存放的数据库。

1. 数据库的定义

为了实现对数据进行管理和处理，必须将收集到的数据有效地组织并保存起来，这就形成了数据库（Data Base，DB）。由此可见，数据库是数据的集合，数据是数据库中存储的基本对象。具体说，数据库是为满足对数据管理和应用的需要，按照一定数据模型的组织形式存储在计算机中的、能为多个用户所共享的、与应用程序彼此独立的、相互关联的数据集合。

2. 数据库的特点

根据数据库的概念和定义不难看出，一个适用、高效的数据库，应具有以下技术特点。

（1）数据的共享性：由于数据库中的数据不是为某一用户的需要而建立的，并且对数据实行了统一管理，所管理的数据又有一定的结构，所以不仅可以用灵活的方式来应用数据，而且数据便于扩充，能为尽可能多的应用程序服务，为多个用户共享。数据共享是数据库的重要特点之一。

（2）数据的独立性：数据库中的程序文件与数据结构之间相互依赖关系的程度，比文件方式结构要轻得多，这样可减少一方改变时对另一方的影响，从而增强了数据的独立性。例如，数据结构一旦有变化时，不必改变应用程序；而改变应用程序时，也不必改变数据结构，这样就能充分利用已经组织起来的数据。

（3）数据的完整性：由于数据库是在系统管理软件的支撑下工作的，它提供对数据定义、建立、检索、修改的操作，能保证多个用户使用数据库的安全性和完整性。

（4）减少数据冗余：在文件系统中数据的组织和存储是面向应用程序的，不同的应用程序就要有不同的数据，这不仅造成存储空间浪费严重，数据冗余度大，而且也给修改数据带来很大的困难。在数据库系统中由于数据具有共享性，所以可对数据实现集中存储、共同使用，即可减少相同数据的重复存储，以达到控制甚至消除数据冗余度的目的。

（5）便于使用和维护：数据库系统具有良好的用户界面和非过程化的查询语言，用户可以直接对数据库进行操作，比如数据的修改、插入、查询等一系列操作。

3. 数据库管理

数据库管理是一个按照数据库方式存储、维护并向应用系统提供数据支持的复杂系统。如果将它比作图书馆，则更能确切理解。数据库管理与图书馆两者的比较如图 7-2 所示。

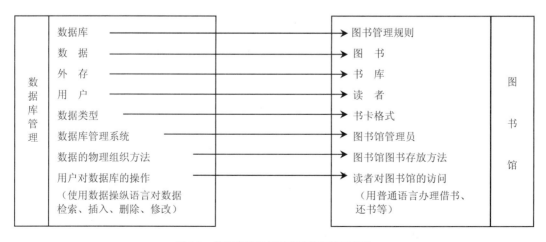

图 7-2　数据库管理与图书馆的比较示意图

图书馆是一个存储、管理和负责借阅图书的部门，不能简单地与书库等同看待。图书馆若要规范化管理并很好地为读者服务，首先必须要按照一定的顺序和规则（物理结构）来分别存放图书，列出各类书籍存放的对应关系；其次是建立完善的图书卡。图书卡的内容通常包括：书号、书名、作者名、出版社名、出版时间、内容摘要及其它细节；最后是规定图书的借还手续，即读者对图书的访问（查找）及管理员对读者访问的响应过程。数据库管理与图书馆的最大区别在于数据库管理是基于计算机的电子信息化管理系统。

7.1.3　数据库管理系统

随着信息技术的高速发展，数据库中的数据量越来越大，并且结构日趋复杂，如何高效地获取、组织、存储和维护数据就变得越来越重要了，数据库管理系统（Data Base Management System，DBMS）就是对数据进行有效管理的软件系统。

1. DBMS 的功能

DBMS 是为用户提供数据的定义功能、操纵功能、查询功能，以及数据库的建立、修改、增删等管理和通信功能，并且具有维护数据库和对数据库完整性进行控制的能力。同时，DBMS 提供了直接利用的功能，用户只要向数据库发出查询、检索、统计等操作命令就能获得所需结果，而无需了解数据的应用与数据的存放位置和存储结构。正像在图书馆借书一样，读者只要填写借书卡，而无须知道图书在书库中的存放位置。

（1）定义功能：是建立数据库时定义数据项的名字、类型、长度和描述数据项之间的联系，并指明关键字和说明对存储空间、存取方式的需求等。这些定义统称为数据描述，是数据库管理系统运行的基本依据。一般使用 DBMS 提供的数据定义语言（Data Define Language，DDL）及其翻译程序来定义数据库结构，这些定义中包含了数据库对象属性特征的描述、对象属性所满足的完整性约束条件，对象上允许的操作以及对象允许哪些用户程序存取等。

（2）操纵功能：包括打开/关闭数据库、对数据进行检索或更新（插入、删除和修改）以及数据库的再组织。一般使用 DBMS 提供的数据操纵语言（Data Manipulation Language，DML）（亦称结构化查询语言（Structured Query Language，SQL））及其翻译程序实现。

（3）控制功能：包括控制整个数据库系统的运行、控制用户的并发性访问、执行对数据的安全、保密、完整性检查，实施对数据的输入、存取、更新、删除、检索、查询等操作。一般使用 DBMS 提供的数据控制语言（Data Control Language，DCL）及其翻译程序实现。

（4）维护功能：是系统例行工作，以保证数据库管理系统的正常运行，向用户提供有效的数据服务。维护的主要内容包括：数据结构重定义、数据库重构造、数据库重组织、数据库恢复以及性能监视等工作。

（5）通信功能：主要负责数据之间的流动与通信，包括与操作系统的联机处理、与网络中其它软件系统的通信以及具备与分时系统及远程作业输入的相应接口。

2. DBMS 的层次结构

DBMS 是一个庞大而复杂的软件系统，构造这种系统的方法是按其功能划分为多个程序模块，各模块之间相互联系，共同完成复杂的数据库管理。以关系型数据库为例，数据库管理系统可分为应用层、语言处理层、数据存取层和数据存储层等 4 个层次，其层次结构如图 7-3 所示。

（1）应用层：是 DBMS 与终端用户和应用程序的界面，主要负责处理各种数据库应用，如使用结构化查询语言（SQL）

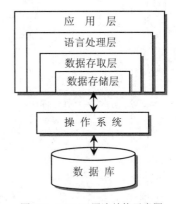

图 7-3　DBMS 层次结构示意图

发出的事务请求或嵌入通用的程序设计语言的应用程序对数据库的请求等。

（2）语言处理层：由 DDL 编译器、DML 编译器、DCL 编译器、查询器等组成，负责对数据库语言的各类语句进行词法分析、语法分析和语义分析，生成可执行的代码，并负责进行授权检验、视图转换、完整性检查、查询优化等。

（3）数据存取层：将上层的集合操作转换为对记录的操作，包括扫描、排序、查找、插入、删除、修改等，完成数据的存取、路径的维护以及并发控制等任务。

（4）数据存储层：由文件管理器和缓冲区管理器组成，负责完成数据的页面存储和系统的缓冲区管理等任务，包括打开和关闭文件、读写页面、读写缓冲区、页面淘汰、内外存交换以及外层管理等。

上述 4 层体系结构的数据库管理系统是以操作系统为基础的，操作系统所提供的功能可以被数据库管理系统调用。因此，可以说数据库管理系统是操作系统的一种扩充。

3．DBMS 的常用类型

计算机科学技术的飞速发展，加速了数据库技术的发展，数据库技术的应用需求，又促进了数据库管理系统的研究进程。数据库管理系统的研究经历了从层次模型、网状模型、关系模型到面向对象模型的发展，并且基于不同的数据模型形成了相应的数据库管理系统。目前，在我国流行的 DBMS 绝大多数是基于关系模型建立起来的关系数据库管理系统。

随着计算机科学技术不断发展，关系数据库管理系统也在不断发展和进化，典型的常用关系数据库管理系统有 Oracle 公司的 Oracle、Sybase 公司的 Sybase、Informix 公司的 Informix、IBM 公司的 DB2、Microsoft 公司的 MS SQL Server 和 Access、Fox 公司的 Visual FoxPro 等，并且可以将它们分为三类：

第一类是以微型机系统为运行环境的 DBMS，例如 Visual FoxPro、Access 等，它们是从 dBASE、FoxBASE、FoxPro 发展而来。由于这类系统主要作为支持一般事务处理需要的数据库环境，强调使用的方便性和操作的简便性，所以有人称之为桌面型 DBMS，这类系统的主要特点是对硬件要求较低、应用面广、普及性好、易于掌握。其中，Access 是 Office 中的组件之一。与其它 DBMS 一样，既可以管理简单的文本、数字字符等数据信息，又可以管理复杂的图片、动画、音频等各种类型的多媒体数据信息，其功能非常强大，而操作却十分简单。因此，Access 得到了越来越多用户和开发人员的青睐。

第二类是以 Oracle、Sybase、Informix、DB2 为代表的大型 DBMS，它们更强调系统在理论上和实践上的完备性，具有更巨大的数据存储和管理能力，提供了比桌面型 DBMS 全面的数据保护和恢复功能，更有利于支持全局性及关键性的数据管理工作，所以也被称为主流 DBMS。这类系统是数据管理的主力军，在许多庞大的计算机信息系统的建立和应用中起到主导作用。如果没有这些大型、高效、功能完善的 DBMS，当前的计算机信息系统的建设和应用将是不能想象的。

第三类是以 MS SQL Server 为代表的、功能特点界于以上两类之间的中大规模 DBMS，它们需要系统能够存储大量的数据，要有良好的性能，要能保证系统和数据的安全性以及维护数据的完整性，要具有自动高效的加锁机制以支持多用户的并发操作，还要能够进行分布式处理等。例如 Oracle、Sybase、Informix、IBM DB2、MS SQL Server 等高性能数据库管理系统便能很好地满足这些要求。而 Access、Visual FoxPro、Delphi 这类单机型数据库管理系统则是难以胜任的。

7.1.4　数据库系统

数据库管理系统仅仅是对数据库进行高效管理的一种软件，而要充分发挥 DBMS 的功能作用，必须具有一个存放数据的硬件系统和对数据信息进行管理和操作的软件系统，我们把这样的系统称为数据库系统（Data Base System，DBS）。由此可见，数据库系统是由数据库硬件系统和数据库软件系统构成的一个完整系统。

1. 数据库系统的基本组成

数据库系统就是引进数据库技术之后的计算机系统，是有组织地、动态地存储有密切联系的数据集合，以及对其进行统一管理的计算机软件和硬件资源所组成的系统。数据库系统的组成如图7-4所示，其层次结构如图7-5所示。

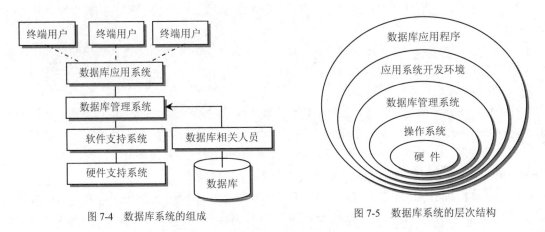

图7-4   数据库系统的组成   图7-5   数据库系统的层次结构

（1）硬件支持系统（Hardware Support System）：是建立数据库系统的必要条件，是物理支撑。数据库系统对计算机硬件系统的要求是需要足够大的内存量来存放支持数据库运行的操作系统、数据库管理系统的核心模块、数据库的数据缓冲区、应用程序及用户的工作区域。鉴于数据库系统的这种需求，特别要求数据库主机或数据库服务器的外存容量足够大、I/O存取效率高、主机的吞吐量大、作业处理能力强。对于分布式数据库而言，计算机网络是重要的基础环境。

（2）软件支持系统（Software Support System）：数据库系统需要软件支持环境，包括操作系统、应用系统开发工具、各种通用程序设计语言（也称宿主语言）编译程序及各种实用程序等。其中，操作系统是软件系统中的底层，是与硬件系统打交道的接口（界面）。

（3）数据库管理系统（Data Base Management System，DBMS）：是介于用户和操作系统之间的系统软件，实现对数据库的操纵和管理，是数据库系统的重要组成部分和核心技术。

（4）数据库应用系统（Data Base Application System，DAS）：是使用数据库语言及其开发工具开发的、能满足数据处理要求的应用程序。如财务管理系统、图书管理系统等。

（5）终端用户（End User）：直接使用数据库语言访问和操纵数据库，或通过数据库应用程序操纵数据库。

（6）数据库相关人员：数据库的建立、使用和维护，不仅需要DBMS的支撑，还需要专门的相关人员来负责数据库的开发、管理、维护和使用。具体包括：

① 数据库管理员（Data Base Administrator）。设置数据库结构和内容、设计数据库的存储结构和存取策略、确保数据库的安全性和完整性，并监控数据库的运行。

② 系统分析员（System Analyst）。按照软件工程的思想对整个数据库进行需求分析和总体设计。

③ 应用程序员（Application Programmer）。设计和编写程序代码，实现对数据的访问。

在数据库系统中，不同人员涉及不同级别的数据，通过不同等级的密码进入相应操作层。

2. 数据库系统的体系结构

数据库系统有着严谨的体系结构，1975 年美国国家标准协会（ANSI）所属的标准计划和要求委员会（Standards Planning And Requirements Committee，SPARC）为数据库系统建立了三级模式结构，即内模式、概念模式和外模式。三级模式结构之间的关系如图 7-6 所示。

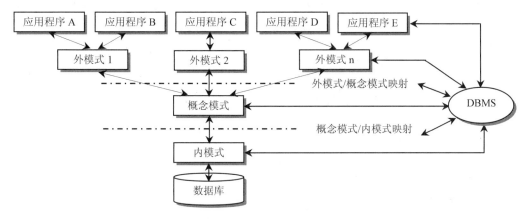

图 7-6　数据库系统三级模式结构示意图

（1）外模式（External Schema）：又称关系子模式（Sub Schema）或用户模式（User's Schema），是数据库用户看得见的局部数据的逻辑结构和特征描述，即应用程序所需要的那部分数据库结构。外模式是应用程序与数据库系统之间的接口，是保证数据库安全性的一个有效措施。用户可使用数据定义语言（DDL）和数据操纵语言（DML）来定义数据库的结构和对数据库进行操纵。对于用户而言，只需要按照所定义的外模式进行操作，而无需了解概念模式和内模式的内部细节。一个数据库可以有多个外模式，但一个用户或应用程序只能使用一个外模式。

（2）概念模式（Conceptual Schema）：又称模式/关系模式/逻辑模式，是数据库整体逻辑结构的完整描述，包括概念记录型、记录长度之间的联系、所允许的操作以及数据的完整性、安全性约束等数据控制方面的规定。概念模式位于数据库系统模式结构的中间层，不涉及数据的物理存储细节和硬件环境，与应用程序、开发工具及程序设计语言无关。并且，一个数据库只能有一个概念模式。

（3）内模式（Internal Schema）：又称物理模式（Physical Schema）或存储模式（Storage Schema），是数据库内部数据存储结构的描述。它定义了数据库内部记录类型、索引和文件的组织方式以及数据控制方面的细节。一个数据库只能有一个内模式。

为了实现三个抽象级别的联系和转换，DBMS 在三层结构之间提供了两层映射：

第一层是外模式/概念模式映射，用于保持外模式与概念模式之间的对应性。当数据库的概念模式（即整体逻辑结构）需要改变时，只需要对外模式/概念模式映射进行修改，而外模式保持不变。这样可以尽量不影响外模式和应用程序，使得数据库具有逻辑数据独立性。

第二层是概念模式/内模式映射，用于保持概念模式与内模式之间的对应性。当数据库的内模式（如内部记录类型、索引和文件组织方式以及数据控制等）需要改变时，只需要对概念模式/内模式映射进行修改，而使概念模式保持不变。这样可以尽量不影响概念模式以及外模式和应用程序，使得数据库具有物理数据独立性。

3. 三级模式两层映射结构的优点

数据库系统的三级模式是在 3 个层次上对数据进行抽象，使用户能逻辑地处理数据，而不必关心数据在计算机中的具体组织。具体说，三级模式两层映射结构具有以下主要优点：

（1）极大地减轻了用户的技术压力和工作负担：三级模式结构使得数据库结构的描述与数据结构的具体实现相分离，从而使用户可以只在数据库逻辑层上对数据进行描述，而不必关心数据在计算机中的具体组织方式和物理存储结构；将数据的具体组织和实现的细节留给 DBMS 去完成。使用户在各自的数据视图范围内从事描述数据的工作，不必关心数据的物理组织，这样就可以减轻用户的技术压力和工作负担。

（2）使数据库系统具有较高的数据独立性：数据独立性是指应用程序和数据库的数据结构之间相互独立，互不影响。在修改数据结构时，尽可能不修改应用程序。数据独立性分为逻辑独立性和物理独立性。

4. 模式结构的应用实例

数据库系统的模式结构是一个非常重要的概念，数据库应用系统设计的许多概念都是建立在数据库系统的模式结构之上的。为了加深对数据库系统模式结构的理解，下面通过两个实例对数据库系统的模式结构做进一步描述，这对开发数据库应用系统是很有帮助的。

【例 7-2】若以图书出版管理系统为例，其对应的三级模式结构如图 7-7 所示。

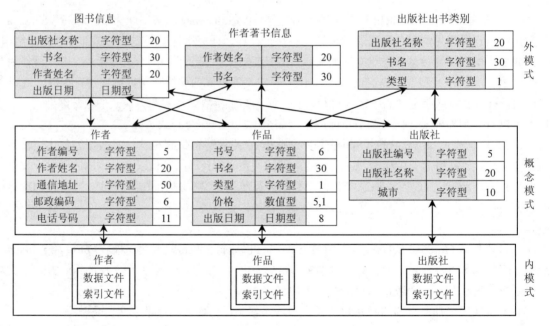

图 7-7　图书出版三级模式结构实例

图 7-7 与图 7-6 所示结构完全一致，这就表明图 7-6 所示三级结构模式是对实际系统的抽象。

【例 7-3】假设数据库系统的模式中存在一个学生表：Student（Sno，Sname，Sbirthday，Sex，Sdept），有两个用户共享该学生表，用户/应用 1 处理的是学生的学号（Sno）、姓名（Sname）和性别（Sex）数据，用户/应用 2 处理的是学生的学号（Sno）、姓名（Sname）和所在系（Sdept）数据。

由于这两个用户/应用习惯处理中文列名，因此分别为其定义外模式：花名册 1（学号，姓名，性别）和花名册 2（学号，姓名，所在系）。该学生表以链表结构进行存储，如图 7-8 所示。显然，它与图 7-6 所示三级模式结构也是一致的。

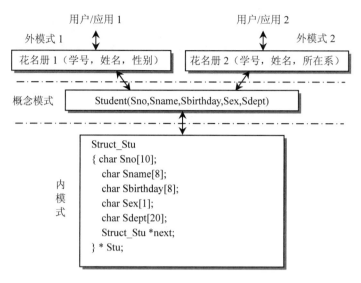

图 7-8　三级模式结构的一个实例

用户/应用 1 和用户/应用 2 分别使用的外模式 1 和外模式 2 中的学号、姓名、性别和所在系在模式中并不存在，那么用户或应用程序是如何使用外模式来存取数据的？答案是通过数据库管理系统的两级映射功能来实现数据存取。

在外模式的定义中，描述有相应的外模式/模式映射，例如：

花名册 1.学号 ←→ Student.Sno　　　　花名册 2.学号 ←→ Student.Sno

花名册 1.姓名 ←→ Student.Sname　　　花名册 2.姓名 ←→ Student.Sname

花名册 1.性别 ←→ Student.Sex　　　　花名册 2.所在系 ←→ Student.Sdept

据此可以很容易地将外模式 1 中的学号转换成模式中的 Student.Sno，外模式 2 中的姓名转换成模式中的 Student.Sname。

然而，模式中的数据对应到存储结构中是哪些数据呢？在模式的定义中也描述有相应的概念模式/内模式映射，例如有：

Student.Sno ←→ Stu→Sno　　　　　　　Student.Sname ←→ Stu→Sname

Student. Sbirthday ←→ Stu→Sbirthday　　Student.Sex ←→ Stu→Sex

Student. Sdept ←→ Stu→Sdept

据此，可以很容易地将概念模式中的 Student.Sno 转换成内模式中一个长度为 10 字节的存储域 Stu→Sno。假设数据的逻辑结构发生了变化，例如将 Student 一分为二：Student 1(Sno,Sname,Sbirthday,Sex)和 Student 2(Sno,Sname,Sbirthday,Sdept)。为使外模式 1 和外模式 2 不变，进而使相应的应用程序不变，应将相应的外模式/概念模式映射分别修改为：

花名册 1.学号 ←→ Student1.Sno　　　　花名册 2.学号 ←→ Student2.Sno

花名册 1.姓名 ←→ Student1.Sname　　　花名册 2.姓名 ←→ Student2.Sname

花名册 1.性别 ←→ Student1.Sex　　　　花名册 2. 所在系 ←→ Student2.Sdept

由此可见，通过三级模式结构及其两级映射功能，实现了保证数据独立性的目的。

【提示】数据库三级模式和两层映射结构是在 DBMS 支持下实现的。三级模式结构仍然是逻辑的，内模式到物理模式的转换由操作系统的文件系统实现。从数据使用的角度来看，可以不考虑这一层的转换，这样可将数据库的内模式与物理模式合称为内模式或物理模式或存储模式。

　　5. 数据库系统存取数据的过程

　　用户对数据库的请求最多的就是"读"和"写"，了解这一过程对具体理解数据库系统的工作原理是很有帮助的。用户从数据库中读取一个外部记录的过程如图 7-9 所示。

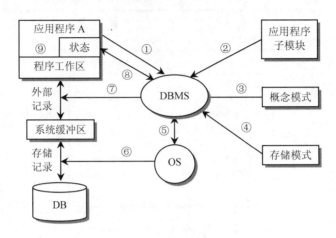

图 7-9　DBMS 存取数据操作过程

　　在三级结构模式中，外模式与概念模式之间的映射以及概念模式与内模式之间的映射是由数据库管理系统来实现的，内模式与数据库物理存储之间的转换则是由操作系统来完成的。

　　① 用户启动应用程序 A，用相应的数据操纵命令向 DBMS 发出请求，递交必要的参数，例如记录类型名及欲读取的记录的关键字值等。控制转入 DBMS。

　　② DBMS 分析应用程序提交的命令及参数，按照应用程序 A 所用的子模式：确定对应的模式名。同时还可能进行操作的合法性检查，若通不过则拒绝此操作，并向应用程序 A 送回出错状态信息。

　　③ 若通过检查，则 DBMS 根据模式名调用相应的目标模式，根据外模式/概念模式的映射，确定应读取的概念模式记录类型和记录，再根据概念模式到内模式的映射，找到对应的存储记录类型和存储记录。同时进行操作有效性检查，若通不过则拒绝执行，送回出错状态信息。

　　④ DBMS 查阅存储模式，确定所要读取的存储记录所在的文件。

　　⑤ DBMS 向操作系统发出请求读入指定文件中的记录请求，把控制权转到操作系统。

　　⑥ 操作系统接到命令后分析命令参数，确定该文件记录所在的存储设备及存储区，启动 I/O 读出相应的物理记录，从中分解出 DBMS 所需的存储记录，送入系统缓冲区，把控制权交回给 DBMS。

　　⑦ DBMS 根据模式/外模式的映射，将系统缓冲区中的内容映射为应用程序所需的外部记录，并控制系统缓冲区与工作区之间的数据传输，把所需的外部记录送往应用程序工作区。

　　⑧ DBMS 向应用程序 A 送回状态信息，说明此次请求的执行情况，如"执行成功"、"数据找不到"等，记载系统工作日期，启动应用程序 A 继续执行。

　　⑨ 应用程序 A 查看"状态信息"，了解它的请求是否得到满足，根据"状态"信息决定后继处理操作。

　　6. 数据库系统研究的主要问题

　　数据库系统是由硬件和软件组成的复杂系统，对数据库系统的研究涉及以下几个方面。

（1）数据库管理系统的研究：包括对数据库管理系统应具有的功能的原理性研究和如何实现的技术性问题的研究。当前，数据库管理系统的研究已从集中式数据库管理系统向分布式数据库管理系统、知识库管理系统等方面延伸，直至延伸到数据库的各种应用领域。

（2）数据库理论的研究：数据库理论的研究主要是围绕关系数据库理论、事务理论、逻辑数据库（演绎数据库）、面向对象数据库、知识库等方面的研究，探索新思想的表达、提炼和简化，最后使其为人们所理解；同时也研究新算法以提高数据库系统的效率。

（3）数据库设计方法及工具的研究：数据库设计的主要含义是在数据库管理系统的支持下，按照应用要求为某一部门或组织设计一个结构良好、使用方便、效率较高的数据库及其应用系统。目前，正在这一领域进行数据库设计方法和设计工具的研究，包括：数据模型和数据建模的研究，计算机辅助数据库设计方法及其软件系统的研究，数据库设计规范和标准的研究等。

§7.2　数据模型

数据模型（Data Model）是实现数据抽象的主要工具，它决定了数据库系统的结构、数据定义语言和数据操纵语言、数据库设计方法、数据库管理系统软件的设计与实现。同时，数据模型是组织数据的方式，是一个用于描述数据、数据之间的关系、数据语义和数据约束的概念工具的集合。这些概念精确地描述系统的静态特性、动态特性和完整性约束条件。

7.2.1　数据模型概念

1. 数据模型的要素

数据模型所描述的内容有 3 部分：数据结构、数据操作、完整性约束，称为数据模型的三要素。通常，把数据的基本结构、联系和操作称为数据的静态特征，而把对数据的定义操作称为数据的动态特征。

（1）数据结构：是数据模型的基础，主要描述数据的类型、内容、性质以及数据间的联系等。数据操作和约束都建立在数据结构上，不同的数据结构具有不同的操作和约束。

（2）数据操作：主要描述在相应的数据结构上的操作类型和操作方式，并分为更新（插入、删除、修改）和检索两大类。

（3）数据约束：主要描述数据结构内数据间的语法、词义联系、它们之间的制约关系和依存关系，以及数据动态变化规律，以保证数据的正确性、有效性和相容性。

从建模的原则上讲，数据模型应该满足三个方面的要求：一是能够比较真实地模拟现实；二是容易为人们所理解；三是便于在计算机上实现。但事实上，一种数据模型能够很好地满足这三个方面的要求是很困难的。

2. 数据模型的抽象

在数据库技术中，计算机只能处理数据库中的数据而不能直接处理现实世界中的具体事物，必须把具体事物转换成计算机能够处理的数据，这个转换称为数据模型抽象，也称为三个世界的划分。

（1）现实世界（Real world）：即客观存在的世界。用户为了某种需要，需将现实世界中的部分需求用数据库来实现。人们把对现实世界的数据抽象称为概念模型。

（2）信息世界（Information world）：现实世界中的事物及其联系，经过分析、归纳、抽象，形成信息，对这些信息的记录、整理、归纳和格式化后便构成了信息世界。信息世界是通过对现实世界进行数据抽象刻画所构成的逻辑模型。

（3）数据世界（Data world）：是在信息世界基础上，致力于在计算机物理结构上的描述，从而形成的物理模型。

3. 数据模型的层次

根据数据抽象的不同级别，可将数据模型划分为 3 个层次。从数据抽象到数据模型的转换过程如图 7-10 所示。

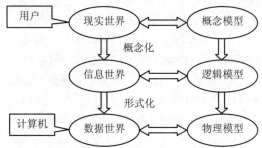

图 7-10　从数据抽象到数据模型的转换过程

（1）概念数据模型（Conceptual Data Model）：是面向数据库用户的实际数据模型，主要用来描述现实世界的概念化结构，它使数据库设计人员在设计的初级阶段摆脱计算机系统及数据库管理系统的具体技术问题，集中精力于分析数据及数据之间的联系等，与具体的数据管理系统无关。概念数据模型必须转换成逻辑数据类型，才能在数据库管理系统中实现。

（2）逻辑数据类型（Logical Data Model）：简称为数据模型，是用户从数据库看到的模型，也是具体的数据库管理系统所支持的数据模型，如网状数据模型、层次数据模型等。该模型既要面向用户，又要面向系统，主要用于数据库管理系统的实现。

（3）物理数据类型（Physical Data Model）：是面向计算机的物理表示模型，即描述数据在存储介质上的组织结构。它不但与具体的 DBMS 有关，而且还与操作系统和硬件有关。

4. 数据模型的分类

如果从模型的发展角度看，数据模型可分为概念数据模型（Conceptual Data Model）、层次数据模型（Hierarchical Data Model）、网状数据模型（Network Data Model）、关系数据模型（Relation Data Model）和面向对象数据模型（Object Data Model）。由于层次模型和网状模型都有一定的局限性，现在已经不再使用。下面重点介绍概念数据模型（简称为概念模型）、关系数据模型和发展中的面向对象数据模型。

7.2.2　概念模型

概念模型（Conceptual Model）是从概念和视图等抽象级别上描述数据，是现实世界到信息世界的第一层抽象。一方面，这种数据具有较强的语义表达能力，能够方便、直观地表达客观对象或抽象概念，另一方面，它还应该简单、清晰、易于用户理解。因此，概念模型是数据库设计人员进行数据库设计的有力工具，也是数据库设计人员和用户之间进行交流的语言。

概念模型的表示方法很多，其中最著名的是美籍华人陈平山（Peter Ping Shan Chen，P.P.S.Chen）在 1976 年提出的实体-联系方法（Entity-Relationship Approach，E-R），该方法是用 E-R 图来描述客观世界并建立概念模型的工程方法，简称 E-R 方法。

1. E-R 模型要素

概念模型也称为 E-R 模型或 E-R 图，是用图解的方法来描述数据库，通常用 5 个要素来描述，即：实体、实体属性、实体型、实体集、联系。

（1）实体（Entity）：指客观存在并可相互区别的事物，是将要搜集和存储的数据对象，它可以是具体的人、事、物，也可以是抽象的概念或联系。例如，一个职工、一个学生、一个部门、一门课程等，都是实体。

（2）实体属性（Entity attribute）：指实体所具有的某一种特性，是实体特征的具体描述和实体不可缺少的组成部分。一个实体可以由若干个属性来刻画。例如"人"是一个实体，而"姓名"、"性别"、"工作单位"、"特长"等都是人的属性。

（3）实体型（Entity type）：指具有相同属性的特征和性质，用实体名及其属性名集合来抽象和刻画同类实体。例如，学生（学号、姓名、性别、出生年月、籍贯）就是一个实体型。

（4）实体集（Entity set）：指同型实体的集合。例如，全体学生就是一个实体集。我们把能唯一标识实体的属性集称为"码"，把属性的取值范围称为"域"。

（5）联系（Relation）：指不同实体集之间的联系。例如"班级"、"学生"、"课程"是三个实体，它们之间有着"一个班级有多少学生"，"一个学生需要选修多少门课程"等联系。两个实体之间的联系可分为以下 3 类：

① 一对一联系（1:1）。例如一个班级只有一个正班长，并且只能够在本班任职。

② 一对多联系（1:n）。例如一个班级可以有多个学生，而一个学生只能属于一个班级。

③ 多对多联系（n:m）。一个学生可以选修多门课程，而一门课程又有很多学生选修。

2. E-R 模型的表示

E-R 模型一般用图形方式来表示。E-R 图提供了表示实体、属性和联系的图形表示法。

（1）实体：用矩形表示，矩形框内写明实体名。

（2）属性：用椭圆形表示，并且用无向边与其相应的实体相连。

（3）联系：用菱形表示，菱形框内写明联系名，通常与实体相连间用无向边连接，并且在无向边旁边标注上联系的类型。

在设计比较复杂的数据库应用系统时，往往需要选择多个实体，对每种实体都要画出一个 E-R 图，并且要画出实体之间的联系。画 E-R 图的一般步骤是先确定实体集与联系集，把参加联系的实体连接起来，然后再分别为每个实体加上实体属性。当实体和联系较多时，为了 E-R 图的整洁，可以省去一些属性。

【例 7-4】设有一个简单的学生选课数据库，包含学生、选修课程和任课教师 3 个实体，其中学生可以选修多门课程，每门课程可有多个学生选修，一名教师可以讲授多门课程，但一门课程只允许一名教师讲授。那么，学生、课程、教师各实体的属性如下：

学生：学号、姓名、性别、年龄；

课程：课程号、课程名、课时数；

教师：姓名、性别、职称。

该选课数据库的 E-R 图可表示为如图 7-11 所示。

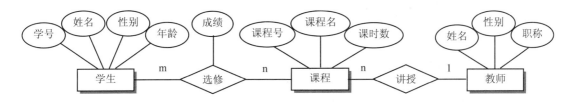

图 7-11 学生选课系统的 E-R 图

7.2.3 关系数据模型

关系数据模型（Relation Data Model）是在层次模型和网状模型之后发展起来的一种逻辑数

据模型，它具有严格的数据理论基础，并且其表示形式更加符合现实世界中人们的常用形式。特别是 1970 年 6 月 IBM 公司 San Jose 研究所的埃德加·科德（Edgar Frank Codd）研究员在《Communications of ACM》上发表了名为"大型共享数据库的数据关系模型"（A relational model of data for large shared databanks）的论文，把数学中一个称为关系代数的分支应用到存储大量数据问题中，首次明确而清晰地提出了关系模型的概念，从而奠定了关系数据库（Relation Data Base，RDB）的理论基础。从此，开创了数据库的关系方法和关系规范化理论的研究，并在理论和实践上都取得了辉煌成果。在理论上，确立了完整的关系理论、数据依赖理论以及关系数据库的设计理论等；在实践上，开发了许多著名的关系数据库管理系统，使关系数据库系统很快就成为数据库系统的主流。为此，科德获得 1981 年度图灵奖。

1. 关系数据模型的结构

关系模型实际上就是一个"二维表框架"组成的集合，每个二维表又可称为关系，所以关系模型是"关系框架"的集合。在关系型数据库中，对数据的操作（数据库文件的建立，记录的修改、增添、删除、更新、索引等操作）几乎全部归结在一个或多个二维表上。通过对这些关系表的复制、合并、分类、连接、选取等逻辑运算来实现数据的管理。

【例 7-5】设计一个教学管理数据库，可以包含以下几种关系：学生关系、教师关系、专业关系、课程关系、学习关系、授课关系。教学管理关系模型如图 7-12 所示。

（1）学生关系

学　号	姓　名	性别	出生日期	专业代码	班　级
20121101	赵建国	男	02/05/1990	S1101	201211
20121102	钱学斌	男	12/23/1989	S1101	201211
20121103	孙经文	女	01/12/1990	S1101	201211
20122101	李建华	男	11/12/1989	S1102	201212
…	…	…	…	…	…

（2）教师关系

教师号	姓名	性别	年龄	职　称
T1101	张三	男	47	教　授
T1102	李四	女	38	副教授
T1103	王五	男	32	讲　师
T1104	赵六	男	30	实验师
…	…	…	…	…

（3）专业关系

专业代码	专业名称	带头人
S1101	计算机	李　杰
S1102	自动化	杨　波
S1103	通信工程	谢文展
…	…	…

（4）课程关系

课程号	课程名	学时
C1101	计算机导论	80
C1102	计算机网络	64
C1103	数据库技术	80
…	…	…

（5）学习关系

学　号	课程号	成绩
20121101	C1101	91
20121102	C1102	83
20121103	C1103	88
…	…	…

（6）授课关系

教师号	课程号
T1101	C1101
T1102	C1102
T1103	C1103
…	…

图 7-12　教学管理关系模型示意图

我们可以把关系模型的结构进行如下定义：

① 关系（Relation）。对应通常所说的二维表。

② 元组（Tuple）。是二维表格中的每一行，如学生关系表中一个学生记录即为一个元组。

③ 属性（Attribute）。是二维表格中的一列，相当于记录中的一个字段（field）或一个数据项（item）。例如，学生关系表中有 4 个属性（学号，姓名，出生日期，性别）。

④ 码（Key）。是唯一可标识一个元组的属性或属性组，也称候选码（Candidate Key）。若一个关系有多个候选码，则选定其中一个为主码（Primary Key），组成主码的属性称为主属性。例如，学生登记表中学号可唯一确定一个学生，为学生关系的候选码，同时也被选为主码。码有时也被称

为键，如主键。

⑤　域（Domain）。是属性的取值范围，例如，性别的域是（男，女）。

⑥　关系模型（Relational Model）。是对关系的描述，一般表示为：

关系名（属性 1，属性 2，…，属性 n）

例如，图 7-12 中的教师关系可描述为：教师号，姓名，性别，年龄，职称。

2. 关系数据模型的操纵与完整性约束

关系数据模型的操纵主要包括查询、插入、删除和更新数据。这些操作必须满足关系的完整性约束条件。关系的完整性约束条件包括三大类：实体完整性、参照完整性和用户自定义完整性。其中实体完整性和参照完整性是关系模型必须支持的完整性约束条件。

①　实体完整性。一个关系的主关键字不能取空值，所谓"空值"是指"不知道"或"无意义"的值。例如，成绩登记表中"学号"、"课程号"是主关键字，两个字段都不能取空值，但是"成绩"字段可以取空值，它表示该同学选了这门课程但没有参加考试，所以没有成绩。

②　参照完整性。表与表之间常常存在某种联系，如成绩登记表中只有学号，没有学生姓名，学生登记表和成绩登记表之间可通过学号相等查找学生姓名等属性取值。成绩登记表中的学号必须是确实存在的学生的学号。成绩登记表中的"学号"字段和学生登记表中的"学号"字段相对应，而学生登记表中的"学号"字段是该表的主码，是成绩登记表的"外码"。成绩登记表成为参照关系，学生登记表成为被参照关系。关系模型的参照完整性是指一个表的外码要么取空值，要么和被参照关系中对应字段的某个值相同。

③　用户自定义完整性。用户根据数据库系统的应用环境的不同，自己设定的约束条件。例如，成绩登记表中的"成绩"字段的取值只能在 0～100 之间。

在非关系模型中，操作对象是单个记录。而在关系模型中，数据操作对象是集合，操作对象和操作结果都是关系，即若干元组的集合。另外，关系模型把对数据的存取路径隐蔽起来，用户只需指出"干什么"，而不必详细说明"如何干"，从而大大提高了数据的独立性。

3. 关系数据模型的特点

关系模型是目前所有数据模型中应用最广的模型，其原因是：

①　关系模型与非关系模型不同，它建立在严格的数学概念之上，具有坚实的理论基础。

②　关系模型的概念单一。无论实体还是实体之间的联系都用关系来表示，对数据的检索结果也是关系。所以其数据结构简单、清晰，用户易懂易用。

③　关系模型的存取路径对用户透明，从而具有更高的数据独立性和更好的安全保密性，也简化了程序员的工作和数据库开发建立的工作。

正是由于关系模型以关系代数为语言模型，以关系数据为理论基础，具有形式基础好、数据独立性强、数据库语言非过程化等优点而得到了迅速发展和广泛应用。自 1970 年埃德加·科德首次提出关系模型后，关系数据库得到了快速的发展。20 世纪 80 年代以来，计算机厂商推出的数据库管理系统都支持关系模型，关系数据库成为数据库市场的主流产品，得到了非常广泛的使用。

当然，关系数据模型也有其缺点，由于存取路径对用户透明，查询效率不高。为了提高性能，必须对用户的查询请求进行优化，但却增加了开发数据库管理系统的负担。

7.2.4　面向对象数据模型

一方面，随着计算机技术的飞速发展，数据库技术的应用领域不断拓宽，其处理对象也从格式化的数据发展到非格式化的多媒体数据，从二维的数据发展到多维的空间数据，从静态数据发展到动态数据，从规定类型的数据发展到自定义复合数据，而传统的关系数据模型难以满足这些要求。另一方面，自20世纪80年代起，面向对象技术在计算机软件的各个领域获得了广泛应用和发展，而且能适应这些新应用的需求。因此，面向对象的数据模型应运而生。

面向对象数据模型（Object-oriented Data Model）是最新的数据模型，是将面向对象技术应用于数据库技术的结果。面向对象模型基于层次模型、网状模型或关系模型，用对象（Object）、类（Class）和继承（Inheritance）等概念来描述数据结构和约束条件，用与对象相关的方法（method）来描述集，具有类的可扩展性、数据抽象能力、抽象数据类型与方法的封装性、主动存储对象以及自动进行类型检查等特点。

面向对象数据模型是将数据库技术与面向对象程序设计方法相结合的数据模型。面向对象数据模型的存储以对象为单位，每个对象包含对象的属性和方法，具有类和继承等特点。

【例7-6】将图7-11所示的概念模型设计成面向对象数据模型。

我们可将图7-11所示概念模型（学生、课程、教师）分为两个类：学习-1（学生和课程实体的联系）和学习-2（课程和教师实体的联系）。其中，"学习-1"类属性"学号"的取值为"学生"类中的对象，属性"课程号"的取值为"课程"类中的对象；"学习-2"类属性"课程号"的取值为"课程"类的对象，属性"姓名"取值为"教师"类的对象。这样，图7-13所示的分类便充分表达了图7-11中E-R图的全部语义。

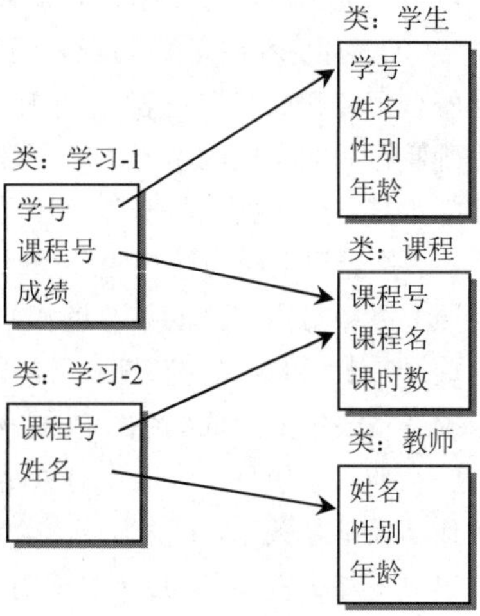

图 7-13　学生选课的面向对象模型

1. 面向对象模型的优点

① 能有效地表达客观世界和有效地查询信息。

② 能很好地解决应用程序语言与数据库管理系统对数据类型支持的不一致问题。

③ 可维护性好。

2. 面向对象模型的缺点

① 技术不够成熟。面向对象模型还存在着标准化问题；是修改SQL，还是用新的面向对象查询语言来进行程序设计，目前还没有解决。

② 理论还有待完善。到现在为止还没有关于面向对象分析的一套清晰的概念模型，怎样设计独立于物理存储的信息还不明确。

§7.3　数据库应用系统设计

数据库应用系统（Data Base Application System，DBAS）是为了完成某一个特定任务，把与该任务相关的数据以某种数据模型进行存储，并围绕这一目标开发的应用程序。数据库应用系统设计就是对于给定的应用环境，构造最优的数据库模式，建立数据库及其应用系统，使之能够有效地存储数据。

7.3.1　数据库应用系统设计要求

数据库设计是否合理的一个重要指标是数据能否高度共享、消除不必要的数据冗余、避免数据异常、防止数据不一致性，这也是数据库设计要解决的基本问题。具体说，一个成功的数据库应用系统应满足以下基本要求。

1. 良好的共享性

建立数据库的目的是实现数据资源的共享。因此，在设计一个数据库应用系统时，必须把各个部门、各方面常用的数据项全部抽取到位，能为每一用户提供执行其业务职能所要求的数据的准确视图。同时，还必须有并发共享的功能，考虑多个不同用户同时存取同一个数据的可能性。此外，不仅要为现有的用户提供共享，还要为开发新的应用留有余地，使数据库应用系统具有良好的扩展性。

2. 数据冗余最小

数据的重复采集和存储将降低数据库的效率，因此要求数据冗余最小。比如在一个单位数据库中，可能多个管理职能部门都要用到职工号、姓名、性别、职务（称）、工资等，若重复采集势必造成大量的数据重复（冗余）。因此，像这样的公用数据必须统一规划以减小冗余。

3. 数据的一致性要求

数据的一致性是数据库设计的重要指标，否则会产生错误。引起不一致性的根源往往是数据冗余。若一个数据在数据库中只存储一次，则不可能发生不一致性。虽然冗余难免，但它是受控的，所以数据库在更新、存储数据时必须保证所有的副本同时更新，以满足数据的一致性要求。

4. 实施统一的管理控制

数据库对数据进行集中统一有效的管理控制，是数据库正常运行的根本保证。所以必须组成一个称为数据库管理的组织机构（DBA），由它根据统一的标准更新、交换数据，设置管理权限，进行正常的管理控制。

5. 数据独立

数据独立就是数据说明和使用数据的程序分离，即数据说明或应用程序对数据的修改不引起对方的修改。数据库系统提供了两层数据独立：其一，不同的用户对同样的数据可以使用不同的视图。例如人事部门在调资前事先从数据库中把每个职工的工资结构调出来，根据标准进行数据修改，此时只在人事部门自己的视图范围内更改，而没有宣布最后执行新工资标准前，数据库中的工资还是原来的标准，若其他部门要调用工资的信息，还是原来的。这种独立称为数据的逻辑独立性；其二，可改变数据的存储结构或存取方式以适应变化的需求，而无须修改现有的应用程序。这种独立称为数据的物理独立性。

6. 减少应用程序开发与维护的代价

所设计的数据库必须具有良好的可移植性和可维护性，这是在数据库建设中必须充分考虑的问题。

7. 安全、保密和完整性要求

数据库系统的建立必须保障数据信息的一致、安全与完整，避免受到外界因素的破坏。

8. 良好的用户界面和易操作性

在设计时除了设计好例行程序进行常规的数据处理外，还要允许用户对数据库执行某些功能而根本不需要编写任何程序，努力实现操作的简单化与便捷化。

7.3.2　数据库应用系统设计过程

数据库是数据库应用系统的基础，数据库应用系统的设计以数据库为核心。数据库的设计过程是按照：概念模型→逻辑模型→物理模型来进行的。在数据处理过程中，数据加工经历了现实世界、信息世界和数据世界这三个阶段，数据模型与数据抽象及转换过程如图 7-14 所示。

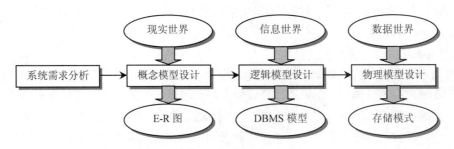

图 7-14　数据转换过程抽象

数据库设计要与整个数据库应用系统的设计开发结合起来进行，只有设计出高质量的数据库，才能开发出高质量的数据库应用系统，也只有着眼于整个数据库应用系统的功能要求，才能设计出高质量的数据库。同时，在数据库应用系统设计中要遵循软件工程的方法，其基本步骤为：需求分析→概念模型设计→逻辑模型设计→物理模型设计→数据库实施→数据库运行和维护，共 6 个阶段，如图 7-15 所示。

1. 需求分析

需求分析是对组织的工作现状和用户需求进行调查、分析，明确用户的信息需求和系统功能，提出拟建系统的逻辑方案。其重点是对建立数据库的必要性及可行性进行分析和研究，确定数据库在整个数据库应用系统中的地位。具体说，所设计的数据库应该满足以下要求。

（1）信息要求：充分考虑用户需要从数据库中所获得的信息内容与性质。由信息要求可以导出数据要求，即在数据库中需存储哪些数据。

（2）处理要求：充分考虑用户要完成的信息处理功能，对处理的响应时间有何要求，采用哪种处理方式（是批处理还是联机处理）。

（3）安全性和完整性的要求：不同的用户对数据库有不同的需求和要求，其中对数据库的安全性和完整性的要求是必须的。

需求分析是整个设计活动的基础，也是最困难、最花时间的一步。需求分析人员既要懂得数据库技术，又要对应用环境的业务比较熟悉，才

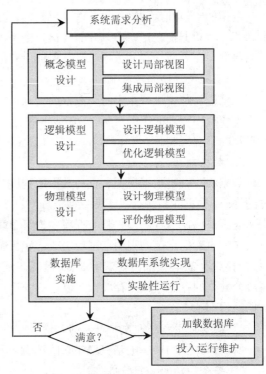

图 7-15　数据库设计的主要内容及过程

能分析和表达用户的需求。经常采用的方法有结构分析方法和面向对象方法。

2. 概念模型设计

概念模型设计的目标是将需求分析阶段得到的用户需求抽象为反映现实世界信息需求的数据库概念结构（概念模式），描述概念模式的有效工具是实体-联系（Entity-Relation，E-R）图。概念模型设计包括三个步骤：设计局部 E-R 图、集成局部 E-R 图为全局 E-R 图、优化全局 E-R 图。概念结构有如下特点：

① 能真实、充分地反映现实世界。

②　易于理解，因而可以以此为基础和不熟悉数据库专业知识的用户交换意见。

③　当应用环境和用户需求发生变化时，很容易实现对概念结构的修改和完善。

④　易于转换成关系、层次、网状等各种数据模型。

概念结构从现实世界抽象而来，又是各种数据模型的共同基础，实际上是现实世界与逻辑结构（机器世界）之间的一个过渡。

3．逻辑模型设计

概念模型设计的结果是得到一个与计算机软硬件的具体性能无关的全局概念模式。逻辑结构设计的目标是把概念结构设计阶段的 E-R 图转换成与具体的 DBMS 产品所支持的数据模型相一致的逻辑结构。逻辑结构设计包括两个步骤：将 E-R 图转换为关系模型、对关系模型进行优化，优化工作要用到函数依赖、关系范式等知识；得到优化后的关系数据模型，就可以向特定的关系数据库管理系统转换，实际上是将一般的关系模型转换成符合某一具体的、能被计算机接受的 RDBMS 模型，如 Oracle、MS SQL Server、Access 等。

4．物理模型设计

数据库在实际的物理设备上的存储结构和存取方法称为数据库的物理结构。数据库的物理设计目标是在选定的 DBMS 上建立起逻辑结构设计确立的数据库的结构，物理结构设计依赖于给定的硬件环境和数据库产品。

DBMS 产品一般都提供有一些系统配置变量和存储分配参数（同时使用数据库的用户数、同时打开的数据库对象数、缓冲区的长度等），系统为这些变量赋予了合适的默认值，在进行数据库的物理设计时可以直接使用这些值，也可以根据实际应用环境重新设置这些值。

物理结构设计的主要内容包括 3 项：确定数据的存储安排、存取路径的选择与调整、确定系统配置。评价数据库物理结构的方法和选用的 DBMS 有关，主要是定量估算各种方案的存储空间、存储时间和维护代价，对估算结果进行权衡、比较，如果评价的结构不符合用户需求，则需要修改设计。

5．数据库实施

数据库实施阶段的工作就是根据逻辑设计和物理设计的结果，在选用的 RDBMS 上建立起数据库。具体讲有如下 3 项工作：

①　建立数据库的结构，以逻辑设计和物理设计的结果为依据，用 RDBMS 的数据定义语言书写数据库结构定义源程序，调试执行源程序后就完成了数据库结构的建立。

②　载入实验数据并测试应用程序，实验数据可以是部分实际数据，也可以是模拟数据，应使实验数据尽可能覆盖各种可能的实际情况，通过运行应用程序，测试系统的性能指标。如不符合，是程序的问题修改程序，是数据库的问题则修改数据库设计。

③　载入全部实际数据并试运行应用程序，发现问题做类似处理。

6．数据库运行和维护

数据库经过试运行后就可以投入实际运行了。但是，由于应用环境在不断变化，对数据库设计进行评价、调整、修改等维护工作是一个长期的任务，也是设计工作的继续和提高。在数据库运行阶段，对数据库经常性的维护工作主要由数据库管理员完成，主要工作包括数据库的转储和恢复、数据库的安全性和完整性控制、数据库性能的监督和分析、数据库的重组织与重构造等。

7.3.3　数据库应用系统设计实例

为了对数据库应用系统的设计建立一定的感性认识，我们以建立一个学生选课信息管理系统为例，介绍关系数据库设计过程及其所涉及的内容。为了突出设计思想，对教学管理的某些环节做了适当的简化，这样有利于读者对计算学科中的"抽象、理论和设计"三个过程的理解。

1. 需求分析

学生处要录入新生的信息、处理毕业生的信息、产生各种各样的学生统计表。教务处每学期要制定教学执行计划、给教师排课、产生课程表、统计学生选课记录、登录学生成绩、产生学生成绩单和补考通知单等。各个系经常要查询教师、学生、课程、成绩等情况。

在建立学生选课数据时，我们可能很容易想到的是将学生选课数据关系设为：

STC{学号，姓名，年龄，性别，课程名称，课程代号，成绩，授课教师，教师职称}，但稍加分析就会发现用这种方式构造的关系在进行修改时，会出现问题：

① 一门新开的课程，教师已经确定，但还没有学生选课时则无法将课程名和教师的名字插入到数据库中，学生实体中学号为系代码，系代码不能缺，从而造成插入异常，即插入元组时出现不能插入的一些不合理现象。

② 当就读某门课程的学生全部毕业，删除所有毕业生时，课程名和任课教师的名字也就删除了，从而造成删除异常。

③ 假若一门课程有1000个学生，一个学生对应一个课程名和一个授课教师的名字，则该课程名和授课教师的名字要重复1000次，这种在数据库中的不必要的重复存储就是数据冗余，会造成存储异常。由于数据的重复存储，会给更新带来很多麻烦，造成更新异常。

产生异常的原因是感性认识中存在问题，换句话说，该关系模式是凭主观想象设计的，它存在多个不同主题的数据，即学生、课程、成绩和授课教师等。

2. 概念模型设计

概念模型设计是把现实世界中的客观对象抽象为某一种信息结构，它是整个数据库设计的关键，它通过对用户需求进行综合、归纳与抽象，形成一个不依赖某一数据库管理系统，或者说对任一个DBMS都适用的概念模型。概念模型设计的最终产物是E-R模型。

【例7-7】学生选课系统的概念模型设计。

学生选课系统的数据实体应当有学生、教师、课程，而且三者之间的关系为：学生选修课程、教师讲授课程。其中：

学生的属性包括：学号、姓名、性别、年龄等；

教师的属性包括：姓名、性别、年龄、职称等；

课程的属性包括：课程号、课程名称、课时数、课程类别（基础课、专业课）等。

它们之间的关系用实体-联系图表示，如图7-16所示。

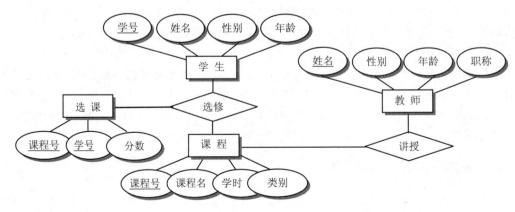

图7-16　学生选课系统E-R图

3．逻辑模型设计

概念模型只是客观世界到机器世界的一个中间层次，还需要将其转换成机器世界能支持的数据模型，即关系模型。逻辑模型设计的任务是把概念模型设计阶段设计好的 E-R 图转换为具体的数据库管理系统支持的数据模型，为物理模型设计阶段做好准备。

【例 7-8】根据概念模型转换成关系模型的转换规则，可把图 7-15 所示的 E-R 图转换成如下所示关系模型，其中关系的码（主键）用下划线标示。

学生情况表={学号，姓名，年龄，性别}

教师授课表={姓名，年龄，性别，职称}

课程表={课程号，课程名称，学时，类别}

学生选课表={学号，课程号，分数}

在建立正确的关系模型后，根据具体的关系数据库管理系统对该模型进行定义，并将以上四个表的有关定义和约束条件存放在数据库的词典中，供系统调用。

4．物理模型设计

物理模型设计的任务就是将逻辑模型设计的结果在具体的数据库管理系统（DBMS）进行实现，目标就是将关系模式转换为数据表。为了实现数据的存储需要，先确定必须收集和存储的数据对象并对这些数据的存储结构进行设计，确定选课数据库中应包括该校所有教师、学生、课程、成绩等要存储的数据对象。

5．数据库实施

根据逻辑模型设计和物理模型设计的结果，在选用的 RDBMS 上建立起数据库，定义每个表的结构并输入数据。在此基础上，利用数据库中的数据产生各种数据查询、输出、统计等，以满足各种用户的各种数据处理的需求。此时，数据库可转入试运行。

6．数据库的运行和维护

数据库试运行合格后，数据库的开发工作就告一段落，也标志着程序可以安装运行了。但这并不意味着数据库设计工作的全部结束，由于应用环境在不断变化，数据库在运行过程中的物理存储也会不断变化，因此在使用中还要对数据库不断进行维护，包括对数据库设计进行评价、调整、修改等维护工作，这是一个长期的任务，也是设计工作的继续和提高。

对于一个程序编制人员而言，需要了解最多的应该是实现设计阶段。因为数据库不管设计好与坏，都可以存储数据，但在存取效率上可能有很大的差别。实现设计阶段是影响关系型数据库存取效率的很重要阶段。

【提示】确定了建立数据库系统之后，要分析待开发系统的基本功能，确定数据库支持的范围，考虑是建立一个综合的数据库，还是建立若干个专门的数据库。对于规模比较小的应用系统，可以建立一个综合数据库。对于大型应用系统来说，建立一个支持系统所有功能的综合数据库难度较大，效率也不高，比较好的方式是建立若干个专门的数据库，需要时可以将多个数据库连接起来，满足实际功能的需要。例如，如果要开发一个高校教学管理系统，设计一个教学数据库即可满足系统功能的要求，这个数据库中包括教师基本情况表、学生基本情况表、课程基本情况表、学生选课情况表、教师授课情况表等。如果要开发一个高校综合管理系统，则应包括教学管理、科研管理、人事管理、财务管理、图书管理等。显然，很难建立一个数据库来满足所有这些功能的需求，需要分别建立教学数据库、科研数据库、人事数据库、财务数据库和图书数据库等。

§7.4 数据库技术的研究与发展

7.4.1 数据库技术的研究

数据库技术经过 40 余年的研究与发展，现已形成了较为完整的理论体系和应用技术。数据库作为一门学科，其主要的研究内容为：数据库理论，数据库模型，数据库语言，数据的安全性、可恢复性和完整性等。

1. 数据库理论

数据库理论主要内容为关系数据库理论（依赖理论、泛关系理论、超图理论等）、事务理论、逻辑与数据库理论、面向对象数据库理论。

关系数据库理论开始于 E.F.Codd 1970 年的论文，其中数据依赖用于定义合法的数据库，以维护数据的完整性和一致性；泛关系理论将数据库中的所有关系都看作是包含所有属性关系的投影，它隐含了这样的假设，脱离具体的关系讨论属性是没有意义的；泛关系思想为关系模式规范化提供了基础，而规范化是关系数据库设计的依据；超图理论将数据库模式描述为超图，其主要目的为研究有效的查询处理算法。事务理论的研究内容是如何维护数据的一致性，当某些操作被意外中断后会造成数据的不一致，如同一数据在某关系中作了修改而在另一关系中却没修改。为了避免这种情况的发生，引入了事务。一个事务是一组数据库操作命令，它们或者没有执行或者全部执行完毕。在有多个用户同时访问数据库的情况下，就要考虑并发控制。逻辑与数据库理论主要研究如何将逻辑程序设计技术与数据库技术有机结合，如演绎数据库系统的研究。面向对象数据库理论主要处理大规模的复杂对象。

2. 数据库模型

任何一个数据库管理系统都至少提供一种数据模型，因此数据模型是数据库研究的基础。根据某种数据模型，人们可以用数据世界来合理地表示现实世界的某一部分，并且将数据世界映射成一个意识世界用户界面。数据模型有两方面含义：数据以何种形式存储、用户以何种形式看待数据。

3. 数据库语言

数据库语言是创建数据库及其应用程序的主要工具，是数据库系统的重要组成部分。在数据库语言中，描述性部分和过程性部分是分开的。其过程性部分是一个通用的程序设计语言，称为宿主语言；而描述性部分包括数据定义语言和数据操纵语言。数据定义语言用于说明数据库的逻辑模式；数据操纵语言，亦称为查询语言，用于说明对数据库的操作。

SQL 是一种基于关系运算理论的数据库语言，由于 SQL 所具有的特点，目前关系数据库系统大都使用 SQL，使其成为一种通用的国际标准数据语言。为了提高对数据库操作的效率，SQL 采用了大量查询优化技术。查询处理及其优化技术的研究也成为数据库研究的重要内容，主要包括索引技术和连接技术。对传统的数据库而言，这两项技术已趋完善。但由于数据库查询语言和宿主语言之间存在不匹配问题，所以在新型数据库系统中（如面向对象数据库系统和知识库系统），倾向于将二者有机集成，构成一类数据库程序设计语言。

4. 数据库的安全性

随着数据库应用的日益广泛，加上互联网的普及，如何保证数据库系统的数据不被非法读取和破坏，或被未经授权的用户存取和修改，或在意外事件中不被破坏或丢失等，就变成一个很严峻的问题，也是亟待研究的问题。为了确保数据库的安全性，在设计数据库管理系统时，必须考虑以下几个方面的问题。

一是用户权限的问题。在多用户的数据库系统中，数据库管理系统必须为不同的用户指定不同的数据存取特权并设立视图机制，使得每个用户只能在被授权的范围内访问到允许他访问的数据，防止数据库被有意或无意访问或破坏。

二是防止非授权用户访问数据库的问题。这是计算机系统中共性的问题，可以通过创建用户名和密码来实现，用户名和密码要尽量复杂，以增加破解的难度。

三是数据加密问题。经过加密的数据库数据，即使在数据传输过程被人恶意截取，也可以保证信息不泄露。

5. 数据库的可恢复性

数据库的可恢复性是指在意外事件（软件或硬件方面）破坏了当前数据库状态后，系统有能力恢复数据库，使损失减少到最低限度。数据恢复采用的方法通常是建立日志文件和经常性地做数据库备份。

6. 数据库的完整性

数据库的完整性是指数据库中的数据必须始终满足数据库定义时的约束条件。比如，考试成绩最小值是 0，不能出现负数；学生的学号必须是数字，不能有汉字等。为了确保数据库的完整性，在数据库管理系统中需要加入完整性约束定义和验证机制，以保存数据在增加或修改前先验证数据的合法性。

7.4.2　数据库技术的发展

数据库技术现已成为 21 世纪信息化社会的核心技术之一。1980 年以前，数据库技术的发展主要体现在数据库的模型设计上。进入 90 年代后，计算机领域中其它新兴技术的发展对数据库技术产生了重大影响。数据库技术与网络通信技术、人工智能技术、多媒体技术等相互结合和渗透，从而使数据库技术产生了质的飞跃。数据库的许多概念、应用领域，甚至某些原理都有了重大发展和变化，形成了数据库领域众多的研究分支和课题，涌现了许多新型数据库，如分布式数据库、多媒体数据库、面向对象数据库、并行数据库、Web 数据库、数据仓库、演绎数据库、知识数据库、主动数据库等，这些统称为新一代数据库或高级数据库。

1. 分布式数据库

分布式数据库（Distributed Data Base，DDB）是传统数据库与通信技术相结合的产物，是使用计算机网络，将地理位置分散而管理控制又需要不同程度集中的多个逻辑单位连接起来，共同组成一个统一的数据库系统，是当今信息技术领域倍受重视的分支。分布式数据库是分布在计算机网络中不同节点上的数据的集合，它在物理上是分布的，而在逻辑上是统一的。在分布式数据库系统中，允许适当的数据冗余，以防止个别节点上数据的失效导致整个数据库系统瘫痪，而且多台处理机可以并行工作，提高了数据处理的效率。

分布式数据库是由分布式数据库管理系统（Distributed Data Base Management System，DDBMS）进行管理，支持分布式数据库的建立、操纵与维护的软件系统，负责实现局部数据管理、数据通信、分布数据管理以及数据字典管理等功能。在当今网络化的时代，分布式数据库技术有着广阔的应用前景。无论是企业、商厦、宾馆、银行、铁路、航空，还是政府部门，只要是涉及地域上分散的信息系统都离不开分布式数据库系统。

分布式数据库的主要研究内容包括：DDBMS 的体系结构、数据分片与分布、冗余的控制（多副本一致性维护与故障恢复）、分布查询优化、分布事务管理、并发控制以及安全性等。

2. 多媒体数据库

多媒体数据库（Multimedia Data Base，MDB）是传统数据库技术与多媒体技术相结合的产物，是以数据库的方式合理地存储计算机中的多媒体信息（包括文字、图形、图像、音频和视频等）的集合。这些数据具有媒体的多样性、信息量大和管理复杂等特点。

多媒体数据库是由多媒体数据库管理系统（Multimedia Data Base Management System，MDBMS）进行管理，支持多媒体数据库的建立、操纵与维护的软件系统。它的主要功能是实现对多媒体对象的存储、处理、检索和输出等。

多媒体数据库的主要研究内容包括：多媒体的数据模型、MDBMS 的体系结构、多媒体数据的存取与组织技术、多媒体查询语言、MDB 的同步控制以及多媒体数据压缩技术等。通常，多媒体也是一个分布式的系统，因而还需要研究如何与分布式数据库相结合以及实时高速通信问题。多媒体数据库的研究始于 20 世纪 80 年代中期，经过多年的技术研究和系统开发，获得了很大的成果。但目前还没有功能完善、技术成熟的多媒体数据库管理系统。

3. 面向对象数据库

面向对象数据库（Object-Oriented Data Base，OODB）是面向对象的方法与数据库技术相结合的产物。目前，面向对象技术已经得到了广泛的应用，面向对象技术中描述对象及其属性的方法与关系数据库中的关系描述非常一致，它能精确地处理现实世界中复杂的目标对象。

面向对象数据库数据模型比传统数据模型具有更多优势，如具有表示和构造复杂对象的能力，通过封装和消息隐藏技术提供了程序的模块化机制，继承和类层次技术不仅提供了软件的重用机制等，而且可以实现在对象中共享数据和操作。在面向对象的数据库系统中将程序和方法也作为对象，并由面向对象数据库管理系统（OODBMS）统一管理，这样使得数据库汇总的程序和数据能够真正共享。

面向对象数据库的主要研究内容包括：事务处理模型（如开放嵌套事务模型、工程设计数据库模型、多重提交点模型等）。由于 OODB 至今没有统一的标准，使得 OODB 的发展缺乏通用的数据模型和坚实的形式化的理论基础。作为一项新兴的技术，面向对象数据库还有待于进一步的研究。

4. 并行数据库

并行数据库（Parallel Data Base，PDB）是传统的数据库技术与并行技术相结合的产物。随着超大规模集成电路技术的发展、多处理机并行系统的日趋成熟、大型数据库应用系统的需求，而关系型数据库系统查询效率低下，人们自然想到提高效率的途径不仅仅是依靠软件手段来实现，而是要依靠硬件手段通过并行操作来实现。并行数据库管理系统的主要任务就是如何利用众多的 CPU 来并行地执行数据库的查询操作。并行数据库是在并行体系结构的支持下，实现数据库操作处理的并行化，以提高数据库的效率。

并行数据库技术主要研究的内容包括：并行数据库体系结构、并行操作算法、并行查询优化、并行数据库的物理设计、并行数据库的数据加载和再组织技术等。并行数据库技术是当前研究的热点之一，它致力于研究数据库操作的时间并行性和空间并行性。关系数据模型仍然是并行数据库研究的基础，但面向对象模型才是并行数据库重要的研究方向。

5. 数据仓库

随着数据库应用的深入和长期积累，企业和部门的数据越来越多，致使许多企业面临着"数据爆炸"和"知识缺乏"的困境。如何解决海量数据的存储管理，并从中发现有价值的信息、规律、模式或知识，达到为决策服务的目的，已成为亟待解决的问题。在此背景下，数据仓库（Data Warehouse，DW）技术应运而生，并引起国内外广泛的重视。

数据仓库是一种把收集到的各种数据转变成具有商业价值的信息的技术，包括收集数据、过滤数据和存储数据，最终把这些数据用在分析和报告等应用程序中，为决策支持系统服务。数据仓库中的每个数据都是预定义的、合理的、一致的和不变的，每个数据单位都与时间设置有关。数据仓库除了具有传统数据库管理系统的共享性、完整性和数据独立性外，还具有面向主题性、集成性、稳定性和随时间变化性等特点。

数据仓库技术与数据挖掘（Data Mining，DM）技术紧密相连，在数据仓库中分析处理海量数据的技术就是数据挖掘技术。数据挖掘又称数据开采，它是从大型数据库或数据仓库中发现并提取隐藏的、未知的、非平凡的及潜在应用价值的信息或模式的高级处理技术。

数据仓库的主要研究内容包括：对大型数据库的数据挖掘方法；对非结构和无结构数据库中的数据挖掘操作；用户参与的交互挖掘；对挖掘得到的知识的证实技术；知识的解释和表达机制；挖掘所得知识库的建立、使用和维护。

6. 演绎数据库

演绎数据库（Deductive Data Base，DDB）是传统的数据库技术与逻辑理论相结合的产物，它是一种支持演绎推理功能的数据库。演绎数据库由用关系组成的外延数据库（EDB）和由规则组成的内涵数据库（IDB）两部分组成，并具有一个演绎推理机构，从而实现数据库的推理演绎功能。

演绎数据库主要汲取了规则演绎功能，不仅可应用于诸如事务处理等传统的数据库应用领域，而且将在科学研究、工程设计、信息管理和决策支持中表现出优势。

演绎数据库技术主要研究的内容包括：逻辑理论、逻辑语言、递归查询处理与优化算法、演绎数据库体系结构等。演绎数据库的理论基础是一阶谓词逻辑和一阶语言模型论。这些逻辑理论是研究演绎数据库技术的基石，也对其发展起到了重要的指导作用。

7. 知识数据库

知识数据库（Knowledge Data Base，KDB）技术和人工智能（Artificial Intelligence，AI）技术的结合推动了知识数据库系统的发展，是人工智能技术和数据库技术相互渗透和融合的结果。知识数据库将人类具有的知识以一定的形式存入计算机，实现方便有效的使用并管理大量的知识。

知识数据库以存储与管理知识为主要目标，一般由数据库与规则库组成。数据库中存储与管理事务，而规则库则存储与管理规则，这二者的有机结合构成了完整的知识库系统。此外，一个知识数据库还包括知识获取机构、知识校验机构等。知识数据库还有一种广义的理解，即凡是在数据库中运用知识的系统均可称为知识库系统，如专家数据库系统、智能数据库系统。而专家数据库系统则在此基础上再汲取了人工智能中多种知识表示能力及相互转换能力，智能数据库则是在专家数据库基础上进一步扩充人工智能中的其他一些技术而构成。

知识数据库的主要研究内容：对知识数据库的研究主要集中在算法上，包括演绎算法、优化算法以及一致性算法，其主要目标是提高知识数据库的效率、减少时间及空间的开销。

8. 模糊数据库

模糊数据库（Fuzzy Data Base，FDB）的研究始于 20 世纪 80 年代，它是在一般数据库系统中引入"模糊"概念，进而对模糊数据、数据间的模糊关系与模糊约束实施模糊数据操作和查询的数据库系统。传统的数据库仅允许对精确的数据进行存储和处理，而现实世界中有许多事物是不精确的。研究模糊数据库就是为了解决模糊数据的表达和处理问题，使得数据库描述的模型能更接近地反映现实世界。

模糊数据库的主要研究内容包括：模糊数据库的形式定义、模糊数据库的数据模型、模糊数据库语言设计、模糊数据库设计方法及模糊数据库管理系统的实现。近 20 年来，大量的研究工作集中在模糊关系数据库方面，也有许多工作是对关系之外的其他有效数据模型进行模糊扩展，如模糊 E-R、模糊多媒体数据库等。当前，科研人员在模糊数据库的研究、开发与应用系统的建立方面都做了不少工作，但是，摆在人们面前的问题是如何进一步研究与开发大型适用的模糊数据库商业性系统。

9. 主动数据库

主动数据库（Active Data Base，Active DB）是相对于传统数据库的被动性而言的。传统数据库系统只能被动地按照用户给出的明确请求执行相应的数据库操作，很难充分适应这些应用的主动要求，而主动数据库则打破了这一常规，它除了具有传统数据库的被动服务功能之外，还提供主动进行服务的功能。主动数据库是在传统数据库基础上，结合人工智能技术和面向对象技术实现的。

主动数据库的目标是提供对紧急情况及时反应的功能，同时又提高数据库管理系统的模块化程度。实现该目标常用的方法是在传统的数据库系统中嵌入"事件-条件-动作"（Event-Condition-Action，ECA）规则。ECA 规则的含义是：当某一事件发生后引发数据库系统去检测数据库当前状态是否满足所设定的条件，若条件满足则触发规定动作的执行。

主动数据库的主要研究内容包括：数据库中的知识模型、执行模型、事件监测和条件检测方法、事务调度、安全性和可靠性、体系结构和系统效率等。目前，虽然大部分数据库系统产品中都具有一定的主动处理用户定义规则的能力，但尚不能满足大型的应用系统在技术上的需求。

10. Web 数据库

Web 数据库（Web Data Base，WDB）是数据库技术与 Web 技术相融合的产物。随着 WWW（World Wide Web）的迅速发展，WWW 上可用数据源的数量也在迅速增长，因而可以通过网络获得大量信息，人们正试图把 WWW 上的数据资源集成为一个完整的 Web 数据库，使这些数据资源得到充分利用。尽管 Web 数据库是刚发展起来的新兴领域，其中许多相关问题仍然有待解决，但 Web 技术和数据库技术相结合是数据库技术发展的方向之一，开发动态的 Web 数据库已成为当今 Web 技术研究的热点。

随着信息技术的飞速发展，以关系数据库为代表的传统数据库已经很难胜任新应用领域的需求，为了满足现代应用的需求，必须将数据库技术与其它现代信息、数据处理技术相结合，以上研究分支和课题就是数据库技术领域的研究热点。

本章小结

1. 数据库技术是计算机应用技术中发展最快的一个分支。现在数据库已形成一门学科，其主要研究内容为：数据库理论、数据库模型、数据库语言、数据的安全性、事务管理等。

2. 在数据库技术发展过程中，所采用的数据模型有层次模型、网状模型、关系模型、面向对象模型。层次数据库和网状数据库现已过时，目前广泛使用的是关系模型。面向对象数据模型及面向对象数据库管理系统的研究和开发虽然取得了大量的成果，但要广泛应用，还有很多理论和技术问题需要研究解决，真正得到广泛应用的仍是关系数据库管理系统。

3. 数据库管理系统是由一组相关联的数据集合和一组用以访问这些数据的程序组成。数据库管理系统的基本目标是为用户提供一个方便、高效地存取数据的环境。

4. 数据库系统是一个由硬件和软件构成的系统，主要用来管理大量数据、控制多用户访问、定义数据管理构架、执行数据库操作等。数据库系统的主要应用是信息管理。

5. 以关系数据库为代表的传统数据库已经很难胜任新应用领域的需求，因为新的应用要求数据库能处理复杂性较高的数据，例如处理与时间有关的属性，甚至还要求数据库有动态性和主动性，这就必须有新的数据库技术加入才能满足现实需要。

6. 随着数据库技术应用的深入，数据库应用系统已成为现代信息技术的重要组成部分，是现代计算机信息管理以及应用系统的基础和核心。

7. 数据库技术与网络通信技术、人工智能技术、多媒体技术等相互结合和渗透，是新一代数据库技术的显著特征。数据库技术随着信息技术发展而发展，目前，数据库朝着分布式数据库、面向对象数据库、知识数据库、数据挖掘和 Web 数据库方向发展。

习题七

一、选择题

1. 在数据管理技术发展中，文件系统与数据库系统的重要区别是数据库具有（　　　）。

  A. 数据可共享   B. 数据不共享

  C. 特定数据模型   D. 数据管理方式

2. DBMS 对数据库中的数据进行查询、插入、修改和删除操作，这类功能称为（　　　）。

  A. 数据定义功能   B. 数据管理功能

  C. 数据控制功能   D. 数据操纵功能

3. 数据库的概念模型独立于（　　　）。

  A. 具体计算机   B. E-R 图   C. 信息世界   D. 现实世界

4. 设同一仓库存放多种商品，同一商品只能放在同一仓库，仓库与商品是（　　　）。

  A. 一对一关系   B. 一对多关系

  C. 多对一关系   D. 多对多关系

5. 关系数据模型使用统一的（　　　）结构，表示实体与实体之间的联系。

  A. 数   B. 网络   C. 图   D. 二维表

6. 在 E-R 图中，用来表示实体的图形是（　　　）。

  A. 矩形   B. 椭圆形   C. 菱形   D. 三角形

7. 用二维表来表示实体及实体之间联系的数据模型是（　　　）。

  A. 关系模型   B. 网状模型   C. 层次模型   D. 链表模型

8. 数据库设计的根本目标是要解决（　　　）问题。

  A. 数据共享   B. 数据安全   C. 大量数据存储   D. 简化数据维护

9. 在数据库系统的三级模式结构中，用来描述数据库整体逻辑结构的是（　　　）。

  A. 外模式   B. 内模式   C. 存储模式   D. 概念模式

10. 在关系数据库中，元组在主关键字各属性上的值不能为空，这是（　　　）约束的要求。

  A. 实体完整性   B. 参照完整性   C. 数据完整性   D. 用户定义完整性

二、判断题

1. 信息是一种资源，能为某一特定目的提供决策依据。   （　　　）

2. 计算机处理的数字才能称为数据，字符和图形不能称为数据。   （　　　）

3. 索引是在数据库表中对一个或多个列的值进行排序的结构。   （　　　）

4．为了实现对数据进行管理和处理，必须将收集到的数据有效地组织并保存起来，这就形成了数据库。

（　　）

5．数据库系统是一个包括软件和硬件的完整系统。（　　）

6．数据库的设计过程是按照概念模型→逻辑模型→物理模型来进行的。（　　）

7．数据模型的三个要素是：数据结构、数据操作和完整性约束。（　　）

8．实体-联系模型是基于记录的数据模型。（　　）

9．网状模型不允许两个或两个以上的结点为根结点。（　　）

10．一个数据库只能有一个内模式。（　　）

三、问答题

1．图书馆与图书仓库是同一个概念吗？

2．数据库管理系统主要完成什么功能？

3．数据库管理系统有哪些主要特点？

4．什么是概念模型？

5．关系数据模型是什么结构？

6．关系数据模型有哪些特点？

7．什么是面向对象数据库？

8．数据库设计的要求是什么？

9．数据库系统的体系结构是指什么？

10．数据库系统由哪些部分组成？

四、讨论题

1．你认为目前的数据库还存在哪些不足？

2．你认为数据库的发展与计算机的发展有何关系？

3．你认为目前广泛使用的关系数据模型还有哪些不足？

4．你认为数据库技术的发展与哪些学科的研究进展有关？

第8章　多媒体与虚拟现实技术

【问题引出】计算机多媒体技术是当今最引人注目的新技术。多媒体技术不仅极大地改变了计算机的使用方法，促进了信息技术的发展，而且使计算机的应用深入到前所未有的领域，开创了计算机应用的新时代。那么，什么是多媒体技术？多媒体技术涉及哪些知识内容？多媒体技术有哪些应用？多媒体技术发展的更高境界是什么？等等，这些都是本章所要讨论的问题。

【教学重点】多媒体的基本概念、多媒体计算机、多媒体信息处理技术、多媒体技术的应用与发展、虚拟现实技术。

【教学目标】通过本章学习，掌握多媒体的基本概念、多媒体计算机系统的结构组成；熟悉多媒体信息处理技术；了解多媒体技术的基本应用和发展方向，了解虚拟现实技术。

§8.1　多媒体概念

8.1.1　媒体与多媒体

1. 媒体及其类型

"媒体（Medium）"在计算机领域中有两种含义：一是指用以存储信息的实体，如磁盘、磁带、光盘和半导体存储器等；二是指信息的载体，如数字、文字、声音、图形、图像、视频和动画等。国际电话与电报咨询委员会（Consultative Committee International Telegraph and Telephone，CCITT）制定了媒体分类标准，将媒体分为 5 种类型。

（1）感觉媒体（Perception Medium）：指能够直接作用于人的感官，让人产生感觉的媒体。如人类的各种语音、文字、音乐，自然界的各种声音、图形、静止和运动的图像等。

（2）表示媒体（Representation Medium）：指为了加工、处理和传输感觉媒体而研究、构造出来的媒体，它是用于传输感觉媒体的手段，即对语言、文本、图像、动画等进行数字编码。

（3）表现媒体（Presentation Medium）：指感觉媒体与用于通信的电信号之间转换用的一类媒体。表现媒体又分为输入表现媒体（如键盘、鼠标、光电笔、数字化仪、扫描仪、麦克风、摄影机等）和输出表现媒体（如显示器、打印机、扬声器、投影仪等）。

（4）存储媒体（Storage Medium）：指用于存储表现媒体的介质，即存放感觉媒体数字化以后的代码的媒体。存放代码的存储媒体有计算机内存、软盘、硬盘、光盘、磁带等。

（5）传输媒体（Transmission Medium）：传输媒体也称为传输介质，是指将表现媒体从一处传送到另一处的物理载体，如双绞线、同轴电缆、光纤、空间电磁波等。

在上述各种媒体中，表示媒体是核心。计算机处理媒体信息时，首先通过表现媒体的输入设备将感觉媒体转换成表示媒体，并存放在存储媒体中，计算机从存储媒体中获取表示媒体信息后进行加工、处理，最后利用表现媒体的输出设备将表示媒体还原成感觉媒体。通过传输媒体，计算机可将从存储媒体中得到的表示媒体传送到网络中的另一台计算机。

2. 多媒体

"多媒体"一词译自英文"multimedia"，是由 multiple 和 media 复合而成。multiple 的中文含义是"多样的"，media 是 medium（媒体）的复数形式。与多媒体相对应的单词称作单媒体

（monomedia），多媒体是两种以上单媒体组成的结合体。国际电信联盟（International Telecommunication Union，ITU）对多媒体含义的表述是：使用计算机交互式综合技术和数字通信技术处理的多种表示媒体，使多种信息建立逻辑连接，集成为一个交互系统。

多媒体与单媒体的关系如图 8-1 所示。通常，多媒体包含有以下 6 种基本媒体元素。

图 8-1　单媒体与多媒体的关系

（1）文本（Text）：指以 ASCII 码存储的文件，是最常见的一种媒体形式。

（2）图形（Graphics）：指由计算机绘制的各种几何图形和工程视图等。

（3）图像（Image）：指由摄像机或扫描仪等输入设备获取的实际场景的静止画面。

（4）声音（Sound）：指数字化声音，如解说、背景音乐、各种音响等。

（5）动画（Animation）：指借助计算机生成一系列可供动态演播的连续图像。

（6）视频（Video）：指由摄像机等输入设备获取的活动画面（视频图像）。它是一种模拟视频图像，因此在输入计算机之前需经过 A/D 转换才能编辑和存储。

3．多媒体技术

多媒体元素的种类很多，表现方式也很多。在屏幕上显示时，多媒体元素可以不同的形式表现出来（全面、部分、重叠、特殊效果等），而且可以是静态或动态的。但是，并不是将不同形式的信息以不同的方式拼凑在一起就是多媒体，必须将多媒体所含的元素进行合理的组织和安排，才能发挥各种媒体元素的特长，形成一个完美的多媒体节目。

多媒体技术（Multimedia Technology）就是将文本、声音、图形、图像、视频、动画等多种媒体信息通过计算机进行数字化获取（采集）、编码、存储、传输、处理和再现等，使多种媒体信息建立逻辑连接，并集成为一个具有交互性的技术。简单地说，多媒体技术就是利用计算机综合处理文本、声音、图形、图像、视频、动画等多种媒体信息的技术。

4．多媒体系统

我们把多种媒体的有机组合称为多媒体系统，它是由硬件和软件组成的综合处理系统。今天人们常说的多媒体系统，是以计算机为核心，能对文本、声音、图形、图像、视频、动画等多种媒体进行输入、输出、编辑、传输等综合处理的系统。目前，市场上的多媒体系统和产品种类繁多，而且新产品层出不穷。这些产品和系统对各种媒体的处理能力不同，按其任务不同可分成开发系统、演示系统、训练/教育系统和家用系统。

（1）开发系统（Development System）：具有多媒体应用系统的开发能力，因此系统配有功能强大的计算机，齐全的声音、文字、图形、图像信息的外部设备和多媒体演示著作工具。多媒体开发系统主要应用于多媒体的应用制作、非线性编辑等。

（2）演示系统（Presentation System）：是一个增强型的桌上系统，可以完成多种媒体的应用，并与网络连接。多媒体演示系统主要应用于高等教育和会议演示等。

（3）训练/教育系统（Training/Education System）：是单用户多媒体播放系统，它以计算机为基础，配备 CD-ROM 驱动器、音响和图像的接口控制卡及其外设。训练/教育系统主要应用于家庭教育、教育培训和小型商业销售等。

（4）家用系统（Home System）：是单用户多媒体系统，它以计算机为基础，通常配有 CD-ROM，采用一般家用电视机作演示。家用系统主要用于家庭学习、娱乐等。

8.1.2　多媒体的技术特征

多媒体的技术特征主要包括信息载体的多维性、集成性、交互性和实时性 4 个方面。这既是多媒体技术的主要特征，也是在多媒体技术研究中必须解决的主要问题。

1．多维性（Multidimensional）

多维性是指信息媒体的多样化。它使人们思想的表达不再限于顺序的、单调的、狭小的范围内，而有充分自由的余地。多媒体技术为这种自由提供了多维化的信息空间，通过对信息的变换、创作、加工，使其有更广阔和更自由的表现空间，如视觉、听觉、触觉等。

2．集成性（Integrated）

集成性是指将多种媒体有机地组织在一起，共同表达一个完整的多媒体信息，使图、文、声、像一体化。早期多媒体中的各项技术都是单一应用，有的仅有声音而无图像，有的仅有静态图像而无动态视频等。而多媒体系统将它们集成之后，能发挥图、文、声、像并茂的综合效果。声音、图像经多媒体技术处理后，使它们能够充分发挥综合作用，效果更加明显。多媒体技术的集成性主要表现在两个方面：多媒体信息的集成和处理这些媒体的设备的集成。

3．交互性（Interactive）

交互性是指人和计算机能实行"对话"，以便进行人工干预和控制。随着计算机应用领域的拓宽，多媒体技术的广泛应用，交互性已成为多媒体系统的主要特性之一。人们可以用键盘、鼠标、操纵杆、话音等设备与计算机进行交互。多媒体从一出现就充分利用计算机的交互控制能力，将多媒体信息以最适合人类的习惯、最容易接受的形式提供给人们，以提高信息的利用率。交互性的研究，是向用户提供更加有效地控制和使用信息的手段。同时，也为多媒体应用开辟更加广阔的领域。交互式应用的高级阶段还有待于虚拟现实（Virtual Reality）技术的进一步研究和发展。

4．实时性（Realtime）

多媒体技术是将多种媒体集成在一起，其中有些媒体（如声音和图像）与时间密切相关，这就决定了多媒体技术必须要支持实时处理。所谓实时，是指在人的感官系统允许的情况下进行多媒体交互，就好像"面对面"交流一样，声音和图像是连续的，没有时差上的感觉。

总之，多媒体技术是基于计算机的综合应用技术，它包括数字信号处理技术、音频和视频技术，计算机硬件和软件技术、人工智能和模式识别技术、通信和图像处理技术等，它是正处于发展过程中的一门跨学科的综合性高新技术。

8.1.3　多媒体的数据特点

由于多媒体系统是多种媒体的集合，所以多媒体系统的数据与传统的（数值或文本）数据形式相比，具有许多的差别，多媒体的数据特点主要表现在以下 4 个方面。

1．数据类型多

传统的数据处理中的数据类型主要有整型、实型、布尔型和字符型等，而多媒体数据处理中的数据类型除了上述常规数据类型外，还有图形、图像、声音、文本、音乐、动画、动态影像视频等复杂数据类型。即使同属于图像一类，也还可分为黑、白、彩色、高分辨率、低分辨率等多种格式。因此，无论是在媒体的输入还是在媒体的表现上，尤其是多媒体的综合上，都会带来一系列的问题。同时，媒体的种类还在随着系统的不断进展而继续增多。

2．数据量巨大

数值、文本类数据通常采用编码加以表示，数据量不大。但在多媒体环境下，有许多媒体的数据量是惊人的，两者之间的差别可大到几千、几万甚至几十万倍。例如一幅 640×480 分辨率、256 种颜色的彩色照片，存储量要 0.3MB 字节；CD 质量双声道的声音存储则达到每秒 1.4MB 字节；动态视频就更大了，一般将达每秒几十兆字节，即使经过压缩，数据量也仍然很大。这对于数据的处理、存储、传输都是个难题。因此，系统必须能够适应这种数据的量级提升。

3．数据存储差别大

常规的数据项一般是几个字节或几十个字节，因此在组织存储时采用定长记录处理，存取方便，存储结构简单清晰。而多媒体数据则不同：第一，不同类型的媒体（文字、声音、图像、视频）的数据量相差很大；第二，不同类型的媒体由于格式、内容的不同，相应的类型管理、处理方法及内容的解释方法也不同，很难用某一种方法来统一处理这种差别；第三，声音、影像、视频等的引入，与原先建立在空间数据基础上的信息组织方法会有很大的不同。

4．数据输入输出复杂

因为是多媒体，所以不仅输入输出信号类型多，而且输入输出方式也较复杂。在多媒体数据的输入过程中有两种方式，即多通道异步输入方式和多通道同步输入方式。

（1）多通道异步输入方式：允许在通道、时间都不相同的情况下输入各种媒体数据并存储，最后按合成效果在不同设备上表现出来，如图 8-2 所示。

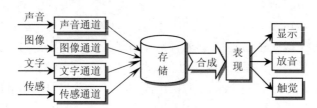

图 8-2　多通道异步输入与输出

（2）多通道同步输入方式：要求系统具有多通道同时输入并分解媒体的能力。由于涉及的设备众多，多媒体数据的输入输出就要复杂得多，如图 8-3 所示。

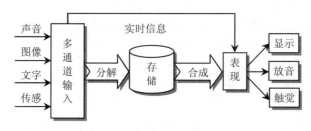

图 8-3　多通道同步输入与输出

多通道异步输入方式是目前绝大多数系统采用的方式。例如，从扫描仪录入照片、从录音设备录入数字化声音、从键盘输入字符等。

多通道输入和多通道输出，使得多媒体系统具有信息表示的多样性和信息处理的复杂性。

§8.2　多媒体计算机

多媒体计算机技术（Multimedia Computer Technology，MCT）利用计算机技术，将文字、声音、图形、图像、动画等多种媒体以数字化方式集成在一起，从而使计算机具有了表现、处理、存储多种媒体信息的综合能力。我们把能同时处理多种信息媒体的计算机称为多媒体计算机。多媒体计算机系统与常规计算机系统的区别主要在于所处理的信息类型的多样性。多媒体计算机系统应包括多媒体计算机硬件系统、多媒体计算机软件系统、多媒体创作工具和多媒体应用程序等几个部分。

8.2.1　多媒体计算机硬件系统

多媒体计算机是多媒体技术的一个应用实例。在多媒体计算机中，使用最广泛、最基础的是多媒体个人计算机（Multimedia Personal Computer，MPC），它是在微型计算机的基础上融合高质量的图形、立体声、动画等多媒体组合所构成的能处理语言、声音、图像的一个完整系统。这种信息表示的多元化和人机关系的自然化，正是计算机应用追求的目标和发展趋势。

1. MPC 的基本配置

多媒体计算机硬件系统由高档微机与多媒体外设构成，MPC 系统的组成如图 8-4 所示。

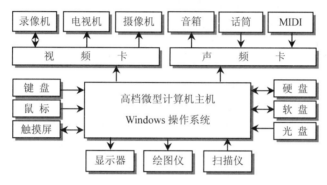

图 8-4　多媒体计算机系统的组成

MPC 标准规定多媒体计算机的最低配置可以用一个简单的公式表示为：

MPC=微型机（PC）+CD-ROM+声音卡

构成 MPC 的途径有两种：一是直接购买 MPC；二是在原有 PC 机上升级，即购买多媒体升级套件，使普通 PC 机升级为 MPC。由图 8-4 可知，MPC 与 PC 机在硬件配置方面的主要区别是在 MPC 中增添了触摸屏、声频卡、视频卡及其与声频卡和视频卡相连的设备等。

（1）触摸屏（Touch Screen）：是多媒体输入设备，主要用在触摸式多媒体信息查询系统中。这些查询系统可以根据具体的应用领域摄取、编辑、存储多种文字、图形、图像、动画、声音以及视频等信息。使用者只要用手指触摸屏幕上的图像、表格或提示标志，就可以得到图、文、声、像并茂的信息，十分直接、方便、快捷、直观与生动。

（2）声频卡：也称为声音卡或声卡，是多媒体计算机中处理声音数据的部件，是计算机中加工和传送声音数据的一块插接卡。它是普通 PC 机向多媒体 PC 机升级时，在声音媒体方面需要增加的主要部件，因此必须和多媒体 PC 全面兼容，使标准多媒体软件不做任何修改便可在声卡上使用。在多媒体计算机的各种声卡中，Creative Labs 公司的声霸卡系列是最早开发的，也是最有影响的产品，目前市场上普遍销售的其它品牌的声卡大多数都和它兼容。

声频卡是一块插在主板总线扩展槽中的专用电路板，其基本功能有：

① 将音频信号进行模-数（A/D）转换。由于音频卡可以接收作为模拟量的自然声音（如键盘演奏的声音）、从麦克风引入的说话或唱歌声音，对于这些模拟量，音频卡能够保存它们的声音并经过变换，转化成数字化的声音，这就是模-数转换（Analog to Digital Converter）。经过模-数转换

的数字化声音以文件形式保存在计算机里，可以利用声音处理软件对其进行加工和处理。模拟音频数字化后的文件占据的磁盘空间很大，1 分钟的立体声占用的磁盘空间为 10MB，所以声卡在记录和回放数字化声音时要进行压缩和解压，以节省磁盘空间。

② 将音频信号进行数-模（D/A）转换。这个功能与 A/D 正好相反，即音频卡把数字化声音转换成作为模拟量的自然声音，这就是数-模转换（Digital to Analog Converter）。转换后的声音通过音频卡的输出端送到声音还原设备，例如耳机、有源音箱、音响放大器等。

③ 完成混音和音效处理。利用音频卡上的数字信号处理器（DSP）对数字化声音进行处理，包括完成高质量声音的处理、音乐合成、制作特殊的数字音响效果等。可以将来自音乐合成器、模拟音频输出和 CD-ROM 驱动器的 CD 模拟音频以不同音量大小混合在一起，送到声卡输出端口进行输出。通过计算机唱卡拉 OK 也主要就是利用声卡的混音器。

④ 实现立体声合成。经过数-模转换的数字化声音保持原有的声道模式，即立体（STEREO）模式或 NOMO 模式。音频卡具备两种模式的合成运算功能，并可将两种模式互相变换。通过合成语音或音乐后，计算机就能朗诵文本或演奏出高保真的合成音乐。

⑤ 提供输入输出接口。利用声卡的输入端口和输出端口，可以将模拟信号引入声卡，然后转换成数字量；还可以将数字信号转换成模拟信号送到输出端口，驱动音响设备发出声音。

声频卡是 MPC 必选配件，有了声频卡，才使计算机有了"听"、"说"、"唱"的功能。

（3）视频卡：是计算机中处理视频数据的部件，是将激光视盘机、摄像机或放像机等设备输出的视频图像信号转换成计算机数字图像的主要硬件设备之一。视频卡插在计算机主板的扩展槽内，通过配套的驱动程序和视频处理程序进行工作，它可以将连续变化的模拟视频信号转化成计算机能够识别处理的数字信号，编辑、处理、保存成数字化文件。视频卡是一种统称，并不是必须的。视频卡按其功能可分成以下几种类型：

① 视频采集卡。采集功能是各种视频卡的基本功能，视频采集的模拟视频信号源可以是录像机、摄像机、摄影机、影碟机等。这些模拟信号表示的图像经过视频卡后转换为数字图像，并以文件的形式存储到计算机上，这一过程也叫数字化、获取、捕获、捕捉、抓帧等。原来保存在录像带、激光视盘等介质上的图像信息，可以利用视频采集卡转录到计算机存储设备中。此外，也可以通过摄像机将现场的图像实时输入计算机中。

② 视频输出卡。计算机的 VGA 显示卡输出不能直接连接录像机和电视机，必须进行编码，完成这种编码任务的接口卡称为视频输出卡或编码卡。它将以 RGB 形式表示的信息编码为组合视频输出信号，然后送到电视机或录像机。经过计算机加工处理后的视频数据可以用计算机文件的方式进行发行、交流，但更通常的方式是以录像带的形式进行传播或者直接在电视机上收看。

③ 解压卡。是指能看 VCD 电影的 MPEG 解压卡，因此也俗称"电影卡"。这种卡大都有视频输出端和音频输出端，它们可以接到电视机或大屏幕投影仪上播放 VCD。

④ 压缩卡。主要是为制作影视节目和电子出版物用的。影视节目和电子出版物各有国际标准，影视节目制作采用 Motion-JPEG 标准，电子出版物和 VCD 采用 MPEG 压缩。目前市场上大部分压缩卡产品只符合 MPEG 标准，符合 MPEG Ⅱ 标准的还不多。但是 MPEG Ⅱ 的发展趋势很好，特别是 DVD 产品上市，更促进了 MPEG Ⅱ 的发展。

除了 Motion-JPEG 和 MPEG 压缩卡之外，还有一类符合静止图像压缩标准（JPEG）的压缩-解压缩卡，它们主要针对彩色或黑白静止图像的压缩。

⑤ 电视接收卡。标准的视频采集卡都具备将模拟视频信号输入到计算机并显示输出的功能，采集卡的视频输入端可以接录像机、摄像机等模拟视频设备，所缺少的只是高频电视信号的接收、

调谐电路。只要在采集卡的基础上增加这一部分电路，就可以收看电视节目，成为电视接收卡。

2．MPC 的功能特征

由于 MPC 具有集图、文、声、像于一体的信息处理能力，因而它与普通的 PC 相比，既有共同点，又有特殊性，即 MPC 应具备以下基本特征。

（1）必不可少的 CD-ROM：一张光盘可以提供高达 650MB 的存储容量，可以录制音乐、动画节目、各个领域的文献资料等。例如字典、百科全书、科技文稿等；可以为用户提供最新的科技资料。要使 MPC 具有交互式播放和阅读功能，CD-ROM 是不可缺少的配置。

（2）高质量的数字音响功能：通常，MPC 应具有将语音、音乐转换成数字信号（A/D）或将数字信号转换成语音、音乐的（D/A）功能，并可以把数字信号存放到硬盘上，再从硬盘上重放。此外，MPC 还配有音乐合成器和乐器接口 MIDI，可分别用来增加播放复合音乐和外接电子乐器、编辑乐曲的功能。

（3）图文、声音同步播放：MPC 可以显示来自光盘上的文字、动画、影视节目等，可以使画面、声音、字幕同步。

（4）具有管理多媒体的软件平台：目前，已有比较多的多媒体视听软件，这些软件大多以 Windows 环境为操作平台，因而可以很方便地在 MPC 上运行。

MPC 所提供的多媒体环境正在改变人们使用电脑的方式，人们不仅可以从显示器上读取文字、图形、图像等信息，而且还可以同步听到声音。利用多媒体系统提供的编辑功能，还能够对图像、影视进行配音和录制。

8.2.2　多媒体计算机软件系统

多媒体信息是文字、声音、图形、图像等多种信息的综合，每种信息都有相应的软件来处理，最后采用信息的合成技术把它们组织起来，这就要求多媒体软件能够处理多种信息，例如信息的录入、修改、剪辑（声音和动画）等。如果说硬件是多媒体系统的基础，那么软件就是多媒体系统的灵魂。由于多媒体涉及到种类繁多的各种硬件，要处理形形色色差异巨大的各种多媒体数据，因此，如何将这些硬件有机地组织到一起，使用户能够方便使用多媒体数据，是多媒体软件的主要任务。

多媒体软件可以划分成不同的层次或类别，这种划分是在发展过程中形成的，并没有绝对的标准。按软件功能可划分为 5 类：多媒体驱动软件、支持多媒体的操作系统或操作环境、多媒体应用软件、多媒体编辑创作软件和多媒体数据准备软件。从层次上来看，可以分为 5 层，如图 8-5 所示。

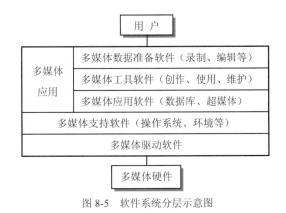

图 8-5　软件系统分层示意图

1．多媒体驱动软件

多媒体驱动软件是指直接和硬件打交道的软件。它完成设备的初始化、各种设备操作以及设备的打开、关闭、基于硬件的压缩解压、图像快速变换等基本硬件功能调用等。多媒体驱动软件一般随着硬件提供。

2．多媒体支持软件

多媒体支持软件是指支持多媒体播放的软件，如多媒体操作系统、"即插即用"软件和支持"自动运行"的功能软件。

（1）多媒体操作系统：是多媒体软件的核心，负责多媒体环境下多任务的调度，保证音频、视频同步控制以及信息处理的实时性；提供多媒体信息的各种基本操作和管理；具有对设备的相对独立性和可扩充性。目前，在微型计算机中较通用的支持软件主要采用 Windows 系统。Windows 2010 支持多媒体的特征主要体现在：

① 使用图形用户界面（Graphic User Interface，GUI）、具有动态链接库（Dynamic Linking Library，DDL）和动态数据交换（Dynamic Data Exchange，DDE）功能、提供对多媒体支持和目标链接嵌入（Object Linking Embeded，OLE）等。

② 完全支持即插即用（Plug and Play，PNP）。当添加了多媒体硬件设备时，计算机系统会自动搜索检测这些设备，自动加载驱动程序并启动和运行它，免去了为设备设置跳线、开关、加载驱动程序的工作。

【注意】PnP 功能要求 CMOS 的 "PCI/PnP Setup" 窗口中 "Plug and Play Aware OS" 项要选择 Yes，某些 PnP 卡无法检测到时，选 No。

（2）支持自动运行功能软件：是指当插入光盘时，系统会自动寻找光盘上的 Autorun.inf 文件来执行。通常的 VCD 采用 MPEG 格式，可用播放软件（如超级解霸）中的自动探测搜索程序来检测执行。MPEG 格式的 VCD 盘中，一般有 7 个子目录，其中 CDDA 和 KARAOKE 两个子目录为空，所有播放文件都放在 MPEGAV 子目录中。用 Windows 内置的支持数字音频及 MIDI 和数字视频的 "媒体播放器（Medai Player）" 软件也可以播放这些文件。媒体播放器支持的多媒体文件主要有：avi、mid、rmi、wav、mp3、mpg、dat、mov、mpeg 等。

3. 多媒体数据准备软件

多媒体数据准备软件是指用于采集多种媒体数据的软件，如声音录制、编辑软件；图像扫描及预处理软件；全动态视频采集软件；动画生成编辑软件等。从层次角度来看，多媒体数据准备软件不能单独算作一层，它实际上只是创作软件中的一个工具类部分。

4. 多媒体编辑创作软件

多媒体编辑创作软件又称多媒体创作工具，是多媒体专业人员在多媒体操作系统之上开发的供特定应用领域的专业人员组织编排多媒体数据，并把它们连接成完整的多媒体应用的系统工具。多媒体编辑创作软件能对声音、文本、图形和图像等多种媒体进行控制、管理和编辑，并按用户要求生成多媒体应用软件。目前的多媒体编辑创作软件可分为 3 个档次：高档创作工具用于影视系统的动画及特技效果制作；中档创作工具用于培训、教育和娱乐节目制作；低档创作工具用于商业简介、家庭学习材料的编辑。并且，按照编辑创作方式可分为 4 种类型。

（1）基于时标：其特点是以可视的时间轴来决定事件的顺序和对象显示上演的时段。这种时间轴包括多行道或频道，以便安排多种对象同时呈现。这类制作工具的典型产品有 Director 和 Action。

（2）基于图标：其特点是把操作封装到图符中（Icon），将图符拖到工作区，建立流程图，编译得到多媒体的应用程序。这类制作工具的典型产品有 Authorware 和 Icon Author。

（3）基于页式：其特点是按书的页（Page）或卡（Card）进行组织，每一屏被描述为一页，将每页内的多级对象进一步分为前景和背景，背景的设置在用户想生成的一系列页中共享通用元素。这类制作工具的典型产品是 Hyper Card 及 Asymetrix 公司的 Multimedia Tool Book。

（4）基于事件驱动：其特点是建立一个事件驱动的超媒体模型（Event Driver Hypermedia Model，EDHM），通过事件驱动解决同步和交互问题。这类制作工具的典型产品有 Ark。

用程序语言来编辑和创作多媒体软件需要大量编程，难度大，效率低，现在已很少采用。

5. 多媒体应用软件

多媒体应用软件是在多媒体硬件平台上设计开发的面向应用的软件系统，由于与应用密不可分，有时也包括那些用软件创作工具开发出来的应用软件。目前，多媒体应用软件的种类繁多，既有可以广泛使用的公共型应用支持软件，如多媒体数据库系统等，也有不需二次开发的应用软件。这些软件已开始广泛应用于教育、培训、电子出版、影视特技、动画制作、电视会议、咨询服务、演示系统等各个方面，也可以支持各种信息系统，如通信、I/O、数据管理等各种系统。而且，它还将逐渐深入到社会生活的各个领域。

§8.3 多媒体信息处理技术

由于计算机只能识别和处理用 0 和 1 表示的二进制信息，对于英文字符，采用 ASCII 码进行存取；对于汉字，通过汉字内码、汉字字形码等不同形式的编码进行存储和显示。多媒体信息是文字、声音、图形、图像等多种信息的综合，多媒体技术的核心就是对这些信息进行数字化处理，只有将其数字化，才能在计算机中存储。多媒体信息处理技术包括音频信息处理、图形图像信息处理、视频信息处理、数据压缩技术等。

8.3.1 音频信息处理

1. 声音的基本概念

声音是人类进行交流和认识自然的主要媒体形式，语言、音乐和自然声构成了声音的丰富内涵，人类一直被包围在丰富的声音世界之中。在信息处理中把声音信息称为音频信息。

声音是由物质振动所产生的一种物理现象，是通过一定介质传播的一种连续的波，在物理学中称为声波。声音方法学和音频处理技术就是用来处理声波的。声音的强弱体现在声波的振幅上，音调的高低体现在声波的频率上。声波是随时间连续变化的模拟量，可使用一种连续变化的物理信号波形来描述，如图 8-6 所示。

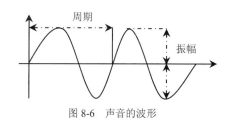

图 8-6 声音的波形

（1）振幅：是指波形的最高（峰）点或最低（谷）点与时间轴的距离。它是声波波形的高低幅度，表示声音信号的强弱程度。

（2）周期：是指两个相邻声波之间的时间长度，即重复出现的时间间隔，以秒（s）为单位。

（3）频率：是指声音信号每秒钟变化的次数，即为周期的倒数，以赫兹（Hz）为单位。

人的听觉器官能感知的声波频率大约在 20～20kHz 之间，分为 3 类：次声波、可听声波和超声波。把频率低于 20Hz 的声波称为次（亚）声波（Subsonic）；频率范围在 20Hz～20kHz 的声波称为可听声波（Audio）；频率高于 20kHz 的声波称为超声波（Ultrasonic）。人类说话的声音信号频率通常为 300Hz～3kHz，所以把在这种频率范围的信号称为语音（Speech）信号。

声音的质量用声音信号的频率范围来衡量，通常称为"频域"或"频带"，不同种类的声源其频带也不同。一般而言，声源的频带越宽，表现力越好，层次越丰富。现在公认的声音质量分为 4 级，如表 8-1 所示。

2. 声音的数字化

把声音的模拟信号转换成数字信号的过程称为声音的数字化，它是多媒体技术中一个非常重要的技术。声音的数字化是通过对声音信号的采样、量化和编码来实现的。图8-7显示了声波的采样、量化和编码过程。

表8-1　声音质量的频率范围

声音质量	频率范围（Hz）	声音质量	频率范围（Hz）
电话质量	200～3400	调频广播	20～15000
调幅广播	50～7000	数字激光唱盘	10～20000

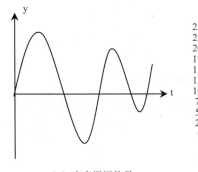 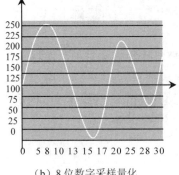 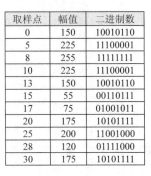

（a）声音振幅信号　　　　　　　（b）8位数字采样量化　　　　　　　（c）编码

图8-7　声音的采样、量化和编码

（1）采样：将模拟音频信号转换为数字音频信号时在时间轴上每隔一个固定的时间间隔对声音波形曲线的振幅进行一次取值，我们把每秒钟抽取声音波形振幅值的次数称为采样频率，单位为Hz。显然，采样频率越高（采样的间隔时间越短），从声波中取出的数据就越多，声音就越真实。在多媒体声音中，为了满足不同的需要，提供了 3 种标准的采样频率：44.1kHz（高保真效果）、22.05kHz（音乐效果）和 11.025kHz（语音效果）。采样频率越高，所对应的数字信息就越多，保存这些信息的存储空间就会越多。

（2）量化：将采样所得到的值（通常是反映某一瞬间的声波幅度的电压值）加以数字化。

（3）编码：将量化的数字用二进制数来表示。

图8-7（a）所示声音波形是一个连续变化的模拟量，现对其进行采样，把 1 秒钟分成30等份，若每隔 1/30 秒从该波形中取出一点，便得到 30 个采样点。如果采用 8 位二进制数表示声波振幅的变化范围，把最低的波谷设置为 0，最高的波峰设置为 255，这样就把这段波形表示成了 30 个 0～255 之间的数字，如图8-7（b）所示，这就是采样的量化。然后，把其中的每个数字表示成相应的二进制数，如图8-7（c）所示，这就是对量化值的编码。

声音技术的产品主要是声卡（又称音效卡或声音卡）。在声卡中，采样编码后的二进制数字的个数称为声卡的位。图8-7（c）所示用 8 位二进制数表示声音编码的声卡称为 8 位声卡，16 位声卡比 8 位声卡音响效果更好，现在的许多声卡都是 64 位。声音数字化的质量由以下 3 个指标因素所决定：

① 采样频率。单位时间内对模拟信号采样的次数。采样频率越高，采样的信息越逼真。

② 量化位数。对每个采样点量化的二进制位数。量化位数越多，信息表示越精确。

③ 声道数。指声音通道的个数，表明声音记录是产生一个波形（单音或单声道）还是两个波形（立体声或双声道）。立体声听起来要比单音丰满优美，但需要两倍于单音的存储空间。

通过对上述影响声音数字化质量因素的分析，可以得出声音数字化数据量的计算公式：

声音数字化的数据量=采样频率（Hz）×量化位数（bit）×声道数/8（B/s）

根据上述公式，可以计算出不同的采样频率、量化位数和声道数与声音数据量的组合情况下的数据量如表 8-2 所示。

表 8-2　采样频率、量化位数、声道数与声音数据的关系

采样频率	量化位数（bit）	声道数（KB/s）	
		单声道	双声道
11.025（语音）	8	10.77	21.53
	16	21.53	43.07
22.05（音乐）	8	21.53	43.07
	16	43.07	86.13
44.1（高保真）	8	43.07	86.13
	16	86.13	172.27

3. 音频的文件格式

用来存放数字化声音的文件称为音频文件（波形文件），任何数字化声音都可用音频文件在计算机中进行存储。在多媒体技术中，音频信息的常用文件格式有 WAV、AIF、VOC、MIDI、CD、RML、MP3 等。

（1）WAV 格式：又称波形文件，其文件扩展名为.wav。它是 Microsoft 和 IBM 共同开发的 PC 标准音频文件格式，该文件数据来源于对模拟声音波形的采样。用不同的采样频率对模拟的声音波形进行采样可以得到一系列离散的采样点，以不同的量化位数（8 位或 16 位）把这些采样点的值转换成二进制编码，存入磁盘，形成声音的 WAV 文件。由于没有压缩算法，因此无论进行多少次修改和剪辑都不会产生失真，而且处理速度也相对较快。

（2）AIF 格式：是 Apple 计算机的波形音频文件格式。另外，还有一种比较常用的波形文件格式是 SND。

（3）VOC 格式：是 Creative 公司的波形音频文件格式，也是声霸卡（Sound Blaster）使用的音频文件格式，主要用于 DOS 文件。

（4）MIDI 格式：是音乐乐器数字接口（Musical Instrument Digital Interface）的缩写，是 Yamaha、Roland 等公司于 1983 年联合制定的一种规范。MIDI 规定了电子乐器与计算机之间的连接电缆与硬件方面的标准，以及电子乐器之间、电子乐器与计算机之间传送数据的通信协议，使得不同厂商生产的电子音乐合成器可以互相发送和接收彼此的音乐数据。

（5）CD（Compact Disk）格式：是光盘存储高保真度音乐文件的格式，文件扩展名为.cda。

（6）RML 格式：是 Microsoft 公司的 MIDI 文件格式，它可以包括图片、标记和文本。Windows 98/2000 中的 "Windows Media Player" 提供了用于音频操作的功能，它可以播放多种多媒体文件，包括上面介绍的几种音频文件。

（7）MP3（MPEG Audio Layer3）格式：是按 MPEG 标准压缩技术制作的数字音频文件，它是一种有损压缩。通过记录未压缩的数字音频文件音高、音色和音量信息，在它们的变化相对不大时，用同一信息替代，并且用一定的算法对原始声音文件进行代码替换处理，这样就可以将原始数字音频文件压缩得很小，可调 12:1 的压缩比。因此，一张可存储 15 首歌曲的普通 CD 光盘，如果采用 MP3 文件格式即可存储超过 160 首 CD 音质的 MP3 歌曲。

4. 音频信息的获取

获取音频信息的方法是多种多样的，但既经济、又简单的方法有以下 4 种。

（1）利用光盘中的声音文件：可以直接选用光盘或磁盘上数字音频库中的音频文件，在一些声卡产品的配套光盘中也提供许多 WAV、MIDI 格式的声音文件。

（2）网上下载声音文件：可以上网下载音频文件。目前网上流行 MP3 音乐，下载和使用这些音乐作品应获得版权的许可。

（3）利用现有资源进行转录：利用相应软件将 CD 唱盘或录音带上的音乐转录为数字声音文件，然后加工和处理。也可以通过计算机声卡的 MIDI 接口，从带 MIDI 输出的乐器中采集音乐，形成 MIDI 文件；或用连接在计算机上的 MIDI 键盘创作音乐，形成 MIDI 文件。

（4）利用录音软件直接录制：利用音频卡和相关的录音软件可以直接录制 WAV 音频文件。用户可以对所录制的声音进行复杂的编辑，或者制作各种特技效果。比如对立体声进行空间移动效果处理，使声音渐近、渐远、产生回音等。如果使用专业录音棚录制，虽然也可以获得高保真音质，但这种录制方式需要专业的隔音设备和录音设备，成本较高。

5. 音频信息的处理

音频信息处理的目的就是修饰和编辑原有的声音文件，使它能够满足多媒体制作的要求。音频编辑软件非常多，几乎所有与音频有关的软件都有编辑功能，但其效果却相差很大。

在音频处理中，前期录音的效果是非常重要的，它直接决定音频数据的效果，如果前期录音的质量太差，即使后期花很大的精力去修饰，也未必有很好的效果。

声音处理技术发展的热点是语音识别、语音合成和声音压缩技术。随着计算机科学技术的不断发展，人们已经不能满足于通过键盘和显示器同计算机交互信息，而是迫切需要一种更加自然的、更能为普通用户所接受的方式与计算机交流，即通过人类自己交换信息的、最直接的语言方式与计算机进行交互。为此，就诞生了一门新的学科——计算机语音学。它包括语音编码、语音合成、语音识别等多个研究方向。随着多媒体计算机功能的不断增强，语音识别和合成技术将逐渐成熟，功能将不断完善，将会使得计算机真正变得"能听"、"能说"。

8.3.2　图形、图像信息处理

1. 图形、图像的基本概念

计算机屏幕上显示出来的画面、文字，通常有两种描述方法：一种画面格式称为矢量图形或几何图形方法，简称图形；另一种画面格式叫做点阵图像或位图图像，简称图像。图形、图像是使用最广泛的一类媒体，人际之间的相互交流大约有 80% 是通过视觉媒体实现的，其中图形、图像占据着主导地位。

（1）图形（Graphics）：是用一组命令来描述的，这些命令用来描述构成该画面的直线、矩形、圆、圆弧、曲线等的形状、位置、颜色等各种属性和参数。图形一般用工具软件来绘出，并可以很方便地对图形的各个组成部分进行移动、旋转、放大、缩小、复制、删除、涂色等各种编辑处理。

（2）图像（Bitmap）：是指在空间和亮度上已经离散化的图像，一般用扫描仪扫描图形、照片、图像，并用图像编辑软件进行加工生成。图像采用像素点的描述方法，适合表现有明暗、颜色变化的画面，如照片、绘图等。通常情况下，图像都是彩色的。彩色可用亮度、色调和饱和度来描述，通常把色调和饱和度通称为色度，因此，亮度表示某彩色光的明亮程度，而色度则表示颜色的类别与深浅程度。

（3）图形与图像的区别：图形与图像的区别除了在构成原理上的区别外，还有以下区别。

① 图形的颜色作为绘制图元的参数在指令中给出，所以图形的颜色数目与文件的大小无关；

而图像中每个像素所占据的二进制位数与图像的颜色数目有关，颜色数目越多，占据的二进制位数也就越多，图像的文件数据量也会随之迅速增大。

② 图形在进行缩放、旋转等操作后不会产生失真；而图像有可能出现失真现象，特别是放大若干倍后可能会出现严重的颗粒状，缩小后则会掩盖部分像素点。

③ 图形适用于表现变化的曲线、简单的图案和运算的结果等；而图像的表现力较强，层次和色彩较丰富，适用于表现自然的、细节的景物。

④ 图形侧重于绘制、创造和艺术性，而图像则偏重于获取、复制和技巧性。在多媒体应用软件中，目前用得较多的是图像，它与图形之间可以用软件来相互转换。利用真实感图形绘制技术可以将图形数据变成图像，利用模式识别技术可以从图像数据中提取几何数据，把图像转换成图形。

2. 图像的基本属性

图像的基本属性用来表示诸如线的风格、宽度和色彩等影响图形输出效果的内容，具体包括图像分辨率、颜色模型和颜色深度等，它们是图像数字化的基本参数。

（1）分辨率（Resolution）：是衡量图像细节表现力的技术参数，分辨率的种类有很多，其含义也各不相同。

① 屏幕分辨率。指屏幕上水平方向与垂直方向的像素个数，即屏幕上最大的显示区域。以 640×480 屏幕分辨率为例，表明在满屏情况下，水平方向有 640 个像素，垂直方向有 480 个像素，那么一幅 320×240 的图像只占显示屏的 1/4；相反，2400×3000 的图像在这个显示屏上就不能显示完整。

② 图像分辨率。指数字化图像的大小，即该图像的水平与垂直方向的像素个数。通常使用每英寸多少像素（Dot Per Inch，DPI）表示。图像分辨率和图像尺寸一起决定文件的大小及输出的质量。对同样大小的一幅图，分辨率越高，则像素点越小，图像越清晰，所产生的文件也越大，在工作中所需的内存和 CPU 处理时间也就越多。

③ 输出分辨率。指输出图像的每英寸点数，是针对输出设备而言的。通常激光打印机的输出分辨率为 300dpi～600dpi，激光照排机要达到 1200dpi～2400dpi 甚至更高。

（2）颜色模型：用于划分和标准化颜色。自然界绝大多数颜色可以分解成红、绿、蓝三种颜色，这就是色度学中最基本的原理——三基色原理。把三种基色光按不同比例相加称之为相加混色。多媒体系统中常用的颜色模型主要有 RGB、HSL、CMYK、Lab 和索引色等。不同颜色模型的图像描述和重现色彩的原理及所能显示的颜色数量是不同的，不同的应用场合需要做不同的处理和转换。

① RGB 模型。每一种颜色表示为红、绿和蓝 3 个值的组合，所以又称做加式颜色模型。每种基色值从 0～255，低的值意味着较暗的颜色，高的值意味着较亮的颜色。

② HIS/HSB 模型。色调（Hue）、饱和度（Saturation）和亮度（Intensity 或 Brightness）称为彩色的三要素，人眼看到的任一彩色光都是这三要素的综合效果。HSB 模型基于人类对颜色的感觉来描述色彩，色调是从物体反射或透过物体传播的颜色；饱和度是指颜色的强度或纯度，表示色相中灰色分量所占的比例；亮度是颜色的相对明暗程度。画笔软件"编辑颜色"对话框中反映了 3 个要素的取值意义，如图 8-8 所示。

由于 HSI 模型更接近人对色彩的认识和解释，因此采用 HIS 方式能够减少彩色图像处理的复杂性，提高处理速度。

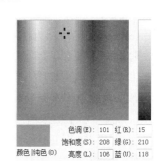

图 8-8　颜色的取值意义

③ CMYK 模型。分别是指青（Cyan）、品红（Magenta）、黄（Yellow）和黑（Black）。CMYK 在印刷中对应 4 种油墨颜色，以打印在纸上的油墨吸收光线特性为基础。当白光照射到半透明油墨上时，某些可见光波长被吸收，而其它波长的光线则被反射回眼睛。这种按照一定比例相减生成色彩的模式，主要用于彩色图像的印刷与打印。

④ Lab 模型。是以一个亮度分量（Lightness，L）以及两个颜色分量 a 与 b 来表示颜色的。其中，L 的取值范围为 0～100，a 分量代表由绿色到红色的光谱变化，而 b 分量代表由蓝色到黄色的光谱变化，且 a 和 b 分量的取值范围均为-120～120。它是目前所有模式中色彩范围（即色域）最广的颜色模式，能毫无偏差地在不同系统和平台之间进行交换。

（3）颜色深度：也称图像的位深，是数字图像中每个像素上用于表示颜色的二进制数字位数，它反映了构成图像的颜色总数目。例如，深度为 1 的图像只能有两种颜色（一般为黑色和白色，但也可以是另外两种色调或颜色），这样的图像称为单色图像。如果一幅图像上的每个像素使用 1 个字节表示这个像素的颜色，那么这幅数字图像的色深就是 8 位的，可产生 256 种不同的颜色。如果一幅图像的每个像素用 R、G、B 三个分量表示，每个分量使用 8 位，则一个像素需要 24 位来表示，该图像可以表达的颜色数为 2^{24}=16777216，这样的数字图像称为真彩色图像。颜色深度越大，表达单个像素的颜色和亮度的位数越多，图像文件就越大，产生的图像效果越接近真实。

图形基本元素和属性的表示方法与像素矩阵相比，具有较高的抽象性。但是，在显示图形时，它必须被转换为直观的、便于显示的诸如点阵图等形式。PHIGS（Programmer's Hierarchical Interactive Graphics System）和 GKS（Graphical Kernel System）软件包就是接收图形的基本元素和属性表示，并将其转换成点阵图的形式进行显示。

3．图形、图像的数字化

为了利用计算机对图形、图像进行处理，首先需要将图形、图像进行空间和幅值的离散化处理，以便将真实的图形、图像转变成计算机能接受的存储格式。空间连续坐标的离散化称为图形、图像的采样，颜色和灰度幅值的 A/D 转换称为量化。两种离散化处理的综合称为图形、图像的数字化。图形、图像信息数字化编码分别称为矢量图编码和点阵图编码。

（1）点阵图编码：点阵图是一个位数组，用一位或多位二进制来表示像素点。通俗地讲，点阵图是计算机用像素在屏幕上的位置来存储图像，最简单的点阵图是黑白图像。比如屏幕上有一个图像，把一个网格罩在该图像上，网格就会把该图像分成许多小格，每个小格就是一个像素点。这样，图像所在的小格中就有一个像素，图像不在的小格中就没有像素。在黑白图中有像素的点为黑色，无像素的点为白色，在计算机中表示该图时，黑色的小格用 0 表示，白色的小格用 1 表示，整个图形就被编码成了 0、1 代码，如图 8-9 所示。

图 8-9 点阵图

图 8-9 左图所示为在屏幕上显示的一只美洲豹，用一个由许多小格子组成的网格放在它的头部，则有的小格子中有动物头像，有的小格子中无动物头像，有头像的格用 0 表示，无头像的格子用 1 表示，如图 8-9 右图所示。这样这个头像就被编成了 0、1 组成的代码，这个由许多 bit 组成的 0、1 编码矩阵就可以被存储在计算机的存储器中，这就是一幅点阵图。这些小格子中的 0、1 信息，不仅表示了图像信息，而且表示了这些像素在屏幕上的位置，当要再次显示这个图像时，计算机就会从存储器中把这些 0、1 信息读出来，送到显示器的相应位置（如同存储时的位置一样），把出现 0 的地方表示成黑色，出现 1 的地方表示为白色，这样就得到相应的黑白图像。

由此可以看出，点阵图其实是按图像在屏幕上的位置，根据图像是否经过这些位置而把图像信息编成相应的 0、1 代码。0、1 代码的个数取决于显示器的分辨率。比如在 640×480 这样的分辨率下（屏幕被划分成 640 列、480 行），屏幕上就可以显示 640×480=307200 个像素，换句话说，在这种屏幕上一幅黑白图像由 307200 个点组成，每个点要用一位二进制的 0 或 1 来表示，则在 640×480 分辨率下的一幅黑白点阵图要占用 307200÷8=38400 字节。

事实上，单色图很少使用，而灰度图像用得较多。所谓灰度图像，就不是单纯用黑色与白色来表示图像，而是把黑色（或白色）按其浓度的不同分为不同的级别，如"黑色"、"漆黑"、"淡黑"……。通常计算机用 256 级灰度来显示图像，这样在图 8-9 所示的小格子中，0 和 1 仅表示该格子中是否有图像经过，而不能表示它到底是"黑"、"漆黑"，还是"淡黑"……。它属于 256 级灰度中哪种程度的"黑"色呢？很显然，它可能是这 256 种灰度中的任何一种，也就是说它有 256 种可能，这样小格子中的每个点，除了用 0 或 1 表示是否有图像外，还必须用 8 位二进制编码（8 位二进制数可表示 256 种编码）表示该点的灰度。

由此可知，在 640×480 分辨率下，一幅 256 级灰度的单色点阵图的编码为 640×480×8bit=2457600bit，其存储空间为 640×480×8bit/8=307200 字节。

彩色图像的编码方式与此相似，比如 16 色的彩色图像，要表示 16 种色彩，需要用 4 位来编码：0000、0001、0010、……、1111，每个编码代表一种色彩。屏幕上每个像素的色彩都有 16 种可能，所以每个像素都需要 4bit 来编码，这样在 640×480 分辨率下的一幅 16 色图像的编码为：640×480×4=1228800bit，即 153600 字节。在同种分辨率下的 256 色点阵图需要 307200 字节，16 位（即 2^{16}）、24 位（用 24bit 表示色彩，用这种方式表示的色彩称为真彩色，共 2^{24} 种色彩）彩色点阵图需要的存储空间就可想而知了。一幅没有经过压缩的数字彩色图像的数据量大小可以按照下面的公式进行估计：

图像数据量大小=图像中的像素总数×颜色深度/8（字节）

例如，一幅具有 800×600 像素的真彩色图像，它保存在计算机中占用的存储空间大约为：

800×600×24/8=1.37MB

点阵图是计算机中常用的图像，生活中的图像也常以点阵图的形式存放在计算机中，如用扫描仪把个人的照片扫入计算机中，这种图像的格式就是点阵图。

图像是以二维矩阵表示和存储的，图像的表示格式是矩阵的每个数值对应图像的一个像素。对于位图（bitmap），这个数值就是一个二进制数字；对于彩色图像，则以下列方式表示：

- 用 3 个数值分别表示一个像素的红、黄、绿 3 个分量的强度。
- 将这 3 个数值存放在一个索引表中。
- 像素矩阵中的元素值对应该表的索引。

（2）矢量图编码：点阵图存放的是图像的像素与颜色编码，它要占用很大的存储空间，而矢量图则是由一系列可重构的基本图元组成，例如点、线、矩形、多边形、圆和弧线等。在创建矢量图形时，可以用不同的颜色来画线和图形，然后计算机将这一系列线条和图形转换为能重构图形的指令。在计算机中只存放这些指令，并不存放画好的图形，当要重新显示这些图形时，计算机就执行这些存放的指令，并将命令转换为组成图形的各个图元，把图形重现出来。由于矢量图是采用数学描述方式的图形，所以通常由它生成的图形文件相对较小，比点阵图占用较少的存储空间，而且图形颜色的多少与文件的大小基本无关。另外，在将它放大、缩小和旋转时，不会像点阵图那样产生失真。

4. 图形、图像的文件格式

在计算机中扩展名为.wmf、.dxf、.mgx、.cgm 等的文件都是矢量图形文件，只不过绘制图形的软件不同罢了，微机中常用的矢量图形软件有 Designer 和 CorelDRAW。而图像文件格式比较多，常用的文件格式有：BMP、GIF、TIFF、PNG、JPEG、PCX、TGA、JPG/PIC、MMP 等。大多数图像处理软件都支持多种格式的图像文件，以适应不同的应用环境。

（1）BMP（bitmap）格式：是 Microsoft 公司为其 Windows 系列操作系统设置的标准图像文件格式。由于这种格式的文件比较大，所以在多媒体节目制作中通常不直接使用。

（2）GIF（Graphics Interchange Format）格式：是由 CompuServe 公司于 1987 年为制定彩色图像传输协议而开发的文件格式，它支持 64000 像素分辨率的显示，主要用来交换图片，为网络传输和 BBS 用户使用图像文件提供方便。目前，大多数图像软件都支持 GIF 文件格式，它特别适合于动画制作、网页制作及演示文稿制作等领域。GIF 文件格式的最大特点是对于灰度图像表现最佳；采用改进的 LZW 压缩算法处理图像数据；图像文件短小，下载速度快。

（3）TIFF（Tag Image File Format）格式：是 Aldus 和 Microsoft 公司为扫描仪和桌面出版系统研制开发的工业标准格式，分为压缩和非压缩两种。非压缩格式可独立于软、硬件环境。

（4）PNG（Portable Network Graphic）格式：是 20 世纪 90 年代中期开发的图像文件格式，其目的是替代 GIF 和 TIFF 文件格式，同时增加一些 GIF 文件格式所不具备的特性。PNG 用来存储彩色图像时其颜色深度可达 48 位，存储灰度图像时可达 16 位。PNG 文件格式的特点是：流式读写性能；加快图像显示的逐次逼近显示方式；使用从 LZ77 派生的无损压缩算法，以及独立于计算机软硬件环境，等等。

（5）JPEG（Joint Photographic Experts Group）格式：是一种采用比较复杂的文件结构和编码方式的文件格式。它是用有损压缩方式去除冗余的图像和彩色数据，在获得极高压缩率的同时展现十分丰富和生动的图像。换句话说，就是可以用最少的磁盘空间得到较好的图像质量。因此，JPEG 文件格式适用于互联网上传输图像，常在广告设计中作为图像素材，在存储容量有限的条件下进行携带和传输。JPEG 文件格式的特点是：适用性广，大多数图像类型都可进行 JPEG 编码；对于数字化照片和表达自然景物的图片，JPEG 编码方式具有非常好的处理效果。对于使用计算机绘制的具有明显边界的图形，JPEG 编码方式的处理效果不佳。

（6）PCX 格式：是 Zsoft 公司开发的图像文件格式，各种扫描仪生成的图像均为这种格式。

（7）TGA 格式：是 Truevision 公司为支持图像捕捉而设计的一种图像文件格式。它支持任意大小的图像，并且具有很强的颜色表达能力，已广泛用于真彩色扫描和动画设计。

（8）JPG/PIC 格式：是采用 JPEG 算法进行图像数据压缩的静态图像文件格式，其特点是压缩后的图像文件非常小，并可以调整压缩比，所以广泛使用在不同的平台和 Internet 上。

（9）MMP 格式：是 Anti-Video 公司以及清华大学在其设计制造的 Anti-Video 和 TH-Video 视频信号采集板中采用的图像文件格式。

5. 图像信息的获取

把自然的影像转换成数字化图像的过程称为图像获取过程，该过程的实质是进行模-数转换，即通过相应的设备和软件，把作为模拟量的自然影像转换成数字量。图像信息的获取一般可通过以下 3 种方法。

（1）通过扫描获取：这是一种最简单的方法，高档扫描仪甚至能扫描照片的底片，得到高精度的彩色图像。数字照相机的使用，为图像的采集带来了极大的方便，而且经济。

（2）通过抓图软件获取：屏幕抓图软件能抓取屏幕上任意位置的图像。在使用像超级解霸这样的软件播放 VCD 时，能从 VCD 画面中抓取图像，这就极大地拓展了图像的来源。现在有许多图形软件可以用来创建、修改或编辑点阵图，例如 Windows 系统提供的 Paint、Paint Brush、Photoshop

等。此外，还可从相应公司网站上下载试用版本或从国内软件下载站下载。

（3）从网站获取：从 Internet 上也能查找一些图片素材，或利用相应的图片进行适当的修改处理，这是最简便的方法。

然而，上述方法只能采集静止画面，要想捕获动态画面，就得借助于电视设备。

6. 图像信息的处理

图像信息处理是多媒体技术中的另一个重要技术。数字图像的处理手段非常多，所有的处理手段都是建立在对数据进行数学运算的基础上。图像处理必须通过图像处理软件完成，图形图像编辑软件很丰富，例如 Windows 中的画图程序、Adobe Photoshop 等。利用这些绘图工具，可以制作多媒体课件中需要的图像素材。图像处理软件可以对图像进行常规处理，例如，图像尺寸的缩放、翻转、旋转、亮度调整、对比度调整等。如果采用稍微复杂的特殊算法，还可以生成很多特殊图像效果，例如水波效果、油画效果、扭曲效果等。

8.3.3　活动图像信息处理

活动图像包括视频和动画，是连续渐变的静态图像或图形系列按照时间变化有序的连续表现。当序列中的每帧图像是通过实时摄取自然景象或活动对象时，称为视频（video）；当序列中的每帧图像是由人工或计算机产生的图像时，称为动画（Animation）。我们把组成活动图像系列的一幅图片称为一帧。由于人眼对观察到的事物有 0.2 秒的视觉暂留，所以每秒钟 30 幅图，在人眼看来就是连续不断的动画了。如果帧速选择在每秒 24～30 帧之间，图像的运动非常光滑连续；如果低于每秒 15 帧，图像的运动就有停顿的感觉。

1. 数字视频

在视频中，一幅单独的图像称为帧。每秒钟连续播放的帧数称为帧率，单位是帧每秒（f/s）。典型的帧率是 24f/s、25f/s 和 30f/s，这样的视频图像看起来才能达到顺畅和连续的效果。通常伴随着视频图像还有一个或多个音频轨，以提供音效。常见的视频信号有电影和电视。

（1）视频制式：电视显示的标准称为电视制式。不同的电视制式，对视频信号的解码方式、色彩处理方式、屏幕扫描频率和画面的分辨率要求都有所不同。因此，不同制式的电视机只能接收相应制式的电视信号。如果计算机系统处理的视频信号与连接的视频设备制式不同，播放时图像的效果就会明显下降甚至根本没有图像。下面简要介绍几种常见的电视制式。

① NTSC（National Television Systems Committee）制式。是 1953 年美国国家电视标准委员会定义的、与黑白电视兼容的彩色电视广播标准。美国、加拿大等大部分西半球国家，以及日本、韩国、菲律宾等国和中国的台湾地区采用这种制式。NTSC 制式规定：每秒 30 帧画面，每帧 525 行图像，宽高比是 4:3，隔行扫描，场扫描频率是 60Hz，颜色模型为 YIQ。

② PAL（Phase-Alternative Line）制式。是在 NTSC 制式的基础上，1962 年前联邦德国制定的一种与黑白电视兼容的彩色电视广播标准。德国、英国等一些西欧国家，以及中国、朝鲜等国家采用这种制式。PAL 制式规定：每秒 25 帧画面，每帧 625 行图像，宽高比是 4:3，隔行扫描，场扫描频率是 50Hz，颜色模型为 YUV。

③ SECAM（Sequential Couleur Avec Memoire）制式。是 1965 年法国提出的一种与黑白电视兼容的彩色电视广播标准。这种制式与 PAL 制式类似，其差别是 SECAM 中的色度信号是频率调制（PM）。法国、前苏联及东欧国家采用这种制式。SECAM 制式规定：每秒 25 帧画面，每帧 625 行图像，宽高比是 4:3，隔行扫描，场扫描频率 50Hz。

（2）视频数字化：普通的视频，如 NTSC、PAL 或 SECAM 制式视频信号都是模拟的，而计

算机只能处理和显示数字信号，因此在计算机使用电
视信号之前，必须进行数字化处理，即需要对视频信
号进行扫描、采样、量化和编码处理。光栅扫描形式
的模拟视频数据流进入计算机时，每帧画面均应对每
一像素进行采样，并按颜色或灰度量化，故每帧画面
均形成一幅数字图像。对视频按时间逐帧进行数字化
得到的图像序列即为数字视频。因此，可以说图像是
离散的视频，而视频是连续的图像。数字视频可以用
图 8-10 表示。

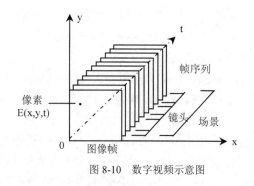

图 8-10　数字视频示意图

由图可见，数字视频是由一幅幅连续的图像序列构成。其中 x 轴和 y 轴表示水平和垂直方向的
空间坐标，t 轴表示时间坐标。沿时间轴若一幅图像保持一个时间段 Δt，利用人眼的视觉暂留作用，
可形成图像连续运动的感觉。

通常把送入计算机中的一段数字视频称为原始视频流，图像帧是组成视频的最小单位。如果视
频信息仅以图像帧和原始视频流存储，对视频内容的检索十分不利，因此常在这两级结构中引入若
干级中间结构，如镜头、场景等。把原始视频流划分为镜头的技术称为视频分割技术，视频分割是
数字视频处理和视频数据库管理系统中的基本问题。

视频数字化后，能做到许多模拟视频无法实现的事情。具体说，它具有以下优点：

① 便于处理。模拟视频只能简单地调整亮度、对比度和颜色等，因此限制了处理手段和应用
范围。而数字视频由于可以存储到计算机中，能很容易进行创造性的编辑与合成，并可进行动态交
互。因此，数字视频可用较少的时间和费用创作出培训教育的交互节目。

② 再现性好。由于模拟信号是连续变化的，所以复制时失真不可避免，经过多次复制，误差
就很大。而数字视频可以不失真地进行多次复制，其抗干扰能力是模拟视频无法比拟的。它不会因
复制、传输和存储而产生图像质量的退化，从而能够准确地再现视频图像。

③ 网络共享。通过网络，数字视频可以很方便地进行长距离传输，以实现视频资源共享。而
模拟视频在传输过程中容易产生信号的损耗与失真。

（3）视频文件的常见格式：计算机的视频文件格式与视频媒体的输入输出设备有很大关系，
目前流行的视频信号数字化仪在数字图像分辨率、量化以及帧的速度方面有很大的区别，不同公司
有自己的标准格式。目前，常用的视频图像文件格式有：AVI/AVS、MOV、MPEG/MPG、DAT 等。

① AVI（Audio Video Interleaved）/AVS 格式。是 Microsoft 公司开发的一种符合 RIFF 文件规
范的数字音频与动态视频文件格式，被 Windows、OS/2 等多数操作系统直接支持。AVI 文件格式
允许音频和视频交错在一起同步播放，支持 256 色和 RLE 压缩，但 AVI 文件并未限定压缩标准。
因此，AVI 文件格式只是作为控制界面上的标准，不具有兼容性，用不同压缩算法生成的 AVI 文件，
必须使用相应的解压缩算法才能播放出来。常用的 AVI 播放驱动程序主要是 Microsoft Video for
Windows 或 Windows 操作系统中的 Video 1，以及 Intel 公司的 Indeo Video。AVI 文件目前主要应
用在多媒体光盘上，用来保存电影、电视等各种视频信息，有时也出现在 Internet 上，供用户下载
并欣赏新影片的精彩片断。

② MOV 格式或称 Quick Time 格式。是 Apple 公司在其生产的 Macintosh 机中推出的用于保存
音频和视频信息的一种音频和视频文件格式。随着大量原本运行在 Macintosh 上的多媒体软件向
Windows 环境移植，导致了 Quick Time 视频文件的流行。同时 Apple 公司也推出了适用于 PC 的视
频应用软件 Apple's Quick/Time for Windows，因此在 MPC 上也可以播放 MOV 视频文件。由于 Quick

Time 具有跨平台、存储空间要求小等技术特点，因而得到工业界的广泛认可，并已成为数字媒体软件技术领域事实上的工业标准。

MOV 格式的视频文件可以采用不压缩或压缩的方式，其压缩算法包括 Cinepak、Intel Indeo Video R3.2 和 Video 编码，其中 Cinepak 和 Intel Indeo Video R3.2 算法的应用和效果与 AVI 格式类似，而 Video 格式编码适合于采集和压缩模拟视频，并可从硬件平台上高质量回放，从光盘平台上回放质量可调。这种算法支持 16 位图像深度的帧内压缩和帧间压缩，帧率可达 10f/s 以上。

③ MPEG（Motion Pictures Experts Group）/MPG 格式。是一种运动图像压缩算法的国际标准，它采用有损压缩方法减少运动图像中的冗余信息，同时保证 30f/s 的图像动态刷新率。现在市场上销售的 VCD、SVCD、DVD 均是采用 MPEG 技术，MPEG 压缩标准是针对运动图像而设计的，其基本方法是在单位时间内采集并保存第一帧信息，然后只存储其余帧相对第一帧发生变化的部分，从而达到压缩的目的。MPEG 主要采用运动补偿技术和变换域压缩技术，运动补偿技术（预测编码和插补码）实现时间上的压缩；变换域压缩技术（离散余弦变换 DCT）实现空间上的压缩。MPEG 的平均压缩比为 50:1，最高可达 200:1，压缩效率非常高，同时图像和音响的质量也非常好，且在微机上有统一的标准格式，兼容性强。

④ DAT 格式。是 VCD 和卡拉 OK CD 数据文件的扩展名，也是基于 MPEG 压缩技术的一种文件格式。

（4）视频信息的获取：视频信息的获取主要有以下几种方式。

① 从模拟设备中采集视频数据。是从录像机、电视机等中采集视频数据，此时需要安装和使用视频压缩卡来完成从模拟信号向数字信号的转换。把模拟视频设备的视频输出和声音输出分别连接到视频压缩卡的视频输入和声音输入接口，就可以启动相应的视频采集和编辑软件进行捕捉和采集，边采集边实时压缩。

② 从数字设备中采集视频数据。是从如数字摄像机中采集视频数据，此时通过硬件的数字接口将数字视频设备与计算机直接连接，启动相应的软件采集并压缩。由于视频数据量大，数字摄像机和计算机视像交换可使用 IEEE 1394 接口，也可以使用 USB 影像流动技术。

③ 从影视光盘中截取视频数据：是从 VCD 或者 DVD 光盘中的影片利用视频工具软件来截取片段作为视频素材，例如 Windows Media Player、Adobe Premiere 等。

④ 视频信息处理。是根据人的要求对视频图像进行某种处理，主要包括以下处理。

● 在保证一定图像质量的前提下尽可能压缩视频图像的数据量。由于视频的数据量很大，因此其压缩技术非常重要。

● 消除视频信号产生、获取和传输过程中引入的失真和干扰，使视频信号尽可能逼真地重现景物。

● 根据某些准则，尽可能除去视频图像中的无用信息而突出其主要信息。

● 从视频图像中提取某些特征，以便对其进行描述、分类和识别。

2. 动画

计算机动画（Computer Animation）又称计算机绘图技术，是计算机图形学和动画的子领域。动画是由一幅幅点阵图连续不断地播放而形成的运动图画。用计算机制作的动画有两种：一种叫帧动画（frame animation），另一种叫造型动画（cast-based animation）。帧动画是由一幅幅连续的画面组成的图像或图形序列，这是产生各种动画的基本方法。造型动画则是对每一个活动的对象分别进行设计，赋予每个对象一些特征（如形状、大小、颜色等），然后由这些对象组成完整的画面。对这些对象进行实时变换，便形成连续的动画过程。

（1）动画制作软件：计算机动画制作软件是创作动画的工具，不用编程。制作时只要做好主动作画面，其余的中间画面由计算机内插来完成。不运动的部分直接拷贝过去，与主动作画面保持一致。如果这些画面仅是二维的透视效果，则为二维动画，如果通过 CAD 形式创造出空间形象的画面，就成为三维真实感动画。二维动画制作软件有 Flash、Live Motion、ImageReady、Ulead GIF Animator 等。三维动画制作软件有 Cool 3D、3ds max、Maya 等。

（2）动画文件格式：计算机动画一般也是以视频的方式进行存放，最常用的文件格式有：

① FLIC 格式。FLIC 是 FLI/FLC 的统称，是 Autodesk 公司 2D/3D 动画制作软件中采用的彩色动画文件格式，被广泛用于动画图形中的动画系列、计算机辅助设计和游戏程序等。

② SWF 格式。是 Macromedia 公司 Flash 的矢量动画格式，由于采用曲线描述其内容，因此这种格式的动画在缩放时不会失真，非常适合描述几何图形组成的动画。又由于这种格式的动画可以与 HTML 文件充分结合，并能添加 MP3 音乐，因此被广泛应用在网页上，成为一种准流式媒体文件。

③ GIF 格式。图形交换格式（Graphics Interchange Format，GIF）是一种高压缩比的彩色图像文件格式，主要用于图像文件的网络传输，目前 Internet 上动画文件多为这种格式。

8.3.4 多媒体数据压缩技术

在多媒体系统中，由于涉及到大量的声音、图像甚至影像视频，数据量是巨大和惊人的。例如，一分钟的声音信号，如用 11.2kHz 采样频率，每个采样用 8bit（位）彩色信号表示时，约需 0.66MB 的空间；采样频率为 44.1KHz 时，将基本达到目前的 CD 音乐激光唱盘的音质，如果量化为 16 位，采用两声道立体声，将达到 1.4Mb/秒，在 600MB 的光盘中仅能存放 1 小时左右的数据。又例如，一幅中等分辨率的图像（分辨率为 640×480，256 色）约需 0.3MB 的空间；一幅同样分辨率的真彩色图像（24 位/像素），约需占 0.9MB 的空间；一幅分辨率为 640×480 的 256 色图像需要 307200 像素，存放一秒钟（30 帧）这样的视频文件就需要 9216000 字节，约为 9MB；两小时的电影需要 66355200000 字节，即约为 66.3GB。

要存储这类如此巨大的媒体数据信息，唯一有效的办法是采用数据压缩技术。因为多媒体信息是经过数据编码、压缩处理后存放的。多媒体数据压缩技术也称为压缩/解压技术（Compression/DE Compression，CODE）。经过压缩的数据在播放时需要解压缩，也称为数据解码，解压缩是数据压缩的逆过程，即把压缩数据还原成与原始数据相近的数据。

1. 数据压缩可行性

数字化的多媒体信息之所以能够压缩，是因为原始的音频信号和视频信号数据存在很大的冗余（Redundant）。多媒体信息中的冗余包括 5 个方面的内容。

（1）空间冗余：在一幅图像中，规则物体和规则背景（所谓规则是指表面颜色是有序的而不是杂乱无章的）的表面物理特征具有相关性，这些相关性在数字化图像中就表现为空间冗余。

（2）时间冗余：图像序列中的两幅相邻的图像，后一幅图像与前一幅图像之间有较大的相关性，这反映为时间冗余。同理，在言语中，由于人在说话时发音的音频是一连续的渐变过程，而不是一个完全在时间上独立的过程，因而也存在时间冗余。

（3）视觉冗余：人们在欣赏音像节目时，由于耳、目对信号的时间变化和幅度变化的感受能力都有一定的极限，如人眼对影视节目有视觉暂留效应，人眼或人耳对低于某一极限的幅度变化已无法感知。事实上人类视觉系统一般只能分辨 2^6 灰度等级，而一般图像的量化采用的是 2^8 灰度等级。像这样的冗余，我们称之为视觉冗余。对于听觉，也存在类似的冗余。

（4）结构冗余：有些图像从大的区域上看存在着非常强的纹理结构，例如，布纹图案和草席图案，我们说它们在结构上存在冗余。

（5）知识冗余：有些图像的理解与某些知识有相当大的相关性。例如，人脸的图像有固定的结构，鼻子位于脸的中线上，上方是眼睛，下方是嘴等。这类规律性的结构可由先验知识和背景知识得到，我们称此类冗余为知识冗余。

数据压缩就是解决信号数据的冗余性问题。它是充分利用人的视觉及听觉的生理特性，即人的视觉对图像的边缘急剧变化不敏感（视觉掩盖效应）和眼睛对图像亮度信息敏感度弱，以及人的耳朵很难分辨出强音中的弱音的特点，通过部分消除数据中内在的冗余来实现高压缩比，减少发送或存储的数据量。

2．压缩数据方法

数据压缩是对数据重新进行编码，其目的是减少存储空间，缩短信息传输的时间。编码压缩方法有许多种，从不同的角度有不同的分类方法，最常用的是根据质量有无损失（是否产生失真）分为无损压缩和有损压缩两类。图 8-11 给出了无损压缩和有损压缩的常用方法。

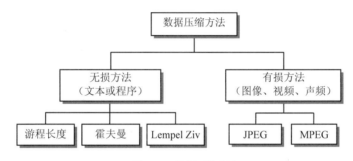

图 8-11　数据压缩方法

（1）无损压缩方法：是指数据的完整性受到保护，原始数据与压缩并解压缩后的数据完全一样。无损方法主要用于要求重构的信号与原始信号完全一致的场合，例如磁盘文件的压缩。在这种压缩方法中，压缩和解压算法是完全互反的两个过程。在处理过程中没有数据丢失，冗余的数据在压缩时被移走，在解压时则再被加回去。无损压缩方法有三种：游程长度编码、霍夫曼编码、Lempel Ziv 算法。

① 游程长度编码。这种算法的大致思想是将数据中连续重复出现的符号用一个符号和这个符号重复的次数来代替。例如，AAAAAAAA 可以用 A08 来代替。

游程长度编码是最简单的压缩方法，可以用来压缩由任何符号组成的数据。它不需要知道字符出现的频率，并且当数据由 0 和 1 表示时十分有效。

② 霍夫曼编码。对于出现更为频繁的符号，分配较短的编码，而对于出现较少的符号，分配较长的编码。即出现频率高的字符的编码要比出现频率低的字符的编码短。

③ Lempel Ziv（LZ）编码。是基于字典编码的一类算法的一个例子。在通信对话的时候它将产生一个字符串字典（表），如果接收和发送双方都有这样的字典副本，那么字符串可以由字典中的索引代替，以减少数据传输量。

（2）有损压缩方法：在文本文件和程序文件中是不允许有信息丢失的，但是在图片和视频中是可以接受的，因为我们的眼睛和耳朵并不能够分辨出如此细小的差别。对于这些情况，使用有损数据压缩方法可大大提高压缩比，这使得在每秒传送数百万位的音频和视频数据时只需花费更少的时间和空间以及更廉价的代价。有损压缩方法主要用于对图像文件 JPEG 的压缩和对视频文件 MPEG 的压缩。

① 图像文件 JPEG 的压缩。JPEG 的整体思想是将图像变换成一组数的线性（矢量）集合来揭示冗余。这些冗余（缺乏变化的）可以通过无损压缩的方法除去。

② 视频文件 MPEG 的压缩。运动图像是一系列帧的快速流，每帧都是一幅图像。帧是像素在空间上的组合，视频是一幅接一幅发送的帧的时间组合。因此，压缩视频，就意味着对每帧空间上的压缩和对一系列帧时间上的压缩。

经过压缩之后，数据的存储量会大大减少，有的文件可以压缩到原来的1/3。文本文件中包含了许多重复的字符和空格，经过压缩软件的压缩后，可以把它压缩到原来的50%以下。通过数据压缩，提高了数据传输和存储的效率，同时，在某种程度上保护了数据的完整性。

3. 音频压缩标准

按照压缩方案的不同，可将数字音频压缩方法分为时域压缩、变换压缩、子带压缩，以及多种技术相互融合的混合压缩等。各种不同的压缩技术其算法的复杂程度（包括时间复杂度和空间复杂度）、音频质量、算法效率（即压缩比例）以及编解码延时等都有很大的不同，其应用场合也因之而各不相同。数字音频压缩技术标准分为以下 3 种。

（1）电话（200Hz～3.4kHz）语音压缩：主要有国际电信联盟（ITU）的 G.711（64kb/s）、G.721（32kb/s）、G.728（16kb/s）和 G.729（8kb/s）标准等，用于数字电话通信。

（2）调幅广播（50Hz～7kHz）语音压缩：采用 ITU 的 G.722（64kb/s）标准，用于优质语音、音乐、音频会议和视频会议等。

（3）调频广播（20Hz～5kHz）及 CD 音质（20Hz～20kHz）的宽带音频压缩：主要采用 MPEG-1 或双杜比 AC-3 等标准，用于 CD、MD、MPC、VCD、DVD、HDTV 和电影配音等。

4. 图像压缩标准

图像数据压缩标准的主要代表是三大压缩标准：JPEG 静态图像压缩标准、MPEG 动态图像压缩标准和 P×64Kb/s 视频压缩标准。这三大标准都是采用混合编码技术，即对一幅图像同时使用两种或两种以上的编码方法混合编码，以达到高效压缩数据的目的。

（1）静态图像压缩标准：即联合图像专家组（Joint Photographic Experts Group，JPEG）。是由 ISO 和 CCITT 在 20 世纪 80 年代中期联合制订的，适合于压缩静止的灰度和彩色图像，是一种连续色调、多级灰度、彩色或单色静止图像数据压缩的国际标准，具有良好的效果。例如黑白照片、彩色照片、图像文献资料、印刷图片、彩色传真等。该标准于 1992 年被国际标准化组织（ISO）编号为 ISO/IEC 10918，通常称为 JPEG 标准。

（2）动态图像压缩标准：即运动图像专家组（Moving Picture Exprerts Group，MPEG）。是 ISO/IEC11172 号标准草案，是一种动态图像并配有伴音信息的压缩编码标准，一般称为 MPEG 标准。MPEG 标准包含三个部分：

MPEG-System（MPEG 系统），规定了视频信息与音频信息同步及通道复用问题。

MPEG-Video（MPEG 视频），规定了把视频信息压缩到每秒约 1.25Mb 的压缩编码方法。

MPEG-Audio（MPEG 音频），规定了把伴音信息压缩到每秒约 0.25Mb 的压缩方法。

MPEG 标准用于信息系统中视频和音频信号的压缩，是一个与特定应用对象无关的通用标准，从 CD-ROM 上的交互式系统到电信与视频上的视频信号发送都可以使用。

（3）P×64 标准（视频编码标准）：P×64KB/s 视频编码标准是 CCITT 的 H.216 建议，支持实时动态图像的压缩编解码，应用目标是可视电话和视频会议。

数据压缩技术是多媒体信息处理的关键技术，经过了五十多年的研究。从 PCM（脉冲编码调制）理论开始，到如今已成为多媒体数据压缩标准的 JPEG、MPEG，已经产生了各种各样针对不同用途的压缩算法、压缩手段和实现这些算法的大规模集成电路或者计算机软件。但研究仍未停止，人们还在继续寻找更加有效的压缩算法，及其用硬件或者软件实现的方法。

8.3.5 其它处理技术

1. 多媒体同步技术

多媒体系统所处理的信息中，各个媒体都与时间有着或多或少的依从关系，例如：图像、语音都是时间的函数；在多媒体应用中，通常要对某些媒体执行加速、放慢、重复等交互处理；多媒体系统允许用户改变事件的顺序并修改多媒体信息的表现；各媒体具有本身的独立性、共存性、集成性和交互性；系统中各媒体在不同的通信路径上传输，将分别产生不同的延迟和损耗，造成媒体之间协同性的破坏，等等。因此，媒体同步也是一个关键问题。多媒体系统中有一个"多媒体系统核心系统"，即多媒体操作系统，就是为了解决图、文、声、像等多媒体信息的综合处理，解决多媒体信号的时空同步问题。

2. 多媒体网络技术

要充分发挥多媒体技术对多媒体信息的处理能力，必须与网络技术相结合。多媒体信息要占用很大的存储空间，即使将数据压缩，对单用户来说，获得丰富的多媒体信息仍然是困难的。此外，在多个平台上独立使用相同数据，其性能/价格比小。特别是在某些特殊情况下，要求许多人共同对多媒体数据进行操作时，如电视会议、医疗会诊等，不借助网络就无法实施。多媒体网络通信分为同步通信和异步通信。同步通信主要在电路交换网络的终端设备间交换实时语音、视频信号，它应能满足人体感官分辨率的要求。异步通信主要在成组交换网络上异地提供同步信道和异步信道。

3. 超文本和超媒体技术

超文本和超媒体技术是多媒体计算机中的一项重要技术，它是多媒体信息的重要组成方式。在多媒体系统中有大量的文本、数据、图形、图像、声音、活动视频等信息需要处理，仅靠线性和顺序组织方式，已经完全不能适应对多媒体信息处理的要求，因而迫切需要一种更符合人类记忆的联想方式的非线性网状结构来组织信息并实现快速检索，这就是超文本和超媒体技术。超文本和超媒体在多媒体技术的发展中具有重要的地位。

（1）超文本（Hypertext）：文本是人们早已熟知的信息表示方式，如一篇文章、一段程序、一本书、一份文件等都是文本，它通常以字、词、句、章作为文本内容的逻辑单位，而以字节、行、页、册、卷作为物理单位。人们在阅读时，通常是一字字、一行行、一页页地顺序进行。类似地，在计算机里，文本信息的组织也是采用线性和顺序的结构形式。文本最显著的特点是它在组织上是线性的和顺序的结构，这种结构体现在阅读文本时，只能按照固定的线性顺序逐页阅读，即体现单一路径，如图 8-12 所示。

图 8-12 文本线性结构

但是，人类的思维结构是一个多维空间，是联想型的。不同的人在不同的环境下看一本书时会有不同的想法和活动，例如人们看到"电脑"一词可能会联想：电脑→计算工具→算盘→中国古代文明；也可能联想到：电脑→人工智能→人与计算机下棋→"深蓝"计算机。对于这种网状型的信息结构，用文本是无法管理的，必须采用更高层次的信息管理技术。正是基于人类联想记忆的网状结构，才提出了超文本概念。

虽然超文本概念很早就提出了，但却是随着多媒体技术的进步才得到快速发展。多媒体计算机技术的蓬勃发展，导致了超文本的普及。目前这项技术已经在电子出版物、信息管理系统以及工业控制中得到了广泛应用。

超文本不是顺序的，而是一种非线性网状结构，它把文字按其内部固有的独立性和相关性划分成不同的基本信息块，称为节点（node）。一个节点可作为一个信息块，也可由若干个节点组成一个信息块，这个信息块可以是文本、图形、图像、动画、声音，或它们的组合体。我们把这样组织的信息网络称为超文本，把基于超文本信息管理技术组成的系统称为超文本系统。Windows 操作系统下许多应用程序的帮助系统都是超文本的良好范例。超文本的链接结构如图8-13 所示。

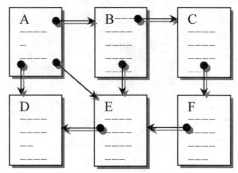

图 8-13   小型超文本结构示意图

由此看出，超文本是由节点和链组成的网络，它是按人脑的联想式思维方式存储、管理和浏览信息的技术。采用这种网状结构很容易按人们的联想关系来组织信息，读者在阅读时不必像阅读一般文章那样顺序阅读，而可以根据需要，利用超文本机制提供的联想式查询能力；它不要求读者按某个固定顺序来阅读，而可以主动地决定阅读节点的顺序，迅速找到自己感兴趣的内容和有关信息。显然，超文本模型比传统模型更符合人们的阅读方式。

（2）超媒体（Hypermedia）：以往的信息处理主要以文字为主。随着时代的发展，人们希望在信息系统中能得到图形、声音等资料。例如，在百科全书中看到"百灵鸟"一词，可能想看到它的样子，听到它的叫声，这就引出了超媒体的概念。超媒体实际上是超文本与多媒体的组合。传统的"超文本"意指有关文本处理计划的一种策略，超文本节点上只是一般的文本信息，而超媒体节点中的内容可以是文本、图形、图像、声音、动画、视频等，用超文本的方式组织和处理多媒体信息，就称为超媒体。为了强调其中信息的多媒体，因而提出了：

$$超媒体=多媒体+超文本$$

超媒体与超文本的区别主要在于节点的表现属性不同，超媒体的节点比超文本有着更加丰富的内涵。但是在多媒体技术快速发展的今天，人们已经不再深究超文本与超媒体的差异了。

超文本与超媒体应用在很多领域，例如 Windows 中的"帮助"就使用了超文本方式；Internet中的 Web 网页使用了超文本方式和超媒体方式。

4. 超大规模集成电路技术

声音、图像信息的压缩处理需要大量的计算，特别是类似视频图像的压缩处理，需要实时完成，并且所要求的计算能力相当于中型计算机或大型计算机的功能。超大规模集成电路（VLSI）的发展，推动了音频/视频专业处理芯片的研制与生产，提高了处理芯片的速度，并有利于产品标准化。因此，大规模集成电路技术的进展，将有力促进多媒体技术的应用。

5. 大容量光盘存储技术

数字化的声音、图像等媒体信息包含了大量的数据，虽然经过压缩处理，但仍然需要相当大的存储容量。例如视频图像在未经处理时的数据量为每秒 28MB，压缩处理后的数据量为 8.4MB。按这样算来，40MB 的硬盘只能存储 5 分钟的视频图像，即使 420MB 的硬盘，也只能存储不足一小时的视频图像，而且硬盘不适用于多媒体信息的发行。因此，大容量的光盘存储器是多媒体技术发展不可缺少或替换的关键技术。

6. 多媒体计算机核心软件

多媒体系统需要同时处理文字、声音、图像等多媒体信息。由于声音、语音的播放不能中断，而且视频图像要求以每秒 30 帧的视频速率更新图像数据，因而要求多媒体系统具有对声音、视频图像实时处理的能力。如何调度多媒体硬件，发挥其功能，真正达到多种媒体的同步协调，主要取决于多媒体计算机核心软件，即视频/音频支持系统（Audio/Video Support System，AVSS）或视频/音频核心（Audio/Video Support Kernel，AVSK）以及多媒体操作系统 MMOS。

§8.4 多媒体技术的应用与发展

8.4.1 多媒体技术的应用

从 1984 年美国苹果公司推出了被认为是代表多媒体技术兴起的 Macintosh 系列机，引入位图的概念及使用窗口和图标作为用户界面开始，至今已有 30 多年历史了。随着计算机多媒体技术的发展和标准化的推进，多媒体计算机的应用在不断地拓展并渗透到各个领域。

1. 多媒体教学

多媒体技术最令人振奋的发展莫过于在现代教育中的应用，特别是多媒体计算机辅助教学，已成为当前国内外教育技术发展的重要分支。它主要体现在两个方面：一是计算机辅助教学（Computer Assisted Instruction，CAI），即用计算机帮助或代替教师执行部分教学任务，为学生传授知识和进行技能训练。用于执行教学任务的计算机程序称为课程软件（Couseware，课件）。二是计算机管理教学（Computer Managed Instruction，CMI），它是针对不同的目的设计开发的信息管理和处理程序，用于管理和指导教学过程，帮助教师构造测试和评分，管理教学计划、教学资源等，直接为教师和教育管理部门提供服务。例如各类学科试题库、校长办公系统等属此类软件。就目前来讲，多媒体技术在现代教育中应用效果最为明显的是计算机辅助教学。多媒体教学软件的制作，通常是采用专用的多媒体编辑创作工具软件来实现的。

2. 多媒体视频会议系统

多媒体视频会议系统是随着计算机技术的发展，特别是计算机网络技术的发展，已使通信事业获得了异常强大的生命力，近年来迅速发展的多媒体技术，使通信事业朝着声音、图像（静态、动态）、文本等在内的综合服务方面有更大的发展，从而将给人们的工作和生活方式带来极大的进步。多媒体视频会议系统就是这种新型通信手段之一，它可以点对点通信，也可以多点对多点通信。它在同一传输线路上承载多种媒体信息，如视频、音频和数据等，实现多点实时交互式通信，同时也可以将不同地点与会人员的活动情况、会议内容及各种文件以可视新闻的形式展现在各个分会场，这是一种快速高效、日益增长、广泛应用的新的通信业务。各种高速的宽带网如 FDDI（Fibre Distributed Data Interface），DQDB（Distributed Queue Dual Bus），B-ISDN 均已得到很大的发展。同时，工作站的性能越来越好，已具备实时处理声音和动态图像的能力，因此为多媒体网络的发展提供了广阔的前景和坚实的基础。

目前，视频会议系统得到广泛的实际应用，视频会议应用范围主要有以下 4 个方面。

（1）远程会议：任意地点之间随时可以召开视频会议，实现面对面的交流，从而节省时间和费用，提高管理效率，提升客户服务。远程会议不仅解除了召开会议的时空限制，也解除了召开会议的思想限制，组织（管理）者可以及时、有效地安排组织会议。

（2）远程办公管理：远程办公与实时监控管理正在被越来越多的部门重视，已成为提升管理效率和管理决策，及时解决重大问题，从而实现提高竞争力的重要手段。

（3）远程业务培训：时空限制与有限资源目前仍然是制约培训工作进行的一个主要因素，视频会议系统的实施将极大地方便部门的各种培训业务，提高培训工作的时效与降低成本。

（4）远程协同工作：系统或集团公司各地之间的协同工作，也是视频会议系统提供的一个重要功能，各地之间可以通过视频会议系统随时进行工作协调和资源共享。

3. 多媒体电子出版物

随着多媒体技术的发展和广泛应用，出版业已经进入多媒体出版时代。多媒体电子出版物是把多媒体信息经过精心组织、编辑并存储在光盘上的一种电子读物。它具有如下优点：

（1）存储容量大：一张光盘可以存储几百本长篇小说。

（2）媒体种类多：可以集成文本、图形、图像、动画、视频和音频等多媒体信息。

（3）运输与携带方便，检索迅速：可长期保存，不会出现纸面出版物那样变色、发霉、虫蛀和粉化等现象。

（4）及时传播：经由计算机网络可立即发行到国内外各地。

（5）价格低廉：单位成本是普通图书的几分之一，甚至几百分之一。

多媒体电子出版物与纸面出版物的最大区别是前者需要借助于计算机才能阅读。电子图书（E-book）、电子报纸（E-newspaper）、电子杂志（E-magazine）、电子声像制品等多媒体电子出版物的大量涌现，对传统的新闻出版业形成了强大冲击。

4. 多媒体数据库

随着多媒体数据的引入，对数据的管理方法开始酝酿新的变革。传统数据库模型主要针对的是整数、实数、定长字符等规范数据。当图像、声音、动态视频等多媒体信息引入计算机之后，可以表达的信息范围将大大扩展，但多媒体数据不规则，没有一致的取值范围，没有相同的数据量级，也没有相似的属性集，因此出现了许多新的问题。

在传统数据库系统中引入多媒体的数据和操作是一个极大的挑战，这不只是要把多媒体数据加入到数据库中就可以完成的问题。传统的字符型和数值型数据虽然可以对很多的信息进行管理，但由于这一类数据的抽象特性，应用范围毕竟十分有限。为了构造出符合应用需要的多媒体数据库，必须解决诸如用户接口、数据模型、体系结构、数据操纵、系统应用等一系列问题。目前，多媒体数据库的研究主要有以下 3 条途径。

① 在现有商用数据库管理的基础上增加接口，以满足多媒体应用的需要。

② 建立基于一种或几种应用的专用多媒体信息管理系统。

③ 从数据模型入手，研究全新的通用多媒体数据库管理系统。

在这三种途径中，第一种途径实用，但效率较低；第二种途径易于实现，但通用性和可扩展性较差；第三种途径是研究和发展的主流，但研究难度大。

多媒体技术的应用使原来只能处理数字和文字信息的传统计算机成为可同时处理文字、声音、图形、图像的多媒体计算机，并以方便、形象的交互性改变了人机界面，已广泛应用于教育、工商、通信、医疗、军事、娱乐等各个方面，不仅推动了许多产业的快速发展，而且将极大地改变人类的生活方式。但是，在多媒体技术方面，还存在着许多不尽人意的地方，例如图像、动画的处理速度不够理想，不能对图像进行自动识别，高质量图像的数据压缩比仍需要改进，图像及语音的识别、动画图像压缩和软件支撑等技术还需作进一步的研究。此外，多媒体的标准化也是需要面对的一个极其重要的问题。

8.4.2　多媒体技术的发展

1.　进一步完善计算机支持的协同工作环境

计算机支持的协同工作环境（Computer Supported Collaborative Work，SCW）。目前多媒体计算机硬件体系结构、多媒体计算机视频和音频的接口软件不断改进，尤其是采用了硬件体系结构设计和软件、算法相结合的方案，使多媒体计算机的性能指标进一步提高。但还有一些问题有待解决，例如要满足计算机支撑的协同工作环境的要求，还需进一步研究：多媒体信息空间的组合方法，解决多媒体信息交换、信息格式的转换及其组合策略；以及网络迟延，存储器的存储等待，传输中不同步及多媒体同步性的要求等。这些问题的解决，将使多媒体计算机形成更为完善的计算机支撑的协同工作环境，消除空间和时间的距离障碍，以更好地实现信息共享，为人类提供更加完善的信息服务。

2.　智能多媒体技术的发展

1993 年 2 月，英国计算机学会在 Leeds 大学举行了多媒体系统和应用（Multimedia System and Application）国际会议。会上，英国 Michael D.Vislon（Rutherford Appleton Aboratory）做了关于建立多媒体系统的报告，明确提出了研究智能多媒体问题。智能多媒体技术的意义是多方面的，而对我国的作用和意义则更加重大，它体现在：

- 印刷体汉字、联机手写体以及脱机手写体汉字的识别；
- 汉语的自然语言理解和机器翻译；
- 特定人、非特定人以及连续汉语语音的识别和输入。

智能多媒体计算机的研究主要包括：文字的识别和输入；汉语语音的识别和输入；自然语言理解和机器翻译；图形的识别和理解；机器人视觉和计算机视觉；知识工程和人工智能。把人工智能领域里的某些研究课题和多媒体计算机技术相结合，是多媒体计算机长远的发展方向，提高多媒体计算机系统的智能更是永恒不变的主题。

3.　把多媒体信息实时处理和压缩编码算法做到 CPU 芯片中

多媒体技术的发展趋势应该把多媒体和通信的功能集成到 CPU 芯片中，使计算机具有综合处理声音、文字、图像、图形及通信的功能。过去计算机体系结构设计较多地考虑计算功能。随着多媒体技术和网络通信技术的发展，需要计算机具有综合处理声音、文字、图形、图像信息及通信的功能，因此出现了具有这类功能的 CPU 芯片，并且分成两类：一类是以多媒体和通信功能为主，融合 CPU 芯片原有的功能，其设计目标是用于多媒体专用设备、家电及宽带通信设备上；另一类是以通用 CPU 计算为主，融合多媒体和通信功能，其设计目标是与现有的计算机系列兼容，同时具有多媒体和通信功能，主要用在多媒体计算机中。

目前，多媒体计算机正朝着协同工作环境、智能化、虚拟现实、可视化、可听化的方向发展，而虚拟现实技术和数据可视化技术则是多媒体技术发展的更高境界。

§8.5　虚拟现实技术

8.5.1　虚拟现实技术的基本概念

虚拟现实（Virtual Reality，VR），也称为虚拟环境（Virtual Environments）、同步环境（Synthetic Environments）、人造空间（Cyberspace）、人工现实（Artificial Reality）、模拟器技术（Simulator

Technology）等，国内有人称之为"灵镜"。事实上，它们所表达的均是同一个概念：<u>虚拟现实技术是采用计算机技术生成的一个逼真的视觉、听觉、触觉及嗅觉等的感觉世界，用户可以用人的自然技能对这个生成的虚拟实体进行交互考察。</u>

<u>虚拟现实技术是计算机软硬件技术、传感技术、仿真技术、机器人技术、人工智能及心理学等高速发展的结晶。</u>这种高度集成的技术是多媒体技术发展的更高境界，也是近年来十分活跃的研究领域。

1. 虚拟现实技术的特征

VR 起源于可视化，反映了人机关系的演化过程，是一种多维信息的人机界面。G.Burde 在 Electro'93 国际会议上所发表的"Virtual Reality Systems and Application"一文中提出了"虚拟现实技术三角形"，简捷地说明了 VR 系统的基本特征，即所谓 I^3（Immersion-Interaction-Imagination，沉浸-交互-构想），如图 8-14 所示。

（1）沉浸性（Immersion）：指用户感到自己作为主角存在虚拟环境中的真实程度。理想的虚拟环境应达到用户难以分辨真假的程度。虚拟实体是用计算机来生成的一个逼真的实体。所谓"逼真"，就是要达到三维视觉，甚至包括三维的听觉、触感及嗅觉等，足以成为"迷惑"人类视觉的虚幻的世界，以至于能全方位地浸没在这个虚幻的世界中，而感觉不到身体所处的外部环境。

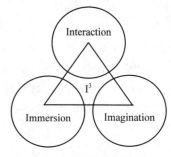

图 8-14　VR 的基本特征

（2）交互性（Interaction）：指用户对虚拟环境内物理的可操作程度和从环境得到反馈的自然程度（包括实时性）。例如，用户可以用手直接抓起虚拟环境中的物体，这时手有握着东西的感觉，并能够感觉出物体的重量，视场中被抓的物体随着手的移动而移动。

VR 环境可以通过一些三维传感设备来完成交互动作，用户可以通过三维交互设备，直接控制虚拟世界中的对象。用户可以通过人的自然技能与这个环境交互：这里自然技能可以是人的头部转动、眼动、手势或其它的身体动作。

（3）构想性（Imagination）：VR 不仅仅是一个媒体、一个高级用户界面，还是为解决工程、医学、军事等方面的问题而由开发者设计出来的应用软件，它以详尽的形式反映了设计者的思想，其功能远比那些呆板的图纸生动、强大得多，所以国外有些学者称虚拟现实为放大人们心灵的工具。过去用户只能以定量计算为主的结果加深对对象的认识，VR 则可以通过定量和定性两者的综合得到感性和理性的认识，从而得到启发、深化概念并萌发新意。

此外，VR 还具有自主性（Autonomy）和多感知性（Multi-Sensory）。所谓自主性是指虚拟环境中物体依据物理定律动作的程度。例如，当受到力的推动时，物体会向力的方向移动。所谓多感知性，就是除了计算机技术所具有的视觉感知外，还有听觉感知、触觉感知、嗅觉感知、力觉感知和运动等，理想的 VR 技术应该有人所具有的一切感知功能。

2. 虚拟现实系统的基本构成

根据 VR 的定义及其基本特征可知，VR 是一个十分复杂的系统，它所涉及的技术包括诸如图形图像处理、语音处理与音响、模式识别、人工智能、智能接口、传感器、实时分布系统、数据库、并行处理、系统建模与仿真、系统集成、跟踪定位等。为了实现其基本特征，典型的 VR 系统原理图如图 8-15 所示。

典型的 VR 系统可由 8 个模块组成，按照 VR 的感受方式不同，可将其分为 4 类。

（1）"可穿戴的" VR 系统：通过头盔显示器（Head-Mount Display）、吊臂、数据手套（Data

Glove）、数据衣服直接从传感器得到 VR 环境中输入/输出数据，可以获得上佳的临场感。利用动感增强感受，可以在 VR 环境中自由走动，做各种动作。

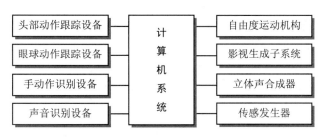

图 8-15　典型 VR 系统的组成

（2）桌面 VR 系统：利用立体眼睛、3D 控制器使监视器作为交互的窗口，这种系统价格相对来说比较便宜、组成比较灵活、容易实现，并可以通过虚拟现实模型语言（VRML）连网，可用于科学数据及金融数据可视化场合。

（3）投影 VR 系统：利用投影生成的大范围虚拟环境，可以多人参与，促进协同工作。常在培训、建筑设计评价、艺术、教育中使用。

（4）网络虚拟现实：又称为分布式虚拟环境（Distributed Virtual Environments），是一种基于网络连接的虚拟现实系统。它提供了一种可以共享的虚拟空间，使地理上分散的用户在同一时间里合作完成某一项工作，网络 VR 技术可以广泛地用于工程、培训、娱乐等领域。

3．VR 与相关技术的区别

VR 技术虽然基于计算机仿真技术和计算机多媒体技术，但是与两者有着本质上的区别。

（1）与仿真技术的区别：仿真技术是一门基于相似原理，利用计算机程序模拟实际系统进行科学实验（模拟）的技术。从模拟系统环境这一特点看，仿真技术与 VR 技术有一定的相似性。但仿真技术研究的重点是对被仿真系统构造的数学模型及其仿真结果的精度和可信度问题，不包括沉浸性、交互性、构想性和多感知问题，基本上将用户视为"旁观者"。

（2）与多媒体技术的区别：多媒体技术是利用计算机综合组织、处理和操作多媒体（如视频、音频、图形、图像、文字等）信息的技术。虽然具有多种媒体，但不强调沉浸性、交互性、构想性，在感知范围上远不如 VR 广泛。例如多媒体并不包括触觉、力觉等感知。另外，多媒体技术处理的对象是二维的。

8.5.2　虚拟现实中的关键技术

虚拟现实技术涉及到很多方面，就应用研究来讲，其关键技术主要体现在以下 5 个方面。

1．动态环境建模技术

虚拟环境的建立是虚拟现实技术的核心内容。动态环境建模技术的目的是获取实际环境的三维数据并根据应用的需要，利用获取的三维数据建立相应的虚拟环境模型。三维数据的获取可以采用 CAD 技术（有规则的环境），而更多的环境则需要采用非接触式的视觉建模技术，两者的有机结合可以有效地提高数据获取的效率。

2．实时三维图形生成技术

三维图形的生成技术已经较为成熟，其关键是如何实现"实时"生成。为了达到实时的目的，至少要保证图形的刷新率不低于 15 帧/秒，最好是高于 30 帧/秒。在不降低图形质量和复杂度的前提下，如何提高刷新频率将是该技术的研究内容。

3. 立体显示和传感器技术

VR 的交互能力依赖于立体显示和传感器技术的发展。现有的虚拟现实还远远不能满足系统的需要，例如，数据手套有延迟大、分辨率低、作用范围小、使用不便等缺点；虚拟现实设备的跟踪精度和跟踪范围也有待提高，因此有必要开发新的三维显示技术。

4. 应用系统开发工具

VR 应用的关键是寻找合适的场合和对象，即如何发挥想象力和创造力。选择适当的应用对象可以大幅度地提高生产效率、减轻劳动强度、提高产品开发质量。因此，必须研究 VR 的开发工具。例如，VR 系统开发平台、分布式 VR 技术等。

5. 系统集成技术

由于 VR 中包括大量的感知信息和模型，因此系统的集成技术起着至关重要的作用。它包括信息的同步技术、模型的标定技术、数据转换技术、数据管理模型、识别和合成技术等。

8.5.3　虚拟现实技术的应用

VR 技术虽然是一门新兴的技术，但近年来 VR 研究取得了很大进展。目前，VR 技术的应用主要有以下方面。

1. 虚拟娱乐游戏

VR 技术在娱乐业有着极其广泛的应用，也是 VR 最早的应用领域之一。丰富的感觉能力与 3D 显示环境使得虚拟现实成为理想的视频游戏工具。第一个大规模的 VR 娱乐系统"Battle Tech"，将每个"座舱"仿真器联网进行组之间的对抗，三维逼真视景、游戏杆、油门、刹车和受到打击时的晃动，能给用户很强的感官刺激。

由于在娱乐方面对虚拟的真实感要求不是太高，故近几年来虚拟现实在该方面发展最为迅猛。在家庭娱乐方面，虚拟现实也显示出了很好的前景。

2. 虚拟军事演练

军事领域是 VR 技术最早研究和应用的领域。美国国防部高级研究计划局 DARPA 自 20 世纪 80 年代起一直致力于研究称为 SIMNET 的虚拟战场系统，以提供坦克协同训练。该系统可连接 200 多台模拟器。此外，利用 VR 技术，可模拟零重力环境，以代替现在非标准的在水下训练宇航员的方法。从 1994 年开始，开展了战争综合演练场 STOW 的研究，形成了一个包括海、陆、空多兵种，3700 个仿真实体参与，地域范围覆盖 $500 \times 750 km^2$ 的军事演练环境。

我国从 1996 年起，国家 863 计划支持下的 DVENET，是由北京航空航天大学联合浙江大学、国防科技大学、装甲兵工程学院、解放军测绘学院和中科院软件所等单位开发的一个分布式虚拟环境基础信息平台。基于 DVENET 的分布式虚拟战场环境，将分布在不同地域的若干真实仿真器和虚拟仿真器联合在一起，进行异地协同与对抗战术仿真演练。

3. 虚拟产品设计

波音 777 飞机的设计是虚拟原型机的典型应用实例，它由 300 万个零件组成，所有的设计在一个由数百台工作站组成的虚拟环境中进行。1996 年，加州伯克利分校在 SGI 工作站上实现了本校新楼 Soda Hall 的实时漫游。我国北京航空航天大学 VR 与可视化新技术研究室已完成了恒昌花园及其房内装修、虚拟北航等漫游系统的开发，目前正在为国家科技馆建造一个珠穆朗玛峰及其周边环境的漫游系统。

4. 虚拟模拟教学

将 VR 技术应用于模拟教学是多方面的，并具有广泛前景。主要体现在以下几个方面。

（1）理论教学：例如在解释一些有关分子结构或复杂系统（如量子物理）的抽象概念时，虚拟现实是非常有力的工具，Lofin 等人在 1993 年建立了一个"虚拟的物理实验室"，用于解释某些物理概念，如位置与速度，力量与位移等。再如 Motorola 电话装配训练系统，在虚拟现实空间里重建了电话装配线，据反映，用这套 VR 系统训练的效果比用真实的装配线训练效果还好。

（2）实验教学：在虚拟实验室里，虚拟的实验仪器看起来像真实的一样完美，功能也相同。学生通过它在家里上实验课，能收到更方便、更好的效果。世界各地的科学家可通过虚拟实验室形成科研协作，共享网络数据和尖端仪器设备，更好地交换信息和协作。当虚拟实验室和真实的仪器设备建立起联系时，可以通过操作虚拟实验室中的仪器来操纵真实的仪器设备。

（3）实践教学：VR 技术在医学方面的应用具有十分重要的现实意义。在虚拟环境中，可以建立虚拟的人体模型，借助于跟踪球、HMD、感觉手套，学生可以很容易了解人体内部器官的结构，这比采用传统教科书的教学方式要有效得多。

又比如，服务于医疗手术训练的 VR 系统，用 CT 或 MRI 数据在计算机中重构人体或某一器官的几何模型，并赋予其一定的物理特征（例如密度、韧度、组织比例等），并通过机械手或数据手套等高精度的交互工具在计算机中模拟手术过程，以达到训练、研究的目的。此外，在远距离遥控外科手术、复杂手术的计划安排、手术过程的信息指导、手术后果预测及改善残疾人生活状况乃至新型药物的研制等方面，VR 技术都有十分重要的意义。

5. 艺术创作

作为传输显示信息的媒体，VR 在未来艺术领域方面所具有的潜在应用能力也不可低估。VR 所具有的临场参与感与交互能力可以将静态的艺术（如油画、雕刻等）转化为动态的，使观赏者能更好地欣赏作者的思想艺术。另外，应用 VR 技术，可提高艺术表现能力。例如一个虚拟的音乐家可以演奏各种各样的乐器，手足不便的人或远在外地的人可以在它生活的居室中去虚拟的音乐厅欣赏音乐会。用虚拟现实技术，还可以在虚拟空间里恢复已经被损毁的历史上曾经存在过的文化遗迹（虚拟博物馆）。如韩国被毁的皇宫，意大利某个被毁的大教堂，都已经用这种方法在计算机的虚拟空间里恢复，我国的圆明园遗址也在这样的恢复中，从而人们可以通过计算机看到它的原貌。

以上仅列出 VR 的部分应用前景。可以预见，在不久的将来，VR 技术将会影响甚至改变人们的观念与习惯，并将深入到人们的日常工作与生活中。

本章小结

1. 多媒体技术是在信息数字化基础上，将多种媒体信息综合起来构成的一种全新的信息表现手段。它将文本、图形、语音、音乐、静止图像、动态图像等日常生活中常见的媒体信息与计算机的交互控制相融合，使计算机对多种媒体的数字化信息具有编辑、修改、存储、播放等功能。多媒体技术的最大特点是具有集成性、交互性、多维性和实时性。

2. 多媒体计算机是在普通 PC 的基础上发展起来的。多媒体计算机技术是集多种媒体信息的处理、调度、协调于一体，集微电子产品与计算机技术于一身的综合信息处理技术。MPC 标准对多媒体 PC 机及相应的多媒体硬件规定了必需的技术规格，所有使用 MPC 标准的多媒体产品都必须符合该标准的要求。

3. 多媒体应用系统种类繁多，较为典型的多媒体应用系统有：多媒体教学系统、多媒体视频会议系统、多媒体电子出版物和多媒体数据库系统等。多媒体的应用已深入到人类生活的各个领域。随着多媒体技术的成熟与应用，将不断改善人们的工作和生活方式。

4. 多媒体技术涉及面很广，基本技术包括：音频处理技术、图像处理技术、视频和动画技术、多媒体同步技术、多媒体网络技术、超文本和超媒体技术等；关键技术包括数据压缩技术、超大规模集成电路技术、大容量光盘存储技术、实时多任务操作系统等。

5. VR 技术的兴起，为人机交互界面的发展开辟了新的研究领域；为智能工程的应用提供了新的界面工具；为各类工程的大规模数据可视化提供了新的描述方法。VR 技术已在许多领域应用，从模拟训练、科学可视化等领域不断拓展到人类社会的各个方面。

习题八

一、选择题

1. 下列（　　）不属于多媒体技术的特点。

　　A. 多样性　　　　　　　B. 交互性　　　　　　C. 实时性　　　　　　　D. 群体性

2. 一般说来，要求声音的质量越高，则（　　）。

　　A. 量化级数越低和采样频率越低　　　　　B. 量化级数越高和采样频率越高

　　C. 量化级数越低和采样频率越高　　　　　D. 量化级数越高和采样频率越低

3. （　　）指的是能直接作用于人们的感觉器官，让人产生感觉的媒体。

　　A. 表示媒体　　　　　B. 感觉媒体　　　　　C. 表现媒体　　　　　　D. 存储媒体

4. SWF 文件是 Macromedia 公司开发的（　　）文件。

　　A. 动画格式　　　　　B. 影像格式　　　　　C. 声音格式　　　　　　D. 文本格式

5. 对声音信号的采样是把时间连续的（　　）转换成数字音频信号。

　　A. 模拟和数字信号　　B. 数字信号　　　　　C. 模拟信号　　　　　　D. 间断信号

6. 多媒体数据的输入方式有（　　）。

　　A. 单通道异步输入方式和多通道同步输入方式

　　B. 多通道异步输入方式和单通道同步输入方式

　　C. 单通道异步输入方式和单通道同步输入方式

　　D. 多通道异步输入方式和多通道同步输入方式

7. 下列选项中的（　　）不属于多媒体计算机应具备的基本特征。

　　A. 可实现图文、声音同步播放　　　　　B. 有管理多媒体的软件平台

　　C. 有液晶显示器和大容量硬盘　　　　　D. 有高质量的数字音响功能

8. 多媒体编辑创作软件按照编辑创作方式划分的类型中不包括（　　）。

　　A. 基于时标　　　　　B. 基于图标　　　　　C. 基于页式　　　　　　D. 基于对象

9. 多媒体个人计算机的英文缩写是（　　）。

　　A. VCD　　　　　　　B. APC　　　　　　　C. MP4　　　　　　　　D. MPC

10. 下列选项中（　　）属于音频文件格式。

　　A. GIF 格式　　　　　B. MP3 格式　　　　　C. JPEG 格式　　　　　D. AVI 格式

二、判断题

1. 采样频率越高，得到的波形越接近于原始波形，音质就越好。　　　　　　　　　　（　　）

2. 屏幕分辨率又叫图像分辨率。　　　　　　　　　　　　　　　　　　　　　　　　（　　）

3．多媒体元素只能以静态的形式表现。　　　　　　　　　　　　（　　）

4．多媒体技术是一门基于计算机的综合性技术。　　　　　　　　（　　）

5．多媒体计算机和普通计算机没有区别。　　　　　　　　　　　（　　）

6．在音频信息的处理中要降噪。　　　　　　　　　　　　　　　（　　）

7．颜色深度越大，图像颜色就越暗淡。　　　　　　　　　　　　（　　）

8．JPEG 格式采用的是无损压缩，因此能展现丰富和生动的图像。（　　）

9．霍夫曼编码是有损压缩方法。　　　　　　　　　　　　　　　（　　）

10．多媒体视频会议系统可以实现多点实时交互式通信。　　　　（　　）

三、问答题

1．什么是多媒体？

2．多媒体数据特点是什么？

3．什么是多媒体计算机技术？

4．声频卡的基本功能是什么？

5．视频卡主要包括哪些类型？

6．多媒体软件可以分为哪几类？

7．多媒体驱动软件是什么？

8．什么是图形？

9．图形与图像有什么区别？

10．什么叫做无损压缩？

四、讨论题

1．你认为多媒体技术发展的关键是什么？

2．你认为多媒体技术的理想模式是什么？

3．你认为目前多媒体计算机还存在哪些不足？

4．你认为虚拟现实技术的理想模式是什么样的？

第9章 计算机网络与信息安全技术

【问题引出】计算机网络是计算机技术和通信技术紧密结合的产物，它的诞生使计算机体系结构发生了巨大变化。在当今社会发展中，计算机网络起着非常重要的作用，它不仅改变了人们的生产和生活方式，并且对人类社会的进步做出了巨大贡献。但由于计算机及其网络自身的脆弱性、人为的恶意攻击和破坏，也给人类带来了不可估量的损失。因此，计算机及其网络的信息安全问题已成为重要的研究课题。

【教学重点】计算机网络的形成与发展、计算机网络的基本结构组成、计算机局域网、计算机因特网、计算机信息安全技术（计算机病毒、黑客、防火墙、数据加密）等。

【教学目标】通过本章学习，了解计算机网络的发展过程；熟悉计算机网络的基本结构组成、局域网的计算模式、计算机信息安全防患的技术措施；掌握计算机网络的基本概念和 Internet 的基本应用。

§9.1 计算机网络概述

什么是计算机网络，至今没有确切的定义。人们通常认为：把分布在不同地点，并具有独立功能的多个计算机系统通过通信设备和线路连接起来，在功能完善的网络软件和协议的管理下，以实现网络中资源共享为目标的系统称为计算机网络。其中，资源共享是指在网络系统中的各计算机用户均能享受网内其它各计算机系统中的全部或部分资源。

9.1.1 网络的发展过程

计算机网络从 20 世纪 60 年代开始发展至今，经历了从简单到复杂、从单机到多机，由终端与计算机之间的通信演变到计算机与计算机之间的直接通信，其发展经历了 4 个阶段。

1. 远程联机阶段

远程联机阶段可以追溯到 20 世纪 50 年代。它是由一台大型计算机充当主机（Host），与若干台远程终端（Terminal）通过通信线路连接起来，构成面向终端的"计算机网络"。在此方式下，用户通过终端设备将数据处理的要求通过通信线路传给远方主机，经主机处理后再将结果传回给用户。例如 60 年代美国的航空联网订票系统，用一台大型主机连接了遍布全美 2000 多个用户终端。由于当时的终端只是一些输入与输出设备，本身不具备数据处理能力，所以这一阶段的主机-终端式的网络，严格来说还不能算是真正意义上的计算机网络。

2. 互联网络阶段

20 世纪 60 年代中期，英国国家物理实验室（National Physics Laboratory，NPL）的戴维斯（Davies）提出了分组（Packer）的概念。1969 年美国国防部高级研究计划署（Advanced Research Projects Agency，ARPA）研制出了分组交换网 ARPANET（通常称为 ARPA 网），将分布在不同地区的多台计算机主机（Host）用通信线路连接起来，彼此交换数据、传递信息，形成了真正意义上的计算机网络，其核心技术则是分组交换技术。起初，ARPANET 只有 4 个结点，1973 年发展到 40 个结点，1983 年已达到 100 多个结点。ARPANET 通过有线、无线和卫星通信线路，覆盖了从美国本土到欧洲与夏威夷的广阔地域。ARPANET 是这一阶段研究的典型代表，也是计算机网络技术发展的一个重要里程碑。

ARPANET 的研制成功，为促进网络技术的发展起到了重要的作用。它促进了网络体系结构与网络协议的发展，其研究成果为网络理论体系的形成奠定了基础，同时也为 Internet 的形成奠定了基础。ARPANET 投入运行，使计算机网络的通信方式由终端与计算机之间的通信发展到计算机与计算机之间的直接通信，从此计算机网络的发展进入了一个崭新时代。

3. 标准化网络阶段

从 20 世纪 70 年代开始，计算机网络大都采用直接通信方式。1972 年后，国际上各种以太网、局域网、城域网、广域网等迅速发展，各个计算机生产商纷纷发展各自的计算机网络系统。网络系统本身是非常复杂的系统，计算机之间相互通信又涉及到许多复杂的技术问题。因此，随之而来的是计算机网络体系与网络协议的国际标准化问题。

为了实现计算机网络通信和网络资源共享，计算机网络采用了对解决复杂问题十分有效的分层解决问题的方法。1974 年，美国 IBM 公司公布了它研制的系统网络体系结构（System Network Architecture，SNA）。不久，各种不同的分层网络系统体系结构相继出现。

对各种体系结构来说，同一体系结构的网络产品互联是非常容易实现的，而不同体系结构的产品却很难实现互联。但社会的发展迫切要求不同体系结构的产品能够很容易地得到互联，人们迫切希望建立一系列的国际标准，渴望得到一个"开放"系统。为此，国际标准化组织（International Standards Organization，ISO）于 1977 年成立了专门的机构来研究该问题，并且在 1984 年正式颁布了"开放系统互联基本参考模型"（Open System Interconnection Basic Reference Model）的国际标准 OSI，这就产生了第三代计算机网络。

4. 网络互联与高速网络

进入 20 世纪 90 年代，计算机技术、通信技术以及建立在互联计算机网络技术基础上的计算机网络技术得到了迅猛的发展。特别是 1993 年美国宣布建立国家信息基础设施（National Information Infrastructure，NII）后，全世界许多国家纷纷开始制订和建立本国的 NII，从而极大地推动了计算机网络技术的发展。使计算机网络进入了一个崭新的阶段，这就是计算机网络互联与高速网络阶段。目前，全球以 Internet 为核心的高速计算机互联网络已经形成，Internet 已经成为人类最重要的、最大的知识宝库。网络互联和高速计算机网络就成为第四代计算机网络。回顾最近几年的发展历史，可以清楚地看到，以计算机网络为中心的数字化信息技术革命正在引起一场新的经济高增长，并将导致以知识为基础的新时代的到来。

9.1.2 网络的基本功能

计算机网络的发展，正迅速改变数据处理的面貌，不仅使计算机世界日新月异地变化，而且改变着人们和社会的活动方式。人们通过计算机网络，可以访问千里之遥的计算机中的数据或文件、查询各地有关情报或信息以及检索本地所没有的图书或资料；通过与分布系统相连的终端可以解决科学计算、管理企业、指挥生产等；通过分布系统的家用终端可以在家就医、上班、听课和办公等。就目前来讲，网络的功能可概括为以下 6 个方面：

1. 资源共享

资源共享是计算机网络的一个核心功能，它突破了地理位置的局限性，使网络资源得到充分利用，这些资源包括硬件资源、软件资源和数据资源。

（1）硬件资源：包括各种类型的计算机、大容量存储设备、计算机外部设备，如彩色打印机、静电绘图仪等。

（2）软件资源：包括各种应用软件、工具软件、系统开发所用的支撑软件、语言处理程序、数据库管理系统等。

（3）数据资源：包括数据库文件、数据库、办公文档资料、企业生产报表等。

（4）信道资源：广义的通信信道可以理解为电信号的传输媒体。通信信道的共享是计算机网络中最重要的共享资源之一。

2．处理机间通信

处理机间通信是计算机网络最基本的功能之一，它使不同地区的网络用户可以通过网络进行对话，以实现计算机与计算机、计算机与终端之间相互交换数据和信息。

3．提供分布式处理能力

分布式处理，就是把要处理的任务分散到各个计算机上运行，而不是集中在一台大型计算机上。这样，不仅可以降低软件设计的复杂性，而且还可以大大提高工作效率和降低成本。

4．集中管理

对地理位置分散的组织和部门，可通过计算机网络来实现集中管理，如数据库情报检索系统、交通运输部门的订票系统、军事指挥系统等。

5．负载分担

当网络中某台计算机的任务负荷太重（过载）时，新的作业可分散到网络中的其它计算机，起到了分布式处理和均衡负荷的作用。

6．提高可靠性

在一个网络系统中，当一台计算机出现故障时，可立即由系统中的另一台计算机来代替其完成所承担的任务。同样，当网络的一条链路出了故障时，可选择其它的通信链路进行连接。网络系统的可靠性对于空中交通管理、工业自动化生产线、军事防御、电力供应系统、银行营业系统等方面都显得十分重要，必须保证实时性管理和不间断运行系统的安全性和可靠性。

9.1.3　网络的基本类型

由于计算机网络自身的特点，其分类方法有多种。通常可按网络的覆盖范围分类、按传输介质分类、按通信信道分类、按传输技术分类等。较常使用的分类方法是根据网络连接的地理范围，将计算机网络分成局域网、城域网和广域网。

1．局域网（Local Area Network，LAN）

局域网是局部地区网络的简称。局域网的作用范围是几百米到十几公里，所以一个企业或一个大学内部，都可组建局域网。如图 9-1 所示。

局域网是 20 世纪 70 年代末微型计算机大量出现后发展起来的。进入 80 年代，由于微机的普及应用，局域网得到迅速发展，形成了多种类型。如果根据传输速率分类，可分为传统局域网和高速局域网。我们把数据传输速率在 100Mb/s 以上的局域网称为高速局域网，例如 FDDI、百兆以太网、千兆以太网、万兆以太网、交换式以太网、虚拟局域网和无线局域网等。

2．城域网（Metropolitan Area Network，MAN）

顾名思义，城域网的规模局限在一座城市范围内，覆盖的地理范围从几十公里至数百公里。城域网的连接如图 9-2 所示。

城域网是局域网的延伸，用于局域网之间的连接。城域网的传输介质和布线结构方面涉及范围较广，例如在一个城市范围内的各个部门的计算机连网，可实现大量用户的多媒体信息传输，包括语音、动画、视频图像、电子邮件和超文本网页等。

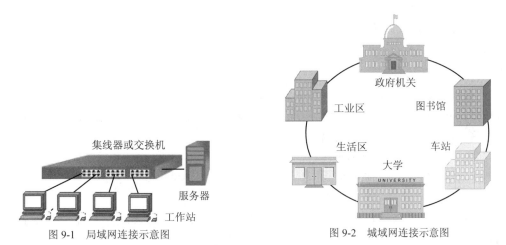

图 9-1　局域网连接示意图　　　　　　　图 9-2　城域网连接示意图

3. 广域网（Wide Area Network，WAN）

广域网又称远程网，覆盖的地理范围从数百公里到数千公里，甚至上万公里。广域网用在一个地区、行业甚至在全国范围内组网，以达到资源共享的目的。例如国家邮电、公安、银行、交通、航空、教学科研等部门组建的网络。因此，广域网一般要使用无线通信线路，例如载波线路、微波线路、卫星通信线路或专门铺设的光缆线路等。广域网、城域网和局域网之间的连接如图 9-3 所示。

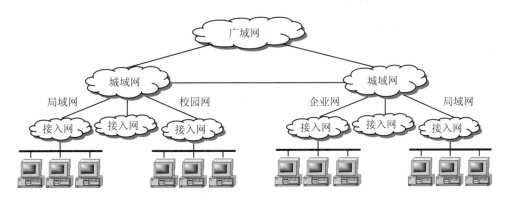

图 9-3　广域网、城域网和局域网的连接关系示意图

9.1.4　网络的基本应用

计算机网络技术的发展给传统的信息处理工作带来了革命性的变化，同时也给传统的管理带来了很大的冲击。目前，计算机网络的应用主要体现在以下 7 个方面：

1. 数字通信

数字通信是现代社会通信的主流，包括网络电话、可视图文系统、视频会议系统和电子邮件服务。

（1）网络电话：网络电话又称为 IP 电话，狭义上指通过因特网打电话，广义上包括语音、传真、视频传真等多项通信业务。网络电话有两种方式：一种是从计算机到计算机通话，用户双方通过在计算机中安装的软件，在因特网上实现端对端实时通话，但质量较差；另一种是利用电话和计算机通话，该方式包括三种形式：电话到计算机、计算机到电话、电话到电话。由于后一种与传统的电话相连接的是普通电话线路，能够实现传统电话的各项功能，因而是目前最有前途和市场的一种方式。

（2）可视图文系统：是一种新的网络应用项目，是共用的、开放型的信息服务系统。用户在自己的电话上并联一个可视终端，通过现有的公用电话网和公共数据网，就可以检索到分布在全国的可视图文数据库的信息。

（3）视频会议系统：是一种能同时传输声音、数据、传真及图像的多媒体网络系统。它利用计算机技术、通信技术和数字电视技术实现"面对面"的交谈。利用视频会议系统，使分布在各地的人员在这个系统上面对面地讨论问题。

（4）电子邮件服务：是当前最流行的通信工具之一。利用因特网的传输功能，把各个用户输入的信件在网络范围内迅速地传递，使得每一封信的综合投递价格降到几分钱。

2. 分布式计算

分布式计算包括两个方面：一是将若干台计算机通过网络连接起来，将一个程序分散到各计算机上同时运行，然后把每一台计算机计算的结果搜集汇总，整体得出结果；另一种是通过计算机将需要大量计算的题目送到远处网络上的大型计算机中进行计算并返回结果。

3. 信息查询

计算机网络是提供资源共享的最好工具。Internet 是一个连接全世界各种计算机的超级大网，其信息量之大，内容之丰富，堪称为信息的汪洋大海。通过"搜索引擎"，用少量的"关键"词来概括归纳出这些信息内容，可以在计算机网络上很快地把你所感兴趣的内容搜索出来。

4. 网上教育

网上教育是利用 Internet 技术开发的互联网的一种综合应用，它充分发挥网络可以跨越空间和时间的特点，在网络平台上向学生提供各种与教育相关的信息。做到"任何人在任何时间、任何地点，可以学习任何课程"。网上教育可以充分发挥网络技术的特点，向学生提供网上课程点播、网上答疑、习题库、试题库、交作业、网上交流、数字图书馆等服务。并且可以根据学生在网上的学习情况，自动给予学生本人情况的指导和建议。

5. 电子商务

电子商务现在是计算机网络应用的热门话题之一。电子商务的定义可以分为广义和狭义两类。广义的电子商务（Electronic Business）包罗万象，包括各行各业的电子业务、电子政务、电子医务、电子军务、电子教务、电子公务和电子家务等；狭义的电子商务（Electronic Commerce）含义比较明确，指人们利用电子化网络化手段进行商务活动，例如在网络上发布电子商情、电子广告、电子交易、电子购物、电子签约、电子支付、电子转账和电子结算等活动。我们现在通常讲的电子商务是指狭义的电子商务。

6. 办公自动化

办公自动化（Office Automation，OA）是指将计算机技术、网络与通信技术、信息技术和软科学等先进技术及设备运用于各类办公人员的各种办公活动中，从而实现办公活动的科学化、自动化，最大限度提高工作质量、工作效率和改善工作环境。办公自动化的内容包括：文档管理、电子邮件管理、工作任务管理、工作日程管理、会议管理、信息发布、公文流转管理、专题讨论功能、信息查询功能、各种专项办公室管理功能等。

7. 企业管理与决策

企业管理信息系统是采用管理科学与信息技术相结合的方式，以计算机及其网络为基础，为管理和决策服务的信息系统。目前，正在朝开发"智能化"的决策支持系统迅速发展。

§9.2　网络的结构组成

如同计算机系统、数据库系统、多媒体系统一样，一个完整的网络系统，要由网络硬件系统和网络软件系统所组成，并且具有一定的结构和组成方式。计算机网络中的硬件结构包括有拓扑结构、逻辑结构和体系结构。

9.2.1　网络硬件的组成

计算机网络硬件系统是由计算机（主机、服务器、工作站、终端）、通信处理机（集线器、交换机、路由器）、通信线路（同轴电缆、双绞线、光纤）、信息变换设备等构成的。

1. 主计算机

主计算机（Main Computer）简称为主机（Host），是计算机网络中承担数据处理的计算机系统，它可以是单机（大型机、中型机、小型机或高档微型计算机）系统，也可以是多机系统。主计算机是资源子网的主要组成单元，应具有一定处理能力的硬件和相应的接口，并装有本地操作系统、网络操作系统、数据库、用户应用系统等软件。

在一般的局域网中，主机通常被称为服务器（Server），是为客户提供各种服务的计算机，因此对其有一定的技术指标要求，特别是对主/辅存容量及其处理速度的要求较高。根据服务器在网络中所提供的服务不同，可将其划分为文件服务器、打印服务器、通信服务器等。

（1）文件服务器（File Server）：用来管理用户的文件资源并同时处理多个客户机的访问请求，客户机从服务器下载要访问的文件到本地存储器。

在计算机网络中，文件服务器对网络的性能起着非常重要的作用。在大型网络上，可以使用专门生产的用作文件服务器的微型计算机（即超级服务器）、小型机或大型机。

（2）打印服务器（Printing Server）：用来控制和管理网络上用户对打印机和传真设备的访问，接受打印作业的请求，解释打印作业格式和打印机的设置，管理打印队列。

（3）通信服务器（Communication Server）：用来负责处理网络中各用户对主计算机的通信联系以及网与网之间的通信，或者通过通信线路处理远程用户对本网络的数据传输。通信服务内容包括对正文、二进制数据、图像数据以及数字化声像数据的存储、访问和收发等。

2. 网络工作站

除服务器外，网络上的其余计算机主要是通过执行应用程序来完成工作任务的，我们把这种计算机称为网络工作站（Network Workstation）或网络客户机（Network Client），它们是网络数据主要的发生场所和使用场所，用户主要通过使用工作站来利用网络资源并完成自己的作业。

3. 网络终端

网络终端（Network Terminal）是用户访问网络的界面，它可以通过主机联入网内，也可以通过通信控制处理机联入网内。网络终端可分为智能终端和便携式终端两种：智能终端是带有外部设备（如键盘）的微、小型机；便携式终端则是带有无线电收发机的轻便终端，通过无线电与数里之遥的子网交换站联接。

4. 通信处理机

通信处理机在通信子网中又称为网络结点。它一方面作为资源子网的主机、终端连接的接口，将主机和终端连入网内；另一方面它又作为通信子网中分组存储转发结点，完成分组的接收、校验、存储和转发等功能，实现将源主机信息准确发送到目的主机的作用。

5. 通信线路

通信线路（链路）为通信处理机与通信处理机、通信处理机与主机之间提供通信信道。计算机网络采用了多种通信线路，如电话线、双绞线、同轴电缆、光纤、无线通信信道、微波与卫星通信信道等。一般在大型网络中和相距较远的两结点之间的通信链路都利用现有的公共数据通信线路。

6. 信息变换设备

信息变换设备是对信号进行变换，以适应不同传输介质的要求。这些设备一般有：将计算机输出的数字信号变换为电话线上传送的模拟信号的调制解调器、无线通信接收和发送器、用于光纤通信的编码解码器等。

9.2.2　网络软件的组成

在计算机网络系统中，除了各种网络硬件设备外，还必须具有网络软件。因为在网络上，每一个用户都可以共享系统中的各种资源，那么，系统如何控制和分配资源、以何种规则实现网络中各种设备彼此间的通信、如何管理网络中的各种设备等，都离不开网络软件的支持。因此，网络软件是实现网络功能必不可少的软件环境，它包括网络协议软件、网络通信软件、网络操作系统、网络管理软件、网络应用软件等。

1. 网络协议软件

网络协议是网络通信的数据传输规范，网络协议软件是用于实现网络协议功能的软件，常见的有 TCP/IP、NetBEUI、IPX/SPX、NWlink 等。其中 TCP/IP 是当前异种网络互联中应用最为广泛的网络协议。

2. 网络通信软件

网络通信软件是用于实现网络中各种设备之间进行通信的软件，使用户在不必详细了解通信控制规程的情况下，很容易就能控制自己的应用程序与多个站进行通信，并对大量的通信数据进行加工和管理。目前，所有主要的通信软件都能很方便地与主机连接，并具有完善的传真功能、传输文件功能和生成原稿功能。

3. 网络操作系统

网络操作系统是网络软件中最主要的软件，是网络硬件设备和用户应用之间的接口。它使网络中各个设备既有自己的独立性，又可互相协作完成网络中的任务。系统资源的共享和管理用户应用程序对不同资源的访问都是由操作系统来实现的。目前网络操作系统有三大阵营：UNIX 网络操作系统、Microsoft 网络操作系统和 Linux 网络操作系统。

（1）UNIX 网络操作系统：是具有丰富的应用软件支持，并以其良好的网络管理功能为广大计算机网络用户所接受的标准多用户操作系统。UNIX 的各种版本都把网络功能放在首位。目前 UNIX 网络操作系统的版本有 AT&T 和 SCO 的 UNIX SVR3.2、UNIX SVR4.0、UNIX SVR4.2。

（2）Microsoft 网络操作系统：在 Windows 2000 之前有代表性的网络操作系统是 Windows NT，其功能不仅包括了局域网而且包括了大型网络。现在流行使用的是 Windows Sever 2008。

（3）Linux 网络操作系统：与上述两种网络操作系统最大的区别是 Linux 开放源代码。正是由于这点，它才能够引起人们的关注。Linux 符合 UNIX 标准，但不是 UNIX 的变种。

4. 网络管理软件

网络管理软件是用来对网络资源进行管理以及对网络进行维护的软件，种类很多，功能各异。例如对远程网络中的打印序列和打印机的工作管理、观察所有网络分组的传送情况、帮助遇到困难和出现问题的用户处理应用程序、检查网络中有无病毒等。

5. 网络工具软件

网络工具软件是网络中不可缺少的软件，例如网页制作离不开网页制作工具软件；设计浏览器离不开网络编程软件。网络工具软件的共同特点是，它们不是为用户提供的在网络环境中直接使用的软件，而是一种为软件开发人员提供的开发网络应用软件的工具。

6. 网络应用软件

网络应用软件是为网络用户提供服务，为网络用户在网络上解决实际问题的软件。网络应用软件最重要的特征是，它研究的重点不是网络中各个独立的计算机本身的功能，而是如何实现网络特有的功能。例如，在 Internet 中用户最常使用的 Web 浏览器就是网络应用软件。

9.2.3　网络的拓扑结构

拓扑学是几何学的一个分支。拓扑学首先把实体抽象成与其大小、形状无关的点，将连接实体的线路抽象成线，进而研究点、线、面之间的关系，即拓扑结构（Topology Structure）。

在计算机网络中，抛开网络中的具体设备，把服务器、工作站等网络单元抽象为"点"，把网络中的电缆、双绞线等传输介质抽象为"线"。这样，从拓扑学的观点看计算机网络系统，就形成了由"点"和"线"组成的几何图形，从而抽象出网络系统的几何结构。因此，计算机网络的拓扑结构就是指计算机网络中的通信线路和结点相互连接的几何排列方法和模式。拓扑结构影响着整个网络的设计、功能、可靠性和通信费用等许多方面，是决定局域网性能优劣的重要因素之一。计算机网络中的拓扑结主要有总线型、星型、树型、环型、网状型等。

1. 总线型拓扑结构（Bus-Network Structure）

总线型拓扑结构是指所有结点共享一条数据通道，一个结点发出的信息可以被网络上的多个结点接收。由于多个结点连接到一条公用信道上，所以必须采取某种方法分配信道，以决定哪个结点可以发送数据。总线型拓扑结构主要是使用 Novell 或 MS Lan Manager 为管理核心的网络系统。

总线拓扑结构采用一根传输总线，所有的站点都通过硬件接口连接到这根传输线上，网络中的多个处理机、存储器和外围设备等共同享用同一通路，因而总线成了数据交换的唯一公共通路，如图 9-4 所示。

图 9-4　总线型拓扑结构示意图

（1）总线型拓扑结构的优点：该结构的优点是简单、灵活、容易布线、可靠性高、容易扩充、不需要中央控制器、数据通道的利用率高、一个站点发送的信号其它站点都可接收，而且某个站点自身的故障一般不会影响整个网络。所以，目前相当多的网络产品都采用总线型拓扑结构。

（2）总线型拓扑结构的缺点：该结构的缺点首先在于总线上的数据传输很容易成为整个系统的瓶颈，其次是故障诊断和故障都很困难，而且总线故障会导致整个系统的崩溃。此外，因为总线上同时连接了多个结点，但在任一时刻只允许一个结点使用总线进行数据传输，其它结点只能处于接收或等待状态，因此效率低。

使用这种结构必须解决的一个问题是确保结点用户使用媒体发送数据时不能出现冲突（总线作为公共传输介质为多个结点共享，可能出现同一时刻有两个或两个以上的结点利用总线发送数据的情况，造成网络数据传输"冲突"，从而使数据传输失败）。在点到点链路配置时，这是相当简单的。如果这条链路是半双工操作，只需使用很简单的机制便可保证两个结点用户轮流工作。在一点到多点方式中，对线路的访问依靠控制端的探询来确定。然而，在 LAN 环境下，由于所有数据站点都是平等的，不能采取上述机制。对此，研究了一种在总线共享型网络使用的媒体访问方法：带有冲突检测的载波侦听多路访问，即 CSMA/CD。

2. 星型拓扑结构（Star-Network Structure）

星型拓扑结构是美国 DATA Point 公司开发的符合令牌协议的高速局域网络。它是以中央结点为中心，把若干外围结点连接起来的辐射式互连结构，如图 9-5 所示。

（1）星型结构的优点：该结构的突出优点是简单，很容易在网络中增加新的站点，容易实现数据的安全性和优先级控制以及网络监控，外围结点的故障对系统的正常运行没有影响。

（2）星型结构的缺点：该结构的缺点是各外围结点之间的互相通信必须通过中央结点，中央结点出现故障会使整个网络不能正常工作。

3. 树型拓扑结构（Tree-Network Structure）

树型拓扑结构是星型结构的扩展，它是分层次结构，具有根结点和分支结点，如图 9-6 所示。

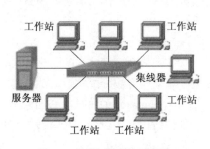

图 9-5　星型拓扑结构示意图

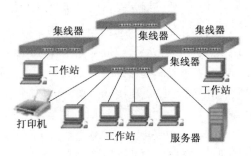

图 9-6　树型拓扑结构示意图

在树型结构中的所有结点形成了一个层次化的结构，树中的各个结点都为计算机。一般来说，层次结构不宜过多，以免转接开销过大，使高层结点的负荷过重。

（1）树型结构的优点：与星型结构相比，树型网络的通信线路总长度短、成本低、易于推广、适用于分级管理和控制系统。因此，现代网络基本上都采用这种结构。

（2）树型结构的缺点：该结构对根结点的依赖性太大，当根结点出现故障时，全网不能正常工作，因此要求根结点和各层的分支结点具有较高的可靠性。

4. 环型拓扑结构（Ring-Network Structure）

环型拓扑结构是 IBM 公司推出的 IBM Token Ring 网络结构，它将网络结点连接成闭合环路，其特点是符合 TCP/IP 协议和 IEEE802.5 标准。在环型结构中，所有结点通过点到点通信线路连接成闭合环路，数据将沿一个方向逐站传送，因此每个结点的地位和作用是相同的，并且每个结点都能获得执行控制权。环型结构的显著特点是每个结点用户都与两个相邻的结点用户相连，因而存在点到点链路，于是便有上游结点和下游结点之分。用户 N 是用户 N+1 的上游结点用户，N+1 是 N 的下游结点用户。如果 N+1 结点需将数据发送到 N 结点，则几乎要绕环一周才能到达 N 结点，如图 9-7 所示。

（1）环型拓扑结构的优点：该结构的优点是能连接各种计算机设备（从大型机到 PC 机）、采用的电缆长度短、可采用光纤传输介质，并且控制软件简单、实时性强等。

（2）环型拓扑结构的缺点：该结构的缺点是环路中每个结点与连接结点之间的通信线路都会成为网络可靠性的屏障、网络的故障检测困难、网络中任何一个结点或线路的故障都会引起整个系统的中断。另外，对于网络结点的加入、退出以及环路的维护和管理都比较复杂。

5. 网状拓扑结构（Net link-Network Structure）

网状拓扑结构中的所有结点之间的连接是任意的，目前实际存在与使用的广域网基本上都采用网状拓扑结构，如图 9-8 所示。

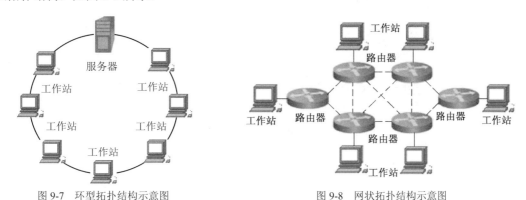

图 9-7　环型拓扑结构示意图　　　　　图 9-8　网状拓扑结构示意图

（1）网状拓扑结构的优点：该结构的优点是可靠性高、容错能力强。

（2）网状拓扑结构的缺点：该结构的缺点是结构复杂，必须采用路由选择算法和流量控制方法，并且不易维护和管理。

在局域网中，由于使用的中央设备不同，其物理拓扑结构（设备之间使用传输介质的物理连接关系）和逻辑拓扑结构（设备之间的逻辑链路连接关系）也将不同。例如，使用集线器连接所有计算机时，其结构只能是一种具有星型物理连接的总线型拓扑结构，而只有使用交换机时才是真正的星型拓扑结构。

9.2.4　网络的逻辑结构

计算机网络能完成数据处理与数据通信两大任务，因此可从逻辑功能上将计算机网络划分为资源子网和通信子网两大组成部分。在 Internet 中，用户计算机需要通过校园网、企业网或 Internet 服务提供商连入地区主干网，然后通过国家间的高速主干网形成一种由路由器互连的大型、层次结构的互连网络。现代计算机网络简化结构如图 9-9 所示。

1. 通信子网

通信子网是计算机网络的内层。通信子网的主要任务是将各种计算机互连起来，完成数据传输、交换和通信处理。就局域网而言，通信子网由网卡、缆线、集线器、中继器、网桥、路由器、交换机等设备和相关软件组成；就广域网而言，通信子网由一些专用的通信处理机、节点交换机及其运行的软件、集中器等设备和连接这些节点的通信链路组成。目前，我国正在积极研究利用普通输电线路、移动电话通信系统、电视网络等作为 Internet 的通信子网。

2. 资源子网

资源子网是计算机网络的外层。资源子网的主体是计算机（也称端系统）以及终端设备和各种软件资源（包括用户的应用程序）。就局域网而言，资源子网通常由连网的服务器、工作站、共享的打印机和其它设备及相关的软件组成；就广域网而言，资源子网通常由主计算机系统、终端、相关的外部设备和各种软硬件资源、数据资源组成。

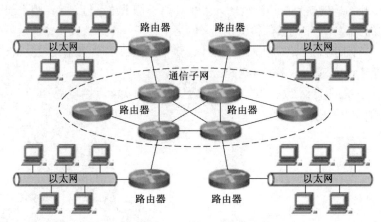

图 9-9　现代计算机网络逻辑结构示意图

9.2.5　网络的体系结构

1．体系结构概念

所谓网络体系结构，就是为了完成计算机之间的通信合作，把每个计算机互联的功能划分成定义明确的层次，规定了同层次进程通信的协议及相邻层之间的接口及服务。我们将这些同层进程间通信的协议以及相邻层的接口统称为网络体系结构，并将其通信协议称为网络协议（Network Protocol）。它是一种通信规则，是为网络通信实体之间进行数据交换而制定的规则、约定和标准。1977 年，国际标准化组织（International Standard Organization，ISO）为适应网络向标准化发展的需求，成立了 SC16 委员会，在研究、吸取了各计算机厂商网络体系结构标准化经验的基础上，制定了开放系统互联参考模型（Open System Interconnection/Reference Model，OSI/RM），形成网络体系结构的国际标准。

2．网络协议的分层

分层是人们处理复杂问题的基本方法。网络发展非常迅速，网络协议的增加和修改是不可避免的。因此，网络中需要一个有层次的、结构化的协议集合把网络的通信任务划分成不同的层次，每一层都有一个清晰、明确的任务，每层的任务由相应的协议来完成；各层协议之间具有相对独立性，层与层之间具有单向依赖性，每一层建立于它的下层之上，并向上一层提供服务。这样，若要修改网络协议的某一方面，只需要修改某一层相关的协议即可。由此可见，计算机网络采用层次结构，使各层之间相互独立，具有简化网络设计、灵活性强、易于实现和维护等优点，并有利于促进标准化。

3．开放系统互联参考模型

层次结构具有简化网络设计、灵活性强、易于实现网络协议分层的特点，大大降低了处理复杂问题的难度。但是，由于各种网络分层不统一，它们之间很难实现相互通信。为此，国际标准化组织（ISO）在 20 世纪 80 年代颁布了被称为"开放系统互联参考模型"的七层网络通信协议族。任何一个网络，只要遵循 OSI 标准，就可以与世界上位于任何地方的也遵循同一标准的其它网络进行通信。七个层次的协议从底层到高层分别如下：

（1）物理层（Physical Layer）：主要功能是通过机械的和电气的方式将网络中的各结点连接起

来，为数据传输组成物理通路。

（2）数据链路层（Data Link Layer）：在物理层所提供服务的基础上进行二进制比特流的传输，并进行差错检测和流量控制。

（3）网络层（Network Layer）：解决多节点传送时的路由选择、拥塞控制和网络互联等。

（4）传输层（Transport Layer）：实现端到端的可靠数据传输，它向高层屏蔽了下层数据通信的细节。

（5）会话层（Session Layer）：进行两个应用进程之间的通信控制，并管理数据的交换。

（6）表示层（Presentation Layer）：解决不同数据格式的变换、数据的加密与解密、压缩与解压缩等。

（7）应用层（Application Layer）：直接为最终用户提供各种网络应用服务。

在以上七层参考模型中，上层请求下层的服务，下层则实现上层的意图。

4. TCP/IP 模型

美国国防部高级研究计划署（Advanced Research Projects Agency，ARPA）从 20 世纪 60 年代开始致力于研究不同类型计算机网络之间的相互联接问题，并成功开发出了著名的传输控制协议/网际协议（Transmission Control Protocol/Internet Protocol，TCP/IP）。发展至今，TCP/IP 已成为 Internet 的技术核心。此外，TCP/IP 协议还是建立企业内联网（Intranet）的基础。

在如何用分层模型来描述 TCP/IP 的问题上争论很多，多数观点是将 TCP/IP 参考模型分为四层：应用层、传输层、互联层、网络接口层。在 TCP/IP 参考模型中，对 OSI 参考模型的表示层、会话层没有相对应的协议。OSI 与 TCP/IP 层次结构的对应关系如图 9-10 所示。

然而，在有些教科书中，也把 TCP/IP 参考模型按照物理层、数据链路层、互联层、传输层、应用层等五层结构来展开讨论。

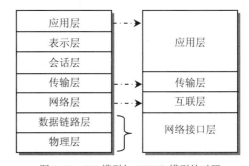

图 9-10　OSI 模型与 TCP/IP 模型的对照

§9.3　计算机局域网

局域网（LAN）是将较小地理区域内的各种数据通信设备连接在一起的通信网络。随着计算机应用的普及，局域网得到迅速发展，并广泛应用于各领域的办公自动化、工业自动化、实验自动化，以及工业、农业、商业、交通、运输、医疗、卫生、教育、国防、科研等部门。

9.3.1　局域网的基本概念

局域网涉及到许多重要概念和关键技术，例如局域网参考模型和协议标准、局域网的技术特点、决定局域网性能的主要因素、局域网的连接方式、局域网中的计算模式等。

1. 局域网的标准

1980 年 2 月，国际电气和电子工程师协会（Institute of Electrical and Electronics Engineers，IEEE）成立了局域网标准委员会，称为 IEEE 802 委员会，它为各种不同拓扑结构的局域网制订了一系列的标准，称为 IEEE 802 标准，作为局域网的国际标准。在 IEEE 802 标准中，将局域网模型定义为三层结构：逻辑链路控制层（Logical Link Control，LLC）、介质访问控制层（Media Access Control，

MAC）和物理层（Physical Layer）。

2. 局域网的技术特点

局域网的技术特点固然很多，但从应用的角度看，主要有以下 5 个方面。

（1）较小的地域范围：从网络的覆盖地域上看，局域网是相对较小的网络。但到底小到什么程度，覆盖多大的面积，没有特别的规定。可能是一个办公室的几台计算机，也可能是一幢办公楼的几十台计算机，还可能是一个综合实验室的几百台计算机，甚至是一个学校所有计算机组成的网络。总之，局域网的覆盖面积不超过几公里。

（2）高传输速率和低误码率：目前，局域网的传输速率为 $10\sim100$Mb/s，最高可达 1000Mb/s；其误码率一般在 $10^{-8}\sim10^{-11}$。传输速率是数据通信传输的综合指标，涉及信号信道、频带宽度、数据交换技术和数据通信网（数字数据网、分组交换网、帧中继网）等。

（3）可实现性能好：局域网一般为单位所建，在单位或部门内部控制管理和使用，因此，易于建立、管理、维护和扩展。

（4）局域网的基本技术较简单：决定局域网特性的主要技术要素为网络拓扑结构、传输介质与介质访问控制方式。

（5）支持多种传输介质：局域网可依不同的性能需要，选用价格低廉的双绞线、同轴电缆或价格较贵的光纤，以及无线局域网。

3. 局域网的性能因素

决定局域网性能的主要技术有 3 个方面：连接各种设备的拓扑结构、数据传输介质和介质访问控制方法。

（1）拓扑结构：局域网以及城域网的典型拓扑结构为星（Star）型、环（Ring）型、总线（Rus）型结构等。

（2）传输介质：局域网的传输介质有同轴电缆、双绞线、光纤、电磁波。双绞线是局域网中最廉价的传输介质，重量轻、安装密度高，最高传输速率已达 1000Mb/s，在局域网中被广泛使用。由于双绞线的广泛应用，同轴电缆正在逐步退出市场。

光纤是局域网中最有前途的一种传输介质，它的传输速率可达 1000Mb/s 以上，且抗干扰性强，误码率极低（小于 10^{-9}），传输延迟可忽略不计，并且不受任何强电磁场的影响，也不会泄漏信息，所以不仅广泛用于广域网，而且也适用于局域网。

对于不便使用有线介质的场合，可以采用微波、卫星、红外线等作为局域网的传输介质，已获得广泛应用的无线局域网就是典型例子。

（3）介质访问控制方法：是指网络上传输介质的访问方法，也称为网络的访问控制方式。介质访问控制方法是分配介质使用权限的机理、策略和算法，是一项关键技术。例如，对于总线型网络，连接在总线上的各结点彼此之间如何共享总线介质、通路如何分配、各结点之间如何传递信息等，必须制定一个控制策略，以决定在某一段时间内允许哪个结点占用总线发送信息，确保各结点之间能正常发送和接收信息，这就是介质访问控制方法要解决的问题。

4. 局域网的连接

在网络中，各个设备之间必然要有介质的连接，这些连接可以分为两类：

（1）点对点连接（Point-Point Connection）：是在两台设备间建立直接的连接，一条介质仅连接相应的两台设备而不涉及第三方。它在两台设备间独享信道的整个带宽，不存在冲突。点对点连接方式在设备数量少时是一种简单、实用的通信方式，但是在设备增多时就会变得复杂和困难，并且由于不能共享带宽而造成浪费。

（2）多点连接（Multipoint Connection）：在多点连接方式中，多台设备共同使用一条传输介质，从而实现带宽共享，减少浪费。环型、星型和树型物理拓扑使用点到点连接，总线型和蜂窝状拓扑使用多点连接。

9.3.2 局域网的计算模式

计算模式也称网络模式（Network Schema），它是指计算机网络处理信息的方式。目前局域网最常用的计算模式主要有客户机/服务器模式、浏览器/服务器模式和对等模式等。

1. 客户机/服务器（Client/Server，C/S）模式

在 C/S 模式中，客户机是一台能独立工作的计算机，服务器是高档微机或专用服务器。把计算任务分成服务器部分和客户机部分，分别由服务器和客户机完成，数据库在服务器上。客户机接收用户请求，进行适当处理后，把请求发送给服务器，服务器完成相应的数据处理功能后，把结果返回给客户机，客户机以方便用户的方式把结果提供给用户。

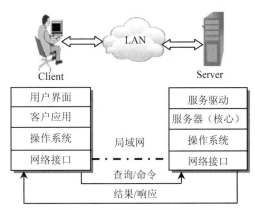

图 9-11 C/S 模式逻辑结构示意图

C/S 模式的优点是能充分发挥服务器和客户机各自的计算能力，具有比较高的效率，系统可扩充性好，安全性也比较高。不足之处是需要为每个客户机安装应用程序，程序维护比较困难。C/S 模式如图 9-11 所示。

2. 浏览器/服务器（Browser/Server，B/S）模式

随着 Internet 的广泛应用，基于局域网的企业网开始采用 WWW（World Wide Web）技术构筑和改建自己的企业网（Intranet）。WWW 通常译成环球信息网或万维网，简称为 Web 或 3W。于是，浏览器/服务器这种新型结构模式应运而生。B/S 模式是 1996 年开始形成发展并迅速流行的新型结构模式，它是一个简单、低廉、以 Web 技术为基础的模式。

B/S 是一种三层结构的分布式计算模式，B/S 模式的客户机上采用了人们普遍使用的浏览器，服务器端除原有的服务器外，通常增添了高效的 Web 服务器，与 C/S 相比，只是多了一个 Web 服务器。在 B/S 模式中，一般可分为表示层、功能层、数据层等 3 个相对独立的单元。B/S 三层模式体系结构如图 9-12 所示。

图 9-12 B/S 模式逻辑结构示意图

在 B/S 模式中，客户机上只需要安装一个 Web 浏览器软件，用户通过 Web 页面实现与应用系统的交互；Web 服务器充当应用服务器的角色，专门处理业务逻辑，它接收来自 Web 浏览器的访问请求，访问数据库服务器进行相应的逻辑处理，并将结果返回给浏览器；数据库服务器则负责数

据的存储、访问和优化。由于所有的业务处理逻辑都集中到应用服务器实现和执行，从而大大降低了客户机的负担，因此，B/S 模式又称为瘦客户机（Thin Client）模式。

B/S 模式的优点是：应用程序只安装在服务器上，无须在客户机上安装应用程序，程序维护和升级比较简单；简化了用户操作，用户只需会熟练使用简单易学的浏览器软件即可；系统的扩展性好，增加客户比较容易。不足之处是效率不如 C/S 模式高。

3. 对等服务器网络模式

对等服务器网络模式也称为"对等（Peer to Peer，P2P）网络"应用模式或"点对点（Point to Point，P2P）"应用模式。P2P 几乎是在出现 C/S 模式的同时，发展的另一种新的网络应用模式。

对等服务器网络模式中没有专用服务器，每一台计算机的地位平等，在网上的每一台计算机既可以充当服务器，又可以充当客户机，彼此之间互相访问，平等地进行通信。计算机之间都有各自的自主权。在对等服务器网络模式中，每一台计算机都负责提供自己的资源，供网络上的其它计算机使用。可共享的资源可以是文件、目录、应用程序等，也可以是打印机、调制解调器或传真卡等硬件设备。另外，每一台计算机还负责维护自己资源的安全性。典型对等结构局域网如图9-13 所示。

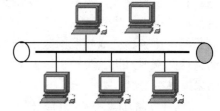

图 9-13　对等结构局域网

4. 三种模式的比较

对等服务器网络模式所使用的拓扑结构、硬件、通信连接等方面与 C/S 和 B/S 结构基本相同，但在硬件、软件、组织和管理方面有以下区别。

（1）硬件结构的区别：与基于服务器网络的主要硬件差别是，对等服务器网络模式不需要功能强大的专用服务器，对网络硬件的要求较低，因此，极大地降低了网络成本。

（2）软件的区别：对等服务器网络模式无须购置专门的网络操作系统，仅使用各计算机桌面操作系统中内置的联网功能即可组建对等服务器网络模式。

（3）组织和管理的区别：与 C/S 或 B/S 等基于服务器的网络结构之间的最主要差别在于网络账户的管理、资源的管理以及管理的难易程度的不同。在对等服务器网络模式中，由于每一台计算机都有绝对的自主权（每台计算机的管理员自行管理自己的资源和账产），因此其管理模式是分散的，每一个计算机既可以起客户机作用也可以起服务器作用。

从技术发展趋势上看，可以认为 B/S 模式最终将取代 C/S 模式，但在目前一段时间内，将是一种 B/S 模式和 C/S 模式同时存在、混合使用的情况。C/S 模式比较适合数据处理，B/S 模式比较适合数据发布。由于 B/S 模式具有系统维护更容易、更高的开发效率、分布计算的基础结构、信息共享度高、扩展性好、广域网支持等优点，目前已成为企业网中首选的应用模式。

9.3.3　局域网的基本类型

局域网的分类方法有多种。如果从介质访问控制方式划分，可以分为共享式局域网（Shared LAN）与交换式局域网（Switched LAN）。共享式局域网又可分为 Ethernet、Token Bus、Token Ring 与 FDDI，以及在此基础上发展起来的 Fast Ethernet、Gigabit Ethernet、10Gigabit Ethernet、FDDI Ⅱ 等。如果从网络速度划分，可以分为传统以太网和高速局域网。

1. 传统以太网

以太网（Ethernet）是最早的标准化局域网，也是最流行的局域网。所谓传统以太网，是指那些运行在 10Mb/s 速率的以太网。以太网的核心技术是以太网协议，即数据链路层协议。以太网的核心思想是使用共享的公共传输信道，其网络协议是基于 CSMA/CD 总线的物理层和介质访问控制子层协议 IEEE 802.3 标准。

2. 高速局域网

我们把数据传输速率在 100Mb/s 以上的局域网称为高速局域网。目前的高速局域网有：FDDI、百兆以太网、千兆以太网、万兆以太网、交换式以太网、虚拟局域网和无线局域网等。

（1）光纤分布式数据接口（Fiber Distributed Data Interface，FDDI）：是计算机网络技术发展到数据通信阶段的第一个高速局域网技术，是一种以光纤作为传输介质、传输速率为 100Mb/s 的高速主干网。

（2）百兆以太网（Fast Ethernet），数据传输速率为 100Mb/s。它保留着传统的 10Mb/s 速率以太网的所有特征，即相同的数据格式、相同的介质访问控制方法 CSMA/CD 和相同的组网方法，只是把以太网每个比特的发送时间由 100ns 降低到 10ns。

（3）千兆以太网（Gigabit Ethernet，GE）：保留着 100Mb/s 的所有特征，即相同的数据格式、相同的介质访问控制方法 CSMA/CD 和相同的组网方法，只是把以太网每个比特的发送时间由 100ns 降低到 1ns。千兆以太网已被广泛地应用于大型局域网的主干网中。

（4）万兆以太网（10Gigabit Ethernet，10GE）：是以太网系列的最新技术，传输速率比千兆以太网提高了 10 倍，通信距离可延伸到 40km，在应用范围上得到了更多的扩展。不仅适合所有传统局域网的应用场合，更能延伸到传统以太网技术受到限制的城域网和广域网范围。

（5）交换式以太网：为了提高网络的性能和通信效率，采用了以太网交换机（Ethernet Switch）为核心的交换式局域网技术。交换机提供了多个通道，它允许多个用户之间同时进行数据传输，因而解决了由集线器构成的网络的瓶颈。

（6）虚拟局域网：是建立在交换技术之上的网络结构技术。所谓虚拟，是指在逻辑上可以通过网络管理来划分逻辑工作组的物理网络，物理用户可以根据自己的需求，而不是根据用户在网络中的物理位置来划分网络。

（7）无线局域网（Wireless Local-Area Network，WLAN）：它挣脱了传统线缆束缚，重新定义了局域网功能，提供了以太网或者令牌网络的功能。与有线网络一样，无线局域网同样也需要传输介质，但它不是使用双绞线或光纤，而是使用红外线（IR）和无线电射频（RF）。

随着计算机网络的普遍使用，今天已很少建成单一的局域网，而是通过局域网与因特网（英文"Internet"的音译）相连，以实现计算机网络资源的高度共享和计算机网络远程通信。

§9.4　计算机因特网

因特网（Internet）现已成为全球最大的、开放的、由众多网络互联而成的计算机互联网，它连接着全世界数以百万计的计算机和网络终端设备，实现彼此间的数据资源共享。人们通过 Internet 传递信息、检索资料、进行交流等，已成为人们生活和生产中不可缺少的信息工具。现在，Internet 已成为人类最重要、最大的知识宝库。

9.4.1　Internet 的基本概念

1. Internet 的形成

Internet 的原型是 1969 年美国国防部高级研究计划署（Advanced Research Projects Agency，ARPA）为进行军事实验建立的网络，名为 ARPANET（阿帕网），其设计目标是当网络中的一部分因战争原因遭到破坏时，其余部分仍能正常运行。ARPANET 初期只连接了 4 台主机，这就是只有 4 个网点的"网络之父"。80 年代初期，ARPA 和美国国防部通信局研制成功用于异构网络的 TCP/IP 协议并投入使用。1986 年在美国国家科学基金会（National Science Foundation，NSF）的支持下，用高速通信线路把分布在各地的一些超级计算机连接起来，以 NSFNET 接替 ARPANET，进而又经过十几年的发展，形成了 Internet。Internet 已完全跳出了当初创建时的意图，其应用范围由最早的军事、国防，扩展到美国国内的学术机构，又迅速覆盖了全球的各个领域，运营性质也由科研、教育为主逐渐转向商业化。

1994 年 4 月 20 日，我国 NCFC 工程通过美国 Sprint 公司连入 Internet，实现了与 Internet 的全功能连接。从此中国被国际上正式承认为真正拥有全功能 Internet 的国家。此事被中国新闻界评为 1994 年中国十大科技新闻之一，同时也被国家统计公报列为中国 1994 年重大科技成就之一。

2．Internet 的功能特点

Internet 的迅猛发展给人们带来了一场翻天覆地的革命，无论是从生产方式、生活方式，还是人们的思想意识，都发生了质的改变，并正在越来越多地介入到我们的生活，成为继报纸、杂志、广播、电视这 4 大媒体之后新兴起的一种信息载体。与传统媒体相比，它具有很多优势和特点，主要体现在以下 5 个方面。

（1）主动性强：Internet 给每个参与者绝对的主动性，每个网上冲浪者都可以根据自己的需要选择要浏览的信息。

（2）信息量大：Internet 是全球一体的，每位 Internet 用户都可以浏览任何国家的网站，只要该网站向 Internet 开放。因此，Internet 中蕴含着充足的信息资源。

（3）自由参与：在 Internet 上，上网用户已经不再是一个被动的信息接收者，而是可以成为信息发布者。在不违反法律和有关规定的前提下，能够自由地发布任何信息。

（4）形式多样：在 Internet 上可以用多种多样的方式传送信息，包括文字、图像、声音和视频等。此外，Internet 的应用多种多样，例如网络远程教学、网络聊天交友、网络 IP 电话、网络游戏、网络炒股和电子商务等。

（5）规模庞大：Internet 诞生之初，谁也没有料想到它会发展得如此迅速，用户群体会如此庞大，这与它的开放性与平等性是分不开的。在 Internet 上，每个参与者都是平等的，都有享用和发布信息的权利。每位用户在接受服务的同时，也可以为其他用户提供服务。

9.4.2　Internet 的 IP 地址

1．IP 地址的概念

在日常生活中，通信双方借助于彼此的地址和邮政编码进行信件的传递。Internet 中的计算机通信与此相类似，网络中的每台计算机都有一个网络地址（相当于人们的通信地址），发送方在要传送的信息上写上接收方计算机的网络地址，信息才能通过网络传递到接收方。在 Internet 上，每台主机、终端、服务器，以及路由器都有自己的 IP 地址，这个 IP 地址是全球唯一的，用于标识该机在 Internet 中的位置。由于目前使用的 IP 协议的版本为 4.0，所以又称为 IPv4，它规定每个 IP 地址用 32 个二进制位表示（占 4 个字节）。假如

第一台计算机的地址编号为：　00000000 00000000 00000000 00000000

第二台计算机的地址编号为：　00000000 00000000 00000000 00000001

……　　　　　　　　　　……

最后一台计算机的地址编号为：11111111 11111111 11111111 11111111

则共有 2^{32}=4294967296 个地址编号，这表明因特网中最多可有 4294967296 台计算机。

然而，要记住每台计算机的 32 位二进制数据编号是很困难的。为了便于书写和记忆，人们通常用 4 个十进制数来表示 IP 地址。书写时，将它分为 4 段，段与段之间用"."分隔，每段对应 8 个二进制位。因此，每段能表达的十进制数是 0～255。比如 32 位二进制数：

$$11111111\ 11111111\ 11111111\ 00000111$$

就表示为：　　255．　　255．　　255．　　7

其转换规则是将每个字节转换为十进制数据，因为 8 位二进制数最大可表示十进制数 255，所以 IP 地址中每个段的十进制数不超过 255。这个数据并不是很大，过不了几年就会用完，为此设计了 IPv6，它采用 128 位二进制数表示 IP 地址，这是个很大的数据量（2^{128}），足够用许多年。

2. IP 地址的分类

在 Internet 中根据网络地址和主机地址，常将 IP 地址分为五类，如图 9-14 所示。

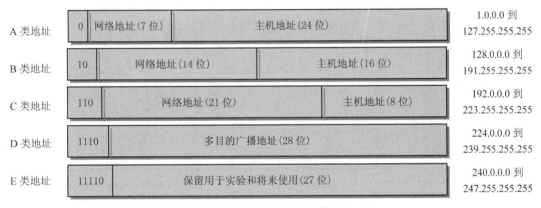

图 9-14　IP 地址的分类

A 类地址主要用于大型（主干）网络，其特点是网络数量少，但拥有的主机数量多。

B 类地址主要用于中等规模（区域）网络，其特点是网络数量和主机数量大致相同。

C 类地址主要用于小型局域网络，其特点是网络数量多，但拥有的主机数量少。

D 类地址通常用于已知地址的多点传送或者组的寻址。

E 类地址是为将来使用保留的实验地址，目前尚未开放。

常用的 A、B、C 三类 IP 地址的起始编号和主机数如表 9-1 所示。

表 9-1　A、B、C 三类 IP 地址的起始编号和主机数

IP 类型	最大网络数	最小网络号	最大网络号	最多主机数
A	127（2^7-1）	1	127	2^{24}-2=16777214
B	16384（2^{14}）	128.0	191.255	2^{16}-2=65534
C	2097152（2^{21}）	192.0.0	223.255.255	2^8-2=254

Internet 上最高一级的维护机构为网络信息中心，它负责分配最高级的 IP 地址。它授权给下一级的申请成为 Internet 网点的网络管理中心，每个网点组成一个自治系统。网络信息中心只给申请成为新网点的组织分配 IP 地址的网络号，主机地址则由申请的组织自己来分配和管理。自治域系统负责自己内部网络的拓扑结构、地址建立与刷新。这种分层管理的方法能够有效地防止 IP 地址冲突。

9.4.3 Internet 的域名系统

IP 地址虽然解决了 Internet 上统一地址的问题，并用十进制数来表示各段的二进制数。但是，这串用数字符号表示的 IP 地址非常难以记忆。因此，在 Internet 上又采用了一套和 IP 地址对应的域名系统（Domain Name System，DNS）。

1. 域名地址

DNS 使用与主机位置、作用、行业有关的一组字符来表示 IP 地址，这组字符类似于英文缩写或汉语拼音。我们把这个符号化了的 IP 地址称为"域名地址"，简称为"域名"，并由各段（子域）所组成。例如：搜狐的域名为：www.sohu.com，对应的 IP 地址为 61.135.150.74。

显然，域名地址既容易理解，又方便记忆。

2. 域名结构

Internet 的域名系统和 IP 地址一样，采用典型的层次结构，每一层由域或标号组成。最高层域名（顶级域名）由因特网协会（Internet Society）的授权机构负责管理。在设置主机域名时，必须符合以下规则：

① 域名的各段之间以小圆点"."分隔。从左向右看，"."号右边的域总是左边的域的上一层，只要上层域的所有下层域名字不重复，那么网上的所有主机的域名就不会重复。

② 域名系统最右边的域为一级（顶级）域，如果该级是地理位置，则通常是"国名"，例如 cn 表示中国，常见地理位置代码如表 9-2 所示。

表 9-2　部分国家的顶级域名代码

国家或地区	代码	国家或地区	代码	国家或地区	代码
中国	cn	中国台湾	tw	加拿大	ca
日本	jp	中国香港	hk	俄罗斯	ru
韩国	kr	英国	uk	澳大利亚	au
丹麦	de	法国	fr	意大利	it

如果该级中没有位置代码，那就默认在美国。常用的顶级代码有 7 个，如表 9-3 所示。

表 9-3　美国顶级域名代码

顶级域名	域名类型	顶级域名	域名类型
com	商业组织	mil	军事部门
edu	教育机构	net	网络支持中心
gov	政府部门	org	各种非赢利组织
int	国际组织	国家代码	各个国家

因为美国是 Internet 的发源地，所以美国的主机其第一级域名一般直接说明其主机性质，而不是国家代码。如果用户看到某主机的第一级域名为 com、edu、gov 等，一般可以判断这台主机位于美国。其它国家第一级域名一般是其国家代码。

③ 第二级是"组织名"。由于美国没有地理位置，这一级就是顶级，对其它国家来说是第二级。第三级是"本地名"即省区，第四级是"主机名"，即单位名。

④ 域名不区分大小写字母。一个完整的域名不超过 255 个字符，其子域级数不予限制。

3．域名分配

域名的层次结构给域名的管理带来了方便，每一部分授权给某个机构管理，授权机构将其所管辖的名字空间进一步划分，授权给若干子机构管理，最后形成树型的层次结构，如图 9-15 所示。

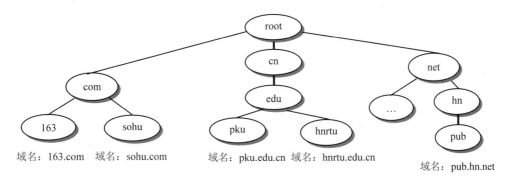

图 9-15　域名结构示意图

在中国，一级域名为（cn），二级域名有：教育（edu）、电信（net）、团体（org）、政府（gov）、商业（com）等。各省则采用其拼音缩写，如 bj 代表北京、sh 代表上海、hn 代表湖南等。例如长沙的 e-mail 的主机域名为：pub.cs.hn.net，其中 cs 表示长沙，pub 则是主机名。

4．DNS 服务

用户使用域名访问 Internet 上的主机时，需要通过提供域名服务的 DNS 服务器将域名解析（转换）成对应的 IP 地址。当用户输入域名时，计算机的网络应用程序自动把请求传递到 DNS 服务器，DNS 服务器从域名数据库中查询出此域名对应的 IP 地址并将其返回给发出请求的计算机，计算机通过 IP 地址和目标主机进行通信，如图 9-16 所示。

Internet 上有许多 DNS 服务器负责各自层次的域名解析任务，当计算机设置的主 DNS 服务器的名字数据库中查询不到请求的域名时，会把请求转发到另外一个 DNS 服务器，直到查询到目标主机。如果所有的 DNS 服务器都查不到请求的域名，则返回错误信息。

图 9-16　DNS 服务器把域名解析为 IP 地址

9.4.4　Internet 提供的服务

随着计算机网络的普及，其应用范围越来越广，服务方式也越来越多。目前，Internet 提供的信息服务方式可分为基本服务方式和扩充服务方式两类。基本服务方式包括电子邮件、远程登录和文件传输；扩充服务方式包括基于电子邮件的服务，如新闻与公告类服务等。

1．WWW 服务

WWW（World Wide Web）通常译成环球信息网或万维网，简称为 Web 或 3W，是 1989 年设在瑞士日内瓦的欧洲粒子物理研究中心的 Tim Berners Lee 发明的。其初衷是为了让世界范围内的物理学家能够同时共享科学数据，需要研究一种进行数据传输的方法。他与 Rogert Cailliau 一起于 1991 年研制出了第一个浏览器，1994 年建立了世界上的第一个网站。经过 20 多年的发展，WWW 已成为集文本、图像、声音和视频等多媒体信息于一体的信息服务系统。

　　WWW 服务的实质就是将查询的文档发送给客户的计算机，以便在 Web 客户机的浏览器中显示出来。Web 把分布在世界各地的信息点（网页）链接起来，构成一个庞大的、没有形状的信息网络。它允许信息分布式存储，并使用超文本方式建立这些信息的联系，用统一的方案描述每个信息点的位置，使得信息查询非常方便，信息的存储和链入非常自由。WWW 的应用已进入电子商务、远程教育、远程医疗、休闲娱乐与信息服务等领域，是 Internet 中的重要组成部分。

　　2. 电子邮件服务

　　电子邮件（Electronic Mail，E-mail）服务是目前 Internet 上使用最频繁、应用最广泛的一种服务。据统计，现在世界上每天大约有 2500 万人通过 E-mail 相互联系，而且多数 Internet 用户对 Internet 的了解，都是从接发 E-mail 开始的。E-mail 之所以受到广大用户的青睐，是因为与传统通信方式相比，E-mail 能为 Internet 用户提供一种方便、快捷、高效、廉价、多元、可靠的现代化通信服务。身处世界不同国家、地区的人们通过 E-mail 可在最短的时间内，花最少的钱取得联系，相互收发信件和传递信息。电子邮件服务的工作原理如图 9-17 所示。

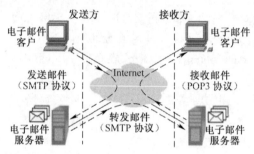

图 9-17　电子邮件服务的工作原理

　　3. 文件传输服务

　　文件传输服务是 Internet 上二进制文件的标准传输协议（File Transfer Protocol，FTP）应用程序提供的服务，所以又称为 FTP 服务，它是广大用户获得 Internet 资源的重要方法之一，也是 Internet 中最早提供的服务项目之一。FTP 提供了在 Internet 上任意两台计算机之间相互传输文件的机制，不仅允许在不同主机和不同操作系统之间传输文件，而且还允许含有不同的文件结构和字符集。FTP 服务与其它 Internet 服务类型相似，也是采用客户机/服务器工作模式。FTP 服务器是指提供 FTP 的计算机，通常是 Internet 信息服务提供者的计算机，负责管理一个大的文件仓库；FTP 客户机是指用户的本地计算机，FTP 使每个连网的计算机都拥有一个容量巨大的备份文件库，这是单个计算机无法比拟的。我们将文件从 FTP 服务器传输到客户机的过程称为下载；而将文件从客户机传输到 FTP 服务器的过程称为上传，其过程如图 9-18 所示。

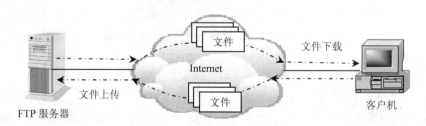

图 9-18　文件传输工作过程示意图

4. 远程登录服务

远程登录（Telnet）是指在网络通信协议 Telnet 的支持下，用户本地的计算机通过 Internet 连接到某台远程计算机上，使自己的计算机暂时成为远程计算机的一个仿真终端，享用远程主机资源。通过远程登录，用户就可以借助 Internet 访问任何一个远程计算机上的资源，并且可以在本地计算机上对远程计算机进行允许的操作。

远程登录是 TCP/IP 协议提供的应用服务之一，它为用户提供类似仿真终端的功能，支持用户通过仿真终端共享其它主机的资源。被访问的主机可以在同一个校园、同一城市，也可以在世界上任何一个地方。

5. 新闻与公告类服务

Internet 的魅力不仅表现在能为用户提供丰富的信息资源，还表现在能与分布在世界各地的网络用户进行通信，并针对某个话题展开讨论。在 Internet 上讨论的话题涉及工作与生活的各个方面。用户既可以发表自己的意见，也可以领略别人的见解。

新闻与公告类服务包括：网络新闻组（Usenet）、电子公告牌（Bulletin Board System，BBS）、现场实时对话（Internet Relay Chat，IRC，也称为 Internet 闲谈）、即时通信（Instant Messenger，IM，Internet 上的一项全新应用）。它实际上是把日常生活中传呼机（BP 机）的功能搬到了 Internet 上，使得上网的用户把信息告之网络上其他网友的同时也能方便地获取其他网友的上网通知，并且能相互之间发送信息、传送文件，进行网上语音交谈甚至是通过视频和语音进行交流，更重要的是，这种信息交流是即时的，如 QQ 通信。

6. 电子商务

电子商务是指在 Internet 上进行广告、订货、付款、客户服务、市场调查、财务核算、网上银行、生产安排等商务活动。电子商务给企业提供了一个虚拟全球性贸易环境，提高了商务活动的服务质量和水平。现在人们不出门，在 Internet 上就能购得价廉物美的各类商品。

电子商务可以是企业之间的，称为 B2B（B to B）模式；也可以是企业与客户之间的，称为 B2C（B to C）模式。当当网、卓越网、京东商城、淘宝网等电子购物网站，网上银行等，都是 B2C 模式的电子商务实例。

9.4.5　移动互联网的应用

移动通信网与互联网相结合形成了移动互联网，使得人们可以使用智能手机、PDA（Personal Digital Assistant，个人数字助理）、平板电脑等移动智能终端更加方便地利用互联网提供的多项服务。特别是智能手机的普及，使移动互联网逐渐渗透到人们生活、工作的各个领域。目前移动互联网的应用领域主要包括信息搜索、手机游戏、手机阅读、移动 IM、手机视频、移动定位、手机支付等。

1. 移动 IM

即时通信（Instant Messenger，IM）是一种即时发送和接收互联网信息的服务，IM 允许两人或多人使用互联网即时传递文字、文件、语音和视频信息。大部分的 IM 软件提供联系人是否在线和能否与联系人交谈等状态消息，例如深圳腾讯计算机系统有限公司开发的基于 Internet 的即时通信软件 QQ 和 Microsoft 公司的 MSN Messenger 软件。

随着智能手机的普及和国内移动通信网络环境的改善，新一代移动 IM 快速涌入市场。通过 WiFi（Wireless Fidelity，无线相容性认证——一种无线联网技术）或 3G（3rd Generation，第三代数字通信）联网的手机可以用语音或现场视频与好友聊天，并可以随时发送图片。如苹果公司的

iMessage 软件可以使 iPhone 或 iPad 用户相互发送文字、图片、视频、通信录以及位置信息等。

近年来，中国的 IM 发展很快，国内的互联网厂商及移动运营商也纷纷推出自己的 IM 产品。中国移动的飞信（Fetion）不但可以免费从 PC 给手机发短信，而且不受任何限制，能够随时与好友聊天。中国移动的飞聊、中国联通的沃友和中国电信的翼聊等由三大移动通信运营商开发的手机即时通信软件可以实现跨运营商、跨操作系统平台的多媒体信息即时传送。

2. 手机支付

手机支付是指通过手机对银行卡账户进行支付操作，包括手机话费查询和缴纳、银行卡余额查询、银行卡账户信息的变动通知、公共事业费缴纳、彩票投注等。同时，利用二维码技术，可以实现航空订票、电子折扣券、礼品券等增值服务。我们相信，未来的手机将集成公交卡、银行卡、钥匙等功能，为市民出行搭乘交通工具和购物带来极大方便。

3. 位置服务

基于位置的服务（LBS）是通过电信移动运营商的无线通信网络或外部定位方式获取移动终端用户的位置信息，在地理信息系统的支持下，为用户提供多项服务，例如急救服务、交通导航、找旅馆等，几乎覆盖了生活中的所有方面。特别是交通导航，即使一个司机到了一个完全陌生的地方，也能得到导航系统的即时指引，为用户提供了极大方便。

§9.5　计算机信息安全技术

计算机网络的广泛应用促进了社会的进步和繁荣，并为人类社会创造了巨大的财富。但由于计算机及其网络自身的脆弱性、人为的恶意攻击和破坏，也给人类带来了不可估量的损失。因此，计算机信息安全（Computer security）问题已成为重要的研究课题。

计算机信息安全是一门涉及计算机科学、网络技术、通信技术、密码技术、应用数学、数论、信息论等多种学科的综合性学科。信息安全的目标是保证信息的机密性、完整性和可用性。为保障信息安全，要求有信息源认证、访问控制等技术措施。目前，计算机信息安全技术包括：反病毒技术、反黑客技术、防火墙技术、密码技术、数字认证技术等。

9.5.1　防病毒技术

计算机病毒（Computer Virus）最早由美国计算机专家 F.Cohen 博士提出。自 1987 年在计算机系统中发现世界上第一例计算机病毒（Brain）以来，至今全世界发现了数以千计的计算机病毒，并已成为现代高新技术的一大"公害"。计算机病毒的出现，立即引起了全世界的注意，并且在 1992 年被评为计算机世界的十大新闻之一。由于计算机病毒直接威胁到计算机应用的安全性和可靠性，所以对普通用户来说无不心存畏惧。特别是随着计算机网络的普及应用，计算机病毒造成的危害更大。据国外的统计，计算机病毒以每周 10 种的速度递增；另据我国公安部统计，国内也以每月 4 至 6 种的速度递增。因此，计算机病毒的防护已成为当前计算机用户关心的重大问题。掌握计算机病毒知识，增强安全防范意识和技术手段是非常重要的。

1. 病毒的定义

什么是计算机病毒，目前还没有一个令大家普遍接受的定义，但根据生物界（在医学上）对病毒的概念，即病毒的主要特征是传染性和危害性，所以目前对计算机病毒的定义一般也是围绕着这两个特征来加以叙述的。著名计算机专家 Neil shapiro 认为：计算机病毒是一种自身繁殖的程序，它能感染系统文件，并把自身传播到其它磁盘。

1994 年 2 月 28 日，我国正式颁布实施的《中华人民共和国计算机信息系统安全保护条例》第 28 条中明确提出："计算机病毒是指编制或者在计算机程序中插入的破坏计算机功能或数据，影响计算机使用并能够自我复制的一组计算机指令或者程序代码"。

这个定义是国内对计算机病毒的权威定义，具有法律性。该定义明确表明了计算机病毒的破坏性和传染性是其最重要的两大特征。由于计算机病毒具有传染特性，因此它可以随着信息流不断地传播、破坏信息的完整性和准确性。

2. 病毒的特征

计算机病毒与医学上的病毒不同，它不是天然存在的，而是人为制造的，即针对计算机软、硬件固有的缺陷，对计算机系统进行破坏的程序。正确全面认识计算机病毒的特征，有助于反病毒技术的研究。根据计算机病毒的来源、定义、表现形式和破坏行为进行分析，可以抽象出病毒所具有的一般特征。

（1）传染性：是指计算机病毒具有再生机制，即能进行自我复制，并把复制的病毒附加到无病毒的程序中，或者去替换磁盘引导区的记录，使得附加了病毒的程序或磁盘变成新的病毒源。这种新的病毒源又能进行病毒的自我复制，重复原先的传染过程。这样一来，病毒通过软硬盘或网络媒介很快传播到整个计算机或网络系统。

（2）潜伏性：计算机病毒传染程序和破坏程序的执行都有其不同的触发条件。计算机病毒可以隐藏在某个程序或磁盘的某个扇区中，直到条件成立时再进行传染和破坏，这就是病毒的潜伏性。一个编制巧妙的病毒程序可在几周或几个月内进行传播和再生而不被发觉。

（3）隐蔽性：是指一般用户难以发现病毒冒充引导记录或者夹在可执行文件中进入内存，修改已设置的中断向量，传染磁盘和可执行文件，对系统实施破坏这一系列过程。在病毒发作前不易发现，一旦发作，可能系统的各方面都已受到病毒感染。

（4）激活性：计算机病毒一般都有一定的激活条件，例如某个特定的时间或日期、某种特定用户的识别符的出现、某个特定文件的出现或使用、某个特定文件使用的次数等。计算机病毒具有自身判断其激活条件的能力。

（5）破坏性：绝大多数计算机病毒都具有破坏性，只是破坏的对象和破坏的程度不同而已，轻则干扰计算机系统的正常工作，重则破坏计算机系统中的部分或全部数据甚至系统资源，并使其无法恢复，给计算机用户造成灾难性甚至是无法弥补的损失。

3. 病毒的机理

计算机病毒与微生物几乎具有完全相同的特征，所不同的是计算机病毒不是微生物，而是一段可执行的程序或一种指令的集合，其传染性是靠修改其它程序并把自身复制或嵌入到其它程序来实现的，传播的载体是磁性介质的软盘或硬盘；生物病毒的传染则是利用生物之间的直接接触，并通过一定的媒介在生物体间进行传播的。

计算机病毒的工作过程一般经过六个环节，即人为编制、病毒源、传染媒介、激活、注入内存、触发和表现。计算机病毒程序中各子模块的工作原理如图 9-19 所示。

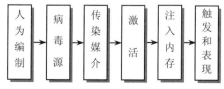

图 9-19　计算机病毒工作原理示意图

病毒在传染过程中具有不断再生、繁殖的功能。病毒源的传染对象依附于某些存储介质，传播媒介大都是可移动的存储介质（如 U 盘）或计算机网络；触发和激活是将病毒装入内存并设置触发条件，触发条件成熟，病毒自我复制到传染对象中去。触发和激活也可能是同一过程，即病毒一旦激活就立即发生作用，并以各种形式表现出来。感染病毒的常见症状为：机器经常无法正常启动或反复启动；经常出现内存空间不足或硬盘空间不够；经常出现错误信息、程序工作异常；破坏系统数据文件等。

4. 病毒的类型

计算机病毒的种类繁多，常见的网络病毒可以归纳为以下 5 种：

（1）GPI（Get Password I）病毒：由欧美地区兴起的专攻网络的一类病毒，是"耶路撒冷"病毒的变种，并且被特别改写成专门突破 Novell 网络系统安全的病毒。该病毒的威力在于"自上而下"，可以"逆流而上"的传播。GPI 病毒被执行后，就停留在系统内存中。它不像一般病毒通过中断向量去感染其它电脑，而是一直等到 Novell 操作系统的常驻程序（IP 与 NETX）被启动后，再利用中断向量（INT 21H）的功能进行感染动作。

（2）电子邮件病毒：由于电子邮件的广泛使用，E-mail 已成为病毒传播的主要途径之一。有毒的通常不是邮件本身，而是其附件，例如扩展名为.EXE 的可执行工作，或者是 Word、Excel 等可携带宏程序的文档。

（3）网页病毒：主要指 Java 及 ActiveX 病毒，它们大部分都保存在网页中，所以网页也会感染病毒。对这种类型的病毒而言，当用户浏览含有病毒程序的网页时，并不会受到感染，但如果用户将网页存储到磁盘中，使用浏览器浏览这些网页时就有可能受到感染。

（4）网络蠕虫程序：是通过扫描网络中计算机的漏洞，并感染存在该漏洞的计算机，是一种通过间接方式复制自身的非感染型病毒，具有极强的破坏力，可以在一分钟内感染网络中所有存在该漏洞的计算机。有些网络蠕虫拦截 E-mail 向世界各地发送自己的复制品；有些则出现在高速下载站点中，同时使用多种方法与其它技术传播自身。它的传播速度相当惊人，成千上万的病毒感染将造成众多邮件服务器先后崩溃，给人们带来难以弥补的损失。

蠕虫除了具有传染性、破坏性和隐蔽性等一些计算机病毒的共性之外，还具有与黑客技术结合、不利用文件寄生、对网络造成拒绝服务等特征。预防蠕虫，可以通过修补该系统漏洞等方法。

（5）"特洛伊木马（Trojan Horse）"程序：是指伪装成合法软件的非感染型病毒，驻留在计算机里，随着计算机的启动而启动。木马程序的工作方式通常是在某一端口进行侦听，试图窃取用户名和密码的登录窗口或试图从众多的 Internet 服务提供商盗窃用户的注册信息和账号信息。如果从该端口收到数据，就对这些数据进行识别，再按识别后的命令在计算机上执行一些操作。比如窃取口令、复制或删除文件或重新启动计算机等，其主要危害是泄露用户资料、破坏或摧毁整个系统。从严格意义上来说，"木马"程序并不能作为计算机病毒，但是由于其危害性和隐蔽性与计算机病毒类似，所以也将其作为计算机病毒的一个新的种类。

特洛伊木马的主要特点是隐蔽性和功能特殊性。木马软件的服务器端在运行时采用各种手段隐藏自己，并会通过修改注册表和.ini 文件以便计算机在下一次启动后仍能加载木马程序。木马程序的特殊功能表现在除具有普通文件的操作功能外，还具有搜索口令、设置口令、记录键盘、操作远程注册表以及颠倒屏幕、锁定鼠标等功能。

5. 病毒的预防与整治

不论何种病毒，轻则对计算机系统的运行带来这样或那样的干扰，重则破坏或影响系统的正常运行，特别是通过网络传播的病毒，能在很短的时间内使整个计算机网络处于瘫痪状态，从而造成巨大的损失。因此，预防病毒的入侵、阻止病毒的传播和及时地清除病毒，是一项非常重要的工作。自从计算机病毒出现，人们就不断地研制各种预防、检测和清除病毒的工具软件，我国研制的这类工具软件有瑞星杀毒软件、金山毒霸、KV3000 等。

【提示】很多用户对计算机病毒认识不清，以为病毒工具软件或防护卡是万能的，即使计算机染上了病毒，杀一杀病毒就是了。其实，这是一种完全错误的认识。病毒工具是根据现有病毒的特征研制出来的，所以它不可能检测到所有（最新产生的或不知名的）病毒。即使是检测到的病毒，也并不是所有的病毒都能被彻底清除。例如入侵型病毒就比较难以清除，需对磁盘进行格式化才能达到彻底清除的目的。有的病毒一旦被染上，它会破坏磁盘上的所有信息。这样的病毒，当你发现它已为时过晚，许多有用的信息还没等到你备份就已经没有了。有些病毒不仅破坏文件和数据信息，而且会使系统瘫痪。例如 CIH 病毒，它会破坏有关电路的芯片，致使系统遭到类似于毁灭性的破坏。若要做到万无一失，对付计算机病毒的最好方法还是要积极地做好预防工作，千万不要抱着侥幸的心理和完全寄托于病毒工具的心理。

9.5.2　防黑客技术

1. 什么是黑客（Hacker）

提起计算机"黑客"，人们总是感到那么神秘莫测。"黑客"是英文 Hacker 的音译，意思是"干了一件漂亮的事"。一般认为黑客起源于 20 世纪 50 年代麻省理工学院的实验室中，最初是指热心于计算机技术，水平高超的计算机专家，通常是程序设计人员。他们精力充沛，非常精通计算机软硬件知识、对操作系统和编程语言有深刻的认识，善于探索计算机操作系统的奥秘，发现系统的漏洞所在。他们崇尚自由，反对信息垄断，倡导信息共享，乐意公开他们的发现并与其它人共享。他们遵从的信念是：计算机是大众的工具，信息属于每个人、源代码应当共享，编码是艺术、计算机是有生命的。

2. 黑客的分类

今天，一提到黑客，人们常常自然而然地把黑客与计算机病毒制造者划等号。其实不然，黑客也有好坏之分。一类黑客是协助人们研究系统安全性，出于改进的愿望，在微观的层次上考察系统，发现软件漏洞和逻辑缺陷，编程检查软件的完整性和远程机器的安全体系，而没有任何破坏系统和数据的企图。这类黑客是计算机网络的"捍卫者"。

另一类黑客是专门窥探他人隐私、任意篡改数据、进行网上诈骗活动的，他们是计算机网络的"入侵者"。这类入侵者怀着不良企图闯入远程计算机系统甚至破坏远程计算机系统完整性，他们经常利用获得的非法访问权偷偷地、未经允许地侵入政府、企业或他人的计算机系统，破坏重要数据，拒绝合法用户的服务请求，窥视他人的隐私等。因此，入侵者的行为是恶意的。

由于有些黑客既是"捍卫者"，也是"入侵者"，因而在大多数人的眼里黑客就是入侵者，他们已成为人们眼中"计算机网络捣乱分子和网络犯罪分子"的代名词。当然，我们通常所讨论的黑客，也都是指的"入侵者"而不是"捍卫者"。

3. 黑客的产生

黑客的产生和变迁与计算机技术的发展紧密相关。黑客起源于 20 世纪 50 年代麻省理工学院的实验室中，黑客（Hacker）一词是早期麻省理工学院的校园俚语，有手法巧妙、技术高明的"恶作剧"之意。20 世纪六七十年代，"黑客"一词极富褒义，用于指代那些独立思考、奉公守法的计算机迷，他们精力充沛，智力超群，热衷于解决难题。在日本《新黑客词典》中将黑客定义为"喜欢探索软件程序奥秘，并从中增长个人才干的人。他们不像绝大多数计算机使用者那样，只规规矩矩地了解别人指定了解的狭小部分知识。"因此，从事黑客活动意味着对计算机的最大潜力进行智力上的自由探索，黑客倡导了现行计算机开放式体系结构，打破了以往计算机技术只掌握在少数人手中的局面。现在黑客使用的入侵计算机系统的基本技巧，例如破解口令（Password cracking）、开天窗（Trapdoor）、走后门（Backdoor）、安放特洛伊木马（Trojan horse）等，都是在那个时期实现的。计算机业的许多巨头都有从事"黑客"活动的经历，如苹果公司创始人乔布斯就是一个典型的例子。

4. 黑客的行为

黑客在网络上自由驰骋，他们喜欢不受束缚，挑战任何技术制约和人为限制。认为所有的信息都应当是免费的和公开的，黑客行为的核心是要突破对信息本身所加的限制。从事黑客活动，意味着将尽可能地使计算机的使用和信息的获得成为免费和公开的，坚信完美的程序将解放人类的头脑和精神。其次，黑客现象在某种程度上也包含了反传统、反权威、反集权的精神。共享是黑客的原则之一。但是，对那些危害社会，将注意力放在各种私有化机密信息数据库上的黑客行为也不能放任不管，必须利用法律等手段来进行控制和大力的打击。

9.5.3　防火墙技术

1. 什么是防火墙

防火墙（Firewall）源于古时候人们常在寓所之间砌起一道砖墙，一旦火灾发生，它能够防止火势蔓延到别的寓所的一项安全措施。在当今信息网络时代，如果一个网络连接到 Internet 上，它的用户就可以访问外部世界并与之通信。同时，外部世界也可以访问该网络并与之交互。为了防止病毒传播和黑客攻击，可以在该网络和 Internet 之间插入一个中介系统，竖起一道安全屏障。这道屏障的作用是阻断来自外部通过网络对本网络的威胁和入侵，提供扼守本网络的安全和审计的唯一关卡，它的作用与古时候的防火砖墙有类似之处，因此，人们把这个屏障就叫做"防火墙"。防火墙的逻辑结构如图 9-20 所示。

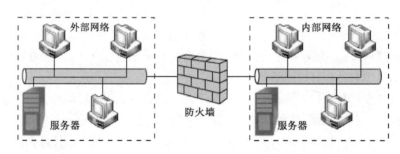

图 9-20　防火墙的逻辑结构示意图

由此可见，防火墙是一种用来加强网络之间访问控制的特殊网络互联设备，如路由器、网关等。它对两个或多个网络之间传输的数据包和链接方式按照一定的安全策略进行检查，以此决定网络之间的通信是否被允许。它能有效地控制内部网络与外部网络之间的访问及数据传送，从而达到保护内部网络的信息不受外部非授权用户的访问和过滤不良信息的目的。

2. 防火墙的基本特性

防火墙可以看成是安装在两个网络之间的一道栅栏，所以它应具有以下 3 方面的特性：

① 所有在内部网络和外部网络之间传输的数据必须通过防火墙；

② 只有被授权的合法数据即防火墙系统中安全策略允许的数据可以通过防火墙；

③ 防火墙本身不受各种攻击的影响。

3. 防火墙的分类

目前，根据防火墙在 ISO/OSI 模型中的逻辑位置和网络中的物理位置及其所具备的功能，可以将其分为两大类，基本型防火墙和复合型防火墙。

（1）基本型防火墙：有包过滤路由器和应用级防火墙。

（2）复合防火墙：将以上两种基本型防火墙结合使用，主要包括屏蔽主机防火墙和屏蔽子网防火墙。

4. 防火墙的基本结构

构建防火墙系统的目的是最大程度地保护 Intranet（企业网）的安全，防火墙的主要作用就是对网络进行保护以防止其它网络的影响。前面介绍了防火墙的基本类型，它们各有其优特点，将它们正确地组合使用，便形成了目前流行的、基于分组过滤的防火墙体系结构。

（1）双宿主机网关（Dual Homed Gateway）：是用一台装有两个网络适配器的双宿主机做防火墙，这两个网络适配器中一个是网卡，与内网相连，另一个根据与 Internet 的连接方式，可以是网卡、调制解调器或 ISDN 卡等，其结构如图 9-21 所示。

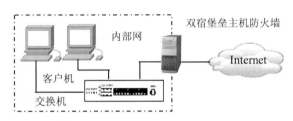

图 9-21　双宿堡垒主机

双宿主机是用两个网络适配器分别连接两个网络，因而又称为堡垒主机（Bastion Host）。堡垒主机上运行防火墙软件，可以转发应用程序、提供服务等。堡垒主机是一个具有两个网络界面的主机，每一个网络界面与它所对应的网络进行通信。它既能作为服务器接收外来请求，又能作为客户转发请求。如果认为信息是安全的，那么代理就会将信息转发到相应的主机上，用户只能够使用代理服务器支持的服务。因此，这种防火墙有效地隐藏了连接源的信息，可防止 Internet 用户窥视 Intranet 内部信息。在业务进行时堡垒主机监控全过程并完成详细的日志（Log）和审计（Audit），这就大大地提高了网络的安全性。但是，双宿主机网关有一个致命弱点：一旦入侵者攻入堡垒主机并使其具有路由功能，则外网用户均可自由访问内网。

（2）屏蔽主机网关（Screened Host Gateway）：分单宿堡垒主机和双宿堡垒主机两种类型，两种结构都易于实现，而且也很安全。

① 单宿堡垒主机。连接方式如图 9-22 所示。在此方式下，一个包过滤路由器连接外部网络，同时一个单宿堡垒主机安装在内部网络上。

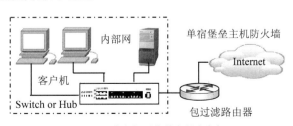

图 9-22　屏蔽主机网关单宿堡垒主机

② 双宿堡垒主机。连接方式如图 9-23 所示。与单宿堡垒主机的区别是双宿堡垒主机有两块网卡，一块连接内部网络，一块连接路由器。

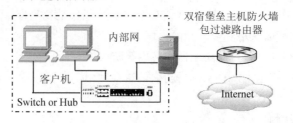

图 9-23　屏蔽主机网关双宿堡垒主机

（3）屏蔽子网（Screened Subnet）：是在内部网络与外部网络之间建立一个起隔离作用的子网。该子网通过两个包过滤路由器分别与内部网络和外部网络连接。内部网络和外部网络均可访问屏蔽子网，虽然不能直接通信，但可以根据需要在屏蔽子网中安装堡垒主机，为内部网络和外部网络之间的互访提供代理服务。向外部网络公开的服务器如 WWW、FTP、E-mail 等，可安装在屏蔽子网内。这样，无论是外部用户还是内部用户都可以访问。屏蔽子网的结构如图 9-24 所示。

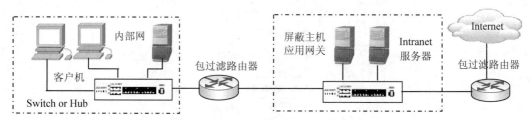

图 9-24　屏蔽子网防火墙

屏蔽子网是最为安全的一种防火墙体系结构，这种结构的特点是内部网络和外部网络均可以访问屏蔽子网，它具有屏蔽主机防火墙的所有优点，并且比之更加优越，安全性能更高，具有很强的抗攻击能力。但这种结构需要的设备多、造价高、不易配置，且增加了堡垒机转发数据的复杂性。同时，网络的访问速度也要减慢，其费用也明显高于以上几种防火墙。

9.5.4　计算机密码技术

密码学是一门古老而深奥的学科。计算机密码学是研究计算机信息加密（Encryption）、解密及其变换的新兴科学，也是数学、通信、网络和计算机的交叉学科。密码技术一直是数据处理系统和通信系统中的一个重要研究课题，它涉及物理方法、存取数据的管理和控制、数据加密等数据安全技术，是实现保密与安全的有效方法。随着计算机网络和通信技术的发展，计算机密码学得到了前所未有的重视并迅速发展起来，逐渐成为计算机信息安全技术的重要内容。

1. 古典加密方法

古典加密方法也称传统加密方法，加密的历史可以追溯到文字通信的开始。常用的古典加密方法有代换加密法、转换密码法、二进制运算法等。

（1）代换密码（Substitution Cipher）：是用一个或一组字符代换另一个或另一组字符，以起到伪装掩饰的作用。代换密码有单字符加密方法和多字符加密方法两种。

① 单字符加密方法。是用一个（组）字母代替另一个（组）字母，古老的凯撒密码术就是如此。它把 A 变成 E，B 变成 F，C 变为 G，D 变为 H，即将明文的字母移位若干字母而形成密文。

单字母加密方法有移位映射法、倒映射法、步长映射法等，如图 9-25 所示。

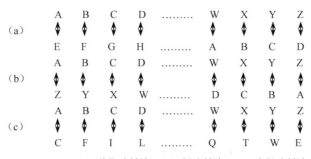

（a）移位映射法；（b）倒映射法；（c）步长映射法

图 9-25　单字母加密

在单字母加密法中，最典型的是罗马人凯撒发明的凯撒密码（Caesar cipher）法。

【例 9-1】用凯撒密码法对英文单词 computer 进行加密。

将单词 computer 中的每个字符右移一位，就变换成了字符串 dpnqvufs。computer 的含义是"计算机"，但字符串 dpnqvufs 的含义就很难理解了。

② 多字符加密方法。单字符替换的优点是实现简单，缺点是容易破译。多字符加密方法则是对不同位置的字符采用不同的替换方式。

【例 9-2】采用（+1，-1，+2）的替换方式对 computer 加密。

将单词 computer 中的第 1 个字符右移 1 位，第 2 个字符左移 1 位，第 3 个字符右移 2 位；第 4 个字符又是右移 1 位，如此进行下去，完成明文中所有字符的替换。替换的结果为：dnoqtvfq。

（2）转换密码：不是隐藏它们，而是重新安排字母的次序。下面以实例说明加密方法。

【例 9-3】设明文（原文）为：it can allow students to get close up views。

对该明文实行加密，其方法可按以下三个步骤进行：

① 首先，设定密钥为 GERMAN，并对密钥按字母表顺序由小到大编号，即：

G E R M A N
3 2 6 4 1 5

② 根据密码长度，将原文按顺序排列成明文长度与密钥长度相同的明文格式，如图 9-26 所示。

③ 将密钥中的各字母及其编号与明文各列相对应，并按照密钥字母编号由小到大顺序把明文按列重新排列，便是所形成的密文，如图 9-27 所示。

图 9-26　明文格式

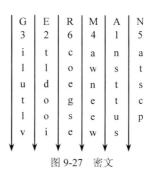

图 9-27　密文

密文为：nsttustdooiilutlvawneewatscpcoegse。

（3）二进制运算：利用二进制的逻辑运算 AND、OR、NOT、XOR 的运算特性进行加密。其中，异或运算对加密来说有一个很好的特性：一个数和另一个数进行两次异或运算，其结果又变回这个数本身，即 A XOR B XOR B=A。

【例 9-4】采用异或运算，对英文单词 computer 进行加密。

首先以 ASCII 码的形式把每个英文字符转换成二进制。然后选定一个 8 位的二进制数 00001100 作为加密密码（也称密钥），把每个明文字符的 ASCII 码分别与密钥进行异或运算（加密），即实行如下变换：

明文字符→明文 ASCII 码→密文 ASCII 码→密文字符

接收方也用相同的密钥进行一次异或运算（解密），还原成明文。

古典加密方法简单，具有较高的可靠性，有的甚至已沿用了数千年。直至今日有些方法在某些场合还在应用。但这些方法却也很容易破密，如果借助于计算机，就更容易破密了。图灵就是破译密码的高手。在第二次世界大战期间，图灵在英国外交部的一个下属机构工作，他使用自己研制的译码机破译了德国军队的不少情报，为盟军战胜德国法西斯立了大功，战后被授予帝国勋章。

2. 现代加密方法

现代密码学家们研究的加密法是在古典加密方法的基础上，采用越来越复杂的算法和较短的密码簿或密钥去达到尽可能高的保密性。在现代加密方法中，常用的加密算法有 DES 加密算法、IDEA 加密算法、RSA 加密算法、HASH 加密算法和量子加密系统等。根据密钥方式，加密算法可以分为两类：即对称式密码和非对称式密码。

（1）对称式密码：是指收发双方使用相同密钥的密码，传统的加密方式都属于此类，加密过程如图 9-28 所示。

常用的对称加密算法是 DES（数据加密标准），它是一种通用的现代加密方法，该方法原是 IBM 公司为保护产品的机密而研制的，后被美国国家标准局和国家安全局选为数据加密标准，1981 年被采纳为 ANSI 标准，也是通用的现代加密标准。

（2）非对称式密码：是指收发双方使用不同密钥的密码，现代加密方式都属于此类。它相当于用两把密钥对付一把锁，开锁和关锁使用不同的钥匙，加密过程如图 9-29 所示。

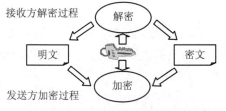

图 9-28 对称式密码的加密过程

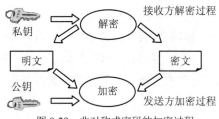

图 9-29 非对称式密码的加密过程

最具代表性的非对称加密算法是 RSA，它是由 R.L.Rivest、A.Shamir 和 L.M.Adleman 三位教授于 1978 年在美国麻省理工学院研发出来的。为此，三人共同获得了 2002 年度图灵奖。

RSA 算法使用很大的质数来构造密钥对与公钥一起发给所有的信息发送方，密钥则由接收方保管，用来解密发送方用公钥加密后发送来的密文。RSA 算法的优点是密钥空间大，RSA 实验室建议：对于普通资料，使用 1024 位；对于极其重要的资料，使用 2048 位；对于日常使用，768 位就已足够。RSA 算法的缺点是速度慢，如果将 RSA 和 DES 结合使用，则正好弥补它们各自的缺点，即 DES 用于明文加密，RSA 用于 DES 密钥的加密。

（3）量子加密系统：DES 及其类似算法要求加密和解密的密钥是相同的，因此密钥必须保密。

量子加密系统则是加密技术的新突破。量子加密法的原理是两个用户各自产生一个私有的随机数字字符串，第一个用户向第二个用户的接收装置发送代表数字字符串的单个量子序列（光脉冲），接收装置从两个字符串中取出相匹配的比特值，用这些比特值就可以组成密钥。

9.5.5　数字认证技术

数字认证既可用于对用户身份进行确认和鉴别，也可对信息的真实可靠性进行确认和鉴别，以防止冒充、抵赖、伪造、篡改等问题。数字认证技术中涉及到数字签名、数字时间戳、数字证书和认证中心等，其中最常用的是"数字签名"技术。

1. 数字签名

数字签名是通信双方在网上交换信息时采用公开密钥法来防止伪造和欺骗的一种身份签证。在日常工作和生活中，人们对书信或文件的验收是根据亲笔签名或盖章来证实接收者的真实身份。在书面文件上签名有两个作用：一是因为自己的签名难以否认，从而确定了文件已签署这一事实；二是因为签名不易伪冒，从而确定了文件是真实的这一事实。但是，在计算机网络中传送的报文又如何签名盖章呢，这就是数字签名所要解决的问题。

为了利用数字签名来防止电子信息因容易被修改而有人造假、或冒用他人名义发送信息、或发出（收到）信件后又加以否认等情况的发生，从目的和要求上必须保证以下几点：

- 接收者能够核实发送者；
- 发送者事后不能抵赖对文件的签名；
- 接收者不能伪造对文件的签名。

那么，在技术上如何实现呢？在网络传输中，发送方和接收方的加密、解密处理过程分 8 个步骤完成。其中前 4 步由发送方完成；后 4 步由接收方完成。处理过程的 8 个步骤如下：

① 将要发送的信息原文用 HASH 函数编码，产生一段固定长度的数字摘要；

② 用发送方的私钥对摘要加密，形成数字签名，并附在要发送的信息原文后面；

③ 产生一个通信密钥，用它对带有数字签名的信息原文进行加密后传送到接收方；

④ 用接收方的公钥对自己的通信密钥进行加密后，传到接收方；

⑤ 收到发送方加密后的通信密钥后，用接收方的私钥对其进行解密得到通信密钥；

⑥ 用发送方的通信密钥对收到的签名和原文解密，得到数字签名和信息原文；

⑦ 用发送方的公钥对数字签名进行解密，得到摘要；

⑧ 将收到的原文用 HASH 函数编码，产生另一个摘要，比较前后两个摘要。

如果两个摘要一致，则说明发送的信息原文在传送过程中没有被破坏或篡改过，从而得到准确的原文。数字签名、文件及密码的传送过程如图 9-30 所示。

2. 数字时间戳

在交易文件的书面合同中，文件签署的日期和签名一样都是十分重要的。在电子交易中，同样需要对交易文件的日期和时间信息采取安全措施，数字时间戳（DTS）就是为电子文件发表的时间提供安全保护和证明的。DTS 是网上安全服务项目，由专门的机构提供。数字时间戳是一个加密后形成的凭证文档，它包括三个部分：

- 需要加时间戳的文件的摘要；
- DTS 机构收到文件的日期和时间；
- DTS 机构的数字签名。

数字时间戳的产生过程是这样的：用户将需要加时间戳的文件用 HASH 编码加密形成摘要，

然后将这个摘要发送到 DTS 机构，DTS 机构在加入了收到文件摘要的日期和时间信息后再对文件加密（数字签名），最后送给用户。书面文件的时间是由签署人自己写上的，而数字时间戳则不然，它是以 DTS 机构收到文件的时间为依据，由认证单位 DTS 机构自动加上的。

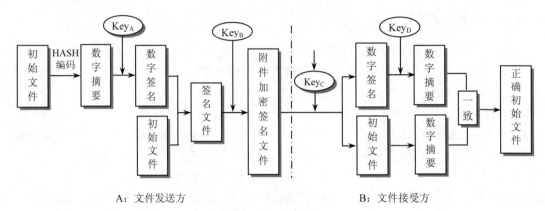

A：文件发送方　　　　　　　　　　　B：文件接受方

图 9-30　数字签名的验证及文件的传送过程

3. 数字证书

数字证书从某个功能上来说很像是密码，是在证实你的身份或对网络资源访问的权限时可出示的一个凭证。尤其是在电子商务中，如果交易双方出示了各自的数字证书，并用它们进行交易操作，那么双方都可不必为对方身份的真实性担心了。数字证书也可以用于电子邮件、电子资金转移等各方面。数字证书的内容格式是由 CCITT X.509 国际标准所规定的，它必须包含的信息内容有：证书的版本号、签名算法、数字证书的序列号、颁发数字证书的单位、证书拥有者的姓名、颁发数字证书单位的数字签名、证书拥有者的公开密钥、公开密钥的有效期等。参与电子商务的每一个人都需持有不同类型的数字证书，这些数字证书包括：

（1）客户证书：是只为一个人提供的数字证书，以证明他（她）在网上的有效身份。该证书一般是由金融机构进行数字签名发放的，不能被其它第三方所更改。

（2）商家证书：是由收单银行批准、由金融机构颁发、对商家是否具有信用卡支付交易资格的一个证明。在安全电子交易协议中，商家可以有一个或多个数字证书。

（3）网关证书：通常由收单银行或其它负责进行认证和收款的机构持有。客户对账号等信息加密的密码由网关证书提供。

（4）CA 系统证书：是各级、各类发放数字证书的机构所持有的数字证书。换句话说，也就是用来证明他们有权发放数字证书的证书。

4. 认证中心（CA）

在电子交易中，无论是数字时间戳服务还是凭证的发放，都不是靠交易的双方自己来完成的，否则公正性何在呢？因此，需要有一个具有权威性和公正性的第三方来完成。认证中心（CA）就是承担网上安全电子交易认证服务的，它是签发数字证书并能确认用户身份的服务机构。认证中心的主要任务是受理数字凭证的申请，签发数字证书及对数字证书进行管理。

CA 系统对外提供服务的窗口称为业务受理点，如果某些客户没有计算机设备，可以到业务受理点由工作人员帮他录入和登记。业务受理点也可以担任用户证书发放的审核部门，当面审核用户提交的资料，从而决定是否为用户发放证书。CA 认证体系从功能模块上来划分，大致可以分为以下几部分：

- 接收用户证书申请的受理者（RS）；
- 证书发放的审核部门（RA）；
- 证书发放的操作部门（CP 或称为 CA）以及记录作废证书的证书作废表（CRL）。

其中：RS 是证书受理者，它用于接收用户的证书申请请求，转发给 RA 和 CP 进行相应的处理；RA 负责对证书申请者进行资格审查，并决定是否同意给该申请者发放证书；CP 负责为那些通过申请的人制作、发放和管理证书。如果证书被黑客盗窃，或为没有获得授权的客户发放了证书，这些都由 CP 负责。它可以由审核授权部门自己担任，也可委托给第三方担任。CRL 记录的是一些已经有不良记录的用户。

CA 体系是由根 CA、品牌 CA、地方 CA、持卡人 CA、商家 CA、支付网关 CA 等不同层次构成的。上一级 CA 负责下一级 CA 数字证书的申请、签发及管理工作。CA 体系结构如图 9-31 所示。

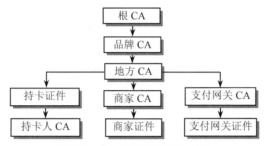

图 9-31　CA 认证体系的层次结构

通过一个完整的 CA 认证体系，可以有效地实现对数字证书的验证。每一份数字证书都与上一级的签名证书相关联，最终可以通过安全认证链追溯到一个已知的可信赖的机构，由此便可以对各级数字证书的有效性进行验证。根 CA 的密钥由一个自签证书来分配，根证书的公开密钥对所有各方公开，它是 CA 体系的最高层。

需要强调指出的是：加密技术同防火墙技术一样，都是一种被动式防护手段，目前还没有解决网络信息安全问题的万全之策。除了技术措施之外，还必须有相应的管理措施和相应的法律法规。

本章小结

1. 计算机网络是计算机技术与通信技术高度发展、紧密结合的产物，网络技术的进步正在对当前信息产业的发展产生着重要的影响。

2. 单位（部门）组建的计算机网络是局域网，然后与 Internet 相连。对用户而言，构建局域网所涉及的内容主要有拓扑结构、传输介质、连接方式、计算模式等。

3. Internet 是一个由各种不同类型和规模、独立运行与管理的计算机网络组成的全球范围的计算机网络，由于其资源共享，使人们可以跨越时间和空间的限制，快速地获取各种信息。

4. 实现网络通信的关键是 Internet 的 TCP/IP 协议，IP 地址能唯一地确定 Internet 上每台计算机与每个用户的位置。世界各地的人和组织，在遵循相同协议的前提下能进行相互通信、利用 Internet 信息资源和各种服务。对于用户来说，Internet 地址有两种表示形式：IP 地址和域名。

5. Internet 是世界范围的信息资源宝库，它所提供的主要服务包括信息浏览与搜索、文件的下载与上传、语音与图像通信、电子邮件的接收与发送、BBS 的使用等。

6. 随着计算机网络的广泛应用，计算机信息安全技术成为一个重要的研究课题。目前常用的计算机信息安全技术有反病毒技术、反黑客技术、防火墙技术和计算机密码技术。

习题九

一、选择题

1. 计算机网络的应用越来越普遍，它的最大好处在于（   ）。

   A. 节省人力物力   B. 扩大存储容量   C. 实现资源共享   D. 实现信息交互

2. 因特网是（   ）。

   A. 局域网的简称   B. 城域网的简称

   C. 广域网的简称   D. 互联网的简称

3. 因特网上的每台正式入网的计算机用户都有一个唯一的（   ）。

   A. E-mail   B. 协议   C. TCP/IP   D. IP 地址

4. Internet 上每台主机都分配有一个 32 位的地址，每个地址都由两部分组成，即（   ）。

   A. 网络号和地区号   B. 网络号和主机号

   C. 国家号和网络号   D. 国家和地区号

5. Internet 使用的基本网络协议是（   ）。

   A. IPX/SPX   B. TCP/IP   C. NetBEUI   D. OSI

6. 启动互联网上某一地址时，浏览器首先显示的那个文档，称为（   ）。

   A. 主页   B. 域名   C. 站点   D. 网点

7. 电子邮件地址由两部分组成，用@号隔开，其中@号前为（   ）。

   A. 用户名   B. 机器名   C. 本机域名   D. 密码

8. 表示统一资源定位器的是（   ）。

   A. HTTP   B. WWW   C. URL   D. HTML

9. Internet 上的搜索引擎是（   ）。

   A. 应用软件   B. 系统软件   C. 网络终端   D. WWW 服务器

10. 在浏览网页时，若超链接以文字方式表示时，文字通常会带有（   ）。

    A. 括号   B. 下划线   C. 引号   D. 方框

二、判断题

1. 只有通过局域网接入方式才能与 Internet 连接。   （   ）

2. 61.105.122.258 是正确的 Internet 地址。   （   ）

3. IP 地址中常用的是 A、B、C 类地址。   （   ）

4. 在 Internet 上发送邮件时，要求收信人开机，否则邮件会丢失。   （   ）

5. 在本地计算机和远程计算机之间上传和下载文件是网络新闻组的主要功能。   （   ）

6. TCP/IP 参考模型是一个七层模型。   （   ）

7. 计算机网络中除了需要硬件设备外，还需要网络软件。   （   ）

8. WWW 浏览器只能用来浏览网页上的文本。   （   ）

9. 防火墙不能防范不通过它的连接。   （   ）

10. 密文是设置了用户口令的文件。   （   ）

三、问答题

1. 什么是因特网？
2. 什么是网络体系结构？
3. 什么是网络协议？
4. 浏览器/服务器模式有哪些主要特点？
5. 简述 WWW 的工作方式。
6. 电子邮件应用程序的主要功能是什么？
7. 域名结构有什么特点？
8. 什么是防火墙技术？
9. 目前流行的、基于分组过滤的防火墙体系结构有哪几种类型？
10. 什么是数字认证技术？

四、讨论题

1. 你认为计算机网络发展的趋势主要有哪些方面？
2. 你认为计算机网络发展的关键技术是什么？
3. 你认为确保信息安全主要有哪些技术措施？
4. 你认为有了杀毒软件，能确保系统不再受病毒影响吗？

第四层次 高级专题

*第 10 章 离散结构

【问题引出】电子数字计算机是一个离散结构，它只能处理离散的或离散化了的数量关系。离散数学（Discrete Mathematics）是研究离散量结构及其相互关系的数学学科，是现代数学的一个重要分支，它在各学科领域，特别是在计算学科领域有着极其广泛的应用。程序设计语言、数据结构、操作系统、编译原理、人工智能、数据库原理、算法设计与分析、计算机科学理论基础等课程都涉及离散数学知识。那么，离散结构主要包括哪些内容？它们在计算学科中主要有哪些应用？这些都是本章所要讨论的内容。

【教学重点】数理逻辑、集合论、代数结构、图论等基本理论知识，以及这些基本理论知识在计算机科学中的应用。

【教学目标】通过本章学习，了解离散结构的研究对象及主要内容；熟悉数理逻辑、集合论、代数结构、图论在计算机科学中的作用；掌握数理逻辑、集合论、代数结构、图论的基础概念以及发展趋势。

§ 10.1 数理逻辑

人们在交往活动中，通常用自然语言交流思想。但用自然语言叙述问题往往不够确切，易产生二义性，不适合进行严格的推理，因此需要制定一种符号语言（也称为客观语言、形式语言、目标语言），并对这些符号给出明确的定义。

数理逻辑（Mathematical Logic），是用数学方法建立一套符号体系的方法来研究推理的形式结构和规律的一门学科，包括逻辑演算、集合论、证明论、模型论、递归论等内容。由于数理逻辑是使用符号来表示的，所以又称为符号逻辑（Symbolic Logic）或理论逻辑（Theory Logic），它既是数学的一个分支，也是逻辑学的一个分支。

逻辑学是古希腊著名的哲学家、科学家和教育家亚里士多德（Aristotle，公元前 384～322 年）首创的。17 世纪中叶，德国哲学家、数学家莱布尼兹（Leibniz）给逻辑学引进了一套符号体系，使逻辑学有了新的发展。后来数理逻辑的产生和发展，基本上走的是莱布尼兹提出的道路，莱布尼兹被认为是数理逻辑的奠基人。

1847 年，英国数学家乔治·布尔（George Boole）建立了"布尔代数"及其运算法则，开始利用代数的方法来研究逻辑问题，从而初步奠定了数理逻辑的基础。19 世纪末 20 世纪初，数理逻辑得到了较大的发展，符号系统不断完善，逐步奠定了现代数理逻辑最基本的理论基础，使之成为一门独立的学科。同时，也成为人工智能的奠基石。

数理逻辑的特点是语言叙述简单明了，通俗流畅，逻辑性强。数理逻辑主要包含命题逻辑和谓词逻辑，这两种逻辑构成了数理逻辑的基础。

10.1.1　命题逻辑

1.　命题和真值

在数理逻辑中，把能够分辨真假但不能同时既真又假的陈述句的内容称为命题（Proposition）。命题是具有唯一判断结果的陈述句，这种陈述句有明确的对错之分，而不是类似于感叹的抒发和祈使句等。

【例 10-1】下列陈述句都是命题。

（1）1+1=3。

（2）2 是偶数。

（3）Fermat 定理是正确的。

（4）软件数学基础是软件专业的一门重要基础课程。

（5）中国是个发展中国家。

（6）2 能整除 4 但不能整除 5。

（7）如果我有足够的钱，我一定要买辆车。

【例 10-2】下列语句都不是命题。

（1）几点了？

（2）你会下国际象棋吗？

（3）请把门关上！

（4）这是一部多么感人的电影呀!

（5）x+y+1=2。

（6）x≥y。

（7）我现在所说的话都是假话。

在这个例子中，（1）、（2）是疑问句，因此它们不是命题。（3）、（4）是感叹句，也不是命题。（5）、（6）虽然是陈述形式的语句，可由于语句中的 x、y 是一个变量，在 x、y 的值没有给定之前，我们无法确定这两个命题的真假，因此它们不是命题。至于（7），虽然表面上看也是一个陈述语句，但它是一个自相矛盾的陈述，无论其真值为 T 还是真值为 F 都会得出矛盾，因此无法确定其真值，（7）不是命题。

由此可见，命题一定是通过陈述句来表达，但是陈述句并不一定都是命题。有明确"真"、"假"可言的陈述句才是命题。

2.　命题连接词

在日常生活中，人们可以用"不"、"或者"、"当且仅当"等连接词把简单句连接成一个复合语句；在数的研究中，人们可以通过"+"、"-"、"*"、"/"等运算，由已知数产生新的数；在命题逻辑中，可以通过连接词由已知命题产生新的命题，我们把这个连接命题与命题的字词称为命题连接词。关于这个问题的系统研究，1854 年首次出现在英国数学家 George Boole 的专著《The Laws of Thought》之中。

在命题逻辑中，有些命题是简单陈述句，并且不能被分成更简单的陈述句，这样的命题称为简单命题（Simple Proposition）或称为原子命题（Atomic Proposition），通常用字母 P、Q、R、S 等表示。当它们表示确定的命题时称为命题常元（Propositional Constant），当它们表示不确定的命题时称为命题变元（Propositional Variable）。命题判断的结果只有真或假，表示正确判断的命题为真命题，其真值为真，用"T"表示；表示错误判断的命题为假命题，其真值为假，用"F"表示。

　　把由简单命题通过连接词连接而成的陈述句称为复合命题（Compound Proposition）。构成复合命题的连接词有 5 个，分别为：否定、合取、析取、蕴涵、等价。

　　（1）否定（Negation）：即为"逻辑非"，"取反"。连接词为"￢"。

　　【定义 10-1】设 P 为一个命题，命题"非 P"称为 P 的否定，记为"￢P"。符号￢称为否定连接词，即当 P 为真时，则￢P 为假；反之，当 P 为假时，则￢P 为真。

　　【例 10-3】P：上海是我国最大的工业城市。

　　￢P：上海不是我国最大的工业城市。

　　（2）合取（Conjunctive）：即为"逻辑与"，只有当两者都为"真"时，结果才为"真"。连接词为"∧"。

　　【定义 10-2】设 P、Q 是两个命题，命题"P∧Q"表示"P 并且 Q"称为 P、Q 的合取式，符号"∧"称为合取连接词。只有当命题 P、Q 同时为真时，P∧Q 真值才为真，否则 P∧Q 真值为假。

　　【例 10-4】P：王娟成绩很好；Q：王娟品德很好。P∧Q：王娟成绩很好并且品德很好。

　　（3）析取（Disjunctive）：即为"逻辑或"，两者中只要有一个为"真"，则结果为"真"。连接词为"∨"。

　　【定义 10-3】设 P、Q 是两个命题，命题"P∨Q"表示"P 或者 Q"称为 P、Q 的析取式，符号"∨"称为析取（或取）连接词。只有当命题 P、Q 同时为假时，P∨Q 真值才为假，否则 P∨Q 真值为真。

　　【例 10-5】设 K1、K2 是照明线路的一组并列开关。P：K1 开（关）；Q：K2 关（开）。P∧Q：只要任一开关合上，电灯会亮；只有当 K1、K2 同时均被打开时，电灯不亮。

　　（4）蕴涵（Implication）：即为前因后果，P→Q 表示"P 蕴涵 Q"。

　　【定义 10-4】设 P、Q 是两个命题，命题"P→Q"表示"如果 P，则 Q"，称为 P、Q 的蕴含式，符号"→"称为蕴涵连接词。其中命题 P 称为蕴涵的前件（Antecedent），Q 称为蕴涵的后件（Consequent）。当且仅当 P 的真值为真，Q 的真值为假时，P→Q 的真值才为假；否则，P→Q 的真值为真。

　　【例 10-6】P：f(x)是可微分的；Q：f(x)是连续的；P→Q：若 f(x)是可微分的，则 f(x)是连续的。

　　（5）等价（Equivalent）：即为进行逻辑"异或"后再取"非"，其结果为"等价"。

　　【定义 10-5】设 P、Q 是两个命题，命题"P↔Q"表示"P 当且仅当 Q"，称为 P 与 Q 的等价式，符号"↔"称为等价连接词。当且仅当 P 和 Q 的真值同时为真或同时为假时，P↔Q 的真值为真；否则 P↔Q 的真值为假。

　　【例 10-7】P：a2+b2=a2；Q：b=0，P↔Q：a2+b2=a2 当且仅当 b=0。

　　表 10-1 列出了命题逻辑连接词及逻辑结果。其中，P 和 Q 分别表示两个命题。

表 10-1　命题逻辑连接词及逻辑结果

复合命题	连接词	符号表示	为真条件	词语表示
否定	￢	￢P	P 为假	非、不
合取	∧	P∧Q	P 与 Q 同时为真	既…又…，不仅…而且
析取	∨	P∨Q	P 与 Q 至少一个为真	或
蕴含	→	P→Q	￢（P 为真且 Q 为假）	只要 P 就 Q，P 仅当 Q
等价	↔	P↔Q	P、Q 真值相同	当且仅当

由连接词所产生的新命题真值由原命题所决定，常用命题连接词的真值如表 10-2 所示。

表 10-2　常用命题连接词的真值表

P	Q	¬P	P∧Q	P∨Q	P→Q	P↔Q
F	F	T	F	F	T	T
F	T	T	F	T	T	F
T	F	F	F	T	F	F
T	T	F	T	T	T	T

3. 命题公式

通常，如果 P 代表真值未指定的任意命题，则称 P 为命题变元；如果 P 代表一个真值已指定的命题，则称 P 为命题常元。将命题常元、命题变元用连接词和圆括号按一定的逻辑关系连接起来的符号串称为命题公式或合式公式，并有如下规则：

（1）单个命题常元和命题变元是合式公式，则称为原子命题公式。

（2）若 P 是合式公式，则（¬P）也是合式公式。

（3）若 P，Q 是合式公式，则 P∧Q，P∨Q，P→Q，P↔Q 也是合式公式。

（4）只有有限次地应用（1）～（3）形式的符号串才是合式公式。例如：

(P→Q)∧(Q↔R)，(P∧Q)∧¬R，P∧(Q∧¬R)等都是合式公式，而 PQ→R，P→(R→Q)等不是合式公式。

4. 命题公式分类

根据命题公式 A 在命题变元的任何真值指派下其值的性质，可分为三种类型。

（1）永真式（Tautology）：如果命题公式 A 在命题变元的任何真值指派下其值恒为真，则称 A 为永真式或重言式，并常用 1 表示永真式。例如，¬(P∧Q)↔(¬P∨¬Q) 命题为永真式。

（2）永假式（Contradiction）：如果命题公式 A 在命题变元的任何真值指派下其值恒为假，则称 A 为永假式或矛盾式，常用 0 表示永假式。例如，(P∧Q)∧¬P 命题为永假式。

（3）满足式（Contingence）：如果命题公式 A 至少有一组命题变元的真值指派使其值为真，则称 A 为可满足式。事实上，只要 A 不是矛盾式，则其必然是可满足式，反之亦然。永真式是可满足式的特殊情况。例如，(P∧Q)∨(¬P∧¬Q) 命题为可满足式。

三类公式之间具有如下关系：

（1）公式 A 为真，当且仅当¬A 永假。

（2）公式 A 可满足，当且仅当¬A 不是永真式。

（3）不是可满足的公式必为假。

（4）不是永假的公式必可满足。

因此，判断一个命题公式的类型是永真式、永假式、可满足式的方法可通过构造命题公式的真值表来实现，在命题演算中称为真值表技术。例如上面用命题：¬(P∧Q)↔(¬P∨¬Q)、(P∧Q)∧¬P、(P∧Q)∨(¬P∧¬Q) 来求解永真式、永假式和可满足式。

5. 命题公式的等价

命题逻辑并不仅仅对单个的命题公式感兴趣，有时候更关心命题公式之间的等价关系。利用真值表来证明命题公式等价是一个有效办法，但当命题变元比较多时，这个方法很麻烦。为此，人们采用一种命题公式的基本等价式，也称为基本等价律，利用这些定律，可以通过等价变形方法来得到更多的等价命题，并可以用这些定律证明命题公式的等价性。这种利用基本等价定律推导出复杂等价式的方法通常被称为等值演算法或等价推理法。

【定义 10-6】设 A、B 为两个命题公式，若等价式 A↔B 是重言式，则称 A 逻辑等价于 B，或 A 与 B 是等值的，记为 A⇔B。A↔B 不是命题公式。

通过判断 A 与 B 的真值表是否相同来判断 A 与 B 是否等值，这是最简单的一种方法，但有时构造真值表会很复杂，所以常用等价式来化简。常用的等价公式如表 10-3 所示，利用表中这些等价关系式和置换规则，就可以对命题公式进行等价运算、化简及推理证明。

表 10-3　常用的等值演算公式

编号	表达式	公式名称	编号	表达式	公式名称
1	$(\neg(\neg A))\Leftrightarrow A$	双重否定率	14	$A\vee 1\Leftrightarrow 1$	零律
2	$(A\vee A)\Leftrightarrow A$	幂等率	15	$A\wedge 0\Leftrightarrow 0$	
3	$(A\wedge A)\Leftrightarrow A$		16	$A\vee 0\Leftrightarrow A$	排中律
4	$(A\vee B)\Leftrightarrow(B\vee A)$	交换律	17	$A\wedge 1\Leftrightarrow A$	矛盾律
5	$(A\wedge B)\Leftrightarrow(B\wedge A)$		18	$A\vee(\neg A)\Leftrightarrow 1$	蕴涵等值律
6	$(A\vee B)\vee C\Leftrightarrow A\vee(B\vee C)$	结合律	19	$A\wedge(\neg A)\Leftrightarrow 0$	等价等值式
7	$(A\wedge B)\wedge C\Leftrightarrow A\wedge(B\wedge C)$		20	$(A\rightarrow B)\Leftrightarrow((\neg A)\vee B)$	
8	$A\vee(B\wedge C)\Leftrightarrow(A\vee B)\wedge(A\vee C)$	分配率	21	$\neg(A\leftrightarrow B)\Leftrightarrow(A\leftrightarrow\neg B)$	假言易位
9	$A\wedge(B\vee C)\Leftrightarrow(A\wedge B)\vee(A\wedge C)$		22	$(A\leftrightarrow B)\Leftrightarrow(A\rightarrow B)\wedge(B\rightarrow A)$	
10	$\neg(A\vee B)\Leftrightarrow(\neg A\wedge\neg B)$	德·摩根律	23	$(A\leftrightarrow B)\Leftrightarrow(\neg A\leftrightarrow\neg B)$	
11	$\neg(A\wedge B)\Leftrightarrow(\neg A\vee\neg B)$		24	$A\leftrightarrow B\Leftrightarrow(A\rightarrow B)\wedge(B\rightarrow A)$	等价否定
12	$A\vee(A\wedge B)\Leftrightarrow A$	吸收律	25	$(A\rightarrow B)\Leftrightarrow(\neg B\rightarrow\neg A)$	归缪论
13	$A\wedge(A\vee B)\Leftrightarrow A$		26	$(A\leftrightarrow B)\Leftrightarrow(\neg A\leftrightarrow\neg B)$	排中律

6. 命题推理

命题逻辑主要研究命题及其推理，命题逻辑的主要任务是借助数学的方法来研究推理的逻辑。推理是从已知的命题公式推出应用推理规则推出的命题公式的一种思维过程。

【定义 10-7】设 A、B 为两个命题公式，若蕴含式 A→B 是重言式时，则称从 A 可推出 B，或称 A 蕴含 B，或 B 是 A 的结论，记为 A⇒B。

推理常用的方法有真值表法、等价证明法和构造证明法。

（1）真值表法：是将命题公式在所有赋值情况之下的取值列成表，成为命题的真值表。构造真值表的步骤如下：

① 找出公式中所含的全部命题变元，P_1，P_2，…，P_n，列出所有可能的赋值。

② 按照从低到高的顺序写出命题公式的各组成层次。

③ 对应各赋值，分别计算各组成层次的值，直到最后计算出公式的值。

例如，证明 P∨Q 和 ¬Q 的结论是 P。按真值表的构造步骤，构造真值如表 10-4 所示。

由真值表可知，(P∨Q)∧¬Q→P 是重言式，所以 P 是 P∨Q 和 ¬Q 的结论。

（2）等价证明法：是运用等值演算公式进行证明。下面通过一个例子来看真值表与等价证明方法。同样，证明 P∨Q 和 ¬Q 的结论是 P。只需证明(P∨Q)∧¬Q→P 是重言式。

表 10-4 真值表

P Q	P∨Q	⌐Q	(P∨Q)∧⌐Q	(P∨Q)∧⌐Q→P
0 0	0	1	0	1
0 1	1	0	0	1
1 0	1	1	1	1
1 1	1	0	0	1

$(P\lor Q)\land\urcorner Q\to P$

$\Leftrightarrow (P\land\urcorner Q)\lor(Q\land\urcorner Q)\to P$ 分配律

$\Leftrightarrow (P\land\urcorner Q)\lor 0\to P$ 等价等值式

$\Leftrightarrow (P\land\urcorner Q)\to P$ 排中律

$\Leftrightarrow (P\land\urcorner Q)\lor P$ 假言异位

$\Leftrightarrow P\lor Q\lor\urcorner P$ 德·摩根律

$\Leftrightarrow 1\lor Q$ 蕴含等价式

$\Leftrightarrow 1$ 零律

当命题公式中所含命题变元较多时,采用真值表法和等价证明法都有不便之处,因此也常采用构造证明法。

(3)构造证明法:是利用命题公式序列来描述推理过程,在这个过程中,要遵循一定的推理规则,借助一些已经被证明成立的蕴含关系式加以证明。

① 常用的推理规则。

● 前提引入规则。在证明的任何步骤上,都可引入前提。

● 结论引入规则。在证明的任何步骤上,所证明的结论都可以作为后续证明的前提。

● 置换规则。在证明的任何步骤上,命题公式中的任何子命题公式都可以用与之等值的命题公式置换。

② 常用的蕴含关系式。常用的蕴含关系式如表 10-5 所示。

表 10-5 常用的蕴含关系式

编号	表达式	说明
1	$P\land Q\Rightarrow P$, $P\land Q\Rightarrow Q$	化简
2	$P\Rightarrow P\lor Q$, $Q\Rightarrow P\lor Q$	附加
3	P, $P\to Q\Rightarrow Q$	假言推理
4	$\urcorner Q$, $P\to Q\Rightarrow\urcorner P$	拒取式
5	$\urcorner P$, $P\lor Q\Rightarrow Q$	析取三段论
6	P, $Q\Rightarrow P\land Q$	合取
7	$P\to Q$, $Q\to R\Rightarrow P\to R$	假言三段论
8	$P\leftrightarrow Q$, $Q\leftrightarrow R\Rightarrow P\leftrightarrow R$	等价三段论
9	$P\to Q$, $R\to S$, $P\lor R\Rightarrow Q\lor R$	构造性二难

10.1.2 谓词逻辑

命题逻辑主要研究由简单命题利用连接词复合而成的复合命题,而不考虑命题的内在性质和命题之间的内在联系。由于忽略了命题的内涵，因而无法研究命题语句的结构、成分和内在的逻辑特征，故无法表示两个原子命题间的共同特征，甚至无法处理一些常见的简单逻辑推理过程。例如逻辑学中著名的"苏格拉底三段论"：

P：所有的人都是要死的。

Q：苏格拉底是人。

R：苏格拉底是要死的。

从直觉上而言，我们感觉上述推理是正确的，R 应该是 P 和 R 的逻辑结果或有效结论。但如果把上述推理按照命题逻辑中的形式写出来：$(P \land Q) \to R$。在该命题逻辑中，R 却不是 P 和 Q 的逻辑结果，因为公式$(P \land Q) \to R$并非为永真式。可见这三个命题虽然有内在联系，但命题逻辑无法完全反映其中的内在联系。

用命题逻辑无法证明该命题正确性的原因在于命题逻辑不能刻画命题内部的逻辑结构，也就无法研究建立在命题内部逻辑结构之间联系上的命题间的关系。为了能够反映这种内在联系，我们需要对简单命题本身进行一些分析，引入个体词、谓词、量词等概念，再在研究这些概念的基础上，给出进一步的推理形式和规则。这就是谓词逻辑研究的内容。换句话说，谓词逻辑就是对简单命题作进一步的分解，分析命题内部的逻辑结构和命题间的内在联系，它是命题逻辑的扩充和发展。其中，个体词、谓词和量词是逻辑命题符号化的 3 个基本要素。

1. 个体词

我们把命题中表示主语的词语称为个体词。例如"小华是研究生"，"手机是通讯工具"，其中的"小华"和"手机"是个体词。个体词是不依赖于人的主观而独立存在的客观实体，它是原子命题中所描述的对象，可以是具体的，也可以是抽象的。如李明、自然数、计算机、思想等。在命题逻辑中的个体词具有以下 3 个要素：

（1）个体常元：表示具体或特定客体的个体词称为个体常元，一般用小写英文字母 a，b，c，…表示。

（2）个体变元：将表示抽象或泛指的个体词称为个体变元，一般用 x，y，z，…表示。

（3）个体域：个体变元的取值范围称为个体域或论域。

2. 谓词

我们把命题中的谓语部分称为谓词。例如"小华是研究生"，"手机是通讯工具"，其中的"是研究生"和"是通讯工具"是谓词。谓词用来刻画个体词的性质或个体词之间关系，当谓词与一个个体相联系时，刻画了个体性质；当与两个或两个以上个体相联系时，则刻画了个体之间的关系。例如："张三是个大学生"，"李四是个大学生"，这两个命题可以表示为 P、Q，两者有共同的特征"是大学生"，所以张三和李四为客体，"是个大学生"为谓词。

【注意】为了清晰起见，通常规定客体用小写字母表示，谓词用大写字母表示。例如：A：是大学生，a：张三，b：李四，则 A(a)，A(b)表示张三是大学生，李四是大学生。

3. 量词

在命题逻辑中，我们把表示个体常元或变元之间数量关系的词称为量词。量词有两种，一种是全称量词，另一种是存在量词。

（1）全称量词：表示"所有的"、"每一个"、"对任何一个"、"一切"、"任意的"。全称量词用符号"$\forall$"表示，例如$\forall x F(x)$表示个体域中所有个体都有性质 F。

（2）存在量词：表示"存在着"、"有一个"、"至少有一个"、"存在一些"、"对于一些"、"某个"等。存在量词用符号"$\exists$"表示，例如$\exists x F(x)$表示个体域中存在个体有性质 F。

利用量词，可以将苏格拉底三段论论题符号化为：

$$\forall x(M(x) \rightarrow P(x)), \quad M(a) \Rightarrow P(a)$$

式中，M(x)：x 是人；P(x)：x 是要死的；a：苏格拉底。

以上命题公式的真值是 T。

【例 10-8】将以下命题用谓词逻辑符号化。

（1）所有的自然数都是大于零的。

（2）没有不犯错误的人。

（3）这个班有些学生请假了。

解：（1）设 A(x)：x 是自然数；

　　　　　　B(x)：x 大于零。

则原命题符号化为：$\forall x(A(x) \rightarrow B(x))$。

（2）设 A(x)：x 是人；

　　　　　　B(x)：x 犯错误。

则原命题符号化为：$\neg \exists x(A(x) \rightarrow \neg B(x))$。

（3）设 A(x)：x 是这个班的学生；

　　　　　　B(x)：x 请假了。

则原命题符号化为：$\exists x(A(x) \wedge B(x))$。

4. 谓词推理

谓词逻辑推理是命题逻辑推理的推广。谓词逻辑推理是利用命题公式间的各种等价关系、蕴含关系，通过一些推理规则从已知命题公式推出一些新的公式。命题逻辑推理中使用的等价关系、蕴含关系和推理规则在谓词逻辑推理中仍然适用。但是，由于谓词逻辑不是以整个命题为推理对象的，它的推理对象通常有量词限制，因而具有以下规则：

（1）全称量词消去规则（Universal Specification，US）：如果谓词公式 $\forall x P(x)$ 为真，则可推出 P(c) 为真，即

$$\forall x P(x) \Rightarrow P(c)$$

式中，P 是谓词，c 是个体域中某个任意的个体。例如，设个体域为全体偶数的集合，P(x)表示"x 是整数"，则 $\forall x P(x)$ 表示"所有的偶数都是整数"。设 6 为指定个体域中的一个个体，则根据 US 规则有 P(6)，即"6 是整数"。

（2）存在量词消去规则（Existential Specification，ES）：如果谓词公式 $\exists x P(x)$ 为真，则可推出 P(c) 为真，即

$$\exists x P(x) \Rightarrow P(c)$$

式中，c 是个体域中满足条件的个体常元。例如，设个体域是全体整数，P(x)表示"x 是偶数"，Q(x)表示"x 是奇数"，显然，P(2)和 Q(3)都为真，P(2)∧Q(3)也为真，故 $\exists x P(x)$ 和 $\exists x Q(x)$ 都为真，但 P(2)∧Q(2)为假。

（3）全称量词引入规则（Universal Generatization，UG）：如果谓词公式 P(x)中的自由个体变元 x 无论取个体域中的任何值，P(x)都为真，则可推出 $\forall x P(x)$ 为真，即

$$P(x) \Rightarrow \forall x P(x)$$

式中，x 是个体域中任意一个个体。例如，设个体域是全体人类，P(x)表示"x 是要死的"，显然，对于任意一个人 a，P(a)都成立，即任何人都是要死的，则应用 UG 有 $\forall x P(x)$ 成立。

（4）存在量词引入规则（Existential Generatization，EG）：如果谓词公式 P(c)为真，则可推出 $\exists xP(x)$ 为真，即

$$P(c) \Rightarrow \exists xP(x)$$

式中，c 是个体域中满足条件 A 的个体常元。例如，设个体域是全体人类，P(x)表示"x 是天才"，P（爱因斯坦）表示"爱因斯坦是天才"是成立的，故 $\exists xP(x)$ 成立。

应用这 4 条规则和命题逻辑中的推理规则，就可以像命题逻辑一样进行推理了。在谓词逻辑推理过程中，可先使用 US 或 ES 规则消去量词，再使用命题逻辑中的重言式进行推理，在适当的时候使用 UG 或 EG 加上量词得到所需要的结论。

10.1.3 数理逻辑在计算机科学中的应用

数理逻辑和计算机科学有着十分密切的关系，两者都属于模拟人类认知机理的科学。无论是数字电子计算机雏形的图灵机，还是数字电路的布尔代数，以及作为程序设计工具的语言、程序设计方法学、关系数据库、知识库、编译方法、人工智能等领域均离不开数理逻辑。因此，学好数理逻辑对于计算机科学理论的研究有着非常重要的作用。主要体现在以下方面。

① 通过对数理逻辑中所揭示的思维规律和所用方法的学习，能培养自己严密的逻辑思维能力，为计算机科学后继课程的学习奠定良好的基础。

② 在程序验证、程序变换、程序综合、软件形式说明、程序设计语言的形式语义学、人工智能以及人脑力劳动自动化过程中都要用到数理逻辑的基本方法和理论。

③ 从计算模型和可计算性的研究看，计算可以用函数演算来表达计算模型，也可以用逻辑系统来表达可计算性。作为一种数学形式系统，图灵机及其与它等价的计算模型的基础是数理逻辑，人工智能领域的一个重要方向就是基于逻辑的人工智能。

④ 在计算机的设计与制造中，使用数字逻辑技术实现计算机各种运算的理论基础是代数和布尔代数。布尔代数只是在形式演算方面使用了代数的方法，其内容的实质仍然是逻辑。

⑤ 程序设计语言中的许多机制和方法，如子程序调用中的参数传递、赋值等都源于数理逻辑方法，数理逻辑的发展为语言学提供了方法论基础。语言可视为某种计算模型的外在表现形式。到目前为止，程序语义及其正确的理论基础仍然是数理逻辑或其基础上的模型。

数理逻辑近年来发展特别迅速，主要原因是这门学科对于数学其它分支如集合论、数论、代数、拓扑学等的发展有重大的影响，特别是对新近形成的计算机科学的发展起了推动作用。相应地，数学中其它学科的发展也推动了数理逻辑的发展。正是因为数理逻辑对于计算机科学理论的研究有着非常重要的作用，许多计算机科学的先驱者，既是数学家、又是逻辑学家，如阿兰·图灵、邱奇等。

§10.2 集 合 论

集合论（Set Theory）是现代数学的基础，它起源于 16 世纪末期数集的研究。直到 1876～1883 年德国数学家康托尔（Gaorg Cantor）发表了一系列有关集合论的论文，从而奠定了集合论的基础，康托尔也因此被公认为是集合论的创始人。

集合论是从一个比"数"更简单的概念——集合（Sets）出发，定义数及其运算，进而发展到整个数学。随着集合论的发展，在 1890 年出现了各种悖论。1904～1908 年，策墨罗（Zemelo）提出了集合论的公理系统，从此统一了数学哲学中的一些矛盾，并且集合论的观点被渗透到古典分析、

泛函、概率、函数以及信息论、排队论等现代数学的各个领域，不仅可用来表示数及其运算，还可用于非数值信息的表示和处理。

集合论是数学中最富创造性的伟大成果之一，其基本概念已渗透到数学的所有领域，且不断促进着许多数学分支的发展，是整个现代数学的基础。20 世纪，集合论得到迅速发展和创新，相继出现 Fuzzy 集合论（模糊集合论）与可拓集合论，以解决实际中出现的新问题。

10.2.1 集合的基本概念

集合是具有某种共同特性的一组对象的全体，人们通常把一些对象的全体称为一个集合，把组成一个集合的那些对象称为该集合的一个元素（Element）。如果元素的个数是有限的，则称为有限集合，如果元素个数是无限的，则称为无限集合。因此，集合是描述人脑对客观事物的识别和分类的数学方法。

1. 集合的表示

集合（Set）是所要研究的一类对象的整体或具有共同特征的对象的汇集。通常用大写的英文字母 A、B、C、…表示，它的元素通常用小写的英文字母 a、b、c、…表示。表示一个集合的方法通常有列举法和描述法。

（1）列举法（也称枚举或穷举法）：就是列举出集合的所有元素，元素之间用逗号隔开，并把它们用花括号括起来，如 A={a,b,c,d}。有时列举法无法列出所有元素时，也可以采用元素的一般形式或适时地利用省略号，如 A={1,2,3,…,n,…}。

（2）描述法：不要求列出集合中的所有元素，只要求把集合中的元素具有的性质或满足的条件用文字或字符描述出来即可。例如，B={x|x 是大于等于 8 的正整数}表示集合 B 是由大于等于 8 的正整数构成的，C={x|P(x)}表示集合 C 是由具有性质 P 的元素 x 构成的。

2. 集合间的关系

集合所要讨论的是一类对象的整体或具有共同特征的对象的汇集，其关系有以下定义。

【定义 10-8】设 A、B 为集合，如果 B 中的每个元素都是 A 中的元素，则称 B 是 A 的子集合，简称子集。这时也称 B 被 A 包含，或 A 包含 B，记为 $B \subseteq A$。若集合 A 不包含集合 B，则记为 $B \not\subseteq A$。包含的符号化表示为 $B \subseteq A \Leftrightarrow \forall x(x \in B \rightarrow x \in A)$。对任何集合都有 $A \subseteq A$。

【定义 10-9】设 A、B 为集合，如果 $A \subseteq B$ 且 $B \subseteq A$，则称 A 与 B 相等，记为 A=B，如果 A 和 B 不相等，则记为 A≠B。相等的符号化表示为 $A=B \Leftrightarrow A \subseteq B \land B \subseteq A$。

【定义 10-10】设 A、B 为集合，如果 $B \subseteq A$ 且 $B \neq A$，则称 B 是 A 的真子集。记为 $B \subset A$。如果 B 不是 A 的真子集，记为 $B \not\subset A$。真子集的符号化表示为：$B \subset A \Leftrightarrow B \subseteq A \land B \neq A$。

【定义 10-11】不含任何元素的集合称为空集，记为ϕ。可以符号化表示为ϕ={x|x≠x}。

空集是客观存在的，例如集合 A 是方程 $x^2+1=0$ 在实数集合上的解，则 A=ϕ。并且，空集是一切集合的子集，空集是唯一的。

【定义 10-12】给定集合 A，由集合 A 的所有子集为元素组成的集合，称为集合 A 的幂集，记为 P(A)。例如，设 A={a,b,c}，则 P(A)={ϕ,{a},{b},{c},{a,b},{a,c},{b,c},{a,b,c}}。

由此可见，若集合 A 有 n 个元集，则 P(A)有 2^n 个元素。

【定义 10-13】在一个具体问题中，如果所涉及的集合都是某个集合的子集，则称这个集合为全集，记为 E（或 U）。

3. 集合的运算

集合可以通过各种运算形成新的集合，集合的基本运算有并、交、差和补。

【定义 10-14】设 A 与 B 为集合，A 与 B 的并集 A∪B、交集 A∩B、B 对 A 的相对补集 A-B、A 与 B 的对称差集 A⊕B 分别定义为：

A∪B={x|(x∈A)∨(x∈B)}

A∩B={x|(x∈A)∧(x∈B)}

A-B={x|(x∈A)∨(x∉B)}

A⊕B=(A-B)∪(B-A)

对称差运算可等价定义为：A⊕B=(A∪B)-(A∩B)

例如，若 A={0,1,2}，B={2,3}，则有 A⊕B={0,1}∪{3}={0,1,3}或 A⊕B={0,1,2,3}-{2}={0,1,3}。

【注意】逻辑运算满足的交换律、结合律、分配律、摩根律、吸收律等，集合运算也同样满足。

10.2.2　关系和函数

关系和函数是数学中最重要的两个概念，在计算机科学的各个分支中，它们也是应用极为广泛的概念。例如，在各种计算机程序设计语言中，关系和函数都是必不可少的重要概念。

所谓关系，就是描述事物之间存在的某种联系。在集合中研究的关系主要有 3 种：等价关系、序关系和映射（函数）。这些关系都是建立在序偶和笛卡尔积概念上的二元关系。

1. 笛卡尔积

【定义 10-15】由两个元素 x 和 y（允许 x=y）按一定顺序排列的二元组称做一个序偶（也称有序对），记为<x,y>，其中 x 是它的第一元素，y 是它的第二元素。有序对具有如下特点：

① 当 x≠y 时，<x,y>≠<y,x>。

② 两个有序对相等，即<x,y>=<u,v>的充分必要条件是 x=u 且 y=v。

【定义 10-16】笛卡尔积：设 A、B 为集合，用 A 中元素作为第一元素，B 中元素作为第二元素，构成有序对，所有这样的有序对组成的集合称为 A 和 B 的笛卡尔积，记为 A×B。符号化表示为 A×B={(x,y)|x∈A∧y∈E}。

例如，有两个集合 A={a,b}，B={0,1,2}，则

　　A×B={<a,0>,<a,1>,<a,2>,<b,0>,<b,1>,<b,2>}

　　B×A={<0,a>,<0,b>,<1,a>,<1,b>,<2,a>,<2,b>}

根据排列组合的性质不难看出，假如 A 中有 m 个元素，B 中有 n 个元素，那么 A×B 共有 m*n 个元素。

2. 二元关系

二元关系是指集合中两个元素之间的某种相关性。例如，甲、乙、丙 3 个人进行乒乓球比赛，如果要决出 3 个人的成绩，那么一共要赛 3 场。假设 3 场比赛的结果是甲胜乙、丙胜甲、乙胜丙。如果用<x,y>表示 x 胜 y，则可将比赛结果记为{<甲,乙>,<丙,甲>,<乙,丙>}。

（1）二元关系的定义。

【定义 10-17】设 A，B 是两个集合，如果 R 是两个笛卡尔积 A×B 的一个子集，则称为从 A 到 B 的一个二元关系（简称关系）。特别地，当 A=B 时，则称为 A 上的二元关系。

如果 R 为从 A 到 B 的一个关系，对于任意 a∈A，b∈B，如果(a,b)∈R，则称 a 与 b 具有或满足关系 R，并记为 aRb。如果(a,b)∉R，则称 a 与 b 不具有或不满足关系 R，并记为 aR̸b。

对于任何集合 A 都有 3 种特殊的关系：

① 其中之一就是空集ϕ，称为空关系。

② 另外两种就是全域关系 E_A 和恒等关系 I_A。对任何集合 A：

$E_A = \{<x,y> | x \in A \wedge y \in A\} = A \times A$

$I_A = \{<x,y> | x \in A\}$

（2）二元关系的表示：二元关系通常有三种表示方式：

① 集合表示法。按照定义直接给出关系集合 R，上面讨论中的表示方法就是集合表示法。

② 矩阵表示法。设 R 是从有限集 $A = \{a_1, a_2, \cdots, a_m\}$ 到有限集 $B = \{b_1, b_2, \cdots, b_n\}$ 的关系，定义一个 $m \times n$ 阶矩阵 $M_R = (r_{ij})_{m \times n}$。

③ 关系图表示法。设 R 是从有限集 $A = \{a_1, a_2, \cdots, a_m\}$ 到有限集 $B = \{b_1, b_2, \cdots, b_n\}$ 的关系，把 A，B 的元素分别写入两个不相交的圈，然后用一个从 a 到 b 的箭头来表示 aRb。

（3）二元关系的运算：关系的基本运算有多种，这里简要介绍关系的逆运算和复合运算。

【定义 10-18】设 R 是二元关系，那么 R 中所有的有序对的第一元素构成的集合称为 R 的定义域（Domain），记为 Dom(R)；有序对的第二元素构成的集合称为 R 的值域（Range），记为 Ran(R)；定义域和值域的并集称为 R 的域，记为 Fld(R)。关系 R 的定义域 Dom(R)、值域 Ran(R) 和域 Fld(R) 的符号化表示分别为：

$Dom(R) = \{x | \exists y(<x,y> \in R)\}$

$Ran(R) = \{y | \exists x(<x,y> \in R)\}$

$Fld(R) = Dom(R) \cup Ran(R)$。

设 F、G 为二元关系，则

① F 的逆记为 F^{-1}，$F^{-1} = \{<x,y> | <y,x> \in F\}$。

② F 与 G 的左复合记为 $G \circ F$，$G \circ F = \{(<x,y> | \exists z <x,y> \in G \wedge <z,y> \in F)\}$

③ F 与 G 的右复合记为 $G \circ F$，$G \circ F = \{(<x,y> | \exists z <x,y> \in F \wedge <z,y> \in G)\}$

（4）二元关系的性质：关系的性质主要有自反性、反自反性、对称性、反对称性、传递性 5 种。假设二元关系为集合 A 上的关系，则有

① 自反性。若对于任意 x 属于集合 A，都有 $x \in A \rightarrow <x,x> \in R$，则称 R 在 A 上是自反的。

② 反自反性。若对于任意 x 属于集合 A，都不存在 $x \in A \rightarrow <x,x> \in R$，则称 R 在 A 上是反自反的。

③ 对称性。若对于任意 x、y 属于集合 A，都有 $x,y \in A \wedge <x,y> \in R \rightarrow <y,x> \in R$，则称 R 为 A 上的对称关系。

④ 反对称性。若对于任意 x、y 属于集合 A，都有 $x,y \in A \wedge <x,y> \in R \wedge <y,x> \in R \rightarrow x=y$，则称 R 为 A 上的反对称关系。

例如，A 的全域关系、恒等关系、空关系 ϕ 都是 A 的对称关系。而恒等关系和空关系则是 A 的反对称关系。

⑤ 传递性。若对任意的 x、y、z 属于集合 A，都存在 $x,y,z \in A \wedge <x,y> \in R \wedge <y,z> \in R \rightarrow <x,z> \in R$，那么，就称 R 为 A 上的传递关系。例如，A 上的全域关系、恒等关系和空关系 ϕ 都是 A 上的传递关系。

（5）两类重要的二元关系。

① 等价关系。设 R 为非空集合 A 上的二元关系，若 R 具有自反性、对称性和传递性，则称 R 为 A 上的等价关系。利用等价关系，可以对一些对象进行分类，如集合上的恒等关系即是等价关系。

② 偏序关系。设 R 为非空集合 A 上的二元关系，若 R 具有自反性、反对称性和传递性，则称 R 为 A 上的偏序关系，记为 $\leqslant$。集合 A 和 A 上的偏序关系 R 一起称作偏序集，记为 $(A, \leqslant)$。利

用偏序关系，可以为集合的元素排序、确定计算机程序的执行顺序等。例如，整数集上的大于等于关系、小于等于关系就是偏序关系。

【定义 10-19】设<A,≼>为偏序集，对任意的 x,y∈A，如果 x≤y 或者 y≤x 成立，则称 x 与 y 是可比的；如果既没有 x≤y 成立，也没有 y≤x 成立，则称 x 与 y 是不可比的。

如果 x<y（即 x≤y 且 x≠y），且不存在 z∈A 使得 x<y<z，则称 y 覆盖 x。

【定义 10-20】设<A,≼>为偏序集，B⊆A，∃y(y∈B)：

① 若 ∀x(x∈B→y≤x)成立，则称 y 为 B 的最小元。

② 若 ∀x(x∈B→x≤y)成立，则称 y 为 B 的最大元。

③ 若¬∃x(x∈B∧x<y)成立，则称 y 为 B 的极小元。

④ 若¬∃x(x∈B∧y<x)成立，则称 y 为 B 的极大元。

【定义 10-21】设<A,≼>为偏序集，B⊆A，∃y(y∈A)：

① 若 ∀x(x∈B→x≤y)成立，则称 y 为 B 的上界。

② 若 ∀x(x∈B→y≤x)成立，则称 y 为 B 的下界。

③ 令 C={y|y 为 B 的上界}，则称 C 的最小元为 B 的最小上界或上确界。

④ 令 D={y|y 为 B 的下界}，则称 D 的最大元为 B 的最大下界或下确界。

3. 函数

函数（Functions）也称映射（Mapping），它是一种具有特殊性质的二元关系。

（1）函数的定义。

【定义 10-22】设 A、B 为两个任意集合，f 是 A、B 上的一个二元关系，若对于每一个 a∈B，使<a,b>∈f，则称 f 为从 A 到 B 上的函数（映射），记为 f:A→B。称 a 为原像，b 为 a 在 f 作用下的像，记为 f(a)=b；称 f(X)={f(x)|x∈X}为集像；dom f 和 ran f 分别为 f 的定义域和值域。例如有以下关系：

f1={<x_1,y_1>,<x_2,y_1>,<x_3,y_2>}，

f2={<x_1,y_1>,<x_1,y_2>,<x_2,y_1>,<x_3,y_2>}

判断它们是否为函数。因为对于 x_1∈dom f，有 x_1fy_1、x_1fy_2 同时成立。故 f_1 是函数，f_2 不是函数。

由于这里讨论的函数也是集合，因此，我们可以用集合相等来定义函数的相等。

【定义 10-23】设 f:A→B，g:C→D，若 A=C，B=D，且 f(x)=g(x)，则称函数 f 和 g 相等。

（2）函数的性质：指函数 f:A→B 的满射、单射或双射的性质。函数性质如图 10-1 所示。下面给出这些性质的定义。

【定义 10-24】设 f:A→B，则存在如下 3 种情况：

① 若 ranf=B，则称 f:A→B 是满射的。

② 若 ∀y∈ranf 都存在唯一的 x∈A 使得 f(x)=y，则称 f:A→B 是单射的。

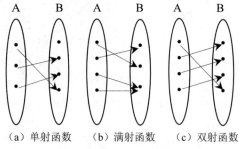

（a）单射函数　（b）满射函数　（c）双射函数

图 10-1　函数的性质

③ 若 f:A→B 既是满射又是单射的，则称 f:A→B 是双射的。

由定义不难看出：如果 f:A→B 是满射的，则对于任意的 y∈B 都存在 x∈A，使得 f(x)=y。如果 f:A→B 是单射的，则对于 x_1,x_2∈A，x_1≠x_2，一定有 f(x_1)≠f(x_2)。换句话说，如果对于 x_1,x_2∈A

有 $f(x_1)=f(x_2)$，则一定有 $x_1=x_2$。

【例 10-9】对于以下各题给定的 A、B 和 f，判断是否构成 $f:A{\rightarrow}B$。如果是，说明 $f:A{\rightarrow}B$ 是否为满射、单射或双射的，并根据要求进行计算。

① A={1,2,3,4,5}，B={6,7,8,9,10}，f={<1,8>,<3,9>,<4,10>,<2,6>,<5,9>}。

② A,B 同①，f={<1,7>,<2,6>,<4,5>,<1,9>,<5,10>}。

③ A,B 同①，f={<1,8>,<3,10>,<2,6>,<4,9>}。

④ A=B=R，$f(x)=x^3$。

解：

① 能构成 $f:A{\rightarrow}B$，但既不是单射也不是满射的。因为 f(3)=f(5)=9，且 $7 \notin$ ranf。

② 不能构成 $f:A{\rightarrow}B$，因为 f 不是函数，<1,7>∈f 且<1,9>∈f，与函数定义矛盾。

③ 不能构成 $f:A{\rightarrow}B$，因为 dom f={1,2,3,4}≠A。

④ 能构成 $f:A{\rightarrow}B$，且 $f:A{\rightarrow}B$ 是双射的。

10.2.3　集合论在计算机科学中的应用

集合论与计算机科学及应用的研究有着非常密切的关系，典型的应用如数据库原理中的关系代数、粗糙集理论、模糊集理论。例如，计算机内部的所有信息、各种编码都是字符的集合；在关系数据库中的数据模型都是以集合、二元关系、多元关系和关系代数为理论基础的；在数据库中数据的删除、插入、排序，数据间关系的描述，数据的组织和查询等都很难用传统的数值计算来处理，却可以简单地用集合运算加以实现。由于集合论的语言适合于描述离散对象及其关系，因此它是计算机科学与工程的理论基础，不仅可以表示数与数的运算，还可以应用于非数值领域信息的表示和处理，所以在程序设计语言、数据结构、操作系统、数据库以及人工智能等领域获得了广泛应用。

关系和函数是集合论中两个重要的内容。关系在计算机科学的各个分支中，具有极为广泛的应用。例如两个数之间有大于、等于、小于关系；元素与集合之间有属于、不属于关系；计算机程序的输入和输出构成一个二元关系；教学管理数据库应用系统中的教师与学生的关系、学生与课程之间的关系；计算机程序之间有调用和被调用关系。

函数在各种计算机程序设计语言中有着非常重要的作用地位，函数（子程序）是简化程序设计和提高程序设计效率的有效措施，更是实现模块化程序设计的有效手段。

总之，集合论为刻画数据之间的联系提供了一种数学模型——关系，它仍然是一个集合。集合论的思想、原理和方法已成为计算机科学与技术领域的基础之一。作为一个能从已有的信息和知识生成解决问题的策略工具，目前集合论已被广泛地应用于计算机决策系统与专家系统等与人工智能相关的学科中。

§10.3　代数结构

在进行离散结构研究过程中，自然会想到对谓词逻辑和集合作进一步抽象研究，不管对象集合的具体特性，也不管对象集合上运算的具体意义，重点讨论这些数学结构的一般特性，这就是抽象代数研究的内容。在抽象代数学中，由对象集合及运算组成的数学结构称为代数结构（Algebraic Structure）。它是人们在研究和考察现实世界中的各种现象或过程时，针对某个具体问题选用适宜的数学结构去进行较为确切的描述，因而也是现实世界中的一种离散结构。

10.3.1 代数结构的基本概念

代数结构是由一个集合和定义在集合上的运算构成的系统，因而常将其称为代数系统。由对象集合及运算组成的代数系统是一种数学模型，具有数据元素性质。

1. 二元运算定义

一个抽象代数结构有三方面的要素：集合、集合上的运算以及说明运算性质或运算之间关系的公理。其中，运算是特定集合上的函数，是代数结构的核心。

【定义 10-25】设 S 为集合，函数 f:S×S→S 称为 S 上的二元运算，简称为二元运算。

验证一个运算是否为集合 S 上的二元运算主要考虑以下两点：

（1）S 中任何两个元素都可以进行这种运算，且运算的结果是唯一的。

（2）S 中任何两个元素的运算结果都属于 S，即 S 对该运算是封闭的。

例如，$f: N×N→N$, $f(<x,y>)=x+y$

这是自然数集合 N 上的二元运算。而

$f:N×N→N$, $f(<x,y>)=x-y$

则不是自然数集合 N 上的二元运算，称 N 对减法不封闭。类似于二元运算，也可以定义集合 S 上的一元运算。

【定义 10-26】设 S 为集合，函数 f: S→S 称为 S 上的一元运算，简称为一元运算。

2. 二元运算性质

（1）设。为 S 上的二元运算，如果对于任意的 $x,y∈S$ 有 $x∘y=y∘x$，则称运算。在 S 上满足交换律。

（2）设。为 S 上的二元运算，如果对于任意的 $x,y,z∈S$ 有 $(x∘y)∘z=z∘(y∘z)$，则称运算。在 S 上满足结合律。

（3）设。为 S 上的二元运算，如果对于任意的 $x∈S$ 有 $x∘x=x$，则称运算。在 S 上满足幂等律。如果 S 中的某些 x 满足 $x∘x=x$，则称 x 为运算。的幂等元。

【注意】普通加法和乘法不适合幂等律。但 0 是加法的幂等元，0 和 1 是乘法的幂等元。

（4）设。和*为 S 上两个不同的二元运算，如果对于任意的 $x,y,z∈S$，有

$x*(y∘z)=(x*y)∘(x*z)$ （左分配律）

$(y∘z)*x=(y*x)∘(z*x)$ （右分配律）

则称。运算对*运算满足分配律。

（5）设。和*为 S 上两个不同的二元运算，如果。和*都可交换，并且对于任意的 $x,y∈S$ 有 $x*(x∘y)=x$ 和 $x∘(x*y)=x$，则称。和*运算满足吸收律。

3. 运算中的特殊元素

集合中有些元素在运算过程中具有特殊的性质，它们是集合运算中的特殊元素。设。为 S 上的二元运算，$e_1,e_r,θ_1,θ_r,e,θ$ 有

（1）幺元：若 $x∈S$，有 $e_1∘x=x$，称 e_1 为运算。的左幺元。

若 $x∈S$，有 $x∘e_r=x$，称 e_r 为运算。的右幺元。

（2）零元：若 $x∈S$，有 $θ_1∘x=θ_1$，称 $θ_1$ 为运算。的左零元。

若 $x∈S$，有 $x∘θ_r=θ_r$，称 $θ_r$ 为运算。的右零元。

（3）逆元：令 e 为 S 中关于运算。的单位元。对于 $x∈S$，

如果存在 $y_1∈S$ 使得 $y_1∘x=e$，则称 y_1 是 x 的左逆元。

如果存在 $y_r \in S$ 使得 $x \circ y_r = e$，则称 y_r 是 x 的右逆元。

若 $y \in S$ 既是 x 的左逆元又是 x 的右逆元，则称 y 为 x 的逆元。如果 x 的逆元存在，就称 x 是可逆的。

4. 代数结构的定义

代数结构通常指由以下 3 部分组成的数学结构。

① 一个非空集合 S，称为代数结构的载体。

② S 上的若干运算。

③ 一组刻画载体 S 上各运算所满足性质的公理。

通常，代数结构用一个多元序组 $<S, \Delta, *, \cdots>$ 来表示，其中，S 是载体，Δ、$*$、$\cdots$ 为各种运算。有时，S 中地位比较特殊的元素（如幺元、零元、逆元）也会被列入这个多元组的末尾。例如，以自然数集 N 为载体，"+"运算可以作为二元运算组成一个代数结构，记为 $<N,+>$。又如，$<N,+>$，$<Z,+,\cdot>$，$<R,+, \cdot>$ 都是代数系统，其中 + 为普通加法，$\cdot$ 为普通乘法。

10.3.2 格与布尔代数

格与布尔代数是典型的代数结构，它们之间有密切的联系，格与布尔代数的载体都是一个有序集，这一有序关系的建立及其与代数运算之间的关系是研究的重点。格与布尔代数在代数学、逻辑理论研究及实际应用（如计算机与自动化领域）中都有重要的地位。作为计算机设计基础的数字逻辑系统就是布尔代数。

1. 格

【定义 10-27】称有序集 $<A, \leqslant>$ 为格（Lattice）。如果 A 的任何两个元素的子集都有上确界和下确界，通常用 $a \vee b$ 表示 $\{a,b\}$ 的上确界，用 $a \wedge b$ 表示 $\{a,b\}$ 的下确界。

图 10-2（a）所示的有序集是格，而图 10-2（b）所示的有序集不是格。

【定义 10-28】称格 $<A, \vee, \wedge>$ 为分配格。如果它满足分配律，即对任意的 $a,b,c \in A$，

$$a \wedge (b \vee c) = (a \wedge b) \vee (a \wedge c)$$
$$a \vee (b \wedge c) = (a \vee b) \wedge (a \vee c)$$

例如，图 10-2（a）即为一个分配格。

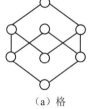 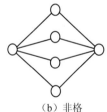

（a）格　（b）非格

图 10-2　格举例

【定义 10-29】称 $<A, \vee, \wedge>$ 为有界格。如果 A 中既有上确界 1，又有下确界 0，则 0 和 1 称为 A 的界。对于 A 中的一个元素 a，如果有

$$a \vee b = 1, \quad a \wedge b = 0$$

则称 b 为 a 的补元或补，记为 a'。如果 A 中的每个元素都有补元或补，则 $<A, \vee, \wedge>$ 称为有补格。

2. 布尔代数的定义

【定义 10-30】我们把代数系统 $<B, \vee, \wedge>$ 称为布尔代数。如果一个格是有补分配格，则称它为布尔格或布尔代数。如果 B 满足以下条件：

① 运算 $\vee$、$\wedge$ 满足交换律。

② $\vee$ 运算对 $\wedge$ 运算满足分配律，$\wedge$ 运算对 $\vee$ 运算也满足分配律。

③ B 有 $\vee$ 运算幺元 0 和 $\wedge$ 运算零元 0、$\wedge$ 运算幺元 1 和 $\vee$ 运算零元 1。

④ 对 B 中的每一个元素 a，均存在元素 a'，使

$$a \vee a' = 1, \quad a \vee a' = 0$$

换句话说，一个有补分配格就是布尔代数。

10.3.3   代数结构在计算机科学中的应用

抽象代数在计算机科学中有着广泛的应用，例如自动机理论、编码理论、形式语义学、代数规范、密码学、算法计算的复杂性、刻画抽象的数据结构等，都需要现代代数结构知识。代数结构在计算机科学中的作用主要表现在以下 3 个方面。

1. 为计算学科研究提供精确简洁的形式化语言

随着计算机科学与技术研究的深层次发展，对于微观和宏观世界中存在的复杂的自然规律，需要抽象、准确、简洁地进行表述，这正是数学的形式化语言所做的工作。数学模型就是运用数学的形式化语言，在观测和实验的基础上建立起来的，它有助于人们从本质上认识和把握客观世界。数学中众多的定理和公式就是典型的简洁而精确的形式化语言。

2. 为计算学科研究提供严密的逻辑推理工具

数学因其具有严密的逻辑性使它成为建立一种理论体系的重要工具。计算机科学中的各种公理化方法、形式化方法都是用数学方法研究推理过程，把逻辑推理形式加以公理化、符号化，为建立和发展计算机科学的理论体系提供了有效的途径。例如数理函数、人工智能语言、数字逻辑系统等，都是基于布尔代数的。

3. 为计算学科研究提供定量分析和计算方法

一门科学从定性分析发展到定量分析是成熟的标志，是量变到质变的结晶，数学方法在其中起到了至关重要的作用。计算机的问世为科学的定量分析和理论计算提供了必要条件，使一些过去虽然能用数学语言描述，但无法求解或不能及时求解的问题找到了解决的方法，这完全得益于数学的支撑。代数结构是计算学科中一种重要的数学方法，冯·诺依曼以前的计算机由于缺乏最合理结构的全面分析与理论依据，无法实现重大突破。直到 19 世纪中期至 20 世纪中期，由布尔、香农、诺伯特·维纳、图灵和冯·诺依曼等人在计算机相关理论上的突破和概念上的创新，以致形成了现代计算机科学的理论基础，构成了现代计算机的体系。

§10.4   图论

图论（Graphic Theory）是既古老又年轻的学科，也是近年来发展迅速而又应用广泛的一门新兴学科。早在 18 世纪初，研究人员就已经运用图作为工具来解决一些实际问题，最早应用于电路网络分析和工程科学。但是，图的理论研究和应用研究并未真正得到广泛重视，随着科学技术的发展，直到 20 世纪中、后期才真正确立了图论在数学领域的地位，它在解决运筹学、网络理论、信息论、控制论和计算学科中的问题时，越来越显示出其独特的优越性。

10.4.1   图论的基本概念

1. 什么是图论

图论是组合数学的一个分支，是研究边和点的连接结构的数学理论。图论的研究起源于有名的哥尼斯堡七桥问题（我们在第§2.4 中进行了介绍）。即用图论来解决的问题是：若在几个城市之间建立起通信网络，使得每两个城市都有直接或间接的通信线路，可用一种自然、直观的描述方法来描述。具体方法是：用一个结点代表一个城市，用结点之间的连线代表相应两个城市之间的通信线路，若在连线旁边附加一个数值，则可表示该通信线路的造价。

图论被用于描述各种复杂的数据图，如铁路交通图、通信网络结构、国家之间的外交关系、人与人之间的社会关系等。离散数学是计算机科学的重要数学基础，而图论则是离散数学的重要组成部分。

【定义 10-31】图是由非空的结点集合和一个描述结点之间关系——边（弧）的集合组成的一个三元组 $< V(G), E(G), \varphi_c >$，其中：

（1）V(G)是一个非空结点集合，它的元素称为结点或顶点（Nodes 或 Vertices）。

（2）E(G)是边集合，其成员称为边（Edges）。

（3）φ_c 是从边集合 E(G)到无序偶集合 $V(G) \times V(G)$ 上的函数，称为边与结点的关联映射（Associatve mapping）。

显然，图论也是一种数据结构，它由两个集合及其关联映射所组成。

图也可以使用图形形象化地表示，例如定义图 $G =< V(G), E(G), \varphi_c >$，其中：V(G)={a,b,c,d}，E(G)={e_1, e_2, e_3, e_4, e_5}，$\varphi_c(e_1) = (a, b)$，$\varphi_c(e_2) = (a, c)$，$\varphi_c(e_3) = (b, c)$，$\varphi_c(e_4) = (a, d)$，$\varphi_c(e_5) = (b, d)$。

它所对应的图形表示如图 10-3 所示，我们将其称为图的图形表示，并且这种表示不是唯一的。

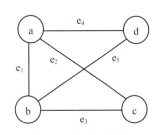

图 10-3 图的图形表示

2. 图的相关概念

通常，图中的边（Edge）与两个结点相关联，所以一般地将一个图简记为 G=<V,E>，其中 V 表示非空结点集合，E 表示边集。若边与结点无序偶(v_i, v_k)相关联，则称该边为无向边（Undirected edge），图示以不带箭头的实线表示。若边与结点有序偶$<v_i, v_k>$相关联，则称该边为有向边，图示以带箭头的实线表示。每一条边都是有向边的图称为有向图（Directed graph），每一条边都是无向边的图称为无向图（Undirected graph）。如果图中既有无向边，又有有向边，则称该图为混合图（Mixed graph）。

关联于同一条边的两个结点称为邻接点，关联于同一结点的两条边称为邻接边。关联于同一结点的一条边称为自回路或环，环既可以视为有向边，也可以视为无向边。连接于同一对结点间的多条边称为平行边，含有平行边的图称为多重图。不含平行边和环的图称为简单图。如果图的每条边标有一个正数，该正数称为边的权重，该图称为加权图（Weighted graph）或带权图。

在一个图中不与任何结点邻接的结点称为孤立结点，仅由孤立结点构成的图称为零图，仅由一个孤立结点构成的图称为平凡图。

在图 G=<V,E>中，与结点 $v \in V$ 关联的边数称为结点 v 的度数，记作 deg(v)。如果 G 是有向图，射入 v 的边数称为结点 v 的入度（Indegree），从结点 v 射出的边数称为结点 v 的出度（Outdegree）。结点 v 的度数 deg(v)等于结点 v 的入度与出度之和，即：

$\triangle(G)=\max\{\deg(v)|v \in V(G)\}$ 称为 G=(V,E)的最大度。

$\delta(G)=\text{mix}\{\deg(v)|v \in V(G)\}$ 称为 G=(V,E)的最小度。

【定义 10-32】（欧拉定理）设图 G=(V,E)，其结点度数的总和等于边数的两倍，即

$$\sum_{v \in V} \deg(v) = 2|E|$$

证明：因为图中每条边关联两个结点，而一条边为每个关联结点贡献的度数为 1，因此，一个图中结点度数的总和等于边数的两倍。

【定义 10-33】在任何图中，度数为奇数的结点个数必是偶数。

证明：设 V_1 为图 G 中度数为奇数的结点集，V_2 为图 G 中度数为偶数的结点集，则

$$\sum_{v \in V_1} \deg(v) + \sum_{v \in V_2} \deg(v) = 2 \mid E \mid$$

由于 $\sum\limits_{v \in V_2} \deg(v) = \mid E \mid$ 为偶数之和，2|E|又为偶数，又因偶数个奇数之和为偶数，所以 $\sum\limits_{v \in V_1} \deg(v) = \mid E \mid$ 必为偶数。

【定义 10-34】 K_n 的边数为 n(n-1)/2。

证明：在 K_n 中任意两个结点都有边相连，由于 n 个结点中任取两个结点的组合数为 $C_n^2 = \frac{1}{2} n(n-1)$，故 K_n 的边数为|E|=n(n-1)/2。对于有向完全图，它的边数也为 n(n-1)/2。

【定义 10-35】 简单图 G=<V,E>中若每一对结点间都有边相连，则称该图为完全图。具有 n 个结点的无向图 G 如果具有 n(n-1)/2 条边，则称 G 为无向完全图（Undirected complete graph），记作 K_n。如果 K_n 中对每一条边任意确定一个方向，即 n 个结点的有向图 G 具有 n(n-1)条弧，则称 G 为有向完全图（Directed complete graph）。对于有向完全图 G 的每两个不同结点对之间都有两条不同方向的弧将它们连接起来。

例如图 10-4 所示的图具有 4 个结点且有 4×(4-1)/2=6 条边，因此是一个无向完全图；图 10-5 所示的图具有 4 个结点且有 4×(4-1)=12 条弧，因此是一个有向完全图。

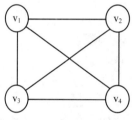

图 10-4　无向完全图

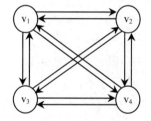

图 10-5　有向完全图

10.4.2　路径、回路与连通图

1. 路径

【定义 10-36】 给定图 G=<V,E>，设 $v_0, v_1, \cdots, v_n \in V$，$e_1, e_2, \cdots, e_n \in E$，其中 e_i 是关联结点 v_{i-1} 和 v_i 的边，交替序列 $v_0 e_1 v_1 e_2 \cdots e_n v_n$ 称为连接 v_0 到 v_n 的路径（Walk）。v_0 和 v_n 分别称作路的起点和终点，边的数目 n 称作路径的长度。路径长度定义为该路径上边的数目。

2. 回路

【定义 10-37】 给定图 G=<V,E>，设 $v_0, v_1, \cdots, v_n \in V$，$e_1, e_2, \cdots, e_n \in E$，当 $v_0 = v_n$ 时，这条路径称作回路（Circuit）或环（Cycle）。若一条路径中所有的边 $e_1, e_2, \cdots, e_n$ 均不相同，这条路径称作迹。若一条路径中所有的结点 $v_0, v_1, \cdots, v_n$ 均不同，则称作通路（Path）。除 $v_0 = v_n$ 外，其余结点均不相同的路径称作圈。

3. 连通图

【定义 10-38】 在无向图 G 中，结点 u 和 v 之间若存在一条路，则结点 u 和 v 称为是连通的。若图 G=<V,E>的任意两个结点均有路径连通，则 G 称为连通图（Connected graph），否则称为非连通图（Unconnected graph）。

无向图的连通性概念不能直接应用在有向图中，在有向图 G=<V,E>中，从结点 u 到 v 有一条路，则称 u 到 v 是可达的。它是有向图结点集合上的一个自反的、传递的二元关系。

【定义 10-39】简单有向图 G=<V,E>中，任意一对结点间至少有一个结点到另一个结点是可达的，则称这个图为单效连通。如果图 G 中的任意两个结点之间都是互可达的，则称这个图为强连通（Strongly connected graph）图。如果在图 G 中略去方向，将它看成是无向图，图是连通的，则称该有向图为弱连通（Weakly connected graph）的。强连通必为单侧连通，而单侧连通必为弱连通；其逆不成立。连通图如图 10-6 所示。

（a）强连通　　　　　　　（b）单向连通　　　　　　（c）弱连通

图 10-6　连通图

10.4.3　欧拉图和哈密尔顿图

"欧拉回路问题"和"哈密尔顿回路问题"，连同"中国邮政问题"和"旅行商问题"，都是图论中的典型问题，也是计算机科学中的经典问题。

1. 欧拉图

人们常把哥尼斯堡七桥回路称为欧拉图，自 1736 年瑞士数学家欧拉（Euler）发表了《与位置几何有关的一个问题的解》的论文后，引起了世界范围内的关注和深入研究。

【定义 10-40】设图 G=<V,E>是连通无向图，则将通过图中所有边一次，且仅一次行遍图中所有结点的通路称为欧拉通路；通过图中所有边一次，且仅一次行遍所有结点的回路称为欧拉回路。具有欧拉回路的图称为欧拉图。

【定理 10-35】无向图 G=<V,E>具有欧拉回路（即 G 是欧拉图）的充分必要条件是：当且仅当 G 是连通图，而且 G 中所有结点的度数都是偶数。

这个定理给出了判别欧拉图的一个非常简单有效的方法，利用这个方法可以立即看出哥尼斯堡七桥回路问题是无解的。因为哥尼斯堡七桥回路问题所对应的图中每个结点的度数均为奇数。

【定理 10-36】无向图 G=<V,E>具有欧拉通路的充分必要条件是：当且仅当 G 是连通图，而且 G 中恰有两个结点的度数是奇数，其余结点的度数都是偶数。

【例 10-12】设有一个如图 10-7 所示的街道，邮递员从邮局 a 出发沿路投递邮件，问是否存在一条投递路线，使邮递员从邮局出发通过所有街道一次再回到邮局。

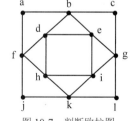

图 10-7　判断欧拉图

解：定理 10-35 和定理 10-36 给出的欧拉回路和欧拉通路问题是一个实用性很强的问题。就本问题而言，实际上就是判断图 10-7 是否为欧拉图。由于该图是连通的，并且没有一个结点的度数是偶数。根据定义 10-40 可知，这是一个欧拉图，所求的投递线路是存在的。欧拉回路有多条，下面是其中的一条：

P：（a,b,c,g,e,b,d,e,i,g,l,k,i,h,k,j,f,h,d,f,a）

【提示】有一种叫做一笔画的智力游戏，即在画图过程中要求笔尖一直不离开纸面且不重复，将图完整画出来，这其实也是判断是否具有欧拉回路或欧拉通路问题。

2. 哈密尔顿图

哈密尔顿图是 1857 年爱尔兰物理学家和数学家威廉·哈密尔顿（William R.Hamilton）提出的

周游世界的数学游戏。游戏的规则是：设有一个如图 10-8 所示的正十二面体，它有 20 个顶点，把每个顶点看作一个城市，把正十二面体的 30 条边看成连接这些城市的道路。这个游戏可作为判别一个有向图是否具有欧拉回路或欧拉通路的充分必要条件。

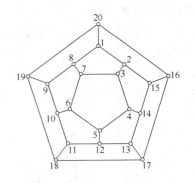

图 10-8　周游世界游戏示意图

【定义 10-41】 设图 G=<V,E>是连通无向图，若 G 中存在一条通路经过图中所有结点一次且仅一次，则该通路称为哈密尔顿通路；若 G 中存在一条回路经过图中所有结点一次且仅一次，则该回路称为哈密尔顿回路。具有哈密尔顿回路的图称为哈密尔顿图。

【例 10-13】 指出图 10-9 中哪些具有哈密尔顿回路，在没有哈密尔顿回路的图中指出哪些具有哈密尔顿通路。

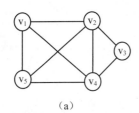　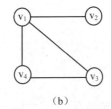　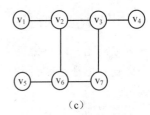

（a）　　　　　　　　　（b）　　　　　　　　　（c）

图 10-9　哈密尔顿图判断

解：图（a）有哈密尔顿回路，回路路径为 $v_1v_2v_3v_4v_5v_1$，该图是哈密尔顿图。

图（b）没有哈密尔顿回路，但有哈密尔顿通路，通路路径为 $v_2v_1v_4v_3$。

图（c）既没有哈密尔顿回路，也没有哈密尔顿通路。

3. 欧拉图和哈密尔顿图的区别

欧拉图和哈密尔顿图研究目的不同，前者是遍历图的所有边，后者是遍历图的所有结点，虽然都是遍历问题，但两者的困难程度却大不相同。现在已满意地解决了欧拉图的问题，而至今尚未找到无向图具有哈密尔顿回路的充分必要条件。到目前为止，只找到了一个无向图存在哈密尔顿回路的充分条件，那就是下面的定理。

【定理 10-37】 设图 G=<V,E>是具有 n 个结点的无向连通图，当 n≤3 时，如果图 G 中每个结点的度数至少为 n/2，则 G 中有哈密尔顿回路。

10.4.4　图的矩阵表示

图的表示方法很多，可以用集合来表示，也可以用图形来表示，还可以用矩阵来表示。但用集合来表示图和用图形来表示图都不便于计算机处理，用矩阵表示图，不仅便于用代数方法研究图的性质，而且便于计算机处理。由于图是一种复杂的非线性数据结构，结点之间的关系错综复杂，因此对应的存储结构也是多种多样的。图的常用存储结构有邻接矩阵、关联矩阵等。这里，以邻接矩阵和关联矩阵为例，介绍图的存储结构。

1. 邻接矩阵

邻接矩阵是将图的逻辑结构数学化的一种重要方式，表示结点之间的邻接关系，即表示结点之间有边或没有边的情况。设 G=<V,E,φ>是一个有 n 个结点的简单有向图，其中，V={$v_1,v_2,\cdots,v_n$}，E={$e_1,e_2,\cdots,e_m$}，φ 为结点与边的关联映射。那么，n×m 矩阵 A=$(a_{ij})_{n\times m}$，则

$$a_{ij}=\begin{cases} 1 & (v_i,v_j)\in E \ 或 <v_i,v_j>\in E \\ 0 & (v_i,v_j)\notin E \ 或 <v_i,v_j>\notin E \end{cases}$$

称为图 G 的邻接矩阵（Adjacency Matrix），记为 A(G)。

【例 10-14】写出图 10-10 所示的简单有向图。

解：图 10-10 的 V＝{v_1,v_2,v_3,v_4}，可得到的邻接矩阵如图 10-11 所示。

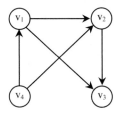

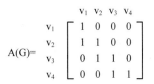

$$A(G)=\begin{array}{c} \\ v_1 \\ v_2 \\ v_3 \\ v_4 \end{array}\begin{array}{cccc} v_1 & v_2 & v_3 & v_4 \\ \left[\begin{array}{cccc} 1 & 0 & 0 & 0 \\ 1 & 1 & 0 & 0 \\ 0 & 1 & 1 & 0 \\ 0 & 0 & 1 & 1 \end{array}\right] \end{array}$$

图 10-10　简单有向图　　　　　　图 10-11　邻接矩阵

邻接矩阵多用于简单有向图。需要注意的是，无向图的邻接矩阵是对称的，而有向图的邻接矩阵却不一定是对称的。

2. 关联矩阵

设 G=(V,E,φ) 是简单无向图，其中，V={$v_1,v_2,\cdots,v_n$}，E={$e_1,e_2,\cdots,e_m$}，φ 为结点与边的关联映射。那么，n×m 矩阵 M=$(m_{ij})_{n\times m}$，则

$$m_{ij}=\begin{cases} 1 & v_i \ 是 \ e_j \ 的端点 \\ 0 & v_i \ 与 \ e_j \ 不关联 \end{cases}$$

称为图 G 的关联矩阵（Incidence Matrix），记为 M(G)。

【例 10-15】写出图 10-12 所示无向图的关联矩阵。

解：图 10-12 所示无向图的 V 和 E 为：

V＝{v_1,v_2,v_3,v_4,v_5}，E＝{$e_1,e_2,e_3,e_4,e_5,e_6,e_7$}

可以得到图 10-13 所示的关联矩阵。

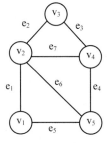

$$M(G)=\begin{array}{c} v_1 \\ v_2 \\ v_3 \\ v_4 \\ v_5 \end{array}\begin{array}{ccccccc} e_1 & e_2 & e_3 & e_4 & e_5 & e_6 & e_7 \\ \left[\begin{array}{ccccccc} 1 & 0 & 0 & 0 & 1 & 0 & 0 \\ 1 & 1 & 0 & 0 & 1 & 1 & 1 \\ 0 & 1 & 1 & 0 & 0 & 0 & 0 \\ 0 & 0 & 1 & 1 & 0 & 0 & 0 \\ 0 & 0 & 1 & 1 & 1 & 0 & 1 \end{array}\right] \end{array}$$

图 10-12　简单无向图　　　　　　图 10-13　关联矩阵

关联矩阵多用于简单无向图，并且矩阵的每一行对应于图中的一个节点，每一列对应图中一条边，所有元素之和等于边数的两倍，即为所有结点的度数之和。

10.4.5　图论在计算机科学中的应用

图论是一个古老的但又十分活跃的数学学科，也是一门很有实用价值的学科，它在自然科学、社会科学等各领域均有很多应用。近年来它受计算机科学蓬勃发展的刺激，发展极其迅速。应用范围不断拓展，已经渗透到诸如语言学、物理学、化学、电信工程、计算机科学以及数学的其它分支

当中，特别是在计算机科学领域，如形式语言、数据结构、计算机网络、分布式系统和操作系统等各个方面均扮演重要的角色。例如，计算机鼓轮设计是进行网络分析的主要工具，现用于管网的水力平衡计算，既充分发挥了图论理论的优势，使计算变得简便、迅捷，又可将管网附件加入计算，使结果更准确、更符合实际。

随着大型计算机系统的出现，使大规模问题的求解成为可能，图论中的理论在物理、化学、运筹学、计算机科学、电子学、信息论、控制论、网络理论、社会科学及经济管理等几乎所有学科领域中的应用研究都得到了爆炸性的发展，图论越来越受到全世界数学界和其它科学界的广泛重视。目前，图论已发展为代数图论、拓扑图论、随机图论、计数图论、算法图论、无限图论等多个分支多个学术派别的现代数学学科。

本章小结

1. 离散数学是计算机专业最重要的必修课程之一，是许多计算机专业课程的基础。例如，计算机科学、程序设计、计算机网络、信息论与编码、通信理论、现代密码学、数字信号处理和形式语言等都与离散数学密切相关。

2. 数理逻辑是用数学的方法来研究推理的规律，数理逻辑的主要任务是借助于数学的方法来研究推理逻辑。

3. 集合论研究集合怎样表示数以及集合的运算，研究非数值计算信息的表示和处理，以及数据间关系的描述。

4. 代数结构是对数学结构的抽象，是讨论由对象集合及其运算与性质组成的数学结构的一般特性，运算及其特性是代数结构的核心。

5. 图论的研究对象是由点和线组成的各种图，研究图的点和线的关系及其特点。

习题十

一、选择题

1. 在数理逻辑中，把能够分辨真假但不能同时既真又假的陈述句的内容称为（   ）。

    A. 命题　　　　　　B. 逻辑判断　　　　C. 程序判断　　　　D. 命题逻辑

2. 在数理逻辑中，把连接命题与命题的字词称为（   ）。

    A. 关键词　　　　　B. 命题连接词　　　C. 逻辑连接词　　　D. 谓词逻辑

3. 不能表示成含命题连接词的命题称为简单命题或原子命题，否则称为复合命题。复合命题是使用（   ）连接简单命题而得到的。

    A. 逻辑连接词　　　B. 关键词　　　　　C. 命题连接词　　　D. 谓词逻辑

4. 对于一个命题公式，如果给其中所有命题变量进行一次真值指派，那么该命题公式就有一个相应的真值，这个过程称为给命题公式（   ）。

    A. 初始化　　　　　B. 命题连接　　　　C. 赋初值　　　　　D. 赋值

5. 通过对两个实数进行加、减、乘、除，可以得到另一个实数。两个集合也可以通过并、交、差、补等运算得到另一个集合。由已知集合构造新集合的方法称为（   ）。

    A. 集合运算　　　　B. 集合命题　　　　C. 集合连接　　　　D. 集合赋值

6. 函数（Functions）也称映射（Mapping），它是一种具有特殊性质的关系，称为（　　）。

    A．函数关系　　　　　B．二元关系　　　　　C．运算关系　　　　　D．逻辑关系

7. 一个抽象代数结构有三方面的要素：集合、集合上的（　　）以及说明运算性质或运算之间关系的公理。其中，运算是特定集合上的函数，是代数结构的核心。

    A．函数　　　　　　　B．关系　　　　　　　C．运算　　　　　　　D．逻辑

8. 图论是研究边和（　　）的连接结构的数学理论，研究起源于有名的哥尼斯堡七桥问题。

    A．边　　　　　　　　B．线　　　　　　　　C．连接　　　　　　　D．点

9. 图的表示方法很多，可以用集合来表示，也可以用图形来表示，还可以用（　　）表示。

    A．矩阵　　　　　　　B．边线和点　　　　　C．连接线　　　　　　D．几何图形

10. 用矩阵表示图，不仅便于用代数方法研究图的性质，而且便于计算机处理。常用的存储结构有关联矩阵和（　　）。

    A．对角矩阵　　　　　B．邻接矩阵　　　　　C．数量矩阵　　　　　D．三角矩阵

二、判断题

1. 在数理逻辑中，把能够分辨真假但不能同时既真又假的陈述句称为命题。　　　　　　（　　）

2. 命题逻辑主要研究命题及其推理，是借助数学的方法来研究推理的逻辑。　　　　　　（　　）

3. 集合（Set）是所要研究的一类对象的整体或具有共同特征的对象的汇集。　　　　　（　　）

4. 集合论为刻画数据之间的联系提供了一种数学模型——关系，它仍然是一个集合。　　（　　）

5. 所谓关系，就是描述事物之间存在的某种联系。　　　　　　　　　　　　　　　　　（　　）

6. 代数结构是由一个集合和定义在集合上的运算构成的系统。　　　　　　　　　　　　（　　）

7. 图论是研究几何图形的基本方法，与数学无关。　　　　　　　　　　　　　　　　　（　　）

8. 用图结构论研究复杂问题具有更强的逻辑关系。　　　　　　　　　　　　　　　　　（　　）

9. 图的表示实际上就图形的表示。　　　　　　　　　　　　　　　　　　　　　　　　（　　）

10. 图论的主要应用是用来研究图的拓扑结构。　　　　　　　　　　　　　　　　　　（　　）

三、问答题

1. 什么是数理逻辑？

2. 什么是命题逻辑？

3. 什么是谓词逻辑？

4. 什么是谓词逻辑推理？

5. 什么是集合论？

6. 什么是代数结构？

7. 什么是布尔代数？

8. 什么是图结构？

9. 什么是图论？

10. 图论与图结构有何区别？

四、讨论题

1. 你认为离散结构在计算机科学领域有何作用？

2. 你认为离散数学与普通高等数学有何区别？

3. 你认为数理逻辑与集合论有何关系？

4. 你是如何看待离散结构在计算学科中的作用地位的？

*第 11 章　人工智能

【问题引出】人工智能是 20 世纪中叶兴起的一个新的科学技术领域，它研究如何用机器或装置去模拟或扩展人类的某些智能活动，如推理、决策、规划、设计和学习等，是扩展和延伸人类智能的科学，现代计算机的体系结构、程序设计、数据库系统等技术领域都涉及人工智能技术。因此，学习和掌握人工智能技术，对计算机科学技术专业来说是非常必须的。

【教学重点】人工智能是一门极富挑战性的学科，它涉及的范围非常广泛，本章主要讨论什么是人工智能，以及人工智能的主要研究领域：智能感知、智能推理、智能学习、智能行动等。

【教学目标】通过本章学习，了解人工智能的形成、人工智能研究学派；认识人工智能的重要意义；熟悉智能感知、智能推理、智能学习、智能行动等知识领域，为利用人工智能解决实际问题提供思路。

§11.1　人工智能概述

11.1.1　什么是人工智能

实现人工智能是人类自古以来的渴望和梦想，人类一直设法用机器来代替人的部分脑力劳动，并用机器来延伸和扩展人类的某些智能行为。据史书《列子·汤问》记载，在我国西周时期（公元前 1066～前 771 年），周穆王曾路遇一个名叫偃师的巧匠，他献给周穆王一个歌舞"机器人"，这个"机器人"会走路、会唱歌、会跳舞，使周穆王误以为是一个真人。这一记载标志着人类对人工智能持久而狂热的追求。

那么，什么是人工智能（Artificial Intelligence，AI）？顾名思义，人工智能就是人造智能。具体说，就是通过某种机器（或系统）实现"智能"行为。由于人工智能是用人的大脑研究与大脑自身相关的问题，这从逻辑上看似乎是一个悖论，从数学上看则是一个复杂的递归过程，难度极大。但事实上，人们在研究大脑的过程中，大脑本身一直是在不断变化和发展的，一旦大脑的某个层面被研究得较清楚时，脑功能可能又已经发展了，原来的状态可能又改变了，与原来赖以研究的对象已经不再相同。由此可见，人工智能研究是一种螺旋式的研究，也是一种循序渐进的研究，其成果在各种实际问题中得到应用，并且随着研究的深入，应用领域也越来越宽。

或许正是上述原因，到目前为止，对人工智能还没有一个确切的定义。如果依据"顾名思义"，人工智能从功能上至少应具有：感知能力、记忆能力、思维能力、学习能力、自适应能力和行为能力。而要具备这些能力，必然涉及计算机科学、控制论、信息论、生理学、神经生理学、语言学、哲学等多门学科。因此我们可以说：<u>人工智能是研究、设计和应用智能机器或智能系统来模拟人类智能活动的能力，以延伸人类智能的科学</u>。因而也把人工智能称为机器智能（Machine Intelligence，MI）。

人工智能是当前科学技术发展中的一门前沿学科，同时也是一门新思想、新观念、新理论、新技术不断出现的新兴学科。它是在计算机科学、控制论、信息论、神经心理学、哲学、语言学等多种学科研究的基础上发展起来的，因此又可把它看作是一门综合性的边缘学科。它的出现及所取得的成就引起了人们的高度重视，并得到了很高的评价。有人把它与空间技术、原子能技术一起誉为20 世纪的三大科学技术成就，并且把它称为继三次工业革命之后的又一次信息革命。如果说诺依曼计算机是把人类从繁重的体力劳动中解放出来，那么，人工智能则是延伸人脑的功能，实现脑力劳动的自动化。

11.1.2　人工智能的形成与发展

伴随着人工智能概念的提出和对人工智能的追求，从它的形成到发展，经历了漫长的探索过程，我们可将其归纳为 3 个阶段：孕育期、形成期和发展期。

1. 孕育期（1956 年以前）

追溯人工智能的历史，许多伟大的哲学家、逻辑学家、数学家、计算机科学家为此作出了杰出贡献，他们为人工智能的研究、诞生积累了充分条件和理论基础。

古希腊哲学家亚里士多德（Aristotle，公元前 384～前 322 年）为形式逻辑奠定了基础。他的著作《工具论》，最早给出了形式逻辑的一些基本规律，如矛盾律、排中律，详细地研究了概念、概念的分类及其概念之间的关系。他还研究了判断、判断的分类以及它们之间的关系，最为著名的是亚里士多德创造的三段论法（A→B，B→C ⇒ A→C），至今仍是进行逻辑演绎推理的基础。

16 世纪，英国哲学家弗兰西斯·培根（Francis Bacon，1561～1626 年）系统地提出了归纳法，成为和亚里士多德的演绎法相辅相成的思维法则，对人工智能转向以知识为中心的研究产生了重要影响。

17 世纪，德国物理学家、数学家莱布尼兹（G. W. Leibniz）提出了"通用符号"和"推理计算"的概念，即建立一种通用的符号语言并在该语言上进行推理演算。这一思想为数理逻辑的产生和发展奠定了基础（被认为是奠基人），并成为现代机器思维设计思想的萌芽。

19 世纪中叶，英国数学家布尔（G. Bool）建立并发展了命题逻辑，初步实现了莱布尼兹关于符号化和数学化的思想。1847 年，布尔发表了《逻辑的数学分析，论演绎推理演算》论文。1854年，又出版了《思维规律研究》一书，用符号语言描述了思维活动中推理过程的基本规律，创立了逻辑代数。人们为了纪念这位伟大的发明家，将逻辑代数称为布尔代数。

19 世纪末期，德国逻辑学家弗雷格（G.Frege，1848～1925 年）提出用机械推理的符号表示系统，从而发明了人们现在熟知的谓词演算。

20 世纪中叶，英国数学家及计算机科学家图灵（Turing）关于计算本质的思想对于形式推理概念与当时即将发明的计算机之间联系的揭示，为人工智能的产生提供了思想基础。1936 年图灵发表了《论可计算数及其在判定问题中的应用》一文，提出了一种理想计算机的模型（图灵机），论证了任何需要加以精确确定的计算过程都能够由图灵机来完成，为现代计算机的问世奠定了理论基础。

1943 年，神经生理学家麦克洛奇（Meculloch）与匹茨（Pitts）建立了第一个神经网络模型，开创了微观人工智能的研究工作，为后来人工神经网络的研究奠定了基础。

1946 年，由美国数学家莫克利（J.W.Mauchly）和埃克特（J.P.Eckert）制造了世界上第一台电子计算机 ENIAC，这项重要的研究成果为人工智能的研究提供了物质基础。

1950 年，图灵发表了一篇开创人工智能先河，具有里程碑性质的论文《计算机器和智能》，提出了"机器可以思考吗？"这一问题，并且设计了关于智能的"图灵测试"，为人工智能的研究提供了理论依据和检验方法，开辟了用计算机从功能上模拟人的智能的道路。

直接促进人工智能发展的还有当时创立不久的控制论和信息论。数学家维纳（Wiener）创立的控制论和数学家香农（Shannon）创立的信息论为人工智能学科的研究提供了理论基础。

2. 形成期（1956～1969 年）

1956 年夏天，由麦卡锡（John McCarthy，后为斯坦福大学教授）、明斯基（Marvin Minsky，哈佛大学年轻的数学和神经学家，后为 MIT 教授）、罗切斯特（Nathaniel Rochester，IBM 公司信息研究中心负责人）和香农（Claude Shannon，贝尔实验室信息部数学研究员）共同发起，数十名来自数学、心理学、神经学、计算机科学与电气工程等多个领域的学者聚集在达特茅斯学院（Dartmouth College），召开了历时两个月的世界第一次人工智能学术研讨会，讨论关于机器智能的有关问题。会上，根据麦卡锡的建议，正式把这一学科领域命名为"Artificial Intelligence"。正是这次会议，标志着人工智能学科的诞生。

会议上，科学家们运用数理逻辑和计算机的成果，提出了关于形式化计算和处理的理论，模拟人类某些智能行为的基本方法和技术，构造具有一定智能的人工系统，让计算机去完成需要人的智力才能胜任的工作。其中明斯基的神经网络模拟器、麦卡锡的搜索法、西蒙和纽厄尔的"逻辑理论机"成为讨论会的 3 个亮点，从而导致人工智能科学分别向 3 个方面发展：

（1）机器思维：包括机器证明、机器博弈、机器学习等。

（2）机器感知：包括机器视觉、机器听觉、图像识别、自然语言理解的理论、方法和技术，感知机和人工神经网络等。

（3）机器行为：包括具有自学习、自适应、自组织特性的智能控制系统、智能控制动物、智能机器人等。

1957 年，纽厄尔（A.Newell）领导的研究组研制出一个称为逻辑理论机（The Logic Theory Machine）的数学证明程序，证明了怀特海（A.N.Witehead）和罗素（B.Russell）合著的《数学原理》第二章中的 38 个定理，这一研究成果被认为是计算机探索智能活动的开端。同年，塞穆尔（A.Samuel）研制成功具有自学习能力的跳棋程序，1959 年该程序击败了塞穆尔本人，1962 年击败了美国一个州的跳棋冠军，实现了机器自动学习，同时也体现出了人工智能的优势。

1958 年，美籍华人数理逻辑学家王浩提出了命题逻辑的机器定理证明的新方法，他在 IBM-704 计算机上仅花了不到 5 分钟的时间就证明了《数学原理》中有关命题演算的全部定理（220 条），之后还进一步证明了谓词演算中 150 条定理的 85%。

1959 年，鲁宾逊（Robinson）提出了消解原理，为定理的机器证明做出了突破性贡献。同年，塞尔夫里奇（Selfridge）研发的模式识别程序以及 1965 年罗伯特（Roberts）编制的可分辨积木构造程序为模式识别理论与实践奠定了基础。

1960 年，纽厄尔等人在总结人们求解问题的思维规律以后，研发了通用问题求解程序（General Problem Solver，GPS），可用于求解 11 种不同类型的问题，使启发式程序更具有普适性。同年，对人工智能起到促进作用的工作还有两项：一是麦卡锡创建了面向人工智能程序设计的表处理语言 Lisp，使用该语言不仅可以对数值数据进行计算，还可以方便地处理各种符号和进行符号推演，该语言一直是建造智能系统的重要工具，沿用至今。二是美国生产了第一批商用工业机器人，到 20 世纪 60 年代末，机器人的研究发展到高潮。日本从 1968 年开始大力发展机器人产业，研制标准化系列产品，促使工业机器人在日本的工业生产中得到广泛使用。

1964 年，开始了语言识别和理解的研究，费根鲍姆（E.A.Feigenbaum，1936 年～）研制了一个可以用有限的自然语言进行交谈的软件 ELIZA。该软件可以模仿一名临床医生与心理病人在终端上进行对话，从而导致了自然语言理解这一分支领域的出现。

1965 年鲁宾逊提出了归结原理，为创立机器证明做出了重大贡献。同年，美国斯坦福大学的费根鲍姆等研制成功的化学专家系统 DENDRAL（根据分子式及其质谱推断分子结构的专家系统）对知识表示、存储、获取、推理及利用等技术进行了非常有意义的探索。它使人工智能的研究从着重算法转向知识表示的研究，是人工智能研究走向实际应用的标志。

1967 年，伯格勒（Bagley）和如森泽格（Rosengerg）提出了遗传算法的初步思想，1975 年，霍兰德（Holland）的研究工作奠定了遗传算法的理论基础，导致了演化计算这一研究方向的形成。

1968 年奎莱安（Quillian）提出了基于语义网络的知识表示方法，推进了智能系统中知识应用的研究。

1969 年召开的国际人工智能联合会议（International Joint Conferences on Artificial Intelligence）是人工智能发展史上的重要里程碑，它标志着人工智能这门学科正式形成。

可以看出，这一时期的人工智能研究与实践已涉及到本身的理论（知识表示、获取、存储、推理及应用）、智能系统构造工具、机器学习、定理证明、模式识别、通用问题求解和专家系统等领域，使人工智能出现了欣欣向荣的景象。

3.　发展期（1969 年以后）

20 世纪 70 年代初期，虽然人工智能受到了许多的责难，但还是取得重大的发展。特别是在知识工程概念提出以后，智能系统的开发蓬勃发展，并形成了众多的研究领域与分支。

1970 年，《International Journal of AI》正式出版，国际人工智能联合会议每两年举行一次。它们对推动人工智能的发展，促进研究者之间的交流起到了重要作用。随后，英国爱丁堡大学柯瓦斯基（R.Kowalski）首先提出以逻辑为基础的程序设计语言 Prolog。法国马赛大学柯迈瑞尔（A.Colmerauer）及其研究小组实现了世界上第一个 Prolog 系统。1986 年，Borland 公司推出可运行在个人计算机上的 Turbo Prolog，使 Prolog 成为使用最广泛的人工智能程序设计语言。该语言与 Lisp 语言一直是智能系统研发的强有力工具。

1972 年，Winograd 发表了自然语言理解系统 SHRDLV，从而促进了自然语言理解分支的诞生。同年，肖特里菲等人开始研制用于诊断和治疗感染性疾病的专家系统 MYCIN，该系统一直是专家系统的典范。

1973 年，Schank 提出了知识表示的概念从属方法，1974 年 Minsky 提出了框架表示法。

1976 年 6 月，哈肯在美国伊利诺伊大学的两台不同的电子计算机上，用了 1200 个小时，作了 100 亿次判断，完成了四色定理的证明，从而解决了一个存在 100 多年的数学难题。

1977 年，费根鲍姆在第 5 届国际人工智能联合会议上提出了“知识工程”的概念对以知识为基础的智能系统的研究与开发起到了重要作用。知识工程运用人工智能的原理和方法，以及专家知识的获取、表达和推理过程，进一步完善了专家系统的理论和技术基础。从此，标志着人工智能的研究进入了实际应用阶段。

从 20 世纪 80 年代开始，某些特定领域的人工智能技术已经成熟，各国政府纷纷投入巨资用于人工智能及其应用的研究，如日本的第五代计算机计划、美国的新一代计算机计划等，从而加速了人工智能领域的迅速发展，各种介绍人工智能的书籍、杂志大量涌现，引起社会各阶层的重视。此时，专家系统获得了成功的应用。同时，研究的重点转向推理技术、知识获取技术、自然语言理解和机器视觉。开始了不确定推理、非单调推理、定性推理方法的研究。

1994 年，IEEE 召开了关于神经网络、进化计算和模糊系统三个专题的首届计算智能国际会议，标志着计算智能作为人工智能的一个新的领域正式形成。此时，智能 Agent 的研究开始引起人工智能界的广泛关注，并迅速成为一个热门的研究领域。智能 Agent 的出现，标志着人类对智能认识的一个飞跃，开创了人工智能技术的新局面。

1997 年 5 月 11 日，一个名为"深蓝"的 IBM 机器在 6 局比赛中以 3.5：2.5 的总比分战胜了世界象棋冠军盖利·卡斯帕洛夫（Garry Kasparov），被誉为"人工智能研究与实践的最伟大成就"。

人工智能诞生至今，经过了 50 余年的发展，人工智能发展的历史也是人类实现计算智能化的历史。在人工智能发展过程中具有重要意义的计算智能（Computational Intelligence，CI）的提出和兴起，使得人工智能发展成为一门具有比较坚实理论基础和广泛应用领域的学科，而且还在迅猛发展。各种不同方法和技术的相互结合、相互渗透，不断分化出新的分支领域和研究方向，从而使得人工智能的应用范围不断扩大，并将促进人工智能的进一步全面发展。

11.1.3　人工智能学派

随着人工智能的发展，围绕人工智能的基本理论和方法等问题，诸如人工智能的定义、基础、要素、核心、学科体系及人工智能与人类智能的关系等，由于存在不同的观点而形成不同的学派，主要有符号主义、连接主义和行为主义三大学派。三大学派的研究对象和内容的侧重点不同导致其学术观点和研究方法也各有不同。

1．符号主义学派

符号主义学派（Symbolicism）又称为逻辑主义学派（Logicism）、心理学派（Psychlogism）或计算机学派（Computerism），是基于物理符号系统假设和有限合理性原理的人工智能学派，也是目前影响最大的学派。符号主义学派侧重研究人的思维过程模拟与机器思维方法和技术，主要探讨人的高级智能活动与心理过程，如逻辑推理、分析判断、对策决策等。

符号主义学派认为：人工智能起源于数理逻辑，人的智能表现为认知，而认知的基本元素是符号（System），认知过程就是符号操作过程，因此可以用计算机的符号操作来模拟人的智能行为。知识作为信息的主要形式，是构成智能的基础，所以人工智能的核心问题就是知识表示、知识推理和知识运用。知识可以用符号表示，也可以用符号进行推理，因而有可能建立起基于知识的人工智能和机器智能的统一理论体系。

符号主义学派的代表人物有艾伦·纽厄尔（Allen Newell）、赫伯特·西蒙（Herbert Simon）、尼尔逊（Nilsson）等，其代表性成果是 1957 年纽厄尔和西蒙等人研制的称为逻辑理论机的数学定理证明程序 LT。LT 的成功说明了可用计算机来研究人的思维过程，模拟人的智能活动。

2．连接主义学派

连接主义学派（Connectionism）又称为仿生学派（Bionicsism）或生理学派（Physiologism），是基于神经网络及网络间的连接机制与学习算法的人工智能学派。

连接主义认为：人工智能源于仿生学，特别是对人脑模型的研究。连接主义学派侧重于研究人的识别过程，模拟与机器感知的方法和技术，主要探讨视觉、听觉等感知神经系统活动机理和文字、图像、声音识别问题，从神经元开始进而研究神经网络模型，开辟了人工智能的又一条发展道路。

连接主义学派的代表人物有美国神经生理专家麦卡洛克（W.S.McCulloch）、数学家匹茨（W.H.Pitts）、生理学家罗森勃拉特（F.Rosenblatt）、生物学家霍普菲尔德（J.J.Hopfield）等。其代表性成果是 1943 年由麦卡洛克和匹茨创立的脑模型，即 MP 模型。它从神经元开始进而研究神经网络模型和脑模型，为人工智能创造了一条用电子装置模拟人脑结构和功能的新途径。

3. 行为主义学派

行为主义学派（Acdonism）又称为进化主义学派（Evolutionism）或控制论学派（Cyberneficsism），是基于控制论和"感知-动作"型控制系统的人工智能学派。

行为主义认为：人工智能起源于控制论，提出智能取决于感知和行为，智能行为只能在现实世界中与周围环境交互作用而表现出来，而不是表示和推理，从而提出智能行为的"感知-动作"模式。控制论于 1948 年由维纳创立，影响了早期的人工智能学者。控制论把神经系统的工作原理与信息论、控制理论、逻辑及计算机联系起来。

行为主义学派侧重于研究人和动物的智能行为特性模拟、智能控制的方法和技术。早期的研究重点是模拟人在控制过程中的智能行为和作用，如自寻优、自校正、自适应、自学习等控制行为。在 20 世纪 80 年代诞生了智能控制和智能机器人系统。

行为主义学派的代表人物有信息论创始人香农、美籍华裔科学家傅京孙、MIT 教授布鲁克斯（R.A.Brooks，1941 年～）等，其代表性成果是布鲁克斯研制的机器虫。布鲁克斯认为要求机器人像人一样去思维太困难了，在做一个像样的机器人之前，不如先做一个像样的机器虫，由机器虫慢慢进化，或许可以做出机器人。于是，他在 MIT 的人工智能实验室研制成功了一个由 150 个传感器和 23 个执行器构成的像蝗虫一样用六足行走的机器人实验系统。这个机器虽然不具有像人一样的推理、规划能力，但其应付复杂环境的能力却大大超过了原有的机器人，在自然（非结构化）环境下，具有灵活的防碰撞和漫游行为。

11.1.4　研究人工智能的意义

1. Von Neumann 结构计算机的局限性

自 20 世纪 40 年代以来，基于程序存储控制原理和二值逻辑的 Von Neumann 结构计算机在串行符号处理方面获得了巨大的成功，它凭借芯片集成度的不断提高和并行技术开发，以简单的逻辑运算为基础开发出了处理复杂运算的高精度和高速度，已成为当今信息时代人类社会各个领域越来越离不开的工具。

然而，Von Neumann 结构计算机并非能适合于一切问题。早在 20 世纪 70 年代，人们就在如下 3 个领域的研究中发现 Von Neumann 计算机的如下致命弱点。

（1）计算机硬件方面：由于 Von Neumann 结构计算机最突出的特征是"控制驱动、共享数据、串行执行"，即指令的执行顺序和发生时机由指令控制器控制，指令指针指向哪一条指令时才能执行哪条指令；又由于存储器的速度远低于 CPU，且每次只能访问一个单元，从而使 CPU 与共享存储器间的信息通路成为影响系统性能的"瓶颈"。事实上，不管 CPU 和主存的吞吐能力有多高，也不管主存的容量有多大，在 CPU 和主存之间只有一条且每次只能交换一个字的狭窄数据通道。J. Backus 在 1977 年接受 ACM 图灵奖时的学术报告中，把这个狭窄的数据通道称为"Neumann 瓶颈"。即使采用并行处理技术，也不过是基于 Neumann 体系的计算机系统性能的改进，随着器件的物理性能接近极限，这些改进所花费的代价会越来越高。

（2）适应性方面：人工智能研究表明，Neumann 计算机只适合于求解确定性的、可以程序化的问题，这是由它的"程序存储控制"体系原理决定了的。它只能解释事先所存储的程序，只要针对问题的性质，提出相应的算法并编制有效的计算程序，即可对问题进行求解。近半个世纪以来的实践证明，它在高精度计算和一些可编程问题的求解以及过程模拟、过程控制等方面已经取得了巨大的成功。而对于那些找不到有效算法的问题，例如人工智能、模糊识别、动力学过程模拟等方面，就碰到了有限时间和空间的障碍；对于人脑所具有的直觉感知、创造性思维、联想功能等，更是无能为力。

（3）软件开发方面：随着计算机应用的广泛与深入，软件的规模和复杂度越来越大，软件系统的开发成本、可靠性、可维护性、性能却越来越难以控制，人们把这种现象称为"软件危机"。解决"软件危机"除了从改进软件的开发方法方面寻找出路之外，还可以从尽量减少人的干预入手，即把人工智能技术与软件工程结合起来，逐步实现程序设计自动化。

为了谋求在以上3方面获得突破性的进展，促使了20世纪70年代末开始的智能计算机的研究工作。为了能解决非确定性的问题，必须让机器具有人一样的智能，即开发人工智能。

2. 人工智能研究的目标

人工智能研究的目标是使机器能够胜任通常需要人类智能才能完成的复杂工作，其短期目标是研究在现有计算机上进行智能行为模拟，使现有计算机能够表现某些智能行为，因此可把人工智能理解为计算机科学的一个分支；其远期目标是探究人类智能和机器智能的基本原理，研究用自动机（Automata Machine）模拟人类的思维过程和智能行为。这个远期目标已远远超出计算机学科研究的范畴，几乎涉及自然科学和社会科学的所有学科。

3. 人工智能研究的意义

目前能够用来研究人工智能的主要物质手段以及能够实现人工智能技术的机器是计算机，它是迄今为止最有效的信息处理工具，以至于人们称它为"电脑"。但现在普通"电脑"（计算机系统）的智能还相当低下，由于计算机自身缺乏自适应、自学习、自优化等能力，只能按照人们事先安排好的步骤进行工作，即用程序告诉计算机"做什么"以及"如何做"，因而其功能作用受到很大限制，难以满足越来越广泛的社会需求。如果让"电脑"具有同人脑一样的智能，只要告诉它"做什么"，它就能自动完成问题求解或行为操作，其功效必然会发生质的飞跃，并将会在更高层面上扩大和延伸人类的智能。

事实上，研究人工智能对探索人类自身智能的奥秘也可提供有益的帮助。利用计算机对人类大脑进行模拟，可了解人类大脑的工作原理、发现人类智能的内涵、揭示人类智能活动的机理和规律，只有全面了解人类智能活动的机理和规律，才能进一步深入人工智能研究。

目前，人工智能研究及应用领域的主要内容有：问题求解、组合和调度、自动定理证明、自动程序设计、自然语言理解、模式识别、专家系统、人工神经网络、机器学习、决策支持系统、数据挖掘系统、机器博弈、智能控制、机器人学等，并不断取得巨大进展和应用成果。

下面，我们按照机器延伸和扩展人类的某种智能行为，将其分为智能感知、智能推理、智能学习、智能行为等四个方面来展开讨论。

§11.2　智能感知

智能感知也称机器感知，就是使机器具有类似于人的感知能力。机器感知是机器获取外部信息的基本途径，正如人的智能离不开感知一样，是使机器具有智能不可缺少的组成部分。为了使机器具有感知能力，就需要为它配上会"看"、能"听"的感觉器官，其中以机器视觉与机器听觉为主。机器视觉是让机器能够识别并理解文字、图像、物景等；机器听觉是让机器能识别并理解语言、声响等。模式识别、自然语言理解、计算机视觉的研究已成为当今人工智能最热门的研究领域之一。

11.2.1　模式识别

模式识别（Pattern Recognition，PR）是对表征事物或现象的各种形式（数值、文字和逻辑关系）的信息进行处理和分析，以及对事物或现象进行描述、辨认、分类和解释的过程。计算机硬件的迅速发展和计算机应用领域的不断拓展，迫切要求计算机能够更有效地感知诸如声音、文字、图形、图像、温度、震动等人类赖以发展自身、改造环境所运用的信息资料。然而，目前一般计算机上的键盘、鼠标、扫描仪等外部设备却无法直接感知它们。因此，模式识别现已成为现代计算机应用的一个最重要的研究方向。

人工智能所研究的模式识别是指用计算机模拟人类的听觉、视觉等感觉功能，对声音、图像、景物、文字等进行识别的方法。从信息处理的层次上来讲，模式识别是获得知识的重要手段；从方法上来看，模式识别是机器实现人的形象思维的一个方面。而在机器视觉、机器听觉等方面的研究，除一些感知元件外，从方法上都是对模式识别的研究。

计算机是代替人类进行模式识别的理想工具，为计算机配置各种感觉器官，使其可以直接接收外界的文字、声音、图像等信息，通过提取关键特征进行模式识别。目前，模式识别的研究主要集中在以下两个方面。

1.　图形和图像识别

图形和图像识别主要研究各种图形和图像的识别，如文字、符号、照片、工程图纸或其它视觉信息中的物体和形状等。虽然对于人类来说，图像识别非常容易，但是对于计算机来说，这一过程却十分困难，由于大量无关数据的存在、物体的某一部分被其它物体所遮挡、模糊的边缘、光源和阴影的变化、物体移动时图像的变化等众多复杂因素的干扰，图像识别程序需要强大的记忆和处理能力。目前，识别中、英、日等文字手写体的产品已进入市场，手写输入就是一个典型实例。在医学领域，识别白血球和癌细胞等的专用软件也已处于实用阶段。

2.　语音识别

语音识别主要研究各种语音信号的分类识别。语音识别技术利用话筒等各种传感器接收外界信息，并把它转换成电信号，计算机进一步对这些电信号进行各种变换和预处理，从中抽取有意义的特征，得到输入信号的模式，然后与已有的各个标准模式进行比较，完成对输入信息的分类识别。

除此之外，目前模式识别已成功应用于手写字符的识别、汽车牌照的识别、指纹识别等方面。随着应用范围的不断扩大以及计算机科学的不断进步，基于人工神经网络的模式识别技术将会得到更大更快的发展，量子计算技术的应用将会有力促进模式识别技术的进展。

11.2.2　自然语言理解

目前人们使用计算机时，大都是用计算机的高级语言编制程序来告诉计算机"做什么"以及"怎样做"的。如果能让计算机"听懂"、"看懂"人类自身的语言（如汉语、英语等），不仅让更多的人方便使用计算机，而且极大地提高使用计算机的效率。而这一功能的实现，则依赖于自然语言理解的研究。自然语言理解是语言学、逻辑学、心理学、生理学、计算机科学等相关学科综合形成的一门交叉学科，并且必须建立在人工智能的基础之上才能实现。

1.　自然语言理解的研究目标

自然语言理解是研究如何让计算机理解人类自然语言的一个研究领域，是模式识别的一个应用实例。自然语言理解包括语音（口语）理解和文字理解，其研究要达到如下 3 个目标：

- 计算机能正确理解人们用自然语言输入的信息，并能正确回答输入信息中的问题。
- 对输入的信息，计算机能产生相应的摘要，能用不同词语复述输入信息的内容。
- 计算机能把用某一种自然语言表示的信息自动地翻译为另一种自然语言，例如，把英语翻译成汉语，或把汉语翻译成英语等。

在当今信息社会，人们迫切需要能够高速进行语言转换和信息识别的工具，以方便不同语言和不同信息的交流。因此，自然语言理解是人工智能早期的研究领域之一，并一直受到高度重视。自然语言理解研究的目的是如何让计算机能正确处理人类语言，并据此做出人们期待的各种正确的响应。研究的内容包括：语音理解和文字理解，文字理解需要用到语言学中的词汇、句法和语义等。此外，还需要音韵学以及口语中的二义性知识，二者相比较而言，文字理解较规范，容易用机器处理。自然语言理解的研究方法是采用人工智能的理论和技术将自然语言机理用计算机程序表达出来，构造能够理解自然语言的系统。其中，语言的生成和理解是一个极为复杂的编码和解码过程。

2. 自然语言理解所遇到的困难

理解人类的自然语言，以实现人和计算机之间自然语言的直接通信，从而推动计算机更广泛的应用。当人类用语言互通信息时，他们可以毫不费力地进行极其复杂，但却几乎无需理解的过程。然而要建立一个能够生成和"理解"哪怕是只言片语的自然语言计算机处理系统都是非常困难的。因为语言是由语句组成的，而一个语句通常不是孤立存在的，往往是与该语句所在的环境（如上下文、场合、时间等）联系在一起才能构成它的语义，这正是自然语言理解所遇到的困难之一。著名语言学家吕叔湘通过两个例子说明了自然语言的歧义性问题。

【例11-1】他的发理得好。这句话至少有两种不同的解释：

（1）他的理发水平高；

（2）理发师理他的发理得好。

【例11-2】他的小说看不完。这句话至少有3种不同的解释：

（1）他写的小说看不完；

（2）他收藏的小说看不完；

（3）他是个小说迷。

自然语言理解所遇到的另一个困难是：究竟什么是理解几乎和什么是智能一样，至今还没有一个完全明确的定义，因为从不同的角度有不同解释。

3. 自然语言理解的应用

随着人工智能研究探索的深入，目前自然语言理解在下列场合获得广泛应用。

（1）机器翻译：就是用计算机来模拟人的翻译过程。计算机在翻译前，在它的存储器中已经存储了语言学工作者编好并由数学工作者加工过的机器词典和机器语法。计算机进行翻译时，首先查找词典，找到词的意义和一些语法特征，如果查到的词不止一个意义，就要进一步搞清楚各个词间的关系，以理顺一个句子。

计算机出现后，人们就想到用它来进行机器翻译。但用计算机来翻译却困难重重，这些困难有词的多义性、文法多义性和成语等。如果不能较好地克服这些困难，就不能实现真正的机器翻译。用计算机进行机器翻译的过程可分为原文输入、原文分析、译文综合和输出几个步骤，每个步骤都需要用到人工智能的相关知识。目前，机器翻译仍处于研究阶段，机器翻译的效果仍不理想，需要人工智能工作者不断努力，以获得更好的机器翻译效果。目前已研制出中、英、日等实用的翻译系统，正确率达80%，当然在准确度方面仍然无法与人类相媲美。

（2）篇章理解：机器阅读，在消化篇章内容的基础上生成摘要或回答有关问题。

（3）自然语言接口：为了达到理解语言的目的，首先对出现的每个词进行理解；然后对语句意义的结构从词义构造方面来表示；最后从句子语义结构表示言语的结构。在这 3 个过程中，需要着重解决如何有效地使用语法、语义、语用及与任务有关的各种知识这个问题。为此，用户直接采用自然语言同专家系统等应用程序对话。

自然语言理解是一个复杂的课题，在研究自然语言理解（处理）的同时，也能够推动人工智能技术的更大发展。因此，自然语言理解的研究是当今人工智能最热门的研究领域之一。

11.2.3　计算机视觉

计算机视觉（Computer Vision，CV）旨在对描述景物的一幅或多幅图像的数据经计算机处理，以实现类似于人的视觉感知功能。计算机视觉是人工智能的一个重要领域，是用计算机来模拟生物外显或宏观视觉功能的科学和技术，其首要目标是用图像创建或恢复现实世界模型，然后认知现实世界。随着计算机视觉技术研究的深入，计算机视觉技术正广泛地应用于各个方面，从医学图像到遥感图像，从工业检测到文件处理，从毫微米技术到多媒体数据库，不一而足。事实上，不仅需要人类视觉的场合几乎都需要用到计算机视觉，许多人类视觉无法感知的场合，如精确定量感知、危险场景感知、不可见物体感知等，更能突显计算机视觉的优越性。下面是计算机视觉的典型应用。

1. 零件识别与定位

由于工业环境的结构、照明等因素可以得到严格的控制，因此，计算机视觉在工业生产和装配中得到了成功的应用。一个具有简单视觉的工业机器人系统，其视觉系统由一个摄像机和相关的视觉信息处理系统组成。摄像机位于零件传输带上方，对于不同的零件，可以选择不同颜色的传输带，比如，明亮的物体，选择黑色传输带；暗色的零件，选择白色的背景，这样有利于视觉系统将零件从传输带上分离出来，并进行识别和定位，识别的目的是为机器人提供是否操作或进行何种操作的信息，定位的目的是导引机器人手爪实时准确地夹取零件。

2. 产品检验

产品检验是计算机视觉在工业领域中另一个成功的应用。目前已经用于产品外形检验、表面缺陷检验。通过 K 射线照相或超声探测获取物体内部的图像，可以实现内部缺陷检验，以决定产品的质量。比如，发动机内壁麻点、刻痕等缺陷检查。

3. 移动机器人导航

通过由移动机器人上的两个摄像机同步获取的、表示某一时刻关于场景某一视点的两幅图像可以恢复场景三维信息，并利用场景的三维信息识别目标、识别道路、判断障碍物等，实现道路规划、自主导航，与周围环境自主交互作用等。将立体图像和运动信息组合起来，可以构成满足特定分辨率要求的场景深度图。这种技术对无人汽车、无人飞机、无人战车等自主系统的自动导航十分有用。

4. 遥感图像分析

目前的遥感图像可分为：航空摄影图像、气象卫星图像、海洋卫星图像、资源卫星图像。这些图像的共同特点是在高空对地表或地层进行远距离成像，但图像的成像机理完全不同。航空图像可以用普通的视频摄像机来获取，分析方法也同普通的图像分析一样。卫星图像的获取和应用随着成像机理不同而变化很大，例如：气象卫星使用红外成像传感系统获取不同云层的图像，由此分析某一地区的气象状况；海洋卫星使用合成孔径雷达获取海洋、浅滩等图像，由此重构海洋波浪及海滩三维表面图；资源卫星装备有多光谱探测器，可以获取地表相应点的多个光谱段的反射特性，如红外、可见光、紫外等，多光谱图像被广泛地用于找矿、森林和农作物调查、自然灾害测报、资源和生态环境检测等。

5. 医学图像分析

目前医学图像已经广泛用于医学诊断，成像方法包括传统的 X 射线成像、计算机层析（Computed Tomography，CT）成像、核磁共振成像（Magnetic Resonance Imaging，MRI）、超声成像等。计算机视觉在医学图像诊断方面有两方面的应用，一是对图像进行增强、标记、染色等处理来帮助医生诊断疾病，并协助医生对感兴趣的区域进行定量测量和比较；二是利用专家系统对图像（或是一段时期内的一系列图像）进行自动分析和解释，给出诊断结果。

6. 安全鉴别、监视与跟踪

用计算机视觉系统可以实现停车场监视、车辆识别、车牌号识别、探测并跟踪"可疑"目标；根据面孔、眼底、指纹等图像特征识别特定人。目前人们正在研究一种面部运动参数的提取和描述方法，以分析人的表情及内心活动。

7. 国防系统

计算机视觉在国防系统中的作用越来越重要，其主要原因有两个：一是满足自主操作的需要，二是需要分析大量先进成像传感器的输出。在国防系统中迅速做出反应是极其重要的，这就要求在尽可能少的人工干预下自动快速做出各种决策，尤其是与图像和视觉方法有关的各种技术，比如导弹景象制导与目标识别等，它们起着关键的作用。例如在海湾战争中使用过的战斧式巡航导弹的制导。该视觉系统具有近红外和可见光的传感器及数字场景面积匹配器，可在距目标 15km 的范围内发挥作用。

8. 其它应用

计算机视觉已经用于各种球类运动分析、人体测量、食品、农业、心理学、电视电影制作、美术模型、远程教育、多媒体教学等场合。

计算机视觉的前沿研究领域包括实时并行处理、主动式定性视觉、动态和时变视觉、三维景物的建模与识别、实时图像压缩传输和复原、多光谱和彩色图像的处理与解释等。

§11.3 智能推理

智能感知得到的信息通常需要进行分析和处理，智能推理就是模拟人脑分析问题和处理问题的方法。对推理的研究往往涉及对逻辑的研究，逻辑是人脑思维的规律，也是推理的理论基础。智能推理涉及知识表示、知识推理、智能搜索、问题求解、专家系统等。

11.3.1 知识表示

知识是人类对客观世界及其内部运行规律的认识与经验的总和，是人类利用这些规律改造世界的方法和策略。知识表示是对知识的一种描述，对于同一问题可以有多种不同的表示方法，这些表示具有不同的表示空间。问题表示的优劣，对求解结果及求解工作量的影响极大。因此，对知识表示新方法和混合表示方法的研究仍是许多人工智能专家学者们感兴趣的研究方向。适当选择和正确使用知识表示方法能极大地提高人工智能问题求解效率，人们总是希望能够使用行之有效的知识表示方法解决所面临的问题。在人工智能中，常用的知识表示有一阶谓词逻辑表示法、产生式规则表示法、语义网络表示法、状态空间表示法、概念从属表示法、框架表示法、脚本表示法、Petri 网表示法等。

1. 谓词逻辑表示法

谓词逻辑是一种重要的表示方法，是目前能够表示人类思维活动规律的最精确的形式语言之一，是知识的形式化表示、定理的自动证明等研究的基础，在人工智能发展中具有重要作用，主要用于自动定理证明。自从 1973 年出现了基于一阶谓词逻辑中 Horn 子句理论的 Prolog 语言后，这种表示方法获得了广泛的应用。

谓词逻辑表示法采用一阶谓词逻辑表示知识，是一种叙述性的知识表示方法。它的推理机制采用归结原理，谓词逻辑表示分为命题逻辑和谓词逻辑两种。

（1）命题逻辑：用于表示事物具有真假意义的陈述语句，例如"现在下雨。"、"雪是黑的。""1+1=2。"等都是命题。一个命题总是具有一个值，称为真值。真值只有"真"和"假"两种，一般分别用符号"T"和"F"表示。

（2）谓词逻辑：用于表示事物的状态、属性、概念等事实性知识，也可用来表示事物间具有确定因果关系的规则性知识。事实性知识可以用谓词公式中的析取符号和合取符号连接起来的谓词公式来表示。

例如：张三是一名计算机系的学生，他喜欢编程。可用谓词公式表示为：

Computer(张三)∧Link(张三,programming)

其中 Computer(x)表示 x 是计算机系的学生，Link(x,y)表示 x 喜欢 y，都是谓词。

2. 产生式规则表示法

产生式规则最初是由 Post 于 1943 年提出的一种计算机制，1965 年由 Simon 和 Newell 引入到基于知识的系统中，是目前专家系统中使用最广泛的一种表示方式。它把知识表示成"模式-动作"对，表示方式自然、简洁，它的推理机制以演绎推理为基础。人们把基于产生式规则的推理系统称为产生式系统。

产生式通常用于表示具有因果关系的知识，其基本形式是：

P→Q　或　IF P THEN Q

其中，P 是产生式的前提或条件，用于指出该产生式是否可用的条件；Q 是一组结论或动作，用于指出该产生式的前提条件 P 被满足时，应该得出的结论或应该执行的操作。P 和 Q 都可以使用一个或一组数学表达式或自然语言。

3. 语义网络表示法

语义网络是奎莱安（Quillian）等人在 1968 年提出的，最初用于描述应用的词义。它采用结点和结点之间的弧表示对象、概念及其相互之间的关系。目前语义网络已广泛用于基于知识的系统。在专家系统中，常与产生式规则一起共同表示知识。

4. 状态空间表示法

状态空间是指所有可能的状态的集合，状态空间表示法把求解的问题表示成问题状态、操作、约束、初始状态和目标状态。求解一个问题就是从初始状态出发，不断应用可用的操作在满足约束的条件下达到目标状态，问题求解过程可看成是问题状态在状态空间的移动。

5. 概念从属表示法

概念从属是表示自然语言的语义的一种理论，它的特点是便于根据语句进行推理，而且与语句本身所用的语言无关。概念从属表示的单元并不对应于语句中的单词：而是对应能组合成词义的概念单元。这个理论是 Schank 在 1973 年首先提出的，从那时起，这种表示方法就已经用于阅读和理解自然语言的很多程序中。

6. 框架表示法

框架理论是 Minsky 于 1974 年提出的，它将知识表示成高度模块化的结构。框架是把关于一个对象或概念的所有信息和知识都存储在一起的一种数据结构。框架的层次结构可以表示对象之间的相互关系，用框架表示知识的系统称为基于框架的系统。在专家系统中，框架也常常和产生式规则一起共同表示知识。

7. 脚本表示法

脚本用于描述固定的事件序列，它的结构类似于框架。脚本（Script）是一种结构化的表示，用来描述特定上下文中固定不变的事件序列，其结构类似于框架，与框架不同的是，脚本更强调事件之间的因果关系。脚本中描述的事件形成了一个巨大的因果链，链的开始是一组进入条件，它使脚本中的第一个事件得以发生。链的末尾是一组结果，它使后继事件得以发生。一般认为，框架是一种通用的结构，脚本则对某些专门知识更为有效。

8. Petri 网表示法

Petri 网是由 Petri 提出的。由于它能很好地模拟异步并行操作，所以作为模拟用的数学工具在并行处理和分布式计算机领域中应用较多。利用 Petri 网可以实现逻辑运算、语义网、框架、与或图、状态空间与规则等多种功能，因此也可以作为一种通用的知识表示形式。

除了上述几种主要的知识表示方法以外，还有很多知识表示方法，如直接表示法、过程表示法、问题归约表示法、面向对象表示法，以及多种非规范逻辑等，这里不一一介绍。

11.3.2　知识推理

一个智能系统不仅应该拥有知识，而且还应该能够很好地利用这些知识，即运用知识进行推理和问题求解。所谓推理，就是按照某种策略从已有事实和知识推出结论的过程。

1. 知识推理结构

推理是人类求解问题的主要思维方法，其任务是利用知识进行推导从而得出问题的解答。人类的推理过程实际上就是思维的过程，人类的思维活动可分为逻辑思维与形象思维两个大类。在人工智能中，对人类思维的模拟过程如图 11-1 所示。

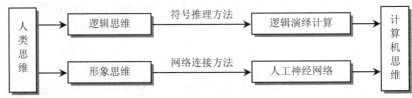

图 11-1　人类思维与计算机思维

（1）符号推理方法：起源于 20 世纪 50 年代，现在已成为人工智能的主要推理方法，被广泛应用于各种智能系统，如专家系统。研究者认为，计算机具有的符号处理与演算能力本身就蕴涵着逻辑演绎推理的内涵，因而可以通过运行于计算机中的程序系统来体现某种程度的基于逻辑推理的智能行为，达到模拟人类智能的目的。

（2）网络连接方法：是自 20 世纪 90 年代以来比较热门的一种方法，该方法是受人脑神经元相互连接而形成网络的启示，试图通过众多神经元间的并行协同作用来实现对人类智能的模拟。模拟其信息处理的过程可以实现人类智能在机器上的模拟。

符号推理方法与网络连接方法分别是对逻辑思维和形象思维的模拟，是描述人类思维的两个方面，只有将两者有机结合在一起，才能真正模拟人类的思维过程，即进行系统集成。

2. 知识推理方法

在人工智能中知识推理的方法很多，目前常用的可分为两类：经典推理和高级知识推理。

（1）经典推理：是指在数理逻辑基础上，运用确定性知识进行精确推理，常见的经典推理方法有规则演绎推理、归约推理和消解演绎推理等。

（2）高级知识推理：现实世界中遇到的问题和事物间的关系往往比较复杂，客观事物存在的随机性、模糊性、不完全性、不精确性，导致人们认识上一定程度的不确定性。为此，需要在不完全和不确定的情况下运用不确定知识进行推理，即进行不确定性推理。此外，求解过程中得到的有关问题的结论也并非随知识的增加而单调增加，因此，有必要进行非单调推理的研究。这些推理都不同于经典推理，常被称为高级知识推理技术。常见的高级知识推理方法有不确定性推理、模糊推理、非单调推理、时序推理等。

11.3.3　智能搜索

在智能系统中进行逻辑推理时，要反复用到知识库中的规则，而知识库中的规则很多，于是就存在着如何在知识库中寻找可用规则的问题，即如何确定推理路线，使付出的代价尽可能得少，而问题又能得到较好的解决。因此，搜索是智能系统中的一个基本问题，是逻辑推理中不可分割的一部分，它直接关系到智能系统的性能与运行效率。一个问题的求解过程实际上就是搜索的过程，搜索实际上是求解问题一种方法。现在，搜索技术渗透到各种人工智能系统中，在专家系统、自然语言理解、自动程序设计、模式识别、机器人学、信息检索和博弈等领域都广泛使用搜索技术。

1. 搜索步骤

在智能系统中，搜索一般包括两个重要问题，即搜索什么和在哪里搜索。前者是指搜索目标，后者是指搜索空间。搜索空间通常是指一系列状态的汇集，因此也被称为状态空间。由于智能系统中大多数问题的搜索空间在问题求解之前不是全部知道的，所以可将搜索步骤分成两个阶段，即状态空间的生成阶段和在该状态空间中对所求问题状态的搜索阶段。

2. 搜索策略

为了有效地控制规则的选取，可以采用各种搜索策略。根据在问题求解过程中是否运用启发性知识，搜索被分为盲目搜索和启发式搜索两类。

（1）盲目搜索：也称为无信息搜索，是指在问题求解搜索过程中只按照预先规定的搜索控制策略进行搜索，而没有任何中间信息来改变这些控制策略。由于这种搜索没有考虑到问题本身的特性，缺乏对求解问题的针对性，不管什么问题都采用同样的控制策略，没有选择最优的搜索途径，因而需要进行全方位的搜索，这就使搜索带有很大的盲目性，效率不高。如果遇到比较复杂的问题，其求解的效率可能相当低，所以盲目搜索只用于解决比较简单的问题。但是由于它自身的特点，同时也不失为一种应用较多的搜索策略。

盲目搜索方法的常用优化策略有深度优先搜索、广度优先搜索、有界深度优先搜索等，由于这类搜索方法是在一系列规则状态中进行的，所以常称为状态空间搜索法。

（2）启发式搜索：也称为有信息搜索，是指在搜索求解的过程中加入了与问题有关的启发性信息，用以指导搜索朝着最有希望的方向进行，从而加速问题的求解过程并找到最优解。启发式搜索的主要工作是找到正确的搜索策略。搜索策略可以通过下面 4 个准则来评价。

① 完备性。如果存在一个解答，该策略是否保证能够找到？

② 时间复杂性。需要多长时间可以找到解答？

③ 空间复杂性。执行搜索需要多少存储空间？

④ 最优性。如果存在几个不同的解答，该策略是否可以发现质量最高的解答？

搜索策略反映了状态空间或问题空间的扩展方法，也决定了状态或问题的访问顺序。根据搜索策略的不同，人工智能中对搜索问题的命名也不同。例如，考虑一个问题的状态空间为一棵树的形式，如果根节点首先扩展，然后扩展根节点生成的所有节点，最后是这些节点的后继，如此反复下去，这就是宽度优先搜索。另一种方法是，在树的最深一层的节点中扩展一个节点，只有当搜索遇到一个死亡节点（非目标节点且无法扩展）的时候，才返回上一层选择其它节点搜索，这就是深度优先搜索。无论是宽度优先搜索还是深度优先搜索，节点遍历的顺序一般都是固定的，即一旦搜索空间给定，节点遍历的顺序就固定了。这类遍历成为"确定性"的，也就是盲目的搜索。而对于启发式搜索，在计算每个节点的参数之前无法确定先选择哪个节点扩展，这种搜索一般也被称为非确定的。

11.3.4 问题求解

问题求解（Problem Solving）是一个内涵广泛的研究领域，涉及规约、推断、决策、规划、常识推理、定理证明和相关过程的核心概念。人工智能关于问题求解的研究取得了引人注目的成就，其中最大成就是发展了能够求解难题的下棋（如国际象棋）程序。在下棋程序中应用的某些技术，如向前看几步，并把困难的问题分成一些比较容易的子问题，发展成为搜索和问题归约这样的人工智能基本技术。今天的计算机程序能够用来施行下锦标赛水平的各种方盘棋、15 子棋和国际象棋。1997 年 5 月，IBM 研制的计算机"深蓝"与白俄罗斯国际象棋世界冠军卡斯帕罗夫对弈，最终以 3.5:2.5 的总比分获胜，从而引起了世人的极大关注。

目前，在这类问题求解中要解决的问题主要有两个方面：一个是人类棋手具有的但尚不能明确表达的能力，如国际象棋大师们洞察棋局的能力；另一个未解决的问题涉及问题的原概念，在人工智能中称为问题表示的选择。不过，人们常常能够找到某种思考问题的方法从而使求解变得容易而最终解决该问题。在人工智能领域中与问题求解相关的和所涉及的研究领域有自动程序设计、自动定理证明和智能程序设计语言。

1. 自动程序设计

自动程序设计（Automatic Programming，AP）指由计算机完成程序的综合和正确性验证。程序综合用于实现自动编程，即用户只需告诉计算机要"做什么"，无须说明"怎样做"，计算机就可自动实现程序的设计。程序正确性验证是研究出证明程序正确性的理论和方法，目前常用的验证方法是用一组已知其结果的数据对程序进行测试，如果程序的运行结果与已知结果一致，就认为程序是正确的。这种方法对于简单程序来说未必不可，但对于一个复杂系统来说就很难行得通。因为复杂程序中存在着纵横交错的复杂关系，形成难以计数的通路，用于测试的数据即使很多，也难以保证对每一条通路都能进行测试，这就不能保证程序的正确性。程序正确性的验证至今仍是一个比较困难的课题，有待进一步研究。

实现程序设计自动化，让机器进行自动的程序设计是人们梦寐以求的，是计算机科学中的重要研究领域，也是人工智能追求的目标。从某种意义上说，编译程序把用高级语言编写的源程序翻译成由二进制代码组成的可执行程序可看作是一种自动程序设计。

自动程序设计研究的重大贡献是把程序调试的概念作为问题求解策略来使用，它所涉及的基本问题与定理证明和机器人有关，通常要采用人工智能的研究方法来实现，这也是软件工程和人工智能相结合的重要研究课题。目前，在自动程序设计的基础上，正在形成一门称为程序方法学的新学科。

2. 自动定理证明

早期的逻辑演绎研究工作与问题和难题的求解相当密切，已经开发出的程序能够借助于对事实数据库的操作来"证明"断定。其中每个事实由分立的数据结构表示，就像数理逻辑中由分立公式表示一样。与人工智能其它技术的不同之处是这些方法能够完整地、一致地加以表示。也就是说，只要本原事实是正确的，那么程序就能够证明这些从事实得出的定理，但也仅仅是证明这些定理。

自动定理证明是指把人类证明定理的过程变成能在计算机上自动实现符号演算的过程。运用计算机进行数学领域中的自动定理证明是最典型的逻辑推理问题，已成为人工智能的研究方向之一，而且定理证明的研究在人工智能方法的发展中曾经产生过重要的影响。例如，1976 年 7 月，美国的阿佩尔（K.Appel）等人用 3 台大型计算机，花费 1200 小时 CPU 时间，证明了长达 124 年未解决的难题——四色定理，震撼了世界。这是人工智能应用于定理证明的一个标志性成果。1977 年，我国人工智能大师吴文俊院士提出并实现了用平面几何判断法在机器上证明对人类来说难以证明的命题，并发现了一些新定理，再次显示了机器证明定理的应用价值及创造力，这是自动定理证明的又一标志性成果。

除了上述数学问题之外，许多非数学领域的任务，如诊断、信息检索、规划制定和其它非数学难题求解等，都可以转化为一个定理求解。因此，自动定理证明的研究在当今具有普遍的意义。近年来，在计算机科学和 AI 研究中兴起的计算机代数（Computer Algebra），其研究范围和含义比自动定理证明更广。它完全不同于通常的数值计算机的处理形式，能让人们使用计算机对公式直接进行处理并给出问题的符号解，从而把科学工作者（尤其是数学家）从笔加纸的手工劳动中解放出来，实现科学研究自动化，因此，有人将计算机代数及自动定理证明视为“科学计算”中经历的一场革命。

自动定理证明是人工智能中最先进行研究并得到成功应用的一个研究领域，同时它也为人工智能的发展起到了重要的推动作用。自动定理证明的实质是针对前提 P 和结论 Q，证明 P→Q 的永真性。但是，要直接证明 P→Q 的永真性一般来说是很困难的，通常采用的方法是反证法。在这方面海伯伦（Herbrand）与鲁宾逊（Robinson）先后进行了卓有成效的研究，提出了相应的理论及方法，为自动定理证明奠定了理论基础。尤其是鲁宾逊提出的归结原理使定理证明得以在计算机上实现，做出了重要贡献。

3. 智能程序设计语言

人工智能程序需要具有人工智能特性的语言来实现。这种语言与其它语言相比，要求更加面向问题、面向逻辑，能支持知识表示，能够描述逻辑关系和抽象概念，其处理对象更多的是知识（符号）。于是，人工智能程序设计语言应运而生，如 Lisp、Prolog、Smalltalk 和 C++等。其中，最为典型、并广泛应用的是 Lisp 和 Prolog。

（1）Lisp（List Processor）语言：是 1960 年由麦卡锡（John McCarthy）开发的第一个人工智能程序设计语言。Lisp 的开发是为了用于符号计算和表处理应用，主要是 AI 领域的计算。在 AI 中许多新领域得到开发，主要归功于 Lisp 的应用，尽管也可以使用其它类型语言，但大多数现有的专家系统都是用 Lisp 开发的。Lisp 还在知识表示、机器学习、智能训练系统和语音建模等领域占据着主导地位。

（2）Prolog（Programming in Logic）语言：是 1970 年由英国爱丁堡大学柯瓦斯基（R.Kowalski）首先提出的以逻辑为基础的程序设计语言。1972，法国马赛大学科迈瑞尔（A.Colmerauer）及其研究小组实现了世界上的第一个 Prolog 系统，并在欧洲得到进一步发展。特别是 1981 年日本宣布要以 Prolog 作为他们正在研制的新一代计算机——智能计算机的核心语言，从而使 Prolog 举世瞩目，迅速风靡世界。

Prolog 是以 Horn 子句逻辑为基础的程序设计语言，因此用它编写的程序也自然是逻辑程序。在 Prolog 程序中，一般不需要告诉计算机“怎么做”，而只需告诉它“做什么”。因此，Prolog 也属于陈述性语言。Prolog 程序一般由一组事实、规则和问题组成。其中，问题表示用户的提问，是程序执行的起点，称为程序的目标。例如，下面是一个 Prolog 程序：

```
likes(bell,sports),
likes(mary,music),
likes(mary,sports),
likes(jane,smith),
friend(john,x):-likes(x,reading),likes(x,music),
friend(john,x):-likes(x,sports),likes(x,music),
?-friend(john,y).
```

该程序的事实描述了一些对象（包括人和事物）间的关系。程序中有 4 条事实、2 条规则和 1 个问题。其中事实、规则和问题都分行书写；规则和事实可以连续排列在一起，其顺序可以随意安排，但同一谓词名的事实或规则必须集中排列在一起；问题不能与规则及事实排在一起，它作为程序目标列出，或在程序运行时临时给出。

该程序中的规则描述了 John 交朋友的条件，即如果一个人喜欢读书并且喜欢音乐（或者喜欢运动和喜欢音乐），则这个人就是 John 的朋友（这个规则也可以看作是朋友的定义）；程序中的问题是"John 的朋友是谁？"；Prolog 程序中的目标可以变化，并可以含有多个语句（上例中只有一个目标）。如果有多个语句，则这些语句称为子目标，例如在上面的程序中，其问题可以是：

```
        ?- likes(mary,x).
```
或　　?- likes(mary,music).

或　　?- friend(x,y).

或　　?- likes(bell,sports),likes(mary,music),friend(john,x).

等等。当然，对于不同的问题，程序运行的结果是不一样的。

早期的 Prolog 版本是解释型的，1986 年美国的 Borland 公司推出了编译型的 Prolog——Turbo Prolog。随着可视化编程的应用，又推出了可视化逻辑程序设计语言 Visual Prolog，是当今新一代开发智能化应用程序的有力工具。Visual Prolog 支持基于网络、数据库、多媒体的开发和集成，能与 C 语言集成编译，并且具有模式匹配、递归、回溯、对象机制、事实数据库和谓词库等强大功能，它包含构建大型应用程序所需的一切特性：图形开发环境、编译器、连接器和调试器；支持模块化和面向对象程序设计；支持系统级编程、文件操作、字符处理、位级运算、算术运算与逻辑运算，以及与其它编程语言的接口等，非常适合专家系统、规划和其它人工智能相关问题的求解，是智能程序设计语言中具有代表性且应用广泛的一种。正是由于这种语言很适合表达人的思维和推理规则，因此在自然语言理解、机器定理证明和专家系统等方面都有广阔的应用，在智能程序设计语言领域具有举足轻重的地位。

由于在 Prolog 程序中一般不需要告诉计算机"怎么做"，而只需告诉它"做什么"，由此我们立即会联想到关系数据库中的结构化查询语言（SQL）。因为数据库中数据的查询通常用关系算子表示，是一种符号逻辑形式，是非过程性的。而逻辑程序设计也是非过程性的，从这个意义上讲，二者是相同的，二者之间是关联的。简单的信息表可以由 Prolog 结构来描述，而表之间的关系则可以方便而容易地描述为 Prolog 规则，对数据的检索过程交由规则操作完成，Prolog 的目标语句提供了对关系数据库的查询。因此，逻辑程序设计恰能满足关系数据库管理系统的需求。

随着人工智能学科研究的深入和进展，智能程序设计语言越来越适应智能问题的解决。到目前为止，人工智能程序能够实现如何考虑要解决的问题，即搜索解空间，寻找最优解答。

11.3.5　专家系统

专家系统（Expert System，ES）是一个基于专门领域的知识来求解特定问题的计算机程序系统，主要用它来模仿人类专家的活动，通过推理与判断来求解问题。具体说，专家系统是嵌入人类专家知识，模拟人类专家对问题的求解过程的计算机系统。到目前为止，专家系统是人工智能理论应用最成功的领域。从 20 世纪 70 年代后期以来，美国、欧洲、日本以及中国出现了一大批应用于各领域的专家系统，涉及医学、化学、生物、工程、法律、农业、商业、教育和军事等领域，产生了良好的社会效益与经济效益。

专家系统目前尚无公认的定义，但研究者们比较一致的粗略定义是：<u>专家系统是一个智能的计算机程序，它运用知识和推理步骤来解决只有专家才能解决的复杂问题，任何解题能力达到了同领域人类专家水平的计算机程序都可以称作专家系统。</u>可见，专家系统是在特定领域中以人类专家水平求解困难问题的计算机程序或系统。换句话说，系统中必须具有某个领域专家大量的知识和经验，运用这些知识和推理步骤可以解决那些只有专家才能解决的复杂问题。专家系统是目前人工智能应用中最成熟的一个领域，可解决的问题包括解释、预测、诊断、设计、规划、监视、修理、指导和控制等。现在高性能专家系统具有"自学习"能力，并从学术研究开始进入实际应用研究。一般专家系统的逻辑结构如图 11-2 所示。

（1）知识获取：是专家系统知识库是否优越的关键，也是专家系统设计的"瓶颈"问题，通过知识获取，可以扩充和修改知识库中的知识。至今，已经有了一些知识获取的方法，包括对客观世界进行观测、分析、总结获取知识，对人类专家（领域专家）进行访问、调查获取知识以及进行理论分析和演绎来获取知识。在自动知识获取方面，以机器学习、数据挖掘等领域为代表提供了许多获取知识的技术和方法。

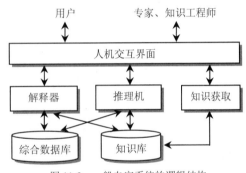

图 11-2　一般专家系统的逻辑结构

（2）知识库：专家系统的问题求解过程是通过知识库中的知识来模拟专家的思维方式，因此，知识库是专家系统质量是否优越的关键所在，即知识库中知识的质量和数量决定着专家系统的质量水平。一般来说，专家系统中的知识库与专家系统程序是相互独立的，用户可以通过改变、完善知识库中的知识内容来提高专家系统的性能。

（3）推理机：是针对待求解问题的条件或已知信息，反复匹配知识库中的知识，不断获得新的结论，最终得到问题求解结果。智能系统中的推理机是由程序实现的，它如同专家解决问题的思维方式，知识库就是通过推理机来实现其价值的。在专家系统中主要使用的是不确定推理。不确定性表现在证据、规则和推理三个方面，需要对专家系统中事实与规则给出不确定性描述，并以此建立不确定性的计算方法。因此要对不确定知识进行处理，首先需要解决不确定知识的表示问题、不确定信息的计算问题以及不定性表示和计算的语义解释问题。

（4）综合数据库：管理推理机使用的原始数据、基本事实、推理的中间结果和最后结果。

（5）解释器：对知识表示予以解释，即根据用户的提问，对结论、求解与推理过程说明。

（6）人机交互界面：是计算机与人之间通信和对话的接口，是专家系统的重要组成部分。专家系统中的人机交互界面已发展成为具有视线跟踪、语音识别、手势输入、感觉反馈等多种感知能力的交互装置。

由此可以看出，所谓专家系统，实际上就是一个以推理机为中心的推理系统。例如在医疗诊断专家系统中，知识库存储专家的经验及医学知识；数据库存放病人的症状、化验结果等基本信息；推理机根据数据库中的信息，利用知识库中的知识，按一定的控制策略求解问题。利用该专家系统来为病人诊治疾病实际上就是一次推理过程，即从病人的症状及化验结果等初始信息出发，利用知识库中的知识及一定的控制策略，对病情作出诊断，并开出医疗处方。

随着人工智能整体水平的提高，专家系统也获得发展，正在开发的新一代专家系统有分布式专家系统和协同式专家系统等。研制开发专家系统的关键是如何获取、表示及运用人类专家的知识，所以知识获取、知识表示及知识推理是专家系统研究的热点。

§11.4　智能学习

学习是人类智能的主要标志和获得知识的基本手段，也是自我提高和自我完善的过程。所谓智能学习，是指对通过智能感知得到的外部信息及机器内部的各种工作信息进行有目的的处理。智能学习内部表现为新知识结构的不断建立和修改，外部表现为性能的改善。智能学习是自动获取新的事实及新的推理算法，也是使计算机具有智能的根本途径。因此，智能学习涉及记忆与联想、机器学习、人工神经网络、智能计算等知识领域。

11.4.1　记忆与联想

记忆是智能的基本条件，不论是脑智能还是群智能，都以记忆为基础。记忆也是人脑的基本功能之一。在人脑中，伴随着记忆的就是联想，联想是人脑的奥秘之一。计算机要模拟人脑的思维就必须具有联想功能，要实现联想就必须建立事物之间的联系，即在机器里建立有关数据、信息或知识之间的联系。建立这种联系的办法很多，比如用指针、函数、链表等，通常的信息查询就是这样做的。但是用这些传统方法实现的联想，只能对于那些完整的、确定的（输入）信息，联想起（输出）有关的信息。这种"联想"与人脑的联想功能相差甚远，因为人脑对那些残缺的、失真的或变形的输入信息仍然可以快速准确地输出联想响应。

从机器内部的实现方法来看，传统的信息查询是基于传统计算机的按地址存取方式进行的。而研究表明，人脑的联想功能是基于神经网络的按内容记忆方式进行的，只要是和内容相关的事情，不管在哪里（与存储地址无关），都可由其相关的内容被想起。例如，苹果这一概念一般有形状、大小和颜色等特征，我们所要介绍的内容记忆方式就是由形状（比如苹果是圆形的）想起颜色和大小等特征，而不需要关心其内部地址。

当前，在机器联想功能的研究中，人们就是利用这种按内容记忆原理，采用一种称为"联想存储"的技术来实现联想功能的。联想存储的特点是：可以存储许多相关（激励，响应）模式对；通过自组织过程可以完成这种存储；以分布、稳健的方式（可能会有很高的冗余度）存储信息；可以根据接收到的相关激励模式产生并输出适当的响应模式；即使输入激励模式失真或不完全时，仍然可以产生正确的响应模式；可在原存储中加入新的存储模式。

11.4.2　机器学习

机器学习（Machine Learning）是研究如何使用机器来模拟人类学习活动的一门学科，使计算机具有自动获取新知识、学习新技巧，在实践中不断完善、改进的能力。它能通过与人谈话学习，对环境的观察学习，在实践中实现自我完善，克服人们在学习中存在的局限性，例如容易忘记，效率低以及注意力分散等问题。机器学习是人工智能的一个重要研究领域。

1. 机器学习的研究方向

机器学习是机器具有智能的重要标志，同时也是机器获得知识的根本途径。有人认为，一个计算机系统如果不具备学习功能，就不能称其为智能系统。机器学习是一个非常重要的研究领域，是人工智能和神经计算的核心研究课题之一。随着人工智能、神经网络、专家系统等学科的迅速发展，人们更加关注机器学习的研究。作为人工智能的一个研究领域，机器学习的研究方向主要有 3 个方面。

（1）学习机理的研究：指对人类学习机制的研究，即人类获取知识、技能和抽象概念的天赋能力。通过这一研究，将从根本上解决机器学习中存在的种种问题。

（2）学习方法的研究：指研究人类的学习过程，探索各种可能的学习方法，建立起独立于具体应用领域的学习算法。

（3）面向任务的研究：指根据特定任务的要求，建立相应的学习系统。

2. 机器学习的基本方法

从理论上讲，学习过程本质上是学习系统将导师提供的信息转换成能被系统理解并应用的形式。按照系统对导师的依赖程度和使用推理的多少，机器学习的方法有以下几种形式。

（1）机械式学习（Rote learning）：是一种最简单的机械记忆学习方法。这种学习方法不需要任何推理过程，外界输入知识的表示方式与系统内部表示方式完全一致，不需要任何处理和转换。虽然机械学习在方法上看似简单，但由于计算机的存储容量相当大，检索速度又相当快，而且记忆准确，无丝毫误差，所以也能产生人们难以预料的效果，如塞缪尔的下棋程序就是采用了这种机械记忆策略。

（2）讲授式学习（Learning from instruction）：是一种比机械式学习复杂的学习方法。对这种学习策略的系统来说，外界输入知识的表达方式与内部表达方式不完全一致，系统在接受外部知识时需要一点推理、翻译和转化工作，一些专家系统在获取知识上都采用这种学习方法。

（3）类比学习（Learning by analogy）：是基于类比推理的一种学习方法，例如当教师向学生讲授一个较难理解的新概念时，可用一些学生已经掌握且与新概念有许多相似之处的例子作为比喻，使学生通过类比加深对新概念的理解。类比学习在科学技术发展中有重要意义，许多发明和发现就是通过类比学习获得的。例如，卢瑟福将原子结构和太阳系进行类比，发现了原子结构；水管中的水压和电路中的电压概念相似，因而计算水压的公式和计算电压的公式是相似的，等等。

（4）归纳学习（Learning from induction）：是应用归纳推理进行学习的一种方法。根据归纳学习有无教师指导，可把它分为实例学习（有师学习）和观察发现学习（无师学习）。

① 实例学习（Learning from examples）：是通过实例学习策略的计算机系统，系统需要对这些实例及经验进行分析、总结和推广，得到完成任务的一般性规律，并在进一步的工作中验证或修改这些规律。

② 观察发现学习（Learning by observation & discovery）：又称为描述性概括，其目标是确定一个定律及理论的一般性描述，刻画观察集，指定某类对象的性质。

（5）解释学习（Explanation-based learning）：也称为分析学习，是利用背景或领域知识，对当前提供的实例进行分析，从而构造解释并产生相应知识。解释学习也是一种通过实例学习的方法，与实例学习方法的不同之处在于，除实例以外，学习系统还要具有所涉及领域的知识，并且能够根据这些知识对实例进行分析，从而构成解释、产生规则。

（6）演绎学习（Learning from deduction）：是基于演绎推理的一种学习。演绎推理是一种保真变换，即若前提真则推出的结论也为真。在演绎学习中，学习系统由给定的知识进行演绎的保真推理，并存储有用的结论。

（7）神经网络学习（Learning from neural network）：是基于神经网络技术的机器学习系统。神经网络本身具有诸多特征，其中一个主要特征是神经网络具有学习能力，其学习过程就是对网络进行训练的过程，即不断调整它的连接权值，使它适应环境变化的过程，从而达到学习的目的。

3. 学习系统的基本结构

上面介绍了7种机器学习的基本方法，机器是怎样实现学习的呢？既然机器学习是一门研究机器获取新知识和新技能，并识别现有知识的学问。那么，不难想象机器学习系统应该具有如图11-3所示的基本结构。

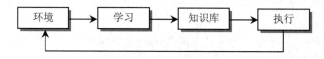

图 11-3 学习系统的基本结构

（1）环境（Environment）：影响学习系统设计的最重要因素是环境向系统提供的信息，或者更具体地说是信息的质量。环境向学习系统提供各种各样的信息，如果信息的质量比较高（与一般原则的差别比较小），则学习部分比较容易处理；如果提供的是杂乱无章的指导执行动作的信息，学习系统需要在获得足够数据之后，删除不必要的细节，进行总结推广，形成指导动作的一般原则，放入知识库（存放指导执行部分动作的一般原则）。这样，学习部分的任务就比较繁重，设计起来也较为困难。

（2）学习（Study）：环境向系统的学习部分提供某些信息，学习部分利用这些信息修改知识库，以增进系统执行部分完成任务的效能，执行部分根据知识库完成任务，同时把获得的信息反馈给学习部分。学习部分所需要解决的问题完全由环境、知识库和执行部分所决定。

（3）知识库（Knowledge Base）：是影响学习系统设计的重要因素。知识的表示有多种形式，比如特征向量、一阶逻辑语句、产生式规则、语义网络和框架等。这些表示方式各有其特点，在选择表示方式时要兼顾：表达能力强、易于推理、容易修改知识库、知识表示易于扩展。

（4）执行（Executing）：是影响学习系统设计的第三个因素，它与学习和知识库形成一个闭环系统。因为学习系统不能在全然没有任何知识的情况下凭空获取知识，每个学习系统都要求具有某些知识以理解环境提供的信息，进行比较和分析，做出假设，检验并修改这些假设。因此，更确切地说，学习系统是对现有知识的扩展和改进。

4. 机器学习应用

人工智能的研究与应用领域，在很多方面是交叉的，作为机器学习也是如此，它的应用也是多方面的。目前，机器学习的典型应用主要体现在以下两个方面。

（1）数据挖掘系统（Data Mining System，DMS）：是在数据库的基础上实现知识发现（Knowledge Discovery in Database），它是 20 世纪 90 年代初期新崛起的一个活跃的研究领域。

数据挖掘与知识实现是从大型数据库（数据仓库）中发现并提取人们感兴趣的知识的高级处理过程。具体说，是通过综合运用统计学、粗超集、模糊数学、机器学习和专家系统等多种学习手段和方法，从大量的数据中提炼出抽象的知识，从而揭示出蕴涵在这些数据背后的客观世界的内在联系和本质规律，实现知识的自动获取。因此，这是一个既富有挑战性，又具有广阔前景的研究课题。随着人们对数据挖掘认识的深入，数据挖掘技术的应用越来越广泛，尤其是具有特定的应用问题和应用背景的领域（如金融、保险、通信等行业）最能够体现数据挖掘的作用。

（2）决策支持系统（Decision Support System，DSS）：是近年来新兴的一个研究领域，是计算机科学（包括人工智能）、行为科学和系统科学（包括控制论、系统论、信息论、运筹学、管理科学等）相结合的产物。决策是对某一问题制定多种方案，并从中选择最优方案的思维过程。决策支持系统现在已成为管理科学中的一个重要分支，把人工智能中的专家系统和决策系统有机地整合，利用模型和知识，通过模拟和推理等手段，为人类的活动进行辅助决策。采用人工智能技术对计算机实现决策，则形成了智能决策系统这一新的研究领域。

11.4.3　人工神经网络

正像人的智能是来自大脑的思维一样，机器的智能也要通过机器思维来实现。人工神经网络（Artificial Neural Network）也称神经网络计算或神经计算（Neural Computing），实际上是一种计算模型，是模拟人脑分析问题和处理问题的计算机智能系统。

20 世纪 50 年代末到 60 年代初，开始了人工神经网络的研究，由于种种原因，人工神经网络发展缓慢，甚至一度出现低潮，直到 80 年代中期才重新崛起，神经网络研究复苏，成为人工智能研究的重要途径和方法。研究结果表明，运用神经网络处理直觉和形象思维信息具有比传统处理方式好得多的效果。人工神经网络的发展既具有广泛的背景，又具有广阔的前景。对神经网络模型、算法、理论分析和硬件实现的大量研究，为神经网络计算机走向应用提供了物质基础。

1．神经元模型

人工神经网络是由大量人工神经元（采用许多处理元件，如电子元件）按照一定的拓扑结构相互连接构成的模拟人脑神经系统的结构和功能而建立的网络系统，它是在现代神经生物学和认识科学对人类信息处理研究的基础上提出来的，是近年来重新兴起的研究热点。

根据生物神经元的结构和功能，模拟生物神经元的基本特征，可以建立多种神经元模型。从神经元的特性和功能可以知道，神经元是一个多输入单输出的信息处理单元（Processing Element），它对信息的处理是非线性的。根据神经元的特性和功能，可以把神经元抽象为一个简单的数学模型，工程上用的人工神经元模型如图 11-4 所示。

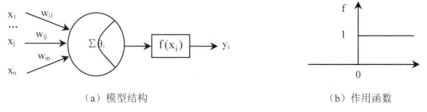

（a）模型结构　　　　　　　　　　　　　　（b）作用函数

图 11-4　神经元模型

由于该模型是 1943 年由美国心理学家麦克洛奇（McCulloch）和数学家匹茨（Pitts）共同建立的，所以又称为 MP 模型。

在图 11-4 中，$x_1,x_2,\cdots,x_i$ 表示神经元的输入，即是来自前级 n 个神经元的输出；y_i 表示神经元 i 的输出；w_{ij} 表示神经元 i 至 j 的连接权值；θ_i 表示神经元 i 的阈值；$f(x_i)$ 表示激发函数或作用函数，它决定 i 神经元受到输入 $x_1,x_2,\cdots,x_n$ 的共同刺激达到阈值时以何种方式输出。

从图 11-4 所示的神经元模型可以得到，神经元 i 的输出 y_i 的数学模型表达式可描述为：

$$f_i = f\left(\sum_{j=1}^{n} w_{ij}y_j - \theta_i\right), i \neq j$$

这里，设 $y_i = f(U_i)$，则 $U_i = \sum_{j=1}^{n}(w_{ij}y_j - \theta_i)$。

神经元的激发函数 $f[U_i]$ 有多种形式，其中最常见的有阶跃型、线性型和 S 型 3 种形式，如图 11-5 所示。

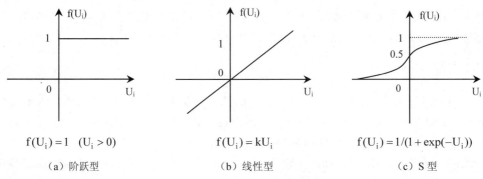

$$f(U_i) = 1 \quad (U_i > 0)$$

（a）阶跃型

$$f(U_i) = kU_i$$

（b）线性型

$$f(U_i) = 1/(1 + \exp(-U_i))$$

（c）S 型

图 11-5　神经元中的典型激发函数

近年来，随着神经网络理论的发展，出现了不少新颖的神经元数学模型，这些模型包括逻辑神经元模型、模糊神经元模型等，并且渐渐受到人们的关注和重视。

2. 神经网络模型

人工神经网络是一种具有并行计算能力的网络结构（网络模型），在应用和研究中采用的神经网络模型不下 30 种，其中较有代表性的是以下几种。

（1）多层感知神经网络：1986 年，以鲁梅尔哈特（D.E.Rumehart）和麦克莱伦德（Mc Lelland）为首的科学家出版了《并行分布处理：认知微结构的探索》一书，完整地提出了误差逆传播学习算法，并被广泛接受。

（2）竞争型（Kohonen）神经网络：是一种以无教师方式进行网络训练的网络。竞争型神经网络一般是由输入层（模拟视网膜神经元）和竞争层（模拟大脑皮层神经元，也叫输出层）构成的两层网络。两层之间的各神经元实现双向全连接，而且网络中没有隐含层。

（3）Hopfield 神经网络：1986 年由美国物理学家霍普菲尔德提出的基本的 Hopfield 神经网络是一个由非线性元件构成的全连接型单层反馈系统。网络中的每一个神经元都将自己的输出通过连接权传送给所有其它神经元，同时又都接收所有其它神经元传递过来的信息。

3. 神经网络能力

人工神经网络反映了人脑功能的许多基本特性，是对人脑神经网络系统作某种简化、抽象和模拟。研究神经网络系统的目的在于探索人脑加工、存储和处理信息的机制，进而研制基本具有人脑智能的机器。人工神经网络的能力主要体现在它的信息存储能力和计算能力，它克服了传统人工智能方法在语音识别、模式识别等信息处理方面的缺陷，在许多领域的成功应用有力地推动了人工智能技术的不断发展，已成为研究人工智能理论的重要工具。

随着神经网络理论研究的深入以及网络计算能力的不断拓展，神经网络的应用领域将会不断拓广，应用水平将会不断提高，最终达到神经网络系统可用来完成人所能做的许多事情。现在，神经网络的研究和应用已渗透到许多领域，如模式识别、机器学习、专家系统、组合优化、图像处理、信息处理、自动控制、非线性系统辨识、机器人学和人工智能的其它领域。人们期望神经网络计算机将在更多的方面取代传统的计算机，使人类智能向更深层次发展。

11.4.4　智能计算

智能计算（Intelligence Computational）是借用自然界（生物界）规律的启迪，根据其原理，模仿设计求解问题的算法，是人工智能中极其重要的理论研究课题。智能计算涉及模糊计算、进化计算、神经计算等研究领域。智能计算中的主要算法有遗传算法和群集智能及其优化计算方法。

1. 遗传算法

遗传算法（Genetic Algorithm，GA）是利用达尔文的"适者生存，优胜劣汰"的自然进化规则进行搜索和完成对问题求解的一种新方法，是仿真生物遗传学和自然选择机理，通过人工方式所构造的一类搜索算法。从某种程度上说，遗传算法是对生物进化过程进行的数学方式仿真。

1967 年，Bagley 和 Rosenberg 在他们的博士论文中提出遗传算法的概念。1975 年美国学者霍兰德（J.H.Holland）在他的著作《Adaptation in Natural and Artificial Systems》首次提出遗传算法，从此奠定了遗传算法的理论基础。

20 世纪 80 年代初，Bethke 利用 WALSH 函数和模式变换方法，设计了一个确定模式的均值的有效方法，大大推进了对遗传算法的理论研究工作。

1987 年 Holland 推广了 Bagley 方法。经过几十年的发展，遗传算法已经在神经网络、机器学习等方面获得了长足的进展，成为人工智能的重要分支。如今，遗传算法不但给出了清晰的算法描述，而且也建立了一些定量分析结果，并在各方面得到应用。遗传算法已用于求解带有应用前景的一些问题，如遗传程序设计、函数优化、排序问题、人工神经网络、分类系统、计算机图像处理和机器人运动规划等。

2. 群集智能

群居昆虫以集体的力量，进行觅食、御敌、筑巢。这种群集所表现出来的"智能"，就称为群集智能（Swarm Intelligence）。如蜜蜂采蜜、筑巢以及蚂蚁觅食、筑巢等。人们从群居昆虫互相合作工作中得到启迪，研究其中的原理，以此原理来设计新的求解问题的算法。群集智能及其优化计算方法有蚁群优化算法和粒子群优化算法。

（1）蚁群（Ant Colony）算法：是最近几年才提出的一种新型模拟进化算法，它是 20 世纪 90 年代首先由意大利学者 M.Dorigo 等人提出，称为蚁群系统，利用该方法求解旅行推销员问题、指派问题、Job·Shop 高度问题等，取得了一系列较好的效果。受其影响，蚁群系统模型逐渐引起了其它研究者的注意，并开始用该算法来解决一些实际问题。

（2）粒子群优化算法（Particle Swarm Optimization，PSO）：是一种进化计算技术（Evolutionary Computation），由 Eberhart 和 Kennedy 于 1995 年提出。源于对鸟群捕食的行为研究，PSO 同遗传算法类似，是一种基于迭代的优化工具。系统初始化为一组随机解，通过迭代搜寻最优值。但是并没有遗传算法用的交叉（Crossover）及变异（Mutation），而是粒子在解空间追随最优的粒子进行搜索。

3. 基本应用

随着人工智能研究的深入，智能算法逐步渗透到许多研究领域，例如难题求解，组合和调度问题等。在这些问题求解过程中需要搜索解答空间，寻找较优解答，而在寻优过程中所采用的算法就是智能算法，即遗传算法、进化算法和群集智能算法等。

（1）难题求解：对于那些没有算法解，或虽有算法解，但在现有机器上无法实施或无法完成的困难问题称为难题求解。例如：路径规则、运输调度、电力调度、测量数据解释、天气预报、市场预测、股市分析、疾病诊断、故障诊断、军事指挥、机器人行动计划等。

（2）组合和调度：有许多实际问题属于最佳调度或最佳组合问题，确定最佳调度或最佳组合的问题是人工智能又一个令人感兴趣的研究领域。我们在第 2 章中介绍过的旅行推销员问题是智能调度和指挥中的一个古典问题。许多其它问题也具有这类相同的特性，例如八皇后问题、汉诺塔问题、农夫过河问题、八数码问题、魔方魔圆问题等。

上述问题是计算学科中的经典问题，智能计算优化已成为解决这类问题的有效手段。

§11.5　智能行为

智能行为与人的行为能力相对应，智能行为主要是指计算机的表达能力，即"说"、"写"、"画"等。对于智能机器人，它还应具有人的四肢功能，即能走路、能取物、能操作等。目前，机器行为主要包括智能检索与调度、智能控制和机器人学，而机器博弈可看作是机器行为的一个实例。

11.5.1　智能检索与调度

1．智能检索

计算机网络的应用，为广大用户查询和检索信息提供了极大方便。然而，对国内外种类繁多和数量巨大的科技文献的检索远非人力和传统检索系统所能胜任。研究智能检索系统已成为科技持续快速发展的重要保证。智能信息检索系统的设计者们将面临以下几个问题：

首先，如何建立一个能够理解以自然语言陈述的询问系统；其次，如何根据存储的事实演绎出答案；然后，如何表示和应用常识问题，因为理解询问和演绎答案所需要的知识都有可能超出该学科领域数据库所表示的知识范围。

2．智能调度

确定最佳调度或组合的问题是人们感兴趣的又一类问题。一个古典的问题就是推销员旅行问题。这个问题要求为推销员寻找一条最短的旅行路线。他从某个城市出发，访问每个城市一次，且只允许一次，然后回到出发的城市。这个问题的一般提法是：对由 n 个结点组成的一个图的各条边，寻找一条最小代价的路径，使得这条路径对 n 个结点的每个点只允许穿过一次，试图求解这类问题的程序产生了一种组合爆炸的可能性。这些问题多数属于 NP-hard 问题，人工智能科学家们曾经研究过若干组合问题的求解方法，他们的努力集中在使"时间-问题大小"曲线的变化尽可能缓慢地增长，即使是必须按指数方式增长。这样，有关问题域的知识再次成为比较有效的求解方法的关键。为了处理组合问题而发展起来的许多方法，对其它组合上不甚严重的问题也是有用的。

智能组合调度方法已被应用于汽车运输调度、列车的编组与指挥、空中交通管制以及军事指挥等系统，并已引起有关部门的重视。其中，军事指挥系统已从 C^3I（Command，Control，Communication and Intelligence）发展为 C^4ISR（Command，Control，Communication，Computer，Intelligence，Surveillance and Reconnaissance），即在 C^3I 的基础上增加了侦察、信息管理和信息战，强调战场情报的感知能力、信息综合处理能力以及系统之间的交互作用能力。

11.5.2　智能控制

智能控制是驱动智能机器自主地实现其目标的过程。具体说，智能控制是一类无需或需要尽可能少的人工干预就能够独立地驱动智能机器实现其目标的自动控制，它是自动控制的最新发展阶段，是用计算机模拟人类智能的一个重要研究领域。随着人工智能和计算机技术的发展，可把自动控制和人工智能以及系统科学的某些分支结合起来，建立一种适用于复杂系统的控制理论和技术。

智能控制可用来构造用于不同领域的智能控制系统，例如智能机器人规划与控制、智能过程规划、智能过程控制、专家控制系统、语音控制、智能仪器等。

智能控制的核心在高层控制，其任务在于对实际环境或过程进行组织、决策和规划，以实现广义问题求解。已经提出的用以构造智能控制系统的理论和技术有分级递阶控制理论、分级控制器设计的熵方法；智能逐级增高而精度逐级降低原理、专家控制系统、学习控制系统和基于神经网络的控制系统等。

智能控制有很多研究领域，它们的研究课题既具有独立性，又相互关联。目前，智能控制研究较多的有 6 个方面：智能机器人规划与控制、智能过程规划、智能过程控制、专家控制系统、语音控制以及智能仪器等，而且取得许多成果。

11.5.3　机器人学

机器人技术是适应生产自动化、原子能利用、宇宙和海洋开发等领域的需要，在电子学、人工智能、控制理论、系统工程、机械工程、仿生学以及心理学等各学科发展基础上形成的一种综合性技术。机器人是模拟人类智能，并具有感觉、识别和决策功能的机器。

机器人学是人工智能研究中日益受到重视的另一个分支，其中包括对操作机器人装置的程序的研究。这个领域所研究的问题覆盖了从机器人手臂的最佳移动到实现机器人目标的动作序列的规划方法等各个方面，人工智能的所有技术几乎都可在它身上得到应用，因此它可被当做人工智能理论、方法、技术的试验场地。反过来，对机器人学的研究又大大推动了人工智能研究的发展。自 20 世纪 60 年代初以来，机器人的研究已经从低级到高级经历了 3 个发展历程：程序控制机器人、自适应机器人、智能机器人，通常也称为 3 代。

1. 程序控制机器人

程序控制机器人完全按照事先装入到机器人中的程序进行工作。程序的生成及装入有两种方式：一种是由人根据工作流程编制程序并将它输入到机器人中；另一种是"示教-再现"方式。所谓"示教"，是指在机器人第一次执行任务之前，由人引导机器人去执行操作，即教机器人去做应做的工作，机器人将其所有动作一步步地记录下来，然后机器人以同样的方式和步骤完成同样的工作。这一代机器人的最大缺点是它只能刻板地完成程序规定的动作，不能适应变化的情况，只要环境情况略有变化（例如装配线上的物品略有倾斜），就会出现问题。目前在工业界运行的众多"机器人（robot）"，都是一些按预先编好的程序执行某些重复作业的简单装置。

2. 自适应机器人

自适应机器人的主要标志是自身配备有相应的感觉传感器，如视觉传感器、触觉传感器、听觉传感器等。这种机器人通过传感器获取作业环境、操作对象的简单信息，然后由计算机对获得的信息进行分析、处理，控制机器人的动作。由于它能随着环境的变化而改变自己的行为，故称为自适应机器人。自适应机器人虽然已具有一些初级的智能，但还没有达到完全"自治"的程度。

3. 智能机器人

智能机器人是指具有类似于人的智能的机器人，通过机器自身动力和控制能力来实现各种功能操作，适应生产自动化、原子能利用、宇宙和海洋开发等领域的需要。从理论上讲，智能机器人至少应具备以下 4 种技能：

（1）感知机能：具有自我行动的视觉、听觉、触觉、嗅觉感知机能，获取外部环境信息。

（2）运动机能：具有等价于人的手和脚的运动机能，具备施加于外部环境的行为能力。

（3）思维机能：对感知到的信息加以处理，求解问题的认识、推理、判断等思维机能。

（4）通信机能：能实时、准确地理解指示命令、输出内部状态、与人流畅地交换信息。

现在，机器人已在各种工业、农业、商业、旅游业、空中、海洋和国防等领域获得越来越普遍的应用，并且可将其分为如下 5 类。

（1）星际探索机器人：能够飞往遥远的不宜人类生存的太空，进行人类难以或无法胜任的星球和宇宙探测。1997 年，美国研制的探路者（Pathfinder）空间移动机器人完成了对火星表面的实地探测，取得大量有价值的火星资料，为人类研究与利用火星作出了贡献，被誉为 20 世纪自动化技术的最高成就之一。能够在宇宙空间作业的空间机器人已成为空间开发的重要组成部分。

（2）海洋（水下）机器人：是海洋考察和开发的重要工具。用新技术装备起来的机器人将广泛用于海洋考察、水下工程（如海底隧道建筑、海底探矿和采矿等）、打捞救助和军事活动等方面。现在，海洋机器人的潜海深度可达 12 000m 以上。

（3）机器人外科手术系统：现在已成功地用于脑外科、胸外科和膝关节等手术。机器人不仅参与辅助外科手术，而且能够直接为病人开刀，还将全面参与远程医疗服务。

（4）微型机器人：是 21 世纪的尖端技术之一，已经开发出手指大小的微型移动机器人，可进入小型管道进行检查作业。预计在不久之后将要生产出毫米级大小的微型机器人和直径为几百微米甚至更小的纳米级医疗机器人，让它们直接进入人体器官，进行各种疾病的诊断和治疗，而不伤害人的健康。微型机器人在精密机械加工、现代光学仪器、超大规模集成电路、现代生物工程、遗传工程、医学和医疗等工程中将大有用武之地。

（5）体育和娱乐领域：智能机器人已广泛应用于体育和娱乐领域。其中，足球机器人和机器人足球比赛集高新技术和娱乐比赛于一体，是科技理论与实际密切结合的极富生命力的成长点，已引起社会的普遍重视和各界的极大兴趣。足球机器人涉及计算机视觉（尤其是彩色视觉）、移动通信和网络、多智能体、机电一体化、动态协调和决策、计算机实时仿真、人工智能和智能控制以及控制硬件、软件和智能的集成等技术，能够反映出一个国家信息和自动化技术的综合实力。

在 21 世纪，人类必须学会与机器人打交道。越来越多的机器人保姆、机器人司机、机器人秘书，机器人节目主持人以及网络机器人、虚拟机器人、人形机器人和军事机器人等将推广应用，成为机器人学新篇章的重要音符和旋律。

智能机器人的研究和应用体现出广泛的学科交叉，涉及众多的课题，如机器人体系结构、机构、控制、智能、视觉、触觉、力觉、听觉、机器人装配、恶劣环境下的机器人以及机器人语言等。该领域所研究的问题是从机器人手臂的移动到实现机器人目标的动作序列的规划方法。但事实上，它的研制不仅需要智能技术，而且涉及许多学科领域，如物理、机械、力学、数学、电子、计算机、传感器、网络、通信、控制等，是一个综合性的技术学科，其研究水平已经成为人工智能技术甚至人类科学技术的一个代表和体现。换句话说，研制智能机器人所遇到的困难也就是人工智能研究领域的困难。目前，这个研究领域的困难至少有以下几个方面：

- 目前还缺乏足够的知识来回答什么是人工智能，在人类智能定义仍不确切的前提下，智能机器人的研究与发展缺乏理论支撑。
- 人类思维的逻辑不是二值逻辑，而计算机工作的逻辑基础是二值逻辑，两者无法等同。
- 作为人工智能设备支撑的计算机本身目前不具备智能功能，制约了智能系统的发展。
- 人脑约由 10^{11}（1000 亿）个神经元组成，神经元之间的联系多达 $10^{13} \sim 10^{15}$（百万亿～千万亿），而任何机器都难以做成如此巨大的系统。
- 作为人工智能研究的数学工具还难以满足需要。人类智能是发散的、非线性的、不精确的、开放的；而目前的数学理论基本上是建立在收敛、线性、精确、封闭等基础之上的。

正是由于上述原因，目前智能机器人大都只具有部分智能。同样，目前人工智能领域的很多研究成果还不能完全替代人类大脑功能，很多理论研究和实际应用都在探索过程之中。

11.5.4　机器博弈

从狭义上讲，博弈是指下棋、玩扑克牌、掷骰子等具有输赢性质的游戏；从广义上讲，博弈（game）就是对策或斗智。计算机中的博弈问题，一直是人工智能领域研究的重点内容之一。1913年，德国数学家策梅罗（E.Zermelo，1871～1953 年）在第五届国际数学家大会上发表了《关于集合论在象棋博弈理论中的应用》（On an Application Set Theory to Game of Chess）的著名论文，第一次把数学和国际象棋联系起来，从此，现代数学出现了一个新的领域，即博弈论。1950 年，美国著名科学家、信息论创始人香农（C.E.Shannon，1916～2001 年）发表了《国际象棋与机器》（A Chess-Playing Machine）一文，并阐述了用计算机编制下棋程序的可能性。最早开发计算机下棋程序的是美国计算机科学家塞缪尔（Arthurl Samuel，1901～1990 年）。1952 年，塞缪尔运用博弈理论和状态空间搜索技术成功地开发了世界上第一个跳棋程序，运行在 IBM 公司的 701 计算机上，之后又移植到了 IBM 704 计算机和 IBM 7090 计算机上。塞缪尔的跳棋程序战果辉煌，1956 年 2 月 24 日在与美国康涅狄格州的跳棋冠军进行电视转播的公开对抗赛中获胜，1962 年 6 月 12 日，它又战胜了美国最著名的跳棋选手之一——尼雷（R.W.Nealey）。塞缪尔被称为"机器学习之父"，也被认为是计算机游戏的先驱。

塞缪尔的下棋程序之所以"聪明"，是因为塞缪尔对机器学习理论和技术进行了深入的研究并应用于下棋程序的开发。1959 年，基于多年的研究，塞缪尔发表了著名的有关基于跳棋游戏研究机器学习的论文《Some Studies in Machine Learning Using Game of Checkers》，在这篇论文中对强记学习和归纳学习提出了许多创新性的观点，综合利用了可变评估函数、爬山法、特征表等多项人工智能的基本技术。1967 年，塞缪尔又发表了题为《基于跳棋游戏研究机器学习 II》（Some Studies in Machine Learning Using Game of Checkers II）的论文。

从 1970 年开始，美国计算机学会每年举办一次计算机国际象棋锦标赛直到 1994 年（1992年中断过一次），每年产生一个计算机国际象棋赛冠军，1991 年，冠军由 IBM 的"深思（Deep Thought II）"获得。美国计算机学会的这些工作极大地推动了博弈问题的深入研究，并促进了人工智能研究的深入。"深思"系列计算机是由 IBM 公司研制的专门用于国际象棋比赛的高性能并行计算机。

1997 年 5 月 11 日，"深思"的换代产品"深蓝"计算机与俄罗斯人、国际象棋特级大师卡斯帕罗夫的 6 局对抗赛结束。"深蓝"以 2 胜 1 负 3 平的成绩战胜 1985 年以来一直占据世界冠军宝座的卡斯帕罗夫。"深蓝"由 256 个专为国际象棋比赛设计的微处理器组成，重量达 1.4 吨，拥有每秒超过 2 亿步棋的计算速度。计算机内部存有 100 年来所有国际象棋特级大师开局和残局的下法。

2006 年 8 月 9 日，在位于北京的国家奥林匹克体育中心举行了"浪潮杯"首届中国象棋人机大赛，比赛以 5 位中国象棋特级大师为一方，浪潮天梭超级计算机为另一方，5 位大师轮番上场，经过两轮比赛，结果浪潮天梭以 3 胜 5 平 2 负的成绩取得比赛胜利。

按照国际标准，达到大师级的人机博弈系统需要搜索深度达到 10 层以上，搜索结点数约为 1300万个，计算大约 1000 万次评估函数。浪潮天梭为满足这一计算需求，历经一年的设计开发优化测试，峰值可达到每秒 42 亿步，并在体系结构上，采用交换式体系结构设计系统，通过高速交换模块实现对等的数据交换，构成完整的超级计算机系统；保证了 CPU 和内存，以及 CPU 和 CPU 之间的快速数据交换和通信，这就保证了快速查询以及搜索的高效执行。

国际象棋、西洋跳棋与围棋、中国象棋都属于双人完备博弈。所谓双人完备博弈是两位选手对垒，轮流走步，其中一方完全知道另一方已经走过的棋步以及未来可能的棋步，对弈的结果要么是一方赢（另一方输），要么是和局。对于任何一种双人完备博弈，都可以用一个博弈树（与或树）来描述，并通过博弈树搜索策略寻找最佳解。博弈树类似于状态图和问题求解搜索中使用的搜索树。搜索树上的一个结点对应一个棋局，树的分支表示棋的走步，根结点表示棋局的开始，叶结点表示棋局的结束。一个棋局的结果可以是赢、输或和。对于一个思考缜密的棋局来说，其博弈树是非常大的，就国际象棋来说，有 10^{120} 个结点（棋局总数），而对中国象棋来说，估计有 10^{160} 个结点，围棋更复杂，盘面状态达 10^{768}。

本章小结

1. 人工智能的发展史是和计算机科学与技术的发展史联系在一起的。除了计算机科学以外，人工智能还涉及信息论、控制论、自动化、仿生学、生物学、心理学、数理逻辑、语言学、医学和哲学等多门学科。通过人工智能的学习，可以进一步加深对计算学科的认识。

2. 人工智能是研究对人类思想建模和应用人类智慧的计算机系统的学科。在人工智能的基本理论、研究方法和技术路线等方面存在着多种不同的学派，人工智能已经从"一枝独秀"的符号主义发展到多学派的"百花争艳"，从而，更进一步促进了人工智能的高速发展。

3. 人工智能作为计算机中的一个研究领域，随着计算机科学技术的快速发展，它的研究近几年来不断取得了很多新的进展。随着科学技术的不断发展，人工智能各研究领域间的联系将更加紧密，互相渗透，这种融合与渗透必将促进人工智能研究的发展，使其获得广泛应用。

习题十一

一、选择题

1. 研究、设计和建造智能机器或智能系统来模拟人类的智能活动，以扩展和延伸人类智能的科学是（　　）。

　　A. 人工智能　　　　　B. 遗传算法　　　　　C. 机器学习　　　　　D. 模式识别

2. 模拟人类的听觉、视觉等感觉功能，对声音、图像、景物、文字等进行识别的研究领域是（　　）。

　　A. 专家系统　　　　　B. 遗传算法　　　　　C. 神经网络　　　　　D. 模式识别

3. 人类对客观世界及其内部运行规律的认识和经验的总和是（　　）。

　　A. 智能　　　　　　　B. 知识　　　　　　　C. 识别　　　　　　　D. 专家

4. 以下（　　）不是1956年夏在达特茅斯大学召开的学术研讨会的发起人之一。

　　A. 麦卡锡　　　　　　B. 明斯基　　　　　　C. 罗切斯特　　　　　D. 费根鲍姆

5. 智能计算包括神经计算、进化计算和（　　）。

　　A. 数值计算　　　　　B. 模糊计算　　　　　C. 遗传算法　　　　　D. 遗传算法

6. 人工智能从它的形成到发展，经历了3个阶段：（　　）、形成期和发展期。

　　A. 孕育期　　　　　　B. 探索期　　　　　　C. 推理过程　　　　　D. 推理特点

7. 目前，人工智能科学分别向3个方面发展：即机器思维、机器感知和（　　）。

　　A. 研究对象　　　　　B. 研究方法　　　　　C. 推理过程　　　　　D. 机器行为

8. 目前，人工智能中模式识别的研究主要集中在图形识别、图像识别和（   ）。

    A．语音识别   B．符号识别   C．数学公式   D．语言识别

9. 人工智能中的机器行为主要包括智能检索与调度、智能控制和（   ）。

    A．自适应   B．自动控制   C．机器人   D．机器人学

10. 所谓专家系统，实际上就是一个基于专门领域知识来求解特定问题的（   ）系统。

    A．人工智能   B．专家知识   C．知识推理   D．计算机程序

二、判断题

1. 人工智能就是人造智能，它是通过某种机器（或系统）实现"智能"行为。（   ）

2. 由于计算机具有人类智能的一切功能，所以人们常把计算机称为电脑。（   ）

3. 不同的专家学者对"人工智能"持有不同的肯定和否定观点，形成了多个学派。（   ）

4. 人们研究人工智能的目的就是为了使现在的计算机能够替代人类大脑工作。（   ）

5. 计算机是代替人类进行模式识别的理想工具。（   ）

6. 人工智能研究的目标是使机器能够胜任需要人类智能才能完成的复杂工作。（   ）

7. 目前用来研究人工智能的物质手段以及能实现人工智能技术的机器是计算机。（   ）

8. 智能感知也称为机器感知，就是使机器具有类似于人的感知能力。（   ）

9. 智能推理就是模拟人脑分析问题和处理问题的方法。（   ）

10. 专家系统是嵌入人类专家知识，模拟人类专家对问题求解过程的计算机系统。（   ）

三、简答题

1. 什么是人工智能（Artificial Intelligence，AI）？

2. 研究人工智能的目的何在？

3. 什么是知识推理？

4. 自然语言理解涉及哪些学科？

5. 什么是专家系统？

6. 什么是人工神经网络？

7. 什么是智能行为？

8. 什么是机器人学？

9. 什么是博弈？

10. 计算机视觉的前沿研究领域包括哪几个方面？

四、讨论题

1. 对于人工智能，你最感兴趣的应用领域是什么？查找有关资料并进行讨论。

2. 研究人工智能具有哪些实际意义？它的研究涉及哪些基础理论？

3. 有些人工智能研究人员断言：只有创造出了像人一样处理信息的机器；才可能实现真正的人工智能。你认为是否有可能创造出像人一样处理信息的机器？

第 12 章　计算机专业人才培养

【问题引出】当今社会是一个信息社会，而加快信息化进程主要依靠的是计算机科学技术。随着计算机及其网络的广泛应用和 IT 产业的高速发展，不仅对计算机专业人才的需求量越来越大，而且要求也越来越高。因此，如何培养与社会发展相适应的计算机专业人才，是计算机科学与技术学科教学改革中重要的研究课题，也是本章所要讨论的问题。

【教学重点】本章主要讨论计算机专业人才能力的培养、对计算机专业人才的要求、计算机专业人才的需求、计算机职业资格认证、职业生涯规划等。

【教学目标】通过本章学习，熟悉计算机专业人才培养的主要内容和方法；了解对计算机专业人才的基本要求和人才需求；掌握职业生涯规划的基本内容、基本方法和基本步骤。

§12.1　计算机专业人才能力培养

所谓"人才"，是指具有扎实的专业知识和坚实的综合素质的专家。高等院校一直是传授知识的主要场所，是培养人才的摇篮。如何培养适应社会发展需要的专业人才，是高等教育最为关心的问题，也是重要的研究课题。对计算机科学技术专业，要特别注重专业理论学习能力、数学思维能力、程序设计能力、实践动手能力、专业英语能力和自我提高能力的培养。

12.1.1　理论学习能力的培养

作为计算机专业的学生，不论毕业后在哪里就业，都应具备本专业基础理论和基本工程应用能力，有独立获取知识、提出问题、分析问题和解决问题的能力及开拓创新精神。而要具备这些基本能力和实现技术创新，在校学习阶段必须打好坚实的理论基础。

1. 理论学习在计算机科学与技术学科中的地位

学习任何一个学科，基础理论、核心专业基础课程是最重要的，尤其计算机科学与技术学科以发展迅速而著称，如何才能适应学科的快速发展？唯一的办法是加强基础理论和专业理论基础的学习，才能以不变应万变，因为这两个基础中蕴含着计算机科学与技术学科未来发展的基本思想和方法。

计算机科学与技术学科的很多专业基础课和专业课程，例如数据库系统原理、编译原理、人工智能、模式识别、图像处理、计算机图形学、面向对象的程序设计等，其内容都是从一些更为基础的课程派生、发展而来的。例如，数据库原理的主要内容——关系数据库模型，其基础主要是集合论、关系代数和算法设计；编译原理的主要基础是形式语言与自动机理论、高级程序设计语言、算法设计；人工智能中的知识表示与自动推理，主要是离散数学基础（数理逻辑、图论等）以及数理逻辑的形式演绎推理方法；模式识别目前比较成熟的主要方法有结构识别法、统计识别法、模糊数学识别法，其中结构识别法的主要基础是形式语言及其分析算法，统计识别法和模糊数学识别法的基础是概率论与数理统计和模糊数学；图像处理的基础主要是数学分析、函数论、代数和编码理论；计算机图形学的基础主要是几何学、数学分析、代数、算法设计等内容；面向对象程序设计是从抽象数据类型发展而来的。

由此可见,计算机科学与技术学科涉及大量的理论基础和专业基础课程,而学好这些基础课程,必须具有坚实的数学基础,否则,就不可能从事较高起点的、其它学科专业人员不能胜任的计算机科学与技术学科专业的技术工作。这里要特别强调以下几点:

第一,大学是系统化的全面教育,包括专业基础教育和专业教育。专业基础教育中包含了数学、物理、外语、程序设计基础等;专业教育中包含了意识、知识、能力和机能等诸多方面,而这些知识主要是在学校中培养造就的,绝不能把知识的掌握寄托在毕业以后。

第二,计算机科学与技术学科不是一门经验占主导成分的学科,而是一门在学科的深层理论(包括技术理论)占有主导地位,应用技术发展异常迅速,需要深厚功底和较强的实践动手能力才能参与竞争的学科。由于学科发展很快,一个人以前积累的实践经验对今后工作的影响并不像其它学科那么重要,更不能靠通过实际操作掌握的实践经验和技能一劳永逸。

计算机作为一种现代计算工具,当代大学生都会操作使用。计算机专业的毕业生与其它专业的毕业生相比,其优势在于接受了系统的、规范的计算机科学与技术学科的专业教育,特别是计算机科学与技术学科理论的教育。系统而坚实的理论基础是计算机专业学生在激烈的职业竞争中保持持久的竞争力,不因新技术的出现而被淘汰的重要保证。

第三,高等教育有别于职业培训教育,其目标更多的是放在"长远"上。大学专业教育立足于学生长期的职业发展,不能只为满足一时的技术需要,所以高等教育应该强调坚实的专业基础。基本概念、基本方法、基本技术("三基")是理工科的重要内容,它关系到学生未来的发展。经验告诉我们,坚实宽广的基础是面向未来的关键,也是教育能够以不变应万变的基础。高等教育的基础性决定了"高等教育不能是产品教育",对于飞速发展的计算机科学与技术学科来说,对教育中的基础性要求更为强烈。

掌握计算机应用技术是计算机人才赖以生存的一个法宝,这是市场规则。但是,市场行为往往是一种短期行为,一旦市场需求发生变化,市场规则也将随之发生变化,此时按市场规则设计的知识结构能否满足市场规则变化的要求,便成了所培养的人才有没有后劲的关键问题。市场规则产生的就业率导致部分高校在培养学生时只注重培养学生的计算机操作和应用能力,忽视对学生理论素质的培养,使得毕业生后劲不足。其结果是:就业快,失业也快。

2. 如何培养理论学习能力

理论学习能力培养的手段和方法是多方面的,但概括地说,主要体现在以下 2 个方面。

(1)理解科学能力的培养:理解科学是指一个人对多种科学知识的综合结构的了解,包括最基本的科学原理、科学思想之间的关系;形成这些关系的原因;如何利用这些科学知识解释和预测自然现象和各种人工实验现象;以及认识和理解发生在我们身边的事情。理解科学还包括分辨科学和伪科学的能力、在前人工作的基础上探索未知世界和未知领域的能力。

理解科学是素质教育的必然要求,要求教学从过去单纯以传授知识和记忆知识为主转向以学生通过学习知识提高理解科学的能力为主。这就要求学生具有较为宽广的、公共的科学基础知识;具有了解自己所从事的专业以外领域的基本知识的愿望;有理论联系实际、探索新知识的兴趣和创新能力。

(2)科学素养的培养:科学素养是指一个人参加人类的智力活动所必须具备的科学概念、知识水平和对智力活动过程的理解能力。在日常生活中,科学素养反映在人们对感兴趣的事情充满好奇心,能够理解事情、发现问题、提出问题、参与讨论、解决问题或找到解决问题的途径和方法。在所从事的专业工作中,科学素养反映在人们对自己的工作具有创造性和较高的学术深度,按照科学规律办事,不满足于已经取得的成就。

科学素养也包含着一个人的科学精神,表现在具有实事求是的科学态度,脚踏实地的工作作风,良好的心态与科学道德,坚持和维护真理的秉性,献身人类进步事业的精神。

12.1.2　数学思维能力的培养

作为一个计算机科学与技术学科的学生,在学习过程中了解本学科的培养规格和目标,了解如何实现思维方式,努力培养自己的逻辑思维能力是非常重要的。数学教育对计算机科学与技术学科人才的培养有两个目的:一是通过教学使学生掌握进一步学习这一学科所需的数学基础知识;二是通过严格的数学训练,使学生实现思维方式或思维过程的数学化。

1.　数学在计算机科学与技术学科中的地位

从上面介绍的"理论学习在计算机科学与技术学科中的地位"可以清晰看出数学在计算机科学与技术学科中的地位,从某种程度来说,计算机科学与技术学科的创新研究主要取决于研究者的数学基础,特别是数学上的某种成熟性和思维方式的数学化。计算理论业已表明,理论上,凡是可以由计算机处理的问题,均可以数学化或形式化,即用数学符号系统来描述;反之,凡是可以用以离散数学为代表的构造性数学描述的问题及其处理过程,只要论域是有穷的,或虽然论域为无穷但存在有穷表示,也一定能够用计算机来处理。以离散数学为代表的应用数学是描述计算机科学与技术学科的理论、方法和技术的主要工具。布尔代数是离散数学的一个分支,它不仅可以描述计算机学科中一类自动机的科学理论,而且可以从代数运算的角度为计算机中二进制的运算和计算机电路的设计提供科学方法和技术。代数方法被广泛应用于许多分支学科,例如,可计算性与计算复杂性、算法理论、数据表示理论、密码学、网络与通信理论、Petri 网理论、形式语言与自动机理论、程序理论和形式语义学等许多方面都离不开代数方法。

2.　如何实现思维方式的数学化

如何实现思维方式的数学化是许多学生普遍置疑而又感兴趣的问题。所谓思维方式的数学化,是指从普通人的思维方式转向数学家工作的思维方式。在科学界,数学家的思维方式与其它学科的学者有所相同,他们认识客观事物、对客观事物进行观察和分析时,一般并不直接关心事物的物理、化学、生物学等特性,而是通过对事物的抽象,运用特殊的符号或语言系统,研究事物在空间中的数量关系、位置关系、结构关系和变换规律,研究具有共同抽象概念、性质的一类事物的某些内在规律,以此指导人们从一个侧面去认识事物。因此,学好数学课程是实现思维方式数学化的有效途径,实现思维方式数学化可分为两个阶段:

第一阶段,通过对空间解析几何、数学分析、高等代数、常微分方程、概率统计、计算方法等数学课程的学习,使学生熟悉和习惯于使用数学语言和符号系统对研究的数学对象进行严格的分析、表述、计算和推演,为学习后续课程打下坚实的数学基础,初步实现思维方式的数学化,初步达到数学上的某种成熟性。

第二阶段,数学学习转向以计算机学科为背景的离散数学和理论计算机科学的学习,特别是通过对数理逻辑的系统学习,使学生将思维方式由感性逐步上升为系统的理性思维方式,进一步实现思维方式的数学化,最终使学生的思维方式达到良好的数学上的某种成熟性。

逻辑是严格数学论证和科学论证的主要工具,而数理逻辑则从数学的角度为数学研究乃至科学研究提供了科学推理的逻辑基础。由于数学对客观事物规律的描述是建立在严格而又抽象的符号推演的基础之上,因而使得数学家工作的思维方式与其它学科很不一样。大多数数学家是经过严格的数学训练实现思维方式数学化的,但要将这种思维方式上升为系统的理性思维方式,则主要取决于人们的数理逻辑或形式逻辑的修养。

12.1.3　程序设计能力的培养

程序设计语言是计算机科学与技术学科中最富有智慧的成果之一，它深刻地影响着计算机科学与技术学科各个领域的发展。不仅如此，程序设计语言还是程序员与计算机交流的主要工具。因此，程序设计能力是计算机专业学生必备的基本功之一。

1. 程序设计在计算机科学与技术学科中的地位

程序设计是计算机科学与技术学科核心课程的一部分，程序设计能力是计算机专业学生的基本能力，也是衡量计算机专业学生是否合格的基本标准。大学毕业后有可能是从程序设计人员开始做起，其目标也许是工程师、项目经理、构架设计师、系统分析员，但是要能够胜任这些工作，必须具有深厚的程序设计功底，否则，不仅在与其他人员进行交流时会显得力不从心，而且也体现不出自己的专业优势。

2. 如何提高程序设计能力

提高程序设计能力主要涉及三个方面的知识：一是语言知识，程序设计语言是获得计算机重要特性的有力工具，必须至少熟悉一种语言的语法格式，能够根据算法思路熟练地编写出程序；二是数据结构知识，能够为要解决的问题设计出高效的数据结构，保证算法和程序的效率；三是编译知识，深入理解高级语言程序的执行过程，有助于编写出高质量的中大规模程序。正如武术中真正的功夫并不在武术中一样，一味地在"高级程序语言"课程中钻研，试图提高程序设计的技术水平是不现实的。程序设计能力的提高必须有赖于对重要基础课程和其它课程知识的学习和掌握。有些课程属于程序设计技术和技巧方面的训练，相当于武术中的"练武"科目，例如，有关程序设计语言和设计方法的课程；有些课程属于理论修养方面的训练，类似于武术中的"练功"科目，例如，操作系统、编译原理等课程。如同武术修炼一样，"练武不练功，到头一场空"，修炼程序设计技能与学习武术是一个道理。

这里要特别指出的是，对初学者而言，程序设计的难点在于语言基本要素和语法规则的掌握，而真正设计出高水平程序的基础是具有良好的算法设计。与此同时，抽象思维和逻辑思维是程序设计的基础，在学习中要注意培养抽象思维能力和逻辑思维能力。如果编写大型程序，还涉及软件工程知识。

12.1.4　实践动手能力的培养

我们既要重视专业理论知识的学习，也要重视动手能力的培养。动手能力的培养要通过实践教学来体现。实践教学是计算机科学与技术学科教学计划中的重要组成部分，它与理论教学紧密结合，其实施质量对专业教学质量和学生全面素质的培养具有举足轻重的影响。

1. 实践在计算机科学与技术学科中的地位

计算机科学与技术学科是一门科学性与工程性并重的学科，表现为理论和实践紧密结合的特征。实践教学是培养学生实际动手能力和创新思维能力的重要教学手段，在整个教学过程中占有很重要的位置，尤其软件开发是理论和实践结合的过程，没有项目开发的实践，学生对理论知识的认识就不深刻。按照计算机科学与技术学科方法论的观点，对一个学生来说，首先应学习本学科的一些基本理论，用理论指导自己的实践，然后在实践中，首先要对待处理的问题（实际系统）进行抽象，根据理论进行设计，从而获得相应的处理系统。通过实践可以更好地培养学生的工作能力，特别是实际计算系统的设计与实现能力。对于那些以应用系统的设计开发为主要特色的学生来说，这一点更为重要。对于那些有更高要求的学生，可以从设计中得到新的理论，进而指导新的实践，这样就构成一个完整的认识回路，推动学科不断向前发展。

随着 IT 产业的高速发展和人才的需求，实践动手能力的培养显得格外重要。IT 企业在招聘人才过程中，既看重应聘者的综合素质，也看重应聘者的实践动手能力，常询问应聘者是否做过工程项目，承担过哪些任务，熟悉哪些开发工具，等等。

2. 如何培养实践动手能力

实践动手能力培养是极为重要的。对工科学生来讲，实践教学不仅能加深对课程内容的理解、掌握典型的实验方法和技术，还能够培养依靠理论指导实验工作的能力、独立工作的能力、获取新知识的能力、适应社会的能力和团队精神，这对提高学生的综合素质非常重要。计算机科学与技术学科的实践教学环节有实验教学、课程设计、生产实习和毕业设计。

（1）实验教学：在计算机科学与技术学科的教学中，理论教学与实验实训教学是紧密结合的，课堂教学主要传授理论知识，而实验教学主要培养学生运用技术的能力。在实验教学计划中，每一单元的实验都是从各门课程中选取的，其内容相对独立、自成体系，集中地反映了各门技术课程的典型方法和技术。实验教学要达到如下目的：

① 加深对理论课的理解。通过实验，理解课堂上讲授的原理、方法和技术，展示如何把课本中的原理运用到软件和硬件的设计开发之中，并通过实例帮助学生理解抽象概念，加强学生对计算机的感性认识，让学生明白通过努力可以构建出具体高效的程序和系统。

② 掌握实验技术。通过实验，了解哪些是本学科最基本的实验技术，如何进一步掌握其它一些实验技术，即学会掌握实验室技术的一般方法。同时，使学生掌握实验结果的统计分析方法以及对实验结果的正确表述方法，能够对现有软件进行测试和比较算法的优劣。

③ 认识实验方法的重要性。通过从实际操作的实现、实验数据的统计分析到研究结果的正确陈述，以及与其它实验的比较中认识到实验方法的重要性。

④ 养成良好的实验习惯。通过实验，重视理论联系实际，正确设计实验，完成基本操作与实验报告，以锻炼正确的思维方式和提高实验能力。在实验课程教学中，当一个单元实验结束后，每一个学生都独立完成实验报告，这将有助于学生在撰写科技报告和论文方面通过正规的实验教学得到基本的训练。

⑤ 培养团队精神。在实验教学中，由于在相对集中的时间和地点做同样的实验，有许多内容可以相互交流，如解决问题的方法、调试工具的使用、排错的技巧等，这无形中就逐渐培养了学生团结互助的精神、与人交流的能力。团队精神对一个人的职业生涯是非常重要的，具有团队精神的人能与别人愉快地合作，良好的人际关系可为更好地完成工作任务创造有利的条件。因此，每一个学生都应该有意识地培养自己的团队精神，克服自己性格上的缺陷。

【提示】实验教学应与课堂教学所强调的重点内容相协调，重在加强基本实验方法和实验过程的规范训练，而不是仅掌握一些具体的实验操作。例如，对于程序设计实验，学生应在实验前编写好程序，准备好实验数据并推导出程序的运行结果。在实验过程中，应记录好实验数据、分析实验结果、判断异常情况出现的原因并设法消除错误。在此过程中，应鼓励学生独立地发现问题、解决问题和学习新知识。实验结束，学生应及时按规范撰写实验报告。

（2）课程设计：实验教学固然重要，然而却无法培养学生综合运用知识的能力。课程设计是针对一门课程，从理论到实验综合性训练，涉及到课程各单元的知识，学生需要融会贯通课程各单元的内容才能很好地完成课程设计任务，这就促使学生将课程各单元的知识有机地联系起来，并综合运用到课程设计任务当中，从而使得学生独立工作的能力得到锻炼。由于一个大的课程设计项目也许会分成几个小项目，由几个学生共同来完成，这又促使学生进行合作与交流，进一步培养学生的团队精神。因此，课程设计不仅是连接各知识单元的纽带，以此培养学生综合运用知识的能力和独立工作的能力，而且可以培养学生团结协作的精神。

（3）生产实习：由于学校是一个相对封闭的环境，学生对自己在学校里所学到的知识在生产实践中有什么作用，如何将计算机科学技术应用到生产实践中去，计算机产业需要什么样的人才，等等，缺乏直观的认识，他们有可能对自己的就业去向产生困惑，从而影响学习的兴趣。因此，需要在生产实习中了解社会需求和计算机科学技术的实际应用情况。生产实习为学生走出"象牙塔"、了解社会，解除疑惑，明确学习目标提供了一次机会。学生应通过参与实习单位的生产实践活动，锻炼工作能力，理解计算机科学技术对社会、文化、法律和道德的影响，建立责任感，使自己尽快成熟起来。在生产实习中，有些学生对实习单位的生产实践活动产生了浓厚的兴趣，并与用人单位建立了友谊，毕业后就可选择到实习单位工作。

（4）毕业设计：是全面培养学生综合运用所学知识解决实际问题的能力的最后教学环节。因此，设计项目通常具有一定的难度，其涵义有以下几个方面：其一，不是只运用课堂知识就能解决的，这就要求学生能够通过课堂教学以外的途径获取解决问题的方法，有益于培养学生调查研究、创新思维、获取新知识的能力；其二，毕业设计通常要求学生解决一个相对完整的实际问题，它涉及多方面的知识，这就促使学生综合运用各门课程的知识来解决问题，在更深层次上锻炼了学生综合运用知识的能力；其三，由于每个学生的设计任务是不同的，必须独立完成设计任务，可进一步培养学生独立解决问题的能力，并在较长的设计过程中，培养学生的敬业精神；其四，毕业设计要求翻译外文资料和撰写毕业论文，可使学生通过实际练习提高外文资料的阅读能力，掌握撰写科技报告和论文的方法；其五，在论文答辩过程中，学生需要陈述毕业设计任务的现实意义、表达自己的设计思想、比较不同的开发工具、回答老师的提问，因此，论文答辩能锻炼学生的语言表达和逻辑思维能力。

由此可见，毕业设计是连接所学知识的桥梁，是对学生综合能力的集中训练和考核，是学生就业前的大演练。学生应充分利用毕业设计，培养各方面的能力，以便毕业后很快地适应技术岗位对专业能力的要求。在计算机这个行业中，丰富的实践经验，特别是从实践活动中直接获得的经验，是一笔宝贵的财富，意味着对就业岗位的竞争优势，意味着工作能力，而亲自参与的实践活动越多，所获得的实践经验越丰富、越直接、越具体。

实验教学、课程设计、生产实习和毕业设计是集中训练学生动手能力、理论联系实际能力、综合运用知识能力、设计能力的重要实践活动。这些实践活动的内容有利于学生发挥丰富的想象力、开发自主学习的能力、创新能力和洞察力，培养敬业精神和团队精神，促进综合素质的全面提高。

12.1.5　专业英语能力的培养

英语作为计算机及 IT 行业的行业性语言，有着其它语言所不能替代的功能，无论是学习最新的计算机技术，还是使用最新的计算机软硬件产品，都离不开对计算机英语的熟练掌握。

1. 专业英语在计算机科学与技术学科的地位

从第一台计算机 ENIAC 在美国诞生，到现在广泛使用的微型计算机，无论是计算机硬件还是软件，都产生于英语国家，其信息传播也以英语为主。在计算机科学技术发展的 60 多年间，美国一直是计算机革命的中心，而且名家辈出、独领风骚，获得图灵奖的学者大多是美国人。即使他们不是美国人，但绝大多数都已加入美国籍，其研究成果都用英文发表。

正是由于这些先进技术大多来源于英语国家，计算机科学的前沿知识也多采用英文论著，软件开发中的技术文档和资料大多采用英文，如果我们不熟悉英文，在引进这些技术时就会受到语言障碍的制约，严重影响对新技术的理解和消化。英文版的软件对很多计算机专业的学生来说也是一大障碍，不能使用英文版的软件，无疑限制了学生的专业发展。虽然有译文资料，但一本外文版图书从获得版权到翻译出版至少要一年的时间，原作者写作的时间最短为一年，加起来这已经超过通常软件版本的更新周期（一般是 1 年至 2 年），也意味着当你通过阅读翻译资料掌握这一版本的软件时，该版本已经淘汰至少是面临淘汰。显然，如果只是读译著则无法了解最新最前沿的技术，如果等待译文则会严重影响掌握新技术的时间。

由于具有英语的优势，印度、爱尔兰等国的软件业在国际上比我们更有竞争力，但这并不是我们的程序员在编程和开发能力上不如他们，而是在使用计算机英语水平上差距太大。2006 年在南京举办的一次高规格的软件开发交流会上，就遇到过印度专家讲课，英文翻译译不下去的情景，因为太多的 IT 专用术语和缩略语以及很强的专业知识使得没有计算机背景的英语专业翻译无能为力，而在场的开发人员因为语言障碍又无法和印度专家直接沟通，错过了一次极好的交流学习机会。由此可见，在 IT 行业，要想做好，必须具有坚实的英语基础。

2. 如何提高专业英语能力

在大学阶段，对于专业英语的学习通常分成两个阶段：第一个阶段是前两年基础英语的学习，使学生的公共英语达到一定的水准；第二个阶段就是计算机专业英语的学习，将专业英语提高到一定的程度。值得注意的是，这两个阶段的英语学习不是截然分开的，而是相互交叉的，在第一个阶段就要有意识地接触计算机英语，在第二个阶段更不能放弃公共英语的学习。这样日积月累，学生的计算机英语水平一定会不断提高。此外，在计算机英语学习过程中还要注意以下三个问题。

（1）提高学习认识：学习计算机英语的主要目的是提高自己在英语环境中掌握计算机技术的能力。几乎所有的学生都知道学习计算机英语的重要性，但并不是所有学生都具有学习的主动性。只要建立了强烈的学习动机，任何学习上的困难都不会让你屈服，而每一点进步都将给你带来无比自豪的感觉。

（2）明确学习目标：用计算机术语讲，"学什么"的问题本质上是一个"确定系统边界"的问题，无目标或边界不清的项目往往是失败的项目。在学习计算机英语的问题上也一样，学生要根据自己的实际英语水平和工作需要界定计算机英语学习的系统边界。英语的学习分为输入和输出两个方面：输入指的是听和读，输出指的是说和写。计算机英语的学习是一项系统工程，需要从自身的需求出发，找到一个适合自己的学习目标，并从词汇、语法、阅读、写作等多方面去融会贯通，而不是死背单词，也不是死抠语法。

（3）掌握学习方法：各学科都有其学习特点，对英语而言，在日常学习和工作中大量阅读英文专业书籍和资料是提高专业英语水平的最佳途径。比如，为了解决编程上的一个问题，查阅英文的帮助或技术资料；上网尽量多访问英文的技术论坛和网站，而不使用汉化的帮助；在程序中使用英文注释；不用中文或汉语拼音作变量名、字段名、文件和文件夹名，等等，这些方法都是自觉提高英语水平的有效措施和途径。

12.1.6　自我提高能力的培养

学生在学习过程中，除了培养上述 5 种能力外，更为重要是自我提高能力的培养，它是推动和促进学生成才的关键所在。自我提高能力的培养可以概括为 3 个方面。

1. 创新能力的培养

在对专业人才实施专业教育与素质教育时，核心的内容就是培养学生的创新能力。某中国工程院院士曾在《大学应加强创新文化建设》一文中指出如下两点：

（1）引导学生建立独特的知识结构：创新的思想总是生长在与众不同的知识结构上。

（2）鼓励探索式、研究式和批判式学习：边研究边学习，不仅能学会解决问题，而且能学会提出问题。批判式学习不仅可以多方位、多视角思考问题和发现问题，同时能培养学生独立思维的精神，崇尚解放思想、实事求是的价值观。

为了更好地培养计算机专业学生的创新能力，在教学实践中应避免教条主义，应多采用启发式教学，给学生留下足够的独立思考余地，鼓励学生的创造性思维；也可让学生参加科研项目，在研究过程中培养他们的创新能力。低年级学生应偏重于基本技能和基本方法，高年级学生应偏重于分析、设计与系统开发。

2. 自主学习能力的培养

自主学习能力是高技术人才应具备的素质之一，每一个大学生都应该在大学期间培养自己的自主学习能力。在大学里，由于教学计划中学时的限制，老师不可能在课堂里把教材涉及的所有知识都讲深、讲透，有些内容要求学生在课后通过自学掌握，而且，学生的领悟能力存在差异，老师的讲课进度只能按照大部分学生的情况来排定，不可能照顾到每一个学生。因此，在课堂上不能及时领悟授课内容的学生就必须在课后通过自学来弥补。此外，学生还可以通过自学来发展自己的兴趣和爱好，扩大知识面。

由于计算机科学技术的飞速发展，在大学入学时学到的知识在毕业时或许有些已更新。由于计算机科学与技术学科的知识体系庞大，学生不可能在大学里深入学习每一知识领域里的所有理论和技术。又由于计算机科学与技术学科与其它学科的广泛联系，只有具备多学科知识才能够在学科的交叉处实现重大的技术突破。而要将计算机系统成功地应用于某一领域，系统开发人员又需对该领域的知识有相当程度的了解。例如，开发财务管理系统需对财务制度有一定程度的了解；开发医疗专家系统需对疾病的诊断和治疗过程有一定程度的了解。况且，近年来计算学科的发展正在更多地依赖其它学科的发展和进步。因此，计算机专业学生的自主学习能力极为重要。自主学习能力差的人不仅不能在职业生涯中取得突破性的成果，更谈不上保持持久的竞争力，甚至由于不能适应工作的需要和跟不上科技的发展而被淘汰。

自主学习能力主要体现在三个方面：一是更深入地学习专业知识的能力；二是自学知识的能力；三是综合各门学科知识的能力。知识的不断更新及多学科的综合运用，都要求计算机专业的学生在大学里不仅要学好基本知识，还要掌握学习方法，培养自主学习的能力。学习能力的培养是一个日积月累的过程，这就要求学生在学习过程中遇到问题时，不能依赖于老师和同学，而要勤于思考和善于思考。

3. 终身学习不断提高

当选择了把计算机技术作为自己的职业时，就意味着今后将面临技术的不断变化和不断学习。因为在这一领域工作的人所面临的最大挑战就在于要紧跟飞速发展的新技术，所以在计算机科学技术领域工作的人一定要牢固树立起"终身学习"的概念，需要不断地进行知识更新。为了有意识地锻炼提高自身的综合业务能力和水平，建议并鼓励学生积极参加以下活动：

（1）积极参加科研活动：尽可能参加专业教师的科研课题，了解该科目的研究进展。

（2）积极参加生产实践：了解先进的生产设备和生产技术，了解新技术的使用情况。

（3）积极参加学术会议：计算机界每年都会举办各种学术会议，在这些会议上可以了解到该专业领域中的研究前沿，同时也可启发自己的学习和研究兴趣。此外，一些重点大学经常举行学术和新技术报告会，参加这些活动是了解某学科研究进展和新技术应用的极好途径。

（4）积极参加专业培训：有些专业培训对用户来讲是很重要的，这种培训可以帮助用户了解所使用的计算机系统有哪些新的改进和新增的功能，有些大公司还会在培训后颁发关于他们产品的认证证书。

（5）在线学习：Internet 上每天都会发布有关新技术的信息，可以利用搜索引擎了解与自己工作领域相关的新技术，并设法掌握它。

（6）阅读专业报刊杂志：计算机类的专业杂志非常丰富。各类出版物的定位也不一样，有专业性强的（如各类学报），也有综合信息类的（如计算机世界、中国计算机用户等），可以针对感兴趣的某一领域，选择与自己职业最接近的杂志或报刊作为重点阅读对象。

（7）努力进行学术研究，发表学术论文：随着计算机科学与技术学科的兴起，陆续产生了一些学术团体。国际知名的计算机科学与技术学科学术团体主要有美国的 ACM、IEEE/CS、国际信息处理联合会（IFIP）、美国人工智能协会（AAAI），以及由一些国家人工智能学会和协会组织的国际人工智能联合会（IJCAI）等。在中国计算机界，中国计算机学会是目前最有影响的全国性一级学会。影响较大而又比较重要的国际学术会议有世界计算机大会（四年召开一次），国际人工智能联合会会议（IJCAI，两年一次），ACM 年会（一年一次），AAAI 年会（一年一次），欧洲理论计算机科学与技术学科年会（一年一次，每年会议主题常不同）等。在这些学术会议上宣读的论文通常形成论文集。

除上述学术会议的论文集外，由学会和一些著名的出版社定期出版若干计算机科学一流的学术刊物，其中包括与数学有关的刊物。目前，中国计算机学会最重要的学术期刊有：

- 计算机学报（科学出版社出版）；
- Journal of Computer Science and Technology（计算机学报（英文版），科学出版社出版）；
- 软件学报（中国科学院软件研究所编辑与出版）；
- Advanced Software Research（软件学报（英文版），Allerton Press 出版）；
- 计算机研究与发展（科学出版社出版）。

进入 20 世纪 90 年代，国外陆续创刊了一批新的计算机学术刊物，主要涉及并行计算、人工智能、神经元计算、网络与通信、软件工程、计算几何、计算可视化等较新学科的方向。查阅这些学术刊物，对了解计算机科学技术的发展及其应用是非常有益的，也是必须的。

§12.2　对计算机专业人才的要求

计算机科学技术的发展及其对社会各个领域的广泛渗透，给计算机专业人员带来了极大的发展机会，同时，也使计算机专业人员面临着新的挑战。信息化社会对人才素质的培养和知识结构的更新提出了更高的要求，不仅要求求职者具备计算机的基本知识和基本技能、掌握计算机网络和多媒体技术的使用本领，而且对基本素质、职业习惯、业务能力、事业责任等方面也提出了相应的要求。也正因为如此，CC2005 和 CCC2002 报告要求计算机专业的学生不但要了解专业技术知识，还要了解与之相关的社会和职业问题。

12.2.1　基本素质要求

为实现我国经济发展的战略目标，教育要面向现代化、面向世界、面向未来，所培养的计算机专业人才应具有以下 7 个方面的素质。

1. 品德素质

品德素质主要是建立正确的人生观、世界观和道德观；有强烈的国家民族认同感和使命感；强烈的事业心和责任感；较强的组织纪律性；高尚的道德品质；良好的哲学修养；自觉遵守职业道德和行为规范。作为一个专业工作者，应有严谨求实的科学态度、一丝不苟的工作作风、勇于探索的进取精神，这是成功人士必需具备的素质。

此外，在任何情况下都要能坚持原则，坚持真理，襟怀坦荡，光明磊落，不见风使舵，不投机取巧，不投人所好，不拿原则作交易，等等，这是专业技术人员应有的品质，也是做人的基本准则。

2. 心理素质

良好的心理素质是从事和开展各项工作的基础。心理素质指有较强的自信心、坚韧不拔与持之以恒的毅力和意志力、正常的人际关系、较强的自我控制能力与承受挫折的能力、习惯于接受挑战、乐于接受新鲜事物、适应环境的变化、由依赖性转为独立性，由从众转为具有个性和独立性，由他律转为自律，等等。

3. 业务素质

计算机职业是一个专业性极强的技术类职业，对于从业人员有着较高的素质能力要求。这种素质能力可以分为 3 个大类：基础知识、运用工具或技术的能力和行业经验。基础知识指的是在学校学到的计算机专业课程，如数据库、网络、数据结构、操作系统等。运用工具或技术的能力是基础知识的应用，如熟练掌握计算机语言、操作系统和工具的应用技能。行业经验指的是对自己所处行业理解的深刻程度。

随着计算学科的发展，学科的知识体系日益庞大，大学本科四年的学时远不够覆盖整个学科所有知识领域的所有知识。学生毕业后，他所从事的工作也许需要本学科某一专业方向更深入的知识，而坚实的理论基础和自学能力对顺利开展工作至关重要。扎实的基础理论知识和丰富的专业知识，以及运用综合知识解决问题的能力反映了专业人才的业务素质。

4. 文化素质

专业人才同样需要了解本民族文化，特别是本民族对人类科学技术的发明、创造和贡献。对国外的文化也应有一定的了解，这样才能成为一个全面发展的人才。

5. 智能素质

智能素质是指合理的知识结构与储备，自学能力，创造能力，对外界事物变化和机遇的快速反应能力，组织管理能力，获取、传递、处理信息能力，社交和与人合作能力，等等。

6. 身体素质

身体素质是指健康的体魄、全面发展的体能，增强身体的灵活性、毅力、耐力、适应力，良好的卫生习惯和生活规律等。事实上，无论是哪一类专业，都要有良好的基本素质。将专业教育与素质教育相结合是非常必要的，而且是第一位的。素质教育思想强调在人才培养的过程中，将传授知识、培养能力和提高素质融为一体，或者说在传授知识、培养能力的同时，更加注重素质的提高。

7. 职业道德素质

道德是社会意识形态长期进化而形成的一种制约，是一定的社会关系下调整人与人之间、人与社会之间的关系的行为规范总和。所谓职业道德，就是同人们的职业活动紧密联系的符合职业特点要求的道德准则、道德情操与道德品质的总和。计算机职业的特殊性为其道德赋予了很多独特的内涵，也给每个计算机专业从业者的行为规范划定了范围。计算机职业道德是指在计算机行业及其应用领域所形成的社会意识形态和伦理关系中存在的人与人之间、人与知识产权之间、人与计算机之间、人与社会之间的关系的行为规范的总和。

美国 ACM 和 IEEE-CS 颁布的 CC2001 要求计算机科学与技术学科的学生在了解专业的同时，也应了解社会，强调应当使学生在与计算机领域相关的社会和道德方面受到锻炼；强调应该用足够的时间来研究社会与专业关系方面的问题；强调计算机专业的学生应了解计算机科学与技术学科所固有的文化、社会和道德方面的基本问题；强调计算机科学与技术学科对其它学科和国民经济的作用、在这个学科中学生自身的作用，以及认识到哲学研究、技术问题和美学价值对本学科的重要作用等。由世界知名的计算机道德规范组织 IEEE-CS 和 ACM 成立的软件工程师道德规范和职业实践联合工作组（SEEPP）曾就此专门制订了一个规范，根据此项规范，计算机职业从业人员职业道德的核心原则主要有以下两点：

（1）计算机从业人员应当以公众利益为最高目标。

（2）在客户和雇主保持与公众利益一致的原则下，计算机从业人员应注意满足客户和雇主的最高利益。

我国是一个文明古国，在人才培养中强调"德、智、体"，在人才选拔中，要求"德才兼备"，都是把"德"放在首位。认识这一点，为日后走上工作岗位打下良好基础是非常重要的。

12.2.2　职业习惯要求

对于计算机从业人员，特别是作为一个真正合格的程序员，或者说作为可以合格地完成一些代码工作的程序员，在专业工作中应具有良好的职业习惯。

1．文档习惯

良好的文档是正规研发流程中非常重要的环节，作为代码程序员，30%的工作时间写技术文档是很正常的，而作为高级程序员和系统分析员，这个比例还要高很多。缺乏文档，一个软件系统就缺乏生命力，在未来查错、升级以及模块复用时都会遇到极大的麻烦。

2．规范化、标准化的代码编写习惯

一些外国知名软件公司，对代码的变量命名、代码内的注释格式，甚至嵌套中行缩进的长度和函数间的空行数字都有明确规定。良好的编写习惯，不但有助于代码的移植和纠错，而且有助于不同技术人员之间的协作。

3．测试习惯

软件研发作为一项工程而言，一个很重要的特点就是问题发现越早，解决的代价就越低。程序员在每段代码、每个子模块完成后进行认真的测试，就可以尽量将一些潜在的问题最早发现和解决，这样对整体系统建设的效率和可靠性就有了最大的保证。

12.2.3　业务能力要求

信息化社会要求计算机专业人才具有较高的综合素质和创新能力，随着 IT 技术发展日新月异，IT 产业也成为国民经济中变化最快的产业，要求计算机专业人才具有较高的综合素质和创新能力，并对于新技术的发展具有良好的适应性。计算机专业人才的知识与素质，应从以下 4 个大的方面进一步增强和提高，这些业务素质与知识结构的要求都是相吻合的。

1．知识结构要求

随着 IT 产业的飞速发展，计算机专业人才必须具有与 IT 产业相适应的知识结构。

（1）人文社会科学知识：它不仅包括政治理论知识、军事理论知识、法学知识、伦理道德知识，还应包括文化艺术知识、历史知识等。

（2）数学物理知识：既是学好专业知识和相关专业知识的前提，也是进一步提升的基础。

（3）专业知识：包括专业基础知识、专业理论知识和专业技能知识。

（4）外语知识：良好的外语知识为翻阅资料、技术交流和出国考察等奠定良好的基础。

（5）相关专业知识：IT 产业涉及的技术面很宽，相关专业知识面越宽，则适应性越强。

2. 基本实践能力要求

通过对各类计算机应用职业岗位所必备的职业基础知识和通用技能、专业特殊技能、职业道德规范进行分析，抽象出计算机应用专业学生必须具备以下几种专业通用能力：

（1）基本动手能力：具有安装硬件和软件系统，并设置和解决常见故障的能力。

（2）文字处理能力：具有快速录入文字、编辑文稿、打印常见格式文本的能力。

（3）数据处理能力：具有正确使用计算机保存数据的能力及使用计算机管理数据的能力。

（4）程序设计能力：具有正确的程序设计思想方法和编写简单实用程序的能力。

（5）信息处理能力：具有使用现代信息工具搜集、整理、保存有用信息的能力，具有使用现代信息工具自学新知识、新技能的能力。

3. 程序设计能力要求

作为高级程序员，以及系统分析员，也即一个程序项目的设计者而言，除了应该具备程序员的能力之外，还需要具备以下能力。

（1）需求分析能力：对于程序员而言，理解需求就可以完成合格的代码，但是对于研发项目的组织和管理者，他们不但要理解客户需求，更多时候还要自行制定一些需求。

（2）项目设计方法和流程处理能力：程序设计者必须能够掌握不少于两到三种的项目设计方法（例如自顶向下的设计方法、快速原型法等），并能够根据项目需求和资源搭配来选择合适的设计方法进行项目的整体设计。

（3）复用设计和模块化分解能力：作为一个从事模块任务的程序员，他需要对他所面对的特定功能模块的复用性进行考虑。而作为一个系统分析人员，他要面对的问题比较复杂，需要对整体系统按照一种模块化的分析能力分解为很多可复用的功能模块和函数，并针对每一模块形成一个独立的设计需求。

4. 综合素质要求

计算机科学与技术学科培养的目标是计算机工程师，这些计算机工程师不但要懂计算机专业的知识，还要会微观经济学、心理学，有很好的数学功底以及较高的英语水平。他们要分析客户要求、市场行情，要考虑如何便于软件的实现。还要考虑软件开发中是否涉及到产权纠纷等一些法律问题。更重要的是知识体系要科学、能互相渗透。因此，要求学生具有较强的自学能力、文字和语言表达能力、组织管理能力、团结协作能力、开拓创新能力等。

（1）自学能力：CC2001 的最大贡献是从根本上改变了教学观和学生质量观，克服了习惯于求多、求全、求深的片面性。一个人的知识的数量是重要的，而获取知识的愿望与能力可能更重要。要能由近及远、由浅入深，要能够触类旁通。由于知识更新的速度极快，作为认知的主体，学习者的信息加工能力，特别是信息筛选能力更显得格外重要。

对于专业技术人员来讲，自学能力是极为重要的。程序员是很容易落伍和被淘汰的职业，因为一种新技术可能仅仅在三两年内具有领先性，程序员必须不断学习新技术，掌握新技能。在 IT 领域工作，真正水平高的是能够以最快的速度接受新事物的人。所以一定要树立"终身学习"的概念，要学会紧跟新技术，看清技术的发展方向，时刻准备面对业界瞬息万变的变化，既要有深厚的专业理论知识，还要具有适应计算机技术不断更新和发展的基础及能力。

（2）表达能力：任何工作都离不开对其内容的表达，要把问题表述清楚，专业工作同样如此。

要把论文、报告、论著、课题申请书以及信件写清楚，要高屋建瓴，抓住重点，作切中要害的说明。例如，若有一位网络顾问正在代表公司与另一家公司竞争承包某大学的局域网工程，也许他在头脑中已经设计出最好的解决方法，懂得了有关计算机专业的最深奥的技术细节，但如果不能把这些细节表达出来，知识的重要性就会大大降低，即使最好的设计方案也没有用。学校董事会只会采纳他们最理解的方案，即建议和理由都表达得很清楚的方案。

（3）团队精神和协作能力：善于与他人协作已被视为当代人才的重要素质之一，是当今时代对科技工作者的基本要求，也是发展的必然。

今天的软件往往以光盘为单位，需要大批程序员通力合作才能完成，程序员单枪匹马闯天下的英雄时代已经一去不复返了。现在的应用系统规模越来越大，大系统的开发往往由若干个人共同完成，在开发队伍中，有分工，有合作。愉快的合作与交流能营造轻松的工作氛围，团队精神对开发项目的顺利完成至关重要。即使可由一个人完成的小项目，开发人员也需要与客户充分交流以明确需求。通过与人交流不仅可以获得有用的信息，开阔眼界，还能激发灵感。因此，计算机工作者的工作性质决定了团结协作精神的特殊重要性。团队精神和协作能力，是程序员应该具备的最基本的也是最重要的素质和能力。

（4）组织和管理能力：完成一个项目工程，需要团队的齐心协力，作为项目设计者或研发的主管人，就应当有能力最大化发挥团队的整体力量。技术管理有别于一般的人事管理，因为这里面涉及了一些技术性的指标和因素。首先要求技术管理人员能真正评估一个模块的复杂性和工作量，其次是对团队协作模式的调整，以发挥组队的最高效率。

（5）可依赖性和开拓创新能力：在计算机专业领域，在白天或晚上的任何时间，网络失效或意外都可能发生，并且只有为数不多的人有能力修补，成为可以解决问题的人，成为可依赖的人对职业生涯很有好处。所谓开拓创新，就是要敢于挑战，并能够解决新的问题。

1974 年美国 IT 产业协会主席 Panl Zurkow Ski 提出了信息素质（Information Literacy）概念，它指在各种信息交叉渗透、技术高度发展的社会中，人们所具备的信息处理实际技能和对信息进行筛选、鉴别和使用的能力。包括信息的敏锐意识（对信息的内容、性质的分辨和对信息的选择达到高度自觉的程度）、信息能力（获取、传递、处理和应用信息的能力）、崇高的信息道德等。综合素质与信息素质是信息社会中 IT 产业人员必须具备的素质。

12.2.4 事业责任要求

由于计算机科学技术的特殊性，除了具备良好的基本素质、职业习惯、业务能力之外，还必须具备良好的事业责任心。事业责任心主要包含以下 2 个方面。

1. 强烈的社会责任感

计算机科学与技术学科的培养方向是以计算机专业为职业的人才。他们不能仅将职业视为一种谋生手段，更要承担一份社会责任。必须强调计算机科学与技术学科在社会及伦理方面的责任性，包括信息的安全性和保密性、信息对社会的冲击、专业组织的作用及社会责任、个人的局限性、专业发展的连续性、专业在教育方面的作用等。

大学生要充分认识发展计算机科技事业对推动国家现代化建设大业的重大意义，充分认识自己肩负的任务的艰巨性，以高度的热情和献身精神为计算机事业的发展多做贡献。

2. 良好的技术安全意识

计算机使用时可能面临风险，包括硬件的故障和软件的错误、计算机病毒、不同使用者无法预见的相互影响、安全风险、侵犯隐私权和违背伦理的用法、使用错误、系统错误等。计算机专业毕业生在实际工作中，应考虑和研究这些风险，讨论这些损失和可能发生的问题。

一方面，通过计算机安全模块所构筑的信息安全屏障逐渐增多，另一方面，计算机犯罪现象十分猖獗，计算机犯罪使用的技术手段越来越高明和巧妙。以非法入侵网络系统（黑客）、计算机欺诈、计算机破坏、计算机间谍、计算机病毒、信用卡犯罪为代表的计算机犯罪对社会造成了巨大的损失。以白领犯罪为特征的信息安全事件，例如通过计算机网络入侵盗窃工商业机密、信用卡伪造与犯罪、修改系统关键数据、植入计算机病毒、独占系统资源与服务等，每年给全球造成的损失达150 亿美元之巨。

伴随着 Internet 发展所带来的计算机资源共享的巨大利益，信息安全也日益成为受到社会和公众关注的重要问题。作为计算机专业的学生，应该了解信息的重要性，不断提高信息安全防范意识，在金色、黑色和黄色的信息洪流面前，提高警惕，保持自律。

12.2.5　法律法规要求

随着新经济时代的来临，整个世界都在发生着深刻而迅捷的变化。由互联网所带来的这场社会变革，以超乎想象的威力和速度冲击着社会的各个层面，不仅改变了人们生活、工作的各个方面，也产生出许多现实世界中不曾预料的矛盾与纠纷，网络黑客、网上侵权、域名的抢注、商业秘密、个人隐私等，都向司法工作提出挑战，亟待法律进一步去规范和解释。网络社会需要进一步的法律规范，要求人们了解与此相关的法律知识，遵守相关的法律法规。

1. 信息产业的规范管理

随着国家相关产业政策措施的颁布与实施，为中国 IT 产业的顺利发展创造了有利的宏观环境，2000 年 4 月，信息产业部签发了"中华人民共和国信息产业部第 1 号令"，颁布了《电信网码号资源管理暂行办法》，随后又颁布了《互联网电子公告服务管理规定》、《互联网信息服务管理办法》和《中华人民共和国电信条例》等相关产业政策。这些管理规范的制订、颁布与实施，为加速我国 IT 产业迈向国际标准化的步伐，维护国家利益，扶持和保护地方 IT 产业的健康发展提供了有力的法律保障。

2. 知识产权

知识产权是指人类通过创造性的智力劳动而获得的一项智力性财产权，是一种典型的由人的创造性劳动创造的"知识产品"。因此，知识产权也称为"智力成果权"、"智慧财产权"，它是人类通过创造性的智力劳动而获得的一项权利。按照国际惯例，知识产权的框架如图 12-1 所示。

图 12-1　知识产权的法律框架

随着科技产业的兴起，知识经济已成为推动经济发展的主导力量，知识产权也得到了人们更多的关注，越来越多的国家将知识产权保护提升为国家发展战略。我国已加入世界知识产权组织，先后颁布施行了商标法、专利法、民法通则、著作权法、反不正当竞争法等，中国知识产权保护法律体系正在逐步建立。

计算机软件以及发布在计算机网络上的各类文化、艺术作品都在知识产权的保护范围内。我国在 1990 年 9 月颁布了《中华人民共和国著作权法》，把计算机软件列为享有著作权保护的作品；1991年 6 月国家颁布了《计算机软件保护条例》，规定计算机软件是个人或团体的智力产品，同专利和著作一样受到法律的保护，任何未经授权的使用和复制都是非法的，按规定要受到法律的制裁；2000年 11 月 1 日颁布了《中文域名注册管理办法（试行）》，保证和促进了中文域名的健康发展，规范了中文域名的注册和管理；2002 年 1 月 1 日施行了新的《计算机软件保护条例》，进一步规范了软件著作权，对软件著作权人的权利限制更加合理，明确规定了侵犯软件著作权的法律责任。相关法律法规的具体内容可以浏览中国网：http://www.china.org.cn/chinese/index.htm。

3. 关于盗版

关于反盗版，我国政府和企业至今仍没有很好的解决方法，但绝不是说可以容忍盗版。中国目前已成为世界上盗版率最高的两个国家之一，盗版使用率高达 91%，成为阻碍我国软件产业发展和影响社会安定的一大隐患。我国政府也意识到盗版问题的严重性，在加强对盗版打击力度的同时更加强调使用正版的重要性。为了促进正版软件市场的发展，打击盗版软件，整顿和规范软件市场秩序，近几年来，中国政府不断出台了一系列政策措施。

4. 计算机安全

国际标准化委员会对计算机安全的定义是"为数据处理系统建立和采取的技术和管理的安全防护，保护计算机硬件、软件和数据不因偶然的或恶意的原因而遭到破坏、更改或泄露。"采用的保护方式可分为信息安全技术和计算机网络安全技术。信息安全技术包括操作系统的安全防护、数据库的维护、访问控制和密码技术等。计算机网络安全技术用于防止网络资源的非法泄露、修改和遭受破坏，常用的安全技术有防火墙、数据加密、数字签名、数字水印和身份认证等。每一个计算机用户在使用计算机软件或数据时，应遵照国家有关法律规定，尊重该作品的版权，这也是使用计算机的基本道德规范。

为了约束人们使用计算机以及在计算机网络上的行为，我国制定了相应的法律法规。例如我国公安部于 1997 年 12 月颁布的《计算机信息网络国际联网安全保护管理办法》中规定，任何单位和个人不得利用国际互联网危害国家安全、泄露国家秘密，不得侵犯国家、社会和集体的利益以及公民的合法权益，不得从事违法犯罪活动。相应的法规还有《中华人民共和国计算机信息系统安全保护条例》、《中华人民共和国计算机信息网络国际联网管理暂行规定及实施办法》、《中国公众多媒体通信管理办法》、《中华人民共和国计算机信息系统安全申报注册管理办法》等。

总之，作为信息产业类的学生，应该懂得专利权的主要形式、专利保护的方法以及触犯专利时的惩罚，重视以这些权益为基础的道德价值。大学毕业后，既作为知识分子队伍中的生力军，又作为知识产权法律关系的当事人，如果从事计算机软件设计的学生不知道计算机软件保护法律，不知道专利和商业秘密为何物，不懂得著作权的法律保护，那么，在走上工作岗位后就很难规范自己的行为和用知识产权保护自己。因此，在使用计算机软件或数据时，应遵照国家有关法律规定，尊重其作品的版权。在学习专业知识的同时，不能忽略个人素质的养成，要遵守国家的法律制度，牢记职业道德准则，才能成长为计算机领域中的精英。

§12.3　计算机专业人才需求与认证

随着计算机及其计算机网络在各个领域的广泛应用、信息技术及其信息产业的高速发展，需要大量的计算机专业人才，因而为计算机从业人员提供了大量的专业技术岗位和发展空间。计算机科学技术岗位众多，我们可将计算机科学技术专业岗位分为以下 5 个领域方向（类）。

12.3.1　计算机软件类

计算机软件类岗位以研究软件为主体。该领域内的计算机科学技术工作者重点研究计算机软件开发工具的有关技术、各种新型的程序设计语言及其编译程序、文字和报表处理工具、数据库开发工具、多媒体开发工具，以及计算机辅助工程使用的工具软件等，拥有多种岗位。

1. 程序员

程序员的主要任务是编写程序代码，根据软件的类别不同，又可分为普通程序员、高级程序员、高级软件工程师等。普通程序员职位大多与网站相关，有关网站动态页面编码与设计的程序员职位较多，如 ASP、JSP、PHP、ASP.NET 等。高级程序员和高级软件工程师一般都参与开发大型的应用项目，不仅要求熟悉某种计算机语言，而且要精通面向对象开发以及 Web 开发。

2. 系统分析师

随着计算机技术的发展和应用领域的扩大，软件规模也越来越大，复杂程度不断增加，正确的体系结构设计是软件系统成功的关键。为了正确地组织软件生产、提高开发质量、降低成本和控制进度，每个软件项目都需要系统分析员和项目经理。

系统分析师（System Analyst）指具有从事计算机应用系统的分析和设计工作能力及业务水平，能指导系统设计师和高级程序员的工作的职业。对系统分析师的要求包括熟悉应用领域的业务，能分析用户的需求和约束条件，制定项目开发计划，并且组织和协调信息系统开发与运行所涉及的各类人员共同完成信息系统的开发。并不是所有的单位都有系统分析师的岗位，一般由经验丰富的项目主管兼任，是一种复合型人才。

3. 软件测试工程师

软件测试工程师（Software Testing Engineer）指负责解释产品的功能要求，对其进行测试，检查软件有没有错误，是否具有稳定性，并写出相应的测试规范和测试案例的专门工程技术人员。由于工作的特殊性，测试人员不但需要对软件的质量进行检测，而且对于软件项目的立项、管理、售前和售后等领域都要涉及。在此过程中，测试人员不仅提升了专业的软件测试技能，还能接触到各行各业，使项目管理、沟通协调和市场需求分析等能力都得到很好的锻炼。

4. 软件项目管理师

软件项目管理师需要充分地集成技术方法、工具、过程和资源（人力、资金和时间等）等要素，完成大规模项目的开发。对个人能力要求很高，既要有广泛的计算机专业知识，又要具有项目管理技能，能够对软件项目的成本、人员、进度、质量、风险和安全等进行准确的分析和卓有成效的管理，一般是由项目经理担当。

5. 软件技术专家

随着现代信息技术的飞速发展和计算机互联网的普及，软件技术专家的需求日趋加大。软件技术专家要求能推进公司软件平台建设，推动公司整体软件研发水平的提升。同时，也要求能够承担电子通信类软件产品的开发和项目管理；熟悉 CMM 应用，有很强的项目推动能力和实干能力；具有良好的客户沟通和协调能力；良好的团队合作精神，独立解决问题和承担压力的能力。

12.3.2　计算机硬件类

我国的计算机硬件产业规模扩张速度很快，尤其是计算机外部设备产品，其市场占有率比较高，有个别企业的生产规模已达到国际水平。计算机硬件类工作者的主要专业方向是计算机应用系统硬件部分的组装、维护、测试、设计与开发。

1. 计算机组装工程师

随着计算机的普及应用，出现了大量的计算机销售商。为了适应用户的需求（低价销售），销售商大量购进微机部件，然后组装成兼容机，从而为计算机硬件专业人才提供了大量从业机会。计算机组装工程师要求掌握计算机硬件基础知识,调研市场上各类产品的性能,能够根据用户的需要制定配置表,并能独立组装硬件设备和安装操作系统。

2. 计算机硬件维修工程师

计算机的广泛应用,为计算机硬件专业人才提供了另一个方面的人才需求——维修工程师。计算机硬件维修工程师要求深入了解计算机硬件结构及部件维修的操作规程,使用各种检测和维修工具对硬件故障进行定位和排除。计算机维修工作除了要掌握计算机硬件知识外,还要制定详细的日常保养和技术支持计划,跟踪所维护的项目。

3. 硬件测试工程师

无论是计算机的生产还是计算机的维护,都需要通过严格检验和测试,因而需要大量技术人才。硬件测试工程师要求掌握硬件产品的硬件结构、应用技术及产品性能,熟练使用各种软硬件测试工具,能够独立搭建软硬件测试平台,并评价产品、写出产品的测试报告。计算机硬件测试工程师要求掌握电路设计、PCB 布线和调试,熟练应用常用电子元器件,具有分析和调试操作水平。

4. IC 设计师

随着我国集成电路产业的超快速发展,IC 设计业已成为新行业。全国已有北京、上海、深圳、无锡、杭州、西安、成都等七个 IC 设计产业化基地。我国 IC 市场近年来迅速成长,2001 年已占全球市场份额的 8.6%。未来几年内我国芯片生产有望以每年 42% 的速度增长,2010 年前我国已成为全球第二大 IC 市场(仅次于美国)。而目前国内 IC 设计人才严重缺乏,全国只有几千名 IC 设计工程师,且每年从 IC 设计和微电子专业毕业的学生(博士、硕士与本科)不过千余人。在未来的 6~8 年内,其需求量估计在 30 万。与近来大学生就业难、出国深造难的现状截然不同,目前的 IC 设计工程师起始年薪一般在 7~9 万元。成为一个 IC 设计工程师,将享有充满机遇和光明的职业前景。

5. 嵌入式系统设计师

嵌入式系统(Embedded Systems)是以应用为中心,以计算机技术为基础,软件硬件可裁剪,适应应用系统对功能、可靠性、成本、体积、功耗严格要求的专用计算机系统。目前,嵌入式设备种类繁多,系统结构也复杂多样,需要针对各类不同的嵌入式设备提出各种解决方案,如固定电话短消息播放、车载信息终端语音播报、智能仪表、智能玩具、电子书、汽车报站器、电子地图、电子导游、电子词典等。大到油田的集散控制系统和工厂流水线,小到家用 VCD 机或手机,甚至组成普通 PC 终端设备的键盘、鼠标、软驱、硬盘、显示卡、显示器、Modem、网卡、声卡等,均是由嵌入式处理器控制的。今天,嵌入式系统带来的工业年产值已超过了 1 万亿美元。

6. 高级硬件技术专家

高级硬件技术专家的职责是改善公司硬件平台建设,推动公司硬件整体研发和应用水平的提升。要求能进行电子通信类通用硬件产品的开发、工艺或 IC 设计开发;熟悉当今主流的电子、通信、计算机硬件产品技术;能对通用硬件技术、工艺、项目进行管理,有很强的项目推动能力和实干能力;具有良好的客户沟通和协调能力;良好的团队合作精神、独立解决问题和承担压力的能力。

12.3.3　计算机网络类

随着计算机网络复杂性的增加,对网络性能的要求越来越高,因而给计算机网络专业人才带来了前所未有的发展契机。计算机网络涉及计算机技术、网络技术和中间件技术等应用技术,是一个综合性强的跨学科研究。为了满足网络的应用需求,现在的网络管理技术正逐渐朝着层次化、集成化、Web 化和智能化方向发展，网管协议也在不断丰富，应用也正逐渐扩大。我国信息化建设的开展使得全国各地的信息化建设如火如荼，信息化网络人才出现了很大的缺口，而我国信息化人才的培养还处于发展阶段，导致社会对人才的实际需求基数远远大于网络人才的培养基数。

1. 网络管理员

计算机网络管理员是大多数企业的计算机中心必设的岗位，常见的网吧中也设有网管职位。计算机网络管理员是从事计算机网络运行和维护工作的人员，有的还要负责系统管理、网站建设等任务。这个行业要求管理员对网络知识的了解面宽广，如具备网络操作系统、网络数据库、网络设备、网络管理、网络安全和网络应用等基本理论知识和应用技能。

2. Web 网站管理员

目前需求量最大的工作之一就是 Web 网站管理员。Web 网站管理员的职责主要是设计、创建、监测、评估以及更新公司的网站。随着网络的扩展，越来越多的企业使用 Internet 和建设公司内部的局域网。Web 网站管理员的重要性及对他们的需求一直在不断增加。Web 网站管理员如果能在 Internet 的应用中结合一些美工特长，将会更受欢迎。

3. 网络工程师

网络工程师是一个包括多个工种的职业，不同的网络工程师工种对从业人员的要求也不一样，主要从事计算机信息系统的设计、建设、运行和维护工作，如负责机房内的网络连接及网络间的系统配置、网络安全性维护、网络平台框架的布局和设置、网络平台的推广、网络中的商业模式、网络产品的定位等，相应的称谓有网络系统设计师、信息技术工程师、网络推广工程师、网络运营工程师、电子商务工程师、项目工程师、网络安全工程师、Java 网络工程师、综合布线工程师、网络存储工程师等。网络工程师主要在大中型企业或网络公司任职，要求具有扎实、全面的网络知识功底，专业经验丰富。

4. 网络规划设计师

网络规划设计师一般工作在大的网络公司或研究所，主要是技术主管、项目经理和技术专家。他们一般是融合技术和管理的复合型人才，具有多年的网络工程师经验，技术全面，有很好的管理和组织能力。

5. 网络经销师

一位新技术媒体专家曾说过，"招聘电子经销专家市场供不应求，每个平步青云的机会都向我敞开大门！"，这说明了经销行业中许多在职者的有利地位。另外，网上销售商还为开发浏览器的公司购买广告空间，同其它公司谈判相互进入对方网络的事宜。他们工作的核心在于对专利权和名牌商标进行调查研究以及对公司、产品和市场潜力进行分析。

6. 网络法律师

多媒体的推广应用和因特网的发展壮大，使版权管理越来越重要，作者希望他们的权利受到保护。对于一部画面取自电视纪录片，音乐出自一位当代作曲者，文字又出自另一位作家的作品，它的版权谈判实际上相当棘手，更何况还存在盗版和假冒伪劣产品等问题。这些工作表明网络法律师大有可为。

7. 网上导读师

现在一般人上网往往是因个人的原因，如购物、交流、交友、查资料等。随着电子商务的发展，企业越来越依赖于信息。因此，专门上网为公司服务的"导读员"需求越来越大。只有经常上网、通晓各类语言，熟悉各类信息在哪里，并能根据需要以最高效率整理信息的上网者才有可能荣任导读师。

8. 网络分析师

如同股市不可缺少股票分析师一样，互联网公司、网站也同样不能缺少网络分析师。他知道什么内容能够吸引受众，怎样指导网民投资等，从而找到网站进行市场宣传的一个好卖点。国家信息产业部日前决定，加快、加大互联网络的国际出入口带宽，让信息流通更为畅顺。同时，还决定近年内建成五个中央级重点网站，并逐步形成中央、各省市自治区及驻外机构的互联网络体系，这些都给网络分析师提供了空前广阔的就业空间。

9. 网络安全师

近几年，利用计算机网络进行的各类违法行为呈上升之势。黑客及攻击方法已超过计算机病毒的种类，总数达近千种。我国电子信息网络建设仍处于初级阶段，网络安全系统脆弱，给黑客留下可乘之机，而"监守自盗"式的内部攻击对网络安全构成了更大的威胁。

在美国，仅华盛顿就有三支电脑犯罪侦查队，中央情报局专门将 1000 名员工调到一个专门负责研究遏制电脑犯罪的 IT 中心。我国也在组建自己的网络安全队伍。由信息安全主管单位主办的我国网络安全系统，正在紧锣密鼓建设之中，数十家网络安全公司将在各地兴起，网络安全正在成为一门新兴产业。

12.3.4　信息系统类

计算机信息系统是计算机与经济、管理学科交叉的方向，是一个由人、计算机及其他外围设备等组成的能进行信息的收集、传递、存储、加工、维护和使用的系统。因此，这个领域的工作涉及社会上各种企业的信息中心或网络中心等部门，需要从事计算机信息化建设、维护和信息管理的复合型应用人才。主要任务是最大限度地利用现代计算机及网络通信技术，加强企业的信息管理，通过对企业拥有的人力、物力、财力、设备和技术等资源的调查了解，建立正确的数据，加工处理并编制成各种信息资料及时提供给管理人员，以便进行正确的决策，不断提高企业的管理水平和经济效益。

1. 数据库管理与开发人员

数据库技术是计算机科学技术中发展最快、应用最广的领域之一，因而就业岗位很多。

（1）数据建模专家（Data Modeler）：负责将用户对数据的需求转化为数据库逻辑模型（Logical Data Model，LDM）和物理模型（Physical Data Model，PDM）设计。要求非常熟悉数据库原理和数据建模的相关知识。这个方向在大公司（金融、保险、研究、软件开发商等）有专门职位，在中小公司则可能由程序员承担。

（2）商业智能专家（Business Intelligence，BI）：主要从商业应用，最终以用户的角度从数据中获得有用的信息，涉及 OLAP（On Line Analytical Processing），需要使用 SSRS、Cognos、Crystal Report 等报表工具，或者其他一些数据挖掘、统计方面的软件工具。

（3）数据架构师（Data Architect）：主要从全局上制定和控制关于数据库在逻辑层上的大方向，也包括数据可用性、扩展性等长期性战略，协调数据库的应用开发、建模、DBA 之间的工作。这个方向在大公司（金融、保险、研究、软件开发商等）有专门职位。

（4）数据仓库专家（Data Warehouse，DW）：负责应付超大规模的数据、历史数据的存储、管理和使用，和商业智能关系密切，很多时候 BI 和 DW 是放在一个大类中的，但是 DW 更侧重于硬件和物理层上的管理和优化。

（5）性能优化工程师（Performance Engineer）：专长数据库的性能调试和优化，为用户提供解决性能瓶颈方面的问题。微软和 Oracle 都有专门的数据库性能实验室（Database Performance，LAB），也有专门的性能优化工程师，负责为其数据库产品和关键应用提供这方面的技术支持。

此外，还有针对性很强的相应岗位，如存储工程师（Storage Engineer）、数据库管理员（Database Administrator，DBA）、高级数据库管理员（Senior DBA）等。

一般地说，企业越大，职位种类分得越细。职位越特殊，其岗位人数也相对越少。

2. 信息系统安全师

信息系统安全师主要从事信息系统安全相关的咨询和管理工作，主要职务为首席安全官、咨询顾问师、安全维护管理员和安全培训讲师等，一般任职于大企业、电信、银行证券业、系统集成与服务供应商、电子商务和电子政务的信息安全相关部门。信息系统安全师必须熟悉网络安全产品，掌握常见的脚本语言和数据库管理，熟悉信息安全评估工具，具有较强的安全编程能力。

3. 信息系统监理师

信息产业部制定的《信息系统工程监理暂行规定》中对信息系统工程监理的定义是：依法设立且具备相应资质的信息系统工程监理单位受业主单位委托，依据国家有关法律法规、技术标准和信息系统工程监理合同，对信息系统工程项目实施的监督管理。信息系统监理师需要具备系统项目管理和监理的基本知识，熟悉系统工程监理中的政策和法规，掌握信息系统工程监理质量控制、进度控制、投资控制、合同管理、信息管理、安全管理和组织协调的方法。

4. 电子商务师

在互联网和电子信息交换平台上，在有关的企业、事业单位、网站和政府部门，需要从事电子商务活动的专业技术人才。针对电子商务人才知识结构的特殊要求，需要牢固掌握电子商务必备的基础理论专业知识和创业技能，能适应互联网经济发展的需求。

5. IT 审计师

随着计算机技术在管理中的广泛运用，传统的控制、管理、检查和审计技术都受到巨大的挑战，国际会计公司、专业咨询公司和高级管理顾问都将控制风险，特别是把控制计算机环境风险和信息系统运行风险作为管理咨询和服务的重点，这就需要高薪聘请国际信息系统审计师（简称 IT 审计师）进行内部审计。

6. 高级物流管理专家

这方面人才要能够优化整合公司物流管理体系，协助公司提高生产制造管理水平，提升公司物流运作效能；能进行生产现场、制造过程、工艺流程优化等方面的管理；熟悉物流管理的系统设计及各具体环节工作；有很强的项目推动能力和实干能力；具有良好的沟通和协调能力；具有良好的团队合作精神、独立解决问题和承担压力的能力；具有良好的中文和英文的听、说、读、写能力等。

除以上 6 种职业外，信息系统类的职业还包括信息系统管理师、信息系统评估师、信息资源开发与管理人员、信息系统设计人员等。这些职业侧重的技术不同，但都需要具备计算机和数据库的基本知识。

12.3.5　应用系统开发类

应用系统的范围很广，包括数据库、嵌入式系统、网站和游戏等。开发应用系统需要具备被开发系统的基本知识，掌握合适的程序设计语言。

1. 嵌入式系统开发师

嵌入式系统是以应用为中心，以计算机技术为基础，软硬件可裁剪，适应应用系统对功能、可靠性、成本、体积和功耗等严格要求的专用计算机系统。嵌入式系统领域就业发展空间相对较大，包括手机、电子词典、可视电话、数码相机、高清电视、游戏机、智能玩具、交换机、医疗仪器和航天航空设备等。嵌入式系统开发师主要从事嵌入式技术的应用项目设计开发、产品维护与技术服务等工作。

2. 游戏程序开发师

游戏是计算机中的重要娱乐功能，游戏程序开发师负责完成游戏的设计与开发，包括游戏的界面设计、功能分析、系统维护和网络设置等。目前，游戏软件设计、电脑动画制作等行业求才若渴。

计算机专业的其他职业类别，如计算机平面设计师、数字视频制作师、数字音频制作师、三维动画制作人员、网络课件制作人员等人才需求量也特别大。当然，也有许多职业岗位需要经过相应技能培训，通过认证考试，获取职业资格证书，方能上岗。

12.3.6　计算机专业职业资格认证

对于高等学校的教学和人才培养工作，除了学校自身的质量保证机制外，还有来自于学校外部的质量评估和专业认证。

从事计算机专业技术工作，理论、技术和经验都很重要，为督促自己坚持不懈地学习，应积极参加职业资格证书考试。有些企业要求员工具有一些与工作相关的证书，许多主流技术产业就其产品提供了各种认证。有关专业技术人员只要通过了这些公司所指定的认证考试课程，就可以获得公司授权颁发的证书。这些证书是技术能力的象征，对就业有很大帮助，而且能获得丰厚的报酬。

1. 国内的专业认证

国内计算机考试侧重知识认证，测试是否具备计算机相关基础知识。常见的认证有 3 类。

（1）计算机等级考试：由教育部考试中心负责命题、组织考试和颁发证书。该考试对应的是计算机专业本科毕业的水平，考试分理论考试（笔试）和上机考试两部分，包括 C 语言、Visnal Basic、Visual FoxPro 等，共分为 4 个级别，四级最高。

（2）计算机软件水平与资格考试：由信息产业部和国家人事部共同举办，分多个方向，每个方向分为 3 个级别。该考试目前的程序员级别有初级、中级和高级，还有系统分析员、网络程序员和网络设计师等认证考试。

（3）国家信息技术证书教育考试：由劳动部主办，分为计算机程序设计技术证书、计算机信息处理技术证书、信息系统开发高级技术证书等。

2. 国外的专业认证

国外计算机考试侧重技术认证，一般是由公司推出一种对应于自己公司产品的技术认证，考察对该公司技术的掌握程度。下面简单介绍一些大型软件公司提供的认证。

（1）微软认证：微软认证的英文全称是 Microsoft Certified Professional，简称为 MCP。这是微软公司设立的，被世界上大多数国家承认的计算机领域高级软件技术人才认证。MCP 主要分微软认证产品专家 MCP、微软认证系统工程师 MCSE、微软认证解决方案开发专家 MCSD、微软认证数据库管理员 MCDBA 以及微软认证应用程序开发专家 MCAD 等。

（2）思科认证：思科认证是思科（Cisco）公司推出的针对其产品的网络规划和网络支持工程师资格认证计划（Cisco Career Certification Program，CCCP），是互联网领域的国际权威认证。主要认证有思科认证网络支持工程师 CCNA、思科认证网络高级工程师 CCNP 以及思科认证互联网专家 CCIE 等。

由于在 IT 行业的从业人员都希望获得专业资格证书，报考和参加培训的人员特别多，于是 IT 类认证培训师就成为一个十分引人注目的职业。这些培训师不仅对品牌企业主流技术产品有深入的了解和丰富的使用经验，而且具有丰富的教学经验和良好的教学效果，因此成为职业培训师可以获得丰厚的薪水。现在除 Microsoft 公司、Cisco 公司、Oracle 公司等颁发认证证书外，我国信息产业部也推行了信息化工程师认证证书的工作。

总之，由于计算机技术应用极为广泛，发展极为迅速，技术更新也很快。自 1946 年世界上第一台电子数字计算机诞生以来，在短短的 60 多年里获得了飞速的发展，计算学科所包含的内容越来越丰富，特别是各种计算机应用技术不断推陈出新，令人目不暇接，今天正在使用的计算机及各种软件也许过几年就会从市场上消失。过快的知识更新是计算机行业从业人员所面临的巨大挑战，要跟上时代发展的步伐，就必须不间断地学习，稍稍松懈就有可能被无情地淘汰。对于从事计算机行业的人员来讲，无时无刻不面临着竞争和挑战。

§12.4　职业生涯规划

为了使自己早日成为社会有用的人才，必须做好职业生涯规划。职业生涯规划是知己、知彼，择优选择职业目标和路径，并用高效行动去达成既定职业目标。换句话说，是个人根据对自身的主观因素和客观环境的认知、分析、总结，确立自己的职业目标，选择职业道路，制订相应的培训、教育和工作计划，并按照生涯发展步骤实施具体行动达到目标的过程。

12.4.1　职业生涯规划的内涵

1. 什么是职业生涯规划

英文 Career 既可以指职业，也可以指生涯或职业生涯，相连的常用词有生涯规划（Career Planning）、生涯设计（Career Design）、生涯开发（Career Development）和生涯管理（Career Management）。职业生涯规划（Career Planning）是指在个人发展与组织发展相结合的基础上，个人通过对职业生涯的主客观因素分析、总结和测定，确定一个人的奋斗目标，并为实现这一职业目标，而预先进行生涯发展系统安排的活动或过程。

职业生涯规划不同于职业生涯设计，前者是个人层面，后者指专家层面。个人进行职业生涯规划的目的是尽快实现自己的社会价值与个人价值，最大速度和最大限度地实现职业发展与成功，当个人进行职业生涯规划有困难时可以请职业规划师、职业指导师、职业咨询师等方面的专家进行科学的职业生涯设计。

职业生涯规划也不同于职业生涯开发与职业生涯管理，开发指组织层面，而管理指综合层面，组织对员工的职业生涯进行开发与管理的目的是为了提高生产力，提高组织的经济与社会效益。职业生涯管理是人力资源管理的重要方面，正在发展为一个专业方向。

2. 对职业生涯的研究

对职业生涯的研究始于 20 世纪 60 年代，20 世纪 90 年代中期从欧美等国传入中国。目前，对职业生涯的涵义还没有统一的认识，不同国家的学者从不同的角度对职业生涯的内涵有着不同的界定。

法国的权威词典将职业生涯界定为："表现为连续性的分阶段、分等级的职业经历"。

美国学者罗斯威尔（William J.Rothwell）和思莱德（Henry J.Sred）将职业生涯界定为人的一生中与工作相关的活动、行为、态度、价值观、愿望的有机整体。

中国学者吴国存将职业生涯分为狭义职业生涯和广义职业生涯。前者是指一个人从职业学习伊始，至职业劳动最后结束，整个人生职业工作历程。广义的职业生涯是从职业能力的获得、职业兴趣的培养、选择职业、就职，直至最后完全退出职业劳动这样一个完整的职业发展过程。

目前较为通行的说法是美国生涯理论专家萨伯的观点：职业生涯综合了个人一生中各种职业和生涯的角色，由此表现个人独特的自我发展形态；它也是人生自青春期至退休所有有报酬或无报酬职位的综合，除了职位之外还包括与工作有关的各种角色。综合不同学者对职业生涯内涵的不同认识，可以看出传统的职业生涯概念的基本涵义有以下内容：

- 职业生涯是个个体的概念，是指个体的行为经历。
- 职业生涯是个职业的概念，实质是指一个人一生之中的职业经历或历程。
- 职业生涯是个时间的概念，即个人的年龄或生命的时程。
- 职业生涯是个发展和动态的概念，即每个人一生所扮演的各种不同的角色。

职业生涯规划是"职业生涯开发与管理"这门崭新学科的核心内容，从创始至今也只有50余年的历程。但随着世界经济社会的飞速发展，各国人才竞争加剧，就业形势日趋严峻等因素，导致各国对人才培养和开发愈加重视，职业生涯规划的利用也越来越广泛。尤其是随着我国高等教育规模的快速扩大，大学毕业生人数以每年几十万人的速度增加，高校就业及就业指导面临社会各界前所未有的关注，因此，职业生涯规划这一新的教育途径才得以快速普及和发展，当然，它的有效性也受到人们特别是大学生的普遍欢迎与认可。

12.4.2　职业生涯规划的意义

职业生涯活动将伴随我们的大半生，拥有成功的职业生涯才能实现完美人生。有一个好的职业生涯规划可以帮助个人明确人生的奋斗目标，有了目标才会激励一个人努力奋斗，去创造条件实现目标，这样才不会随波逐流，浪费青春。因此，职业规划具有特别重要的意义。

一个好的职业生涯规划，还可以帮助个人清楚地了解自己的实力和专业技能，以便制定出有针对性的培训开发计划，更好地控制前途和命运。因此，职业生涯规划的目的不仅仅是协助个人达到自己的目标，更重要的是帮助个人真正地了解自己，并在详细评估了内外环境的基础上设计出合理可行的职业生涯发展规划。职业生涯规划的意义主要体现在以下方面。

1. 正确引导

职业生涯规划可以发掘自我潜能，增强个人实力。一份行之有效的职业生涯规划将会：

① 引导你正确认识自身的个性特质、现有与潜在的资源优势，帮助你重新对自己的价值进行定位并使其持续增值；

② 引导你对自己的综合优势与劣势进行对比分析；

③ 使你树立明确的职业发展目标与职业理想；

④ 引导你评估个人目标与现实之间的差距；

⑤ 引导你前瞻与实际相结合的职业定位，搜索或发现新的或有潜力的职业机会；

⑥ 使你学会如何运用科学的方法采取可行的步骤与措施，不断增强你的职业竞争力，实现自己的职业目标与理想。

2. 科学规划

职业生涯规划可以增强发展的目的性与计划性，提升成功的机会。职业生涯发展要有计划、有目的，不可盲目地"撞大运"。很多时候我们的职业生涯受挫，就是由于职业生涯规划没有做好。好的计划是成功的开始，古语讲的凡事"预则立，不预则废"就是这个道理。

3. 锐意进取

当今社会处在变革的时代，到处充满着激烈的竞争。物竞天择，适者生存。职业活动的竞争非常突出，尤其是我国加入 WTO 以后，要想在这场激烈的竞争中脱颖而出并保持立于不败之地，必须设计好自己的职业规划，这样才能做到心中有数，不打无准备之仗。而不少大学生不是首先坐下来做好自己的职业生涯规划，而是到毕业时拿着简历与求职书到处乱跑，总想会撞到好运气找到好工作。结果是浪费了大量的时间、精力与金钱，到头来感叹招聘单位有眼无珠，不能"慧眼识英雄"，叹息自己"英雄无用武之地"。

这部分大学生没有充分认识到职业规划的意义与重要性，认为找到理想工作的是学识、业绩、耐心、关系、口才等条件，认为职业规划纯属纸上谈兵，简直是耽误时间，还不如多跑两家招聘单位。这是一种错误的理念。"磨刀不误砍柴工"，实际上未雨绸缪，先做好职业规划，有了清晰的认识与明确的目标之后再把求职活动付诸实践，这样的效果就好得多，也更经济、更科学。职业规划可以提升竞争力。

4. 社会需要

职业规划是大学生适应社会经济发展的需要：随着人类社会文明的不断发展，当今社会知识经济对人力资源的要求，不仅需要人才具有合理的知识结构，还要求人才必须具备较强的逻辑思维能力、社会活动能力和创新能力等综合素质。现代大学生是我国青年一代中的佼佼者，也是未来我国社会主义事业的建设者和中流砥柱。为适应社会和时代的要求，把握好每一个可能成功的机遇，必然要借助科学、合理的职业规划，认识自我、发展自我、完善自我，培养个人的素质和修养，设计一生职业发展的最优路径。

12.4.3　职业生涯规划的方法

随着社会的发展，职业生涯规划这一概念日渐深入人心，不仅是在校的大学生，甚至工作多年的人都在考虑对自己进行科学的职业生涯规划与设计。但是，大多数人并不知道什么是职业生涯规划，更不知道如何做好职业生涯规划。职业生涯规划主要包括以下三个方面。

1. 职业生涯规划的主要内容

要做好职业规划就必须按照职业设计的流程，认真做好每个环节。职业生涯规划的内容主要包括以下几个方面。

（1）标题：包括姓名、规划年限、年龄跨度、起止时间。

（2）目标确定：确立职业方向、阶段目标和总体目标。

（3）个人分析：自身条件及能力测评。

（4）环境分析：包括对政治环境、经济环境、职业环境和社会环境的分析。

（5）组织（企业）分析：对职业、行业与用人单位的分析，包括对用人单位制度、背景、文化、产品或服务、发展领域等的分析。

（6）目标分解与目标组合：将总体的目标具体化为有可操作性的子目标。

（7）实施方案：首先找出自身观念、知识、能力、心理素质等方面与实现目标要求之间的差距，然后制订具体方案逐步缩小差距以实现各阶段目标。

（8）评估标准：设定衡量此规划是否成功的标准，如果在实施过程中，无法达到制订的目标或要求应当如何修正和调整。

2. 职业生涯规划的基本准则

职业生涯规划的目的是为了使自己的事业得到顺利发展，并获得最大程度的事业成功。在进行职业生涯规划时，应遵循以下基本准则。

（1）择己所爱：从事一项你所喜欢的工作，工作本身就能给你一种满足感，你的职业生涯也会从此变得妙趣横生。兴趣是最好的老师，是成功之母。调查表明：兴趣与成功几率有着明显的正相关性。在设计自己的职业生涯时，务必要考虑自己的特点，珍惜自己的兴趣，选择自己所喜欢的职业。

（2）择己所长：任何职业都要求从业者掌握一定的技能，具备一定的能力条件。一个人一生中不能将所有技能都全部掌握，所以在进行职业选择时必须择己所长，以有利于发挥自己的优势。

（3）择世所需：社会的需求不断演化，旧的需求不断消失，新的需求不断形成，从而不断产生新的职业。所以在设计职业生涯时，一定要分析社会需求，择世所需。最重要的是，目光要长远，能够准确预测未来行业或者职业的发展方向，再做出选择。不仅仅是有社会需求，而且这个需求要长久。

（4）择己所利：职业是个人谋生的手段，所以在择业时，首先考虑的是自己的预期收益——个人幸福最大化。明智的选择是在由收入、社会地位、成就感和工作付出等变量组成的函数中找出一个最大值，这就是选择职业生涯中的收益最大化原则。

3．职业生涯规划的基本要求

大学生的职业生涯规划不但要与自己的个人性格、气质、兴趣、能力特长等方面相结合，更要和我们所学的专业相结合。大学生都经过一定的专业训练，具有某一专业的知识和技能，这是我们每一个大学生的优势所在。每一个专业都有一定的培养目标和就业方向，这就是大学生职业生涯设计的基本依据。

用人单位对毕业生的需求，一般首先选择的是大学生某专业方面的特长，大学生迈入社会后的贡献，主要靠运用所学的专业知识来实现。如果职业生涯设计离开了所学专业，无形中增加了许多"补课"负担。特别强调的是，大学生对所学的专业知识要精深、广博，除了要掌握宽厚的基础知识和精深的专业知识外，还要拓宽专业知识面，掌握或了解本专业相关、相近的若干专业知识和技术。具体说，要注意以下5个方面。

（1）清晰具体：目标与措施要清晰具体、一目了然；各阶段的划分要具体可行；实现目标的步骤要直截了当。

（2）切实可行：要使个人的职业目标同自己的能力、个人特质及工作适应性相符合；个人职业目标和职业道路要与客观环境条件的可能性相匹配。例如，在一个论资排辈的组织里，刚刚毕业的大学生就不宜把担当重要管理工作确定为自己的短期目标。个体往往需要借助于组织实现自己的职业目标，其职业目标计划要在为组织目标奋斗的过程中得以实现。

（3）挑战激励：目标和措施要有挑战性，这样才能产生激励作用。但决不能好高骛远，如果目标过于远大难以实现，就会产生严重的挫折感，失去奋斗的耐心和勇气，这样不利于人生目标的实现。

（4）与时俱进：制订职业生涯规划要结合社会的发展和变迁，根据社会发展要求，及时调整、修正，甚至变更自己的职业目标，使之与社会更加契合。

（5）量化评估：职业生涯规划的实施要有明确的时间限制或标准，以便评量、检查，使自己随时掌握执行情况，为规划的修正提供考量依据，并对规划适时适势地做出修正。

12.4.4　职业生涯规划的步骤

实施职业生涯规划是一个长期而连续的过程，需要设计一套程序来保证它的顺利实施，我们将它概括为"职业规划五步曲"，如图12-2所示。

图 12-2　职业规划五步曲

1. 自我认知、客观评估

自我认知，客观评估是指要全面了解自己，对自己准确定位，想做什么？适合做什么？看重什么？人岗是否匹配？人企是否匹配等方面做一个准确的自我评价。一个有效的职业生涯规划设计必须是在充分且正确认识自身条件与相关环境的基础上进行的。具体说，就是要审视自己、认知自己、了解自己，包括认识了解自己的兴趣、特长、性格、学识、技能、智商、情商、思维方式等。我们可把它概括为：

选我所爱（弄清我想干什么）；

做我所能（我能干什么，我应该干什么）；

寻我所需（在众多的职业面前选择什么）。

2. 环境认知、职业评估

环境认知是职业规划要充分认识与了解相关的环境，评估环境因素对自己职业发展的影响，分析环境条件的特点、发展变化情况，把握环境因素的优势与限制。了解本专业、本行业的地位、形势以及发展趋势。

环境认知与职业评估是职业生涯规划的科学保障。环境认知与评估就是要充分认识与了解相关的就业环境，评估环境因素对自己职业生涯发展的影响，分析环境条件的特点，环境的发展变化情况、自己在这个环境中的地位、环境对自己提出的要求，把握环境因素的优势与限制，了解本专业、本行业的地位、形势以及发展趋势，等等。环境认知应注意以下几点：

● 尊重客观：依据客观现实，考虑个人与社会、单位的关系；

● 比较鉴别：比较职业的条件、要求、性质与自身条件的匹配情况，选择条件更合适、更符合自己特长、更感兴趣、经过努力能很快胜任、有发展前途的职业；

● 扬长避短：要能最大限度地发挥自己的所长，不要追求力不能及的理想职业；

● 审时度势：要根据情况变化及时调整择业目标，不能固执己见，一成不变。

3. 职业定位、确立目标

在知己知彼的基础上，选择最适合自己的职业目标，针对目标选择最适合自己的路径。有时，理想与风险并存，因此，做最佳选择时要考虑风险指数。

职业定位与确立目标是制定职业生涯规划的关键。职业定位就是要为职业目标与自己的潜能以及主客观条件谋求最佳匹配，职业定位过程中要考虑性格与职业的匹配、兴趣与职业的匹配、特长与职业的匹配、内外环境与职业相适应等。良好的职业定位是以自己的最佳才能、最优性格、最大兴趣、最有利的环境等信息为依据的。

　　有了良好的职业定位，还要有明确的奋斗目标。目标有短期目标、中期目标、长期目标和人生目标之分。长远目标需要个人经过长期艰苦努力、不懈奋斗才有可能实现，因此确立长远目标时要立足现实、慎重选择、全面考虑，使之既有现实性又有前瞻性。短期目标更具体，对人的影响也更直接，也是长远目标的组成部分。确定自己的奋斗目标，需要明确以下 3 个方面的问题：

- 评估外界：对自己的要求是什么？有什么样的机会与挑战？
- 长期目标：专家？管理者？技术？营销？
- 短期目标：积累能力和经验？追求业绩？

　　制定实现职业生涯目标的行动方案，要有具体的行为措施来保证。因此，既要制定周详的行动方案，更要注意去落实这一行动方案。如果没有行动，职业目标只能是一种梦想。

　　4. 终身学习、高效行动

　　终身学习、高效行动是实现职业生涯规划的方法与措施。在确定具体的职业目标后，行动成了关键环节。这里所指的行动主要是落实目标的具体措施，主要包括教育、培训、实践等方面的措施，比如，你计划学习哪些知识，掌握哪些技能，开发哪些潜能等。

　　5. 与时俱进、灵活调整

　　与时俱进、灵活调整就是对职业生涯规划进行评估、调整与完善。影响职业生涯规划的因素很多，有的变化原因是可以预测的，有的却难以预料。需要根据形势的发展和信息反馈，不断修正、优化职业规划，以适应各种变化。整个职业规划要在实施中去检验，看效果如何，及时诊断职业规划各个环节出现的问题，找出相应对策，对规划进行调整与完善。

　　总之，在职业生涯规划流程中，正确的自我评价是最为基础、最为核心的环节。成功的职业生涯规划需要在实施中去检验和评价，根据现实以及变化的情况及时诊断职业生涯规划各个环节出现的问题，找出相应对策，不断对自己的职业生涯规划进行调整与完善。

　　这里进一步强调指出：学习、掌握计算机科学技术要满怀激情，不畏艰难，刻苦学习理论知识，努力实践，勇于探索和创新，不断接受新技术的挑战，只有坚忍不拔才会有使命感；要善于总结、析取、借鉴、嫁接、融汇不同学科的知识和经验，只有虚心好学、持之以恒的人才能在事业上获得成功和取得成就；要有事业心和进取意识，脚踏实地，顽强拼搏，只有爱岗敬业才会有责任感。这里将两句感慨之言，送给学习计算机的同学们和朋友们：

　　　　积极主动去营造环境，否则，你无法适应五彩缤纷的社会；
　　　　满怀激情去改造世界，否则，你无法体会淋漓尽致的人生！

本章小结

　　1. 本章从计算机科学技术专业的特点出发，强调专业基础课、数学、程序设计、专业外语和实践教学在计算机专业教育中的重要性，提出了建议性和指导性的学习方法。

　　2. 为了防止和制止非法行为的发生，除了要有相应的法律法规之外，更重要的是提高所有计算机用户的行为道德水平，尤其对计算机专业人员的职业道德要求更加严格。

　　3. 就业问题是所有学生也是整个社会特别关注的问题。计算机专业的职业可大致分为两类，即专业性职业与应用性职业。计算机技术岗位甚多，大体上可分为六个领域（方向）：计算机科学、计算机软件、计算机硬件、计算机网络、计算机信息系统和计算机工程等。

　　4. 根据自己的实际，选择适合自己发展的职业目标和路径，并用高效行动去达成既定职业目标，实现完美人生，也是职业生涯规划的目的意义所在，这对每个人都是非常重要的。

习题十二

一、选择题

1. 实验教学、课程设计、生产实习和（　　）是实践教学过程中的四个基本环节。
   - A. 毕业设计
   - B. 校外实习
   - C. 顶岗实习
   - D. 社会调查

2. 不论是哪门课程，在学习过程中都有三个非常重要的要素：提高学习认识、明确学习目标和（　　）。
   - A. 掌握学习方法
   - B. 端正学习态度
   - C. 刻苦努力学习
   - D. 认真完成作业

3. 作为计算机从业人员，自我提高能力的培养是非常重要的，它主要包括创新能力的培养、自主学习能力的培养和（　　）。
   - A. 开发能力
   - B. 终身学习
   - C. 外语水平
   - D. 进修提高

4. 信息化社会对人才素质的培养不仅要求其求职者具备计算机的基本知识和基本技能，而且对基本素质、职业习惯、业务能力和（　　）等方面也提出了相应的要求。
   - A. 职业道德
   - B. 法律法规
   - C. 法律责任
   - D. 信息安全

5. IT 技术发展日新月异，对 IT 产业人员提出了新的要求，包括知识结构要求、实践能力要求、程序设计能力要求，以及（　　）要求。
   - A. 外语水平
   - B. 交际能力
   - C. 综合素质
   - D. 自学能力

6. 信息化社会对人才培养综合素质的要求主要包括自学能力、表达能力、协作能力、组织管理能力，以及（　　）能力等。
   - A. 社会交际
   - B. 事务处理
   - C. 开拓创新
   - D. 文档处理

7. 信息安全技术包括操作系统的安全防护、数据库的维护、访问控制和（　　）等。
   - A. 防病毒技术
   - B. 网络安全
   - C. 数据保护
   - D. 密码技术

8. 计算机网络安全技术主要包括防火墙、数据加密、数字签名、数字水印和身份认证等。
   - A. 数据保护
   - B. 防黑客技术
   - C. 防病毒技术
   - D. 身份认证

9. 目前，计算机专业职业资格认证可分为两类，一类是国内的专业认证，另一类是国外的专业认证。其中，国内考试侧重于知识认证，国外考试侧重于（　　）。
   - A. 技术认证
   - B. 资格认证
   - C. 理论认证
   - D. 实践认证

10. 国内计算机考试侧重知识认证，测试是否具备计算机相关基础知识。常见的权威认证有（　　），并分别由不同的主管部门主办。
    - A. 2 类
    - B. 3 类
    - C. 4 类
    - D. 多类

二、判断题

1. 所谓"人才"，实际上就是指具有培养和发展前途的人。　　　　　　　　　　　　（　　）

2. 计算机科学与技术学科是一门经验占主导成分的学科。　　　　　　　　　　　　（　　）

3. 从某种程度来说，计算机科学与技术学科的创新研究主要取决于研究者的数学基础，特别是数学上的某种成熟性和思维方式的数学化。　　　　　　　　　　　　　　　　　　　　（　　）

4. 程序设计语言是计算机科学与技术学科中最富有智慧的成果之一。　　　　　　　　（　　）

5. 良好的心理素质是从事和开展各项工作的基础。　　　　　　　　　　　　　　　（　　）

6．职业生涯规划是知己、知彼，择优选择职业目标和路径，并用高效行动去达成既定职业目标。

（　　）

7．高等教育有别于职业培训教育，其目标更多的是放在"长远"的发展上。　　　　（　　）

8．高等教育中的"三基"（基本概念、基本方法、基本技术）是理工科的重要内容，它关系到学生未来的发展。　　　　　　　　　　　　　　　　　　　　　　　　　　　　　　　　　（　　）

9．掌握计算机应用技术是计算机人才赖以生存的一个法宝，这是市场规则。　　　（　　）

10．科学素养是指一个人参加人类的智力活动所必须具备的科学概念、知识水平和对智力活动过程的理解能力。　　　　　　　　　　　　　　　　　　　　　　　　　　　　　　　　　（　　）

三、问答题

1．对计算机科学技术专业人才的培养应注重哪些方面？

2．数学教育对计算机科学与技术学科人才培养有何目的意义？

3．提高程序设计能力主要涉及哪些方面的知识？

4．计算机科学与技术学科表现为什么样的特征？

5．计算机科学与技术学科的实践教学主要包括哪些环节？

6．计算机科学与技术学科的实践教学具有何作用？

7．自主学习能力主要体现在哪些方面？

8．什么是计算机职业道德？

9．什么是知识产权？

10．什么是职业生涯规划？

四、讨论题

1．你认为应该如何培养计算机专业人才？

2．你认为对计算机专业人才应该有哪些基本要求？

3．你对获取计算机职业资格认证有何看法？

4．你认为做好职业生涯规划有何意义？

参考文献

[1]   李云峰，李婷. 计算机导论. 第 2 版. 北京：电子工业出版社，2009 年 2 月.

[2]   李云峰，李婷. 大学计算机应用基础. 北京：人民邮电出版社，2009 年 8 月.

[3]   李云峰，李婷. 计算机网络技术教程. 北京：电子工业出版社，2009 年 8 月.

[4]   李云峰，李婷. 计算机网络基础教程. 北京：中国水利水电出版社，2009 年 2 月.

[5]   李云峰，李婷. C/C++程序设计. 北京：中国水利水电出版社，2012 年 8 月.

[6]   李云峰，李婷. 数据库技术及应用开发. 北京：中国水利水电出版社，2014 年 4 月.

[7]   李云峰，际达. 虚拟现实、多媒体与系统仿真. 长沙：中南工业大学学报，2002 No.2.

[8]   李云峰. 秦九韶算法在 CACSD 中的应用. 长沙：计算机技术与自动化 2000，VOL.19 NO.4

[9]   Ting Li, Xuzhi Lai, Min Wu. An improved two-swarm based particle swarm optimization algorithm. IEEE Proceedings of the 6th World Congress on Intelligent Control and Automation , 2006:3129-3133.

[10]   李婷，赖旭芝，吴敏. 基于双种群粒子群优化新算法的最优潮流求解. 中南大学学报：自然科学版，2007,38(1):133-137.

[11]   李婷，吴敏，何勇. 一种基于相角映射的改进多目标粒子群优化算法. 控制与决策，2013, 28(10): 1513-1519.

[12]   Li Ting, Wu Min, He Yong. An Enhanced Parallel Backpropagation Learning Algorithm for Multilayer Perceptrons[C]. IEEE Proceedings of the 7th World Congress on Intelligent Control and Automation, 2008, 7: 5287-5291.

[13]   王丽芳，张静，李富萍. 计算机科学导论. 北京：清华大学出版社，2012 年 1 月.

[14]   杨克昌，严权峰. 算法设计与分析实用教程. 北京：中国水利水电出版社，2013 年 6 月.

[15]   ［美］TIMOTHY JOL. 计算机科学引论. 北京：高等教育出版社，2000.

[16]   ［美］BEHROUZ AF 著，刘艺，段立等译. 计算机科学导论. 北京：机械工业出版社，2004.

[17]   ［美］Nell Dale John Lewis 著，张欣等译. 计算机科学概论. 北京：机械工业出版社，2005.

[18]   刘艺，段立. 计算机科学导论. 北京：机械工业出版社，2004.

[19]   葛建梅. 计算机科学技术导论. 北京：中国水利水电出版社，2004.

[20]   唐培和，聂永红. 计算学科导论. 重庆：重庆大学出版社，2003.

[21]   王昆仑. 计算机专业导论. 北京：清华大学出版社，2013.7

[22]   杜茂康. 计算机信息技术应用基础. 北京：清华大学出版社，2004.

[23]   黄国兴，陶树平，丁岳伟. 计算机导论. 北京：清华大学出版社，2004.

[24]   骆耀祖. 计算机导论. 北京：北京：电子工业出版社，2004.

[25]   张彦铎. 计算机导论. 北京：清华大学出版社，2004.

[26]   王志强，傅向华，梁正平，李延红. 计算机导论. 北京：电子工业出版社，2007.

[27]   瞿中，熊安萍，蒋溢. 计算机科学导论. 第 3 版. 北京：清华大学出版社，2010 年 3 月.

[28]   胡明，王红梅. 计算机学科概论. 北京：清华大学出版社，2008 年.

[29]   董晓雷，曹珍富. 离散数学. 北京：机械工业出版社，2010 年.

[30] 贾可荣，袁景凌，高志华. 离散数学. 第 2 版. 北京：清华大学出版社，2011 年 11 月.

[31] 蔡自兴，徐光佑. 人工智能及其应用. 第 3 版. 北京：清华大学出版社，2004 年 8 月.

[32] 贾可荣，张彦铎. 人工智能. 第 2 版. 北京：清华大学出版社，2013 年 3 月.

[33] 丁世飞. 人工智能. 北京：清华大学出版社，2011 年 1 月.

[34] 刘白林. 人工智能与专家系统. 西安：西安交通大学出版社，2012 年 2 月.